材料成形技术与工程应用

Shaping Technology and Engineering Application of Materials

刘春廷　马继　孙瑞雪　谢广文　刘欣　主编

清华大学出版社
北　京

内 容 简 介

本书根据国家最新颁布的《关于制定"中国制造2025",加快建设制造强国的建议》和《关于高等学校加快"双一流"建设的指导意见》的精神编写而成,在内容和形式上均作了较大更新。

本书含有以往教材《热加工工艺基础》《材料切削加工技术》《工艺设计与案例分析》和《材料加工及工程应用》的相关内容,是一本高度概括、系统深入的综合性教材,以材料的性能行为—成分结构组织—工艺技术—实践应用这一普遍规律为主线,将科学理论、工艺技术、工程应用和思政教育融为一体,全书共分12章,较全面地介绍了工程材料的基础理论知识和成形技术的基本原理、工艺方法、技术要点和工程案例,添加思政元素以反映当代科技在材料成形技术及应用领域的新成就。

作为材料类和机械类专业技术基础课程的教学用书,适用教学时数为48~64,主要面向材料类和机械类本科和专科学生,也可供近机械类(非机械类但又与机械联系密切的)专业选用和有关工程技术人员学习参考,可根据具体情况进行删减或补充。

图书在版编目(CIP)数据

材料成形技术与工程应用/刘春廷等主编.—北京:清华大学出版社,2023.3
ISBN 978-7-302-62110-2

Ⅰ.①材… Ⅱ.①刘… Ⅲ.①工程材料-成型 Ⅳ.①TB3

中国版本图书馆 CIP 数据核字(2022)第 200224 号

责任编辑:鲁永芳
封面设计:常雪影
责任校对:薄军霞
责任印制:沈 露

出版发行:清华大学出版社
　　　网　　　址:http://www.tup.com.cn,http://www.wqbook.com
　　　地　　　址:北京清华大学学研大厦 A 座　　邮　　编:100084
　　　社 总 机:010-83470000　　　　　　　　邮　　购:010-62786544
　　　投稿与读者服务:010-62776969,c-service@tup.tsinghua.edu.cn
　　　质量反馈:010-62772015,zhiliang@tup.tsinghua.edu.cn
印 装 者:三河市龙大印装有限公司
经　　销:全国新华书店
开　　本:185mm×260mm　　　印　张:33.25　　　　字　数:810 千字
版　　次:2023 年 3 月第 1 版　　　　　　　　印　次:2023 年 3 月第 1 次印刷
定　　价:109.00 元

产品编号:097712-01

　　材料成形技术与工程应用是高等院校材料类和机械类学生的一门重要的专业基础课。随着科学技术的发展,新材料、新技术、新成果和新进展的不断问世及应用,对材料成形技术与工程应用的教学提出了新的要求。本书根据国家最新颁布的《关于制定"中国制造2025",加快建设制造强国的建议》和《关于高等学校加快"双一流"建设的指导意见》的精神编写而成,结合目前教学改革的基本指导思想和原则,实施素质教育和加强技术创新的精神,创新教育模式,开发具有专业和课程特色的优质教材,把"立德树人"作为教育的根本任务,加强综合素养课程建设,将思想政治工作贯穿于教育、教学、教材全过程,"守好一道渠、种好责任田",培养德智体美劳全面发展的社会主义建设者和接班人。

　　全书共分12章,第1章着重阐述材料科学基础,包括材料的性能、结构与组织之间的关系;第2章介绍热处理技术与工程应用,第3～5章分别阐述金属材料的成形技术与工程应用,即铸造、锻压、焊接;第6章介绍材料制造技术与工程应用;第7章介绍金属材料,包括钢铁和有色金属及合金;第8～10章着重阐述高分子材料、陶瓷材料和复合材料的成形技术与工程应用;第11章介绍新型工程材料与工程应用,包括形状记忆合金与应用、非晶态合金与应用、超塑性合金与应用和纳米材料与应用等;第12章介绍零件的失效与材料及成形技术的选用。为配合学习,各章末均附有思考题和习题,便于读者深入理解和研究。

　　本书概念清晰,实例丰富,图文并茂,实用性强,内容新颖,并引入新材料、新技术、新成果和新进展,有利于培养新时代学生的创新意识,拓宽读者的专业知识面,便于读者了解当前国内外先进材料、新型成形技术和成形方法的发展趋势。全书始终贯穿以"组织决定性能"这一规律为切入点,向学生传达内因和外因的辩证关系,引导学生增强自我管理能力,激励学生增强自信心。以材料的发展历程、新材料、新技术、新工艺、新设备的开发应用为切入点,将最新的关于材料类的新闻资讯、科研动态、应用实例、思政教学引入教材与课堂,激发新时代学生的爱国热情,增强其民族自豪感,激励其为国家振兴、民族强盛而努力学习;通过焊接与铸造成形技术的工程案例与思政教育,培养学生一丝不苟的工匠精神和树立严谨求实的工作作风。

　　参加编写本书的编者都是多年从事本行业的教师、科研工作者等,他们是青岛科技大学的刘春廷、孙瑞雪、谢广文和刘欣与枣庄学院的马继。本书由刘春廷、马继、孙瑞雪、谢广文和刘欣担任主编,由马继负责统稿。

　　在本书的编写过程中,中国科学院金属研究所的孙晓峰研究员和青岛科技大学的汪传生教授提出了许多宝贵的意见,在此谨表示深切的谢意!同时本书在编写过程中参考了已出版的多种教材(见参考文献),并注意吸收各院校、研究所、企业、报社和网站的教学改革经验及科研成果,对此,谨向上述单位和个人表示衷心的感谢。

　　由于编者水平有限,加之时间仓促,书中还存在不少不足之处,恳请广大读者和师生批评指正。

编　者

2022 年 6 月

目录 CONTENTS

第0章

绪 论

1. 概述

材料是人们用来制造各种产品的物质，是人类生产和生活的物质基础。从日常生活用的器具到高技术产品，从简单的手工工具到复杂的航天器、机器人，都是用各种材料制作而成或由其加工的零件组装而成。纵观人类历史，人类社会的发展伴随着材料的发明和发展，材料的发展推动着人类社会的进步，并成为人类文明发展的里程碑。人类最早使用的材料是石头、兽皮等天然材料，后来发明了陶器、瓷器、青铜器、铁器和人工合成材料。因此，历史学家根据制造工具的材料来划分人类生活的时代，将人类早期历史划分为石器时代、青铜器时代、铁器时代和人工合成材料时代。其实人类文明的发展史，就是一部学习利用材料、制造材料、创新材料的历史。材料的发展水平和利用程度已成为人类文明进步的标志。20世纪后期，材料作为高技术的三大支柱（能源、材料和信息）之一高速发展，尤其是新材料的不断涌现，非金属人工合成材料的迅猛增长，金属与非金属材料的相互渗透，新型复合材料的异军突起等，如今人类已跨入人工合成材料的崭新时代。新材料对高科技和新技术具有非常关键的作用，掌握新材料是一个国家在科技上处于领先地位的标志之一，没有新材料，也就没有发展高科技的物质基础。如果没有半导体材料的工业化生产，就不可能有目前的计算机技术；没有高温、高强度的结构材料，就不可能有今天的航空工业和航天工业；没有低消耗的光导纤维，就没有现代的光纤通信。面向21世纪，新型工程材料的发展趋势如下：继续重视对新型金属材料的研究开发，开发非晶合金材料；发展在分子水平设计高分子材料的技术；继续发掘复合材料和半导体硅材料的潜在价值；大力发展纳米材料、信息材料、智能材料、生物材料和高性能陶瓷材料等。

材料就在我们的周围，当我们来到首都北京，就可以看到奥运会场馆，而奥运会场馆最具标志性的建筑就是国家体育馆——"鸟巢"。鸟巢是鸟用树枝搭建的，使用的材料是树枝，但国家体育馆"鸟巢"的那些"枝条"结构并不是用树枝搭建，而是钢结构。"鸟巢"旁边的另一座建筑"水立方"，是世界上最大的膜结构工程，建筑外围采用世界上最先进的环保节能四氟乙烯（ETFE）膜材料，建筑内部地上部分是钢网架，地下及基础部分是钢筋混凝土结构。

在阳光的照射下,熠熠生辉的方形竟然是用大量钢架"编织"而成的"水分子"形状,夜晚非常漂亮。"水立方"是典型的外柔内刚。外部只看到充气薄膜,好像弱不禁风,而支撑这些薄膜的是坚实的钢结构,内部的观众看台和建筑物为钢筋混凝土结构。高铁是我们国家的标志性产品,也是我们用于推广"一带一路"倡议一个重要的工业产品。高铁里面采用了很多性能优异的结构材料,如金属材料、高分子材料和陶瓷材料。

中华民族在人类历史上为材料的发展和应用做出过重大贡献。早在公元前 6000—前 5000 年的新石器时代,中华民族的先人就能用黏土烧制陶器,到东汉时期又出现了瓷器,并流传海外。4000 年前的夏朝已经能够炼铜,到殷、商时期,我国的青铜冶炼和铸造技术已达到很高水平。从河南安阳晚商遗址出土的司母戊鼎重 832 kg,通高 133 cm,口长 110 cm,宽 78 cm,壁厚 6 cm,且饰纹优美。司母戊鼎是我国商代青铜器的代表作,标志着商代青铜器铸造技术的水平,被推为"世界出土青铜器之冠"。从湖北江陵楚墓中发掘出的两把越王勾践的宝剑,长 55.6 cm,至今锋利异常,是我国青铜器的杰作。湖北随县出土的战国青铜编钟,共计 64 枚,分三层悬挂。其造型壮观,铸造精美,音频精准,音律齐全,音域宽广,音色和美,乐律铭文珍贵,是我国古代文化艺术高度发达的见证。我国从春秋战国时期(公元前 770—前 221 年)便开始大量使用铁器,明朝科学家宋应星在其所著的《天工开物》一书中就记载了古代的渗碳热处理等工艺,这说明早在欧洲工业革命之前,我国在金属材料及热处理方面就已经有了较高的成就。中华人民共和国成立后,我国先后建起了鞍山、攀枝花、宝钢等大型钢铁基地,钢产量由 1949 年的 15.8 万吨上升到现在的一亿吨,成为世界上钢产量大国之一。原子弹、氢弹的爆炸,卫星、飞船的上天等都说明了我国在材料的开发、研究及应用等方面有了飞跃的发展,达到了一定的水平。但与世界发达国家相比,还存在一定的差距,需要我们一代代努力去缩小这些差距。

从简单地利用天然材料、冶铜炼铁到使用热处理工艺,人类对材料的认识是逐步深入的。18 世纪欧洲工业革命后,人们对材料的质量和数量的要求越来越高,促进了材料科技的进一步发展。1863 年,光学显微镜首次应用于金属材料的研究,诞生了金相学,使人们步入了材料的微观世界,能够将材料的宏观性能与微观组织联系起来,标志着材料研究从经验走向科学。1912 年发现了 X 射线对晶体的衍射作用,并在随后被用于晶体衍射结构分析,使人们对固体材料微观结构的认识从最初的假想到科学的现实。19 世纪末,晶体的 230 种空间群被确定,至此人们已经可以完全用数学的方法来描述晶体的几何特征。1932 年发明了电子显微镜,把人们带到了微观世界的更深层次(10^{-7} m)。1934 年位错理论的提出,解决了晶体理论计算强度与实验测得的实际强度之间存在的巨大差别的矛盾,对人们认识材料的力学性能及设计高强度材料具有划时代的意义。一些与材料有关的基础学科(如固体物理学、量子力学、化学等)的发展,有力地促进了材料研究的深化。

2. 工程材料的分类

工程材料主要是指用于机械、车辆、船舶、建筑、化工、能源、仪器仪表、航空航天等工程领域中的材料,用来制造工程构件和机械零件,也包括一些用于制造工具的材料和具有特殊性能(如耐蚀、耐高温等)的材料。按照材料的组成、结合键的特点,可将工程材料分为金属材料、高分子材料、陶瓷材料和复合材料四大类。

金属材料是以金属键结合为主的材料,具有良好的导电性、导热性、延展性和金属光泽,是目前用量最大、应用最广泛的工程材料。金属材料分为黑色金属和有色金属两大类,铁、钢及其合金称为黑色金属,即钢、铸铁材料,其世界年产量已达 10 亿吨,在机械产品中的用量已占整个用材的 60% 以上。黑色金属之外的所有金属及其合金统称为有色金属。有色金属的种类很多,根据特性的不同又可分为轻金属、重金属、贵金属、稀有金属等。

高分子材料是以分子键和共价键为主的材料。高分子材料作为结构材料,具有塑性、耐蚀性、电绝缘性、减振性好及密度小等特点。工程上使用的高分子材料主要包括塑料、橡胶及合成纤维等,在机械、电气、纺织、汽车、飞机、轮船等制造工业和化学、交通运输、航空航天等工业中被广泛应用。

陶瓷材料是以共价键和离子键为主的材料,其性能特点是熔点高、硬度高、耐腐蚀、脆性大。陶瓷材料分为传统陶瓷和特种陶瓷两大类。传统陶瓷又称普通陶瓷,是以天然材料(如黏土、石英、长石等)为原料的陶瓷,主要用作建筑材料。特种陶瓷又称精细陶瓷,是以人工合成材料为原料的陶瓷,常用于工程上的耐热、耐蚀、耐磨零件。

复合材料是为提高材料的性能,通常把两种或两种以上不同性质或不同结构的材料以微观或宏观的形式组合在一起而形成的材料。包括金属基复合材料、陶瓷基复合材料和高分子复合材料。如现代航空发动机燃烧室内温度最高的材料就是通过粉末冶金法制备的氧化物粒子弥散强化的镍基合金复合材料。很多高级游艇、赛艇及体育器械等都是由碳纤维复合材料制成的,它们具有质量轻、弹性好、强度高等优点。

3. 材料成形技术的分类

根据成形温度与材料本身熔点的关系,金属材料的成形技术可分为冷成形技术和热成形技术两类。

根据是否为金属材料将材料成形技术分为下列两大类:金属材料的成形技术和非金属材料的成形技术。

1)金属材料的成形技术

金属材料热成形技术包括热处理、铸造、锻压和焊接。

热处理是将固态金属或合金在一定介质中加热、保温和冷却,以改变材料整体或表面组织,从而获得所需性能的工艺。

铸造是将金属或合金熔化成液态后,浇注到与将成形零件的形状和尺寸相适应的铸型型腔中,待其冷却凝固后获得毛坯零件的成形方法。

锻压是指将具有塑性的金属材料,在热态或冷态下借助锻锤的冲击力或压力机的压力,使其产生塑性变形,以获得所需形状、尺寸及力学性能的毛坯或零件的成形方法。

焊接是通过加热、加压或两者并用,使用或不使用填充材料,使被焊材料之间达到原子结合,从而形成永久性连接的成形方法。

冷成形技术是使用切削工具(包括刀具、磨具和磨料),在工具和工件之间的相对运动中,把工件上多余的材料层切除,使工件获得规定的尺寸、形状和表面质量的加工方法。

2)非金属材料的成形技术

非金属材料的成形技术包括高分子材料的成形技术、陶瓷材料的成形技术和复合材料的成形技术,具体见第 8～10 章。

4. 材料成形技术与工程应用课程的目的、性质和学习要求

随着经济的飞速发展和科学技术的进步,对材料的要求越来越苛刻,结构材料向高比强、高刚度、高韧性、耐高温、耐腐蚀、抗辐照和多功能的方向发展,新材料在不断涌现,新工艺在不断研发,新技术也在不断拓新。"慧眼"卫星遨游太空,C919 大型客机飞上蓝天,量子计算机研制成功,海水稻进行测产,首艘国产航母下水,"海翼"号深海滑翔机完成深海观测,首次海域可燃冰试采成功,洋山四期自动化码头正式开港,港珠澳大桥主体工程全线贯通,"复兴号"奔驰在祖国广袤的大地上……现代制造技术与材料成形技术的工程应用已经在我国各领域取得了辉煌的成就。

随着现代工业的发展,对产品的要求越来越高。无论是航空航天、国防建设,还是机器制造、建造轮船,都要求产品技术先进、质量高、寿命长、造价低。因此在产品设计与制造过程中,会遇到越来越多的材料及材料成形技术方面的问题。这就要求有关专业的工程技术人员掌握必要的材料与成形技术知识,具备正确选择材料和加工方法、合理安排成形技术路线的能力。

材料成形技术与工程应用是以材料的成形技术与工程实践案例为研究对象的一门综合性技术课程。它以凝聚态物理学和物理化学、晶体学为理论基础,结合冶金、机械、化工等学科知识,探讨材料的结构、组织、成分、工艺及性能之间的内在规律,并联系器件或构件的使用功能要求,力求用经济合理的办法制备出一个有效的器件或构件。因此,材料成形技术与工程应用是现代机械工程、电子技术和高技术工业发展的基础。研究内容包括材料科学基础(包括材料的性能与结构、组织等),金属材料成形技术(包括热处理工艺、铸造、锻压、焊接、切削加工),非金属材料成形技术(包括高分子材料成形技术、陶瓷材料成形技术和复合材料成形技术),新型工程材料和零部件的失效与材料及成形技术的选用,特别是材料的性能与组织结构、成分组成、成形技术之间的关系是本书研究的重点,也是贯穿全书的主线。

材料成形技术与工程应用是材料类和机械类各专业的技术基础课,课程的目的是使学生掌握工程材料的基本理论知识及其性能特点,建立材料的化学成分、组织结构、加工工艺与性能之间的关系,了解常用材料的应用范围和成形技术,初步具备合理选用材料与工艺、正确确定成形方法、妥善安排成形工艺路线的能力。

材料成形技术与工程应用是一门内容广泛、技术性和实践性都较强的课程,在学习时应注意分析、理解和运用,并与工程生产实际应用相结合。强调整体联系与综合应用,以提高学生发现问题、分析问题和解决问题的独立创新工作的能力。因此要求老师授课时除了注意联系物理与化学、力学性能及工程材料等课程的相关内容,还应尽可能利用现代化多媒体教学手段,把课本知识与工程实践训练、工程应用案例和思政课程等联系起来,理论与实践相结合,加深学生对课本知识的理解,引导学生优化科学方法,建立正确的科学观,提高学生的感知能力、理解能力、综合分析能力和实践能力;结合思政教育教学,树立正确的人生观、价值观与世界观,培育和践行社会主义核心价值观,倡导和传承中华优秀文化,厚植新时代学生的爱国主义情怀,强化学生的使命担当,培养学生严谨求实的工作作风和一丝不苟的工匠精神。

第1章

材料科学基础

1.1 工程材料的性能与失效分析

工程材料具有许多良好的性能（performance 或 property），因此被广泛应用于制造各种构件、机械零件、工具和日常生活用具等。为了正确地使用工程材料，应充分了解和掌握材料的性能。通常所说工程材料的性能有两方面的意义：一是材料的使用性能，指材料在使用条件下表现出的性能，如强度、塑性、韧性等力学性能，耐蚀性、耐热性等化学性能，以及声、光、电、磁等物理性能；二是材料的工艺性能，指材料在加工工程中表现出的性能，如冷热加工、压力加工性能，焊接性能、铸造性能、切削性能等。工程材料是材料科学的应用部分，本节主要讨论结构材料的力学性能，阐述结构材料的组织、成分和性能的相互影响规律，解答工程应用问题。

工程材料的力学性能亦称为机械性能，是指材料抵抗各种外加载荷的能力，包括弹性、刚度、强度、塑性、硬度、韧性、疲劳强度等。外力即载荷，常见的各种外载荷形式如图 1.1 所示。

图 1.1 常见的各种外载荷形式

(a) 拉伸载荷；(b) 压缩载荷；(c) 弯曲载荷；(d) 剪切载荷；(e) 扭转载荷

1.1.1　工程材料的使用性能

1.1.1.1　力学性能

在材料拉伸试验机上对一截面为圆形的低碳钢拉伸试样(图 1.2)进行拉伸试验,可得到应力与应变的关系图,即拉伸图。图 1.3 是低碳钢和铸铁的应力-应变曲线。图中的纵坐标为应力 σ(单位为 MPa),计算公式为

$$\sigma = \frac{P}{A_0} \tag{1.1}$$

横坐标为应变 ε,计算公式为

$$\varepsilon = \frac{\Delta l}{l_0} = \frac{l - l_0}{l_0} \times 100\% \tag{1.2}$$

式中,P 为所加载荷(N);A_0 为试样原始截面积(m^2);l_0 为试样的原始标距长度(mm);l 为试样变形后的标距长度(mm);Δl 为伸长量(mm)。

图 1.2　圆形低碳钢拉伸试样

（a）拉伸前；（b）拉伸后

图 1.3　低碳钢和铸铁的应力-应变曲线

（a）低碳钢；（b）铸铁

1. 强度

材料在外力作用下抵抗变形与断裂的能力称为强度。根据外力作用方式的不同,强度有多种指标,如抗拉强度、屈服强度、抗压强度、抗弯强度、抗剪切强度和抗扭强度等。其中抗拉强度和屈服强度指标应用最为广泛。

1) 静载时的强度

拉伸变形的几个阶段：

Oe：弹性变形阶段　试样的变形量与外加载荷成正比，载荷卸掉后，试样恢复到原来的尺寸。

es：屈服阶段　此时不仅有弹性变形，还发生了塑性变形。即载荷卸掉后，一部分形变恢复，还有一部分形变不能恢复，不能恢复的形变称为塑性变形（plastic deformation）。

sb：强化阶段　使试样继续变形，载荷必须不断增加，随着塑性变形增大，材料变形抗力也逐渐增加。

bz：缩颈阶段　当载荷达到最大时，试样的直径发生局部收缩，称为"缩颈"。此时变形所需的载荷逐渐降低。

z 点：试样断裂　试样在此点发生断裂。

(1) 弹性（elasticity）与刚度（rigidity 或 stiffness）

在应力-应变曲线上，Oe 段为弹性变形阶段，即卸载后试样恢复原状，这种变形称为弹性变形（elastic deformation）。e 点的应力 σ_e 称为弹性极限（elastic limit）。弹性极限值表示材料保持弹性变形，不产生永久变形的最大应力，是弹性零件的设计依据。

材料在弹性范围内，应力与应变的关系符合虎克定律：

$$\sigma = E \cdot \varepsilon \qquad (1.3)$$

式中，σ 为外加的应力，ε 为相应的应变，E 称为弹性模量（elastic modulus），单位为 MPa。上式可改写为 $E = \sigma / \varepsilon$，所以弹性模量 E 是应力-应变曲线上直线 Oe 的斜率。斜率越大，弹性模量越大，弹性变形越不易进行。因此，弹性模量 E 是衡量材料抵抗弹性变形的能力，即表征零件或构件保持原有形状与尺寸的能力，所以也叫作材料的刚度，且材料的弹性模量越大，刚度就越大。

材料的弹性模量 E 是一个对组织不敏感的性能指标，主要取决于原子间的结合力，与材料本性、晶格类型、晶格常数有关，而与显微组织无关。因此一些处理方法（如热处理、冷热加工、合金化等）对它影响很小。而零件的刚度大小取决于零件的几何形状和材料的种类（即材料的弹性模量）。要想提高金属制品的刚度，只能更换金属材料，改变金属制品的结构形式或增加截面面积。

(2) 屈服强度（yielding strength）

如图 1.3 所示，当应力超过 σ_e 点时，卸载后试样的伸长只能部分恢复。这种不随外力去除而消失的变形称为塑性变形。当应力增加到 σ_s 点时，图上出现了平台。这种外力不增加而试样继续发生变形的现象称为屈服。材料开始产生屈服时的最低应力 σ_s 称为屈服强度。

工程上使用的材料多数没有明显的屈服现象。这类材料的屈服强度在国标中规定以试样的塑性变形量为试样标距的 0.2% 时的材料所承受的应力来表示，并以符号 $\sigma_{0.2}$ 表示（图 1.3(b)）。它是 $F_{0.2}$ 与试样原始横截面积 A_0 之比。零（构）件在工程中一般不允许发生塑性变形，所以屈服强度 σ_s 是设计时的主要参数，是材料的重要机械性能指标。

(3) 抗拉强度（tensile strength）

材料发生屈服后，其应力与应变的关系曲线如图 1.3(a) 的 sb 小段，到 b 点时应力达最大值 σ_b。b 点以后，试样的横截面产生局部"颈缩"，迅速伸长，这时试样的伸长主要集中在缩颈部位，直至拉断。将材料受拉时所能承受的最大应力 σ_b 称为抗拉强度。σ_b 是机械零

(构)件评定和选材时的重要强度指标。

σ_s 与 σ_b 的比值叫作屈强比,屈强比越小,工程构件的可靠性越高,即万一超载也不至于马上断裂;屈强比太小,则材料强度有效利用率太低。

金属材料的强度与化学成分、工艺过程和冷热加工,尤其是热处理工艺有密切关系。如对于退火状态的三种铁碳合金,含碳量分别为 0.2%、0.4% 和 0.6%,它们的抗拉强度分别为 350 MPa、500 MPa 和 700 MPa。含碳量为 0.4% 的铁碳合金淬火和高温回火后,抗拉强度可提高到 700~800 MPa。合金钢的抗拉强度可达 1000~1800 MPa。但铜合金和铝合金的抗拉强度明显提高。如铜合金的 σ_b 达 600~700 MPa,铍铜合金经过固溶时效处理后 σ_b 最高为 1250 MPa;铝合金的 σ_b 一般为 400~600 MPa。

2) 动载荷时的强度

在描述运动载荷的强度时,最常用的是疲劳强度(fracture strength)。疲劳强度是指在大小和方向重复循环变化的载荷作用下材料抵抗断裂的能力。许多机械零件,如曲轴、齿轮、轴承、叶片和弹簧等,在工作中各点承受的应力随时间作周期性的变化,这种随时间作周期性变化的应力称为交变应力。在交变应力作用下,零件所承受的应力虽然低于其屈服强度,但经过较长时间的工作也会产生裂纹或突然断裂,这种现象称为材料的疲劳。据统计,大约有 80% 以上的机械零件失效(failure)是由疲劳失效造成。

测定材料疲劳寿命的试验有许多种,最常用的一种是旋转梁试验,试样在旋转时交替承受大小相等的交变拉压应力。试验所得数据可绘成 σ-N 疲劳曲线,σ 为产生失效的应力,N 为应力循环次数。

如图 1.4 所示为中碳钢和高强度铝合金的典型 σ-N 曲线(疲劳曲线)。对于碳钢,随着承受的交变应力越大,则断裂时循环次数越少;反之,则循环次数越大。随着应力循环次数的增加,疲劳强度逐渐降低,以后曲线逐渐变平,即循环次数再增加时,疲劳强度也不降低。当应力低于一定值时,试样可经受无限个周期循环而不破坏,σ-N 曲线出现水平部分所对应的定值称为疲劳强度(疲劳极限),用 σ_r 表示。对于应力对称循环的疲劳强度用 σ_{-1} 表示。实际上,材料不可能做无限次交变应力试验。对于黑色金属,一般规定应力循环 10^7 周次而不断裂的最大应力称为疲劳极限,有色金属、不锈钢等取 10^8 周次时的最大应力。许多铁合金的疲劳极限约为其抗拉强度的一半,有色合金(如铝合金)没有疲劳极限,它的疲劳强度可以低于抗拉强度的 1/3。

图 1.4　中碳钢和高强度铝合金的典型 σ-N 曲线

3）高温强度

蠕变(creep)是指在高温下长时间工作的金属材料或在常温下使用的高聚物，承受的应力即使低于屈服点 σ_s 也可能会出现明显缓慢的塑性变形直至断裂，导致零件的最终失效。若金属材料在高于一定温度下长时间工作，材料的强度就不能完全用室温下的强度(σ_s 或 σ_b)来代替，此时必须考虑温度和时间的影响。材料的高温强度要用蠕变极限和持久强度来表示。蠕变极限是指金属在给定温度下和规定时间内产生一定变形量的应力。例如 $\sigma_{0.1/1000}^{600}=88$ MPa，表示在 600 ℃下，1000 h 内，引起 0.1% 变形量的应力值为 88 MPa。而持久强度是指金属在给定温度和规定时间内，使材料发生断裂的应力。例如 $\sigma_{100}^{800}=186$ MPa，表示工作温度为 800 ℃时，承受 186 MPa 的应力作用，约 100 h 后断裂。工程塑料在室温下受到应力作用就可能发生蠕变，这在使用塑料受力件时应予以注意。

金属材料发生蠕变的主要原因是由于温度高，晶内和晶界的缺陷(如位错等)的活动能力显著增大，导致晶内滑移和晶界移动。而高聚物蠕变是由于分子链发生了构象变化或位移而引起的。

2. 硬度(hardness)

硬度是材料抵抗另一硬物体压入其内而产生局部塑性变形的能力。通常材料越硬，其耐磨性越好。同时通过硬度可估计材料的近似 σ_b。硬度试验方法比较简单、迅速，可直接在原材料或零件表面上测试，因此被广泛应用。常用的硬度测量方法是压入法，主要有布氏硬度(HB)、洛氏硬度(HR)、维氏硬度(HV)等。陶瓷等材料还常用克努普氏显微硬度(HK)和莫氏硬度(划痕比较法)作为硬度指标。

1）布氏硬度(Brinell hardness)

图 1.5 为布氏硬度测试原理图。用直径为 D 的淬火钢球或硬质合金球，在一定载荷 P 的作用下压入试样表面，保持规定的时间后卸除载荷，在试样表面留下球形压痕。测量其压痕直径，计算硬度。布氏硬度用球冠压痕单位表面积上所承受的平均压力来表示，符号为 HBS(当用钢球压头时)或 HBW(当用硬质合金时)。

图 1.5 布氏硬度试验原理图

$$\text{HBS(HBW)}=0.102\frac{2P}{\pi D(D-\sqrt{D^2-d^2})} \tag{1.4}$$

式中，P 为荷载(N)，D 为球体直径(mm)，d 为压痕平均直径(mm)。

在试验中，硬度不需计算，是用刻度放大镜测出压痕平均直径 d，然后对照有关附录查出相应的布氏硬度。

布氏硬度记为 200 HBS10/1000/30，表示用直径为 10 mm 的钢球，在 9800 N(1000 kgf)的载荷下保持 30 s 时测得布氏硬度为 200。如果钢球直径为 10 mm，载荷为 29400 N(3000 kgf)，保持 10 s，布氏硬度为 200，可简单写为 200 HBS。

淬火钢球用以测定硬度 HB<450 的金属材料，如灰铸铁、有色金属及经退火、正火和调质处理的钢材，其硬度用 HBS 表示。布氏硬度在 450~650 的材料，压头用硬质合金球，其硬度用 HBW 表示。

布氏硬度的优点是具有较高的测量精度，因其压痕面积大，能比较真实地反映出材料的平均性能。另外,由于布氏硬度与 σ_b 之间存在一定的经验关系,如热轧钢的 $\sigma_b = 3.4 \sim 3.6$ HBS,冷变形铜合金的 $\sigma_b \approx 4.0$ HBS,灰铸铁的 $\sigma_b \approx 2.7 \sim 4.0$ HBS,因此得到广泛的应用。布氏硬度的缺点是不能测定高硬度材料。

2) 洛氏硬度(Rockwell hardness)

图 1.6 为洛氏硬度测量原理图。将金刚石压头(或钢球压头)在先后施加两个载荷(预载荷 P_0 和主载荷 P_1)的作用下压入金属表面。总载荷 P 为预载荷 P_0 与主载荷 P_1 之和。保持一段时间后,卸去主载荷 P_1,测量其残余压入深度 h 来计算洛氏硬度。残余压入深度 h 越大,表示材料硬度越低,实际测量时硬度可直接从洛氏硬度计表盘上读得。根据压头的种类和总载荷的大小,洛氏硬度常用的表示方式有 HRA、HRB、HRC 三种(表 1.1)。如洛氏硬度为 62 HRC,表示用金刚石圆锥压头,总载荷为 1470 N 测得的洛氏硬度。

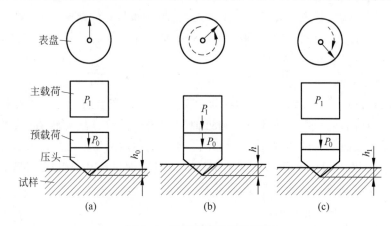

图 1.6　洛氏硬度测量原理图

表 1.1　常用洛氏硬度的符号、试验条件与应用

标度符号	压　　头	总载荷/N	表盘上刻度颜色	常用硬度示值范围	应　用　实　例
HRA	金刚石圆锥	588	黑线	70~85	碳化物、硬质合金、表面硬化合金工件等
HRB	1/16 钢球	980	红线	25~100	软钢、退火钢、铜合金等
HRC	金刚石圆锥	1470	黑线	20~67	淬火钢、调质钢等

洛氏硬度可用于测量各种钢铁原材料、有色金属、淬火后的工件、表面热处理工件及硬质合金等的硬度。

洛氏硬度的优点是压痕小、直接读数、操作方便、可测量较薄工件的硬度,还可测低硬度、高硬度材料,应用最广泛;其缺点是精度较差,硬度值波动较大,通常应在试样不同部位测量数次,取平均值为该材料的硬度值。

3) 维氏硬度(Vickers hardness)

布氏硬度不适用检测较高硬度的材料。洛氏硬度虽可检测不同硬度的材料,但不同标尺的硬度值不能相互直接比较。而维氏硬度可用同一标尺来测定从极软到极硬的材料,硬度范围为 8~1000 HV。

维氏硬度试验原理与布氏法相似,也是用压痕单位表面积所承受压力大小来计算硬度值的。它是用对面夹角为136°的金刚石四棱锥体,在一定压力 F 作用下,在试样试验面上压出一个正方形压痕,如图1.7所示。通过设在维氏硬度计上的显微镜来测量压痕两条对角线的长度,根据对角线平均长度 d,计算压痕的面积 A_V,用 HV 表示维氏硬度,利用公式 $HV = F/A_V = 1.854F/d^2$,求出维氏硬度,维氏硬度的单位为 MPa,一般不标。

图1.7　维氏硬度试验原理图

维氏硬度试验所用压力可根据试样的软硬、厚薄等条件来选择。压力按标准规定有 49 N、98 N、196 N、294 N、490 N、980 N 等。压力保持时间:黑色金属为 10~15 s,有色金属为(30±2) s。

维氏硬度因压痕浅,特别适用于测定极薄试样的表面,可测定很软到很硬的各种材料。由于所加压力小,压入深度较浅,故可测定较薄材料和各种表面渗层,且准确度高。但维氏硬度试验时需测量压痕对角线的长度,测试手续较为烦琐,不如洛氏硬度试验法那样简单、迅速。

各种不同方法测得的硬度值之间可通过查表的方法进行互换。如 61 HRC = 82 HRA = 627 HBW = 803 HV30。

3. 塑性(plasticity 或 ductility)

材料在外力作用下,产生永久变形而不破坏的性能称为塑性。常用的塑性指标有延伸率 δ 和断面收缩率 ψ。

在拉伸试验中,试样拉断后,标距的伸长量与原始标距长度的百分比称为延伸率(elongation percentage),用符号 δ 表示,即

$$\delta = \frac{l_1 - l_0}{l_0} \times 100\% \tag{1.5}$$

式中,l_0 为试样的原始标距长度(mm),l_1 为试样拉断后的标距长度(mm)。

同一材料的试样长短不同,测得的延伸率略有不同。长试样($l_0 = 10\,d_0$,d_0 为试样原始横截面积)和短试样($l_0 = 5\,d_0$)测得的延伸率分别记作 δ_{10}(也常写成 δ)和 δ_5。

试样拉断后,缩颈处截面积的最大缩减量与原横截面积的百分比称为断面收缩率(contraction of cross sectional area),用符号 ψ 表示,即

$$\psi = \frac{A_1 - A_0}{A_0} \times 100\% \tag{1.6}$$

式中,A_1 为试样拉断后细颈处最小横截面积(mm^2),A_0 为试样的原始横截面积(mm^2)。

金属材料的延伸率(δ)和断面收缩率(ψ)数值越大,表示材料的塑性越好。塑性好的金属可以发生大量塑性变形而不被破坏,便于通过各种压力加工获得形状复杂的零件。铜、铝、铁的塑性很好。如工业纯铁的 δ 可达 50%,ψ 可达 80%,可以拉成细丝、压成薄板,进行深冲成形。铸铁塑性很差,δ 和 ψ 几乎为0,不能进行塑性变形加工。塑性好的材料,在受力过大时,由于首先产生塑性变形而不致发生突然断裂,因此比较安全。

4. 冲击韧性(impact toughness)

许多机械零件在工件中往往受到冲击载荷的作用,如活塞销、锤杆、冲模和锻模等。制

造这类零件所用的材料不能单单使用在静载荷作用下的指标来衡量,必须考虑材料抵抗冲击载荷的能力。材料在冲击载荷的作用下,抵抗变形和断裂的能力称为冲击韧性。为了评定材料的冲击韧性,需进行冲击试验。

冲击试样的类型较多,常用 U 形或 V 形缺口(脆性材料不开缺口)的标准试样。冲击试验通常是在摆锤式冲击试验机上进行的。试验时将带缺口的试样安放在试验机的机架上,使试样的缺口位于两支架中间,并背向摆锤的冲击方向,如图 1.8 所示。

图 1.8　摆锤式一次冲击试验原理图

将质量为 m 的摆锤从规定的高度 H 自由落下,将试样冲断。在惯性的作用下,击断试样后的摆锤会继续上升到一定的高度 h。根据动能定理和能量守恒原理,摆锤击断试样所消耗的功为 $A_k = mg(H-h)$。A_k 可从冲击试验机上直接读出,称为冲击吸收功。由于冲击试验采用的是标准试样,目前一般也用冲击吸收功 A_k 表示冲击韧性值。

$$\alpha_k = \frac{A_k}{S_0} \tag{1.7}$$

式中,α_k 为冲击韧性(J/m^2),A_k 为冲击吸收功(J),S_0 为试样缺口处的横截面积(m^2)。

A_k 越大,或 α_k 越大,材料的韧性越好。使用不同类型的试样(U 形缺口或 V 形缺口)进行试验时,其冲击吸收功分别为 A_{kU} 或 A_{kV},冲击韧性分别为 α_{kU} 或 α_{kV}。不同类型试样的冲击韧性不能直接进行比较或换算。

材料冲击韧性的大小除了与材料本身特性(如化学成分、显微组织和冶金质量等)有关,还受试样的尺寸、缺口形状、加工粗糙度和试验环境等的影响。

由于材料的冲击韧性 α_k 是在一次冲断的条件下获得的,对判断材料抵抗大能量冲击能力具有一定的意义。实际上在冲击载荷下的机械零件,很少受到大能量的一次冲击而破坏,大多是受到小能量多次冲击后才失效破坏。一般而言,材料抵抗大能量一次冲击的能力取决于材料的塑性,而抵抗小能量多次冲击的能力取决于材料的强度。所以在机械零件设计时,不能片面地追求高的 α_k,α_k 过高必然要降低强度,从而导致零件在使用过程中因强度不足而过早失效。

5. 断裂韧性(cracking toughness)

桥梁、船舶、大型轧辊、转子等有时会发生低应力脆断,这种断裂的名义断裂应力低于材料的屈服强度。尽管在设计时保证了足够的延伸率、韧性和屈服强度,但仍不免被破坏。其原因是构件或零件内部存在或大或小、或多或少的裂纹和类似裂纹的缺陷。

因为

$$K = Y\sigma\sqrt{a} \qquad\qquad (1.8)$$

所以

$$K_C = Y\sigma_C\sqrt{a} \qquad\qquad (1.9)$$

式中，Y 为裂纹形状系数(无量纲)，也称为几何形状因子，与裂纹类型和试件几何形状有关，一般 $Y = 1 \sim 2$。K 是应力场强度因子，反映裂纹尖端附近应力场的强弱。

根据断裂力学的观点，裂纹是否扩展取决于 K，当 K 达到某一极限值 K_C 时，裂纹就失稳扩展，即构件发生脆性断裂的条件。对于一定的金属材料，K_C 与单位体积内的塑性功 γ_p 和正弹性模量 E 有关，且都是常数，故其 K_C 也是常数，即 $\sigma_C \approx K_C/\sqrt{a}$。此式表明，引起脆断时的临界应力 σ_C 与裂纹深度(半径) a 的平方根成反比，如图 1.9 所示。各种材料的 K_C 不同，在裂纹尺寸一定的条件下，材料的 K_C 越大，则裂纹扩展所需的临界应力 σ_C 就越大。因此，常数 K_C 表示材料阻止裂纹扩展的能力，是材料抵抗脆性断裂的韧性指标，

图 1.9 脆断时临界应力 σ_C 与裂纹深度(半径) a 之间的关系

K_C 与应力、裂纹的形状和尺寸等有关。含有裂纹的材料在外力作用下，裂纹的扩展方式一般有三种，其中张开型 I 裂纹扩展是材料脆性断裂最常见的情况，这时 K_C 用 K_{IC} 表示。工程上通常采用 K_C 与 K_{IC} 分别表征材料在平面应力与平面应变作用下抵抗裂纹失稳扩展破断的能力，将 K_C 与 K_{IC} 称为断裂韧性。

1.1.1.2 物理性能

1. 密度

单位体积物质的质量称为该物质的密度。不同材料的密度不同，如铁为 $7.8 \times 10^3 \ \text{kg/m}^3$，陶瓷为 $2.2 \times 10^3 \sim 2.5 \times 10^3 \ \text{kg/m}^3$，各种塑料的密度更小。密度小于 $5 \times 10^3 \ \text{kg/m}^3$ 的金属称为轻金属，如铝、镁、钛及它们的合金。密度大于 $5 \times 10^3 \ \text{kg/m}^3$ 的金属称为重金属，如铁、铅、钨等。金属材料的密度直接关系到由它们所制构件和零件的自重。轻金属多用于航空航天器上。

强度 σ_b 与密度 ρ 之比称为比强度，弹性模量 E 与密度 ρ 之比称为比弹性模量，这都是零件选材的重要指标。

2. 熔点

熔点是指材料的熔化温度。陶瓷的熔点一般显著高于金属及合金的熔点，而高分子材料一般不是完全晶体，所以没有固定的熔点。工业上常用的防火安全阀及熔断器等零件使用低熔点合金。而工业高温炉、火箭、导弹、燃气轮机、喷气飞机等某些零部件，必须使用耐高温的难熔材料。

3. 热膨胀性

金属材料随着温度变化而膨胀、收缩的特性称为热膨胀性。一般来说，金属受热时膨胀体积增大，冷却时收缩体积缩小。热膨胀性用线胀系数 α_L 和体胀系数 α_V 来表示。

14　材料成形技术与工程应用

$$\alpha_L = \frac{L_2 - L_1}{L_1 \Delta T} \tag{1.10}$$

$$\alpha_V = 3\alpha_L \tag{1.11}$$

式中，α_L 为线胀系数(1/K 或 1/℃)，L_1 为膨胀前长度(m)，L_2 为膨胀后长度(m)，ΔT 为温度变化量(K 或℃)。

由膨胀系数大的材料制造的零件，在温度变化时，尺寸和形状变化较大。轴和轴瓦之间要根据其膨胀系数来控制其间隙尺寸。在热加工和热处理时也要考虑材料的热膨胀影响，以减少工件的变形和开裂。

4. 磁性

金属材料可分为铁磁性材料(在外磁场中能强烈地被磁化，如铁、钴等)、顺磁性材料(在外磁场中只能微弱地被磁化，如锰、铬等)和抗磁性材料(能抗拒或削弱外磁场对材料本身的磁化作用，如铜、锌等)三类。铁磁性材料可用于制造变压器、电动机、测量仪表等。铁磁性材料在温度升高到一定数值时，磁畴被破坏，变为顺磁体，这个转变温度称为居里点，如铁的居里点是 770 ℃。抗磁性材料则用于要求避免电磁场干扰的零件和结构材料，如航海罗盘。

5. 导热性

材料传导热量的性能称为导热性，用导热系数 λ 表示。导热性好的材料(如铜、铝及其合金)常用来制造热交换器等传热设备的零部件。导热性差的材料(如陶瓷、木材、塑料等)可用来制造绝热材料。一般来说，金属及合金的导热系数远高于非金属材料的。

在制定焊接、铸造、锻造和热处理工艺时，必须考虑材料的导热性，防止材料在加热和冷却过程中形成过大的内应力而造成变形与开裂。

6. 导电性

传导电流的能力称为导电性，用电阻率来衡量，电阻率的单位是 $\Omega \cdot m$。电阻率越小，金属材料导电性越好。金属导电性以银为最好，铜、铝次之，合金的导电性比纯金属差。电阻率小的金属(如纯铜、纯铝)适于制造导电零件和电线。电阻率大的金属或合金(如钨、钼、铁、铬)适于做电热元件。

1.1.1.3　化学性能

1. 耐腐蚀性

金属材料在常温下抵抗氧、水蒸气及其他化学介质腐蚀破坏作用的能力称为耐腐蚀性，碳钢、铸铁的耐腐蚀性较差，钛及其合金、不锈钢的耐腐蚀性好。在食品、制药、化工工业中不锈钢是重要的应用材料。铝合金和铜合金有较好的耐腐蚀性。

2. 抗氧化性

金属材料在加热时抵抗氧化作用的能力称为抗氧化性。加入 Cr、Si 等合金元素，可提高钢的抗氧化性。如合金钢 4Cr9Si2 中含有质量分数为 9％的 Cr 和质量分数为 2％的 Si，可在高温下使用，制造内燃机排气阀及加热炉炉底板、料盘等。

金属材料的耐腐蚀性和抗氧化性统称为化学稳定性。在高温下的化学稳定性称为热稳定性。在高温条件下工作的设备(如锅炉、汽轮机、喷气发动机等部件和零件)应选择热稳定性好的材料来制造。

1.1.2　工程材料的工艺性能

材料工艺性能的好坏,直接影响制造零件的工艺方法、质量及成本。工程材料主要的工艺性能有以下几个方面。

1. 铸造性能

材料铸造成型获得优良铸件的能力称为铸造性能。衡量铸造性能的指标有流动性、收缩性和偏析等。

(1) 流动性　熔融材料的流动能力称为流动性。它主要受化学成分和浇注温度等影响。流动性好的材料容易充满铸腔,从而获得外形完整、尺寸精确和轮廓清晰的铸件。

(2) 收缩性　铸件在凝固和冷却过程中,其体积和尺寸减少的现象称为收缩性。铸件收缩不仅影响尺寸,还会使铸件产生缩孔、疏松、内应力、变形和开裂等缺陷。因此用于铸造的材料其收缩性越小越好。

(3) 偏析　铸件凝固后,内部化学成分和组织的不均匀现象称为偏析。偏析严重的铸件各部分的力学性能会有很大的差异,能降低产品的质量。一般来说,铸铁比钢的铸造性能好,金属材料比工程塑料的铸造性能好。

2. 锻造性能

锻造性能是指材料是否易于进行压力加工的性能,取决于材料的塑性和变形抗力。塑性越好,变形抗力越小,材料的锻造性能越好。例如,纯铜在室温下就有良好的锻造性能,碳钢在加热状态锻造性能良好,铸铁则不能锻造。热塑性塑料可经挤压和压塑成型,这与金属挤压和模压成型相似。金属的可锻性是指金属在压力加工时能改变形状而不产生裂纹。

3. 焊接性能

两块材料在局部加热至熔融状态下能牢固地焊接在一起的能力叫作焊接性。碳钢的焊接性主要由化学成分决定,其中碳含量的影响最大。例如,低碳钢具有良好的焊接性,而高碳钢、铸铁的焊接性不好。某些工程塑料也有良好的可焊性,但与金属的焊接机制及工艺方法不同。

4. 热处理性能

所谓热处理,就是通过加热、保温、冷却的方法使材料在固态下的组织结构发生改变,从而获得所要求的性能的一种加工工艺。在生产上,热处理既可用于提高材料的力学性能及某些特殊性能,以进一步充分发挥材料的潜力,也可用于改善材料的加工工艺性能,如改善切削加工、拉拔挤压加工和焊接性能等。常用的热处理方法有退火、正火、淬火、回火及表面热处理(表面淬火及化学热处理)等。

5. 切削加工性能

材料接受切削加工的难易程度称为切削加工性能。切削加工性能主要用切削速度、加工表面光洁度和刀具使用寿命来衡量。影响切削加工性能的因素有工件的化学成分、组织、硬度、导热性和形变强化程度等。一般认为金属材料具有适当硬度(170~230 HBS)和足够脆性时切削性能良好。所以灰铸铁比钢的切削加工性能好,碳钢比高合金钢的切削加工性能好。改变钢的成分(如加入少量铅、磷等元素)和进行适当的热处理(如低碳钢进行退火、高碳钢进行球化退火）可改善钢的切削加工性能。

1.2　固体材料的结构

工程材料（包括金属材料、高分子材料、陶瓷材料和复合材料）的性能主要取决于其化学成分、组织结构及加工工艺过程。在制造、使用、研究和发展固体材料时，材料的内部结构是非常重要的研究对象。所谓结构（structure），就是指物质内部原子在空间的分布及排列规律。本节将重点讨论常用工程材料（即金属材料、高分子材料、陶瓷材料）的结构与性能。

1.2.1　材料的结合方式

1. 结合键

组成物质的质点（原子、分子或离子）间的相互作用力称为结合键。由于质点间的相互作用性质不同，形成了不同类型的结合键，主要有离子键、共价键、金属键、分子键。

1）离子键

当两种电负性相差很大（如元素周期表中相隔较远的元素）的原子相互结合时，其中电负性较小的原子失去电子成为正离子，电负性较大的原子获得电子成为负离子，正、负离子靠静电引入结合在一起而形成的结合键称为离子键。

由于离子键的电荷分布是球形对称的，因此它在各方向都可以和相反电荷的离子相吸引，即离子键没有方向性。离子键的另一个特性是无饱和性，即一个离子可以同时和几个异号离子相结合。由于离子键的结合力很大，因此离子晶体的硬度高、强度大、热膨胀系数小，但脆性大。离子键很难产生可以自由运动的电子，所以离子晶体具有很好的绝缘柱。在离子键结合中，由于离子的外层电子被牢固地束缚，可见光的能量一般不足以使其受激发，因而不吸收可见光，典型的离子晶体是无色透明的。

2）共价键

元素周期表中的ⅣA、ⅤA、ⅥA族大多数元素或电负性不大的原子相互结合时，原子间不产生电子的转移，以共价电子形成稳定的电子满壳层的方式实现结合。这种由共用电子对产生的结合键称为共价键。最具代表性的共价晶体为金刚石。金刚石结构由碳原子组成，每个碳原子贡献出 4 个价电子与周围的 4 个碳原子共有，形成 4 个共价键，构成四面体：一个碳原子在中心，与它共价的 4 个碳原子在 4 个顶角上。硅、锗、锡等元素可构成共价晶体。SiC、BN 等化合物属于共价晶体。

共价键结合力很大，故共价晶体的强度大、硬度高、脆性大，熔点、沸点高，挥发性低。

3）金属键

绝大多数金属元素（周期表中Ⅰ、Ⅱ、Ⅲ族元素）是以金属键结合的。金属原子结构的特点是外层电子少，原子容易失去价电子而成为正离子。当金属原子相互结合时，金属原子的外层电子（价电子）就脱离原子，成为自由电子，为整个金属晶体中的原子所共有。这些公有化的自出电子在正离子之间自由运动形成电子气。这种由金属正离子与电子气相互作用而结合的方式称为金属键。

具有金属键的金属具有以下特性。

（1）良好的导电性及导热性。由于金属中有大量的内电子存在,当金属的两端存在电势差或外加电场时,电子可以定向地流动,使金属表现出优良的导电性。由于自由电子的活动能力很强及金属离子振动的作用,使金属具有良好的导热性。

（2）正的电阻温度系数,即随温度升高电阻增大。这是由于温度升高,离子的振动增强、空位增多,离子(原子)排列的规则性受干扰,电子的运动受阻,因而电阻增大。当温度降低时,离子的振动减弱,电阻减小。

（3）良好的强度及塑性。由于正离子与电子气之间的结合力较大,所以金属晶体具有良好的强度。由于金属键没有方向性,原子间没有选择性,所以在受外力作用而发生原子位置相对移动时结合键不会遭到破坏,使金属具有良好的塑性变形能力(良好的塑性)。

（4）特有的金属光泽。由于金属中的自由电子能吸收并随后辐射出大部分投射到其表面的光能,所以金属不透明并呈现特有的金属光泽。

4) 分子键

有些物质的分子具有极性,其中分子的一部分带有正电荷,而分子的另一部分带有负电荷。一个分子的正电荷部位与另一分子的负电荷部位间以微弱静电引力相吸引而结合在一起,称为范德瓦耳斯键(或分子键)。分子晶体因其结合键能很低,所以其熔点很低,硬度也低。此类结合键无自由电子,所以绝缘性良好。

2. 工程材料的键性

材料的结合键类型不同,其性能也不同。常见结合键的特性见表1.2。

表 1.2 常见结合键的特性

	离 子 键	共 价 键	金 属 键
结构特点	无方向性或方向性不明显,配位数大	方向性明显,配位数小,密度小	无方向性,配位数大,密度大
力学性能	强度高,断裂性良好,硬度大	强度高,硬度大	有各种强度,有塑性
热学性能	熔点高,膨胀系数小,熔体中有离子存在	熔点高,膨胀系数小,熔体中有的含有分子	有各种熔点,导热性好,液态的温度范围宽
电学性能	绝缘体,熔体为导体	绝缘体,熔体为非导体	导电体(自由电子)
光学性能	与各构成离子的性质相同,对红外线的吸收强,多是无色或浅色透明的	折射率大,同气体的吸收谱线大不相同	不透明,有金属光泽

实际中使用的工程材料,有的是单纯的一种键,更多的是几种键的结合。

1) 金属材料

绝大多数金属材料的结合键是金属键,少数具有共价键(加灰锡)和离子键(如金属间化合物 Mg_3Sb_2)。所以金属材料的金属特性特别明显。

2) 陶瓷材料

陶瓷材料的结合键是离子键和共价键,大部分材料以离子键为主。所以材料具有高的熔点和很高的硬度,但脆性较大。

3) 高分子材料

高分子材料的结合键是共价键和分子键,即分子内靠共价键结合,分子间靠分子键结合。虽然分子键的作用力很弱,但由于高分子材料的分子很大,所以大分子间的作用力也较大,因而高分子材料也具有较好的力学性能。

3. 晶体与非晶体

材料按照结合键以及原子或分子的大小不同可在空间组成不同的排列类型,即不同的结构。材料结构不同,则性能不同;材料的种类和结合键都相同,但是原子排列的结构不同时,其性能也有很大的差别。通常按原子在物质内部的排列规则将物质分为晶体和非晶体。

1) 晶体

所谓晶体,是指原子在其内部沿三维空间呈周期性重复排列的一类物质。几乎所有金属、大部分陶瓷以及部分聚合物在其凝固后具有晶体结构。

晶体的主要特点是:①结构有序;②物理性质表现为各向异性;③有固定的熔点;④在一定条件下有规则的几何外形。

2) 非晶体

所谓非晶体,是指原子在其内部沿三维空间呈紊乱、无序排列的一类物质。典型的非晶体材料是玻璃。虽然非晶体在整体上是无序的,但在很小的范围内原子排列还是有一定规律的,所以原子的这种排列规律又称为"短程有序";而晶体中原子排列的规律性称为"长程有序"。

非晶体的特点是:①结构无序;②物理性质表现为各向同性;③没有固定的熔点;④热导率(导热系数)和热膨胀性小;⑤在相同应力作用下,非晶体的塑性形变大;⑥组成非晶体的化学成分变化范围大。

3) 晶体与非晶体的转化

非晶体的结构是短程有序,即在很小的尺寸范围内存在有序性;而晶体内部虽存在长程有序结构,但在小范围内存在缺陷,即在很小的尺寸范围内存在无序性。所以两种结构尚存在共同特点,物质在不同条件下,既可形成晶体结构,又可形成非晶体结构。如玻璃经适当热处理可形成晶体玻璃,而金属液体在高速冷却条件下($>107 \ ℃/s$)可以得到非晶体金属。

有些物质可看成有序与无序的中间状态,如塑料、液晶、准晶等。

1.2.2 金属材料的结构

为了研究晶体中原子的排列规律,假定理想晶体中的原子都是固定不动的刚球,晶体即由这些刚球堆垛而成,形成原子堆垛的球体几何模型,如图 1.10(a)所示。这种模型的优点是立体感强、直观,但刚球密密麻麻地堆垛在一起,很难看清内部原子排列的规律和特点。为了便于分析各种晶体中原子排列的规律性,常以通过各原子中心的一些假想连线来描绘其三维空间的几何排列形式,如图 1.10(b)所示。各连线的交点称作"结点",表示各原子的中心位置。这种用以描述晶体中原子排列的空间格架称为空间点阵(space lattice)或晶格(crystal lattice)。由于晶格中原子排列具有周期性的特点,为了简便起见,我们可从其晶格中选取一个最基本的几何单元来表达晶体规则排列的形式特征,如图 1.10(c)所示。组成晶格的这种最基本的几何单元称为晶胞(cell),晶胞的大小和形状常以晶胞的棱边长度 a、

b、c(称作晶格常数(lattice constant))和棱边间相互夹角 α、β、γ 来表示。

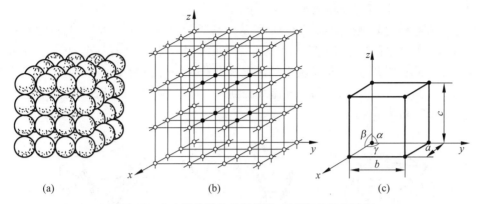

图 1.10　立方晶体球体几何模型、晶格和晶胞示意图

(a) 立方晶体球体几何模型；(b) 金属的晶格；(c) 晶胞及晶格常数的表示方法

1. 典型的金属晶体结构

自然界中的各种晶体物质,或其晶格形式不同,或其晶格常数不同,主要与其原子构造原子间的结合力的性质有关。对于金属晶体来说,其原子结构的共同特点是价电子数少,一般为 1~2 个,最多不超过 4 个;与原子核间的结合力弱,很容易脱离原子核的束缚而变成自由电子。贡献出价电子的原子变为正离子,自由电子穿梭于各离子之间作高速运动,形成电子云。金属的这种结合方式称作金属键。

1) 体心立方晶格(body-centered cubic lattice)

体心立方晶格的晶胞模型如图 1.11 所示。其晶胞是一个立方体,晶胞的三个棱边长度 $a=b=c$,通常只用一个晶格常数 a 表示即可。三个晶轴之间夹角均为 $90°$。在体心立方晶胞的每个角上和晶胞中心都排列有一个原子,每个角上的原子属于 8 个晶胞所共有,故只有 1/8 的原子属于这个晶胞,晶胞中心的原子完全属于这个晶胞,所以体心立方晶胞中属于单个晶胞的原子数为 $8×1/8+1=2$。在体心立方晶胞中,只有沿立方体对角线方向,原子是相互紧密地接触排列,体对角线长度为 $\sqrt{3}a$,它与 4 个原子半径的长度相等,所以体心立方晶格的原子半径 $r=\sqrt{3}a/4$(图 1.12)。

图 1.11　体心立方晶格晶胞模型

(a) 质点模型；(b) 刚球模型；(c) 晶胞原子数

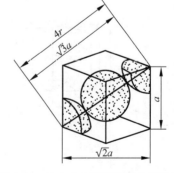

图 1.12　体心立方晶格原子半径计算

具有体心立方晶格的金属有 α-Fe、Cr、V、Nb、Mo、W、β-Ti 等。

2）面心立方晶格（face-centred cubic lattice）

面心立方晶格的晶胞模型如图 1.13 所示。其晶胞也是一个立方体，晶格常数用 a 表示。在面心立方晶格的每个角上和晶胞的 6 个表面的中心都排列有一个原子，每个角上的原子属于 8 个晶胞所共有，每个晶胞实际占有该原子的 1/8，而位于 6 个面中心的原子同时由相邻的两个晶胞所共有，所以每个晶胞只分到面心原子的 1/2，因此面心立方晶胞中属于单个晶胞的原子数为 $8×1/8＋6×1/2＝4$。

图 1.13　面心立方晶格晶胞模型

（a）质点模型；（b）刚球模型；（c）晶胞原子数

在面心立方晶胞中，只有沿晶胞 6 个表面的对角线方向的原子是互相紧密地接触排列，面对角线的长度为 $\sqrt{2}a$，它与 4 个原子半径的长度相等，所以面心立方晶格的原子半径 $r＝\sqrt{2}a/4$。

具有面心立方晶格的金属有 γ-Fe、Cu、Ni、Al、Ag、Au、Pb、Pt、β-Co 等。

3）密排六方晶格（close-packed hexagonal lattice）

密排六方晶格的晶胞模型如图 1.14 所示。在晶胞的 12 个角上各有一个原子，构成六方柱体，上、下底面的中心各有一个原子，晶胞内还有 3 个原子。晶胞中的原子数可参照图 1.14(c)计算如下：

六方柱每个角上的原子均属于 6 个晶胞所共有，上、下底面中心的原子同时为两个晶胞所共有，再加上晶胞内的 3 个原子，故密排六方晶胞中属于单个晶胞的原子数为 $12×1/6＋2×1/2＋3＝6$。

图 1.14　密排六方晶格晶胞模型

（a）质点模型；（b）刚球模型；（c）晶胞原子数

密排六方晶胞的晶格常数有两个：正六边形的边长 a 和上下两底面之间的距离即柱体高度 c，c 与 a 之比 c/a 称为轴比，典型的密排六方晶格中 $c/a＝\sqrt{8/3}≈1.633$。

对于典型的密排六方晶格金属,相互相邻的两个原子紧密地接触排列,长度为 a,等于两个原子半径,所以密排六方晶格的原子半径 $r=a/2$。

具有密排六方晶格的金属有 Mg、Zn、Be、Cd、α-Ti、α-Co 等。

2. 典型晶格的配位数(coordination number)和致密度(tightness)

金属晶体的一个特点是趋于最紧密的排列,所以晶格中原子排列的紧密程度是反映晶体结构特征的一个重要因素,通常用配位数和致密度两个参数来表征。

1)配位数

配位数是指晶体结构中与任意一个原子周围最近邻且等距离的原子的数目。配位数越大,晶体中原子排列就越紧密。

在体心立方晶格中,从立方体中心的原子来看(图 1.11),与其最近邻等距离的原子是周围顶角上的 8 个原子,所以体心立方晶格的配位数为 8。在面心立方晶格中,以面中心的原子来看(图 1.13),与之最近邻的是它周围顶角上的 4 个原子,这 5 个原子构成一个平面,这样的平面共有 3 个,且这 3 个平面彼此相互垂直,结构形式相同,所以与该原子最近邻等距离的原子共有 $3\times4=12$ 个,因此面心立方晶格的配位数为 12。在典型的密排六方晶格中,原子刚球十分紧密地堆垛排列,以晶胞上底面中心的原子为例,它不仅与周围 6 个角上的原子相接触,而且与其下面的 3 个位于晶胞之内的原子以及与其上面相邻晶胞内的 3 个原子相接触(图 1.14),故配位数为 12。

2)致密度

球体几何模型中,把原子看作刚性圆球,原子与原子结合时之间必然存在空隙。晶体中原子排列的紧密程度可用原子所占体积与晶体体积的比值来表示,称为晶体的致密度或密集系数,可用式(1.12)表示:

$$K = \frac{nV_1}{V} \tag{1.12}$$

式中,K 为晶体的致密度,n 为一个晶胞实际包含的原子数,V_1 为一个原子的体积,V 为晶胞的体积。

晶体的致密度越大,表明晶体原子排列密度越高,原子结合越紧密。

体心立方晶格的晶胞中包含 2 个原子,晶胞的棱边长度(晶格常数)为 a,原子半径为 $r=\sqrt{3}a/4$,其致密度为

$$K = \frac{nV_1}{V} = \frac{2\times\frac{4}{3}\pi r^3}{a^3} = \frac{2\times\frac{4}{3}\pi\left(\frac{\sqrt{3}}{4}a\right)^3}{a^3} \approx 0.68$$

此值表明,在体心立方晶格中,有 68% 的体积为原子所占有,其余 32% 体积为间隙。

面心立方晶格的晶胞中包含 4 个原子,晶胞的棱边长度(晶格常数)为 a,原子半径为 $r=\sqrt{2}a/4$,由此可计算出它的致密度为

$$K = \frac{nV_1}{V} = \frac{4\times\frac{4}{3}\pi r^3}{a^3} = \frac{4\times\frac{4}{3}\pi\left(\frac{\sqrt{2}}{4}a\right)^3}{a^3} \approx 0.74$$

同理,对于典型的密排六方晶格金属,晶胞中的原子数为 6,其原子半径为 $r=a/2$,则致密度为

$$K = \frac{nV_1}{V} = \frac{6 \times \frac{4}{3}\pi r^3}{\frac{3\sqrt{3}}{2}a^2\sqrt{\frac{8}{3}}a} = \frac{6 \times \frac{4}{3}\pi\left(\frac{1}{2}a\right)^3}{3\sqrt{2}a^3} \approx 0.74$$

表 1.3 是三种典型金属晶格的数据,可见不论从配位数来看,还是从致密度来看,面心立方晶格和密排六方晶格的原子排列都是最紧密的,在所有的晶体结构中属最密排排列方式。体心立方晶格次之,属次密排排列方式。

表 1.3   三种典型金属晶格的数据

晶格类型	晶胞中的原子数	原子半径	配 位 数	致 密 度
体心立方	2	$\sqrt{3}a/4$	8	0.68
面心立方	4	$\sqrt{2}a/4$	12	0.74
密排六方	6	$a/2$	12	0.74

3. 实际金属的晶体结构

1) 多晶体结构和亚结构

前面所讲的晶体是指没有任何缺陷的理想晶体,这种晶体在自然界中是不存在的。近年来,科学工作者虽然用人工的办法制造出了单晶体(single crystal),但尺寸很小,事实上也还存在一些缺陷。单晶体是指内部晶格位向完全一致的晶体,实际使用的金属是多晶体(polycrystal),由许多彼此位向不同、外形不规则的小晶体所组成,如图 1.15(b)所示。把这种外形不规则的小晶体称作晶粒(crystal grain)。晶粒与晶粒之间的界面称为晶界(grain boundary)。多晶体由于各晶粒的各向异性相互抵消,一般测不出其像在单晶体中那样的各向异性,而显示出各向同性。实践证明,在多晶体的每个晶粒内部,实际上也并不像理想单晶体那样晶格位向完全一致,而是存在着许多尺寸更小,位向差也很小(一般是 $10'\sim20'$,最大到 $1°\sim2°$)的小晶块。它们相互嵌镶成一颗晶粒,这些在晶格位向上彼此有微小差别的晶内小区域称为亚结构或嵌镶块。因其尺寸更小,需在高倍显微镜或电子显微镜下才能观察到。

图 1.15   单晶体与多晶体的结构

(a) 单晶体示意图;(b) 多晶体示意图;(c) 多晶体纯铁在显微镜下的组织

2) 实际金属晶体缺陷

实际的金属是多晶体结构,晶粒内存在着亚结构。同时由于结晶条件等原因,会造成晶体内部某些局部区域原子排列的规则性受到干扰而破坏,不像理想晶体那样规则和完整。

把这种偏离理想状态的区域称为晶体缺陷或晶格缺陷(lattice defect)。这种局部存在的晶体缺陷对金属性能影响很大,按晶体缺陷的几何形态特征分为以下三类。

（1）点缺陷(point defect)

空间三维尺寸都很小,相当于原子尺寸的缺陷,包括空位、间隙原子和置换原子等。

在实际晶体结构中,晶格的某些结点若未被原子占据就会形成空位(vacancy)。空位是一种平衡含量极小的热平衡缺陷,随着晶体温度升高,空位的含量也随之增加。晶体中有些原子不占据正常的晶格结点位置,而处于晶格间隙中,称为间隙原子(interstitial atom)。同类原子晶格不易形成间隙原子,异类间隙原子大多数是原子半径很小的原子,如钢中的氢、氮、碳、硼等。晶体中若有异类原子,异类原子占据了原来晶相中的结点位置,替换了某些基体原子,则形成置换原子(substitutional atom)。

点缺陷的存在使其周围的原子离开了原来的平衡位置,造成晶格畸变,如图 1.16 所示。

（2）线缺陷(line defect)

空间三维尺寸中二维都很小,在原子尺寸范围内,一维尺寸相对很大的缺陷,属于这一类缺陷的主要是位错(dislocation)。

位错是晶体中某处有一列或若干列原子发生有规律的错排现象。可看作晶体中一部分晶体相对于另一部分晶体产生局部滑移而造成的,滑移部分与未滑移部分的交界线即位错线。晶体中位错的基本类型有刃型位错(edge dislocation)和螺型位错(helical dislocation)两种。刃型位错模型如图 1.17 所示,某一原子面在晶体内部中断,宛如用一把锋利的钢刀切入晶体沿切口插入一额外半原子面一样,刀口处的原子列即刃型位错线;螺型位错模型如图 1.18 所示,相当于钢刀切入晶体后,被切的上下两部分沿刃口相对错动了一个原子间距,上下两层相邻原子发生了错排和不对齐的现象。沿刃口的错排原子被扭曲成了螺旋形即螺型位错线。无论是刃型位错还是螺型位错,沿位错线周围原子排列都偏离了平衡位置,产生了晶格畸变。

(a)

(b)

图 1.17　刃型位错示意图

(a) 立体模型; (b) 平面模型

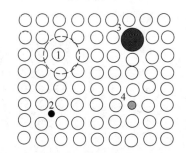

1—空位; 2—间隙原子; 3、4—置换原子。

图 1.16　点缺陷示意图

(a) 　　　　　　　　　　(b)

图 1.18　螺型位错示意图

(a) 立体模型；(b) 平面模型

金属晶体中往往存在大量的位错线，通常用位错密度 ρ(dislocation density)来表示：

$$\rho = \frac{\sum L}{V} \tag{1.13}$$

式中，ρ 为错密度($1/\text{cm}^2$)，$\sum L$ 为体积 V 内位错线的总长度(cm)，V 为晶体体积(cm^3)。

一般经适当退火的金属中，位错密度 $\rho \approx 10^5 \sim 10^8\ \text{cm}^{-2}$；而经过剧烈冷变形的金属，位错密度可增至 $10^{10} \sim 10^{12}\ \text{cm}^{-2}$。位错的存在极大地影响金属的力学性能，当金属为理想晶体(无缺陷)或仅含少量位错时，金属屈服点 σ_s 很高，随着位错密度的增加屈服强度降低。当进行冷变形加工时，位错密度大大增加，σ_s 也随之增高，如图 1.19 所示。

(3) 面缺陷(planar defect)

空间三维尺寸中一维很小，在原子尺寸范围内，另外二维尺寸相对有很大的缺陷，包括晶界、亚晶界、嵌镶结构、堆垛层错和相界以及孪晶界等。这里只介绍晶界和亚晶界。实际金属是多晶体，各晶粒间位向不同，晶界处原子排列的规律性受到破坏。晶界实际上是不同位向晶粒之间原子无规则排列的过渡层，宽度为 5～10 个原子间距，位向差一般为 20°～40°，如图 1.20(a)所示。亚晶粒(subgrain)是组成晶粒的尺寸很小，位向差也很小($10' \sim 2°$)的小晶块。亚晶粒之间的交界面称为亚晶界(sub-boundary)。亚晶界同样是小区域的原子排列无规则的过渡层。亚晶界也可看作位错壁，如图 1.20(b)所示。过渡层中晶格产生了畸变，如图 1.20 所示，在常温下，晶界对塑性变形起了阻碍作用，晶粒越细，晶界就越多，它对塑性变形的阻碍作用越大。因此，细晶粒的金属材料便具有较高的强度和硬度。

图 1.19　位错对材料力学性能的影响

(a) 　　　　(b)

图 1.20　晶界、亚晶界的过渡区结构示意图

(a) 晶界；(b) 亚晶界

由于晶界的特殊结构,不仅影响金属的机械性能,而且由于其晶格歪扭很明显,晶界能较高,因而金相试片受腐蚀时,晶界很易受腐蚀;金属相变时,在晶界处首先形成晶核;原子在晶界的扩散也较晶内快些;晶体受外力作用时,晶体滑移变得困难等,其原因就在于此。

4. 合金的相结构(phase structure)

1) 合金的基本概念

纯金属的机械性能、工艺性能和物理化学性能常常不能满足工程上的要求,所以其应用受到限制,在机械工程中广泛采用合金材料,尤其是铁碳合金。

合金(alloy)是在金属中加入一种或几种(金属或非金属)元素,熔合而成为具有金属特性的物质。如在铁中加入碳熔炼成钢铁、在铜中加入锌熔合成黄铜等,都是机械工程上常用的合金材料。

研究合金时常用到下列术语,这里略加说明。

(1) 组元(component) 组成合金的独立物质称为组元。一般情况下指组成该合金的元素,如黄铜的组元是铜和锌。但在一定条件下较稳定的化合物也可看作组元,如钢铁中的 Fe_3C。

(2) 系(series) 由若干给定组元可以配制出一系列比例不同的合金,这一系列合金就构成了一个合金系统,称为合金系。按照组成合金组元数的不同,合金系也可分为二元系、三元系等。

(3) 相(phase) 金属或合金中,凡化学成分、晶体结构都相同并与其他部分有界面分开的均匀组成部分,称为相。如纯铁在常温下是由单相的 α-Fe 组成,而铁中加入碳之后,铁与碳相互作用出现了一个新的强化相 Fe_3C。

此外,研究合金时还常常提到组织组成物这一概念,是指组成合金显微组织的独立部分。如铁中含碳量达 0.77% 时,其平衡组织由铁素体 F(碳溶入 α-Fe 形成的固溶体)和 Fe_3C 隔片组成,称为珠光体。所以珠光体组织是由固溶体 F 相和金属化合物 Fe_3C 相两相组成。

2) 合金的相结构

按合金组元原子之间相互作用的不同,液态是完全互溶的合金,在其凝固结晶时,可能出现三种基本情况:合金呈单相的固溶体,合金呈单相的金属化合物,合金由两相(固溶体或金属化合物)组成的机械混合物。

(1) 固溶体(solid solution) 金属在固态下也具有溶解某些元素的能力,从而形成一种成分和性质均匀的固态合金,称为固溶体。同溶液一样,也有溶剂与溶质之分。固溶体的晶格结构与两组元之一的晶格结构相同,被保持晶格结构的元素称为溶剂,溶入溶剂的元素称为溶质。根据溶质原子在溶剂中的分布状况,固溶体主要有以下两种形式。

① 置换固溶体(substitution solid solution) 在溶剂晶格某些结点上,其原子被溶质原子所替代而形成的固溶体,称为置换固溶体,如图 1.21、图 1.22(a)所示。

大多数元素如 Si、Mn、Cr、Ni 等均可溶入 α-Fe 或 γ-Fe 中形成置换固溶体。溶质原子在溶剂晶格中的溶解度取决于二者原子直径的差别和在周期表中相互位置的距离。两元素的原子直径差越小,在周期表中的位置越靠近,其相互间的溶解度就越大。若溶剂和溶质的晶格类型也相同,则这些元素间往往能以任何比例相互溶解而形成无限固溶体,如 Cr、Ni

便能和 Fe 形成这一类型的固溶体。反之,两个元素之间的相互溶解度若有一定的限度,则形成有限固溶体,如 Si 溶于 Fe 就属于此种固溶体。

② 间隙固溶体(gap solid solution) 不论何种形式的晶格,其原子与原子之间总有一些空隙存在。直径较大的原子所组成的晶格,其空隙的尺寸也较大,有时能容纳一些尺寸较小的原子,这种溶解方式形成的固溶体,称为间隙固溶体,如图 1.22(b)所示。显然,这种固溶体能否形成,主要由溶质原子与溶剂原子的尺寸决定。实验证明,二者直径之比 $d_质/d_剂 \leqslant 0.59$ 方可。当然,除了溶剂晶格中必须有足够大的间隙,溶质原子直径应足够小,是否能形成间隙固溶体还同元素本身的性质有密切关系。一般来说,过渡族元素为溶剂时与尺寸较小的元素(C、H、N、B 等)易形成间隙固溶体。

图 1.21 置换固溶体

○ —— 溶剂原子
● —— 溶质原子

○ 溶剂原子   ○ 溶剂原子
● 溶质原子   · 溶质原子

(a)   (b)

图 1.22 固溶体结构平面示意图
(a)置换固溶体;(b)间隙固溶体

(2) 金属化合物(metallic compound) 当组成合金的各元素之间的化学性质差别大,原子直径大小也不同时,则各元素能发生相互作用,按一定组成形成一种具有金属特性的物质称为金属化合物。金属化合物的晶格类型与组成化合物各组元的晶格类型完全不同,其性能的差别也很大。例如,钢中的渗碳体(Fe_3C)是由 75% 铁原子和 25% 碳原子形成的金属化合物,它具有复杂的斜方晶格,既不同于铁的体心立方晶格,也不同于石墨的密排六方晶格类型。

化合物的种类较多,其晶格类型有简单的,也有复杂的。根据化合物结构的特点,常分为如下三类。

① 正常价化合物(normal-valence compound) 这类化合物是由元素周期表上相距较远而电化学性质相差较大的两元素构成的。它们的特征是严格遵守化合价规律,因而这类化合物对其两个组元几乎没有溶解度,其成分可用化学式来表示,如 Mg_2Si、ZnS 等。正常价化合物一般具有较高的硬度和较大的脆性。在工业合金中只有少数合金系才形成这类化合物。

② 电子化合物(electron compound) 这类化合物与正常价化合物不同,它不遵守一般的化合价规律,但是如果将这类化合物的价电子数与原子数之比值(该比值称为电子浓度)进行统计,会发现一定的规律性。

凡电子浓度为 3/2 的电子化合物,皆具有体心立方晶格,习惯上称为β相,如 CuZn、Cu_5Sn、NiAl、FeAl 等;凡电子浓度为 21/13 的电子化合物,皆具有复杂立方晶格,称为 γ 相,如 Cu_5Zn_8、$Cu_{31}Zn_8$ 等;凡电子浓度为 7/4 的电子化合物,皆具有密排六方晶格,称为 ε 相,如 $CuZn_3$、Cu_3Sn 等。

由于这类化合物的形成规律与电子浓度密切相关,故称为电子化合物。电子化合物虽然可用化学式表示,但实际上它的成分是可变的,能溶解一定量的组元形成以化合物为基的固溶体。电子化合物也具有较高的硬度与脆性。

③ 间隙化合物(gap compound) 间隙化合物是由过渡族金属元素(如 Fe、Cu、Mn、Mo、W、V 等)和原子直径很小的类金属元素(如 C、N、H、B)形成的。最常见的间隙化合物是金属的碳化物、渗氮物、硼化物等。

凡原子半径比值 r_X/r_M(M 代表金属,X 代表类金属)不超过 0.59 者,均能形成简单形式的晶格,如 VC、TiN、TiC、NbC、Fe_4N 等,如图 1.23(a)所示,也称其为间隙相。当 r_X/r_M 大于 0.59 时,则尺寸因素的关系不利于形成上述简单而对称性高的晶格,于是形成了具有复杂晶格的化合物,如 Fe_3C 则构成了复杂的斜方晶格,如图 1.23(b)所示,需要区别的是固溶体中早期析出的 $Fe_{2-3}C$ 又称为 ε 碳化物,具有密排六方晶格。

图 1.23 间隙化合物的晶体结构

(a)间隙相 VC 的晶体结构;(b)间隙化合物 Fe_3C 的晶体结构

形成简单晶格的间隙相,其共同特点是具有极高的熔点和硬度,而且十分稳定;形成复杂晶格的间隙化合物其熔点和硬度比前者低,稳定性也较差。二者都能溶解其他组元而形成固溶体。

间隙化合物在钢中存在,对钢的强度及耐磨性有着重要作用。如碳钢中的 Fe_3C 可以提高钢的强度和硬度,工具钢中的 VC 可提高钢的耐磨性;高速钢中的间隙化合物则使其在高温下保持高硬度;WC 和 TiC 则是制造硬质合金的主要材料。

1.2.3 高分子材料的结构

高分子材料(high polymer material)是分子量很大的材料,是由许多单体(低分子)用共价键连接(聚合)起来的大分子化合物。所以高分子又称为大分子,高分子化合物又称为高聚物(high polymer)或聚合物(polymeric compound)。例如,聚氯乙烯就是由氯乙烯聚合而成。把彼此能相互连接起来而形成高分子化合物的低分子化合物(如氯乙烯)称为单体(monomer),而所得到的高分子化合物(如聚氯乙烯)就是高聚物。组成高聚物的基本单元称为链节(mer)。若用 n 表示链节的数目。n 越大,高分子化合物的分子量 M 也越大,即 $M = n \times m$。式中,m 为链节的分子量,通常称 n 为聚合度(degree of polymerization)。整个高分子链就相当于由几个链节按一定方式重复连接起来,成为一条细长链条。高分子合成材料大多数是以碳和碳结合为分子主链,即分子主干由众多的碳原子相互排列成长长的碳链,两旁再配以氢、氯、氟或其他分子团,或配以另一较短的支链,使分子呈交叉状态。分子链和分子链之间还依赖分子间作用力连接。

从分子结构式中可以发现高分子化合物的化学结构有以下三个特点:

(1) 高分子化合物的分子量虽然十分巨大,但它们的化学组成一般都比较简单,和有机化合物一样,仅由几种元素组成;

(2) 高分子化合物的结构像一条长链,在这个长链中含有许多个结构相同的重复单元,这种重复单元称为"链节",也就是说,高分子化合物的分子由许许多多结构相同的链节所组成;

(3) 高分子化合物的链节与链节之间,和链节内各原子之间一样,也是由共价键结合的,即组成高分子链的所有原子之间的结合键都属共价键。

低分子化合物按其分子式,都有确定的分子量,而且每个分子都一样。高分子化合物则不然,一般所得聚合物总是含有各种大小不同(链长不同、分子量不同)的分子。换句话说,聚合物是同一化学组成、聚合度不等的同系混合物,所以高分子化合物的分子量实际上是一个平均值。

1. 高聚物的结构

高聚物的结构可分为两种类型:均聚物(homopolymer)和共聚物(copolymer)。

(1) 均聚物 只含有一种单链节,若干个链节用共价键按一定方式重复连接起来,像一根又细又长的链子一样。这种高聚物结构在拉伸状态或在低温下易呈直线状,如图 1.24(a)所示,而在较高温度或稀溶液中,则易呈蜷曲状。这种高聚物的特点是可溶,即它可以溶解在一定的溶液之中,加热时可以熔化。基于这一特点,线型高聚物结构的聚合物易于加工,可以反复应用。一些合成纤维、热塑性塑料(如聚氯乙烯、聚苯乙烯等)就属于此类。

支链型高聚物结构好像一根"节上小枝"的枝干一样,如图 1.24(b)所示,主链较长,支链较短,其性质和线型高聚物结构基本相同。

网状高聚物,如图 1.24(c)所示,是在一根根长链之间有若干个支链把它们交连起来,构成一种网状形状。如果这种网状的支链向空间发展,便得到体型高聚物结构。这种高聚物结构的特点是在任何情况下都不熔化,也不溶解。成型加工只能在形成网状结构之前进行,一经形成网状结构,就不能再改变其形状。这种高聚物在保持形状稳定、耐热及耐溶剂作用方面有其优越性。热固性塑料(如酚醛、脲醛等塑料)就属于此类。

(a)   (b)   (c)

图 1.24 均聚物结构示意图

(a) 线型结构;(b) 支链型结构;(c) 网状结构

（2）共聚物 共聚物是由两种以上不同的单体链节聚合而成的。由于各种单体的成分不同,共聚物的高分子排列形式也多种多样,可归纳为无规则型、交替型、嵌段型、接枝型。例如,将 M_1 和 M_2 两种不同结构的单体分别以用斜线的圆圈和空白圆圈表示。共聚物高分子结构如图 1.25 所示。

图 1.25 共聚物结构示意图

无规则型是 M_1、M_2 两种不同单体在高分子长链中呈无规则排列;交替型是 M_1、M_2 单体呈有规则地交替排列在高分子长链中;嵌段型是 M_1 聚合片段和 M_2 聚合片段彼此交替连接;接枝型是 M_1 单体连接成主链,又连接了不少 M_2 单体组成的支链。

共聚物在实际应用上具有十分重要的意义,因为共聚物能把两种或多种自聚的特性综合到一种聚合物中来。因此有人把共聚物称为非金属的"合金",这是一个很恰当的比喻。例如,ABS 树脂是丙烯腈、丁二烯和苯乙烯三元共聚物,具有较好的耐冲击、耐热、耐油、耐腐蚀及易加工等综合性能。

2. 高聚物的聚集态结构

高聚物的聚集态结构是指高聚物材料本体内部高分子链之间的几何排列和堆砌结构,也称为超分子结构。实际应用的高聚物材料或制品,都是许多大分子链聚集在一起的,所以高聚物材料的性能不仅与高分子的分子量和大分子链结构有关,而且与高聚物的聚集状态有直接关系。

高聚物按照大分子排列是否有序,可分为结晶态（crystal state）和非结晶态（amorphous）两类。结晶态聚合物分子排列规则有序;非结晶态聚合物分子排列杂乱不规则。

图 1.26 高聚物的晶区与非晶区示意图

结晶态聚合物由晶区（分子有规则紧密排列的区域）和非晶区（分子处于无序状态的区域）组成,如图 1.26 所示。高聚物部分结晶的区域称为微晶,微晶的多少称为结晶度。一般结晶态高聚物的结晶度为 $50\%\sim80\%$。

过去一直认为非晶态聚合物的结构是大分子杂乱无章、相互穿插与交缠排列。近来研究发现,非晶态聚合物的结构只是大距离范围的无序,小距离范围内是有序的,即远程无序和近程有序。

晶态与非晶态影响高聚物的性能。结晶使分子排列紧密,分子间作用力增大,所以使高聚物的密度、强度、硬度、刚度、熔点、耐热性、耐化学性、抗液体及气体透过性等性能有所提高;而依赖链运动的有关性能如弹性、塑性和韧性降低。

1.2.4 陶瓷材料的结构

现代陶瓷材料被看作除金属材料和有机高分子材料以外的所有固体材料,所以陶瓷材料（ceramic material）也称为无机非金属材料。陶瓷的结合键主要是离子键或共价键,它们可以是结晶型的,如 MgO、Al_2O_3、ZrO_2 等;也可以是非晶型的,如玻璃等。有些陶瓷在一定条件下,可由非晶型转变为结晶型,如玻璃陶瓷等。

1. 离子型晶体陶瓷(ionic crystal ceramic)

属于离子型晶体陶瓷的种类很多。主要有 NaCl 结构,具有这类结构的陶瓷有 MgO、NiO、FeO 等;CaF_2 结构(图 1.27),具有这类结构的陶瓷有 ZrO_2、VO_2、ThO_2 等;刚玉型结构(图 1.28),具有这类结构的陶瓷主要有 Al_2O_3、Cr_2O_3 等;钙钛矿型结构(图 1.29),具有这类结构的陶瓷有 $CaTiO_3$、$BaTiO_3$、$PbTiO_3$ 等。

图 1.27　CaF_2 结构　　　　　图 1.28　刚玉型结构　　　　　图 1.29　钙钛矿型结构

2. 共价型晶体陶瓷(covalent crystal ceramic)

共价型晶体陶瓷多属于金刚石结构,如图 1.30 所示,或者是由其派生出的结构,如 SiC 结构(图 1.31)和 SiO_2 结构(图 1.32)。

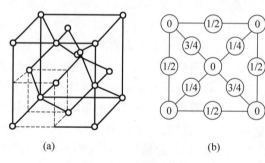

(a)　　　　　　　　　　(b)

图 1.30　金刚石结构

(a)晶胞;(b)原子在晶胞底面上的投影

图 1.31　SiC 结构　　　　　　　图 1.32　SiO_2 结构

1.3 金属材料的结晶

1.3.1 纯金属的结晶

通常大部分金属要经过熔炼或铸造(指由液态向固态的转变过程)之后才制成各种制品。由于固态金属通常是晶体,所以把金属由液态向固态的转变过程称为结晶(crystalline)。从原子排列规则来看,结晶就是原子排列从无规则状态向规则状态的转变过程。掌握金属结晶过程及其规律,对于控制零件的组织和性能是十分重要的。

1. 冷却曲线(cooling curve)和过冷度(degree of supercooling)

晶体的结晶过程可用热分析法(thermoanalysis method)测定,如图 1.33(a)所示。即将金属材料加热到熔化状态,然后缓慢冷却,记录下液体金属的冷却温度随时间的变化规律,做出金属材料的冷却曲线,如图 1.33(b)所示。由图可见,在 T_m 温度以上,随着时间的延长,温度均匀下降。液态金属在理论结晶温度 T_m 时并不产生结晶,而需冷却到低于 T_m 的某一温度 T_n 时,液体才开始结晶,由于放出结晶潜热,弥补了金属向四周散出的热量,因而冷却曲线上出现"平台"。持续一段时间后,结晶完毕,固态金属的温度继续均匀下降直至室温。曲线上平台所对应的温度 T_n 为实际结晶温度。理论结晶温度 T_m 与平台温度 T_n 之差即实际过冷度。液体要结晶就必须过冷,液体的冷却速度越大,过冷度越大,实际结晶温度就越低。

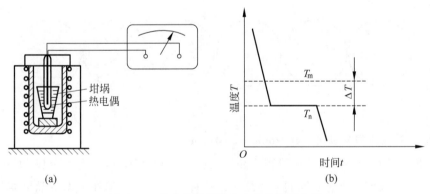

图 1.33 热分析装置及纯金属的冷却曲线

(a)热分析装置;(b)纯金属的冷却曲线

2. 金属结晶的热力学条件

热力学定律指出,在等压条件下,一切自发过程都是朝着吉布斯自由能降低的方向进行,直至进行到吉布斯自由能具有最低值为止。这个规律又称为最小自由能原理。吉布斯自由能 G 是物质中能够向外界释放或能对外做功的那一部分能量。一般来说,金属在积聚状态的自由能 G 随温度的升高而降低。由于液态金属中原子排列的规则性比晶体中的差,所以同一物质的液体和晶体在不同温度下吉布斯自由能的变化情况不同,如

图 1.34　液体和晶体吉布斯自由
能随温度变化示意图

图 1.34 所示。在自由能-温度的关系曲线上,液态金属的自由能变化曲线比晶体的更陡,即液体降低得更快,两条曲线必然相交,其交点所对应的温度就是理论结晶温度或熔点 T_m,此时液相与固相的吉布斯自由能相等。温度低于 T_m,$G_S < G_L$,金属的稳定状态是固态,液体将结晶;温度高于 T_m,$G_S > G_L$,金属处于液态才稳定,晶体将熔化。因此,液态物质要结晶,就必须冷却到 T_m 以下的某一温度 T_n 才能结晶,这种现象称为过冷现象(supercooling phenomenon)。理论结晶温度与实际结晶温度之差称为过冷度(degree of supercooling),记作 ΔT,$\Delta T = T_m - T_n$。过冷度的大小除与金属的性质和纯度有关,主要取决于结晶冷却速度的大小。一般冷却速度越大,过冷度越大,液态和固态间的自由能差越大,液体结晶的驱动力越大,结晶越容易进行。

3. 金属结晶过程的一般规律

观察任何一种液体的结晶过程,都会发现结晶是一个不断形核(nucleation)和长大(growth)的过程,这是结晶的普遍规律。

图 1.35 示意地说明了结晶过程。液体冷却到 T_m 温度以下,经过一段时间,首先在液体中某些部位形成一批稳定的原子集团作为晶核,接着晶核长大,同时又有一些新的晶核出现。就这样不断形核,不断长大,直到液体完全消失,每一个晶核成长为一个晶粒,最后得到多晶体结构。

图 1.35　结晶过程示意图

4. 金属的同素异构转变(allotropic transformation)

大多数金属在结晶后的冷却过程中晶体结构类型保持不变,但有些金属(如铁、锰、钛、锡等)在不同的温度下具有不同的晶体结构。这种同一金属元素在固态下晶体结构随温度变化的现象称为金属的同素异构转变。同素异构转变是一种固态相变。

图 1.36 为铁的同素异构转变冷却曲线。铁在固态时随温度的变化有三种同素异构体(δ-Fe、γ-Fe 和 α-Fe),其晶格常数也随温度的变化而变化。铁自液态结晶后,在 1538~1394 ℃的温度范围内具有体心立方晶体结构,称为 δ-Fe。在 1394 ℃时发生同素异构转变,由体心立方晶体结构的 δ-Fe 转变为面心立方晶体结构的 γ-Fe。温度进一步降低到 912 ℃时,面心立方晶体结构的 γ-Fe 转变为体心立方晶体结构的 α-Fe。α-Fe 在 770 ℃时还将发生磁性转变,即由高温的顺磁性转变为低温的铁磁性状态。通常把磁性转变温度称为铁的居里点(Curie point)。磁性转变时铁的晶格类型不变,所以磁性转变不属于相变。

图 1.36　铁的同素异构转变冷却曲线

1.3.2　合金的结晶

1. 二元合金相图的基本知识

由两种或两种以上的组元按不同的比例配制成一系列不同成分的所有合金称为合金系,如 Al-Si 系合金、Fe-C-Si 系合金。为了研究合金的组织与性能之间的关系,必须了解合金中各种组织的形成及变化规律。合金相图就是用图解的方法表示合金系中合金的状态、组织、温度与成分之间的关系。

相图又称为平衡相图或状态图,是表明合金系中不同成分合金在不同温度下,是由哪些相组成以及这些相之间平衡关系的图形。利用合金相图可以知道各种成分的合金在不同的温度下有哪些相,各相的相对含量、成分以及温度变化时可能发生的变化。掌握合金相图的分析和使用方法,有助于了解合金的组织状态和预测合金的性能。也可按要求研究配制新的合金。生产实践中,合金相图是制定合金熔炼、锻造和热处理工艺的重要依据。

1) 二元合金相图的建立方法

现有的合金相图都是通过实验建立的。其根据是不同成分的合金,晶体结构不同,物理化学性能也不同。当合金中有相转变时,必然伴随着物理化学性能的变化,测定发生这些变化的温度和成分,再经综合,即可建立整个相图。常用的方法有热分析法、膨胀法、电阻法、X 射线分析法和磁性分析法等。

以热分析法建立 Cu-Ni 合金相图为例,具体步骤如下。

① 配制不同成分的 Cu-Ni 合金,如合金Ⅰ-纯 Cu,合金Ⅱ-75Cu％＋25％Ni,合金Ⅲ-50％Cu＋50％Ni,合金Ⅳ-25％Cu＋75％Ni,合金Ⅴ-纯 Ni。配制的合金越多,作出的相图越精确。

② 作各个合金的冷却曲线,并找出各个临界温度值。

③ 画出温度-成分坐标系,在各合金成分垂线上标出临界点温度。

④ 将临界点温度中物理意义相同的点连起来,即得 Cu-Ni 合金相图。

图 1.37 为按上述步骤建立 Cu-Ni 合金相图过程的示意图。

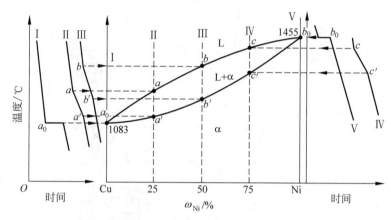

图 1.37　建立 Cu-Ni 合金相图过程的示意图

相图上的每个点、每条线、每个区域都有明确的物理意义。a_0 和 b_0 分别为 Cu 和 Ni 的熔点。abc 曲线为液相线(liquidus curve),该线以上合金全为液体,任何成分的合金从液态冷却时,碰到液相线就要有固体开始结晶出来。$a'b'c'$ 曲线为固相线(solidus curve),该线以下合金全为固体,合金加热到固相线时,即开始产生液体。固相线和液相线之间的区域是固相和液相并存的两相区。两相区的存在说明 Cu-Ni 合金的结晶(crystallization of alloy)是在一个温度范围内进行的,这一点不同于在恒温下结晶的纯金属。合金结晶温度区间的大小和温度的高低是随成分改变的。

2) 杠杆定律(lever rule)

在两相区结晶过程中,两相的成分和相对量都在不断变化,杠杆定律就是确定相图中两相区内,两平衡相的成分和两平衡相相对量的重要工具。

仍以 Cu-Ni 合金为例。

① X 成分合金在 t 温度下两平衡相成分的确定:在图 1.38 中,过 X 点作一成分垂线,过 t 点作一水平线交液相线于 a 点,交成分垂线于 o 点,交固相线于 b 点。a 点在成分轴上的投影 X_1,便是 t 温度时 K 成分合金中液相部分的化学成分。同理,b 点在成分轴上的投影 X_2 点,即 X 成分合金在 t 温度结晶出的 α 固溶体的化学成分。也即合金 X 在 t 温度时的平衡相是由成分为 X_1％的液相 L 和成分为 X_2％的固相 α 所组成。

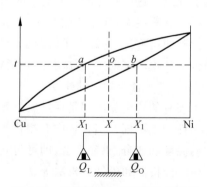

图 1.38　杠杆定律的证明和力学比喻

② X 成分合金在 t 温度下两平衡相相对量的确定：设合金总质量为 1，其中液相的质量为 Q_L，固相的质量为 Q_α，即

$$Q_L + Q_\alpha = 1 \tag{1.14}$$

液相中的含 Ni 量为 X_1，固相中的含 Ni 量为 X_2，合金的含 Ni 量为 X，则

$$Q_L \cdot X_1 + Q_\alpha \cdot X_2 = X \tag{1.15}$$

解方程(1.13)和方程(1.14)，得

$$Q_\alpha = \frac{X - X_1}{X_2 - X_1} = \frac{oa}{ba} \tag{1.16}$$

$$Q_L = \frac{X_2 - X}{X_2 - X_1} = \frac{bo}{ba} \tag{1.17}$$

将式(1.15)和式(1.16)两式相除，得

$$\frac{Q_\alpha}{Q_L} = \frac{XX_1}{X_2 X} = \frac{oa}{bo}$$

即 K 成分合金在 t 温度下，其固相 α 和液相 L 的相对量为图 1.38 中线段 XX_1(oa) 和 X_2X(bo) 的长度比。

由图 1.38 可知，以上所得两相质量间的关系同力学中杠杆原理十分相似，因此称为杠杆定律。杠杆定律不仅适用于液、固两相区，也适用于其他类型的二元合金的两相区。但是，杠杆定律仅适用于两相区。

2. 二元匀晶相图(binary uniform grain equilibrium diagram)

二元合金中，两组元在液态时无限互溶，在固态时也无限互溶形成单相固溶体的一类相图，称为"匀晶相图"。上述二元合金相图便是其中最简单的一种。具有这类相图的合金系有 Cu-Ni、Cu-Au、Au-Ag、Fe-Cr、Fe-Ni 和 W-Mo 等。这类合金在结晶时都是从液相结晶出固溶体，固态下呈单相固溶体。所以这种结晶过程称为匀晶转变。几乎所有的二元相图都包含匀晶转变部分，因此掌握这一类相图是学习二元相图的基础。

1) 合金的结晶过程分析

现仍以 Cu-Ni 二元合金为例，分析其结晶过程与产物。

图 1.39 是 Cu-Ni 合金匀晶相图。其中，上面的一条曲线为液相线，下面的一条曲线为固相线。相图被它们划分为三个相区：液相线以上为单相液相区(L)，固相线以下为单相固相区(α)，两者之间为液、固两相共存区(L+α)。

2) 合金的平衡结晶过程

平衡结晶是指合金在极其缓慢冷却条件下进行结晶的过程。在此条件下得到的组织称为平衡组织。

以含 Ni70% 的 Cu-Ni 合金为例：

① 当温度高于 1 时，合金为液相 L。

② 当温度降到 1 时(与液相线相交的温度)，开始从液相中结晶出 α 固溶体。

③ 随着温度继续下降，从液相不断析出固溶体，合金在整个结晶过程中所析出的 α 固溶体的成分将沿着固相线变化(即 $c_1 \rightarrow c_2$)，而液相成分将沿液相线变化(即 $a_1 \rightarrow a_2$)。在一定温度下，两相的相对量可用杠杆定律求得。例如 $T = T_1$ 时，液相的成分为 a_1，固相的成

图 1.39　Cu-Ni 合金匀晶相图

分为 c_1,固相的相对质量为 $\dfrac{a_1 b_1}{a_1 c_1} \times 100\%$,液相的相对质量为 $\dfrac{b_1 c_1}{a_1 c_1} \times 100\%$。

④ 当温度下降到 2 时,液相消失,结晶完毕,最后得到与合金成分相同的固溶体。

3. 二元共晶相图(binary eutectic equilibrium diagram)

两组元在液态能完全互溶,而在固态时相互之间只具有有限的溶解度,即形成有限固溶体,且发生共晶反应时,这类相图称为"二元共晶相图"。具有这类相图的合金系有 Pb-Sn、Pb-Sb、Pb-Bi、Al-Si 和 Cu-Ag 等。

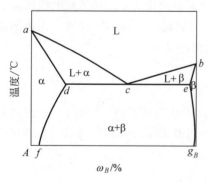

图 1.40　共晶状态图

1) 相图分析

由图 1.40 得知,此合金系包含两种有限固溶体 α 相和 β 相。α 为 B 组元溶于 A 组元中所形成的固溶体。β 相恰好相反,它是 A 组元溶于 B 组元所形成的固溶体。二者均只有有限溶解度。图中 ac、cb 为液相线,这两条曲线的上面为液相区,$adceb$ 为固相线,$acda$ 与 $cbec$ 间为两相区,分别为液相加初晶 α 与液相加初晶 β。dce 为共晶线,在此温度发生 L→$\alpha+\beta$ 共晶转变,此时三相共存。c 点为共晶点。df 为 B 组元在 A 组元中的溶解度曲线,eg 则为 A 组元在 B 组元中的溶解度曲线,df 和 eg 均称为固溶线。

2) 结晶过程分析

① 合金Ⅰ的结晶(图 1.41)　合金Ⅰ的结晶过程与上述匀晶相图中任何成分合金的结晶过程均无差别。当液相冷至 1 点时,从液相中开始析出固溶体,温度降至 2 点时,结晶完成。温度继续降低,组织不再发生变化,室温下合金显微组织为单相 α 固溶体。

② 合金Ⅱ的结晶(图 1.41)　此合金在高温阶段的结晶过程与合金Ⅰ相同,进行匀晶反应,结晶终了为均一的 α 相。但当温度降至与固溶线 df 相交时,α 相中溶入的组元 B 的量

达到饱和状态。随着温度的继续下降，α相中多余的 B 组元便以 β 固溶体的形态析出。为了与液相中析出的初晶相 β 有所区别，把它叫作二次 β 相，用 β_{II} 表示。倘若温度再继续降低，α相溶解 B 组元的量逐渐减少，β_{II} 的数量逐渐增加。合金 II 在室温下的显微组织为 $\alpha+\beta_{II}$。

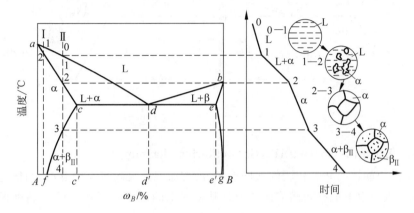

图 1.41　A-B 合金 I、合金 II 的结晶过程

③ 合金 III 的结晶　这一合金属于共晶成分。其结晶过程较为简单，如图 1.42 所示。在共晶温度 c 点以上呈单相液体，当共晶成分的合金冷至共晶温度 c 时，产生共晶反应，由液相中同时析出 α+β 的共晶体组织。继续降低温度时，共晶体中的 α 相也要析出二次 β 相，由于 β_{II} 往往同共晶体中的 β 相连在一起，所以合金在室温下可以看成由 α+β 共晶组织所组成。

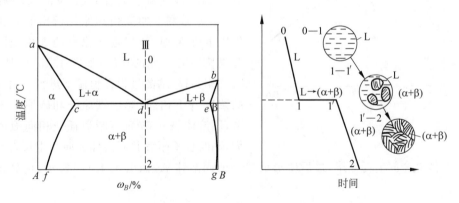

图 1.42　A-B 合金 III 的结晶过程

④ 合金 IV 的结晶（图 1.43）　这种合金属于亚共晶合金。当合金冷到 1 点时，液相中开始结晶出 α 固溶体。随着温度的降低，α 固溶体的数量逐渐增加，而液相数量不断减少。当冷至共晶温度 2 点时，剩余的液相达到共晶成分，于是同时结晶出共晶体 α+β。所以共晶反应结束时，合金的组织为固溶体 α+共晶体(α+β)。之后继续降低温度，初晶 α 和共晶体中的 α 相都要析出 β_{II}。因此，合金 IV 的室温显微组织为 $\alpha+\beta_{II}$ ＋共晶体(α+β)。

过共晶合金的结晶过程，同亚共晶合金的结晶过程相似，只是合金由液相中析出的初生相不是 α 相而是 β 相。

图 1.43   *A-B* 合金 Ⅳ 的结晶过程

4. 二元包晶相图（binary peritectic equilibrium diagram）

包晶相图与前述的共晶相图的共同点是,液态时两组元均可无限互溶,而固态时则只有有限溶解度,因而也形成有限固溶体。但是其相图中的水平线所代表的结晶过程与共晶相图完全不同。

图 1.44   Fe-Fe₃C 相图左上角的包晶部分

图 1.44 是 Fe-Fe$_3$C 相图左上角的包晶部分。当合金 Ⅰ 从高温液态冷至 1 点时,开始结晶,从液相中析出固溶体 δ,如图 1.45(a) 所示;随着温度继续下降,δ 相的数量不断增加,液相量则不断减少。δ 相成分沿 *AH* 线变化,液相成分沿 *AB* 线变化。合金冷至包晶反应温度时(1495 ℃),剩下的液相和原先析出的 δ 相相互作用生成 A 相,新相是在原有的 δ 相表面生核并成长一层 A 相的外层,如图 1.45(b) 所示,此时三相共存,结晶过程在恒温下进行。由于三相的浓度各不相同,通过铁原子和碳原子不断扩散,固溶体 A 一方面不断消耗液相向液体中长大,同时也不断吞并固溶体 δ 向内生长直至把液

体和固溶体 δ 全部消耗完毕,最后便形成单一的固溶体 A,如图 1.45(c) 所示,包晶转变即完成。

图 1.45   包晶转变示意图

在这种结晶过程中,A 晶体包围着 δ 晶体,靠不断消耗液相和 δ 相进行结晶,故称为包晶反应。

除 Fe-C 合金,Cu-Zn、Cu-Sn、Ag-Pt 等合金系中都有包晶转变。

5. 其他类型的二元相图

1) 二元共析相图(binary eutectoid equilibrium diagram)

在二元合金相图中往往还遇到这样的反应,即在高温时通过匀晶反应、包晶反应所形成的固溶体,在冷却至某一更低的温度处,又发生分解而形成两个新的固相。发生这种反应的相图与共晶相图十分相似,只是反应前的母相不是液相,而是固相。这种由一种固相同时分解成两种固相的反应,称为共析反应,其相图称为共析相图,如图 1.46 所示。

共析反应与共晶反应相比具有不同的特点。

(1) 由于共析反应是固体下的反应,在分解过程中需要原子作大量的扩散。但在固态中,扩散过程比液态中困难得多,所以共析反应比共晶反应更易于过冷。

(2) 由于共析反应易于过冷,因而生核率较高,得到的两相机械混合物(共析体)要比共晶体更细。

(3) 共析反应常出现母相与子相的比容不同而产生容积的变化,从而引起较大的内应力,这一现象在合金热处理时表现得更为明显。

Fe-Fe$_3$C 相图中存在共析反应,它是钢铁热处理赖以为据的重要反应。

2) 形成稳定化合物的共晶相图

图 1.47 是 Mg-Si 合金状态图,是形成稳定化合物共晶相图的一个实例。Mg 和 Si 可以形成稳定的化合物 Mg$_2$Si,它具有严格的成分,含 Si 量为 36.59%,在相图中可用一条通过 Mg$_2$Si 成分的垂直线来表示。Mg$_2$Si 的熔点为 1102 ℃,其结晶过程与纯金属相似,在 1102 ℃ 以下均为固体。因此可以把 Mg$_2$Si 看作一个组元,把 Mg-Si 合金相图分成两部分,按两个共晶相图进行分析。垂线左边部分看作 Mg 与 Mg$_2$Si 组成的共晶相图;垂线右边部分看作 Mg$_2$Si 和 Si 组成的共晶相图。

图 1.46　共析相图

图 1.47　Mg-Si 合金状态图

6. 根据相图判断合金的性能

由相图可以看出在一定温度下合金的成分与其组成相之间的关系,以及不同合金的结晶特点,而合金的使用性能取决于它们的成分和组织,合金的某些工艺性能取决于其结晶特点。因此通过相图可以判断合金的性能和工艺性,为正确地配制合金、选材和制定相应的工艺提供依据。

1) 根据相图判断合金的机械性能和物理性能

二元合金的室温平衡组织主要有两种类型,即固溶体和两相混合物。图 1.48 为匀晶、共晶和包晶系合金的力学性能和物理性能随成分变化的一般规律。由图可知,固溶体合金与作为溶剂的纯金属相比,其强度、硬度升高,导电率降低,并在某一成分存在极值。因固溶强化对强度与硬度的提高有限,不能满足工程结构对材料性能的要求,所以工程上经常将固溶体作为合金的基体。

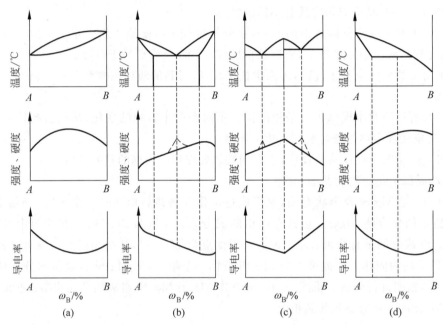

图 1.48　匀晶、共晶和包晶系合金的力学性能和物理性能随成分变化的一般规律

(a) 匀晶系合金;(b) 共晶系合金;(c) 形成稳定化合物的共晶系合金;(d) 包晶系合金

固溶体合金的电导率与成分的变化关系与强度和硬度的相似,均呈曲线变化。这是由于随着溶质组元含量的增加,晶格畸变增大,增大合金中自由电子的阻力所致。同理可以推测,热导率的变化关系与电导率相同,随着溶质组元含量的增加,热导率逐渐降低,而电阻的变化却与之相反。因此工业上常采用含镍量为 $w_{\text{Ni}} = 50\%$ 的 Cu-Ni 合金作为制造加热元件。

共晶相图和包晶相图的端部均为固溶体,其成分与性能间的关系如上所述。相图的中间部分为两相混合物,在平衡状态下,当两相的大小和分布都比较均匀时,合金的性能大致是两相性能的算术平均值。例如,合金的硬度为

$$\text{HB} = \text{HB}_\alpha \varphi_\alpha + \text{HB}_\beta \varphi_\beta \tag{1.18}$$

式中,HB_α 和 HB_β 分别为 α 相和 β 相的硬度,φ_α 和 φ_β 为 α 相和 β 相的体积分数。因此,合金的机械性能和物理性能与成分的关系呈直线变化。但是应当指出,当共晶组织十分细密,且在不平衡结晶出现伪共晶时,其强度和硬度将偏离直线关系而出现峰值,其强度、硬度明

显提高。组织越致密,合金的性能提高得越多。

2)根据相图判断合金的工艺性能

合金的铸造性能主要表现为合金液体的流动性(即液体充填铸型的能力)、缩孔及热裂倾向及偏析等。这些性能主要取决于相图上液相线与固相线之间的水平距离与垂直距离,即结晶时液、固相间的成分间隔与温度间隔。

从相图上也可以判断出合金的工艺性能,图1.49是合金的铸造性能与相图的关系。由图可知,相图中的液相线与固相线之间的水平距离和垂直距离(成分间隔和温度间隔)越大,合金的流动性就越差,分散缩孔也越多,合金成分偏析(枝晶偏析)也越严重,使铸造性能变差。另外,当结晶间隔很大时,将使合金在较长时间内处于半固、半液状态,这对于已结晶的固相来说,因为有不均匀的收缩应力,有可能引起铸件内部出现裂纹等现象。

图 1.49 合金的铸造性能与相图的关系

对于共晶系合金来说,共晶成分的合金熔点低,并且是恒温凝固,故液体的流动性好,凝固后容易形成集中缩孔,而分散缩孔(缩松)少,热裂倾向也小。因此共晶合金的铸造性能最好,故在其他条件许可的情况下,铸造合金选用接近共晶成分的合金。

合金的压力加工性能与其塑性有关,因为单相固溶体合金具有较好的塑性,变形均匀,其压力加工性能良好,因此压力加工合金通常是相图上单相固溶体成分范围内的单相合金或含有少量第二相的合金。单相固溶体的硬度一般较低,不利于切削加工,故切削性能较差。当合金形成两相混合物时,合金的切削加工性能要好于单相合金的,但压力加工性能却不如单相固溶体。

1.3.3　典型铁碳合金相图

钢铁是现代机械制造工业中应用最为广泛的金属材料。碳钢和铸铁都是铁碳合金。了解与掌握铁碳合金相图(iron-carbon equilibrium diagram),对于钢铁材料的研究和使用、各种热加工工艺的制定等都具有重要的指导意义。铁与碳两个组元可以形成一系列化合物,如 Fe_3C、Fe_2C、FeC 等,由于钢中含碳量一般不超过 2.11%,铸铁的含碳量一般不超 5%,所以在研究铁碳合金时,仅研究 $Fe-Fe_3C$($w_C = 6.69\%$)部分;下面讨论的铁碳相图,实际上是铁-渗碳体($Fe-Fe_3C$)相图,如图 1.50 所示。

图 1.50　铁-渗碳体($Fe-Fe_3C$)相图

1. 铁碳合金的基本相

Fe 和 Fe_3C 是组成 $Fe-Fe_3C$ 相图的两个基本组元。由于铁与碳之间的相互作用不同,使铁碳合金固态下的相结构存在固溶体和金属化合物两类,属于固溶体相的是铁素体和奥氏体,属于金属化合物相的是渗碳体。

1) 纯铁(pure iron)

工业纯铁的含铁量一般为 $w_{Fe} = 99.8\% \sim 99.9\%$,含有 0.1%~0.2%的杂质(杂质主要是碳元素)。纯铁的机械性能大致为:

抗拉强度:$\sigma_b \approx 180 \sim 230\ \mathrm{MPa}$;

屈服强度:$\sigma_{0.2} \approx 100 \sim 170\ \mathrm{MPa}$;

伸长率：$\delta \approx 30\% \sim 50\%$；

断面收缩率：$\psi \approx 70\% \sim 80\%$；

冲击韧性：$\alpha_k \approx 1600 \sim 2000 \ \text{kJ/m}^2$；

硬度：$50 \sim 80$ HBS。

纯铁虽有较好的塑性，但其强度、硬度差，生产中很少直接用作结构材料，通常都使用铁碳合金。纯铁具有高的磁导率，可用于要求软磁性的场合，例如各种仪器仪表的铁心等。

2）碳溶于铁中形成固溶体-铁素体（ferrite）和奥氏体（austenite）

铁中加入少量碳后使强度、硬度显著增加，这是由于碳的加入引起了内部组织结构的变化。固态下碳在铁中的存在形式有三种：碳溶于铁中形成固溶体，碳与铁作用形成化合物，碳与铁原子间不相互作用而以自由态石墨存在。

（1）铁素体　碳溶解于 α-Fe 中所形成的间隙固溶体，称为"铁素体"，用符号"F"或"α"表示。在 α-Fe 的体心立方晶格中，最大间隙半径只有 0.31Å，比碳原子半径（0.77Å）小得多。碳原子只能处于位错、空位、晶界等晶体缺陷处或个别八面体间隙中，所以碳在 α-Fe 中的溶解度很小，最大溶解度为 0.0218%（727 ℃）。随着温度的降低，其溶解度要减小，室温时碳在 α-Fe 中的溶解度仅为 0.0008%。铁素体的组织与纯铁组织没有明显区别，是由等轴状的多边形晶粒组成，黑线是晶界，亮区是铁素体晶粒，如图 1.51（a）所示。由于铁素体的溶碳能力很弱，故其机械性能几乎和纯铁相同，强度和硬度低，而塑性和韧性好。另外，铁素体在 770 ℃ 以上具有顺磁性，在 770 ℃ 以下呈铁磁性。碳溶于体心立方晶格 δ-Fe 中的间隙固溶体称为 δ 铁素体，以"δ"表示，其最大溶解度于 1495 ℃ 时为 0.09%。

（2）奥氏体　碳溶解于 γ-Fe 中形成的间隙固溶体，称为"奥氏体"，用符号"A"或"γ"表示。在奥氏体多边形的晶粒内往往有孪晶线，即有一些成对平行线条出现，如图 1.51（b）所示。在 727 ℃ 时，γ-Fe 溶碳量为 0.77%，随着温度的升高，其溶解度增加，在 1148 ℃ 时其最大溶碳量为 2.11%。在铁碳合金中，奥氏体是一种存在于高温状态下的组织，它有着良好的韧性和塑性，变形抗力小，易于锻造成型。奥氏体的力学性能与其含碳量和晶粒度有关，硬度为 170 ～ 220 HBS；伸长率 $\delta = 40\% \sim 50\%$。可见奥氏体也是一个强度、硬度较低而塑性韧性较高的相，但它与铁素体不同，只有顺磁性，而不呈现铁磁性。

（a）　　　　　　　　　　　（b）

图 1.51　铁素体和奥氏体的显微组织

（a）铁素体的显微组织（400×）；（b）奥氏体的显微组织（400×）

3）渗碳体（cementite）

当碳在 α-Fe 或 γ-Fe 中的溶解度达到饱和时，过剩的碳原子就和铁原子化合，形成间隙化合物 Fe_3C，称为"渗碳体"，用符号 Cm 表示。

渗碳体的含碳量为 6.69%,其晶格是复杂三斜晶格,如图 1.23(b)所示。

渗碳体的熔点很高,硬而耐磨,其机械性能大致如下:

抗拉强度 $\sigma_b \approx 30$ MN/M^2;

伸长率 $\delta \approx 0$;

断面收缩率 $\psi \approx 0$。

渗碳体在钢与铸铁中一般呈片状、粒状或网状存在,如图 1.52 所示。它的形状、尺寸与分布对钢的性能有很大影响,是铁碳合金的重要强化相。渗碳体在固态下不发生同素异构转变,但可能与其他元素形成固溶体。其中的碳原子可能被氮等小原子置换,而铁原子可能为其他金属原子(如 Mn、Cr)所替代。这种以渗碳体为溶剂的固溶体,称为合金渗碳体。

(a)　　　　　　　　　　(b)

图 1.52　渗碳体的显微组织

(a) 在钢中(400×);(b) 在铸铁中(400×)

渗碳体是亚稳定的化合物。在一定的条件下,渗碳体能按下列反应分解形成石墨状的具有六方结构的自由碳,其强度硬度极低。灰口铸铁中碳主要以这种石墨形式存在,如图 1.52(b)所示。

$$Fe_3C \rightarrow 3Fe + C(石墨)$$

这个转变对铸铁有重要意义。

综上所述,Fe-Fe$_3$C 合金系中存在四个相,即液体(L)、铁素体(F)、奥氏体(A)和渗碳体(Fe$_3$C 或 Cm)。

2. Fe-Fe$_3$C 相图分析

1) 相图中的点、线、区及其意义

图 1.50 是 Fe-Fe$_3$C 相图,图中各特性点的温度、碳浓度及意义示于表 1.4 中。

表 1.4　Fe-Fe$_3$C 相图中的特性点

符　号	温度/℃	含碳量/%	说　　明
A	1538	0	纯铁的熔点
B	1495	0.53	包晶转变时液相合金的成分
C	1148	4.30	共晶点
D	1227	6.69	渗碳体的熔点(计算值)
E	1148	2.11	碳在奥氏体中的最大溶解度
F	1148	6.69	渗碳体的成分
G	912	0	γ-Fe→α-Fe 同素异构转变点
H	1495	0.09	碳在 δ 中的最大溶解度

续表

符　号	温度/℃	含碳量/%	说　明
J	1495	0.17	包晶点
K	727	6.69	渗碳体
N	1394	0	$\delta\text{-Fe} \rightarrow \gamma\text{-Fe}$ 同素异构转变点
P	727	0.0218	碳在 α 中的最大溶解度
S	727	0.77	共析点
Q	室温	0.0008	室温时碳在 α 中的最大溶解度

相图中的 $ABCD$ 线为液相线，$AHJECF$ 线为固相线。

相图中包括 5 个基本相，相应有 5 个单相区，分别是：

$ABCD$ 以上——液相区(L)；

$AHNA$——高温铁素体区(δ)；

$NJESGN$——奥氏体区(A 或 γ)；

$GPQG$——铁素体区(F 或 α)；

DFK——渗碳体区(Fe_3C)。

相图中还有 7 个两相区，分别位于两相邻的两单相区之间。这些两相区是 $L+\delta$、$L+A$、$L+Fe_3C$、$\delta+A$、$F+A$、$A+Fe_3C$ 及 $F+Fe_3C$。

铁碳合金相图包括包晶、共晶、共析三个基本转变，现分别说明如下。

(1) 包晶转变(peritectic transition)

发生于 1495 ℃(水平线 HJB)，其反应式为

$$L_{0.53} + \delta_{0.09} \xleftrightarrow{1495\ ℃} A_{0.17} \tag{1.19}$$

包晶转变是在恒温下进行的，其产物是奥氏体。凡含碳量介于 0.09%～0.53% 的铁碳合金在结晶时都要发生包晶转变。

(2) 共晶转变(eutectic transition)

发生于 1148 ℃(水平线 ECF)，其反应式为

$$L_{4.3} \xleftrightarrow{1148\ ℃} A_{2.11} + Fe_3C \tag{1.20}$$

共晶转变同样是在恒温下进行的，共晶反应的产物是奥氏体和渗碳体的混合物，称为(高温)莱氏体，用字母 L_d 表示。凡含碳量大于 2.11% 的铁碳合金冷却至 1148 ℃时，将发生共晶转变，从而形成莱氏体组织。

(3) 共析转变(eutectoid transition)

发生于 727 ℃(水平线 PSK)，其反应式为

$$A_{0.77} \xleftrightarrow{727\ ℃} F_{0.0218} + Fe_3C \tag{1.21}$$

共析转变也是在恒温下进行的，反应产物是铁素体与渗碳体的混合物，称为珠光体，用字母 P 代表。共析温度以 A_1 表示。凡含碳量大于 0.0218% 的铁碳合金冷却至 727 ℃时，奥氏体将发生共析转变形成珠光体。

此外，在铁碳合金相图中还有三条重要的特性线，它们是 ES 线、PQ 线和 GS 线。

ES 线是碳在奥氏体中的固溶线。随温度变化，奥氏体的溶碳量将沿 ES 线变化。因此含碳量大于 0.77% 的铁碳合金，1148～727 ℃的降温过程中，将从奥氏体中析出渗碳体。为

区别自液相中析出的渗碳体,通常把从奥氏体中析出的渗碳体称为二次渗碳体(Fe_3C_{II})。ES 线也称为 A_{cm} 线。

PQ 线是碳在铁素体中的固溶线。铁碳合金由 727 ℃冷却至室温时,将从铁素体中析出渗碳体。这种渗碳体称为三次渗碳体(Fe_3C_{III})。对于工业纯铁及低碳钢,由于三次渗碳体沿晶界析出,降低其塑性、韧性,因而要重视三次渗碳体的存在与分布。在含碳量较高的铁碳合金中,三次渗碳体可忽略不计。

GS 线称为 A_3 线,它是在冷却过程中,由奥氏体中析出铁素体的开始线。或者说是在加热时,铁素体完全溶入奥氏体的终了线。

2) 典型铁碳合金的结晶过程分析

铁碳合金相图上的各种合金,按其含碳量及组织的不同,常分为工业纯铁、钢和铸铁三大类。工业纯铁的含碳量<0.0218%,显微组织主要为铁素体。钢是含碳量为 0.0218%~2.11%的铁碳合金,钢的高温固态组织为具有良好塑性的奥氏体,因而宜于锻造。根据含碳量及室温组织的不同,钢也可分为亚共析钢(含碳量<0.77%)、共析钢(含碳量为 0.77%)和过共析钢(含碳量>0.77%)三种。

白口铸铁的含碳量为 2.11%~6.69%。白口铸铁在结晶时都有共晶转变,因而有较好的铸造性能。它们的断口具有白亮光泽,所以称为白口铸铁。根据含碳量及室温组织的不同,白口铸铁又可分为三种:共晶白口铸铁的含碳量为 4.3%,室温组织是莱氏体;亚共晶白口铸铁的含碳量低于 4.3%,室温组织是珠光体、二次渗碳体和莱氏体;过共晶白口铸铁合碳量高于 4.3%,室温组织是莱氏体和一次渗碳体。

现以上述几种典型合金为例。分析其结晶过程和在室温下的显微组织,所选取的合金的化学成分如图 1.53 所示。

图 1.53　典型合金的化学成分

(1) 工业纯铁(industrial pure iron)

以 0.01%C 的 Fe-C 合金为例,图 1.54 是工业纯铁结晶过程示意图。液态合金在 1~2 温度区间按匀晶转变形成单相 δ 固溶体。δ 冷却到 3 点时,开始向 A 转变。这一转变于

4 点结束,合金全部转变为单相奥氏体(A)。奥氏体冷却到 5 点时,开始形成铁素体(F),冷却到 6 点时,合金成为单相的铁素体。铁素体冷却到 7 点时,碳在铁素体中的溶解量呈饱和状态,因而自 7 点继续降温时,将自铁素体中析出少量 Fe_3C_{III},它一般沿铁素体晶界呈片状分布。工业纯铁缓冷到室温后的显微组织如图 1.55 所示,主要是铁素体及少量 Fe_3C_{III}。

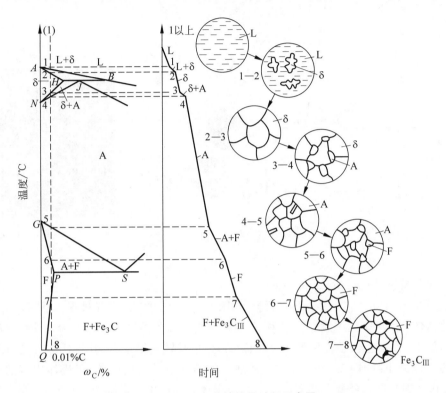

图 1.54　工业纯铁结晶过程示意图

（2）共析钢(eutectoid steel)

图 1.56 是共析钢结晶过程的示意图。共析钢在温度 1～2 按匀晶转变形成奥氏体。奥氏体冷却至 727 ℃(3 点)时,将发生共析转变形成珠光体,即 A→P(F＋Fe_3C)。珠光体中的渗碳体称为共析渗碳体。当温度由 727 ℃继续下降时,铁素体沿固溶线 PQ 改变成分,析出少量 Fe_3C_{III}。Fe_3C_{III} 常与共析渗碳体连在一起,不易分辨,且数量极少,可忽略不计。

图 1.55　工业纯铁的显微组织

图 1.57 是共析钢的珠光体显微组织,呈片层状的两相机械混合物。珠光体中的片层状 Fe_3C 经适当的退火处理后,也可呈粒状分布在铁素体基体上,这种称为粒状珠光体(globular pearlite)。珠光体的含碳量为 0.77%,其中铁素体与渗碳体的相对量可用杠杆定律求出。

$$Fe_3C\% = \frac{0.77 - 0.0218}{6.69 - 0.0218} \times 100\% = 11.3\%$$

$$F\% = \frac{6.69 - 0.77}{6.69 - 0.0218} \times 100\% = 88.7\%$$

图 1.56　共析钢结晶过程示意图

图 1.57　共析钢的珠光体显
微组织图（1000×）

（3）亚共析钢（hypoeutectoid steel）

以含碳量为 0.45% 的合金为例进行分析，图 1.58 是亚共析钢结晶过程示意图。在 1 点以上合金为液体。温度降到 1 点以后，开始从液体中析出 δ 固溶体，1～2 点为 L＋δ。HJB 为包晶线，故在 2 点发生包晶转变形成奥氏体（A）。包晶转变结束后，除奥氏体外还有过剩的液体。温度继续下降时，在 2～3 点之间从液体中继续结晶出奥氏体，奥氏体中碳的浓度沿 JE 线变化。到 3 点后合金全部凝固成固相奥氏体。温度由 3 点降至 4 点时，是奥氏体的单相冷却过程，没有相和组织的变化。继续冷却至 4～5 点时，由奥氏体中结晶出铁素体。在此过程中，奥氏体成分沿 GS 线变化，铁素体成分沿 GP 线变化。当温度降至 727 ℃时，奥氏体的成分达到 S 点（0.77%）则发生共析转变，即 A→P(F＋Fe₃C)，形成珠光体。此时原先析出的铁素体保持不变。所以共析转变后，合金的组织为铁素体和珠光体。当继续冷却时，铁素体的含碳量沿 PQ 线下降，同时析出三次渗碳体。同样，三次渗碳体的量极少，一般可忽略不计。因此，含碳量为 0.45% 的铁碳合金的室温组织是由铁素体和珠光体组成的，如图 1.59 所示。

所有亚共析钢的室温组织都是由铁素体和珠光体组成的，只是珠光体（P）与铁素体（F）的相对量因含碳量不同而有所变化。含碳量越高，则组织中珠光体越多，铁素体越少。相对量同样可用杠杆定律来计算。若忽略铁素体中的含碳量，则亚共析钢的含碳量可以通过显微组织中铁素体和珠光体的相对面积估算得到。例如，经观察某退火亚共析钢显微组织中珠光体和铁素体的面积各占 50%，则其含碳量大致为 C%＝50%×0.77%＝0.385%。

（4）过共析钢（hypereutectoid steel）

以含碳量为 1.2% 的合金为例，过共析钢结晶过程示意图如图 1.60 所示。合金在 1～2 点之间按匀晶过程转变为单相奥氏体组织。在 2～3 点之间为单相奥氏体的冷却过程。自 3 点开始，由于奥氏体的溶碳能力降低，奥氏体晶界处析出 Fe₃C_{II}。在 3～4 点之间，随着温

图 1.58　亚共析钢结晶过程示意图

$$(a)\qquad\qquad\qquad(b)\qquad\qquad\qquad(c)$$

图 1.59　亚共析钢的显微组织图（200×）

(a) $w_C=0.20\%$；(b) $w_C=0.40\%$；(c) $w_C=0.60\%$

度不断降低,析出的二次渗碳体量也逐渐增多。与此同时,奥氏体的含碳量也逐渐沿 ES 线降低。

　　当冷到 727 ℃（4 点）时,奥氏体的成分达到 S 点,于是发生共析转变 A→P(F+Fe₃C),形成珠光体。4 点以下直到室温,合金组织变化不大。因此常温下过共析钢的显微组织由珠光体和网状二次渗碳体所组成,如图 1.61 所示。

　　(5) 共晶白口铸铁(eutectic cast iron)

　　共晶合金(5)在 1 点发生共晶反应,由 L 转变为(高温)莱氏体,$L_{4.3} \xrightleftharpoons[]{1148\ ℃} A_{2.11}+Fe_3C$。在 1~2,奥氏体中的含碳量逐渐降低,从奥氏体中不断析出二次渗碳体 $Fe_3C_Ⅱ$。但是 $Fe_3C_Ⅱ$ 是依附在共晶 Fe_3C 上析出并长大,无界线相隔,所以在显微镜下也难以分辨。至 2 点温度时共晶 A 的含碳量将为 0.77%,在恒温下发生共析反应转变,即共晶奥氏体转变

图 1.60   过共析钢结晶过程示意图

图 1.61 w_C 为 1.2% 的过共析钢的显微组织图(500×)

为珠光体 P。(高温)莱氏体转变成低温莱氏体 L'_d(P+Fe$_3$C)。此后的降温过程中,虽然铁素体也会析出 Fe$_3$C$_{III}$,但是数量很少,其组织不再发生变化,所以室温平衡组织仍为 L'_d。图 1.62 为白口铸铁部分典型合金结晶过程分析示意图,最后室温下的组织是珠光体分布在共晶渗碳体的基体上,共晶白口铸铁的显微组织如图 1.63(b)所示。

(6) 亚共晶合金(hypoeutectic alloy)

在结晶过程中,在 1~2 点按匀晶转变结晶出初晶(或先共晶)奥氏体 A,奥氏体的成分沿 JE 线变化,而液相的成分沿 BC 线变化,当温度降至 2 点时,液相成分达到共晶点 C,于是在恒温(1148 ℃)下发生共晶转变,即 $L_{4.3} \xrightarrow{1148\,℃} A_{2.11} + Fe_3C$,形成(高温)莱氏体。当温度冷却至 2~3 点温度区间时,从奥氏体(初晶和共晶)中都析出二次渗碳体。随着二次渗碳体的析出,奥氏体的成分沿着 ES 线不断降低,当温度达到 3 点(727 ℃)时,奥氏体的成分也达到了 S 点,在恒温下发生共析转变,且所有的奥氏体均转变为珠光体。图 1.62 为其平衡结晶过程分析示意图,最后室温下的组织为珠光体、二次渗碳体和低温莱氏体,如图 1.63(a)所示,图中大块黑色部分是由初晶奥氏体转变成的珠光体,由初晶奥氏体析出的二次渗碳体与共晶渗碳体连成一片,难以分辨。

图 1.62　白口铸铁部分典型合金结晶过程分析示意图

图 1.63　白口铸铁的显微组织图（200×）

（a）亚共晶白口铸铁；（b）共晶白口铸铁；（c）过共晶白口铸铁

（7）过共晶合金（hypereutectic alloy）

过共晶合金平衡结晶过程示意图如图 1.62 所示,在结晶过程中,该合金在 1～2 点时从液体中结晶出粗大的优先相渗碳体,称为一次渗碳体 Fe_3C_I。随着一次渗碳体量的增多,液相成分沿着 DC 线变化。当温度降至 2 点时,液相成分达到含 C 量 4.3 时,于是在恒温（1148 ℃）下发生共晶转变,即 $L_{4.3} \xrightarrow{1148\ ℃} A_{2.11} + Fe_3C$,形成（高温）莱氏体。当温度冷却至 2～3 点时,共晶奥氏体先析出二次渗碳体,然后在恒温（727 ℃）下发生共析转变,形成珠光体。因此,过共晶白口铸铁室温下的组织为一次渗碳体和低温莱氏体,其显微组织如图 1.63（c）所示。

3. 含碳量对铁碳合金组织及性能的影响

1）含碳量对平衡组织的影响

根据以上分析结果,不同含碳量的铁碳合金在平衡凝固时可以得到不同的室温组织。根据杠杆定律,可以求得缓冷后铁碳合金的相组成物及组织组成物与含碳量之间的定量关系,计算的结果如图 1.64 所示。

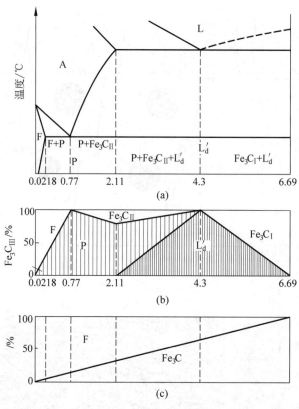

图 1.64 铁碳合金的成分与组织和相的对应关系图

从图 1.64(b)中可以清楚地看出随着含碳量变化合金室温组织变化的规律。当含碳量增高时,组织中不仅渗碳体的数量增加,渗碳体的存在形式也变化,由分布在铁素体的基体内(如珠光体),变为分布在奥氏体的晶界上(Fe_3C_{II})。最后当形成莱氏体时,渗碳体已作为基体出现。

根据铁碳相图,铁碳合金的室温组织均由 F 和 Fe_3C 相组成,两相的相对质量由杠杆定律确定。随着含碳量的增加,F 的相对量逐渐降低,而 Fe_3C 的相对量呈线性增加,如图 1.64(c)所示。

2) 含碳量对力学性能的影响

不同含碳量的铁碳合金具有不同组织,因而也具有不同的性能。在铁碳合金中,渗碳体是硬脆的强化相,而铁素体则是柔软的韧性相。硬度主要取决于组织中组成相的硬度及相对量,组织形态的影响相对较小。随含碳量的增加,由于 Fe_3C 增多,所以合金的硬度呈直线关系增大,由全部为 F 时硬度约 80 HB 增大到全部为 Fe_3C 时的约 800 HB。合金的塑性变形全部由 F 提供,所以随含碳量的增大,F 量不断减少时,合金的塑性连续下降。这也是高碳钢和白口铸铁脆性高的主要原因。

强度是一个对组织形态敏感的性能。如果合金的基体是铁素体,则随渗碳体数量增多,分布越均匀,材料的强度越高。但是,当渗碳体相分布在晶界,特别是作为基体时,材料强度将会大大下降。碳钢力学性能与含碳量的关系如图 1.65 所示。

图 1.65 碳钢力学性能与含碳量的关系

工业纯铁中的含碳量很低,可认为是由单相铁素体构成的,故其塑性、韧性很好,强度和硬度很低。

亚共析钢组织是由铁素体和珠光体组成的。随着含碳量的增加,珠光体量也相应增加,钢的强度和硬度直线上升,而塑性指标相应降低。

共析钢的缓冷组织由片层状的珠光体构成。由于渗碳体是一个强化相,这种片层状的分布使珠光体具有较高的硬度与强度,但塑性指标较低。

过共析钢缓冷后的组织由珠光体与二次渗碳体组成。随含碳量的增加,脆性的二次渗碳体数量也相应增加,到约 0.9%C 时 Fe_3C_{II} 沿晶界形成完整网,强度迅速降低,且脆性增加。所以工业用钢中的碳一般不超过 1.3%~1.4%。白口铸铁由于组织中存在较多的渗碳体,在性能上显得特别脆而硬,难以切削加工,主要用作耐磨材料。

3) 铁碳相图的应用

$Fe-Fe_3C$ 相图对生产实践颇有意义,除了可作为选用材料的重要依据,还可作为制定铸造、锻压、热处理等热加工工艺的依据。应用举例说明如下。

(1) 在钢铁材料选用方面的应用

$Fe-Fe_3C$ 相图表明成分—组织—性能的规律,为钢铁材料的选用提供了依据。例如,建筑结构和各种型钢需用塑性、韧性好的材料,因此宜选用含碳量较低的钢材。一些要求强度、塑性及韧性都较好的机械零件则应选用含碳量适中的中碳钢。而各种工具要用硬度高和耐磨性好的材料,如用碳钢则一般选用含碳量较高的钢种。

纯铁的强度低,不宜用作结构材料,但由于其导磁率高,矫顽力低,可作软磁材料使用,如电磁铁的铁心等。白口铸铁硬度高、脆性大,不能切削加工,也不能锻造,但其耐磨性和铸造性能优良,适用于要求耐磨、不受冲击、形状复杂的铸件,如拔丝模、冷轧辊、货车轮、犁铧、球磨机的磨球等。

(2) 在热处理工艺方面的应用

$Fe-Fe_3C$ 相图对于制定热处理工艺有着特别重要的意义。一些热处理工艺如退火、正火、淬火的加热温度都是依据 $Fe-Fe_3C$ 相图确定的。

（3）在铸造工艺方面的应用

根据 Fe-Fe$_3$C 相图可以确定合金的浇注温度。浇注温度一般在液相线以上 50～100 ℃。

从相图上可以看出，纯铁和共晶成分的铁碳合金，由于凝固温度区间小，因而流动性好，分散缩孔少，可使缩孔集中在冒口内，易于获得致密的铸件。另外，共晶成分合金结晶温度较低，因此在铸造生产中接近于共晶成分的铸铁得到较广泛的应用。

铸钢也是常用的铸造合金，含碳量一般在 0.15％～0.6％。但是从 Fe-Fe$_3$C 相图的分析中可以看出，铸钢的铸造性能并不很理想。首先，铸钢的凝固温度区间较大，因此流动性较差，容易形成分散缩孔，而且偏析倾向比较严重。其次，铸钢的浇铸温度也比铸铁高得多。铸钢在机器制造业中用于制造一些形状复杂，难以进行锻造或切削加工，而又要求较高强度和塑性的零件。近年来在铸造生产中，有以球墨铸铁部分代替铸钢的趋势。

（4）在热锻、热轧工艺方面的应用

处于奥氏体状态下钢的强度较低，塑性较好，因此锻造或轧制一般选在单相奥氏体区内进行。始锻、始轧温度常控制在固相线以下 100～200 ℃ 范围内。此时钢的变形抗力较小，对设备吨位的要求较低，但温度过高可能出现氧化脱碳过热，易造成钢材严重烧损或发生晶界熔化（过烧）。终锻、终轧温度不能过低，以免钢材因塑性差而开裂。亚共析钢热加工终止温度多控制在 GS 线以上，以免形成带状组织降低钢的韧性。过共析钢变形终止温度应控制在 PSK 线以上一点，这样可以把网状二次渗碳体打碎。终止温度不能太高，否则再结晶后奥氏体晶粒粗大，使热加工后的组织也粗大。一般钢的始锻温度为 1150～1250 ℃，终锻温度为 750～850 ℃。

金属的可锻性是指金属在压力加工时能改变形状，而不产生裂纹的性能。金属的可锻性与塑性和变形抗力密切相关，塑性好，变形抗力小，可锻性好。钢的可锻性首先与含碳量有关。低碳钢的锻造性能优于高碳钢的，钢的锻造性能优于白口铸铁的。低碳钢的可锻性较好，随着含碳量的增加，可锻性逐渐变差。白口铸铁无论在低温或高温，其组织都是以硬而脆的渗碳体为主要基体，其可锻性很差。

（5）在焊接工艺方面的应用

焊接工艺的焊接过程中焊缝及周围热影响区受到不同程度的加热或冷却，组织和性能都会发生变化。可以根据铁碳相图来分析碳钢的焊接组织，并用适当的热处理方法来减轻或消除组织不均匀的焊接应力。低碳钢和中碳钢的可焊性较好，而高碳钢和铸铁的可焊性较差。

（6）在切削加工工艺方面的应用

Fe-Fe$_3$C 相图也影响钢铁材料的切削加工性能。人们发现钢的切削加工性能与含碳量有关。低碳钢的硬度普遍低于 160 HBW，切削时易"粘刀"；高碳钢的硬度较高，高于 230 HBW，切削时严重磨损刀具，切削加工性能差。一般认为，金属材料的硬度在 160～230 HBW，切削加工性能最好。

4）铁碳相图的局限性

铁碳相图的应用很广，为了正确掌握它的应用，必须了解其局限性。

（1）Fe-Fe$_3$C 相图反映的是平衡相，而不是组织。相图能给出平衡条件下的相、相的成分和各相的相对质量，但不能给出相的形状、大小和空间相互配置的关系。关于不同成分的铁碳合金的组织，必须分析其动力学规律和结晶过程才能具体了解。

（2）Fe-Fe$_3$C 相图只反映铁碳二元合金中相的平衡状态。实际生产中应用的钢和铸铁,除了铁和碳,往往含有或有意加入了其他元素。在其他元素含量较高时,相图将发生重大变化。因此严格来说,在这样的条件下铁碳相图已不完全适用。

（3）Fe-Fe$_3$C 相图反映的是平衡条件下铁碳合金中相的状态,没有反映时间的作用。只有在非常缓慢地冷却或加热,或者在给定温度长期保温的情况下才能达到相的平衡。当冷却或加热速度较快时,常常不能用相图来分析问题。

必须指出,对于普通的钢和铸铁,在基本不违背平衡的情况下,例如在炉中冷却,甚至在空气中冷却时,铁碳相图的应用是有足够的可靠性和准确度的。而对于特殊的钢和铸铁,或在距平衡条件较远的情况下,虽然 Fe-Fe$_3$C 相图误差较大,仅它仍然是考虑问题的依据。

思考题与习题

1.1　反映材料受冲击载荷的性能指标是什么? 不同条件下测得的这种指标能否进行比较? 怎样应用这种性能指标?

1.2　何谓过冷度? 为什么结晶需要过冷度? 它对结晶后晶粒大小有何影响?

1.3　实际晶体中的晶体缺陷有哪几种类型? 它们对晶体的性能有何影响?

1.4　二元匀晶相图、共晶相图与合金的机械性能、物理性能和工艺性能存在什么关系?

1.5　简述 Fe-Fe$_3$C 相图中的三个基本反应:包晶反应、共晶反应及共析反应,写出反应式,注出含碳量和温度。

1.6　画出 Fe-Fe$_3$C 相图,并进行以下分析:

（1）标注出相图中各区域的组织组成物和相组成物。

（2）分析含碳 0.4% 亚共析钢的结晶过程及其在室温下组织组成物与相组成物的相对量;分析含碳 1.2% 过共析钢的结晶过程及其在室温下组织组成物与相组成物的相对量。

1.7　根据 Fe-Fe$_3$C 相图,计算:

（1）室温下,含碳 0.6% 的钢中铁素体和珠光体各占多少?

（2）室温下,含碳 1.0% 的钢中珠光体和二次渗碳体各占多少?

（3）铁碳合金中,二次渗碳体和三次渗碳体的最大百分含量。

1.8　现有形状和尺寸完全相同的四块平衡状态的铁碳合金,它们分别为含碳 0.2%、0.4%、1.2%、3.5% 的合金。根据所学知识,有哪些方法来区分它们?

1.9　根据 Fe-Fe$_3$C 相图说明产生下列现象的原因:

（1）含碳 1.0% 的钢比含碳 0.5% 的钢硬度高;

（2）含碳 0.77% 的钢比含碳 1.2% 的钢强度高;

（3）钢可进行压力加工(如锻造、轧制、挤压、拔丝等)成型,而铸铁只能铸造成型,而且铸铁的铸造性能比钢好。

第2章

热处理技术与工程应用

随着科学技术的飞速发展,人们对材料性能的要求越来越高,特别是对钢铁材料尤为突出。为了满足这一需要,一般采用两种方法,即研制新材料和对钢及其他材料进行热处理。

材料热处理在中国有着悠久的历史。与世界其他地区相比,中国古代热处理技术的发展有明显的区域特色,在某些方面中国的热处理技术落后于其他地区,但也有许多发明和技术在世界热处理史上处于遥遥领先的地位,其中不少成果还传播到了世界各地,对世界热处理技术的进步起到了直接的促进作用。

在从石器时代进展到铜器时代和铁器时代的过程中,热处理的作用逐渐为人们所认识。早在公元前770年至公元前222年,中国人在生产实践中就已发现,钢铁的性能会因温度和加压变形的影响而变化。白口铸铁的柔化处理就是制造农具的重要工艺。

公元前6世纪,钢铁兵器逐渐被采用,为了提高钢的硬度,淬火工艺遂得到迅速发展。中国河北省易县燕下都出土的两把剑和一把戟,其显微组织中都有马氏体存在,说明是经过淬火的。

随着淬火技术的发展,人们逐渐发现淬冷剂对淬火质量的影响。三国蜀人蒲元曾在今陕西斜谷为诸葛亮打制3000把刀,相传是派人到成都取水淬火的。这说明中国在古代就注意到不同水质的冷却能力了,同时也注意到油和水的冷却能力。中国出土的西汉(公元前206—公元24年)中山靖王墓中的宝剑,心部含碳量为0.15%~0.4%,而表面含碳量却达0.6%以上,说明已应用了渗碳工艺。但当时作为个人"手艺"的秘密,不肯外传,因而发展缓慢。

1863年,英国金相学家和地质学家展示了钢铁在显微镜下六种不同的金相组织,证明了钢在加热和冷却时,内部会发生组织改变,钢中高温时的相在急冷时转变为一种较硬的相。法国人奥斯蒙德确立的铁的同素异构理论,以及英国人奥斯汀最早制定的铁碳相图,为现代热处理工艺初步奠定了理论基础。与此同时,人们还研究了在金属热处理的加热过程中对金属的保护方法,以避免加热过程中金属的氧化和脱碳等。

1850—1880年,对于应用各种气体(如氢气、煤气、一氧化碳等)进行保护加热曾有一系列专利。1889—1890年,英国人莱克获得多种金属光亮热处理的专利。

20世纪以来,金属物理的发展和其他新技术的移植应用,使金属热处理工艺得到更大发展。一个显著的进展是1901—1925年,在工业生产中应用转筒炉进行气体渗碳;20世纪

30 年代出现露点电位差计,使炉内气氛的碳势实现可控,以后又研究出用二氧化碳红外仪、氧探头等进一步控制炉内气氛碳势的方法;60 年代,热处理技术运用了等离子场的作用,发展了离子渗氮、渗碳工艺;激光、电子束技术的应用,又使金属获得了新的表面热处理和化学热处理方法。

热处理是一种重要的金属热加工工艺,在机械制造工业中被广泛地应用。例如,在机床制造中 $60\%\sim70\%$ 的零件都要经过热处理;在汽车、拖拉机等制造中,$70\%\sim80\%$ 的零件都要进行热处理;至于工模具和轴承等,则要 100% 地进行热处理。总之,重要的零件都必须经过适当的热处理才能使用。由此可见,热处理在机械制造中具有重要的地位和作用。在机械工业中,热处理技术应用十分广泛,它的优劣对产品质量和经济效益有着极为重要的作用,也反映了热处理技术的水平。

我国热处理技术的发展比较快,主要体现在技术参数的优化、技术装备的改进和更新、新方法新材料的应用,使产品的性能更优越。为了实现可持续发展,热处理中除节约原材料、节约能源、提高产品质量外,环境保护将格外给予重视,绿色热处理或洁净处理、智能化热处理将有重大发展。

2.1 热处理技术原理

热处理(heat treatment)是将固态金属或合金在一定介质中加热、保温和冷却,以改变材料整体或表面组织,从而获得所需性能的工艺。热处理可大幅改善金属材料的工艺性能,如 T10 钢经球化处理后,切削性能大大改善;而经淬火处理后,其硬度可从处理前的 20 HRC 提高到 $62\sim65$ HRC。因此热处理是一种非常重要的加工方法,绝大部分机械零件必须经过热处理。在钢的热处理加热、保温和冷却过程中,其组织结构发生相应变化。钢中组织结构变化的规律是钢热处理的理论基础和依据。

2.1.1 钢在加热时的转变

为了在热处理后获得所需性能,大多数热处理工艺(如退火、正火、淬火等)都要将工件加热到临界温度以上,获得全部或部分奥氏体组织,并使其成分均匀化,这一过程也称为奥氏体化。加热时形成的奥氏体的质量(奥氏体化的程度、成分均匀性及晶粒大小等),对其冷却转变过程及最终的组织和性能都有极大的影响。因此了解奥氏体形成的规律,是掌握热处理工艺的基础。

1. 钢的临界温度(critical temperature)

根据 $Fe\text{-}Fe_3C$ 相图,共析钢加热到 A_1 线以上,亚共析钢和过共析钢分别加热到 A_3 线和 A_{cm} 线以上时才能完全转变为奥氏体。在实际的热处理过程中,按热处理工艺的要求,加热或冷却都是按一定的速度进行,因此相变是在非平衡条件下进行的,必然要产生滞后现象,即有一定的过热度或过冷度。因此在加热时,钢发生奥氏体转变的实际温度比相图中的 A_1、A_3、A_{cm} 点高,分别用 Ac_1、Ac_3、Ac_{cm} 表示。同样,在冷却时奥氏体分解的实际温度要比 A_1、A_3、A_{cm} 点低,分别用 Ar_1、Ar_3、Ar_{cm} 表示,如图 2.1 所示。

图 2.1 加热和冷却速度对临界点 A_1、A_3 和 A_{cm} 的影响

加热和冷却速度均为 0.125 ℃/min

2. 奥氏体的形成

1) 奥氏体形成的基本过程

钢在加热时,奥氏体的形成过程符合相变的普遍规律,也是通过形核及晶核长大来完成的。以共析钢为例,原始组织为珠光体,当加热到温度 Ac_1 以上时,发生珠光体向奥氏体的转变:

$$F_{0.22} + Fe_3C \xrightarrow{\quad 727\ ℃ \quad} A_{0.77}$$

这一转变是由化学成分、晶格类型都不相同的两个相转变成为另一种成分和晶格类型的新相,在转变过程中要发生晶格改组和碳原子的重新分布,均需要通过原子扩散来完成,所以奥氏体的形成是属于扩散型转变。奥氏体的形成一般分为四个阶段,如图 2.2 所示。

图 2.2 共析钢奥氏体形成过程示意图

(a) 奥氏体形核;(b) 奥氏体长大;(c) 残余渗碳体溶解;(d) 均匀化

(1) 奥氏体晶核的形成(formation)

奥氏体晶核一般优先在铁素体和渗碳体相界处形成。这是因为在相界处,原子排列紊乱,能量较高,能满足晶核形成的结构、能量和浓度条件。

(2) 奥氏体晶核的长大(growth)

奥氏体晶核形成后,一面与铁素体相接,另一面与渗碳体相接,并在浓度上建立起平衡关系。由于与渗碳体相接的界面碳浓度高,而与铁素体相接的界面碳浓度低,这就使得奥氏体晶粒内部存在着碳的浓度梯度,从而引起碳不断从渗碳体界面通过奥氏体晶粒向低碳浓度的铁素体界面扩散,为了维持原来相界面碳浓度的平衡关系,奥氏体晶粒不断向铁素体和

渗碳体两侧长大,直至铁素体全部转变为奥氏体为止。

(3) 残余渗碳体的溶解(solution)

在奥氏体形成过程中,奥氏体向铁素体方向成长的速度远大于渗碳体的溶解,因此在奥氏体形成之后,还残留一定量的未溶渗碳体。这部分渗碳体只能在随后的保温过程中逐渐溶入奥氏体,直至完全消失。

(4) 奥氏体成分的均匀化(uniform)

渗碳体完全溶解后,奥氏体中碳浓度的分布并不均匀,原来属于渗碳体的地方含碳较多,而属于铁素体的地方含碳较少,必须继续保温,通过碳的扩散,才能使奥氏体成分均匀化。

亚共析钢和过共析钢中奥氏体的形成过程与共析钢基本相同,当温度加热到 Ac_1 线以上时,首先发生珠光体向奥氏体的转变。对于亚共析钢在 $Ac_1 \sim Ac_3$ 的升温过程中先共析铁素体逐步向奥氏体转变,当温度升高到 Ac_3 以上时,才能得到单一的奥氏体组织。对于过共析钢在 $Ac_1 \sim Ac_{cm}$ 的升温过程中,先共析相二次渗碳体逐步溶入奥氏体中,只有温度升高到 Ac_{cm} 以上时,才能得到单一的奥氏体组织。

2) 影响奥氏体形成的因素

钢的奥氏体形成主要是通过形核和长大实现的,凡是影响形核和长大的因素都影响奥氏体的形成速度。

(1) 加热温度

随着加热温度的升高,相变驱动力增大,碳原子扩散能力加大,原子在奥氏体中的扩散速度加快,提高了形核率和长大速度,加快奥氏体的转变速度;同时温度高时 GS 线和 ES 线间的距离大,奥氏体中碳原子浓度梯度大,所以奥氏体化速度加快。

(2) 加热速度

在实际热处理中,加热速度越快,产生的过热度就越大,可使转变终了温度和转变温度范围越宽,转变完成的时间也越短。

(3) 钢中含碳量

随着钢中含碳量的增加,铁素体和渗碳体的相界面增多,因而奥氏体的核心增多,奥氏体的转变速度加快。

(4) 合金元素

钢中的合金元素不改变奥氏体形成的基本过程,但显著影响奥氏体的形成速度。钴、镍等增大碳在奥氏体中的扩散速度,因而加快奥氏体化过程;铬、钼、钒等对碳的亲和力较大,能与碳形成较难溶解的碳化物,显著降低碳的扩散能力,所以减慢奥氏体化过程;硅、铝、锰等对碳的扩散速度影响不大,不影响奥氏体化过程。因为合金元素可以改变钢的临界点,并影响碳的扩散速度,它自身也在扩散和重新分布,且合金元素的扩散速度比碳慢得多,所以在热处理时,合金钢的热处理加热温度一般都高些,保温时间要长些。

(5) 原始组织

原始珠光体中的渗碳体有两种形式:片状和粒状。原始组织中渗碳体为片状时奥氏体形成速度快,因为它的相界面积大,并且渗碳体片间距越小,相界面积越大,同时奥氏体晶粒中碳浓度梯度也大,所以长大速度更快。

3. 奥氏体晶粒大小及其控制

1) 奥氏体晶粒度（grain size）的概念

奥氏体晶粒大小对后续的冷却转变及转变所得的组织与性能有着重要的影响。如图 2.3 所示，奥氏体晶粒细时，退火组织珠光体也细，强度、塑性、韧性均较好；淬火组织马氏体也细，因而韧性得到改善。因此获得细小的晶粒是热处理过程中始终要注意的问题。奥氏体有三种不同概念的晶粒度。

图 2.3　奥氏体晶粒大小对转变产物晶粒大小的影响示意图

（1）起始晶粒度（initiate grain size）

是指珠光体刚刚转变为奥氏体的晶粒大小。起始晶粒度非常细小，在继续加热或保温过程中还要继续长大。

（2）本质晶粒度（essential grain size）

冶金部标准（YB/T 5148—1993）中规定，将钢试样加热到（930±10）℃、保温 3～8 h，冷却后制成金相试样。在显微镜下放大 100 倍观察，然后与标准晶粒度等级示意图（图 2.4）比较，测定钢的奥氏体晶粒大小，这个晶粒度即该钢的本质晶粒度。晶粒度工程上通常分为 8 级，

图 2.4　标准晶粒度等级示意图（100×）

在 1～4 级范围内的称为本质粗晶粒钢,在 5～8 级范围内的称为本质细晶粒钢,若超过 8 级的为超细晶粒钢。

本质晶粒度代表钢在加热时奥氏体晶粒的长大倾向,取决于钢的成分及冶炼方法。用铝脱氧的钢以及含钛、钒、锆等元素的合金钢都是本质细晶粒钢。用硅、锰脱氧的钢为本质粗晶粒钢。本质细晶粒钢在加热温度超过一定限度后,晶粒也会长大粗化。如图 2.5 所示为两种钢加热时晶粒的长大倾向。由图可知,本质细晶粒钢在 930 ℃以下加热时晶粒长大的倾向小,适于进行热处理,所以需经热处理的工件,一般都用本质细晶粒钢制造。

图 2.5　本质细晶粒和本质粗晶粒长大倾向示意图

(3) 实际晶粒度(actual grain size)

指在具体热处理或热加工条件下得到的奥氏体晶粒度,它决定钢的性能。

2) 影响奥氏体晶粒大小的因素

奥氏体晶粒越细,其冷却产物的强度、塑性和韧性越好。影响奥氏体晶粒大小的主要因素有以下两点。

(1) 加热温度和保温时间

加热温度是影响奥氏体晶粒长大最主要的因素。奥氏体刚形成时晶粒是细小的,但随着加热温度的升高或保温时间的延长,奥氏体将逐渐长大。温度越高,奥氏体晶粒长大越剧烈;在一定温度下,保温时间越长,奥氏体晶粒越粗大。

(2) 钢的化学成分

增加奥氏体中含碳量,将增大奥氏体的晶粒长大倾向。当钢中含有形成稳定碳化物、渗氮物的合金元素(如铬、钒、钛、钨、钼等)时,这些碳化物和渗氮物弥散分布于奥氏体晶界上,阻碍奥氏体晶粒长大。而磷、锰则有加速奥氏体晶粒长大的倾向。

2.1.2　钢在冷却时的转变

热处理工艺中,钢在奥氏体化后,接着是进行冷却。冷却条件也是热处理的关键工序,它决定了钢在冷却后的组织和性能。表 2.1 列出 40Cr 钢经 850 ℃加热到奥氏体后,在不同冷却条件下对其性能的影响。

表 2.1　钢在不同冷却条件下的力学性能

冷 却 方 式	σ_b/MPa	σ_s/MPa	δ/%	ψ/%	A_k/(J/cm^2)
炉冷	574	289	22	58.4	61
空冷	678	387	19.3	57.3	80
油冷并经 200 ℃回火	1850	1590	8.3	33.7	55

由 Fe-Fe$_3$C 相图可知,当温度处于临界点 A_1 以下时,奥氏体就变得不稳定,要发生分解和转变。但在实际冷却过程中,处在临界点以下的奥氏体并不立即发生转变,这种在临界

点以下存在的奥氏体称为过冷奥氏体。过冷奥氏体的冷却方式通常有以下两种。

（1）等温处理（isothermal treatment）

将钢迅速冷却到临界点以下的给定温度进行保温，使其在该温度下恒温转变，如图 2.6 曲线 1 所示；

（2）连续冷却（continuous cooling）

将钢以某种速度连续冷却，使其在临界点以下变温连续转变，如图 2.6 曲线 2 所示。

现以共析钢为例讨论过冷奥氏体的等温转变和连续冷却转变。

1—连续冷却；2—等温处理。

图 2.6 热处理的两种冷却方式的示意图

2.1.2.1 过冷奥氏体的等温转变

1. 过冷奥氏体的等温转变（isothermal transformation）曲线（TTT 曲线，或称 C 曲线）

由铁碳相图可知，当温度在 A_1 以上时，奥氏体是稳定的，能长期存在。当温度降到 A_1 以下后，奥氏体即处于过冷状态，这种奥氏体称为过冷奥氏体。过冷奥氏体是不稳定的，会转变为其他组织。钢在冷却时的转变，实质上是过冷奥氏体的转变。等温冷却转变就是把奥氏体迅速冷却到 Ar_1 以下某一温度保温，待其转变完成后再冷却到室温的一种冷却方式，这是研究过冷奥氏体转变的基本方法。

1）共析钢过冷奥氏体的等温转变

共析钢过冷奥氏体的等温转变过程和转变产物可用其等温转变曲线（C 曲线）来分析（图 2.7）。过冷奥氏体等温转变曲线表明过冷奥氏体转变所得组织和转变量与温度和转变时间之间的关系，是钢在不同温度下的等温转变动力学曲线（图 2.7（a)）的基础上测定的。即将各温度下的转变开始时间和终了时间标注在温度-时间坐标系中，并分别把开始点和终了点连成两条曲线，得到转变开始线和转变终了线，如图 2.7（b)所示。根据曲线的形状一般也称为 C 曲线。

在 C 曲线的下面还有两条水平线：M_s 线和 M_f 线，它们为过冷奥氏体发生马氏体转变（低温转变）的开始温度线（以 M_s 表示）和终了温度线（以 M_f 表示）。

由共析钢的 C 曲线可以看出，在 A_1 以上是奥氏体的稳定区，不发生转变，能长期存在。在 A_1 以下，奥氏体不稳定，要发生转变，但在转变之前奥氏体要有一段稳定存在的时间（处于过冷状态），这段时间称为过冷奥氏体的孕育期，也就是奥氏体从过冷到转变开始的时间。孕育期的长短反映了过冷奥氏体的稳定性大小。在曲线的"鼻尖"处（约 550 ℃）孕育期最短，过冷奥氏体稳定性最差。"鼻尖"将曲线分为两部分，"鼻尖"以上部分，随着温度的下降（即过冷度增大），孕育期变短，转变速度加快；"鼻尖"以下部分，随着温度的下降（即过冷度增大），孕育期增长，转变速度变慢。过冷奥氏体转变速度随温度变化的规律是由两种因素造成的：一种是转变的驱动力（即奥氏体与转变产物的自由能差 ΔF），随温度的降低而增大，从而加快转变速度；另一种是原子的扩散能力（扩散系数 D），温度越低，原子的扩散能力就越弱，使转变速度变慢。因此，在"鼻尖"点以上的温度，原子扩散能力较强，主要影响因

图 2.7 共析钢等温转变图（C 曲线）

（a）不同温度下的等温动力学转变曲线；（b）等温转变图

素是驱动力；而在 550 ℃以下的温度，虽然驱动力足够大，但原子的扩散能力下降，此时的转变速度主要受原子扩散速度的制约，使转变速度变慢。所以在 550 ℃时的转变条件最佳，转变速度最快。

2）非共析钢过冷奥氏体的等温转变

亚共析钢的过冷奥氏体等温转变曲线如图 2.8 所示（以 45 钢为例）。与共析钢 C 曲线不同的是，在其上方多了一条过冷奥氏体转变为铁素体的转变开始线。亚共析钢随着含碳量的减少，C 曲线位置往左移，同时 M_s、M_f 线往上移。亚共析钢的过冷奥氏体等温转变过程与共析钢的相似。只是在高温转变区过冷奥氏体将先有一部分转变为铁素体 F，剩余的过冷奥氏体再转变为珠光体组织。如 45 钢过冷奥氏体在 650～600 ℃等温转变后，其产物为铁素体 F＋索氏体 S。

过共析钢过冷奥氏体的 C 曲线如图 2.9 所示（以 T10 钢为例）。C 曲线的上部为过冷奥氏体中析出二次渗碳体（Fe_3C_{II}）开始线。在一般热处理加热条件下，过共析钢随着含碳量的增加，C 曲线位置往左移，同时 M_s、M_f 线往下移。过共析钢的过冷奥氏体在高温转变区，将先析出 Fe_3C_{II}，剩余的过冷奥氏体再转变为珠光体组织。如 T10 钢过冷奥氏体在 A_1～650 ℃等温转变后，将得到 Fe_3C_{II}＋珠光体 P。

图 2.8　45 钢过冷奥氏体等温转变曲线

图 2.9　T10 钢过冷奥氏体等温转变曲线

2. 过冷奥氏体等温转变产物的组织和性能

根据过冷奥氏体在不同温度下转变产物的不同,可分为三种不同类型的转变:A_1 至 C 曲线"鼻尖"区间的高温转变,其转变产物为珠光体,所以又称为珠光体转变;C 曲线"鼻尖"至 M_s 线区间的中温转变,其转变产物为贝氏体,所以又称为贝氏体转变;在 M_s 线以下区间的低温转变,其转变产物为马氏体,所以又称为马氏体转变。

1) 珠光体型转变(pearlite tansformation)——高温转变($A_1 \sim 550$ ℃)

共析成分的奥氏体过冷到珠光体转变区内等温停留时,将发生共析转变,形成珠光体。珠光体转变可写成如下的共析反应式:

$$\gamma \rightarrow \qquad \alpha + \qquad Fe_3C$$

$$0.77\%C \quad 0.0218\%C \quad 6.69\%C$$

$$面心立方 \quad 体心立方 \quad 复杂斜方$$

可见,珠光体转变是一个由单相固溶体分解为成分和晶格都截然不同的两相混合组织,因此转变时必须进行碳的重新分布和铁的晶格重构。这两个过程是依靠碳原子和铁原子的扩散来完成的,所以珠光体转变是典型的扩散型转变。

(1) 珠光体的形成

奥氏体向珠光体的转变是一种扩散型转变,它们也是由形核和核心长大,并通过原子扩散和晶格重构过程完成的。图 2.10 示出片状珠光体的等温形成过程。首先,新相的晶核优先在奥氏体的晶界处形成,然后向晶粒内部长大。同时,又不断有新的晶核形成和长大。每个晶核发展成一个珠光体领域,其片层大致平行。这样不断交替地形核长大直到各个珠光体领域相互接触,奥氏体全部消失,转变即完成。

珠光体形核需要一定的能量起伏、结构起伏和浓度起伏。在奥氏体晶界处,同时出现这三种起伏的概率比晶粒内部大得多,所以珠光体晶核总是优先在奥氏体晶界处形成。如果奥氏体中有未溶碳化物颗粒存在,这些碳化物颗粒便可作为现成的晶核而长大。

图 2.10 共析钢奥氏体向珠光体等温转变过程示意图

（2）珠光体的组织和性能

珠光体是铁素体和渗碳体的共析混合物。根据共析渗碳体的形状，珠光体分为片状珠光体和粒状珠光体两种。高温转变产物都是片层相间的珠光体，但由于转变温度不同，原子扩散能力及驱动力不同，其片层间距差别很大，一般转变温度越低，层间距越小，共析渗碳体越小。根据共析渗碳体的大小，习惯上把珠光体型组织分为珠光体、索氏体（细珠光体）和屈氏体（极细珠光体）三种，如图 2.11 所示。在光学显微镜下，放大 400 倍以上便能看清珠光体，放大 1000 倍以上便能看清索氏体，而要看清屈氏体的片层结构，必须用电子显微镜放大几千倍以上。需要指出的是，珠光体（P）、索氏体（S）和屈氏体（T）三者从组织上并没有本质的区别，也没有严格的界限，实质是同一种组织，只是渗碳体片的厚度不同，在形态上片层间距不同而已。片层间距是片状珠光体的一个主要指标，指珠光体中相邻两片渗碳体的平均距离。片层间距的大小主要取决于过冷度，而与奥氏体的晶粒度和均匀性无关。表 2.2 为它们大致的形成温度和性能。由表可知，转变温度较高即过冷度较小时，铁、碳原子易扩散，获得的珠光体片层较粗大。转变温度越低，过冷度越大，获得的珠光体组织就越细，片层间距越小，硬度越高。

图 2.11 共析钢过冷奥氏体高温转变组织

(a) 珠光体(3800×)；(b) 索氏体(8000×)；(c) 屈氏体(8000×)

表 2.2 珠光体型组织的形成温度和性能

组 织 类 型	形成温度/℃	片层间距/µm	硬度/HRC
珠光体	$A_1 \sim 650$	>0.4	15～27
索氏体	650～600	0.4～0.2	27～38
屈氏体	600～550	<0.2	38～43

2）贝氏体型转变（bainite tansformation）——中温转变（550 ℃～M_s）

共析成分的奥氏体过冷到 550 ℃～M_s 的中温区保温，发生奥氏体向贝氏体的等温转变，形成贝氏体，用符号 B 表示。钢在等温淬火过程中发生的转变就是贝氏体转变。因此，研究贝氏体的形成规律、组织与性能的特点,对指导热处理及合金化都具有重要意义。

（1）贝氏体的形成

在中温转变区,由于转变温度低,过冷度大,只有碳原子有一定的扩散能力(铁原子不扩散),这种转变属于半扩散型转变。在这个温度下,有一部分碳原子在铁素体中已不能析出,形成过饱和的铁素体,由于碳化物的形成时间增长,渗碳体已不能呈片状析出。因此,转变前的孕育期和进行转变的时间都随温度的降低而延长。

（2）贝氏体的组织和性能

贝氏体是过冷奥氏体在中温区的共析产物,是碳化物(渗碳体)分布在过饱和碳的铁素体基体上的两相混合物,其组织和性能都不同于珠光体。贝氏体的组织形态比较复杂,随着奥氏体的成分和转变温度的不同而变化。在中碳钢(45钢)和高碳钢(T8钢)中具有两种典型的贝氏体形态:一种是在 $550\sim350$ ℃范围内(中温区的上部)形成的羽毛状的上贝氏体($B_{\perp}$),如图2.12(a)、(b)所示。在上贝氏体中,过饱和铁素体呈板条状,在铁素体之间,断断续续地分布着细条状渗碳体,如图2.12(c)所示。

(a)   (b)   (c)

图 2.12　上贝氏体的形态,以 45 钢为例

(a)光学显微照片(400×)；(b)光学显微照片(1300×)；(c)电子显微照片(5000×)

另一种是在 350 ℃$\sim M_s$ 范围内(中温区的下部)形成的针状的下贝氏体($B_{\overline{\Gamma}}$),如图2.13(a)所示。在下贝氏体中,过饱和铁素体呈针片状,比较混乱地呈一定角度分布。在电子显微镜下观察发现,在铁素体内部析出许多极细的 $\varepsilon\text{-}Fe_{2.4}C$ 小片,小片平行分布,与铁素体片的长轴呈 $50°\sim60°$ 取向,如图2.13(b)所示。

(a)   (b)

图 2.13　下贝氏体的形态,以 T8 钢为例

(a)光学显微照片(400×)；(b)电子显微照片(1200×)

在低碳钢和低碳、中碳合金钢中还出现一种粒状贝氏体,如图2.14所示。它形成于中温区的上部,大约500 ℃以上的范围内。在粒状贝氏体中,铁素体呈不规则的大块状,上面

分布着许多不规则的岛状相,它原是富碳和合金元素含量较高的小区,随后在降温过程中分解为铁素体和渗碳体,有的转变成马氏体并含少量的残留奥氏体,也有的以残留奥氏体状态一直保留下来,这取决于该岛状相的稳定性。因此,粒状贝氏体的形态和结构是极其复杂的。

图 2.14 粒状贝氏体的
形态(500×)

不同的贝氏体组织其性能不同,其中以下贝氏体的性能最好,具有高的强度、韧性和耐磨性。图 2.15 绘出了共析钢的机械性能与等温转变温度的关系。可以看出,越是靠近贝氏体区上限温度形成的上贝氏体,韧性越差,硬度、强度越低。由于上贝氏体中的铁素体条比较宽,抗塑性变形能力比较低,渗碳体分布在铁素体条之间容易引起脆断。因此,上贝氏体的强度较低,塑性和韧性都很差,这种组织一般不适用于机械零件。而在中温区下部形成的下贝氏体,硬度、强度和韧性都很高。由于下贝氏体组织中的针状铁素体细小且无方向性,碳的过饱和度大,碳化物分布均匀,弥散度大,所以它的强度和硬度高(50～60 HRC),并且具有良好的塑性和韧性。因此,许多机械零件常选用等温淬火热处理,就是为了得到综合力学性能较好的下贝氏体组织。

图 2.15 共析钢的机械性能与等温转变温度的关系

3) 马氏体型转变(martensite transformation)——低温转变($M_s \sim M_f$)

共析成分的过冷奥氏体以某一冷却速度(大于临界冷却速度 v_k)冷却到 M_s 点以下(230 ℃)时,将转变为马氏体(M)。与珠光体和贝氏体转变不同,马氏体转变不能在恒温下完成,而是在 $M_s \sim M_f$ 之间的一个温度范围内连续冷却完成。由于转变温度很低,铁和碳原子都失去了扩散能力,因此马氏体转变属于非扩散型转变。

(1) 马氏体的形成

马氏体的形成也存在一个形核和长大的过程。马氏体晶核一般在奥氏体晶界、孪晶界、滑移面或晶内晶格畸变较大的地方形成,因为转变温度低,铁、碳原子不能扩散,而转变的驱动力极大,所以马氏体是以一种特殊的方式即共格切变的方式形成并瞬时长大到最终尺寸。所谓共格切变,是指沿着奥氏体的一定晶面,铁原子集体地、不改变相互位置关系地移动一定的距离(不超过一个原子间距),并随即进行轻微的调整,将面心立方晶格改组成体心立方晶格。马氏体晶胞与母相奥氏体的关系如图 2.16 所示。碳原子原地不动地留在新组成的晶胞中,由于溶解度的不同,钢中的马氏体含碳总是过饱和的,这些碳原子溶于新组成晶格的间隙位置,使轴伸长,增大其正方度 c/a,形成体心正方晶格,如图 2.17 所示。马氏体含碳量越高,其正方度 c/a 越大。马氏体就是碳在 α-Fe 中的过饱和固溶体。过饱和碳使 α-Fe 的晶格发生很大畸变,产生很强的固溶强化。

图 2.16 马氏体晶胞与母相奥氏体的关系

图 2.17 马氏体晶格示意图

在马氏体形核与长大过程中,马氏体和奥氏体的界面始终保持共格关系。即界面上的原子为两相共有,其排列方式是既属于马氏体晶格又属于奥氏体晶格,同时依靠奥氏体晶格中产生弹性应变来维持这种关系。当马氏体片长大时,这种弹性变形就急剧增加,一旦与其相应的应力超过奥氏体的弹性极限,就会发生塑性变形,从而破坏其共格关系,使马氏体长大到一定尺寸就立即停止。

(2) 马氏体的组织形态与特点

马氏体的形态一般分为板条和片状(或针状)两种。马氏体的组织形态与钢的成分、原始奥氏体晶粒的大小以及形成条件等有关。奥氏体晶粒越粗,形成的马氏体片越粗大。反之形成的马氏体片就越细小。在实际热处理加热时得到的奥氏体晶粒非常细小,淬火得到的马氏体片也非常细,以至于在光学显微镜下看不出马氏体晶体形态,这种马氏体也称为隐晶马氏体。

马氏体的形态主要取决于奥氏体的含碳量。图 2.18 表明,含碳量低于 0.25% 时,为典型的板条马氏体;含碳量大于 1.0%,几乎全是片状马氏体;含碳量在 0.25%～1.0% 时,是板条状和片状两种马氏体的混合组织。

图 2.18 马氏体形态与含碳量的关系

　　板条马氏体又称为低碳马氏体(low carbon martensite),在光学显微镜下它是一束束尺寸大致相同并几乎平行排列的细板条组织,马氏体板条束之间的角度较大,如图2.19(a)所示;在一个奥氏体晶粒内,可以形成不同位向的许多马氏体区(共格切变区),如图2.19(b)所示。高倍透射电镜观察表明,在板条马氏体内有大量位错缠结的亚结构,所以板条马氏体也称为位错马氏体。

(a)　　　　　　　　(b)

图2.19　低碳马氏体的组织形态

(a)显微组织(500×);(b)板条马氏体组织示意图

　　片状马氏体又称为高碳马氏体(high carbon martensite),在光学显微镜下呈针状、竹叶状或双凸透镜状,在空间形同铁饼。马氏体片多在奥氏体晶体内形成,一般不穿越奥氏体晶界,并限制在奥氏体晶粒内。最先形成的马氏体片较粗大,往往横贯整个奥氏体晶粒,并将其分割。随后形成的马氏体片受到限制只能在被分割了的奥氏体中形成,因而马氏体片越来越细小。相邻的马氏体片之间一般互不平行,而是互成一定角度排列(60°或120°),如图2.20(a)所示。最先形成的马氏体容易被腐蚀,颜色较深。所以完全转变后的马氏体为大小不同、分布不规则、颜色深浅不一的针片状组织,如图2.20(b)所示。高倍透射电镜观察表明,马氏体片内有大量细孪晶带的亚结构,所以片状马氏体也称为孪晶马氏体。

(a)　　　　　　　　(b)

图2.20　高碳马氏体的组织形态

(a)显微组织(400×);(b)针状马氏体组织示意图

(3) 马氏体的性能

　　马氏体的强度和硬度主要取决于马氏体的含碳量,如图2.21所示。由图可见,在含碳量小于0.5%的范围内,马氏体的硬度随着含碳量升高而急剧增大。含碳量为0.2%的低碳马氏体便可达到50 HRC的硬度。含碳量提高到0.4%,硬度就能达到60 HRC左右。研究指出,对于要求高硬度、耐磨损和耐疲劳的工件,淬火马氏体的含碳量为0.5%~0.6%最为适宜；对于要求韧性高的工件，马氏体含碳量在 0.2% 左右为宜。

图 2.21　马氏体的硬度与其含碳量的关系

马氏体中的合金元素对硬度影响不大，但可提高其强度。所以，含碳量相同的碳素钢与合金钢淬火后，其硬度相差很小，但合金钢的强度显著高于碳素钢的。导致马氏体强化的原因主要有以下几方面。

① 碳对马氏体的固溶强化作用。由于碳造成晶格的正方畸变，阻碍位错的运动，因而造成其强化与硬化。

② 马氏体的亚结构对强化和硬化的作用。条状马氏体中的高密度位错网，片状马氏体中的微细孪晶，都会阻碍位错的运动，造成其强化和硬化。

③ 马氏体形成后，碳及合金元素向位错和其他晶体缺陷处偏聚或析出，使位错难以运动，造成其时效硬化。

④ 马氏体条或马氏体片的尺寸越小，马氏体的强度越高，这实质上是由于相界面阻碍位错运动而造成的，属于界面结构强化。

由于马氏体是含碳过饱和的固溶体，其晶格畸变严重歪扭，内部又存在大量的位错或孪晶亚结构，各种强化因素综合作用后，其硬度和强度大幅度提高，而塑性、韧性急剧下降，含碳量越高，强化作用越显著。

马氏体的塑性和韧性主要取决于它的亚结构。片状马氏体中的微细孪晶不利于滑移，使脆性增大。条状马氏体中的高密度位错不是均匀分布的，存在低密度区，为位错运动提供了条件，所以仍有相当好的韧性。

此外，高碳片状马氏体的含碳量高，晶格的正方畸变严重，淬火应力较大，同时片状马氏体中存在许多显微裂纹，其内部的微细孪晶破坏了滑移系，这些都使脆性增大，所以片状马氏体的塑性和韧性都很差，故片状马氏体的性能特点是硬而脆。

低碳条状马氏体则不然。由于含碳量低，再加上自回火，所以晶格正方度很小（碳的过饱和度小）或没有，淬火应力很小，不存在显微裂纹，而且其亚结构为分布不均匀的位错，低密度的位错区为位错提供了活动余地。这些都使得条状马氏体的韧性相当好。同时其强度和硬度也足够高，所以板条马氏体具有高的强韧性，得到了广泛应用。

例如，含碳量为 0.10%～0.25% 的碳素钢及合金钢淬火形成条状马氏体的性能大致如下：

$$\sigma_b = (100 \sim 150) \times 10^7 \text{ MPa}, \quad \sigma_{0.2} = (80 \sim 130) \times 10^7 \text{ MPa}, \quad 35 \sim 50 \text{ HRC},$$

$$\delta = 9\% \sim 17\%, \quad \psi = 40\% \sim 65\%, \quad \alpha_k = (60 \sim 180) \text{ J/cm}^2$$

共析碳钢淬火形成的片状马氏体的性能为

$$\sigma_b = 230 \times 10^7 \text{ MPa}, \quad \sigma_{0.2} = 200 \times 10^7 \text{ MPa}, \quad 900 \text{ HV},$$

$$\delta \approx 1\%, \quad \psi = 30\%, \quad \alpha_k \approx 10 \text{ J/cm}^2$$

可见，高碳马氏体很硬很脆，而低碳马氏体又强又韧，两者性能大不相同。

（4）马氏体转变的特点

① 奥氏体向马氏体的转变是非扩散型相变，是碳在 α-Fe 中的过饱和固溶体。过饱和的碳在铁中造成很大的晶格畸变，产生很强的固溶强化效应，使马氏体具有很高的硬度。马氏体中含碳越多，其硬度越高。

② 马氏体以极快的速度（小于 10^{-7} m/s）形成。过冷奥氏体在 M_s 点以下瞬间形核并长大成马氏体，转变是在 $M_s \sim M_f$ 范围内连续降温的过程中进行的，即随着温度的降低不断有新的马氏体形核并瞬间长大。停止降温，马氏体的增长也停止。由于马氏体的形成速度很快，后形成的马氏体会冲击先形成的马氏体，造成微裂纹，使马氏体变脆，这种现象在高碳钢中尤为严重。

③ 马氏体转变是不完全的，总会残留少量奥氏体。残留奥氏体的质量分数与马氏体点（M_s 和 M_f）的位置有关。由图 2.18 可知，随奥氏体中含碳量的增加，M_s 和 M_f 点降低。含碳量高于 0.5% 以上时，M_f 点已降至室温以下，这时奥氏体即使冷却至室温也不能完全转变为马氏体，被保留下来的奥氏体称为残留奥氏体（A'）。残留奥氏体量随含碳量增加而增加，如图 2.18 所示。有时为了减少淬火至室温后钢中保留的残留奥氏体量，可将其连续冷却到 0 ℃以下（通常冷却到 -78 ℃或该钢的 M_f 点以下）进行处理，这种工艺称为冷处理。

另外，已生成的马氏体对未转变的奥氏体产生大的压应力，也使得马氏体转变不能进行到底，而总要保留一部分不能转变的（残留）奥氏体。

④ 马氏体形成时体积膨胀。奥氏体转变为马氏体时，晶格由面心立方转变为体心立方，结果使马氏体的体积增大，这在钢中造成很大的内应力。同时形成的马氏体对残留奥氏体会施加大的压应力，在钢中引起较大的淬火应力，严重时将导致淬火工件的变形和开裂。

3. 影响 C 曲线的因素

C 曲线的形状和位置对奥氏体的稳定性、分解转变特性和转变产物的性能以及热处理工艺具有十分重要的意义。影响 C 曲线形状和位置的因素主要是奥氏体的成分和加热条件。

（1）含碳量

亚共析钢和过共析钢的 C 曲线分别如图 2.8 和图 2.9 所示，与共析钢（图 2.7）相比，其 C 曲线的"鼻尖"上部区域分别多一条代表析出铁素体的线和渗碳体的析出线。它表示非共析钢在过冷奥氏体转变为珠光体前，有非共析相析出。

在一般热处理加热条件下，亚共析碳钢的 C 曲线随着含碳量的增加向右移，过共析碳钢的 C 曲线随着含碳量的增加而向左移。所以在碳钢中，以共析钢过冷奥氏体最稳定，C 曲线最靠右边。

(2) 合金元素

除了钴,所有的合金元素溶入奥氏体中都增大过冷奥氏体的稳定性,使 C 曲线右移。其中非碳化物形成元素或弱碳化物形成元素(如硅、镍、铜、锰等)只改变 C 曲线的位置,即使 C 曲线的位置右移,不改变其形状,如图 2.22(a)所示。而碳化物形成元素(如铬、钼、钨、钒、钛等),因对珠光体转变和贝氏体转变推迟作用的影响不同,不仅使 C 曲线的位置发生变化,而且使其形状发生改变,产生两个"鼻子",整个 C 曲线分裂成上下两条。上面的为转变珠光体的 C 曲线;下面的为转变贝氏体的 C 曲线。两条曲线之间有一个过冷奥氏体的亚稳定区,如图 2.22(b)和(c)所示。需要指出的是,合金元素只有溶入奥氏体后,才能增强过冷奥氏体的稳定性,而未溶的合金化合物因有利于奥氏体的分解,则降低过冷奥氏体的稳定性。

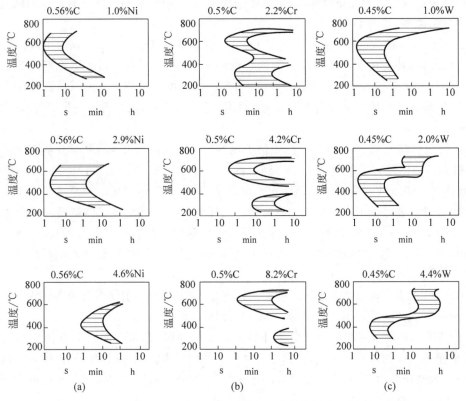

图 2.22 合金元素对碳钢 C 曲线的影响

(a) Ni 的影响;(b) Cr 的影响;(c) W 的影响

(3) 加热温度和保温时间

加热温度越高,保温时间越长,碳化物溶解得越完全,奥氏体的成分越均匀,同时晶粒粗大,晶界面积越小。这一切都有利于降低奥氏体分解时的形核率,增长转变的孕育期,从而有利于过冷奥氏体的稳定性,使 C 曲线向右移。

2.1.2.2 过冷奥氏体的连续冷却转变

在实际生产中大多数热处理工艺都是在连续冷却过程中完成的,所以研究钢的过冷奥氏体的连续冷却转变过程更有实际意义。

1. 共析钢过冷奥氏体的连续冷却转变

1) 共析钢过冷奥氏体的连续冷却转变曲线(CCT曲线)

连续冷却转变曲线是用实验方法测定的。将一组试样加热到奥氏体状态后,以不同冷却速度连续冷却,测出其奥氏体转变开始点和终了点的温度和时间,并在温度-时间(对数)坐标系中,分别连接不同冷却速度的开始点和终了点,即可得到连续冷却转变曲线,也称CCT曲线。图2.23为共析钢的CCT曲线,图中P_s和P_f分别为过冷奥氏体转变为珠光体型组织的开始线和终了线,两线之间为转变的过渡区,KK'线为过冷奥氏体转变的终止线。当冷却到达此线时,过冷奥氏体便终止向珠光体的转变,一直冷却到M_s点又开始发生马氏体转变,不发生贝氏体转变,因而共析钢在连续冷却过程中没有贝氏体组织出现。

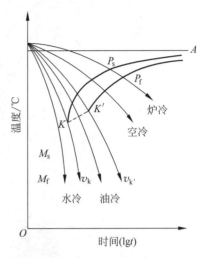

图 2.23　共析钢的 CCT 曲线

由CCT曲线(图2.23)可知,共析钢以大于v_k的速度冷却时,由于遇不到珠光体转变线,得到的组织全部为马氏体,这个冷却速度v_k称为上临界冷却速度。v_k越大,钢越容易得到马氏体。冷却速度小于v_k'时,钢将全部转变为珠光体,v_k'称为下临界冷却速度。v_k'越小,退火所需的时间越长。冷却速度在$v_k \sim v_k'$(如油冷),在到达KK'线之前,奥氏体部分转变为珠光体,从KK'线到M_s点,剩余奥氏体停止转变,直到M_s点以下,才开始马氏体转变。到M_f点后马氏体转变完成,得到的组织为M+T,若冷却M_s到M_f之间,则得到的组织为M+T+A'。

2) 转变过程及产物

现用共析钢的等温转变曲线来分析过冷奥氏体转变过程和产物。如图2.24所示,以缓慢速度v_1冷却时,相当于炉冷(退火),过冷奥氏体转变产物为珠光体,其转变温度较高,珠光体呈粗片状,硬度为170~220 HB。以稍快速度v_2冷却时,相当于空冷(正火),过冷奥氏体转变产物为索氏体,为细片状组织,硬度为25~35 HRC。以较快速度v_4冷却时,相当于油冷,过冷奥氏体转变产物为屈氏体、马氏体和残余奥氏体,硬度为45~55 HRC。以很快的速度v_5冷却时,相当于水冷,过冷奥氏体转变产物为马氏体和残留奥氏体。

3) CCT曲线和C曲线的比较和应用

将相同条件下奥氏体冷却测得的共析钢CCT曲线和C曲线叠加在一起,就得到图2.24,其中虚线为连续冷却转变曲线。从图中可以看出,CCT曲线稍微靠右、靠下一点,表明连续冷却时,过冷奥氏体的稳定性增加,奥氏体完成珠光体转变的温度更低,时间更长。根据实验,等温转变的临界冷却速度大约是连续冷却的1.5倍。另外,共析钢过冷奥氏体在连续冷却过程中,没有贝氏体转变过程,即得不到贝氏体组织,只有等温冷却才能得到。

连续冷却转变曲线能准确地反映在不同冷却速度下,转变温度、时间及转变产物之间的关系,可直接用于制定热处理工艺规范,一般手册中给出的CCT曲线除了有曲线的形状及位置,还给出某钢的几种不同冷却速度时所经历的各种转变以及应得到的组织和性能(硬度),还可以清楚地知道该钢的临界冷却速度等。这是制定淬火方法和选择淬火介质的重要

图 2.24　共析钢的 C 曲线和 CCT 曲线的比较及转变组织

依据。与 CCT 曲线相比,C 曲线更容易测定,并可以用其制定等温退火、等温淬火等热处理工艺规范。目前 C 曲线的资料比较充分,而有关 CCT 曲线则仍然缺乏,因此一般利用 C 曲线来分析连续转变的过程和产物,并估算连续冷却转变产物的组织和性能。在分析时要注意 C 曲线和 CCT 曲线上述的一些差异。

2. 非共析钢过冷奥氏体的连续冷却转变

图 2.25 为亚共析钢过冷奥氏体的连续冷却转变过程和产物。与共析钢不同,亚共析钢过冷奥氏体在高温时有一部分将转变为铁素体,亚共析钢过冷奥氏体在中温转变区会有很少量贝氏体($B_上$)产生。如油冷的产物为 $F+T+B_上+M$,但 F 和 $B_上$ 转变量少,有时可忽略不计。

过共析钢过冷奥氏体的连续冷却转变过程与亚共析钢一样。在高温区,过冷奥氏体将首先析出二次渗碳体,而后转变为其他组织组成物。由于奥氏体中含碳量高,所以油冷、水冷后的组织中应包括残余奥氏体。与共析钢一样,其冷却过程中无贝氏体转变。

图 2.25　亚共析钢过冷奥氏体的连续
冷却转变过程和产物

2.2 热处理经典技术与工程应用

常规热处理(convention heat-treatment)是将金属或合金在固态下经过加热、保温和冷却三个步骤,以改变其整体或表面的组织,从而获得所需性能的一种工艺。因而热处理工艺过程可以用温度-时间曲线概括地表达,如图2.26所示。这种曲线也称为热处理工艺曲线。

图 2.26 碳钢各种退火和正火工艺规范示意图

(a) 加热温度范围;(b) 工艺曲线

通过热处理可以充分发挥材料性能的潜力,调整材料的工艺性能和使用性能,满足机械零件在加工和使用过程中对性能的要求,所以几乎所有的机械零部件都要进行热处理。根据所要求的性能不同,热处理的类型有多种,但其工艺都包括加热、保温和冷却三个阶段。按照应用特点,热处理的经典技术可大致分以下两类。

(1) 普通热处理

普通热处理包括退火、正火、淬火和回火等。

(2) 表面热处理和化学热处理

表面热处理包括感应加热淬火、火焰加热淬火和电接触加热淬火等;化学热处理包括渗碳、渗氮、碳氮共渗、渗硼、渗硫、渗铝、渗铬等。

而热处理的新型技术包括可控气氛热处理、真空热处理和形变热处理等。

钢的热处理工艺还可以大致分为预先热处理和最终热处理两类。钢的淬火、回火和表面热处理,能使钢满足使用条件下的性能要求,一般称为最终热处理;而钢的退火与正火,大都是要满足钢的冷加工性能,一般称为预先热处理。但对于一些性能要求不高的零件,也常以退火特别是正火作为最终热处理工序。

热处理工艺可以是零件加工过程中的一道中间工序,如改善铸、锻、焊毛坯组织和降低这些毛坯的硬度、改善切削加工性能的退火或正火;也可以是使工件性能达到规定技术指标的最终工序,如淬火+回火。由此可见热处理工艺与其他工艺过程的密切关系及其在机械零件加工制造过程中的重要地位和作用。

2.2.1　退火与正火及其应用

1. 退火与正火的定义、目的和分类

钢的退火(annealing)一般是将钢材或钢件加热到临界温度以上的适当温度,保温适当时间后缓慢冷却,以获得接近平衡的珠光体组织的热处理工艺。

钢的正火(normalizing)是将钢材或钢件加热到临界温度以上的适当温度,保温适当时间后以较快冷却速度冷却(通常在空气中),以获得珠光体类型组织的热处理工艺。

退火和正火是应用非常广泛的热处理工艺。在机器零件或工模具等工件的加工制造过程中,退火和正火经常作为预先热处理工序,安排在铸造或锻造之后,切削(粗)加工之前,用以消除热加工工序所带来的某些缺陷,为随后的工序做组织和性能准备。例如,在铸造或锻造等热加工以后,钢件中不但存在残余应力,而且晶粒粗大组织不均匀,成分也有偏析,这样的钢件力学性能低劣,淬火时也容易造成变形和开裂。经过适当的退火或正火处理可使钢件的组织细化,成分均匀,应力消除,从而改善钢件的力学性能并为随后最终热处理(淬火回火)做好组织上的准备。又如,在铸造或锻造等热加工以后,钢件硬度经常偏高或偏低,而且不均匀,严重影响切削加工。经过适当退火处理或正火处理,可使钢件的硬度达到180~250 HBS,而且比较均匀,从而改善钢件的切削加工性能。

退火和正火除了经常作为预先热处理工序,在一些普通铸钢件、焊接件以及某些不重要的热加工工件上,还作为最终热处理工序。

综上所述,退火和正火的主要目的大致可归纳为如下几点:①调整钢件硬度以便进行切削加工;②消除残余应力,以防钢件的变形、开裂;③细化晶粒,改善组织,以提高钢的力学性能;④为最终热处理(淬火回火)做好组织上的准备。

钢件退火工艺种类很多,按加热温度可分为两大类:一类是在临界温度(Ac_1 或 Ac_3)以上的退火,又称为相变重结晶退火,包括完全退火、均匀化退火(扩散退火)和球化退火等;另一类是在临界温度以下的退火,包括软化退火、再结晶退火及去应力退火等。各种退火的加热温度范围和工艺曲线如图 2.26 所示。保温时间可参考经验数据。

2. 退火和正火操作及其应用

1) 退火的操作及应用

(1) 完全退火(full annealing)与等温退火(isothermal annealing)

完全退火又为重结晶退火,一般简称为退火。这种退火主要用于亚共析碳钢和合金钢的铸、锻件及热轧型材,有时也用于焊接结构。常作为一些不重要工件的最终热处理或某些重要件的预先热处理。

完全退火操作是将亚共析钢工件加热到 Ac_3 以上 30~50 ℃,保温一定时间后缓慢冷却(随炉缓冷或埋入白灰或草木灰和砂中缓冷)至 500 ℃以下,然后在空气中冷却。

完全退火的"完全"是指工件被加热到临界点以上获得完全的奥氏体组织。它的目的在于通过完全重结晶,使热加工造成的粗大、不均匀组织均匀化和细化;或使中碳以上的碳钢及合金钢得到接近平衡状态的组织,以降低硬度、改善切削加工性能;由于冷却缓慢,还可消除残余应力。

完全退火主要用于亚共析钢,过共析钢不宜采用,因为加热到 Ac_{cm} 以上慢冷时,二次

渗碳体会以网状形式沿奥氏体晶界析出,使钢的韧性大大下降,并可能在以后的热处理中引起裂纹。

完全退火全过程所需时间比较长,特别是对于某些奥氏体比较稳定的合金钢,往往需要数十小时,甚至数天的时间。如果在对应于钢的 C 曲线上的珠光体形成过程进行过冷奥氏体的等温转变处理,就有可能在等温处理之后稍快地进行冷却,以便大大缩短整个退火时间。这种退火方法叫作"等温退火"。

等温退火是将钢件或毛坯加热到高于 Ac_3(或 Ac_1)温度,保温适当时间后,较快地冷却到珠光体转变温度区间的某一温度,并等温保持使奥氏体转变为珠光体型组织,然后在空气中冷却的退火工艺。

等温退火的目的及加热过程与完全退火相同,但转变较易控制,能获得均匀的预期组织。对于奥氏体较稳定的合金钢,可大大缩短退火时间,一般只需完全退火的一半时间左右。该工艺适合于改善重型铸、锻件毛坯的可加工性和各种力学性能,并适用于防止钢中出现白点,以及工具钢和轴承钢的球化处理等。

(2) 球化退火(spheroidizing annealing)

球化退火属于不完全退火,是使钢中碳化物球状化而进行的热处理工艺。球化退火主要用于过共析钢,如工具钢、滚动轴承钢等,其目的是使二次渗碳体及珠光体中的渗碳体球状化(退火前先正火将网状渗碳体破碎),以降低硬度,提高塑性,改善切削加工性能,以及获得均匀的组织,改善热处理工艺性能,并为以后的淬火做组织准备。近年来,球化退火应用于亚共析钢也获得成效,使其得到最佳的塑性和较低的硬度,从而大大有利于冷挤、冷拉、冷冲压成型加工。

球化退火的工艺是将工件加热到 $Ac_1 \pm (10 \sim 20 \ ℃)$ 保温后等温冷却或缓慢冷却。球化退火一般采用随炉加热,加热温度略高于 Ac_1,以便保留较多的未溶碳化物粒子或较大的奥氏体中的碳浓度分布的不均匀性,促进球状碳化物的形成。若加热温度过高,二次渗碳体易在慢冷时以网状的形式析出。球化退火需要较长的保温时间来保证二次渗碳体的自发球化。保温后随炉冷却,在通过 Ar_1 温度范围时,应足够缓慢,使奥氏体进行共析转变时,以未溶渗碳体粒子为核心形成粒状渗碳体。生产上一般采用等温冷却以缩短球化退火时间。图 2.27 为 T12 钢两种球化退火工艺的比较及球化退火后的组织。T12 钢球化退火后的显微组织是在铁素体基体上分布着细小均匀的球状渗碳体,如图 2.27(b)所示。

(3) 扩散退火(diffusion annealing)

扩散退火又称为均匀化退火。将金属铸锭、铸件或锻坯,在略低于固相线的温度,消除或减少化学成分偏析及显微组织(枝晶)的不均匀性,以达到均匀化目的的热处理工艺称为扩散退火。

扩散退火是将钢加热到略低于固相线的温度(1050~1150 ℃)下加热并长时间保温(10~20 h),然后缓慢冷却,以消除或减少化学成分偏析及显微组织(枝晶)的不均匀性,从而达到均匀化的目的。主要用于铸件凝固时要发生偏析,造成成分和组织的不均匀。如果是钢锭,这种不均匀性在轧制成钢材时,将沿着轧制方向拉长而呈方向性,最常见的如带状组织。低碳钢中所出现的带状组织,其特点为有的区域铁素体多,有的区域珠光体多,该二区域并排地沿着轧制方向排列。产生带状组织的原因是由于锻锭中锰等合金元素(影响过冷奥氏体的稳定性)产生了偏析,由于这种成分和结构的不均匀性,需要长程均匀化才能消

1—普通球化退火工艺；2—等温球化退火工艺。

图 2.27 T12 钢两种球化退火工艺的比较及球化退火后的组织

(a) 两种球化退火工艺的比较；(b) 球化退火后的组织(800×)

除，因而过程进行得很慢，消耗大量的能量，且生产效率低，只有在必要时才使用。所以，均匀化退火多用于高合金钢的钢锭、铸件和锻坯及偏析现象较为严重的合金。均匀化退火在铸锭开坯或铸造之后进行比较有效。因为此时铸态组织已被破坏，元素均匀化的障碍大为减少。

钢件均匀化退火的加热温度通常选择在 Ac_3 或 Ac_{cm} 以上 $150\sim300$ ℃。根据钢种和偏析程度而异，碳钢一般为 $1100\sim1200$ ℃，合金钢一般为 $1200\sim1300$ ℃。均匀化退火时间一般为 $10\sim15$ h。加热温度提高时，扩散时间可以缩短。

均匀化退火因为加热温度高，造成晶粒粗大，所以随后往往要经一次完全退火或正火处理来细化晶粒。

(4) 去应力退火(stress relief annealing)

去应力退火是将工件随炉加热到 Ac_1 以下某一温度(一般是 $500\sim650$ ℃)，保温后缓冷(随炉冷却)至 $300\sim200$ ℃以下出炉空冷。由于加热温度低于 Ac_1，钢在去应力退火过程中不发生组织变化。该工艺适用于去除工件在铸、锻、焊和切削加工、冷变形等冷热加工过程中产生的残余内应力，稳定尺寸，减少变形。这种处理可以消除 $50\%\sim80\%$ 的内应力而不引起组织变化。

(5) 其他退火

再结晶退火(recrystallization annealing)，是将冷塑性变形加工(冷轧、冷拔等)后的工件加热到再结晶温度以上，保持适当时间，经过再结晶使冷变形过程中产生的晶体缺陷基本消除，重新形成均匀的等轴晶粒，以消除形变强化和残余应力的退火。钢件的再结晶退火加热温度一般为 Ac_1 以下 $50\sim150$ ℃的某一温度。该工艺适用于改善冷作加工零件(冷拔钢丝、冷轧钢条、滚制螺栓及薄板拉伸件等)的延展性和应力状态。

稳定化退火(stabilizing annealing)，是指为使工件中细微的显微组成物(如 TiC、NbC、TaC 等碳化物)沉淀或球化的退火。它适用于含 Ti 或 Nb、Ta 的奥氏体型不锈钢，旨在防止不锈钢的晶间腐蚀。

脱氢退火(hydrogen relief annealing)，又称为预防白点退火，是为防止工件在热变形加工后的冷却过程中因氢呈气态析出而形成发裂(白点)，在形变加工结束后直接进行的退火。

其目的是使氢扩散到工件之外。该工艺主要是用于防止大锻件中产生白点缺陷。

石墨化退火(graphitizing annealing)，是指为使铸铁内莱氏体中的渗碳体和(或)游离渗碳体分解为石墨而进行的退火。它主要适用于各种铸铁件消除白口，降低硬度，以及提高塑性和韧性。

可锻化退火(malleable annealing)，是指使成分适宜的白口铸铁中的碳化物分解，并形成团絮状石墨的退火。该工艺主要用于白口铸铁制备成可锻铸铁。

2) 正火的操作及应用

正火是将钢加热到 Ac_3(亚共析钢)或 Ac_{cm}(过共析钢)以上 $30\sim50$ ℃，保温后在自由流动的空气中均匀冷却的热处理工艺。与退火相比，正火冷却速度较快，目的是使钢的组织正常化，所以也称为正常化处理；正火转变温度较低，因而发生伪共析组织转变，使组织中珠光体量增多，获得的珠光体型组织较细，钢的强度、硬度也较高。正火后的组织，通常为索氏体，含碳量低的亚共析碳钢还有部分铁素体，即 F+S；而含碳量高的过共析碳钢则会析出一定量的碳化物，即 $S+Fe_3C_{II}$。

正火的主要应用列举如下。

(1) 作为最终热处理

正火可细化晶粒，使组织均匀化，减少亚共析钢中铁素体含量，使珠光体含量增多并细化，从而提高钢的强度、硬度和韧性。对于普通结构钢零件，机械性能要求不是很高时，正火可作为最终热处理使之达到一定的力学性能，在某些场合可以代替调质处理。

(2) 作为预先热处理

截面较大的合金结构钢件，在淬火或调质处理(淬火加高温回火)前常进行正火处理，以消除铸、锻、焊等热加工过程的魏氏组织、带状组织、晶粒粗大等过热组织缺陷，并获得细小而均匀的组织，消除内应力。对于过共析钢可减少二次渗碳体量，并使其不形成连续网状，为球化退火做组织准备。

(3) 改善切削加工性能

低、中碳钢或低、中碳合金钢退火后硬度太低，不便于切削加工。正火可提高其硬度，改善切削加工性，并为淬火做组织准备。

3) 退火与正火的选择

综上所述，退火和正火目的相似，它们之间的选择可以从下面几方面加以考虑。

(1) 切削加工性

一般来说，钢的硬度为 170~230 HB，组织中无大块铁素体时，切削加上性较好；因此，对低、中碳钢宜用正火；高碳结构钢和工具钢，以及含合金元素较多的中碳合金钢，则以退火为好。

(2) 使用性能

对性能要求不高，随后便不再淬火回火的普通结构件，往往可用正火来提高力学性能；但若形状比较复杂的零件或大型铸件，采用正火有变形或开裂的危险时，则用退火。如从减少淬火变形和开裂倾向考虑，正火不如退火。

(3) 经济性

正火比退火的生产周期短，设备利用率高，节能省时，操作简便，故在可能的情况下优先采用正火。

由于正火与退火在某种程度上有相似之处,实际生产中有时可以相互代替;而且正火与退火相比,力学性能高、操作方便、生产周期短、耗能少,所以在可能的条件下,应优先考虑正火处理。

2.2.2 淬火及其应用

淬火(quenching)是将钢件加热到 A_{c_3} 或 A_{c_1} 以上某一温度,保温一定时间,然后快速冷却以获得马氏体组织的热处理工艺。

淬火的目的是提高钢的力学性能。如用于制作切削刀具的 T10 钢,退火态的硬度小于 20 HRC,适合于切削加工。如果将 T10 钢淬火获得马氏体后配以低温回火,硬度可提高到 60~64 HRC,同时具有很高的耐用性,可以切削金属材料(包括退火态的 T10 钢)。再如 45 钢经淬火获得马氏体后高温回火,其力学性能与正火态相比:σ_s 由 320 MPa 提高到 450 MPa,δ 由 18% 提高到 23%,α_k 由 70 J/cm^2 提高到 100 J/cm^2,具有良好的强度与塑性和韧性的配合。可见淬火是一种强化钢件、更好地发挥钢材性能潜力的重要手段。

1) 钢的淬火工艺

(1) 淬火加热温度的选择

淬火加热的目的是获得细小而均匀的奥氏体,使淬火后得到细小而均匀的马氏体或贝氏体。碳钢的淬火加热温度可根据 Fe-Fe$_3$C 相图来选择,如图 2.28 所示。

图 2.28   碳钢的淬火加热温度

亚共析钢的淬火加热温度为 A_{c_3} 以上 30~50 ℃,这时加热后的组织为细的奥氏体,淬火后可以得到细小而均匀的马氏体。淬火加热温度不能过高,否则奥氏体晶粒粗化,淬火后会出现粗大的马氏体组织,使钢的脆性增大,而且使淬火应力增大,容易产生变形和开裂;淬火加热温度也不能过低(如低于 A_{c_3}),否则必然会残存一部分自由铁素体,淬火时这部分铁素体不发生转变,保留在淬火组织中,使钢的强度和硬度降低。但对于某些亚共析合金钢,在略低于 A_{c_3} 的温度进行亚温淬火,可利用少量细小残存分散的铁素体来提高钢的韧性。

共析钢、过共析钢的淬火加热温度为 A_{c_1} 以上 30~50 ℃,如 T10 的淬火加热温度为 760~780 ℃,这时的组织为奥氏体(共析钢)或奥氏体+渗碳体(过共析钢),淬火后得到均匀细小的马氏体＋残余奥氏体或马氏体＋颗粒状渗碳体＋残余奥氏体的混合组织。对于过共析钢,在此温度范围内淬火的优点有:组织中保留了一定数量的未溶二次渗碳体,有利于提高钢的硬度和耐磨性;并由于降低了奥氏体中的含碳量,可改变马氏体的形态,从而降低马氏体的脆性。此外,使奥氏体的含碳量不致过高而保证淬火后残余奥氏体不致过多,有利于提高钢的硬度和耐磨性,奥氏体晶粒细小,淬火后可以获得较高的力学性能;同时加热时的氧化脱碳及冷却时的变形、开裂倾向小。若淬火温度过高,则会形成粗大的马氏体,使机械性能恶化;同时也增大淬火应力,使变形和开裂倾向增大。

（2）淬火加热时间的确定

淬火加热时间包括升温和保温两个阶段的时间。通常以装炉后炉温达到淬火温度所需时间为升温阶段,并以此作为保温时间的开始。保温阶段是指钢件心部达到淬火温度(烧透)并完成奥氏体化所需的时间。

（3）淬火冷却介质

工件进行淬火冷却时所使用的介质称为淬火冷却介质。

理想淬火介质的冷却特性:淬火要得到马氏体,淬火冷却速度必须大于 v_k,而冷却速度过快,总是不可避免地造成很大的内应力,往往引起零件的变形和开裂。淬火时怎样才能既得到马氏体而又能减小变形并避免开裂呢?这是淬火工艺中要解决的一个主要问题。对此,可从两个方面入手:一是找到一种理想的淬火介质;二是改进淬火冷却方法。

由 C 曲线可知,要淬火得到马氏体,并不需要在整个冷却过程都进行快速冷却,理想淬火介质的冷却特性应如图 2.29 所示,在 650 ℃以上时,因为过冷奥氏体比较稳定,速度应慢些,以降低零件内部温度差而引起的热应力,防止变形;在 650～550 ℃ (C 曲线"鼻尖"附近),过冷奥氏体最不稳定,应快速冷却,淬火冷却速度应大于 v_k,使过冷奥氏体不致发生分解形成珠光体;在 300～200 ℃,过冷奥氏体已进入马氏体转变区,应缓慢冷却,因为此时相变应力占主导地位,可防止内应力过大而使零件变形,甚至开裂。但目前为止,还没有找到符合这一特性要求的理想淬火介质。

图 2.29　理想淬火介质的冷却特性

目前常用淬火冷却介质(quenching mediums)有水及水基、油及油基等。

水是应用最为广泛的淬火冷却介质,这是因为水价廉易得,而且具有较强的冷却能力。但它的冷却特性并不理想,水在 650～500 ℃时冷却速度较快;在 300～200 ℃时也较快,所以容易使零件变形,甚至开裂,这是它的最大缺点。提高水温能降低 650～500 ℃的冷却能力,但对 300～200 ℃的冷却能力几乎没有影响,而且不利于淬硬,也不能避免变形,所以淬火用水的温度常控制在 30 ℃以下。水在生产上主要用作尺寸较小、形状简单的碳钢零件的淬火介质。

为提高水的冷却能力,在水中加入 5%～15%的食盐成为盐水溶液,其冷却能力比清水更强,在 650～500 ℃,冷却能力比清水提高近 1 倍,这对于保证碳钢件的淬硬来说是非常有利的。当用盐水淬火时,由于食盐晶体在工件表面的析出和爆裂,不仅能有效地破坏包围在工件表面的蒸汽膜,使冷却速度加快,而且能破坏在淬火加热时所形成的氧化皮,使它剥落下来。所以用盐水淬火的工件,易得到高的硬度和光洁的表面,不易出现淬不硬的状况,这是清水无法做到的。但盐水在300~200 ℃时,冷速仍像清水一样快,使工件易变形,甚至开裂。生产上为防止这种变形和开裂,采用先盐水快冷,在 M_s 点附近再转入冷却速度较慢的介质中缓冷。所以盐水主要适用于形状简单、硬度要求较高而均匀、表面要求光洁、变形要求不严格的低碳钢零件的淬火,如螺钉、销、垫圈等。

油也是广泛使用的一种冷却介质,所用几乎全部为各种矿物油(如锭子油、机油、柴油、变压器油等)。它的优点是在300~200 ℃时冷却能力弱,有利于减少零件变形与开裂;缺点是在650~500 ℃时冷却能力也弱,对防止过冷奥氏体的分解是不利的,因此不利于钢的淬硬。所以只适用于一些过冷奥氏体较稳定的合金钢或尺寸较小的碳钢件的淬火。

为了减少零件淬火时的变形,可用盐浴和碱浴作淬火冷却介质。这类淬火介质的特点是在冷却过程中因沸点高而不发生物态变化,工件淬火主要靠对流冷却,通常在高温区域冷却速度快,在低温区域冷却速度慢(在高温区碱浴的冷却能力比油强而比水弱,硝盐浴的冷却能力则比油弱;在低温区则都比油弱),淬火性能优良,淬透力强,淬火变形小,基本无裂纹产生,但是对环境污染大,劳动条件差,耗能多,成本高,常用于截面不大,形状复杂,变形要求严格的碳钢、合金钢工件和工模具的淬火。熔盐有氯化钠、硝酸盐、亚硝酸盐等,工件在盐浴中淬火可以获得较高的硬度,而变形极小,不易开裂,通常用作等温淬火或分级淬火。其缺点是熔盐易老化,对工件有氧化及腐蚀作用。熔碱有氢氧化钠、氢氧化钾等,它具有较大的冷却能力,工件加热时若未氧化,淬火后可获得银灰色的洁净表面,也有一定的应用。但熔碱蒸气具有腐蚀性,对皮肤有刺激作用,使用时要注意通风和采取防护措施。常用碱浴和硝盐浴的成分、熔点及使用温度见表2.3。

表 2.3　热处理常用盐浴的成分、熔点及使用温度

熔　盐	成　分	熔点/℃	使用温度/℃
碱浴	80%KOH+20%NaOH+6%H_2O	130	140~250
硝盐	53%KNO_3+40%$NaNO_2$+7%$NaNO_3$	137	150~500
硝盐	55%KNO_3+45%$NaNO_3$	218	230~550
中性盐	30%KCl+20%NaCl+50%$BaCl_2$	560	580~800

近年来,新型淬火介质最引人注目的进展是有机聚合物淬火剂的研究和应用。这类淬火介质是将有机聚合物溶解于水中,并根据需要调整溶液的浓度和温度,配制成冷却性能满足要求的水溶液。它在高温阶段冷却速度接近于水,在低温阶段冷却速度接近于油。其优点是无毒,无烟无臭,无腐蚀,不燃烧,抗老化,使用安全可靠,且冷却性能好,冷却速度可以调节,适用范围广,工件淬硬均匀,可明显减少变形和开裂倾向,因此能提高工件的质量,改善工作环境和劳动条件,给工厂带来节能、环保、技术和经济效益。目前有机聚合物淬火剂更在大批量、单一品种的热处理上用得较多,尤其对于水淬开裂、变形大、油淬不硬的工件,采用有机聚合物淬火剂比淬火油更经济、高效、节能。从提高工件质量、改善劳动条件、避免火灾和节能的角度考虑,有机聚合物淬火剂有逐步取代淬火油的趋势,是淬火介质的主要发展方向。有机聚合物淬火剂的冷却速度受浓度、使用温度和搅拌程度三个基本参数的影响。一般来说,浓度越高,冷却速度越慢;使用温度越高,冷却速度越慢;搅拌程度越激烈,冷却

速度越快。搅拌的作用很重要：一是使溶液浓度均匀；二是加强溶液的导热能力,从而保证淬火后工件硬度高且分布均匀,减少产生淬火软点和变形、开裂的倾向。通过控制上述这些因素,可以调整有机聚合物淬火剂的冷却速度,从而达到理想的淬火效果。一般来说,夏季使用的浓度可低些,冬季使用的浓度可高些,而且要充分地搅拌。有机聚合物淬火剂大多制成含水的溶液,在使用时可根据工件的特点和技术要求,加水稀释成不同的浓度,便可以得到具有多种淬火烈度的淬火液,以适应不同的淬火需要。不同种类的有机聚合物淬火剂具有显著不同的冷却特性和稳定性,能适合不同淬火工艺需要。目前世界上使用最稳定、应用面最广的有机聚合物淬火剂是聚烷二醇(PAG)类淬火剂。这类淬火剂具有逆溶性,可以配成比盐水慢而比较接近矿物油的不同淬火烈度的淬火液,其浓度易测易控,可减少工件的变形和开裂,避免淬火软点的产生,使用寿命长,适合于各类感应加热淬火和整体淬火。

2) 常用淬火方法

由于淬火介质不能完全满足淬火的质量要求,所以在热处理工艺上还应在淬火方法上加以解决。生产中应根据钢的化学成分、工件的形状和尺寸,以及技术要求等来选择淬火方法。选择合适的淬火方法可以获得所要求的淬火组织和性能,在这个作为前提条件下,尽量减少淬火应力,从而减少工件变形和开裂的倾向。目前常用的淬火方法有单介质淬火、双介质淬火、马氏体分级淬火、贝氏体等温淬火和局部淬火等(表 2.4),冷却曲线如图 2.30 所示。

表 2.4 常用淬火方法

淬火方法	冷却方式	特点和应用
单介质淬火	将奥氏体化后的工件放入一种淬火冷却介质中一直冷却到室温	操作简单,已实现机械化与自动化,适用于形状简单的工件
双介质淬火	将奥氏体化后的工件在水中冷却到接近 M_s 点时,立即取出放入油中冷却	防止低温马氏体转变时工件发生裂纹,常用于形状复杂的合金钢
马氏体分级淬火	将奥氏体化后的工件放入稍高于 M_s 点的盐浴中,使工件各部分与盐浴的温度一致后,取出空冷完成马氏体转变	大大减小热应力、变形和开裂,但盐浴的冷却能力较弱,故只适用于截面尺寸小于 10 mm^2 的工件,如刀具、量具等
贝氏体等温淬火	将奥氏体化的工件放入温度稍高于 M_s 点的盐浴中等温保温,使过冷奥氏体转变为下贝氏体组织后,取出空冷	常用来处理形状复杂、尺寸要求精确、强韧性高的工具、模具和弹簧等
局部淬火	对工件局部要求硬化的部位进行加热淬火	工件的表面强化、零件的关键部件等
冷处理	将淬火冷却到室温的钢继续冷却到 $-70 \sim -80$ ℃,使残余奥氏体转变为马氏体,然后低温回火,消除应力,稳定新生马氏体组织	提高硬度、耐磨性、稳定尺寸,适用于一些高精度的工件,如精密量具、精密丝杠、精密轴承等

3) 钢的淬透性

(1) 淬透性的基本概念

淬透性(hardenability)是指钢在淬火时获得马氏体的能力。淬火时,同一工件表面和心部的冷却速度是不同的,表面的冷却速度最快,越到中心冷却速度越慢,如图 2.31(a)所示。淬透性低的钢,其截面尺寸较大时,由于心部不能淬透,因此表层与心部组织和硬度不同,如图 2.31(b)所示。钢的淬透性主要取决于临界冷却速度。临界冷却速度越慢,过冷奥氏体越稳定,钢的淬透性也就越好。因此除 Co 外,大多数合金元素都能显著提高钢的淬透性。

图 2.30　常用的淬火方法及冷却曲线示意图
（a）单介质淬火；（b）双介质淬火；（c）马氏体分级淬火；（d）贝氏体等温淬火

图 2.31　工件淬透层与冷却速度的关系

淬透性是钢的固有属性,决定了钢材淬透层深度和硬度分布的特性。淬透性的大小可用钢在一定条件下淬火所获得的淬透层深度和硬度分布来表示。从理论上讲,淬透层深度应为工件截面上全部淬成马氏体的深度;但实际上,即使马氏体中含少量(质量分数5%～10%)的非马氏体组织,在显微镜下观察或通过测定硬度也很难区别开来。为此规定:从工件表面向里的半马氏体组织处的深度为有效淬透层深度,以半马氏体组织所具有的硬度来评定是否淬硬。当工件的心部在淬火后获得了50%以上的马氏体时,则可被认为已淬透。

同样形状和尺寸的工件,用不同成分的钢材制造,在相同条件下淬火,形成马氏体的能力不同,容易形成马氏体的钢淬透层深度越大,反映钢的淬透性越好。如直径均为30 mm的45钢和40CrNiMo试棒,加热到奥氏体区(840 ℃),然后都用水进行淬火,分析两根试棒截面的组织,测定其硬度。结果是45钢试棒表面组织为马氏体,心部组织为铁素体+索氏体,表面硬度为55 HRC,而心部硬度仅为20 HRC,表示45钢试棒心部未淬火。而40CrNiMo钢试棒则表面至心部均为马氏体组织,硬度都为55 HRC,可见40CrNiMo的淬透性比45钢要好。

这里需要注意的是,钢的淬透性与实际工件的淬透层深度是有区别的。淬透性是钢在规定条件下的一种工艺性能,是确定的、可以比较的,是钢材本身固有的属性;淬透层深度是实际工件在具体条件下获得的表面马氏体到半马氏体处的深度,是变化的,与钢的淬透性及外在因素(如淬火介质的冷却能力、工件的截面尺寸等)有关。淬透性好,工件截面小、淬火介质的冷却能力强,淬透层深度越大。

(2) 淬透性的评定方法

评定淬透性的方法常用的有临界淬透直径测定法及末端淬火试验法。

① 临界淬透直径测定法　用钢制截面较大的试棒进行淬火试验时,发现仅有表面一定深度获得马氏体,钢试棒截面硬度分布曲线呈U形,如图2.32所示,其中半马氏体深度 h 即有效淬透深度。

钢材在某种冷却介质中冷却后,心部能淬透(得到全部马氏体或50%马氏体组织)的最大直径称为临界淬透直径,以 D_c 表示。临界淬透直径测定法就是制作一系列直径不同的圆棒,淬火后分别测定各试样截面上沿直径分布的硬度U形曲线,从中找出中心恰为半马氏体组织的圆棒,该圆棒直径即临界淬透直径。显然,冷却介质的冷却能力越强,钢的临界淬透直径就越大。在同一冷却介质中钢的临界淬透直径越大,其淬透性越好。表2.5为常用钢材的临界淬透直径。

图2.32　钢试棒截面硬度
分布曲线

表 2.5　常用钢材的临界淬透直径

钢　号	临界淬透直径 D_c/mm		钢　号	临界淬透直径 D_c/mm	
	水　冷	油　冷		水　冷	油　冷
45	13～16.5	6～9.5	35CrMo	36～42	20～28
60	14～17	6～12	60Si2Mn	55～62	32～46

续表

钢　号	临界淬透直径 D_c/mm		钢　号	临界淬透直径 D_c/mm	
	水　冷	油　冷		水　冷	油　冷
T10	10～15	＜8	50CrVA	55～62	32～40
65Mn	25～30	17～25	38CrMoAlA	100	80
20Cr	12～19	6～12	20CrMnTi	22～35	15～24
40Cr	30～38	19～28	30CrMnSi	40～50	23～40
35SiMn	40～46	25～34	40MnB	50～55	28～40

②　末端淬火试验法　末端淬火试验法是将标准尺寸的试样(ϕ25 mm×100 mm),经奥氏体化后,迅速放入末端淬火试验机的冷却孔,对其一端面喷水冷却。规定喷水管内径为12.5 mm,水柱自由高度(65±5) mm,水温 20～30 ℃。图 2.33(a)为末端淬火试验法示意图。显然,喷水端冷却速度最快,距末端沿轴向距离增大,冷却速度逐渐变慢,其组织及硬度也逐渐变化。在试样侧面沿长度方向磨一深度为 0.2～0.5 mm 的窄条平面,然后从末端开始,每隔一定距离测量一个硬度值,即可测得试样冷却后沿轴线方向硬度距水冷端距离的关系曲线,称为淬透性曲线,如图 2.33(b)所示。这是淬透性测定常用方法,详细可参阅《钢的淬透性末端淬火试验法》(GB 225—63)。

图 2.33　用末端淬火试验法测定钢的淬透性
(a) 试样尺寸及冷却方法；(b) 淬透性曲线的测定

试验测出的各种钢的淬透性曲线均收集在相关手册中。同一牌号的钢,由于化学成分和晶粒度的差异,淬透性实际上是有一定波动范围的淬透性带。根据 GB 225—63 的规定,钢的淬透性值用 $J\dfrac{HRC}{d}$ 表示。J 表示末端淬火的淬透性,d 表示距水冷端的距离,HRC 为该处的硬度。例如,淬透性值 $J\dfrac{42}{5}$,表示距水冷端 5 mm 试样硬度为 42 HRC。

半马氏体组织比较容易由显微镜或硬度的变化来确定。当马氏体中含非马氏体组织量不多时,硬度变化不大;当非马氏体组织量增至 50% 时,硬度陡然下降,曲线上出现明显的转折点,如图 2.34 所示。另外,在淬火试样的断口上,也可以看到以半马氏体为界,发生由脆性断裂过渡为韧性断裂的变化,并且其酸蚀断面呈明显的明暗界线。半马氏体组织和马氏体一样,硬度主要与含碳量有关,而与合金元素质量分数的关系不大,如图 2.35(b) 所示。将图 2.35 中的(a)与(b)相结合,即可找出 45 钢半马氏体区至端面的距离大约是 3 mm,而 40Cr 钢是 10.5 mm。该距离越大,淬透性越大,因而 40Cr 钢的淬透性大于 40 钢的。

图 2.34 淬火试样断面上马氏体量和硬度的变化

(a)　　　　　　　　　　(b)

图 2.35 利用淬透性曲线比较钢的淬透性

(a) 45 钢和 40Cr 钢的淬透性曲线;(b) 半马氏体硬度与碳含量的关系曲线

(3) 淬透性的影响因素

由钢的连续冷却转变曲线可知,淬火时要想得到马氏体,冷却速度必须大于临界速度 v_k,所以钢的淬透性主要由其临界速度来决定。v_k 越小,即奥氏体越稳定,钢的淬透性越好。因此凡是影响奥氏体稳定的因素,均影响淬透性。

① 合金元素　除 Co 外,大多数合金元素溶于奥氏体后,均能降低 v_k,使 C 曲线右移,从而提高钢的淬透性。应该指出的是,合金元素是影响淬透性的最主要因素。

② 含碳量　对于碳钢来说,钢中的含碳量越接近共析成分,其 C 曲线越靠右;v_k 越小,淬透性越好。即亚共析钢的淬透性随含碳量增加而增大,过共析钢的淬透性随含碳量增加而减小。

③ 奥氏体化温度　提高奥氏体化温度,使奥氏体晶粒长大,成分均匀化,从而减少珠光体的形核率,使过冷奥氏体更稳定,C 曲线向右移,降低钢的 v_k,增大其淬透性。

④ 钢中未溶第二相　钢中未溶入奥氏体的碳化物、渗氮物及其他非金属夹杂物,可成为奥氏体分解的非自发形核的核心,进而促进奥氏体转变产物的形核,减少过冷奥氏体的稳定性,使 v_k 增大,降低淬透性。

（4）淬透性的应用

根据淬透性曲线,可比较对不同钢种的淬透性。淬透性是钢材选用的重要依据之一。利用半马体硬度曲线和淬透性曲线,找出钢的半马氏体区所对应的距水冷端距离,从而推算出钢的临界淬火直径,确定钢件截面上的硬度分布情况等。临界淬火直径越大,则淬透性越好,如图 2.35(a)所示。由图 2.35 可知,40Cr 钢的淬透性比 45 钢要好。

淬透性对钢的力学性能影响很大。如将淬透性不同的钢调质处理后,沿截面的组织和机械性能差别很大。淬透性高的 40CrNiMo 钢棒经调质处理后,其截面的机械性能是均匀分布的,而淬透性低的 40Cr、40 钢经调质处理后,其心部强度和硬度低,韧性更低,如图 2.36 所示。这是因为淬透性高的钢调质后其组织由表及里都是回火索氏体,有较高的韧性;而淬透性低的钢,心部为片状索氏体和铁素体,表层为回火索氏体,心部强韧性差。因此,设计人员必须充分考虑钢的淬透性的作用,以便能根据工件的工作条件和性能要求进行合理选材和制定热处理工艺以提高工件的使用性能,具体应注意以下几点。

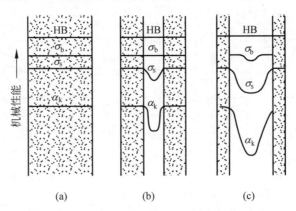

图 2.36　淬透性不同的钢调质后机械性能的比较

(a) 40CrNiMo 完全淬透；(b) 40Cr 钢淬透较大厚度；(c) 40 钢淬透较小厚度

① 要根据零件不同的工作条件合理确定钢的淬透性要求。并不是所有场合都要求淬透,也不是在任何场合淬透都是有益的。截面较大、形状复杂及受力情况特殊的重要零件,如螺栓、拉杆、锻模、锤杆等都要求表面和心部力学性能一致,应选淬透性好的钢。当某些零件的心部力学性能对其寿命的影响不大时,如承受扭转或弯曲载荷的轴类零件,外层受力很大、心部受力很小,可选用淬透性较低的钢,获得一定的淬透层深度即可。有些工件则不能或不宜选用淬透性高的钢,如焊接件,若淬透性高,就容易在热影响区出现淬火组织,造成工件淬透开裂;又如承受强烈冲击和复杂应力的冷镦模,其工作部分常因全部淬透而脆断。

② 零件尺寸越大,其热容量越大,淬火时零件冷却速度越慢;因此淬透层越薄,性能越差。如 40Cr 钢经调质后,当直径为 30mm 时,$\sigma_b \geqslant 900$ MPa;直径为 120 mm 时,$\sigma_b \geqslant 750$ MPa;

当直径为 240 mm 时，$\sigma_b \geq 650$ MPa。这种随工件尺寸增大而热处理强化效果减弱的现象称为钢材的"尺寸效应"，因此不能根据手册中查到的小尺寸试样的性能数据用于大尺寸零件的强度计算。但是，合金元素含量高的淬透性大的钢，其尺寸效应并不明显。

③ 由于碳钢的淬透性低，在设计大尺寸零件时，有时用碳钢正火比调质更经济，而效果相似。如设计尺寸为 $\phi 100$ mm 时，用 45 钢调质时 $\sigma_b = 610$ MPa，正火时 σ_b 也能达到 600 MPa。

④ 淬透层浅的大尺寸工件应考虑在淬火前先切削加工，如直径较大并具有几个台阶的传动轴，需经调质处理时，考虑淬透性的影响，应先粗车成型，然后调质。如果以棒料先调质再车外圆，由于直径大、表面淬透层浅，阶梯轴尺寸较小部分调质后的组织在粗车时可能被车去，起不到调质作用。

(5) 淬透性的实际意义

钢的淬透性是钢的热处理工艺性能，在生产中有重要的实际意义。工件在整体淬火条件下，从表面至中心是否淬透，对其力学性能有重要影响。在拉压、弯曲或剪切载荷下工作的零件，如各类齿轮、轴类零件，希望整个截面都能被淬透，从而保证这些零件在整个截面上得到均匀的力学性能。选择淬透性较高的钢，即能满足这一性能要求。而淬透性较低的钢，零件截面不能全部淬透，表面到心部力学性能不同，尤其心部的冲击韧度很低。钢的淬透性越高，能淬透的工件截面尺寸越大。对于大截面的重要工件，为了增加淬透层的深度，必须选用过冷奥氏体很稳定的合金钢，工件越大，要求的淬透层越深，合金化程度越高。所以淬透性是机器零件选材的重要参考数据。从热处理工艺性能考虑，对于形状复杂、要求变形很小的工件，如果钢的淬透性较高，如合金钢工件，则可以在冷却能力较弱的淬火冷却介质中淬火。如果钢的淬透性很高，甚至可以在空气中冷却淬火，因此淬火变形更小。

并非所有工件均要求具有很高的淬透性。例如承受弯曲或扭转的轴类零件，其外缘承受最大应力，轴心部分应力较小，因此保证一定的淬透层深度即可。一些汽车、拖拉机的重负荷齿轮通过表面淬火或化学热处理，获得一定深度的均匀淬硬层，即可达到表硬心韧的性能要求，所以可以采用低淬透性钢制造。焊接用钢采用淬透性低的低碳钢制造，目的是避免焊缝及热影响区在焊后冷却过程中得到马氏体组织，从而可以防止焊接构件变形或开裂。

4) 钢的淬硬性

淬硬性(hardening capacity)是指钢在理想条件下进行淬火硬化(即得到马氏体组织)所能达到的最高硬度的能力。淬硬性与淬透性是两个不同的概念，淬硬性主要取决于马氏体中的含碳量(也就是淬火前奥氏体的含碳量)，马氏体中的含碳量越高，淬火后硬度越高。合金元素的含量则对淬硬性无显著影响。所以淬硬性好的钢淬透性不一定好，淬透性好的钢淬硬性也不一定高。例如，含碳量为 0.3%、合金元素的质量分数为 10% 的高合金模具钢 3Cr2W8V 淬透性极好，但在 1100 ℃ 油冷淬火后的硬度约为 50 HRC；而含碳量为 1.0% 的碳素工具钢 T10 钢的淬透性不高，但在 760 ℃ 水冷淬火后的硬度大于 62 HRC。

淬硬性对按零件使用性能要求选材及热处理工艺的制定同样具有重要的参考作用。对于要求高硬度、高耐磨性的各种工具、模具，可选用淬硬性高的高碳钢、高合金钢；综合力学性能即强度、塑性、韧性要求都较高的机械零件可选用淬硬性中等的中碳钢及中碳合金钢；对于要求高塑性、高韧性的焊接件及其他机械零件则应选用淬透性低的低碳钢、低合金钢；当零件表面有高硬度、高耐磨性要求时则可配以渗碳工艺，通过提高零件表面的含碳量使其表面淬硬性提高。

2.2.3　回火及其应用

回火(tempering)是把淬火钢加热到 Ac_1 以下的某一温度保温后进行冷却的热处理工艺。

回火紧接着淬火后进行,除了等温淬火,其他淬火零件都必须及时回火。

淬火钢回火的目的有以下几点。

(1) 降低脆性,减少或消除内应力,防止工件变形或开裂。

(2) 获得工件所要求的力学性能。淬火钢件硬度高、脆性大,为满足各种工件不同的性能要求,可以通过回火来调整硬度,获得所需的塑性和韧性。

(3) 稳定工件尺寸。淬火马氏体和残余奥氏体都是不稳定组织,会自发发生转变而引起工件尺寸和形状的变化。通过回火可以使组织趋于稳定,以保证工件在使用过程中不再发生变形。

(4) 改善某些合金钢的切削性能。某些高淬透性的合金钢,空冷便可淬成马氏体,软化退火也相当困难,因此常采用高温回火,使碳化物适当聚集,降低硬度,以利于切削加工。

1) 淬火钢在回火时的转变

不稳定的淬火组织有自发向稳定组织转变的倾向。淬火钢的回火正是促使这种转变较快地进行。在回火过程中,随着组织的变化,钢的性能也发生相应的变化。

(1) 回火时的组织转变

随回火温度的升高,淬火钢的组织大致发生下述四个阶段的变化,如图 2.37 所示。

① 马氏体分解。回火温度小于 100 ℃(本节的回火转变温度范围指碳钢而言,合金钢会有不同程度的提高)时,钢的组织基本无变化。马氏体分解主要发生在 100~200 ℃,此时马氏体中的过饱和碳以 ε 碳化物(Fe_xC)的形式析出,使马氏体的过饱和度降低。析出的碳化物以极细片状分布在马氏体基体上,这种组织称为回火马氏体,用符号"$M_回$"表示,如图 2.38 所示。在显微镜下观察,回火马氏体呈黑色,残余奥氏体呈白色。

图 2.37　淬火钢在回火时的变化

图 2.38　回火马氏体的显微组织(400×)

马氏体分解一直进行到 350 ℃,此时 α 相中的含碳量接近平衡成分,但仍保留马氏体的形态。马氏体的含碳量越高,析出的碳化物越多,对于含碳量小于 0.2% 的低碳马氏体在这一阶段不析出碳化物,只发生碳原子在位错附近的偏聚。

② 残余奥氏体的分解。残余奥氏体的分解主要发生在 200~300 ℃。由于马氏体的分解,正方度下降,减轻了对残余奥氏体的压应力,因而残余奥氏体分解为 ε 碳化物和过饱和 α 相,其组织与下贝氏体或同温度下马氏体回火产物一样。

③ ε 碳化物转变为 Fe₃C。回火温度在 300~400 ℃时,亚稳定的 ε 碳化物转变成稳定的渗碳体(Fe₃C),同时马氏体中的过饱和碳也以渗碳体的形式继续析出。到 350 ℃左右,马氏体中的含碳量已基本降到铁素体的平衡成分,同时内应力大量消除。此时回火马氏体转变为在保持马氏体形态的铁素体基体上分布着细粒状渗碳体的组织,称为回火屈氏体,用符号"T回"表示,如图 2.39 所示。

④ 渗碳体的聚集长大及 α 相的再结晶。这一阶段的变化主要发生在 400 ℃以上,铁素体开始发生再结晶,由针片状转变为多边形。这种由颗粒状渗碳体与多边形铁素体组成的组织称为回火索氏体,用符号"S回"表示,如图 2.40 所示。

 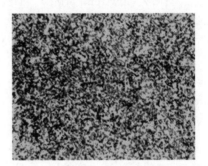

图 2.39　回火屈氏体的显微组织(400×)　　　图 2.40　回火索氏体的显微组织(400×)

(2) 回火过程中的性能变化

淬火钢在回火过程中力学性能总的变化趋势是:随着回火温度的升高,硬度和强度降低,塑性和韧性上升。但回火温度太高,塑性会有所下降(图 2.41 和图 2.42)。

图 2.41　钢的硬度随回火温度的变化　　　图 2.42　钢的机械性能与回火温度的关系

在 200 ℃以下,由于马氏体中析出大量 ε 碳化物产生弥散强化作用,钢的硬度并不下降,对于高碳钢,其至略有升高。

在 200～300 ℃,高碳钢由于有较多的残余奥氏体转变为马氏体,硬度会再次提高。而低碳钢和中碳钢由于残余奥氏体量很少,硬度则缓慢下降。

300 ℃以上,由于渗碳体粗化及马氏体转变为铁素体,钢的硬度呈直线下降。

由淬火钢回火得到的回火屈氏体、回火索氏体和球状珠光体比由过冷奥氏体直接转变的屈氏体、索氏体和珠光体的力学性能好,在硬度相同时,回火组织的屈服强度、塑性和韧性好得多。这是由于两者的渗碳体形态不同所致,片状组织中的片状渗碳体受力时,其尖端会引起应力集中,形成微裂纹,导致工件破坏。而回火组织的渗碳体呈粒状,不易造成应力集中。这就是为什么重要零件都要求进行淬火和回火的原因。

2)回火种类及应用

淬火钢回火后的组织和性能取决于回火温度,根据钢的回火温度范围,把回火分为以下三类。

(1)低温回火(low tempering)　回火温度为 150～250 ℃,回火组织为回火马氏体。目的是降低淬火内应力和脆性的同时保持钢在淬火后的高硬度(一般达 58～64 HRC)和高耐磨性。它广泛用于处理各种切削刀具、冷作模具、量具、滚动轴承、渗碳件和表面淬火件等。

(2)中温回火(average tempering)　回火温度为 350～500 ℃,回火后组织为回火屈氏体,具有较高的屈服强度和弹性极限以及一定的韧性,硬度一般为 35～45 HRC,主要用于各种弹簧和热作模具的处理。

(3)高温回火(high tempering)　回火温度为 500～650 ℃,回火后得到粒状渗碳体和铁素体基体的混合组织,称为回火索氏体,硬度为 25～35 HRC。这种组织具有良好的综合力学性能,即在保持较高强度的同时,具有良好的塑性和韧性。习惯上把淬火加高温回火的热处理工艺称作"调质处理",简称"调质",广泛用于处理各种重要的机器结构构件,如连杆、螺栓、齿轮、轴类等。同时,也可作为某些要求较高的精密工件(如模具、量具等)的预先热处理。

钢调质处理后的机械性能和正火后相比,不仅强度高,塑性和韧性也比较好,这与它们的组织形态有关。调质得到的是回火索氏体,其渗碳体为粒状;正火得到的是索氏体,其渗碳体为片状。粒状渗碳体对阻止断裂过程的发展比片状渗碳体有利。

必须指出,某些高合金钢淬火后高温(如高速钢在 560 ℃)回火,是为了促使残余奥氏体转变为马氏体,获得的是以回火马氏体和碳化物为主的组织。这与结构钢的调质在本质上是根本不同的。

除了上述三种常用的回火方法,某些高合金钢还在 640～680 ℃进行软化回火,以改善切削加工性。某些精密零件,为了保持淬火后的高硬度及尺寸稳定性,有时需在 100～150 ℃进行长时间(10～15 h)的加热保温。这种低温长时间的回火称为尺寸稳定处理或时效处理。除此之外,还有自回火和快速回火。对于 M_s 高于 300 ℃的低碳钢工件,在淬火冷却过程马氏体形成瞬间,靠其余热可进行回火,这就是自回火。它是利用局部或表层淬硬工件内部的余热,使淬硬部分回火的热处理工艺,也称为自热回火。快速回火是指炉温确定在比普通回火温度稍高的温度,通过控制工件在该温度的停留时间而达到预期回火目的的热处理。它适用于单件或小批生产的、需求紧急又没有合适的炉温情况下。

3）回火脆性

淬火钢的韧性并不总是随回火温度的升高而提高。在某些温度范围内回火时,出现冲击韧性明显下降的现象,称为回火脆性(tempering brittlement)。回火脆性有第一类回火脆性(250～400 ℃)和第二类回火脆性(450～650 ℃)两种,如图 2.43 所示。这种现象在合金钢中比较显著,应当设法避免。

图 2.43   Ni-Cr 钢(0.3％C、1.47％Cr、3.4％Ni)的冲击韧性与回火温度的关系

(1)第一类回火脆性

淬火钢在 250～400 ℃回火时出现的脆性称为第一类回火脆性。淬火后形成马氏体的钢在此温度回火,几乎都不同程度地产生这种脆性。这与在这一温度范围沿马氏体的边界析出碳化物的薄片有关。目前,尚无有效办法完全消除这类回火脆性,所以一般不在 250～350 ℃回火。

(2)第二类回火脆性

淬火钢在 450～650 ℃回火时出现的脆性称为第二类回火脆性。第二类回火脆性主要发生在含 Cr、Ni、Si、Mn 等合金元素的合金钢中,这类钢淬火后在 450～650 ℃长时间保温或以缓慢速度冷却时,便产生明显的脆化现象,但如果回火后快速冷却,脆化现象便消失或受抑制。所以这类回火脆性是"可逆"的。第二类回火脆性产生的原因,一般认为与 Sb、Sn、P 等杂质元素在原奥氏体晶界偏聚有关。Cr、Ni、Si、Mn 等会促进这种偏聚,因而增加了这类回火脆性的倾向。

除回火后快速冷却可以防止第二类回火脆性外,在钢中加入 W(约 1％)、Mo(约 0.5％)等合金元素也可有效地抑制这类回火脆性的产生。

2.2.4   普通热处理技术工程案例

工程案例 2.1

如图 2.44 所示为 45 钢制作的铸造清砂用风铲。虽然形状和结构均较为简单,但风铲工作时的受力情况复杂。两端需要较高硬度、耐磨性及一定的韧性,过渡部分需要较大的抗弯强度和高韧性。

56～60 HRC 43～48 HRC   43～48 HRC 56～60 HRC

图 2.44   铸造清砂用风铲

生产实践证明,如果仅风铲头部达到硬度 52～58 HRC,使用时会因非淬火部分硬度不足而导致风铲早期由颈部疲劳断裂。相反,如果整体淬火成高硬度,也会因多冲抗力不佳而造成大批损坏。现场试验表明,风铲两端(各 20～25 mm)获得硬度 56～60 HRC 为宜;过

图 2.45 拉深凸模

渡区硬度为 43～48 HRC 较好。两端分别在 840～860 ℃ 盐浴炉中加热,然后在盐水中冷却,先提出过渡区进行自回火,端部冷却到 150～200 ℃ 再取出自回火。

工程案例 2.2

如图 2.45 所示为拉深凸模。设计图样要求采用 T10 钢制作,整体淬火后硬度要求为 58～62 HRC。

如果采用局部淬火,使凸模刃部(A 端)淬火后硬度为 58～62 HRC,其余部分不低于 30～35 HRC,则既确保了刃部的耐磨性,又确保了尾部(B 端)不产生裂纹。因此,对于结构形状极复杂的工件,当热处理难以达到技术要求时,应临时更改技术条件,适当放宽那些对使用性能影响不大的要求,以免多次返修造成废品。

2.2.5 表面热处理及其应用

一些零件既要表面硬度高、耐磨性好,又要心部的韧性好,如齿轮、轴等,若仅从选材方面考虑,是难以解决的。如高碳钢的硬度高,但韧性不足;虽然低碳钢的韧性好,但表面的硬度和耐磨性又低。在实际生产中广泛采用表面热处理(surface heat treatment)或化学热处理(chemical heat treatment)的办法来满足上述要求。

1. 钢的表面淬火及其应用

表面淬火(surface quenching)是将工件的表面层淬硬到一定深度,而心部仍保持未淬火状态的一种局部淬火法。它是利用快速加热使工件表面奥氏体化,然后迅速予以冷却,这样工件的表层组织为马氏体,而心部仍保持原来的退火、正火或调质状态的组织。其特点是仅对钢的表面进行加热、冷却,而成分不改变。

表面淬火一般适用于中碳钢和中碳合金钢,也可用于高碳工具钢、低合金工具钢及球墨铸铁等。按照加热的方式,有感应加热、火焰加热、接触电阻加热和电解加热,以及激光加热、电子束加热等表面淬火,目前应用最多的是感应加热和火焰加热表面淬火法。

1) 感应加热表面淬火

(1) 感应加热表面淬火的基本原理

感应加热表面淬火(induced surface hardening)的基本原理如图 2.46 所示。感应线圈中通以高频率的交流电,线圈内外即产生与电流频率相同的高频交变磁场。若把钢制工件置于通电线圈内,在高频磁场的作用下工件内部将产生感应电流(涡流),由于本身电阻的作用而被加热。这种感应电流密度在工件横截面上的分布是不均匀的,即在工件表面电流密度极大,而心部电流密度几乎为零,这种现象称为集肤效

图 2.46 感应加热表面淬火
基本原理示意图

应。功率越高,表面电流密度越大,则表面加热层越薄。感应加热的速度很快,几秒内即可使温度上升至 800~1000 ℃,而心部仍接近室温。当表层温度达到淬火加热温度,立即喷水冷却,使工件表层淬硬。

感应加热淬火的淬硬层深度(即电流透入工件表层的深度),除了与加热功率、加热时间有关,还取决于电流的频率。对于碳钢,淬硬层深度主要与电流频率有关,存在以下关系:

$$\delta = \frac{500}{\sqrt{f}}$$

式中,δ 为电流透入密度(mm),f 为电流频率(Hz)。由上式可见,电流频率越高,表面电流密度越大,电流透入深度越小,淬硬层越薄。因此,可选用不同的电流频率得到不同的淬硬层深度。根据电流频率的不同,感应加热可分为高频加热、中频加热和工频加热。工业上对于淬硬层为 0.5~2 mm 的工件,可采用电子管式高频电源,其常用频率为 200~300 kHz;要求淬硬层为 2~5 mm 时,适宜的频率为 2500~8000 Hz,可采用中频发电机或可控硅变频器;对于处理要求 10~15 mm 以上淬硬层的工件,可采用频率为 50 Hz 的工频发电机。

(2) 感应加热表面淬火适用的钢种

一般用于中碳钢和中碳低合金钢,如 45 钢、40Cr 钢、40MnB 钢等。这类钢经预先热处理(正火或调质)后表面淬火,心部保持较高的综合性能,而表面具有较高的硬度(50 HRC 以下)和耐磨性。高碳钢也可感应加热表面淬火,主要用于受较小冲击和交变载荷的工具、量具等。

(3) 感应加热表面淬火的特点

感应加热时相变的速度极快,一般只有几秒或几十秒。与一般淬火相比,淬火后的组织和性能以下特点。

① 高频感应加热时,由于加热速度快,且钢的奥氏体化是在较大的过热度(Ac_3 以上 80~150 ℃)进行的,因此晶核多,且不易长大,淬火后组织为极细的隐晶马氏体,因而表面硬度高,比一般淬火高 2~3 HRC,而且表面硬度脆性较低。

② 表面层淬火得到马氏体后,由于体积膨胀在工件表面层造成较大的残余压应力,显著提高工件的疲劳强度。小尺寸零件可提高 2~3 倍,大件也可提高 20%~30%。

③ 因为加热速度快,没有保温时间,工件的表面氧化和脱碳少,而且由于心部未被加热,工件的淬火变形也小。

④ 加热温度和淬硬层厚度(从表面到半马氏体区的距离)容易控制,便于实现机械化和自动化。

由于以上特点,感应加热表面淬火在热处理生产中得到了广泛的应用。其缺点是设备昂贵,当零件形状复杂时,感应圈的设计和制造难度较大,所以生产成本比较高。

感应加热后,采用水、乳化液或聚乙烯醇水溶液喷射淬火,淬火后进行 180~200 ℃ 的低温回火,以降低淬火应力,并保持高硬度和高耐磨性。在生产中,也常采用自回火,即在工件冷却到 200 ℃ 左右时停止喷水,利用工件内部的余热来达到回火的目的。

2) 火焰加热表面淬火

火焰加热表面淬火(surface hardening hy flame heating)是用氧-乙炔或氧-煤气等高温火焰(约 3000 ℃)加热工件表面,使其快速升温,升温后立即喷水冷却的热处理工艺方法。

火焰加热表面淬火方法如图 2.47 所示,其中常见的推进法如图 2.47(c)所示,通过调节喷嘴到工件表面的距离和移动速度,可获得不同厚度的淬硬层,其工作示意图如图 2.48 所示。

(a)　　　　　　　　　　　(b)

(c)　　　　　　　　　　　(d)

图 2.47　火焰加热表面淬火方法

(a)固定法;(b)旋转法;(c)推进法;(d)旋转推进法

图 2.48　火焰加热表面淬火示意图

火焰加热表面淬火的淬硬层厚度一般为 2~6 mm。火焰加热表面淬火和高频感应加热表面淬火相比,具有工艺及设备简单、成本低等优点,但生产效率低、工件表面存在不同程度的过热,淬火质量控制也比较困难。因此主要用于单件、小批量生产及大型零件(如轴、齿轮、轧辊等)的表面淬火。

3) 其他表面淬火

电解液淬火是将工件需淬火的部分或整体浸入电解液中,阴极接工件,阳极接电解液槽,通电后因阴极效应使工件浸入部位加热奥氏体化,断电后使工件在电解液中冷却的热处理工艺。适用于不同形状工件的端部表面淬火,或形状简单的工件局部表面淬火,最适合于形状简单的棒状工件、轮缘或板状工件等。

接触电阻加热淬火是借助电极(高导电材料制作的滚轮)与工件的接触电阻加热工件表层,并快速冷却(自冷)的热处理工艺。它主要适用于形状简单的零件,如机床铸铁导轨等。

2. 化学热处理及其应用

化学热处理(chemical heat treatment)是将工件置于一定温度的活性介质中加热和保温,使一种或几种元素渗入其表面,从而改变其化学成分和组织状态,以达到满足性能要求的热处理过程。与表面淬火相比,化学热处理不仅使工件的表面层有组织变化,还有成分变化。

根据表面渗入的元素不同,化学热处理可分为渗碳(主要有气体渗碳、液体渗碳和固体渗碳),渗氮(主要有气体渗氮、离子渗氮、局部渗氮等),渗金属及其他非金属(主要有渗铬、渗铝、渗锌、渗硼、渗硅、渗硫等),多元共渗(主要有碳氮共渗、氮氧共渗、氮硫共渗、铬铝共渗,以及硫氮氧共渗、铬铝硅共渗等)。化学热处理的主要目的是有效提高钢件表面硬度、耐磨性、耐蚀性、抗氧化性以及疲劳强度等,以替代昂贵的合金钢。

钢件表面化学成分的改变,取决于热处理过程中发生的以下三个基本过程。

① 介质分解 加热时介质分解,释放出欲渗入元素的活性原子,如渗碳时 $CH_4 \rightarrow [C] + 2H_2$,分解出的[C]就是具有活性的碳原子。

② 吸收 分解出来的活性原子在工件表面被吸收并溶解,超过钢的溶解度时还能形成化合物。

③ 原子扩散 工件表面吸收的元素原子浓度逐渐升高,在浓度梯度的作用下不断向工件内部扩散,形成具有一定厚度的渗层。一般原子扩散速度较慢,往往成为影响化学热处理速度的控制因素。因此对于一定介质而言,渗层的厚度主要取决于加热温度和保温时间。

任何化学热处理的物理化学过程基本相同,都经过上述三个阶段,即介质分解、吸收和原子扩散。

目前在生产中,最常用的化学热处理工艺是渗碳、渗氮和碳氮共渗。

1) 渗碳及其应用

为了增加表层的含碳量和获得一定的碳浓度梯度,将工件置于渗碳介质中加热和保温,使其表面层渗入碳原子的化学热处理工艺称为渗碳(carburizing)。渗碳使低碳(含碳量0.15%~0.30%)钢件表面获得高碳浓度(含碳量约1.0%),再经过适当淬火和回火处理后,可使工件的表面具有高硬度和高耐磨性,并具有较高的疲劳极限,而心部仍保持良好的塑性和韧性。因此渗碳主要用于表面将受严重磨损,并在较大冲击载荷、交变载荷,较大的接触应力条件下工作的零件,如各种齿轮、活塞销、套筒等。

渗碳件一般采用低碳钢或低碳合金钢,如20钢、20Cr钢、20CrMnTi钢等。渗碳层厚度一般在0.5~2.5 mm,渗碳层的碳浓度一般控制在1%左右。

根据渗碳介质的不同,可分为固体渗碳、气体渗碳和液体渗碳,常用的是气体渗碳和固体渗碳。

(1) 气体渗碳

气体渗碳(gas carburizing)是将工件装在密封的渗碳炉中(图2.49),加热到900~950℃,向炉内滴入易分解的有机液体(如煤油、苯、丙酮、甲醇等),或直接通入渗碳气体(如煤气、石油液化气等)。在炉内发生下列反应,产生活性碳原子,使工件表面渗碳:

图 2.49 气体渗碳法示意图

$$2CO \longrightarrow CO_2 + [C]$$

$$CO + H_2 \longrightarrow H_2O + [C]$$

$$C_nH_{2n} \longrightarrow nH_2 + n[C]$$

$$C_nH_{2n+2} \longrightarrow (n+1)H_2 + n[C]$$

气体渗碳的优点是生产效率高,劳动条件较好,渗碳气氛容易控制,渗碳层比较均匀,渗碳层的质量和机械性能较好。此外,还可实现渗碳后直接淬火,是目前应用最多的渗碳方法。

(2) 液体渗碳

液体渗碳(liquid carburizing)是将工件置于一定温度下可以分解出碳氮原子的熔融盐浴中进行渗碳的热处理工艺。渗碳件入炉前,应仔细清理表面,确保没有氧化皮及其他污物,且在烘干后入炉,以免盐液飞溅伤人。整个渗碳过程中应保持盐浴成分的均匀性。在正常情况下,有较多火苗不断从盐浴表面冒出,否则需添加新盐。工件渗碳后可以直接淬火冷却。它的适用范围与固体渗碳相同,特别在批量小、品种多、渗层深度要求较浅,以及结构复杂易变形或渗碳后直接淬火的情况。

(3) 固体渗碳

固体渗碳(solid carburizing)是将工件埋入填满固体渗碳剂的渗碳箱中,加盖并用耐火泥密封,然后放入热处理炉中加热至900~950 ℃,保温渗碳。固体渗碳剂一般是由一定粒度(约3~8 mm)的木炭和15%~20%的碳酸盐($BaCO_3$ 或 Na_2CO_3)组成;木炭提供活性碳原子,碳酸盐则起到催化的作用,反应如下:

$$C + O_2 \rightarrow CO_2(\text{或 } CO_2 + C \longrightarrow 2CO,\text{氧气不足的环境中})$$

$$BaCO_3 \longrightarrow BaO + CO_2$$

$$CO_2 + C \longrightarrow 2CO$$

在高温下,CO 是不稳定的,在与钢表面接触时,分解出活性碳原子($2CO \rightarrow CO_2 + [C]$),并被工件表面吸收。

固体渗碳的优点是设备简单,尤其是在小批量生产的情况下具有一定的优越性。但生产效率低、劳动条件差、质量不易控制,目前用得不多。

(1) 渗碳工艺

渗碳工艺参数包括渗碳温度和渗碳时间等。奥氏体的溶碳能力较强,因此渗碳是在 Ac_3 以上进行。温度越高,渗碳速度越快,渗层越厚,生产效率也越高。为了避免奥氏体晶粒过于粗大,渗碳温度一般采用900~950 ℃。渗碳时间则取决于渗碳厚度的要求。在900 ℃渗碳,保温1 h,渗层厚度为0.5 mm,保温4 h,渗层厚度可达1 mm。

低碳钢渗碳后缓冷下来的显微组织如图2.50所示。表面为珠光体和二次渗碳体(过共析组织),心部为原始亚共析组织(珠光体和铁素体),中间为过渡组织。一般规定,从表面到过渡层的一半处为渗碳层厚度。

图 2.50   低碳钢渗碳缓冷后的
显微组织

工件的渗碳层厚度取决于其尺寸及工作条件,一般为0.5~2.5 mm。例如,齿轮的渗碳层厚度由其工作要求及模数等因素确定,表2.6和表2.7列举了不同模数齿轮及其他工件的渗碳层厚度。

表 2.6　汽车、拖拉机齿轮的模数和渗碳层厚度

齿轮模数 m	2.5	3.5～4	4～5	5
渗碳层厚度/mm	0.6～0.9	0.9～1.2	1.2～1.5	1.4～1.8

表 2.7　机床零件的渗碳层厚度

渗碳层厚度/mm	应 用 举 例
0.2～0.4	厚度小于 1.2 mm 的摩擦片、样板等
0.4～0.7	厚度小于 2 mm 的摩擦片、小轴、小型离合器、样板等
0.7～1.1	轴、套筒、活塞、支撑销、离合器等
1.1～1.5	主轴、套筒、大型离合器等
1.5～2.0	镶钢导轨、大轴、模数较大的齿轮、大轴承环等

（2）渗碳后的热处理

渗碳后的零件要进行淬火和低温回火处理，常用的淬火方法有三种，如图 2.51 所示。

图 2.51　渗碳后的热处理示意图

(a) 直接淬火；(b) 一次淬火；(c) 二次淬火

① 直接淬火（direct quenching）　渗碳后直接淬火，如图 2.51(a) 所示，这种方法工艺简单，生产效率高，节约能源，成本低，脱碳倾向小。但由于渗碳温度高，奥氏体晶粒粗大、淬火后马氏体粗大、残留奥氏体也较多，所以工件表面耐磨性较低、变形较大。一般只用于合金渗碳钢或耐磨性要求比较低和承载能力低的工件。为了减少变形，渗碳后常将工件预冷至830～850 ℃后再淬火。

② 一次淬火（primary quenching）　是将工件渗碳后缓冷到室温，再重新加热到临界点以上保温淬火，如图 2.51(b) 所示。对于心部组织性能要求较高的渗碳钢工件，一次淬火加热温度为 Ac_3 以上，主要是使心部晶粒细化，并得到低碳马氏体组织；对于承载不大而表面性能要求较高的工件，淬火加热温度为 Ac_1 以上 30～50 ℃，使表面晶粒细化，而心部组织无大的改善，性能略差一些。

③ 二次淬火（secondary quenching） 对于本质粗晶粒钢或要求表面耐磨性高、心部韧性好的重负荷零件，应采用二次淬火（图 2.51(c)）。第一次淬火加热到 Ac_3 以上 30～50 ℃，目的是细化心部组织并消除表面的网状渗碳体。第二次淬火加热到 Ac_1 以上 30～50 ℃，目的是细化表面层组织，获得细马氏体和均匀分布的粒状二次渗碳体。二次淬火法工艺复杂，生产周期长，生产效率较低，成本高，变形大，所以只用于要求表面耐磨性好和心部韧性高的零件。

渗碳淬火后要进行低温回火（150～200 ℃），以消除淬火应力，提高韧性。

（3）渗碳钢淬火、回火后的性能

渗碳件组织：表层为高碳回火马氏体＋碳化物＋残余奥氏体，心部为低碳回火马氏体（或含铁素体和屈氏体）。

渗碳后性能如下。

① 表面硬度高，达 58～64 HRC 以上，耐磨性较好。心部塑性、韧性较好，硬度较低。未淬硬时，心部为 138～185 HBS；淬硬后的心部为低碳马氏体组织，硬度可达 30～45 HRC。

② 疲劳强度高。渗碳钢的表面层为高碳马氏体，体积膨胀大，心部为低碳马氏体（淬透时）或铁素体加屈氏体（未淬透时），体积膨胀小。结果在表面层造成残余压应力，使工件的疲劳强度提高。

2）渗氮及其应用

向工件表面渗入氮，形成含氮硬化层的化学热处理工艺称为渗氮（nitriding），其目的是提高工件表面的硬度、耐磨性、耐蚀性及疲劳强度。常用的渗氮方法有气体渗氮、离子渗氮和局部渗氮。

（1）气体渗氮

在一定温度下，可提供活性氮原子的气氛中，使氮原子渗入工件表层的热处理工艺。气体渗氮（gas nitriding）是把工件放入密封的井式渗氮炉内加热，并通入氨气，氨被加热分解出活性氮原子（$2NH_3 \rightarrow 2[N]+3H_2$），活性氮原子被工件表面吸收并溶入表面，在保温过程中向内扩散，形成一定厚度的渗氮层。

与气体渗碳相比，气体渗氮有以下特点。

a. 渗氮温度低，一般在 500～570 ℃进行。由于氨在 200 ℃开始分解，同时氮在铁素体中也有一定的溶解能力，无需加热到高温。工件在渗氮前要进行调质处理，所以渗氮温度不能高于调质处理的回火温度。

b. 渗氮时间长，一般需要 20～50 h，渗氮层厚度为 0.3～0.5 mm。时间长是气体渗氮的主要缺点。气体渗氮有传统的一段（恒温）渗氮法、二段渗氮法和三段渗氮法。为了满足要求和缩短时间，通常采用二段渗氮法：第一阶段使表层获得高的氮含量和硬度；第二阶段在稍高的温度下进行较短时间的保温，以得到一定厚度的渗氮层。为了加速渗氮的进行，可采用催化剂如苯、苯胺、氯化铵等。催化剂能使渗氮速度提高 0.3～3 倍。

c. 渗氮前零件需经调质处理，目的是改善机加工性能和获得均匀的回火索氏体组织，以保证渗氮后的工件具有较高的强度和韧性。对于形状复杂或精度要求高的零件，在渗氮前精加工后还要进行消除内应力的退火，以减少渗氮时的变形。

d. 因为渗氮过程中工件变形很小，所以渗氮后不需要再进行其他热处理。

① 渗氮件的组织和性能

渗氮后的钢工件表面具有很高的硬度（1000～1100 HV），而且可以在 600 ℃以下硬度保持不降,所以渗氮层具有很高的耐磨性和热硬性。根据 Fe-N 相图,氮可溶于铁素体和奥氏体中,并与铁形成 γ' 相(Fe_4N)与 ε 相(Fe_2N)。渗氮后,显微分析发现,气体渗氮后的工件表面最外层为白色的 ε 相的渗氮物薄层,硬而脆但很耐蚀;紧靠这一层的是极薄的($\varepsilon+\gamma'$)两相区;其次是暗黑色含氮共析体($\alpha+\gamma'$)层;心部为原始回火索氏体组织。对于碳钢工件,上述固溶体和化合物中都溶有碳。

渗氮表面可形成致密的化学稳定性较高的 ε 相层,所以耐蚀性好,在水、过热蒸汽和碱性溶液中均很稳定。渗氮后工件表面层体积膨胀,形成较大的表面残余压应力,使渗氮件具有较高的疲劳强度。渗氮温度低,零件变形小。

② 渗氮用钢

碳钢渗氮时形成的渗氮物不稳定,加热时易分解并聚集粗化,使硬度很快下降,并且其心部也不能具有更高的强度和韧性。为了在工件表面得到高硬度和高耐磨性,同时获得强而韧的心部组织,必须向钢中加入既能与氮形成稳定的氮化物,又能强化心部的合金元素,如 Al、Cr、Mo、W、V 等,它们与 N 结合形成的渗氮物(如 AlN、CrN、MoN)等都很稳定,并在钢中分布均匀,能起到弥散强化作用,使渗氮层达到很高的硬度,在 $600\sim650$ ℃ 也不降低。为此,渗氮工件通常是含碳量 $0.15\%\sim0.5\%$ 的碳素钢和合金钢工件,如主轴、螺杆、非重载齿轮和气缸套等。还适用于制作工模具的各种合金钢如 38CrMoAlA、38CrWVAlA、35CrAlA、3Cr2W8V、Cr12MoV、W18Cr4V 等。

由于渗氮工艺复杂、周期长、成本高,所以只适用于耐磨性和精度都要求较高的零件,或要求抗热、抗蚀的耐磨件,如发动机的气缸、排气阀、精密机床丝杠、镗床主轴、汽轮机阀门、阀杆等。随着新工艺(如离子渗氮和局部渗氮等)的发展,渗氮处理得到了越来越广泛的应用。

(2) 离子渗氮

在低于 1×10^5 Pa(通常是 $10^{-1}\sim10$ Pa)的渗氮气氛中,利用工件(阴极)和阳极之间产生的等离子体进行渗氮,称为离子渗氮(ionic nitriding)。该工艺除了适用于气体渗氮的范围,还特别适用于要求渗氮变形小和速度快的工件。

离子渗氮在离子渗氮炉中进行,且是利用直流辉光放电的物理现象来实现渗氮,所以又称为辉光离子渗氮。离子渗氮的基本原理:将严格清洗过的工件放在密封的真空室内的阴极盘上,并抽至真空度为 $10^{-1}\sim10$ Pa,然后向炉内通入少量的氨气,使炉内的气压保持在 $133\sim1330$ Pa。阴极盘接直流电源的负极(阴极),真空室壳和炉底板接直流电源的正极(阳极)并接地,并在阴阳极之间接通 $500\sim900$ V 的高压电。氨气在高压电场的作用下,部分被电离成氮和氢的正离子及电子,并在靠近阴极(工件)的表面形成一层紫红色的辉光放电。由于高能量的氮离子轰击工件的表面,将离子的动能转化为热能使工件表面温度升至渗氮的温度($500\sim650$ ℃)。在氮离子轰击工件表面的同时,还能产生阴极溅射效应,溅射出铁离子。被溅射出来的铁离子在等离子区与氮离子化合形成渗氮铁(FeN),在高温和离子轰击工件的作用下,FeN 迅速分解为 Fe_2N、Fe_4N,并放出氮原子向工件内部扩散,于是在工件表面形成渗氮层,渗层为 Fe_2N、Fe_4N 等渗氮物,具有很高的耐磨性、耐蚀性和疲劳强度。随着时间的增加,渗氮层逐渐加深。

离子渗氮的优点如下。

① 生产周期短 渗速快,是气体渗氮的 $3\sim4$ 倍。以 38CrMoAl 为例,渗氮层厚度要求 0.6 mm 时,气体渗氮周期为 50 h 以上,而离子渗氮只需 $15\sim20$ h,可同时节省能源及减少

气体的消耗。

② 渗层具有一定的韧性   由于离子渗氮的阴极溅射有抑制脆性层的作用,明显提高了渗氮层的韧性和抗疲劳强度。

③ 工件变形小   处理后变形小,表面银白色,质量好,特别适用于处理精密零件和复杂零件。

④ 能量消耗低   渗剂消耗少,对环境几乎无污染。

⑤ 渗氮前不需去钝处理   对于一些含 Cr 的钢,如不锈钢,表面有一层稳定致密的钝化膜,阻止氮原子的渗入。但离子渗氮的阴极溅射能有效除去表面钝化膜,克服了气体渗氮不能处理这类钢的不足。

(3) 局部渗氮(local nitriding)

仅对工件的局部表面进行渗氮的热处理工艺。该工艺主要适用于局部要求耐磨,而其他部位要求良好综合力学性能的情况,如大齿圈的齿部渗氮、模具的型腔渗氮、曲轴的型腔渗氮、曲轴的轴颈渗氮、套筒的内壁渗氮等。

3) 多元共渗及其应用

渗金属及其他非金属主要有渗铬、渗铝、渗锌、渗硼、渗硅、渗硫等。常见的多元共渗主要有碳氮共渗、硫氮共渗、硫碳氮共渗、铬铝共渗、铬硅共渗、铝硅共渗、铬铝硅共渗等。

(1) 碳氮共渗

碳氮共渗(carbonitriding)是同时向工件表面渗入碳和氮的化学热处理工艺,称为软氮化,也称为氰化处理。碳氮共渗可分为气体碳氮共渗、液体碳氮共渗、固体碳氮共渗、离子碳氮共渗和低真空碳氮共渗等。气体碳氮共渗有中温和低温碳氮共渗,应用较为广泛。

① 中温气体碳氮共渗(mesothermal gas carbonitriding)   与气体渗碳一样,碳氮共渗是将工件放入密封炉内,加热到共渗温度,向炉内滴入煤油,同时通入氨气。保温一段时间后,工件的表面就获得一定深度的共渗层。

中温气体碳氮共渗温度对渗层的碳/氮含量比和厚度的影响很大。温度越高,渗层的碳/氮比越高,渗层也比较厚;降低共渗温度,碳/氮比小,渗层也比较薄。

生产中常用的共渗温度一般在 820~880 ℃,保温时间在 1~2 h,共渗层厚 0.2~0.5 mm。渗层的氮浓度在 0.2%~0.3%,碳浓度在 0.85%~1.0%。

中温碳氮共渗后可直接淬火,并低温回火。这是由于共渗温度低,晶粒较细,工件经淬火和回火后,共渗层的组织由细片状回火马氏体、适量的粒状碳渗氮物以及少量的残留奥氏体组成。

中温碳氮共渗与渗碳相比具有以下优点:

a. 渗入速度快,生产周期短,生产效率高;

b. 加热温度低,工件变形小;

c. 在渗层表面含碳量相同的情况下,共渗层的硬度高于渗碳层,因而耐磨性更好;

d. 共渗层比渗碳层具有更高的压应力,因而有更高的疲劳强度,耐蚀性也比较好。

中温气体碳氮共渗主要应用于形状复杂、要求变形小的耐磨零件。

② 低温气体碳氮共渗(hypothermal gas carbonitriding)   低温碳氮共渗以渗氮为主,又称为气体软渗氮,在普通气体渗氮设备中即可进行处理。软渗氮的温度在 520~570 ℃,时间一般为 1~6 h,常用介质为尿素。尿素在 500 ℃上发生如下分解反应:

$$(NH_2)_2CO \longrightarrow CO + 2H_2 + 2[N]$$

$$2CO \longrightarrow CO_2 + 2[C]$$

由于处理温度比较低,在上述反应中,活性氮原子多于活性碳原子,加之碳在铁素体中的溶解度小,因此气体软渗氮是以渗氮为主。

软渗氮的特点是:

a. 处理速度快,生产周期短;

b. 处理温度低,零件变形小,处理前后零件精度没有显著变化;

c. 渗层具有一定韧性,不易发生剥落。

与气体渗氮相比,软氮化硬度比较低(一般为 400~800 HV),但能赋予零件表面耐磨、耐疲劳、抗咬合和抗擦伤等性能;缺点是渗层较薄,仅为 0.01~0.02 mm。一般用于机床、汽车的小型轴类和齿轮等零件,也可用于工具、模具的最终热处理。

(2) 硫氮共渗

硫和氮同时渗入工件表面,使其耐磨性和减摩性、耐蚀性和抗咬合性提高,黏着性降低,从而延长其使用寿命。硫氮共渗(sulfonitriding)的组织结构:最外层为 FeS_2,次层为连续的 $Fe_{1-x}S$(渗剂中硫含量较低时,无 FeS_2 出现),再向内为硫化物和氮化物共存层。硫氮共渗常有的方法有气体共渗法、盐浴共渗法和离子共渗法等。

(3) 硫碳氮共渗

在碳氮共渗的基础上加入含硫的物质,实现硫、碳、氮三种元素同时深入工件表面的化学热处理工艺称为硫碳氮共渗(sulfocarbonitriding)。硫碳氮共渗的目的是提高工件的耐磨性、减摩性及抗疲劳、抗咬合能力。实践证明,经硫碳氮共渗后,工件性能和使用寿命明显优于碳氮共渗。硫碳氮共渗层的组织结构:最外层为 0~10 μm 的 FeS 层,$Fe_{2\sim3}(N,C)$、M_xN_y、Fe_4N 和 Fe_3O_4 组成的化合物层,以里为氮的扩散层。由于 $Fe_{2\sim3}(N,C)$ 和 Fe_3O_4 组成的渗层在盐、碱和工业大气中具有一定的耐蚀性,因此硫碳氮共渗,特别是氧硫碳氮共渗或者在硫碳氮共渗后再进行一次氧化处理,在非酸性介质中的耐蚀性相当好。当需要共渗层具有一定的接触疲劳强度时,应考虑渗层深度等问题。硫碳氮共渗常用的方法有盐浴共渗法、气体共渗法和离子共渗法等。

(4) 以铬为基的多元共渗

铬、铝和硅等是冶炼特殊性能(耐磨、耐蚀和耐高温氧化等)钢和铸铁时,不可或缺的重要合金元素。如果工件的基体对性能没有特殊要求时,可以在普通钢制作的工件表面,通过化学热处理方法增加这些元素,使其表面具有所要求的特殊性能,这样在满足工件表面特殊性能要求的同时,又可节约昂贵的特殊钢。

① 铬铝共渗(chromaluminizing)　通过渗入铬提高工件的耐磨性和耐蚀性,渗入铝提高抗高温氧化能力的化学热处理工艺。铬铝共渗的方式,可以先渗铬后渗铝,或先渗铝后渗铬,或者两者同时共渗。铬铝共渗的方法有固体粉末法、气体法和盐浴法等。常用的工艺方法是固体粉末法。

② 铬硅共渗(chromsiliconizing)　利用渗铬提高工件的耐磨性、耐蚀性,渗硅提高工件对酸类、海水等的耐蚀性的化学热处理工艺。铬硅共渗,可以先渗铬后渗硅,或者铬和硅同时渗入。

③ 铝硅共渗(aluminosiliconizing)　炼制高温合金、耐热钢和耐热铸铁时,铝和硅经常

是铬和镍的代用元素,使其具有抗高温氧化能力,在普通钢铁材料上进行铝硅共渗可达到上述目的。

④ 铬铝硅共渗(chromaluminosiliconizing)　对镍基合金和钴基合金制作的汽轮机零件进行铬铝硅共渗,可以提高其抗高温腐蚀和抗高温氧化的综合性能。常用的工艺方法是高温和中温铬铝硅共渗法。

2.2.6　表面热处理技术工程案例

工程案例 2.3

某汽车变速器齿轮采用 40Cr 钢制造,要求表面硬度为 60～63 HRC,心部硬度为 50～53 HRC。

采用氨气＋煤油滴注式中温气体碳氮共渗进行表面热处理,使得表面和心部力学性能满足使用要求。共渗层深度为 0.25～0.40 mm,表面含碳量为 0.8%,氮的质量分数为 0.3%～0.4%,表面硬度为 60～63 HRC,心部硬度为 50～53 HRC。在 RJJ-60-9T 型气体渗碳炉中进行,40Cr 钢齿轮碳氮共渗工艺曲线如图 2.52 所示。

图 2.52　40Cr 钢齿轮碳氮共渗工艺曲线

2.3　热处理新型技术与拓展应用

随着科学技术的不断进步和工业生产的迅速发展,许多热处理新技术、新工艺不断涌现,极大地提高了钢热处理后的质量和性能。

由于大多数的钢铁热处理是在空气中进行的,所以氧化与脱碳是热处理常见的缺陷。它不但造成钢铁材料的大量损耗,而且使产品质量及使用寿命下降。据统计,在汽车制造业中,在氧化介质中热处理造成的烧损量占整个热处理零件质量的 7.5%。另外,热处理过程中产生的氧化皮也需要在后序的加工中清理掉,既增加了工时又浪费了材料。目前防止氧化和脱碳的最有效方法是采用可控气氛热处理和真空热处理。

2.3.1　可控气氛热处理及其应用

向炉内通入一种或几种一定成分的气体,通过对这些气体成分的控制,使工件在热处理过程中不发生氧化和脱碳,这就是可控气氛热处理(controlled atmosphere heat treatment)。

采用可控气氛热处理是当前热处理的发展方向之一,它可以防止工件在加热时的氧化和脱碳,实现光亮退火、光亮淬火等先进热处理工艺,节约钢材,提高产品质量。也可以通过调整气体成分,在光亮热处理的同时,实现渗碳和碳氮共渗。可控气氛热处理也便于实现热处理过程的机械化和自动化,大大提高劳动生产效率。

一般可控气氛是由 CO、H_2、N_2 及微量的 CO_2 和 H_2O 与 CH_4 等气体组成,根据这些气体与钢及钢中的化合物的化学反应不同,可分为以下几类。

(1) 具有氧化与脱碳作用的气体

如氧、二氧化碳与水蒸气,它们在高温下都会使工件表面产生强烈的氧化和脱碳,在气氛中应严格控制。

(2) 具有还原作用的气体

如氢气和一氧化碳都属于这类气体,它们不仅能保护工件在高温下不氧化,还能将已氧化的铁还原。另外,一氧化碳还具有弱渗碳的作用。

(3) 中性气体

如氮在高温下与工件既不发生氧化、脱碳,也不增碳。一般做保护气氛使用。

(4) 具有强烈渗碳作用的气体

如甲烷及其他碳氢化合物。甲烷在高温下能分解出大量的碳原子,渗入钢表面使之增碳。可控气氛往往是由多种气体混合而成,适当调整混合气体的成分,可以控制气氛的性质,达到无氧化、无脱碳或渗碳的目的。

目前用于热处理的可控气氛名称和种类很多,我国目前常用的可控气氛主要有以下四大类。

(1) 放热式气氛

用煤气或丙烷等与空气按一定比例混合后进行放热反应(燃烧反应)而制成,由于反应时放出大量的热,故称为放热式气氛。主要用于防止加热时的氧化,如低碳钢和中碳钢的光亮退火或光亮淬火等。

(2) 吸热式气氛

用煤气、天然气或丙烷等与空气按一定比例混合后,通入发生器进行吸热反应(外界加热),故称为吸热式气氛,其碳势(碳势是指炉内气氛与奥氏体之间达到平衡时,钢表面的含碳量)可调节和控制,可用于防止工件的氧化和脱碳,或用于渗碳处理。它适用于各种含碳量的工件光亮退火、淬火、渗碳或碳氮共渗。

(3) 氨分解气氛

将氨气加热分解为氮和氢,一般用来代替价格较高的纯氢气作为保护气氛。主要应用于含铬较高的合金钢(如不锈钢、耐热钢)的光亮退火、淬火和钎焊等。

(4) 滴注式气氛

用液体有机化合物(如甲醇、乙醇、丙酮和三乙醇氨等)混合滴入热处理炉内所得到的气氛称为滴注式气氛。它容易获得,只需要在原有的井式炉、箱式炉或连续炉上稍加改造即可使用。如滴注式可控气氛渗碳就是向井式渗碳炉中同时滴入两种有机液体,如甲醇和丙酮。前者分解后作为稀释气氛的载流体;丙酮分解后,形成渗碳能力很强的渗碳气体。调节两种液体的滴入比例,可以控制渗碳气氛的碳势。滴注式气氛主要应用于渗碳、碳氮共渗、软渗氮、保护气氛淬火和退火等。

2.3.2　真空热处理及其应用

金属和合金在真空热处理(vacuum heat treatment)时会产生一些常规热处理技术所没有的作用,是一种能得到高的表面质量的热处理新技术,目前越来越受到重视。

(1) 真空热处理的效果

① 真空的保护作用　真空加热时,由于氧的分压很低,氧化性、脱碳性气体极为稀薄,可以防止氧化和脱碳,当真空度达到 1.33×10^{-3} Pa 时,即可达到无氧化加热,同时真空热处理属于无污染的洁净热处理。

② 表面净化效果　金属表面在真空热处理时不仅可以防止氧化,还可以使已发生氧化的表面在真空加热时脱氧。因为在高真空中,氧的分压很低,加热可以加速金属氧化物分解,从而获得光亮的表面。

③ 脱脂作用　在机械加工时,工件不可避免地沾有油污,这些油污属于碳、氢和氧的化合物。在真空加热时,这些油污迅速分解为氢气、水蒸气和二氧化碳,很容易蒸发而被排出炉外。所以在真空热处理中,即使工件有轻微的油污也会得到光亮的表面。

④ 脱气作用　在真空中长时间加热能使溶解在金属中的气体逸出,有利于提高钢的韧性。

⑤ 工件变形小　在真空中加热,升温速度慢,工件截面温差小,所以处理时变形小。

(2) 真空热处理的应用

① 真空退火　利用真空无氧加热的效果,进行光亮退火,主要应用有冷拉钢丝的中间退火、不锈钢的退火以及有色合金的退火等。

② 真空淬火　真空淬火已广泛应用于各种钢的淬火处理,特别是在高合金工具钢和模具钢的淬火处理,保证了热处理工件的质量,大大提高了工件的性能。

③ 真空渗碳　工件在真空中加热并进行气体渗碳,称为真空渗碳,也称为低压渗碳,是近年来发展起来的一项新工艺。与传统渗碳方法相比,真空渗碳温度高(1000 ℃),可显著缩短渗碳时间,并减少渗碳气体的消耗;真空渗碳碳层均匀,渗层内碳浓度变化平缓,无反常组织及晶间氧化物产生,表面光洁。

2.3.3　形变热处理及其应用

形变热处理(ausforming)是将形变与相变结合在一起的一种热处理新工艺,它能获得形变强化与相变强化的综合作用,是一种既可以提高强度又可以改善塑性和韧性的非常有效的方法。形变热处理中的形变方式很多,可以是锻、轧、挤压、拉拔等。

形变热处理中的相变类型也很多,有铁素体珠光体类型相变、贝氏体类型相变、马氏体类型相变及时效沉淀硬化型相变等。形变与相变的关系也是各式各样的,可以先形变后相变,也可以相变后再形变,或者是在相变过程中进行形变。目前最常用的有以下两种。

(1) 高温形变热处理

将钢加热到 Ac_3 以上(奥氏体区域),进行塑性变形,然后淬火和回火的工艺方法,如图 2.53 所示;也可以立即在变形后空冷或控制冷却,得到铁素体组织、珠光体组织或贝氏体组织,这种工艺称为高温形变正火,也称为控制轧制。

这种工艺的关键是在形变时,为了保留形变强化的效果,应尽可能避免发生再结晶软化,所以形变后应立即快速冷却。高温形变强化的原因是在形变过程中位错密度增加,奥氏体晶粒细化,使马氏体细化,从而提高了强化效果。

高温形变热处理(high temperature ausforming)与普通热处理相比,不但提高了钢的强度,而且提高了塑性和韧性,使钢的综合力学性能得到明显的改善。高温形变热处理适用于各类钢材,可将锻造和轧制同热处理结合起来,减少加热次数,节约能源。同时减少了工件氧化、脱碳和变形,在设备上没有特殊要求,生产上容易实现。目前在连杆、曲轴、汽车板簧和热轧齿轮应用较多。

(2) 中温形变热处理

将钢加热到 Ac_3 以上,迅速冷却到珠光体和贝氏体形成温度之间,对过冷奥氏体进行一定量的塑性变形,然后淬火、回火,这种处理方法称为中温形变热处理(intermediate temperature ausforming)(图 2.54)。中温形变热处理要求钢要有较高的淬透性,以便在形变时不产生非马氏体组织。所以它适用于过冷奥氏体等温转变图上具有两个 C 曲线,即在 $550\sim650\ ℃$ 存在过冷奥氏体亚稳定区的合金钢。

图 2.53　高温形变热处理工艺曲线示意图

图 2.54　中温形变热处理工艺曲线示意图

中温形变热处理的强化效果非常显著,而且塑性和韧性不降低,甚至略有升高。因为在形变时,不仅使马氏体组织细化,而且能增加马氏体中的位错密度,同时细小的碳化物在钢中弥散分布也起到了强化作用。

中温形变热处理的形变温度较低,且要求形变速度要快,所以加工设备功率大。因此,虽然中温形变热处理的强化效果好,但因工艺实施困难,应用受到限制,目前主要用于强度要求极高的零件,如飞机起落架、高速钢刀具、弹簧钢丝、轴承等。

2.3.4　表面热处理新技术及其应用

1) 激光热处理技术及其应用

激光是一种具有极高能量密度、极高亮度、单色性和方向性的强光源。随着激光技术的发展,大功率激光器在生产中的应用,激光热处理技术(laser heat treatment technology)的应用也越来越广泛。

（1）激光加热表面淬火

利用激光发生器发出的激光束，在专门的激光热处理装置上对工件表面进行加热，并自行冷却硬化的热处理工艺。激光加热表面淬火适用于对常用钢和铸铁零件或模具进行一定深度的相变淬火。因为激光束可以在极短的时间（$1/100 \sim 1/1000$ s）内将工件表面加热到相变温度，然后依靠工件本身的传热实现快速冷却淬火，其特点如下：

① 加热时间短，相变温度高，形核率高，淬火得到隐晶马氏体组织，因而表面硬度高，耐磨性好；

② 加热速度快，表面氧化与脱碳极轻，同时靠自冷淬火，不用冷却介质，工件表面清洁，无污染；

③ 工件变形小，特别适于形状复杂的零件（如拐角、沟槽、盲孔）的局部热处理。

（2）激光表面合金化

激光淬火还适用于对工件表面进行合金化处理，使高硬度的刀具和模具表面硬质合金化等。在工件表面涂覆一层合金元素或化合物，再用激光束进行扫描，使涂覆层材料和基体材料的浅表层一起熔化、凝固，形成一超细晶粒的合金化层，从而使工件表面具有优良的力学性能或其他一些特殊要求的性能。

2）电子束热处理技术（electron-beam heat treatment technology）及其应用

电子束作为一种高能密度的热源，可在毫秒级时间内把金属由室温加热至奥氏体化温度或熔化温度，并借助冷基体的自身热传导，其冷却速度也可达到 $10^{3} \sim 10^{6}$ ℃/s。如此快的加热和冷却速度为材料表面改性提供了很好的条件。但电子束流和激光束流的产生原理和物理特性不同。电子束是由电子枪阴极灯丝加热发射的电子形成的高能电子流，经聚集线圈和偏转线圈照射到金属表面，并深入金属表面一定深度，与基体金属的原子核及电子发生相互作用。与激光加热相比，能量利用率高，加热深度深，电子束对焦和束流偏转容易，操作控制方便，电子束设备功率稳定，输出功率大，最高功率可达 150 kW，设备运行成本比激光处理便宜一半以上，电子束加热的工件表面不需黑化处理。电子束照射方式，可以是连续的，也可以是脉冲的。电子束加热速度快，淬火组织很细，可以得到细针马氏体、隐晶马氏体甚至超细化组织，这是电子束热处理技术重要的特点之一。电子束热处理技术适用于对常用钢和铸铁零件或模具进行一定深度的相变淬火；也能对工件表面进行合金化处理，使高硬度的刀具和模具表面硬质合金化等。

（1）电子束表面淬火

电子束表面淬火是指在电子束加热装置上，利用能量高度集中的高能电子束对工件表面进行加热，并自行冷却硬化的热处理工艺。将工件置于低真空室中，采用 $10^{3} \sim 10^{6}$ W/cm^{2} 的高速电子流轰击工件表面，在极短的时间内，把钢件的表面加热到钢的相变点以上，由于电子束能量极高且集中，加热层很薄，可以靠自激冷却进行淬火，表面层转变为晶粒极细的马氏体。用线状电子束扫描装置可得到长期方形的硬化层，这样能量分布较为均匀，可以得到较理想的硬化层。电子束淬火一般不需要回火。

（2）电子束熔凝处理

利用电子束淬火高的能量密度对工件表面进行加热，使其表面在瞬间处于熔化状态，当停止加热时，在冷基体的作用下以极快的冷却速度冷却，从而使表层组织细化，实现高硬度下有良好的韧性,可以大大降低原始组织的显微偏析。电子束熔凝处理在真空中进行,具有真空脱气效果,因此表层熔凝层质量高。同时零件表面无需黑化预处理,处理时不需要保护气体,使用成本比激光低。电子束熔凝层的组织与性能与激光熔凝层相似。电子束熔凝最适于铸铁、高碳高合金钢,目前该工艺主要用于工模具和铸铁零件的局部强化。

经过电子束表面强化处理后,工件在获得表面高强韧性的同时,仍然能保持心部的高韧性,如 HSS 孔冲模的端部刃口经过电子束表面处理,获得深 1 mm,硬度为 66～77 HRC,碳化物弥散分布,组织细化具有强度和韧性最佳配合的性能。

电子束表面合金化及熔敷处理工艺使用比电子束表面淬火更高的能量密度,对金属表面进行加热,将有特殊性能的镍基、钴基合金粉末和碳化钨粉末等涂覆在 45 钢表面,或在电子束作用的同时加入所需粉末使其熔融在工件表面上,在表面形成全新的合金化层;或在基体表面形成具有某些特性的熔敷层,熔敷层与基体是冶金结合,元素的混合与对流不产生明显的层间。在钢表面形成含镍、硼、钴、钨等合金元素的合金层或熔敷层。硼合金层硬度可达 1200～1900 HV,碳化钨合金层硬度可达 980～1300 HV。合金层为精细枝晶结构,向内为淬火组织,使金属表面具有很好的耐磨、耐腐蚀及耐热性能。

通过表面合金化,可以使普通碳钢的表面获得高合金钢的耐磨、耐热、耐湿性能,合金钢的表面合金化,也能在细化表面晶粒的同时获得某些特殊性能,提高工件的强韧性,进一步提高使用寿命。熔敷在真空状态进行,比激光熔敷的气孔要少,组织致密,硬度高,耐蚀性好,表面质量好,熔敷的工艺方法与激光熔敷的一样,也有预置法和头部送粉法。如以提高耐磨性为目的,应在合金粉末中加入 WC、TiC 等高硬度碳化物粉末。

3) 气相沉积技术及其应用

气相沉积技术(vapor deposition technology)是利用气相中发生的物理、化学反应,生成的反应物在工件表面形成一层具有特殊性能的金属或化合物涂层。气相沉积技术分为两大类,一类是化学气相沉积(CVD)法;另一类是物理气相沉积(PVD)法。近年来,由于气相沉积技术的发展,将等离子体技术引入化学气相沉积,出现了等离子体化学气相沉积(PVCD)法。

化学气相沉积是利用气态物质在固态工件表面进行化学反应,生成固态沉积物的过程。气相沉积通常是在工件表面涂覆一层过渡族元素(如钛、铌、钒、铬等)的碳、氮、氧、硼化合物。常用的碳化钛或渗氮钛的沉积方法就是向加热到 900～1100 ℃ 的反应室内通入 $TiCl_4$、H_2、N_2、CH_4 等反应气体,经数小时沉积后,在工件表面形成几微米厚的碳化钛或渗氮钛。化学气相沉积的速度较快,而且涂层均匀,但由于沉积温度高,工件变形大,只能用于少数几种能承受高温的材料,如硬质合金。

物理气相沉积是通过蒸发、电离或溅射等物理过程产生金属粒子,在与反应气体反应生成化合物后,沉积在工件的表面形成涂层。物理气相沉积温度低(约 500 ℃),可以在刃具、模具的表面沉积一层硬质膜,提高它们的使用寿命。

等离子体化学气相沉积技术是在化学气相沉积技术基础上,将等离子体引入反应室内,使沉积温度从化学气相沉积的 1000 ℃ 降至 600 ℃ 以下,扩大了其应用范围。

气相沉积方法的优点是涂覆层附着力强、均匀、质量好、无污染等。涂覆层具有良好的耐磨性、耐蚀性等,涂覆后的零件寿命可提高 2～10 倍以上。气相沉积技术还能制备各种润滑膜、磁性膜、光学膜以及其他功能膜,因此在机械制造、航空航天、原子能等部门得到了广泛的应用。

思考题与习题

2.1　何谓过冷奥氏体？如何测定钢的奥氏体等温转变图？奥氏体等温转变有何特点？

2.2　共析钢奥氏体等温转变产物的形成条件、组织形态及性能各有何特点？

2.3　影响奥氏体等温转变图的主要因素有哪些？比较亚共析钢、共析钢、过共析钢的奥氏体等温转变图。

2.4　比较共析碳钢过冷奥氏体连续冷却转变图与等温转变图的异同点。如何参照奥氏体等温转变图定性地估计连续冷却转变过程及所得产物？

2.5　钢获得马氏体组织的条件是什么？钢的含碳量如何影响钢获得马氏体组织的难易程度？

2.6　为什么淬火钢必须再进行回火处理？试举例说明不同回火温度的应用和达到的目的。

2.7　轴、锯条、弹簧各应选用何种钢材？各应进行哪种热处理？试述其理由。

2.8　某齿轮要求具有良好的综合机械性能，表面硬度为 50～60 HRC，用 45 钢制造，加工路线为锻造—热处理—粗加工—热处理—精加工—热处理—磨。试说明工艺路线中各热处理的名称、目的。

2.9　某厂要生产一批锉刀，选 T13A 钢。经金相检验发现材料有较多网状 Fe_3C，试问应采用哪种热处理消除？应进行何种中间及最终热处理？

2.10　表面热处理能达到什么目的？指出常用的表面热处理方法。

第3章

铸造成形技术与工程应用

将液态金属浇注到与零件形状、尺寸相适应的铸型型腔中,待其冷却凝固,以获得毛坯零件的生产方法,称为铸造。

铸造是历史最为悠久的金属成形方法,直到今天仍然是毛坯生产的主要方法。在机器设备中铸件所占比例很大,如机床、内燃机中,铸件占总质量的 70%~90%,压气机中占 60%~80%,拖拉机中占 50%~70%,农业机械中占 40%~70%。铸造之所以获得如此广泛的应用,是因为它有以下优越性。

(1) 可制成形状复杂,特别是具有复杂内腔的毛坯,如箱体、气缸体等。

(2) 适应范围广,如工业上常用的金属材料(碳素钢、合金钢、铸铁、铜合金、铝合金等)都可铸造。其中广泛应用的铸铁件只能用铸造方法获得。铸件的大小几乎不限,从几克到数百吨;铸件的壁厚可由 1 mm 到 1 m 左右;铸造的批量不限,从单件、小批量,直到大量生产。

(3) 铸造可直接利用成本低廉的废机件和切屑,设备费用较低。同时铸件加工余量小,节省金属,减少切削加工量,从而降低制造成本。

在铸造生产中,最基本的工艺方法是砂型铸造,用这种方法生产的铸件占总产量的 90%以上。此外,还有多种特种铸造方法,如熔模铸造、金属型铸造、压力铸造、离心铸造等,它们在不同条件下各有其优势。

3.1 铸造成形技术的原理基础

铸造生产过程复杂,影响铸件质量的因素颇多,废品率一般较高。铸造废品的产生不仅与铸型工艺有关,还与铸型材料、铸造合金、熔炼、浇注等密切相关。现先从与合金铸造性能相关的主要缺陷的形成与防范加以论述,为合理选择铸造合金和铸造方法打好基础。

3.1.1 液态金属的充型能力

液态金属填充铸型的过程,简称充型。液态金属充满铸型型腔,获得形状完整、轮廓清晰铸件的能力,称为液态金属的充型能力。在液态金属的充型过程中,有时伴随着结晶现象。若充型能力不足,在型腔被填满之前,形成的晶粒将充型的通道堵塞,金属液被迫停止流动,于是铸件将产生浇不足或冷隔等缺陷。充型能力首先与合金本身的流动性有关,同时也受到外界条件,如铸型性质、浇注条件及铸件结构等许多因素的影响。

1. 金属的流动性

液态金属本身的流动能力称为金属的流动性,是金属主要铸造性能之一。金属的流动性越好,充型能力越强,越便于浇铸出轮廓清晰、薄而复杂的铸件。同时有利于非金属夹杂物和气体的上浮与排除,还有利于对金属冷凝过程所产生的收缩进行补缩。流动性试样种类很多,有螺旋形、U形、楔形、球形、真空试样等,各有特点。在生产和科研中广泛运用的是螺旋形试样,如图 3.1 所示。主要优点是灵敏度较高,操作简便。显然,在相同的浇注条件下,金属的流动性越好,所浇出的试样越长。表 3.1 列出常用铸造金属的流动性,其中灰口铸铁、硅黄铜的流动性最好,铸钢的流动性最差。

1—试给样铸件; 2—浇口; 3—冒口; 4—试样凸点。

图 3.1 金属流动性试样

表 3.1 常用金属的流动性

金 属	造 型 材 料	浇注温度/℃	螺旋线长度/mm
灰口铸铁　C+Si=6.2% C+Si=5.9% C+Si=5.2% C+Si=4.2%	砂型	1300	1800 1300 1000 600
铸钢(0.4%C)	砂型	1600 1640	100 200
镁合金(Mg-Al-Zn)	砂型	700	400~600
锡青铜(9%~11%Sn+2%~4%Zn)	砂型	1040	420
硅黄铜(1.5%~4.5%Si)	砂型	1100	1000
铝合金(硅铝明)	金属型(300 ℃)	680~720	700~800

影响金属流动性的因素很多,但以合金成分的影响最为显著。一般情况下,对应着纯金属、共晶成分(和金属间化合物)的地方出现流动性的最大值,而有结晶温度范围的地方流动性下降,且在最大结晶温度范围附近出现最小值。合金成分与流动性的这种对应关系,主要

是不同成分合金的结晶特点不同决定的。如图 3.2 所示为 Fe-C 合金的流动性与成分的关系。显然,合金成分越远离共晶点,结晶温度范围越宽,流动性越差。亚共晶铸铁随含碳量的增加结晶温度范围减小,流动性提高。铸铁的结晶温度范围一般比铸钢的宽,但铸铁的流动性比铸钢的好。这是由于铸钢的熔点高,钢液的过热度一般比铸铁的小,保持液态流量的时间就要短;另外,由于钢液的温度高,在铸型中的散热速度快,很快就析出一定数量的枝晶,使钢液失去流动能力。高碳钢的结晶温度范围虽然比低碳钢的宽,可是由于液相线温度低,容易过热,所以实际流动性并不比低碳钢差。

图 3.2 Fe-C 合金流动性与成分的关系

2. 铸型性质

液态金属充型时,铸型阻力将影响金属的流动速度,而铸型与金属间的热交换又将影响金属保持流动的时间。所以铸型性质方面的因素对金属液的充型能力有重要的影响。

(1) 铸型的蓄热系数

铸型的蓄热系数($b_2 = \sqrt{\lambda_2 c_2 \rho_2}$,式中,$\lambda_2$、$c_2$、$\rho_2$ 分别为铸型的导热系数、比热容、密度),表示铸型从金属中吸取热量并将其储存于自身中的能力。蓄热系数越大,铸型的激冷能力就越强,金属液于其中保持液态的时间就越短,充型能力下降。如金属型铸造较砂型铸造容易产生浇不足和冷隔缺陷。

(2) 铸型温度

预热铸型能减小金属与铸型的温差,从而提高其充型能力。如金属型铸造、压力铸造和熔模铸造时,铸型被预热到数百摄氏度,由于减缓了金属液的冷却速度,故使充型能力得到提高。

(3) 铸型中的气体

铸型具有一定的发气能力,能在金属液与铸型之间形成气膜,可减小流动的摩擦阻力,有利于充型。湿砂型比干砂型发气量大,所以流动性好。但是铸型的发气量过大时,如果铸型的排气能力小或浇注速度太快,型腔中的气体压力增大,则阻碍金属液流动,甚至有可能使金属液浇不进去,或者在浇口杯、顶帽口中出现翻腾现象,并可能飞溅出来伤人。为了减小气体的压力,除了应设法减少气体的来源,还应使铸型具有良好的透气性,并在远离浇口的最高部位开设出气口。

3. 浇注条件

（1）浇注温度

浇注温度对金属的充型能力有着决定性影响。提高浇注温度，合金的黏度下降，流速加快，还能使铸型温度升高，金属在铸型中保持流动的时间长，从而大大提高金属的充型能力。但浇注温度过高，吸气多，氧化严重，充型能力的提高幅度减小，且铸件容易产生缩孔、缩松、黏砂、气孔、粗晶等缺陷，故在保证充型能力足够的前提下，浇注温度应尽量降低。

（2）充型压力

液态金属在流动方向上所受的压力越大，充型能力越好。如压力铸造、低压铸造和离心铸造时，因充型压力较砂型铸造提高甚多，所以充型能力较强。但是金属液的静压头过大或充型速度过高时，不仅会发生喷射或飞溅现象，使金属氧化和产生"铁豆"缺陷，而且型腔中气体来不及排出，反压力增加，易造成浇不足或冷隔缺陷。

（3）浇注系统的结构

浇注系统的结构越复杂，流动阻力越大，在静压头相同的情况下，充型能力越低。

在设计浇注系统时，必须合理地布置内浇道在铸件上的位置，选择恰当的浇注系统结构和各组元（直浇道、横浇道和内浇道）的截面积。否则，即使金属液有较好的流动性，也会产生浇不足和冷隔等缺陷。

4. 铸件结构方面

衡量铸件结构特点的因素是铸件的模数和复杂程度。

（1）模数（或称当量厚度、折算厚度）

铸件的模数 M =铸件体积÷铸件散热表面积。如果铸件的体积相同，在同样的浇注条件下，模数大的铸件，由于与铸型的接触表面积相对较小，热量散失比较缓慢，则充型能力较高。铸件的壁越薄，模数越小，越不容易充满。

铸件壁厚相同时，铸型中的垂直壁比水平壁更容易充满。因此，对薄壁铸件应正确选择浇注位置。

（2）铸件的复杂程度

铸件结构复杂，流动阻力大，铸型的充填就困难。

3.1.2 液态金属的凝固

液态金属在充满铸型和凝固过程中，与铸型发生热的、物理的、化学的和机械的作用。由于这些作用，铸件可能产生夹砂、砂眼、气孔、黏砂、表面氧化或脱碳等铸造缺陷。特别是金属与铸型之间的热交换特点，会对铸件的凝固过程和结晶组织发生关键性的作用。

合金从液态转变为固态的状态变化，称为一次结晶或凝固。一次结晶和凝固虽然指的是同一个状态变化过程，但是一次结晶主要是从物理化学的观点出发，研究液态金属的形核、长大、结晶组织的形成规律；而凝固是从传热学的观点出发，研究铸件与铸型的传热过程，铸件断面上凝固区域的大小、凝固方式与铸件质量的关系等。许多铸造缺陷，如缩松、缩孔、热裂、偏析、气孔、夹杂物等都产生在凝固期间。

1. 凝固方式

1）凝固动态曲线

在浇注后，液态金属充满铸型，铸件的温度随时间、位置的不同而变化，形成了温度场。

沿铸件长度方向的温度场分布影响铸件的凝固顺序,垂直铸件长度方向分布的温度场影响铸件的凝固方式,控制铸件的凝固顺序和凝固方式对获得高质量的铸件非常重要。

(1) 凝固动态曲线的绘制

可用多点测温仪来测定铸件温度:将一定数量热电偶的测温端按一定间隔均匀地布置在铸件表面到铸件中心,热电偶的另一端连接多点测温仪,各测温点温度随时间变化的曲线可被自动绘制。根据测温仪的温度-时间曲线,绘制铸件在不同时刻开始凝固的位置和凝固结束的位置,并将凝固开始和凝固结束的所有点分别依次连接,得到铸件的凝固动态曲线,如图 3.3 所示。

x—铸件表面向中心方向的距离;R—铸件壁厚之半或圆柱体和球体半径;

Ⅰ—液相边界;Ⅱ—固相边界。

图 3.3　铸件的凝固动态曲线

(a) 铸件断面的温度-时间曲线;(b) 凝固动态曲线;

(c) 某一时刻的凝固状况,1,2,…,6 对应于 $x/R=0,0.2,…,1.0$

(2) 凝固动态曲线的分析与意义

如图 3.3 所示为铸件的凝固动态曲线,是根据温度-时间曲线绘制的。曲线Ⅰ与铸件断面上各时刻的液相线等温线相对应,称为液相边界。曲线Ⅱ与固相线等温线相对应,称为固相边界。液相边界从铸件表面向中心移动,所到达之处凝固就开始;固相边界离开铸件表面向中心移动,所到达之处凝固完毕。因此也称液相边界为凝固始点,固相边界为凝固终点。除了纯金属和共晶成分合金,凝固过程中,铸件断面上一般都存在三个区域,即固相区、凝固区和液相区。它们按凝固动态曲线所示的规律向铸件中心推进。

由凝固开始线处至铸件中心的合金处于液相区,凝固终了线至铸件表面的合金处于固相区,两线之间是液固两相区,这两条曲线表示铸件断面上液相和固相等温线由表面向中心推移的动态过程。

2）铸件凝固方式

铸件断面的凝固方式一般可分为三种类型：逐层凝固、糊状凝固（体积凝固）和中间凝固。凝固方式取决于凝固区域的宽度。

（1）逐层凝固方式

逐层凝固方式如图 3-4(a)所示，从图中可以看出，铸件温度梯度较大，而合金的结晶温度范围较窄，固液两相区的宽度较小，固相界面逐层向铸件中心推进。逐层凝固方式铸件组织致密，铸件质量好，但在最后凝固的位置会形成集中缩孔。可通过在铸件最后凝固部位设置冒口，使缩孔产生在冒口中，从而消除铸件中的缩孔。纯金属、共晶合金等结晶温度范围窄的合金一般通过控制铸件温度场使铸件形成逐层凝固方式，并在最后凝固部位设置冒口清除铸件中的缩孔。

（2）糊状凝固方式

糊状凝固或体积凝固方式对结晶温度范围较宽的合金，如果铸件温度梯度较小，则在从铸件表面到中心的范围内几乎全部为液固两相区，即整个铸件体积内几乎同时结晶，如图 3-4(b)所示。宽结晶温度范围的合金在小的温度梯度下易形成糊状凝固方式。糊状凝固方式使铸件在整个体积内几乎同时结晶，许多同时凝固的最终部位因没有补缩金属液而形成分散的缩孔，使铸件的力学性能降低。对宽结晶温度范围的合金，可通过控制使铸件形成较大温度梯度，铸件以逐层凝固方式凝固消除缩孔，从而提高铸件质量。

（3）中间凝固方式

一般情况下，以中间凝固方式凝固的合金具有一定的结晶温度范围，铸件温度梯度具有一定数值，铸件凝固过程中存在固相区、液相区和固液两相区，固液两相凝固区具有一定宽度又没有占满整个铸件断面，如图 3-4(c)所示。

图 3.4　铸件断面的三种凝固方式
(a) 逐层凝固；(b) 糊状凝固；(c) 中间凝固

合金的结晶温度范围是由合金本身性质决定的。当合金成分确定后，合金的结晶温度范围即确定，铸件断面上的凝固区域宽度则取决于温度梯度。通常铸件的凝固就是通过控制温度梯度得以实现的。

3）影响凝固方式的因素

综上所述,铸件断面凝固区域的宽度是由合金结晶温度范围和断面上的温度差(或温度梯度)两个量共同决定的,因而也决定了铸件的凝固方式。凝固区域较窄的情况下,倾向于逐层凝固;凝固区域较宽的情况下趋向于糊状凝固。

(1)在温度梯度较近情况下,凝固区域宽度随合金结晶温度范围增大而增大。

(2)在合金结晶温度范围确定的情况下,凝固区域宽度随断面温度差(或温度梯度)增大而减小。

凡是影响温度梯度的因素都对凝固区域宽度起作用。其中主要因素为合金热扩散率、铸型蓄热系数和金属凝固温度(或合金的液相线温度)。合金热扩散率大、铸型蓄热系数小以及金属凝固温度低,都使温度梯度减小(温度分布曲线平坦),导致凝固区域加宽。

4）合金的凝固方式与铸件质量的关系

(1)窄结晶温度范围的合金

这类合金包括纯金属、共晶成分合金和其他窄结晶温度范围的合金,其中一些较重要的合金见表3.2。在一般铸造条件下,这类合金倾向逐层凝固方式,其凝固前沿直接与液态金属接触。

表 3.2　几种窄结晶温度范围的合金

纯 金 属	共晶类合金	其他窄结晶温度范围合金
工业用铜	共晶成分合金	低碳钢
工业用锌	近共晶成分合金	铝青铜
工业用锡	—	结晶温度范围小的青铜

当液体凝固成为固体而发生体积收缩时,可以不断得到液体的补充,产生分散性缩松的倾向性小,在铸件最后凝固的部位留下集中缩孔。由于集中缩孔容易消除,因而补缩性能良好。由于收缩受阻而产生晶间裂纹时,也容易得到金属液的充填,使裂纹愈合,故铸件的热裂倾向性小。在充型过程中发生凝固时,也具有较好的充型能力。

(2)宽结晶温度范围的合金

表3.3为常用宽结晶温度范围的合金。这类合金倾向糊状凝固方式,其液态金属的过冷度小,容易发展成为树枝发达的粗大等轴晶组织。当粗大的等轴晶相互连接以后(固相大约70%),便将尚未凝固的液体分割为一个个互不沟通的小"熔池",最后在铸件中形成分散性的小缩孔,即缩松。采用普通冒口消除缩松很困难,常需采用其他措施以增加铸件的致密性,如增加帽口的补缩压力、加速铸件冷却等。

表 3.3　常用宽结晶温度范围的合金

铝合金、镁合金	铜 合 金	铁 碳 合 金
铝铜合金	锡青铜	高碳钢
铝镁合金	铝青铜	球墨铸铁
镁合金	结晶温度范围大的黄铜	—

由于粗大的等轴晶比较早地连成骨架,在铸件中产生热裂的倾向性很大,这是因为等轴晶越粗大,高温强度就越低。此外,当晶间出现裂纹时,也得不到液态金属的充填使之愈合。

这类合金在充填过程中发生凝固时,其充型能力也很差。

(3) 中等结晶温度范围的合金

这类合金在工业上常用的有中碳钢、高锰钢、一部分特种黄铜和白口铸铁等。它们倾向于中间凝固方式,其补缩特征、热裂倾向性和充型能力介于逐层凝固方式和糊状凝固方式之间。

3.1.3 铸件的结晶组织及其控制

1. 铸件的结晶组织

一般情况下,随着成分过冷的形成和增大,晶体由平界面向胞状晶、柱状晶、树枝状晶和等轴树枝晶形貌发展。

纯金属和合金的固溶体相,在通常的凝固条件下结晶时,生长成为树枝状晶。如果枝晶的一次晶枝(主干)在某一特殊方向延伸生长,最后形成的晶粒呈长条状,称为柱状树枝晶(简称柱状晶)。如果枝晶和次晶枝在各个方向均匀生长,最后形成等轴状晶粒,称为等轴树枝晶(简称等轴晶)。图 3.5 是几种可能的铸件宏观组织示意图。

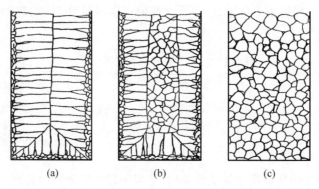

图 3.5 几种可能的铸件宏观组织示意图

(a) 表面细等轴晶＋内部柱状晶;(b) 表面细等轴晶＋内部柱状晶＋中心粗等轴晶;(c) 全部等轴晶

2. 铸件结晶组织的控制

柱状晶就其形成条件,有利于液体的补缩,减少显微缩松,但晶界上富聚杂质和缺陷,故横向性能差。粒状晶的晶界长,杂质和缺陷较分散,各向性能差异小,且细粒状晶的抗疲劳性能较好,故一般希望铸件为细粒状晶组织。

1) 等轴晶组织的控制

使金属液中同时或不断产生新晶核,即能阻止晶体单向延伸长大,获得等轴组织。晶核越多,则晶粒越小。获得细等轴晶的措施如图 3.6 所示。

获得等轴晶组织的原则是使液态金属中同时或不断产生新晶核,以阻止柱状晶的生长。晶核越多,形成等轴晶的晶粒就越细。

(1) 降低浇注温度

降低浇注温度是缩小柱状晶区、扩大等轴晶区并细化柱状晶的有效措施。机理是在低的温度下浇注,液态金属与型壁接触时会结晶出大量晶体,并自型壁脱落而游离,游离的小晶体在随后的漂移中重新熔化的可能性减少,就会成为晶核生长成等轴晶。结晶游离越多,等轴晶数量越多,晶粒就会越细。

降低温度的方法,一般在生产中很少采用,因为那样会严重降低合金流动性,使充型困

图 3.6 获得细等轴晶的措施

难。对于形状复杂的铸件,会获得细等轴晶组织,也不宜采取降低浇注温度的工艺措施。

(2) 孕育处理

在液态金属中加入孕育剂,促进液态金属内部形核,从而获得细等轴晶的方法称为孕育处理。加入液态金属中的孕育剂本身,在大多数情况下,并非就是非自发核,但它能与液态金属中的某些元素发生反应,形成高熔点化合物,并在液态金属中弥散分布。

这些化合物与欲细化相之间符合界面共格对应原则,可作为欲细化相的非自发晶核,进而起到细化作用。例如钛以 Al-Ti 中间合金或钛盐形式加入铝液中,钛与铝形成 $AlTi_3$,它与欲细化相 Al 之间符合界面共格对应原则,故可作为铝结晶时的非自发晶核,从而细化铝的晶粒。又如钢中加入 V、Ti 等,形成 VN、VC、TiC 等高熔点化合物,细化钢的晶粒。这些孕育剂起着形核作用,故又称为形核剂。

(3) 提高冷却速度

采用冷铁和金属型铸造等工艺措施,可以加快液态金属的冷却速度,使金属液在较大的过冷度下结晶,提高形核率,细化晶粒。同时较快的冷却速度还可以使晶粒内的树枝状结构得以细化,但对导热性较差的合金或是较厚的铸件,效果并不明显。

(4) 加强金属液在凝固期间的流动

增加液体内流动促使已凝固层晶粒的脱落和树枝分枝的折断,并卷入液体内部,使晶粒细化,其方法见表 3.4。

表 3.4 增强液体内流动以细化粒状晶的方法

续表

原理	用旋转磁场使液体金属旋转	用偏心轮使铸型产生惯性振动或振击	金属流经振动的浇注槽或浇口杯,再进入铸型	铸型变速转动或间隙地变向转动
工艺参数	调节旋转磁场的电压,使液体的转速 $n > 40$ r/min	$n = (5 \sim 50)$ r/min	用风动或电磁振动器使浇注槽或浇口杯振动	—
用途	铝、镁、铜及钢等固溶体型合金的初生相细化	同左,并可减少铸件缩孔和缩松	细化固溶体型合金的初生相	细化固溶体型合金的初生相
备注	采用薄壳砂型或非铁磁性的金属型	应用砂型时应待浇注铸件后再振动,以免砂型损坏	浇注温度应控制,以免脱落的晶体重新熔化	变速及变向的频率由具体情况决定

(5) 采用少量能强烈降低金属熔点的元素,其在金属液中溶解度大而在固态金属中溶解度极小。它们在结晶过程中被排挤出来,富集在晶体表面,阻碍晶体的生长,并促使树枝分出枝杈,因而既细化晶粒,也细化晶粒内的树枝状结构。

2) 柱状晶组织的控制

柱状晶一旦形成,要促使其继续正常生长,首先要保证铸件单向散热、定向凝固的条件,使其不出现侧向分枝,或者柱状树枝晶的侧向分枝短小,一次主轴挺直。另外,必须防止形成新的晶核,避免固-液界面前沿液相中出现新晶体而阻碍柱状晶的单向长大。控制措施就是提高金属的纯净度,削弱外来质点的形核作用。

3) 共晶型合金结晶组织的控制

共晶型合金组织中的非金属相脆(渗碳体和硅相)、弱(石墨),其形貌、分布和大小对合金的性能起着决定性作用,必须对其进行控制。

控制共晶型合金的结晶组织,主要是细化共晶晶粒(共晶团)和初生相,改善其结晶形貌,获得所要求的共晶组织。生产中针对不同的合金类型,可采用不同的工艺方法。例如,采用孕育处理工艺,促进灰铸铁和球墨铸铁中石墨的形核,防止和消除渗碳体的析出,并细化石墨和共晶团;采用球化处理或蠕化处理工艺,使石墨生长成球状或蠕虫状;采用变质处理工艺,使 Al-Si 合金中的初晶硅由粗大的针状、板片状生长成细小的粒状,最终达到提高力学性能和使用性能的目的。为了提高上述处理的效果,往往需要对合金液的成分,例如对铸铁的碳当量、硅锰比及杂质元素的含量加以限制,对铝硅合金的硅合金加以控制,必要时应对合金进行脱气和脱除有害元素的处理。调整铸型的热导率和蓄热系数,以改变共晶型合金的凝固速度,也是控制共晶型合金结晶的常用方法。

3.1.4 铸件的收缩及收缩类缺陷

金属从液态冷却到室温,要经历三个相互联系的收缩阶段:

液态收缩　从浇注温度到凝固开始温度(液相线温度)间的收缩。

凝固收缩　从凝固开始温度到凝固终止温度(固相线温度)间的收缩。

固态收缩　从凝固终止温度到室温间的收缩。

铸件在冷却过程中,其体积或尺寸缩减的现象,称为收缩,它是铸造合金的物理本性。收缩给铸造工艺带来许多困难,是多种铸造缺陷(缩孔、缩松、裂纹、变形等)产生的根源。

金属的液态收缩和凝固收缩表现为金属体积的缩小,使型腔内金属液面下降,通常用体积收缩率来表示,它们是铸件产生缩孔和缩松缺陷的根本原因;金属的固态收缩不仅引起金属体积上的缩减,同时更明显地表现在铸件尺寸上的缩减,因此固态收缩常用单位长度上的收缩量(即线收缩率)来表示,它是铸件产生内应力以致引起变形和产生裂纹的主要原因。

1. 影响收缩的因素

不同金属的收缩率不同,表 3.5 列出几种铁碳合金的体积收缩率。

表 3.5　几种铁碳合金的体积收缩率

合金种类	含碳量/%	浇注温度/℃	液态收缩/%	凝固收缩/%	固态收缩/%	总体积收缩/%
铸造碳钢	0.35	1610	1.6	3	7.8	12.4
白口铸铁	3.00	1400	2.4	4.2	5.4~6.3	12~12.9
灰铸铁	3.50	1400	3.5	0.1	3.3~4.2	6.9~7.8

铸件的实际收缩率与其化学成分、浇注温度、铸件结构和铸型条件有关。

2. 收缩对铸件质量的影响

1) 铸件的缩孔与缩松

液态金属在冷凝过程中,若其液态收缩和凝固收缩所缩减的容积得不到补偿,则在铸件最后凝固的部位形成一些孔洞,容积较大而集中的孔洞称为集中缩孔,简称缩孔;细小而分散的孔洞称为分散性缩孔,简称缩松,如图 3.7 所示。

一般来讲,纯金属和共晶合金在恒温下结晶,铸件由表及里逐层凝固,容易形成缩孔,缩孔常集中在铸件的上部或厚大部位等最后凝固的区域。具有一定凝固温度范围的合金,凝固是在较大的区域内同时进行,容易形成缩松。缩松常分布在铸件壁的轴线区域及厚大部位等。

图 3.7　缩孔、缩松示意图

(1) 缩孔

以圆柱形铸件为例分析缩孔的形成过程。假定所浇注的圆柱形铸件由表及里逐层凝固。液态金属充满铸型后,由于温度下降发生液态收缩,此收缩得到浇注系统中液态金属的补充,因此在此期间型腔中总是充满金属液,如图 3.8(a)所示。

当铸件外表的温度下降到固相线温度以下时,铸件表面凝固一层硬壳包裹着内部的液态金属,并且浇注系统的内浇道被冻结,如图 3.8(b)所示。

进一步冷却,硬壳内液态金属因温度降低发生液态收缩,以及对硬壳凝固收缩的补充,同时凝固硬壳也因温度下降而使铸件外表尺寸缩小。如果硬壳内液态金属因液态收缩和凝固收缩造成的体积缩减等于铸件外表的体积缩小,则凝固的外壳仍与内部液态金属紧密接触,不会产生缩孔。但是,合金的液态收缩加凝固收缩远超过硬壳的固态收缩,因此液体将与硬壳的顶面脱离而下降,如图 3.8(c)所示。依次进行下去,硬壳不断加厚,液面将不断下降,金属全部凝固后,在铸件上部就形成了一个倒锥形的缩孔,如图 3.8(d)所示。温度连续下降至室温,整个铸件的体积不断缩小,缩孔的绝对体积也相对减小,但与铸件的相对体积不变。如果铸件顶部设置冒孔,缩孔将移至冒口中,如图 3.8(e)所示。

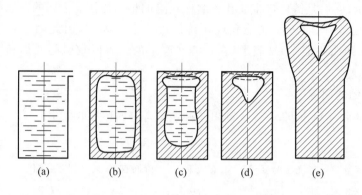

图 3.8 铸件中缩孔形成过程示意图

在液态金属中含气量不大的情况下,当液态金属与硬壳顶面脱离时,液面上要形成真空。上面的薄壳在大气压力作用下,可能向缩孔方向凹进去,如图 3.8(c)和(d)虚线及图 3.8(e)中实线所示。因此,缩孔应包括外部的缩凹和内部的缩孔两部分。如果铸件顶面的硬壳硬度较大,也可能不出现缩凹。

综上所述,铸件产生集中缩孔的基本原因,是合金的液态收缩加凝固收缩率远大于固态收缩率;产生集中缩孔的条件,是铸件由表及里的逐层凝固,缩孔集中在最后凝固的部位。

集中缩孔产生在铸件最后凝固的区域,因此确定缩孔位置就是确定铸件最后凝固的区域。在实践中可采用等固相线法确定。

对于结晶温度范围很小的合金,可将凝固前沿视为固-液的分界线,也是一条等温线,称为等固相线。所谓等固相线法,就是在铸件断面上从冷却表面开始逐层向内绘制等固相线,直到最窄断面上的等固线接触为止。此时等固相线不相接连的地方就是铸件的最后凝固前沿,也就是缩孔的位置。

图 3.9(a)是用等固相线法确定工字形截面铸件的缩孔位置,图 3.9(b)是实际铸件的缩孔位置。如果在铸件底边放置冷铁,由于加大了该处的冷却速度,等固相线上缩孔全部集中在铸件上部,如图 3.9(c)所示;如果冷铁尺寸适当,并在上部设计冒口,可以使铸件内部无缩孔,如图 3.9(d)所示。

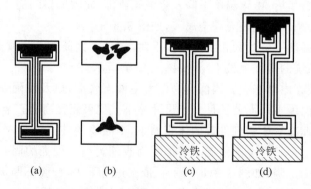

图 3.9 冷铁对缩孔位置的影响

若铸件结构上两壁相交之处的内切圆大于相交各壁的厚度,则此处凝固最晚,也是产生缩孔的部位,此处称为热节。此外铸件厚壁处和内浇道附近也是凝固缓慢的热节。

（2）缩松

缩松按其尺寸可分为宏观缩松和微观缩松。宏观缩松常分布在铸件壁的轴线区域、厚大部位、冒口根部和内浇道附近，铸件切开后可直接观察到密集的孔洞。微观缩松产生在晶间。图 3.10 为可锻铸铁件联轴器厚断面处的缩松情况。铸件约 0.16 kg，湿砂型铸造，在最后凝固的厚断面中心形成不规则形状的孔洞，利用扫描电镜可观察到树枝晶，说明是液体收缩所致。

在铸件最后凝固部位的截面上可观察到形状不规则的空洞(疏松程度较低时，看不到空洞，只能看到粗大组织)

断口

1 mm

枝晶
显微组织

150 μm

枝晶
SEM组织

图 3.10　可锻铸铁件的内部缩松

微观缩松影响零件的常规力学性能，尤其是塑性、冲击韧度，而更重要的是强烈地降低了零件在动载荷条件下的抗疲劳性能，同时也降低铸件的气密性和物理化学性能。在有特殊要求的情况下，必须设法减少和防止微观缩松的产生。缩松常常是由于合金的收缩和溶解气体的析出两个因素结合形成的。

缩孔和缩松会减小铸件的有效面积，并在该处产生应力集中，降低其机械性能，缩松还可使铸件因渗漏而报废。因此必须依据技术要求，采取适当的工艺措施予以防止。实践证明，只要能使铸件实现顺序凝固原则，尽管合金的收缩较大，也可获得没有缩孔的致密铸件。

所谓顺序凝固，就是在铸件上可能出现缩孔的厚大部位通过安放冒口等工艺措施，使铸件远离冒口的部位（图 3.11 中Ⅰ）先凝固；而后是靠近冒口的部位（图 3.11 中Ⅱ、Ⅲ）凝固；最后才是冒口本身的凝固。按照这样的凝固顺序，先凝固部位的收缩，由后凝固部位的金属液来补充；后凝固部位的收缩，由冒口中的金属液来补充，从而使铸件各个部位的收缩均能得到补充，而将缩孔转移到冒口之中。冒口是多余部分，在铸件清理时予以切除。

为了使铸件实现顺序凝固，在安放冒口的同时，还可在铸件上某些厚大部位增设冷铁。如图 3.12 所示铸件的热节不止一个，若仅靠顶部冒口，难以向底部凸台补缩，为此在该凸台的型壁上安放了两块外冷铁。由于冷铁加快了该处的冷却速度，使厚度较大的凸台反而最先凝固，由于实现了自下而上的定向凝固，从而防止了凸台处缩孔、缩松的产生。可以看出，冷铁仅是加快某些部位的冷却速度,以控制铸件的凝固顺序,但本身并不起补缩作用。冷铁通常用钢或铸铁制成。

图 3.11　顺序凝固原则示意图　　　　图 3.12　冷铁的应用

安放冒口和冷铁,实现顺序凝固,虽可有效防止缩孔和宏观缩松,但却需耗费许多金属和工时,加大了铸件成本。同时顺序凝固扩大了铸件各部分的温度差,促进了铸件的变形和裂纹倾向。因此主要用于必须补缩的场合,如铝青铜、铝硅合金和铸钢件等。

2) 铸造内应力、变形和裂纹

铸件在凝固之后的继续冷却过程中,其固态收缩若受到阻碍,铸件内部将产生内应力,这些内应力有时是在冷却过程中暂存的,有时则一直保留到室温,后者称为残余内应力。铸造内应力是铸件产生变形和裂纹的根本原因。

按照内应力的产生原因,可分为热应力和机械应力两种。

热应力是由于铸件的壁厚不均匀、各部分的冷却速度不同,以致在同一时期内铸件各部分收缩不一致引起的。

预防热应力的基本途径是尽量减少铸件各个部位间的温度差,使其均匀地冷却。为此,可将浇口开在薄壁处,使薄壁处铸型在浇注过程中的升温较厚壁处高,因而可补偿薄壁处的冷却速度快的现象。有时在加快厚壁处的冷却速度后,还可在厚壁处安放冷铁,如图 3.13 所示。采用同时凝固原则可减少铸造内应力,防止铸件的变形和裂纹缺陷,又可免设冒口而省工省料。其缺点是铸件心部容易出现缩孔或缩松。同时凝固原则主要用于灰铸铁、锡青铜等。这是由于灰铸铁的缩孔、缩松倾向小;而锡青铜倾向于糊状凝固,采用定向凝固也难以有效地消除微观缩松缺陷。

机械应力是金属的固态收缩受到铸型或型芯的机械阻碍而形成的内应力,如图 3.14 所示。机械应力使铸件产生暂时性的正应力或剪切应力,这种内应力在铸件落砂之后便可自行消除。但它在铸件冷却过程中可与热应力共同起作用,增大了某些部位的应力,促进了铸件的裂纹倾向。

图 3.13　同时凝固原则示意图　　　　图 3.14　受机械阻碍的铸件示意图

　　具有残余内应力的铸件是不稳定的,它将自发地通过变形来减缓其内应力,以便趋于稳定状态。为防止铸件产生变形,除在铸件设计时尽可能使铸件的壁厚均匀、形状对称,在铸造工艺上还应采用同时凝固原则,以便冷却均匀。对于长而易变形的铸件,还可采用"反变形"工艺。反变形法是在统计铸件变形规律的基础上,在模样上预先作出相当于铸件变形量的反变形量,以抵消铸件的变形。

　　当铸造内应力超过金属的强度极限时,便将产生裂纹。裂纹是铸件的严重缺陷,多使铸件报废。裂纹可分成热裂和冷裂两种。

　　热裂是在高温下形成的裂纹。其形状特征是缝隙宽、形状曲折、缝内呈氧化色。

　　试验证明,热裂是在金属凝固末期的高温下形成的。因为金属的线收缩是在完全凝固之前便已开始,此时固态金属已形成完整的骨架,但晶粒之间还存有少量液体,故强度、塑性很低,若机械应力超过了该温度下金属的强度,便发生热裂。另外,铸件的结构不好,型砂或芯砂的退让性差,金属的高温强度低等,都使铸件易产生热裂纹。

　　热裂分为外裂和内裂。在铸件表面可以看到的裂纹为外裂,其表面宽,内部窄,有时贯穿铸件整个断面。外裂常发生在铸件的拐角处、截面厚度有突变和局部冷凝慢且在凝固时承受拉应力的地方。图 3.15 为石膏型熔模铸造镁合金箱体铸件内浇口附近产生的裂纹。此处温度高,凝固缓慢。内裂产生在铸件内部最后凝固的部位,也常出现在缩孔附近或缩孔尾部。图 3.16 为湿型铸造灰铸铁汽车零件的细小内裂纹。

　　铸件中存在的热裂纹严重危害其力学性能,使用时会因裂纹扩展使铸件断裂,发生事故。外裂容易发现,若铸造合金焊接性能好,铸件经焊补后仍可以使用;若焊接性能差,铸件则报废。内裂隐藏在铸件的内部,不易发现,故它的危险性更大。

　　冷裂是在低温下形成的裂纹。其形状特征是裂纹细小,呈连续直线状,有时缝内呈轻微氧化色。

　　冷裂常出现在形状复杂工件的受拉伸部位,特别是应力集中处(如尖角、孔洞类缺陷附近),不同铸造金属的冷裂倾向不同。如塑性好的金属,可通过塑性变形使内应力自行缓解,故冷裂倾向小;反之,脆性大的金属较易产生冷裂。为防止铸件的冷裂,除应设法降低内应力,还应控制钢铁中的含磷量,使其不能过高。

铸件外表面和同一位置内表面的裂纹

裂纹处的SEM组织　　　　　　开裂面的SEM组织

图 3.15　石膏型熔模铸造镁合金箱体铸件内浇口附近产生的裂纹

图 3.16　湿型铸造灰铸铁汽车零件的细小内裂纹

3.2　经典铸造成形技术

经典铸造成形技术,即砂型铸造,就是将液态金属浇入砂型的铸造方法,型(芯)砂通常是由石英砂、黏土(或其他粘接材料)和水按一定比例混制而成的。型(芯)砂要有"一强三性",即一定的强度、透气性、耐火性和退让性。砂型可用手工制造,也可用机器造型。

砂型铸造是目前最常用、最基本的铸造方法,其造型材料来源广,价格低廉,所用设备简单,操作方便灵活。不受铸造金属种类、铸件形状和尺寸的限制,并适合于各种生产规模。目前我国砂型铸件约占全部铸件产量的80%以上。

3.2.1　砂型铸造成形技术过程

砂型铸造工艺过程如图 3.17 所示。首先,根据零件的形状和尺寸设计并制造出模样和芯盒,配制好型砂和芯砂;用型砂和模样在砂箱中制造砂型,用芯砂在芯盒中制造型芯,并把砂芯装入砂型中,合箱即得完整的铸型;将金属液浇入铸型型腔,冷却凝固后落砂清理即得所需的铸件。

图 3.17 砂型铸造工艺过程

3.2.2 砂型铸造方法

1. 手工造型

1）手工造型工具

手工造型常用工具如图 3.18 所示：(a)捣砂锤；(b)直浇道棒；(c)通气针；(d)起模针；(e)墁刀：修平面及挖沟槽用；(f)秋叶：修凹的曲面用；(g)砂勾：修深的底部或侧面及钩出砂型中散砂用；(h)皮老虎。

| (a) | (b) | (c) | (d) | (e) | (f) | (g) | (h) |

图 3.18 手工造型常用工具

2）手工造型方法的选择

手工造型的方法很多，按模样特征分为整模造型、分模造型、活块造型、刮板造型、假箱造型和挖砂造型等；按砂箱特征分为两箱造型、三箱造型、地坑造型、脱箱造型等。

造型方法的选择具有较大的灵活性，一个铸件往往可用多种方法造型，应根据铸件结构特点、形状和尺寸、生产批量及车间具体条件等进行分析比较，以确定最佳方案。表 3.6 为各种手工造型方法的特点和适用范围。

表 3.6　各种手工造型方法的特点和适用范围

造型方法名称		特　点	适 用 范 围	简　图
按模样特征区分	整模造型	模样是整体的,分型面是平面,铸型型腔全部在半个铸型内。其造型简单,铸件不会产生铸箱缺陷	适用于铸件是大截面靠一端且为平面的铸件	
	挖砂造型	模样虽是整体的,但铸件的分型面为曲面。为了能起出模样,造型时手工挖去阻碍起模的型砂,其造型费工,生产效率低	用于单件、小批生产分型面不是平面的铸件	
	假箱造型	为克服上述挖砂造型的挖砂缺点,在造型前预先做个底胎(即假箱),再在底胎上制上箱。由于底胎并不参加浇注,故称假箱。假箱造型比挖砂造型操作简便,且分型整齐	用于成批生产需要挖砂的铸件	
	分模造型	将模样沿截面最大处分为两半,型腔位于上、下两个半型内。其造型简单,节省工时	常用于铸件最大截面在中部(或圆形)的铸件	
	活块造型	铸件上有妨碍起模的小凸台、筋条等。制模时将这些做成活动部分。造型起模时,先起出主体模样,然后从侧面取出活块。其造型费时,要求工人技术水平高	主要用于单件、小批生产带有突出部分难以起模的铸件	
	刮板造型	用刮板代替木模造样。它可大大降低模型成本,节约木材,缩短生产周期。但造型生产效率低,要求工人的技术水平高	主要用于有等截面的或回转体大、中型铸件的单件、小批生产,如皮带轮、飞轮、齿轮、铸管、弯头等	
按砂箱特征区分	两箱造型	铸样由成对的上箱和下箱构成,操作方便	为造型最基本方法,适用于各种生产批量,各种大、小铸件	
	三箱造型	铸型由上、中、下三箱构成。中箱的高度需与铸件两个分型面的间距相适应。三箱造型操作费工,且需有适合的砂箱	主要用于手工造型中,单件、小批生产具有两个分型面的铸件	
	地坑造型	造型是利用车间地面砂床作为铸型的下箱。大铸件需在砂床上铺以焦碳,埋上出气管,以便浇注时引气。地坑造型仅用上箱便可造型,缩短了制造专用下箱的生产准备时间,减少砂箱的投资。但造型费工,且要求技术较高	常用于砂箱不足的生产条件,制造批量不大的大、中型铸件	

续表

造型方法名称		特 点	适 用 范 围	简 图
按砂箱特征区分	脱箱造型	采用活动砂箱来造型,在铸型合箱后,将砂箱脱出,重新用于造型。所以一个砂箱可制许多铸型。金属浇注时,为防止错箱,需用型砂将铸型周围填紧,也可在铸型上加套箱	常用于生产小铸件。因砂箱无箱带,所以砂箱多小于 400 mm	

2. 机器造型

机器造型是用机器来完成填砂、紧实和起模等造型操作过程,是现代化铸造车间的基本造型方法。与手工造型相比,可以提高生产效率和铸型质量,减轻劳动强度。但设备及工装模具投资较大,生产准备周期较长,主要用于成批大量生产。

机器造型按紧实方式的不同分为压实造型、震击造型、射砂造型和抛砂造型四种基本方式。

1) 压实造型

压实造型是利用压头的压力将砂箱内的型砂紧实,图 3.19 为压实造型示意图。

图 3.19 压实造型示意图
(a) 压实前;(b) 压实后

先将型砂填入砂箱和辅助框中,然后压头向下将型砂紧实。辅助框是用来补偿紧实过程中砂柱被压缩的高度。压实造型生产效率较高,但砂型沿砂箱高度方向的紧实度不够均匀,一般越接近模板,紧实度越差。因此,这种方法只适于高度不大的砂箱。

2) 震击造型

这种造型方法是利用振动和撞击力对型砂进行紧实,如图 3.20 所示。砂箱填砂后,震击活塞将工作台连同砂箱举起一定高度,然后下落,与缸体撞击,依靠型砂下落时的冲击力产生紧实作用,砂型紧实度分布规律与压实造型相反,越接近模板紧实度越高。因此震击造型常与压实造型联合使用,以便型砂紧实度分布更加均匀。

3) 射砂造型

射砂紧实多用于制芯。图 3.21 为射砂机工作原理图。由储气筒中迅速进入射腔的压缩空气,将型芯砂由射砂孔射入芯盒的空腔中,而压缩空气经射砂板上的排气孔排出,射砂过程是在较短的时间内同时完成填砂和紧实,生产效率极高。

图 3.20　震击造型示意图

(a) 震击前；(b) 震击后

4）抛砂造型

图 3.22 为抛砂机的工作原理图。抛砂头转子上装有叶片,型砂由皮带输送机连续地送入,高速旋转的叶片接住型砂,并分成一个个砂团,当砂团随叶片转到出口处时,由于离心力的作用,以高速抛入砂箱,同时完成填砂和紧实。

1—射砂筒；2—射膛；3—射砂孔；4—排气孔；
5—砂斗；6—砂闸板；7—进气阀；8—储气筒；
9—射砂头；10—射砂板；11—芯盒；12—工作台。

图 3.21　射砂机工作原理图

1—机头外壳；2—型砂入口；3—砂团出口；
4—被紧实的砂团；5—砂箱。

图 3.22　抛砂机的工作原理图

3.2.3　砂型铸造成形技术设计

铸造工艺设计是生产铸件的第一步,需根据零件的结构、技术要求、批量大小及生产条件等确定适宜的铸造工艺方案,包括浇注位置和分型面的选择、工艺参数的确定等,并将这些内容表达在零件图上形成铸造工艺图。通常按以下步骤和原则进行。

1. 浇注位置的选择原则

浇注位置是指浇注时铸件在铸型中所处的空间位置。浇注位置确定的好坏对铸件质量有很大影响,确定时应遵循以下原则。

(1) 铸件上的重要加工面或质量要求高的面,尽可能置于铸型的下部或处于侧立位置。因为在浇注过程中金属液中的气体和熔渣往上浮,且由于静压力作用铸件下部组织致密。图 3.23 为车床床身的浇注位置,导轨面是关键部分,不允许有任何铸造缺陷,因此采用导轨面朝下的浇注位置。

(2) 将铸件上的大平面朝下,以免在此面上出现气孔和夹砂缺陷。因为在金属液的充型过程中,灼热的金属液对砂型上表面产生的强烈热辐射会使其拱起或开裂,金属液钻进砂型的裂缝处,致使该表面产生夹砂缺陷,如图 3.24(a)所示。如图 3.24(b)所示方案可以防止这种缺陷的产生。

图 3.23 床身浇注位置   图 3.24 大平面的浇注位置

(3) 有大面积薄壁的铸件,应将其薄壁部分放在铸型的下部或处于侧立位置,以免产生浇不足或冷隔缺陷,如图 3.25 所示。

图 3.25 箱盖浇注位置的比较

(a) 正确;(b) 不正确

(4) 为防止铸件产生缩孔,应把铸件上易产生缩孔的厚大部位置于铸型顶部或侧面,以便安放冒口补缩。如图 3.26 所示的卷扬筒,其厚端位于顶部是合理的。

2. 分型面位置的确定原则

分型面是指上、下或左、右砂箱间的接触表面。分型面位置确定得合理与否是铸造工艺的关键,应遵循以下原则进行。

(1) 尽可能将铸件的重要加工面或大部分加工面与加工基准面放在同一砂箱内,以保证其精度。如图 3.27(a)所示,床身铸件的顶部为加工基准面,导轨部分属于重要加工面。若采用图 3.27(b)方案分型,错箱会影响铸件精度。图(a)方案在凸台处增加一外型芯,可使加工面和基准面处于同一砂箱内,保证铸件的尺寸精度。

图 3.26 卷扬筒浇注图

图 3.27　床身铸件的分型方案

(2) 选择分型面应考虑方便起模和简化造型,尽可能减少分型面数目和活块数目,如图 3.28(d)所示的分型方案比较合理。

图 3.28　三通的分型面方案

(a) 铸件;(b) 四箱造型;(c) 三箱造型;(d) 两箱造型

此外,分型面应尽可能平直,如图 3.29(b)的分型面方案,避免了挖砂或假箱造型,如图 3.29(a)所示。

(3) 分型面的选择应尽可能减少型芯的数目,如图 3.30(a)方案接头内孔的形成需要型芯;而图(b)方案可通过自带型芯来形成,省去了造芯及芯盒费用。

(4) 分型面的选择,应便于下芯、扣箱(合型)及检查型腔尺寸等操作。如图 3.31(a)方案的分型无法检查铸件厚壁是否均匀;而图(b)方案因增设一中箱,在扣箱前便于检查壁厚,可保证铸件壁厚均匀。

图 3.29　起重臂的分型面方案

（a）不合理；（b）合理

图 3.30　接头的分型面

图 3.31　箱盖的分型面方案

3. 铸造工艺参数的确定

铸造工艺参数包括机加工余量、铸出孔、起模斜度、铸造圆角和铸造收缩率等,各参数的确定方法如下。

（1）机加工余量和铸出孔的大小　铸件的机加工余量是指为了机械加工而增大的尺寸部分。凡是零件图上标注粗糙度符号的表面均需考虑机加工余量。其值的大小可随铸件的大小、材质、批量、结构的复杂程度及该加工面在铸型中的位置等变化,见表 3.7。

表 3.7　灰铸铁件的机械加工余量值（摘自 JB2854）

铸件最大尺寸/mm	加工面在型内的位置	公称尺寸/mm					
		≤120	>120~260	>260~500	>500~800	>800~1250	>1250~2000
≤120	顶面	4.5(4.0)					
	底面、侧面	3.5(3.0)					
>120~260	顶面	5.0(4.5)	5.5(5.0)				
	底面、侧面	4.0(3.0)	4.5(4.0)				

铸件最大尺寸/mm	加工面在型内的位置	公称尺寸/mm					
		≤120	>120~260	>260~500	>500~800	>800~1250	>1250~2000
>260~500	顶面	6.0(5.0)	7.0(6.0)	7.0(6.5)			
>260~500	底面、侧面	4.5(4.0)	5.0(4.5)	6.0(5.0)			
>500~800	顶面	7.0(6.0)	7.0(6.5)	8.0(7.0)	9.0(7.5)		
>500~800	底面、侧面	5.0(4.5)	5.0(4.5)	6.0(5.0)	7.0(5.5)		
>800~1250	顶面	7.0(7.0)	8.0(7.0)	8.0(7.5)	9.0(8.0)	10.0(8.5)	
>800~1250	底面、侧面	5.5(5.0)	6.0(5.0)	6.0(5.5)	7.0(5.5)	7.5(6.5)	
>1250~2000	顶面	8.0(7.5)	8.0(8.0)	9.0(8.0)	9.0(9.0)	10.0(9.0)	12.0(10.0)
>1250~2000	底面、侧面	6.0(5.0)	6.0(5.5)	7.0(6.0)	7.0(6.5)	8.0(6.5)	9.0(7.5)

注：公称尺寸是指两个相对加工面之间的最大距离，或是指从基准面或中心线到加工面的距离。机加工余量的值不带括号者用于手工造型，带括号者用于机器造型。机械造型的铸件比手工造型精度高，故机加工余量要小些；铸件尺寸越大或加工面与基准面间的距离越大，铸件尺寸误差会增大，所以机加工余量也随之加大；铸件的上表面比底面和侧面更易产生缺陷，故机加工余量比底面和侧面的大。

铸件上的孔和槽铸出与否，要根据铸造工艺的可行性和必要性而定。一般来说，较大的孔和槽应铸出，以减少切削工时和节约金属材料。表3.8是铸件的最小铸出孔的尺寸。

表3.8 铸件的最小铸出孔尺寸

生产批量	最小铸出直径/mm	
	灰铸铁件	铸铜件
大量	12~15	—
成批	15~30	30~50
单件、小批	30~50	50

（2）起模斜度（或拔模斜度） 起模斜度是指在造型和制芯时，为便于把模型从铸型中或把芯子从芯盒中取出，而在模型或芯盒的起模方向上做出一定的斜度。拔模斜度一般用角度α或宽度a表示，其标注方法如图3.32所示。

图3.32 起模斜度
(a) 增加铸件厚度；(b) 加减铸件厚度；(c) 减少铸件厚度

起模斜度的大小取决于该垂直壁的高度和造型方法。通常随垂直壁高度的增加，拔模斜度减小；机器造型的拔模斜度较手工造型的小；外壁的拔模斜度也小于内壁。一般拔模斜度为0.5~5°，见表3.9。

表 3.9 砂型铸造时模样外表面及内表面的起模斜度

测量面高度/mm	起模斜度(≤)				测量面高度/mm	起模斜度(≤)			
	金属模样、塑料模样		木模样			金属模样、塑料模样		木模样	
	α	a/mm	α	a/mm		α	a/mm	α	a/mm
≤10	2°20′	0.4	2°55′	0.6	≤10	4°35′	0.8	5°45′	1.0
>10~40	1°10′	0.8	1°25′	1.0	>10~40	2°20′	1.6	2°50′	2.0
>40~100	1°30′	1.0	0°40′	1.2	>40~100	1°05′	2.0	1°45′	2.2
>100~160	0°25′	1.2	0°30′	1.4	>100~160	0°45′	2.2	0°55′	2.6
>160~250	0°20′	1.6	0°25′	1.8	>160~250	0°40′	3.0	0°45′	3.4
>250~400	0°20′	2.4	0°25′	3.0	>250~400	0°40′	4.6	0°45′	5.2
>400~630	0°20′	3.8	0°20′	3.8	>400~630	0°35′	6.4	0°40′	7.4
>630~1000	0°15′	4.4	0°20′	5.8	>630~1000	0°30′	8.8	0°35′	10.2
>1000~1600	—	—	0°20′	8.0	>1000			0°35′	—

（3）铸造圆角　铸造圆角是指铸件上壁和壁的交角应做成圆弧过渡。以防止在该处产生缩孔和裂纹。铸造圆角的半径值一般为两相交壁平均厚度的 1/3～1/2。

（4）铸造收缩率　铸造收缩是指金属液浇注到铸型后，随温度的下降将发生凝固所引起的尺寸缩减。这种缩减的百分率为该金属的铸造收缩率。制造模型或芯盒时，应根据铸造金属收缩率将模型或芯盒放大，以保证该金属铸件冷却至室温时的尺寸能符合要求。金属铸造收缩率的大小，随铸造金属的种类、成分及铸件的结构和尺寸等的不同而改变。通常灰铸铁的收缩率为 0.7%～1.0%，铸钢的收缩率为 1.5%～2.0%，有色金属合金的收缩率为 1.0%～1.5%。

4. 砂型铸造工艺分析

下面以拖拉机轮毂为例分析其铸造工艺，如图 3.33 所示。

图 3.33　拖拉机轮毂

(a) 零件图；(b) 铸造工艺图

1）浇注位置的选择

拖拉机轮毂的浇注位置有两种方案，如图 3.33(b)所示。

（1）垂直浇注   由零件图看出：轮毂上孔 $\phi100$ 和 $\phi90$ 的表面粗糙度要求 Ra 为 $3.2~\mu m$；因其内部要装轴承，对孔的尺寸精度要求也高；此外，法兰处也需要补缩。所以应采用垂直浇注以保证其质量。

（2）水平浇注   水平浇注难以保证上箱即上半轮毂的质量，易产生气孔、夹渣和砂眼等。

2）分型面的选择

若从法兰的上侧面分型，轮毂的绝大部分将位于下砂箱，易保证其尺寸精度，且下芯后也便于检查壁厚均匀与否。若从过中心线的平面处分型，虽易造型、下芯和合箱，但难免产生错箱缺陷，使轮毂的尺寸和形状精度难以保证。

经分析比较得出，选择垂直浇注、沿法兰上侧面处分型易保证轮毂质量。

3.2.4 铸件结构工艺性

铸件结构工艺性通常指零件的本身结构应符合铸造生产的要求，既便于整个工艺过程的进行，又利于保证产品质量。铸件结构是否合理，对简化铸造生产过程，减少铸件缺陷，节省金属材料，提高生产效率和降低成本等具有重要意义，并与铸造合金、生产批量、铸造方法和生产条件有关。

1. 从简化铸造工艺过程分析

为简化造型、制芯及工装制造工作量，便于下芯和清理，对铸件结构有如下要求。

（1）铸件外形应尽量简单

铸件外形虽然可以很复杂，但在满足零件使用要求的前提下，应尽量简化外形，减少分型面，以便造型，获得优质铸件。图 3.34 为端盖铸件的两种结构：图（a）由于上面为凸缘法兰，要设两个分型面，必须采用三箱造型，使造型工艺复杂；若改为图（b）的设计，取消了法兰凸缘，使铸件有一个分型面，简化了造型工艺。

(a)   (b)

图 3.34   端盖铸件结构

铸件上的凸台加强筋等要方便造型，尽量避免使用活块。如图 3.35（a）所示的凸台通常采用活块（或外壁型芯才能起模），如改为图中 3.35（b）的结构可避免活块。

(a)   (b)

图 3.35   凸台的设计

分型面尽量平直，去除不必要的圆角。如图 3.36（a）所示的托架将分型面上加了圆角，结果只得采用挖砂（或假箱）造型，若改为图 3.36（b）结构，则可采用整模造型，简化了造型过程。

（2）铸件内腔结构应符合铸造工艺要求

铸件的内腔通常采用型芯来形成，这将延长生产周期，增加成本，因此设计铸件结构时，应尽量不用或少用型芯。图 3.37 为悬臂支架的两种设计方案，图（a）采用方形空心截面，需用型芯，图（b）改为工字形截面，可省掉型芯。

图 3.36　托架铸件　　　　　　　　　　　　　　图 3.37　悬臂支架

在必须采用型芯的情况下，应尽量做到便于下芯、安装、固定以及排气和清理。如图 3.38 所示的轴承架铸件，图 3.38（a）的结构需要两个型芯，其中大的型芯呈悬臂状态，装配时必须用型芯撑 A 辅助支撑。如改为图 3.38（b）结构，成为一个整体型芯，其稳定性大大提高，并便于安装，易于排气和清理。

图 3.38　轴承架铸件

（3）铸件的结构斜度

铸件上垂直于分型面的不加工面最好具有一定的结构斜度，以利于起模，同时便于用砂垛代替型芯（称为自带型芯），以减少型芯数量。如图 3.39 中（a）～（d）各件不带结构斜度，不便于起模，应相应改为（e）～（h）带一定斜度的结构。对不允许有结构斜度的铸件，应在模样上留出拔模斜度。

图 3.39　结构斜度的设计

2. 从避免产生铸造缺陷分析

铸件的许多缺陷,如缩孔、缩松、裂纹、变形、浇不足、冷隔等,有时是由于铸件结构不合理引起的。因此,设计铸件结构应考虑如下几个方面。

(1) 壁厚合理

为了防止产生冷隔、浇不足或白口等缺陷,各种不同的合金视铸件大小、铸造方法不同,最小壁厚应受到限制。

从细化结晶组织和节省金属材料考虑,应在保证不产生其他缺陷的前提下,尽量减小铸件壁厚,为了保证铸件的强度,可采用加强筋等结构。图 3.40 为台钻底板设计中采用加强筋的例子,采用加强筋后可避免铸件厚大截面,防止某些铸造缺陷的产生。

图 3.40　加强筋设计

(a) 原板结构;(b) 筋板结构;(c) 直方格形;(d) 交错方格形

(2) 铸件壁厚力求均匀

铸件壁厚均匀,减少厚大部分,可防止形成热节而产生缩孔、缩松、晶粒粗大等缺陷,并能减少铸造热应力及因此产生的变形和裂纹等缺陷。如图 3.41 所示为顶盖铸件的两种壁厚设计,图(a)在厚壁处产生缩孔,在过渡处易产生裂纹;改为图(b)设计,可防止上述缺陷的产生。铸件上的筋条分布应尽量减少交叉,以防形成较大的热节,如图 3.42 所示,将图(a)交叉接头改为图(b)交错接头结构,或采用图(c)的环形接头,以减少金属的积聚,避免缩孔、缩松缺陷的产生。

图 3.41　顶盖结构设计

(3) 铸件壁的连接

铸件不同壁厚的连接应逐渐过渡和转变(图 3.43),拐弯和交接处应采用较大的圆角连

图 3.42 筋条的分布

(a) 交叉接头；(b) 交错接头；(c) 环状接头

接(图 3.44)，避免锐角连接(图 3.45)，以避免因应力集中而产生开裂。

图 3.43 不同壁厚的连接

(a) 不合理；(b) 合理

图 3.44 圆角连接

(a) 尖角连接；(b) 圆角连接

图 3.45 避免锐角连接

(a) 锐角连接；(b) 锐直角过渡连接

（4）避免较大水平面

铸件上水平方向的较大平面在浇注时金属液面上升较慢，长时间烘烤铸型表面，使铸件容易产生夹砂、浇不足等缺陷，也不利于夹渣、气体的排除，因此应尽量用倾斜结构代替过大水平面，如图 3.46 所示。

图 3.46 避免较大水平面

(a) 不合理；(b) 合理

3. 铸件结构要便于后续加工

如图 3.47 所示为电机端盖铸件，原设计图 3.47(a)不便于装夹，改为图 3.47(b)带工艺搭子的结构，能在一次装夹中完成轴孔 ϕd 和定位环 ϕD 的加工，并能较好地保证其同轴度要求。

图 3.47   端盖设计

(a) 原设计；(b) 加工艺搭子

4. 组合铸件的应用

对于大型或形状复杂的铸件，可采用组合结构，即先设计成若干个小铸件进行生产，切削加工后，用螺栓连接或焊接成整体。可简化铸造工艺，便于保证铸件质量。图 3.48(a)为大型坐标镗床床身，图(b)为水压机工作缸的组合结构示意图。

图 3.48   组合结构铸件

(a) 坐标镗床床身；(b) 水压机工作缸

铸件结构工艺性内容丰富，以上原则都离不开具体的生产条件，在设计铸件结构时，应善于从生产实际出发，具体分析，灵活运用这些原则。

3.3   特种铸造成形技术

砂型铸造虽然是生产中最基本的方法，并且有许多优点，但也存在一些难以克服的缺点，如一型一件、生产效率低、铸件表面粗糙、加工余量较大、废品率较高、工艺过程复杂、劳动条件差等。为了克服上述缺点，在生产实践中发展出一些区别于砂型铸造的其他铸造方法，我们统称为特种铸造。特种铸造方法很多，往往在某种特定条件下，适应不同铸件生产的特殊要求，以获得更好的质量或更高的经济效益。以下介绍几种常用的特种铸造方法。

3.3.1   熔模铸造

熔模铸造是用易熔材料制成模样，造型之后将模样熔化，排出型外，从而获得无分型面的型腔。由于熔模广泛采用蜡质材料制成,又常称为"失蜡铸造"。这种铸造方法能够获得具有较高精度和表面质量的铸件,故有"精密铸造"之称。

1. 基本工艺过程

熔模铸造的工艺过程如图 3.49 所示。主要包括蜡模制造、结壳、脱蜡、焙烧和浇注等过程。

图 3.49 熔模铸造的工艺过程

(a) 压型;(b) 注蜡;(c) 单个蜡模;(d) 蜡模组;(e) 结壳;(f) 脱蜡、焙烧;(g) 填砂、浇注

(1) **蜡模制造** 通常根据零件图制造出与零件形状尺寸相符合的模具(称压型),把熔化成糊状的蜡质材料压入压型,等冷却凝固后取出,就得到蜡模。在铸造小型零件时,常把若干个蜡模粘合在一个浇注系统上,构成蜡模组,以便一次浇出多个铸件。

(2) **结蜡** 把蜡模组放入黏结剂和石英粉配制的涂料中浸渍,使涂料均匀地覆盖在蜡模表层,然后在上面均匀地撒一层石英砂,再放入硬化剂中硬化。如此反复 4~6 次,最后在蜡模组外表形成由多层耐火材料组成的坚硬的型壳。

(3) **脱蜡** 通常将附有型壳的蜡模组浸入 85~95 ℃的热水中,使蜡料熔化并从型壳中脱除,以形成型腔。

(4) **焙烧和浇注** 型壳在浇注前,必须在 800~950 ℃下进行焙烧,以彻底去除残蜡和水分。为了防止型壳在浇注时变形或破裂,可将型壳排列于砂箱中,周围用干砂填紧。焙烧后通常趁热(600~700 ℃)进行浇注,以提高充型能力。

2. 熔模铸造的特点和应用

熔模铸件精度高,表面质量好,可铸出形状复杂的薄壁铸件,大大减少机械加工工时,显著提高金属材料的利用率。

熔模铸造的型壳耐火性强,适用于各种合金材料,尤其适用于那些高熔点合金及难切削加工合金的铸造,并且生产批量不受限制,单件、小批、大量生产均可。

但熔模铸造工序繁杂,生产周期长,铸件的尺寸和质量受到限制(一般不超过 25 kg)。主要用于成批生产形状复杂、精度要求高或难以进行切削加工的小型零件,如汽轮机叶片和

叶轮、大模数滚刀等。

3.3.2　金属型铸造

金属型铸造是将液态金属浇入金属铸型，以获得铸件的铸造方法。由于金属型可重复使用，所以又称为永久型铸造。

1. 金属型的结构及其铸造工艺

根据铸件的结构特点，金属型可采用多种形式。金属型一般用铸铁制成，也可采用铸钢。铸件的内腔可用金属型芯或砂型来形成，其中金属型芯用于非铁金属件。为使金属型芯能在铸件凝固后迅速从内腔中抽出，金属型还常设有抽芯机构。对于有侧凹的内腔，为使型芯得以取出，金属型芯可由几块组合而成。图 3.50 为铸造铝活塞金属型典型结构简图，由图可见，它是垂直分型和水平分型相结合的复合结构，其左、右两半型用铰链相连接，以开、合铸型。由于铝活塞内腔存有销孔内凸台，整体型芯无法抽出，故采用组合金属型芯。浇注之后，先抽出 5，然后再取 4 和 6。

1、2—左右半型；3—底型；
4、5、6—分块金属型芯；
7、8—销孔金属型芯。

图 3.50　金属型铸造

金属型导热快，无退让性和透气性，铸件容易产生浇不足、冷隔、裂纹、气孔等缺陷。此外，在高温金属液的冲刷下，型腔易损坏。为此需要采取浇注前预热、浇注过程中适当冷却等措施，使金属型在一定的温度范围内工作，型腔内涂以耐火涂料，以减慢铸型的冷却速度，并延长铸型寿命；在分型面上做出通气槽、出气口等，以利于气体的排出；掌握好开型时间，以利于取件和防止铸铁件产生白口。

2. 金属型铸造的特点及应用

金属型"一型多铸"，工序简单，生产效率高，劳动条件好。金属型内腔表面光洁，刚度大，因此铸件精度高，表面质量好。金属型导热快，铸件冷却速度快，凝固后铸件晶粒细小，从而提高了铸件的机械性能。

但是金属型的成本高，制造周期长，铸造工艺规程要求严格，铸铁件还容易产生白口组织。因此金属型铸造主要适用于大批量生产形状简单的有色合金铸件，如铝活塞、气缸体、缸盖、油泵壳体，以及铜合金轴瓦、轴套等。

3.3.3　压力铸造

压力铸造是将熔融的金属在高压下快速压入金属型，并在压力下凝固，以获得铸件的方法。压力铸造通常在压铸机上完成。

1. 压力铸造的工艺过程

图 3.51 为立式压铸机工作过程示意图。合型后，用定量勺将金属液注入压室中，如图 3.51(a)所示，压射活塞向下推进，将金属液液压入铸型，如图 3.51(b)所示；金属凝固后，压射活塞退回，下活塞上移顶出余料，动型移开，取出铸件，如图 3.51(c)和(d)所示。

图 3.51　立式压铸机工作过程示意图

2. 压力铸造的特点及应用

压力铸造是在高速、高压下成形,可铸出形状复杂、轮廓清晰的薄壁铸件,铸件的尺寸精度高,表面质量好,一般不需机加工可直接使用,而且组织细密,机械性能高;在压铸机上生产,生产效率高,劳动条件好。

但是压铸设备投资大,压型制造费用高,周期长,压型工作条件恶劣,易损坏,因此压力铸造主要用于大量生产低熔点合金的中小型铸件,在汽车、拖拉机、航空、仪表、电器、纺织、医疗器械、日用五金及国防等得到广泛应用。

3.3.4　低压铸造

低压铸造是介于金属型铸造和压力铸造之间的一种铸造方法。是在较低的压力下,将金属液注入型腔,并在压力下凝固,以获得铸件。如图 3.52 所示,在一个密闭的保温坩埚中,通入压缩空气,使坩埚内的金属液在气体压力下,从升液管内平稳上升并充满铸型,并使金属在压力下结晶。当铸件凝固后,撤销压力,于是升液管和浇口中尚未凝固的金用液在重力作用下流回坩埚。最后开启铸型,取出铸件。

低压铸造充型时的压力和速度容易控制,充型平稳,对铸型的冲刷力小,故可适用于各种不同的铸型;金属在压力下结晶,而且浇口有一定补缩作用,故铸件组织致密,机械性能高。另外,低压铸造设备投资较少,便于操作,易于实现机械化和自

压缩空气

1—铸型;2—密封盖;3—坩埚;
4—金属液;5—升液管。
图 3.52　低压铸造

动化。因此低压铸造广泛用于大批量生产铝合金和镁合金铸件,如发动机的缸体和缸盖、内燃机活塞、带轮、粗纱锭翼等,也可用于球墨铸铁、铜合金等较大铸件的生产。

3.3.5 离心铸造

离心铸造是将熔融金属浇入高速旋转的铸型中,使其在离心力作用下填充铸型和结晶从而获得铸件的方法,如图 3.53 所示。

图 3.53 离心铸造示意图
(a) 立式;(b) 卧式

离心铸造不用型芯,不需要浇冒口,工艺简单,生产效率和金属的利用率高,成本低,在离心力作用下,金属液中的气体和夹杂物因比重小而集中在铸件内表面,金属液自外表面向内表面顺序凝固,因此铸件组织致密,无缩孔、气孔、夹渣等缺陷,机械性能高,而且提高了金属液的充型能力。但是利用自由表面所形成的内孔尺寸误差大,内表面质量差,且不适于比重偏析大的合金。目前主要用于生产空心回转体铸件,如铸铁管、气缸套、活塞环及滑动轴承等,也可用于生产双金属铸件。

3.3.6 铸造方法的选择

各种铸造方法均有其优缺点,选用哪种铸造方法,必须依据生产的具体特点来定,既要保证产品质量,又要考虑产品的成本和现场设备、原材料供应情况等,要进行全面分析比较,以选定最适当的铸造方法。表 3.10 列出了几种常用的铸造方法,供选择时参考。

表 3.10 常用铸造方法比较

类　　别	砂型铸造	熔模铸造	金属型铸造	压力铸造	低压铸造
铸件尺寸精度	IT14～IT16	IT11～IT14	IT12～IT14	IT11～IT13	IT12～IT14
铸件表面粗糙度值 $Ra/\mu m$	粗糙	25～3.2	25～12.5	6.3～1.6	25～6.3
适用金属	任意	不限制,以铸钢为主	不限制,以非铁合金为主	铝、锌、镁低熔点合金	以非铁合金为主,也可用于黑色金属
适用铸件大小	不限制	小于 45 kg,以小铸件为主	中、小铸件	一般小于 10 kg,也可用于中型铸件	以中、小铸件为主
生产批量	不限制	不限制,以成批、大量生产为主	成批、大量	成批、大量	成批、大量

续表

类　　别	砂型铸造	熔模铸造	金属型铸造	压力铸造	低压铸造
铸件内部质量	结晶粗	结晶粗	结晶细	表层结晶细内部多有孔洞	结晶细
铸件加工余量	大	小或不加工	小	小或不加工	较小
铸件最小壁厚/mm	3.0	0.7	铝合金 2～3，灰铸铁 4.0	0.5～0.7	2.0
生产效率（一般机械化程度）	低、中	低、中	中、高	最高	中

3.4　常用金属铸件工程案例

常用铸造合金有铸铁、铸钢和一些有色金属或合金。其中铸铁件的应用最为广泛，而铜及其合金和铝及其合金铸件是最常用的有色金属或合金铸件，各种合金铸件的制造均有其铸造工艺特点。

3.4.1　铸铁件的制造

铸铁之所以被广泛用来生产铸件，与其铸造性能良好、易于切削是分不开的。它适合于制造形状复杂的铸件，产量约占铸件总产量的 80%。

铸铁因其中碳的存在形式不同而分不同类型的铸铁。白口铸铁中的碳以化合态（Fe_3C）存在，灰口铸铁中的碳以游离态（石墨）存在，而麻口铸铁中的碳同时以上述两种形式存在。其中灰口铸铁根据石墨形状的不同又有片状石墨灰铸铁、球状石墨球墨铸铁、团絮状石墨可锻铸铁和蠕虫状石墨蠕墨铸铁之分。碳的存在形式与铸铁的结晶过程有关。

1. 铸铁的结晶及石墨化

铸铁石墨化是指铸铁在结晶和冷却过程中，碳以石墨的形式析出的过程。由于灰铸铁和球墨铸铁的碳、硅含量较高，在冷却速度较慢时，组织将按照铁-石墨相图进行转变，即碳将以石墨形式析出；而对于白口铸铁，由于其碳、硅含量较低和冷却速度很快，将按照 Fe-Fe_3C 相图进行结晶，即碳以 Fe_3C 形式析出。

1）铸铁的一次结晶及石墨化

从液相线开始到固相线结束的结晶为铸铁的一次结晶过程。白口铸铁一次结晶后得到奥氏体加渗碳体（Fe_3C）组织；而灰铸铁在一次结晶后得到奥氏体加片状石墨组织。由于灰铸铁在共晶转变时析出的共晶体近似球状，又称为共晶团。此外，球墨铸铁也会形成奥氏体加球状石墨的共晶团。因此在铸铁中共晶团尺寸的大小或数目的多少对铸铁的组织和性能有很大影响，即共晶团的尺寸越小或数量越多，铸铁的机械性能越高。由于石墨本身的机械性能极差，它在铸铁中好似空洞和缺口，尤其是片状石墨的尖端极易成为应力集中处，使灰铸铁的抗拉强度降低，塑性近似于零。

显然，铸铁的一次结晶过程决定石墨形态、分布特征及共晶团尺寸或数目。

2）铸铁的 M 次结晶及石墨化

铸铁完成一次结晶后，在随后的冷却过程中所发生的组织转变称为铸铁的二次结晶。主要是铸铁中奥氏体的转变，即随着温度的下降，原来固溶在奥氏体中的碳将不断地析出并沉积在共晶石墨上；当铸铁继续冷却到共析温度以下时，奥氏体将发生共析转变。其共析转变产物取决于铸铁的石墨化倾向和冷却速度，即当铸铁的石墨化倾向较大和冷却速度较慢时，共析转变将按照铁-石墨相图进行，奥氏体转变成铁素体基体和石墨，共析石墨也沉积在原有石墨上；当铸铁的石墨化倾向较小和冷却速度较快时，共析转变将按照 Fe-Fe$_3$C 相图进行，奥氏体转变成珠光体基体；当奥氏体在共析转变时析出石墨不充分时，则会形成铁素体加珠光体的混合基体。

由此可知，铸铁的二次结晶过程决定了铸铁的基体类型，即是铁素体基体、珠光体基体，还是二者混合的基体。对于白口铸铁，在二次结晶时奥氏体将按照 Fe-Fe$_3$C 相图进行，奥氏体转变成珠光体基体加渗碳体。

3）影响铸铁石墨化的因素

由于铸铁的石墨化程度决定了铸铁的组织和性能，因此影响石墨化的因素——化学成分和冷却速度也影响铸铁的组织和性能。

（1）化学成分

主要指铸铁中的碳、硅、锰、磷和硫等元素对石墨化的影响。

碳和硅　碳和硅是强烈促进石墨化的元素。其中碳是石墨析出的基础，硅能促进石墨析出。因此铸铁的碳、硅含量越高，石墨的数量越多，尺寸越大，并倾向于形成铁素体基体，使铸铁的强度和硬度降低。图 3.54 是一定冷却速度下碳、硅含量与铸铁组织的关系图：Ⅰ区为白口铸铁区，Ⅲ、Ⅳ和Ⅴ为灰口铸铁区，Ⅱ区为麻口铸铁区。一般灰口铸铁中碳含量为 2.7%～3.6%，硅含量为 1.1%～2.6%。

图 3.54　碳、硅含量对铸件组织的影响（壁厚为 50 mm）

锰和硫　锰是微弱阻碍石墨化的元素，可促进珠光体形成，提高铸铁的强度和硬度。锰与硫的亲和力大，易生成熔点高和密度小的 MnS，进入熔渣而被排除。锰还能溶于铁素体和渗碳体使基体强化。铸铁中锰含量为 0.6%～1.2%。硫是强烈阻碍石墨化的元素，形成低熔点（985 ℃）的共晶体（Fe+FeS），增大铸铁的热裂倾向。因此硫是有害元素，应限制在 0.1%～0.15% 的范围内。

磷　磷的石墨化作用不显著。它可以降低铁水黏度使其流动性提高。但当其含量超过 0.3% 时会形成以 Fe$_3$P 为主的低熔点、高硬度共晶体，并分布在晶界使铸铁强度降低。因此对于一般铸铁来说,磷属有害元素,应限制在 0.5% 以下。

碳当量 为综合评价铸铁中各元素的石墨化能力,引入碳当量的概念:把铸铁中各元素对石墨化的作用折算成碳对石墨化的作用,其总和为碳当量。

$$w_{CE} = w_C + 1/3 w_{(Si+P)} (\%)$$

式中,w_C 和 $w_{(Si+P)}$ 表示相应元素在铸铁中的质量分数。由于硫的含量很低,锰的影响不明显,可以忽略。利用该式求出某一成分铸铁的碳当量值 w_{CE},与铁-石墨相图共晶点的碳含量(4.28%)相比,当 w_{CE} 小于 4.28% 时为亚共晶铸铁;当 w_{CE} 大于 4.28% 时,则为过共晶铸铁。

(2) 冷却速度

铸铁的冷却速度主要受铸型冷却能力和铸件壁厚的影响。从微观上来看,铸铁中石墨的析出实质是碳原子扩散和集聚的过程。显然,慢的冷却速度利于碳原子的扩散,所以有利于石墨析出;反之,加快冷却速度会阻止石墨化过程的进行。

铸型冷却能力越强,铸铁越容易出现白口。当铸型、铁水成分及浇注温度等条件一定时,冷却速度取决于铸件壁的厚度。壁越厚、冷却速度越慢,越有利于石墨化,得到粗大石墨片加铁素体组织。反之,铸铁件的壁越薄,冷却速度越快,越容易形成白口。因此,随着铸铁件壁厚的增加,由于石墨片数量增多、尺寸增大,铸铁的强度和硬度下降的现象称为铸铁的壁厚敏感性。在实际生产中应依据铸件的壁厚要求(铸件平均壁厚或重要部位的壁厚)来调整铸铁的碳、硅含量,如图 3.55 所示。

图 3.55 砂型铸件壁厚、碳和硅含量与组织的关系

2. 灰铸铁

1) 灰铸铁的牌号、性能指标及选用

灰铸铁牌号、不同壁厚铸件的力学性能和用途见表 3.11,HT100 为铁素体灰铸铁,其强度和硬度较低,仅用于生产一些结构简单、不重要的铸件;HT150 是珠光体加铁素体基体的铸铁,主要用于制造承受中等载荷的铸件,且因其铸造工艺简单而应用最广;HT200～HT350 为珠光体基体,属于孕育铸铁或高强度铸铁,主要用于制造机械性能要求较高的铸件。

表 3.11 灰铸铁牌号、不同壁厚铸件的力学性能和用途

牌 号	铸件壁厚/mm	抗拉强度($\sigma_b \geqslant$)/MPa	硬度/HBS	用 途
HT100	2.5～10	130	110～166	低负荷和不重要的零件,如防护罩、小手柄、盖板、重锤等
	10～20	100	93～140	
	20～30	90	87～131	
	30～50	80	82～122	
HT150	2.5～10	175	137～205	承受中等负荷的零件,如机座、支架、箱体、带轮、轴承座、法兰、泵体、阀体、管路、飞轮、马达座等
	10～20	145	119～179	
	20～30	130	110～166	
	30～50	120	105～157	

牌　号	铸件壁厚/mm	抗拉强度($\sigma_b \geqslant$)/MPa	硬度/HBS	用　　途
HT200	2.5～10	130	110～166	承受较大负荷的较重零件,如气缸、齿轮、机座、飞轮、床身、气缸体、气缸套、活塞、齿轮箱、中等压力阀体等
	10～20	100	93～140	
	20～30	90	87～131	
	30～50	80	82～122	
HT250	4.0～10	130	110～166	
	10～20	100	93～140	
	20～30	90	87～131	
	30～50	80	82～122	
HT300	10～20	290	182～272	承受高负荷、耐磨和高气密性重要零件,如重型机床、高压液压件、齿轮、凸轮等
	20～30	250	168～251	
	30～50	230	161～241	
HT350	10～20	340	199～298	
	20～30	290	182～272	
	30～50	260	171～257	

2) 不同灰铸铁件的生产

按照铁水的处理方法不同,灰铸铁件可分为普通灰铸铁件和孕育灰铸铁件两类。铁水不经任何处理,直接进行浇注获得的灰铸铁件是普通灰铸铁件;在浇注前,铁水需要孕育处理再进行浇注获得的灰铸铁件是孕育灰铸铁件。

(1) 普通灰铸铁件(又称为低强度灰铸铁件)普通灰铸铁件的铁水不经任何处理,出炉后直接进行浇注。如 HTI00 和 HT150 就属于这类。它们的碳、硅含量较高,含碳量为3.0%～3.7%,含硅量为 1.8%～2.4%;壁厚敏感性大,见表 3.12。所谓壁厚敏感性指随着铸件壁厚的增大,因石墨片粗大使强度降低的现象。故普通灰铸铁材质只适用于制造受力较小、形状较复杂的中、小铸件,如机座、泵壳、箱体等,不宜用来制造厚壁铸件。

(2) 孕育灰铸铁件(又称为高强度灰铸铁件)与普通灰铸铁件相比,孕育灰铸铁件的壁厚敏感性小,见表 3.12,只是浇注前铁水需要孕育处理。牌号为 HT200～HT350 灰铸铁件均是孕育灰铸铁件。其组织特点是细小珠光体基体上分布着均匀、细小的石墨片,使铸铁件的强度和硬度明显提高,但塑性和韧性仍然很差。

表 3.12　孕育灰铸铁和普通灰铸铁壁厚敏感性比较

试样直径/mm		20	30	50	75	100	150
孕育灰铸铁	σ_b/MPa		383	389	380	364	340
普通灰铸铁	σ_b/MPa	197	186	131	104		

孕育铸铁件的组织和性能均匀性好,如图 3.56 所示,即灰铸铁件牌号越高,其截面组织、性能的均匀性越好。所以高牌号铸铁材质更适合于生产厚壁铸件。此外,孕育铸铁材质还适合于制造承受较小的动载荷、较大的静载荷、耐磨性好和有一定减振性的铸件,如机床的床身。

孕育处理是指铸铁件在浇注前,往铁水中加入少量颗粒状或粉末状的孕育剂,以达增加铸铁的结晶晶核数目和细化共晶团或石墨的目的。孕育处理时应注意以下几方面:原铁水

图 3.56　孕育灰铸铁和普通灰铸铁截面上硬度的分布

中的碳、硅含量要低一些(碳含量为 2.8%～3.2%,硅含量为 1.0%～2.0%),厚壁铸件取下限,薄壁铸件取上限;铁水的出炉温度较高,为 1420～1450 ℃,这是因为低碳铁水的流动性差,且进行孕育处理也会降低铁水温度;一般选用含硅 75% 的硅铁作孕育剂;孕育方法是采用出铁槽内冲入法,即将硅铁孕育剂均匀地加入冲天炉的出铁槽,当铁水出炉时将其冲入铁水包,经搅拌、扒渣后便可进行浇注。该方法的缺点是孕育剂的加入量大且在处理完的 15～20 min 内要尽快浇注,否则会出现孕育衰退现象,即随孕育处理后时间的延续孕育效果逐渐衰减。

3. 球墨铸铁

球墨铸铁是在 20 世纪 40 年代发展起来的一种铸铁,它的石墨呈球状。

1) 球墨铸铁件的生产特点

(1) 严格控制铁水化学成分

球墨铸铁的铁水中,碳、硅含量比灰铸铁的高。因为球墨铸铁中的石墨呈球状,其数量的多少对铸铁机械性能的影响已不明显。确定高碳、硅含量主要是从改善铸造性能和球化效果出发的。碳当量控制在共晶点附近。为提高塑性和韧性,球墨铸铁对锰、磷和硫的含量限制更低,锰不超过 0.4%～0.6%,磷应小于 0.1%,硫限制在 0.06% 以下。

(2) 铁水出炉温度较高

球墨铸铁要进行球化处理和孕育处理,铁水温度因此会下降 50～100 ℃,所以铁水出炉温度应高于 1400～1420 ℃。

(3) 需要进行球化和孕育处理

① 球化剂和孕育剂　球化剂是指能使石墨呈球状析出的添加剂。我国常用稀土镁合金作球化剂。球化后应进行孕育处理,其目的是消除球化元素所造成的白口倾向,促进石墨化,增加共晶团数目,并使石墨球圆整和细小,最终使球铁的机械性能提高。球墨铸铁常用的孕育剂也是 75% 的硅铁。

② 球化及孕育方法　最常用的球化方法是冲入法,如图 3.57 所示,即先将球化剂放入铁水包的堤坝内,并在上面覆盖硅铁粉和稻草灰,以防球化剂在冲入铁水时上浮。此外还有型内球化法,如图 3.58 所示,即把球化剂置于铸型的反应室,浇注时铁水流经反应室时先与球化剂作用,再进入型腔。这种方法的优点是可防止球化衰退、球化剂用量少且获得的石墨球细小。缺点是反应室的设计和浇注系统的挡渣措施较复杂。

图 3.57　冲入法球化处理

图 3.58　型内球化法

（4）球墨铸铁的热处理

一般情况下球墨铸铁要进行热处理,不同牌号的球墨铸铁需要进行不同的热处理。退火能使珠光体中的渗碳体分解为铁素体,主要用于牌号为 QT400-18 和 QT450-10 球墨铸铁的生产;正火可增加珠光体量,提高球墨铸铁的强度、硬度及耐磨性,用于生产 QT600-3、QT700-2 和 QT800-2 球墨铸铁,正火后应马上进行回火以减小应力;调质可提高球铁的综合机械性能。对于制造性能要求较高或截面较大的铸件如大型曲轴和连杆,等温淬火可以获得高强度、有一定塑性及韧性的贝氏体球墨铸铁,用于生产牌号为 QT900-2 的球墨铸铁。

2）球墨铸铁的铸造工艺特点

球墨铸铁的铸造性能介于灰铸铁与铸钢之间,其铸造工艺有如下特点。

（1）球墨铸铁的流动性较差。由于球墨铸铁的球化和孕育处理使铁水的温度下降较多,易产生浇不足和冷隔缺陷,因此球墨铸铁应提高浇注温度或采用较大截面浇注系统以提高浇注速度。

（2）球墨铸铁的收缩与铸型刚度有关。因为球墨铸铁的结晶温度范围宽,在浇入铸型后的一段时间内不能形成坚固的外壳,球状石墨析出引起的膨胀力却很大,所以铸型的刚度不足会使铸件外壳向外胀大,造成铸件最后凝固的部位产生缩孔和缩松,如图 3.59 所示。若铸型的刚度足够,铸件的外形不会胀大,石墨析出引起的膨胀将抵消铸铁的收缩。因此应采取如下措施来防止缩孔和缩松:采用冒口和冷铁使球铁铸件实现顺序凝固;增加砂型紧实度,或采用干型、水玻璃快干型,以防止铸件外形胀大;采用半封闭式浇注系统、过滤网、墨铸铁件产生夹渣（MgS、MgO）和皮下气孔缺陷集渣包等挡渣措施,防止球墨铸铁件产生夹渣（MgS、MgO）和皮下气孔缺陷。

图 3.59　球墨铸铁件缩孔和缩松的形成

4. 蠕墨铸铁

蠕墨铸铁是在球墨铸铁后发展起来的铸铁,其石墨形态介于片状和球状之间,呈蠕虫状。所以蠕墨铸铁在性能上同时具有灰铸铁和球墨铸铁的一系列优点,可用来代替高强度灰铸铁、铁素体球墨铸铁生产一些大型复杂件,如大型柴油机的机体和大型机床的立柱等。蠕墨铸铁件的制造与球墨铸铁件类似:浇注前铁水应进行蠕化和孕育处理。蠕化处理是采用冲入法把蠕化剂加进铁水。我国多用稀土合金,如稀土硅铁合金和稀土硅钙合金等;国外则多用镁合金作蠕化剂。需要指出的是,蠕墨铸铁的研究和应用时间不长,还存在蠕化剂加入量不易把握,易造成铸件报废的问题。

5. 可锻铸铁

可锻铸铁实际上并不可以接受锻造,它只是具有一定塑性和韧性而已。可锻铸铁是白口铸铁毛坯在长时间石墨化退火处理后获得的石墨呈团絮状的铸铁。在球墨铸铁出现以前,它是机械性能最好的一种铸铁。

（1）可锻铸铁的分类

按退火工艺不同可锻铸铁有黑心可锻铸铁(铁素体基体)、珠光体可锻铸铁和白心可锻铸铁三种。可锻铸铁的牌号中的后面两位数字表示其最低延伸率。黑心可锻铸铁和珠光体可锻铸铁用得较多,白心可锻铸铁在我国应用很少。可锻铸铁常用来制造形状复杂、承受冲击载荷的薄壁小件。

（2）可锻铸铁的生产特点

可锻铸铁的生产分两步进行,第一步是先铸出白口铸铁毛坯,即采用碳、硅含量都低的铁水,以保证获得全白口的毛坯,所以可锻铸铁的成分为 w_C: $2.4\% \sim 2.8\%$; $w_{Si} < 1.4\%$; $w_{Mn} > 0.5\% \sim 0.7\%$; $w_S < 0.2\%$; $w_P < 0.1\%$。第二步是进行石墨化退火,这是制造可锻铸铁最主要的过程。通常黑心可锻铸铁要进行两个阶段的石墨化退火,即先将白口毛坯加热到 950 ℃以上保温约 30 h,获得奥氏体加团絮状石墨;当冷却至 710～730 ℃时保温 20 h,使共析渗碳体全部分解成石墨;随炉冷却至 500～600 ℃时出炉空冷。它的整个退火周期为 40～70 h。珠光体可锻铸铁件的退火只需进行第一阶段的石墨化,即将白口铸铁毛坯加热到 950 ℃以上保温 30 h 后,随炉冷却至 820～840 ℃时出炉空冷。

（3）可锻铸铁的铸造性能

可锻铸铁的流动性较差,应适当提高铁水的出炉温度以防止产生冷隔和浇不足缺陷。此外,可锻铸铁的体收缩和线收缩都较大,因为其铸态组织为白口,没有石墨化膨胀,极易形成缩孔和缩松缺陷。因此,应设置冒口和冷铁使之实现顺序凝固。

6. 铸铁的熔炼

铸铁的熔炼是为获得成分和温度合格的铁水。熔炼设备有很多,如冲天炉、反射炉、电弧炉和感应炉等,以冲天炉应用最多。冲天炉熔炼时以焦炭作燃料,石灰石等作熔剂,以生铁、废钢、铁合金等为金属炉料。金属炉料从加料口进入冲天炉,在迎着上升的高温炉气下落的过程中,逐渐被加热。当加热到 1100～1200 ℃时,金属炉料开始熔化变成铁水。铁水经炉内过热区进一步加热,最后进入炉缸或前炉待用。

3.4.2 铸钢件的制造

对于强度、塑性和韧性等性能要求高的零件应采用铸钢制造。铸钢件的产量仅次于铸铁件,约占铸件总产量的 15%。按照成分铸钢分为碳素钢和合金钢两类,碳素钢用得最多,约占铸钢产量的 80% 以上。

1. 碳素铸钢

由于碳含量的不同,各种碳素铸钢的铸造性能及力学性能有很大差异,适用于不同的零件。

(1) 低碳铸钢

低碳铸钢(如 ZG15)的熔点较高、铸造性能差,仅用于制造电机或渗碳零件。

(2) 中碳铸钢

中碳铸钢(如 ZG25～ZG45)的综合性能高于各类铸铁,如强度高、塑性和韧性优良,因此适用于制造形状复杂、强度和韧性要求高的零件,如火车车轮、锻锤机架和砧座等,是应用最多的一类碳素铸钢。

(3) 高碳铸钢

高碳铸钢(如 ZG55)的熔点低、塑性和韧性较差,仅用于制造少量的耐磨件。

2. 合金铸钢

根据合金元素的多少,合金铸钢分为低合金铸钢和高合金铸钢两大类。

(1) 低合金铸钢

低合金铸钢在我国应用最多的是锰系、锰硅系及铬系等,如 ZG40Mn、ZG30MnSil、ZG30CrlMnSil 等,主要用来制造齿轮、水压机工作缸和水轮机转子等零件,而 ZG40Cr1 常用来制造高强度齿轮和高强度轴等重要受力零件。

(2) 高合金铸钢

高合金铸钢具有耐磨、耐热或耐腐蚀等特殊性能。如高锰钢 ZGMnl3,是一种抗磨钢,主要用于制造在干摩擦工作条件下使用的零件,如挖掘机的抓斗前壁和抓斗齿、拖拉机和坦克的履带等;铬镍不锈钢 ZG1Crl8Ni9 及铬不锈钢 ZG1Cr13 和 ZGCr28 等,对硝酸的耐腐蚀性很高,主要用于制造化工、石油、化纤和食品等设备上的零件。

3. 铸钢的铸造工艺特点

铸钢的熔点较高,钢液易氧化,钢水的流动性差,收缩大,体收缩率为 10%～14%,线收缩率为 1.8%～2.5%。所以铸钢的铸造性能比铸铁差,必须采取如下一些工艺措施。

(1) 铸钢件的壁厚不能小于 8 mm,以防止产生冷隔和浇不足缺陷;浇注系统的结构应力求简单,且截面尺寸比铸铁的大;应采用干铸型或热铸型,并适当提高浇注温度(1520～1600 ℃)以改善流动性。

(2) 由于铸钢的收缩大大超过铸铁的,在铸造工艺上应采用冒口、冷铁和补贴等工艺措施以实现顺序凝固,如图 3.60 所示的大型钢齿轮。

(3) 对于薄壁或易产生裂纹的铸钢件,一般采用同时凝固原则。如图 3.61 所示,开设足够多的内浇口可使钢液迅速、均匀地充满铸型。此外在设计铸钢件的结构时,还应使其壁厚均匀、避免尖角和直角结构,以防产生缩孔、缩松和裂纹缺陷。也可在型砂中加锯末,在芯砂中加焦炭,采用空心型芯和油砂芯来改善砂型或型芯的退让性和透气性,减少裂纹。

(4) 由于铸钢的熔点高,铸钢件极易产生粘砂缺陷。因此应采用耐火度高的人造石英砂制作铸型,并在铸型表面涂刷石英粉或锆砂制得的涂料。

图 3.60 铸钢齿轮铸造工艺

图 3.61 薄壁铸钢件的浇注系统

(5) 为减少气体来源或提高钢水流动性和铸型强度,铸钢件多用干型或快干型,如用 CO_2 硬化的水玻璃砂型。

4. 铸钢件的热处理

铸钢件均需经过热处理后才能使用,因为在铸态下的铸钢件内部存在气孔、裂纹、缩孔和缩松。晶粒粗大、组织不均匀及残余内应力等缺陷大大降低了其力学性能,尤其是塑性和韧性。因此铸钢件必须进行正火或退火。由于正火处理会引起较大应力,只适用于碳含量小于 0.35% 的铸钢件。这类铸钢件碳含量低,塑性好,冷却时不易开裂。正火后的铸钢件应进行高温回火以降低内应力;对于碳含量大于或等于 0.35% 的、结构较复杂或易产生裂纹的铸钢件,只能进行退火处理。注意,铸钢件不宜淬火,否则会开裂。

5. 铸钢的熔炼

铸钢常用平炉、电弧炉和感应炉等熔炼。平炉的特点是容量大、可用废钢作原料、可准确控制钢的成分,多用于熔炼质量要求高的、大型铸钢件用的钢液。电弧炉指三相电弧炉,优点是开炉和停炉操作方便、能保证钢液成分和质量、对炉料的要求不甚严格和容易升温,故可用作炼优质钢、高级合金钢和特殊钢等。工频或中频感应炉适宜熔炼各种高级合金钢和碳含量极低的钢,其熔炼速度快、合金元素烧损小、能源消耗低且钢液质量高,适用于小型铸钢车间使用。

3.4.3 有色金属及其合金铸件的制造

有色金属铸件指用铜、铝、镁、锌、锡、钛等金属或合金制造的铸件,其中以铜及其合金、铝及其合金的铸件应用最多。

1. 铜及其合金铸件的制造

1) 铜及其合金的熔炼

铜及其合金熔炼时极易氧化和吸气,因此常用坩埚炉熔炼,并在熔炼过程中用木炭、碎玻璃、苏打和硼砂等覆盖液面,使之与空气隔离。由于铜氧化生成的 Cu_2O 会降低金属的塑性,在熔炼普通黄铜和铝青铜以外的铜合金时,需用含磷 8%~14% 的磷铜脱氧;对于普通黄铜和铝青铜而言,锌和铝本身就是脱氧剂,不需加磷铜脱氧。除气主要是除去铜合金中的氢气,锡青铜常用吹氮除气,即氮气泡在上浮过程中可将锡青铜液中的氢气带出液面。此外,铝青铜中的氢气还可用氯盐($ZnCl_2$)和氯化物(CCl_4)法去除;黄铜可采用沸腾法除气,因为锌的沸点为907 ℃,在高于907 ℃的温度下熔炼,锌蒸气的逸出能将黄铜液中的气体带出。由于铝青铜中的固态夹杂物和 Al_2O_3 的熔点高、稳定性好,不能用脱氧化法进行还原,只能用加碱性熔剂如萤石和水晶石的方法,造出熔点低、密度小的熔渣加以去除。

2) 铜及其合金的铸造工艺特点

由于液态铜及其合金极易氧化和吸气,所以铜及其合金铸件的生产具有如下工艺特点。

(1) 采用细砂造型以降低表面粗糙度,同时也能防止产生粘砂缺陷。因为铜合金液的密度大、流动性好,易渗入粗砂粒间产生粘砂。

(2) 由于铜及其合金的收缩率较大,需采用冒口、冷铁等使铸件顺序凝固。而锡青铜的结晶温度范围宽,产生微观缩松的倾向大,应采用同时凝固原则。

(3) 对含铝的铜合金如铝青铜和铝黄铜等,为减少浇注时的氧化和吸气,其浇注系统应有好的挡渣能力,如带过滤网和集渣包的底注式浇注系统。

2. 铝合金铸件的制造

1) 铝合金的熔炼特点

液态铝合金也易氧化和吸气,即铝在液态下极易氧化成熔点高(2050 ℃)、密度大和稳定性好的 Al_2O_3,并悬浮在液态铝合金中很难去除,且液态铝合金液极易吸收氢气,在随后的冷却过程中过饱和的氢以气泡形式析出,就可能在铸件上形成气孔。为此,铝合金在熔炼时应进行精炼,如通过加 KCl、NaCl 等熔剂将铝合金液面覆盖,使之与炉气隔绝,以减少氧化和吸气的机会。为排除已经吸入的气体,常用通气法、氯化物法或真空法精炼。

(1) 通气法

通气法分两种,一种是通入不与铝合金发生化学反应的惰性气体(如氮气)进行精炼:当它们以气泡的形式在液态铝合金中上浮时,可将液态铝合金中的氢气一起带出液面,同时气泡在上升过程中会吸附一些固态夹杂物,使其浮至液面炉渣中被清除。另一种是通入一种能与铝合金发生化学作用的气体(如氯气):

$$3Cl_2 + 2Al = 2AlCl_3 \uparrow$$

$$Cl_2 + H_2 = 2HCl \uparrow$$

在气态 $AlCl_3$ 和 HCl 的上浮过程中,可将铝合金液中的气体和夹杂物带出。氯气的精炼效果好、成本低,只是有毒,应在安全防护的条件下采用。

(2) 氯化物法

最常用的是采用六氯乙烷(C_2Cl_6)精炼,即用钟罩将 C_2Cl_6 加入铝合金液,其反应如下:

$$3C_2Cl_6 + 2Al = 3C_2Cl_4 \uparrow + 2AlCl_3 \uparrow$$

反应产物 C_2Cl_4 和 $AlCl_3$ 在上浮过程中,可以将铝合金液中的气体(H_2)和夹杂物(Al_2O_3)带出液面。C_2Cl_6 不吸水、便于保存,且精炼效果好。只是它遇热分解出的 Cl_2 与 C_2Cl_4 气体对人有刺激。为此,常用刺激性小但效果较差的 $ZnCl_2$ 来精炼。

(3) 真空法

在真空室内熔炼和浇注铝合金铸件,铝合金液就不会发生氧化和吸气。如将熔炼好的铝合金液置于真空室内数分钟,铝合金液内的气体在真空负压作用下会自动逸出,也可以达到精炼的目的。

2) 铝合金的铸造工艺特点

同铜及其合金一样,液态铝合金也极易氧化和吸气,所以铝合金铸件的生产具有如下工艺特点。

（1）铝合金的铸造性能与成分密切相关。如 Al-Si 合金的成分在共晶点附近，为层状凝固，所以有优良的铸造性能，应用最多；而 Al-Cu 合金的结晶温度范围较宽，铸造性能最差，极易产生缩松缺陷。一般在实际生产中，铝合金铸件均采用冒口进行补缩。

（2）由于铝合金液易氧化和吸气，其浇注系统的设计原则是尽快将铝合金液平稳地导入铸型，并要求有好的挡渣效果，如缝隙式、牛角式及雨淋式的开放式浇注系统，且在浇注铝合金铸件时，应保证金属流连续不断，防止飞溅和氧化。

3.5 新型铸造成形技术与拓展应用

3.5.1 连续铸造

连续铸造（continuous casting）是一种先进的铸造方法，其原理是将金属液不断地浇入保温炉内或中间包内，金属液从其下部进入水冷结晶器柱形的一端开始形核、结晶、凝固，并从其另一端将凝固了的铸坯连续不断地拉出，从而获得任意长度或特定长度的等截面铸件的方法。适合连续铸造的金属种类很多，如钢、铁、铜合金、铝合金、镁合金及部分贵重金属。

发展连续铸造是我国冶金工业进行结构优化的重要手段，将使我国金属材料生产的低效率、高消耗现状得到根本改变，并推动产品结构向专业化方向发展。近终形连铸、单晶连铸、高效连铸、连铸坯热送热装等先进连铸技术的发展非常活跃，而且带动了一系列新型材料的研制开发。

一个多世纪以来，在产业结构调整、原材料紧张、能源短缺、环境生态日益备受关注、消费者要求更加严苛的压力下，传统工业特别是以钢铁和有色金属为代表的金属材料工业，一直在追求技术进步和进行设备改造。连续铸造技术作为钢铁和有色金属初坯生产中一种广泛采用的工艺，其表现尤其引人注目。这种工艺虽然在生产中已经应用多年，但由于相对于型模铸造来说，它具有节约成本、改善铸锭品质、易于采用自动控制技术等优点，所以常规连续铸造技术在钢铁制造过程中已经全面取代了模铸，成为占统治地位的材料生产技术。

连续铸造在国内外已经被广泛采用，如连续铸锭（钢或有色金属锭）、连续铸管等。连续铸造和普通铸造比较有下述优点：

（1）由于金属被迅速冷却，结晶致密，组织均匀，机械性能较好；

（2）连续铸造时，铸件上没有浇注系统的冒口，故连续铸锭在轧制时不用切头去尾，节约了金属，提高了收得率；

（3）简化了工序，免除造型及其他工序，因而减轻了劳动强度，所需生产面积也大为减少；

（4）连续铸造生产易于实现机械化和自动化，铸锭时还能实现连铸连轧，大大提高了生产效率。

液态金属连续铸造的概念早在 19 世纪中叶就已提出。1840 年，Seller 在美国申请了连续铸锭铅管的专利。1846 年，Besseme 采用水冷、旋转双辊式连续铸造机生产了锡薄、铅板和玻璃板。随后，移动结晶器连续浇注的概念和垂直浇注的立式连续铸造法也相继提出。1933 年，连续铸造的先驱者德国人 Junghans 采用立式带振动结晶器的连续铸造机，首先浇注铜铝合金获得成功，使有色合金的连续铸造早在 20 世纪 30 年代就应用于生产。20 世纪

40 年代,Junghans 又建成第一台浇注钢液的试验连续铸造机。当时就已经开始研究振动的水冷结晶器、浸入式水口和保护浇注等技术,为现代连续铸造机奠定了基础。随后相继在美国、英国、奥地利、日本等国建成了中间性试验连铸机。在 20 世纪 50 年代,连续铸造技术仍处于工业试验阶段。60 年代,连续铸造进入了工业应用阶段,许多连续铸造设备相继问世。70 年代,连续铸造技术在能源紧张的压力下得到了迅猛的发展。80 年代,连续铸造技术成为一种成熟的技术在冶金工业中得到了广泛采用。90 年代,连续铸造技术又掀起了一场新的变革,许多新的连续铸造技术被先后提出,部分已处于开发试生产阶段。

在连续铸造的早期和中期发展过程中,连续铸造设备和技术的日益完善和成熟,是与许多新技术的出现分不开的。其中代表性的技术有:①中间包快速更换技术;②采用钢包回转台实现多炉连续铸造技术;③结晶器在线调宽技术;④多点弯曲和矫直技术;⑤结晶器液面控制和漏钢预报技术;⑥无氧化浇注技术;⑦压缩浇注技术;⑧轻压下技术;⑨计算机自动控制技术;⑩气-水冷却、电磁搅拌应用等。

我国在连续铸造技术方面起步是比较早的。1957 年,第一台工业性试验铸机在上钢(上海)实业有限公司设计建成;次年年底,第一台生产性立式连续铸造机在重庆三钢钢业有限公司投产。20 世纪 60 年代后,中国连续铸造技术开发与应用曾掀起一股高潮,突出表现在对弧形连续铸造技术的开发上。但在 80 年代以前,由于缺乏与国外的技术交流,不能及时有效地借鉴国外的先进技术,我国连续铸造生产技术水平与国外的差距被拉开。80 年代中后期,国家对发展连续铸造技术给予高度重视。1988 年,召开了第一次全国连续铸造工作会议,首次提出了发展连续铸造的生产技术方针,明确了大力发展连续铸造的战略思想,成为加速发展连续铸造的转折点。

自 1989 年起,连续铸造坯产量的增长成为中国钢产量增长的主要部分。自 1994 年起,连续铸造坯产量的增长超过了钢产量增长的绝对量,带动了中国钢产量的迅速增长。1998年,中国钢铁工业的连续铸造比达到 67%。

常规连续铸造技术在钢铁制造过程中已经全面取代了模铸,成为占统治地位的材料生产技术。就总的成品钢生产来讲,世界上大部分国家的连续铸造比已超过 90%。20 世纪90 年代后,连续铸造技术的发展出现了一些新的动向,主要表现在两个方面:一是开发和完善新的连续铸造技术;二是在连续铸造技术的基础上开发新材料。

发展连续铸造是我国冶金工业进行结构优化的重要手段,将使我国金属材料生产的低效率、高消耗现状得到根本改变,并推动产品结构向专业化方向发展。近终形连续铸造、单晶连续铸造、高效连续铸造、连续铸造坯热送热装等先进连续铸造技术的发展将非常活跃,而且将带动一系列新型材料的研制开发。

3.5.2　挤压铸造

挤压铸造(squeeze casting)是指对定量浇入铸型型腔中的液态金属施加较大的机械压力,使其成形、结晶、凝固而获得铸件的一种工艺方法。它是介于铸造和锻造之间的一种工艺,故亦称为"液态模锻",兼有两者的优点。

挤压铸造是将熔融态或半固态金属浇入金属模内,然后施以高压,使之在压力下凝固成形,获得毛坯或零件的方法。其实质是金属液在机械外力作用下结晶、补缩并伴有少量塑性变形的过程,具有金属利用率高、工序简化和质量稳定等优点。

挤压铸造适用于力学性能和气密性要求高的厚壁铸件,如汽车、摩托车铝轮毂,发动机的铝活塞、铝缸体、铝缸头、铝传动箱体,减振器、制动器铝铸件,压缩机、压气机、各种泵体的铝铸件,自行车曲柄、方向轴、车架接头,铝镁或锌合金光学镜架、仪表及机算机壳体件,铝合金压力锅、炊具零件,铜合金轴套及铝基复合材料铸件等。

根据金属液在铸型中充型的特征和结晶时所受压力的状况,挤压铸造分为柱塞挤压铸造、直接冲头挤压铸造、间接冲头挤压铸造和型板旋转挤压铸造四种类型。

(1)柱塞挤压铸造

柱塞挤压铸造用柱塞作为加压冲头,封闭凹型的开口处,并施压于正在凝固的金属液表面,保压直至其完全凝固。该法的特点是合型加压时,液态金属基本上不发生充型运动。柱塞挤压铸造适用于生产实心或壁厚大于 10 mm、形状不太复杂的中小铸件。

(2)直接冲头挤压铸造

直接冲头挤压铸造是在合型时将成形冲头插入液态金属中,将部分金属液向上反挤,以充填由凹型和冲头形成的封闭型腔,继续升压和保压直至铸件完全凝固。其特点是合型加压时金属液要进行充型运动,冲头直接挤压在铸件上。直接冲头挤压铸造适用于生产形状不太复杂的空心或通孔铸件,壁厚一般为 5～10 mm。

(3)间接冲头挤压铸造

间接冲头挤压铸造采用成形冲头将浇入凹槽中的部分液体金属挤入已合型闭锁的型腔中,继续加压至凝固。其特点是冲头加压时,金属液发生充型运动,冲头通过内浇道将压力传递到铸件上。间接冲头挤压铸造适用于生产形状复杂、壁厚较薄的铸件(2～3 mm)。

(4)型板旋转挤压铸造

型板旋转挤压铸造的工艺过程是向半开的楔形型腔中浇注金属液,开动活动型板向固定型板合拢,金属液被挤压上升并充填铸型,多余的金属液外溢,以达到铸件成形和低压力下凝固。型板旋转挤压铸造适用于生产大型壁板且形状小复杂的铸件。

挤压铸造是使液态金属在高的机械压力下进行凝固结晶,具有如下特点。

(1)挤压铸造可消除铸件内部的气孔、缩孔和缩松等缺陷,产生局部的塑性变形,使铸件组织致密,晶粒细化。铸件的力学性能高,接近同种合金的锻件水平。

(2)挤压铸件具有较小的表面粗糙度(铝铸件 Ra 可达 3.2～6.3 μm),较高的尺寸精度(铝合金和镁合金铸件的尺寸公差等级可达 CT5)。

(3)挤压铸造适用于铸造性能好的铸造合金和铸造性能较差的变形合金,可用于锚、铜、镁、锌等有色合金。

(4)便于实现机械化、自动化,可大大减轻工人的劳动强度,改善铸造车间的劳动条件。挤压铸造通常没有浇冒口,因而铸件工艺出品率高。

(5)铸件通过压力传递进行补缩,冷凝速度快,薄壁零件和一些形状复杂零件的生产受到限制。

挤压铸造的工艺过程一般分为下列步骤:

(1)铸型准备包括对铸型、挤压料筒及挤压冲头的清理和喷涂,并将其回复到准备位置上;

(2)浇注将液态(或半固态)金属注入凹型或料筒中;

(3)合型并锁型,将料筒、冲头进入待挤压位置;

(4)用挤压冲头将液态(半固态)金属推入型腔,并继续保压直至其完全凝固;

(5)开型推出铸件。

挤压铸造一般在专用挤压铸造机(简称挤铸机)上进行。但国内外也不少是选普通液压机代用,后者设备投资少,也可行,但生产效率低并会影响产品质量。

3.5.3　真空吸铸

真空吸铸(vacuum casting)是一种在型腔内造成真空,把金属由下而上地吸入型腔,进行凝固成形的铸造方法。它是利用真空系统装置,在结晶器内造成负压,将熔融金属从坩埚吸入圆筒形石墨铸型或金属型中,并保持一定时间而获得铸件的方法。真空吸铸还可作为一种浇注手段应用在熔模铸造、陶瓷型铸造、石膏型铸造及砂型铸造中。

真空吸铸的铸件晶粒细小、组织致密、力学性能好,金属液充型平稳,铸件的气孔和夹渣缺陷少,可消除铸件偏析缺陷,成品率高。根据铸件形状特点,可分为两种真空吸铸法。

(1) 柱状铸件真空吸铸

专用于生产圆柱、方柱状中空和实心件的真空吸铸法。生产的铸件可用来加工成螺母、螺杆、轴套、轴瓦等,大多为铜合金铸件,也可生产铝合金件、铸铁件、铸钢件。铸件最大外径可达 120 mm。

(2) 成形铸件真空吸铸

用于生产各种形状铸件的真空吸铸法。将铸型置于真空室中,型腔顶部有通气孔,型中浇注系统连接下面的升液管,升液管下端浸入金属液中。打开电磁阀,真空室与真空罐接通,在型腔内建立一定的真空度,坩埚中的金属液在大气作用下上升进入型内,凝固成形。节流阀用来控制型腔内负压的建立速度,以调节金属液充填型腔的速度。由时间继电器控制真空室内负压的保持时间,当型内内浇道凝固后,即可将真空室接通大气,升液管内金属液回流至坩埚中。也可在金属液充型时采用真空吸铸法,充完型后,增大金属液面上的压力,实现低压作用下的铸件凝固,进一步改善铸件凝固时的补缩条件。用此法可高效地生产铝合金、镁合金薄壁铸件。

真空吸铸的优缺点总结如下。

(1) 铸型从金属液中吸取金属,故浮在金属液表面的渣子,不易进入型内。

(2) 金属液自下而上地平稳进入空气稀薄真空条件下的型腔,不能产生卷气现象,氧化可能性也较小,又在真空条件下实现金属液的凝固。凝固过程中析出的气体也易上浮外逸,故铸件中不易形成气孔。

(3) 型内金属与型壁接触较紧密,金属凝固较快。柱状铸件真空吸铸时,更采用水冷薄壁金属型,铸件的凝固速度更大,故铸件晶粒细小,不易产生重度偏析。

(4) 可创造较好的自下而上、自型壁向壁厚中心的定向凝固等有利条件,使铸件不易形成缩松。

上述四点都可使铸件获得致密的组织,使铸件力学性能提高。如柱状铜合金铸件,与砂型铸造相比较,其强度极限可提高 6%～25%,伸长率提高 5%～20%;而铝合金铸件,与金属型铸造相比较,其强度极限可增大 5%～10%,伸长率增大 30%。

(5) 充型时,金属液在型腔内遇到的气体阻力很小,充型平稳,可提高金属液的充填性,生产形状复杂的薄壁铸件,如铝合金、镁合金件的最小壁厚可为 1.5 mm。

(6) 浇注系统或结晶器中黏附的金属液损失较少,故可提高工艺出品率。

(7) 生产过程易于机械化、自动化,生产效率高。

(8) 柱状铸件中空内壁不平度较大,内孔尺寸不易正确控制,故需留较大加工余量。

3.5.4　差压铸造

差压铸造(counter-pressure casting)又称为反压铸造、压差铸造。它是在低压铸造的基础上发展起来的一种铸造方法。与低压铸造的不同是在铸型外罩个密封罩,内充压缩气体,使铸型处于气体的一定压力之下。金属液充型时,使保温炉中气体的压力大于铸型中气体的压力,如低压铸造时那样实现金属液的充型、保压和增压。但此时铸件是在更高的压力作用下结晶凝固的,所以可保证获得致密度更高的铸件。其实质是低压铸造和压力下结晶两种工艺的结合,即填充成型是低压铸造过程,而铸件凝固是在较高压力下的结晶过程。因此差压铸造具有这两种工艺的特点,可获得无气孔、无夹杂物、组织致密的铸件。

差压铸造按工作时压力筒内充气压力的大小不同,可分为三类:低压差压铸造,充气压力为 $0.5\sim0.6$ MPa;中压差压铸造,充气压力为 $5\sim10$ MPa;高压差压铸造,充气压力大于 10 MPa。按压差产生的方式不同,又可分为增压法和减压法。

（1）增压法

先向密封罩和保温炉内同时通入同样压力的气体,使它们之间压力平衡。然后保持密封罩内的气体压力,向保温炉中金属液面上逐步通入压力更大的气体,创建上下罐的压力差,从而实现金属液的充型和保压。

（2）减压法

先向密封罩和保温炉内同时通入同样压力的气体,在达到平衡后,逐步放去密封罩内的压缩气体,使压力逐步降低,实现金属液的充型和保压。

3.5.5　计算机在铸造成形技术设计中的拓展应用

近些年来,铸造新工艺、新技术和新设备发展迅速。如在型砂和芯砂方面,不仅推广了快速硬化的水玻璃砂及各类自硬砂,并成功地运用了树脂砂来快速制造高强度砂芯。在铸造合金方面,发展了高强度、高韧性的球墨铸铁和各类合金铸铁。在铸造设备方面,建立起先进的机械化和自动化的高压造型生产线。此外,计算机技术在铸造方面的应用也有很大发展,如利用计算机的模拟技术研究凝固理论;用计算机数值模拟技术模拟生产条件,以确定适宜的工艺参数;利用计算机三维图形技术来辅助实现铸造模具的快速成型。

1. 计算机数值模拟技术

随着计算机技术的飞速发展,各种铸造工艺过程的计算机数值模拟技术已发展到成熟阶段,可以对铸件的成形过程进行仿真设计。就铸铁而言,铸造上用的计算机数值模拟技术,已从对铸件的传热研究向充型过程、传热与流动耦合、凝固组织及应力等方向发展,使对铸造工艺参数的确定和铸件质量的控制成为可能。目前计算机模拟技术正朝着对铸件进行设计和开发的短周期、低成本、低风险、少缺陷或无缺陷的方向发展。

2. 利用计算机三维图形技术辅助制造铸造模具的快速成形技术

目前,由于计算机三维图形构造技术的成熟化,使得快速成形技术(rapid prototyping technology)已由实验室阶段进入实际应用,其造型材料不仅有光敏树脂,还有纸质原料,它们的粘接性和力学性能都达到了实用阶段。如用在熔模铸造中蜡模制造的一种快速成形技术——立体平版成形工艺(stereo lithography process,SLA),其工艺原理如图 3.62 所示:

先在计算机上设计出铸件的三维图形；再将计算机图像数据转换成一系列很薄的模样截面数据；然后采用紫外线激光束，在快速成形机上按照每层薄片的二维图形轮廓轨迹，对液态光敏树脂进行扫描固化。开始时，先从零件底部第一薄层截面开始扫描，然后每次扫描一层，直到铸件的三维模样全部完成。每次扫描层厚度为 0.076～0.381 mm。最后将模样从树脂液中取出，经过硬化、打光、电镀、喷涂或着色等过程即可投入使用。利用 SLA 还可快速制成立体树脂模，以代替蜡模进行结壳。其缺点是树脂模在焙烧时会由于膨胀而引起型壳开裂，所以不适用于制造厚大的铸件，而且光敏树脂的价格昂贵，也限制其大规模地推广应用。

图 3.62　SLA 工艺原理图

铸造成形
技术教学
案例

思考题与习题

3.1　什么是液态金属的充型能力？主要受哪些因素影响？充型能力差易产生哪些铸造缺陷？

3.2　浇注温度过高或过低，常易产生哪些铸造缺陷？

3.3　什么是顺序凝固原则？需采取什么措施来实现？哪些合金常需采用顺序凝固原则？

3.4　何谓合金的收缩？其影响因素有哪些？铸造内应力、变形和裂纹是怎样形成的？怎样防止它们的产生？

3.5　砂型铸造常见的缺陷有哪些？如何防止？

3.6　为什么铸铁的铸造性能比铸钢好？

3.7　什么是特种铸造？常见的特种铸造方法有哪几种？

3.8　什么是熔模铸造？试述其大致工艺过程。在不同批量下，其压型的制造方法有何不同？为什么说熔模铸造是重要的精密铸造方法？其适用的范围如何？

3.9　金属型铸造有何优越性？为什么金属型铸造未能完全取代砂型铸造？为何用它浇注铸铁件时，常出现白口组织，应采取哪些措施避免？

3.10　压力铸造有何优缺点？它与熔模铸造的适用范围有何显著不同？

3.11　什么是离心铸造？它在铸造圆筒件时有哪些优越性？用离心铸造法铸造成形铸件的目的是什么？

3.12　在大批量生产的条件下，下列铸件宜选用哪种铸造方法生产？

机床床身　铝活塞　铸铁污水管　汽轮机叶片

3.13　为便于生产和保证铸件质量，通常对铸件结构有哪些要求？

3.14　何谓球墨铸铁？为什么球墨铸铁是"以铁代钢"的好材料？适用于哪些铸件？

第4章

锻压成形技术与工程应用

锻压(forging),又称为塑性加工(plastic working),是对坯料施加外力(锻压机械的锤头、砧块、冲头或通过模具对坯料施加压力),使其产生塑性变形,从而既改变尺寸、形状,又改善性能的一种用以制造机器零件、工件或毛坯的成形加工方法。它是锻造(smithing)与冲压(stamping)的总称。

目前国际上习惯将塑性加工分为两大类:①生产板材、型材、棒材、管材等为主的加工称为一次塑性加工;②生产零件及其毛坯为主(包括锻件和冲压件)的加工称为二次塑性加工。大多数情况下,二次塑性加工是用经过一次塑性加工所提供的原材料进行再次塑性加工的。但是大型锻件多用铸锭为原材料,直接锻造成锻件。对于粉末锻造则是以粉末为原料。锻造成形主要指二次塑性加工,即以一次塑性加工的棒材、板材、管材或铸件为毛坯生产零件及其毛坯。

锻造成形,又称为体积成形,受力状态主要是三向压应力状态。锻造加工的目的是获得符合图样要求的外形、尺寸及内部组织性能合格的锻件。锻造成形应满足两个基本条件:①在变形过程中材料能承受所需的变形量而不被破坏;②施加条件,也就是设备通过模具向工件施加足够大的变形力,即特等的分布力。

金属塑性加工与金属铸造、切削、焊接等其他加工相比,具有以下优点。

(1) 力学性能高

金属坯料经锻造后,除尺寸和形状发生改变,还可消除焊合孔洞和弥合(或消除)金属铸锭内部的气孔、缩孔和粗大的树枝状晶粒等缺陷,并使其结构致密、粗晶破碎细化和均匀,从而提高性能。此外,塑性流动所产生的流线也能使其性能得到改善。因此对于承受冲击或交变应力的重要零件(如机床主轴、齿轮、曲轴和连杆等),应优先采用锻件毛坯。

(2) 节约金属

锻造生产与切削加工方法相比,减少了零件在制造过程中金属的消耗,材料的利用率高。另外,金属坯料经锻造后,由于力学性能(如强度)的提高,在同等受力和工作条件下可以缩小零件的截面面积,减轻质量,从而节约金属材料。

(3) 生产效率高

锻造与切削加工相比,生产效率大大提高,使生产成本降低。例如,用模锻成形内六角螺钉,其生产效率比用切削加工方法提高约 50 倍。塑性加工过程便于实现生产过程的连续化、自动化,适用于大批量生产,如轧制、拉拔加工等,既能提高劳动效率,又能保障显著的经济效益。

（4）适应性广

锻造能生产出小至几克的仪表零件,大至上吨重的巨型锻件。

但是锻造也受到以下几方面的制约:锻件的结构工艺性要求较高,对形状复杂,特别是内腔形状复杂的零件或毛坯难以甚至不能锻压成形;锻压件(主要指锻造毛坯)的尺寸精度不高,还需配合切削加工等方法来满足精度要求;锻造需要重型的机器设备和较复杂的模具,模具的设计制造周期长,初期投资费用高等。

总之,锻造具有独特的优越性,得到了广泛的应用,凡承受重载荷、对强度和韧性要求高的机器零件,如机器的主轴、曲轴、连杆、重要齿轮、凸轮、叶轮及炮筒、枪管、起重吊钩等,通常均采用锻件作毛坯。因此,金属塑性加工在国民经济中占有十分重要的地位。

在机械制造生产过程中,常用的锻造分为六类,即自由锻、模锻、挤压、拉拔、轧制、板料冲压。它们的成形方式、所用工具(或模具)的形状和塑性变形区特点如图 4.1 所示。

图 4.1　常用的锻压加工方法

(a) 自由锻;(b) 模锻;(c) 挤压;(d) 拉拔;(e) 轧制;(f) 板料冲压

4.1　锻压成形技术的基本原理

4.1.1　金属的塑性变形理论

1. 金属塑性变形的实质

工业上常用的金属材料都是由许多晶粒组成的多晶体。为了便于了解金属塑性变形（plastic deformation）的实质，首先讨论单晶体的塑性变形。

1）单晶体的塑性变形

单晶体是指原子排列方式完全一致的晶体。单晶体塑性变形有滑移和孪生两种方式，其中滑移是主要变形方式。滑移与孪生的区别在于滑移不改变晶体各部分的相对取向，而孪生发生部分和未发生部分则明显具有不同的位向，但它们都是由位错运动造成的。通常体心立方和面心立方晶体结构中，滑移变形对宏观变形起主导作用，孪生起次要作用；在密排六方晶体结构的材料中，孪生起着非常重要的作用。

（1）滑移（glide）

滑移是晶体内一部分相对于另一部分沿原子排列紧密的晶面作相对滑动。滑移常沿晶体中原子密度最大的晶面和晶向发生，因为原子密度最大的晶面和晶向之间原子间距最大，结合力最弱，产生滑移所需牵引力最小。图 4.2 是单晶体的塑性变形过程示意图。

图 4.2(a)是晶体未受到外界作用时，晶格内的原子处于平衡位置的状态；图 4.2(b)是当晶体受到外力作用时，晶格内的原子离开原平衡位置，晶格发生弹性的变形，此时若将外力除去，则晶格将回复到原始状态，此为弹性变形阶段；图 4.2(c)是当外力继续增加，晶体内滑移面上的切应力达到一定值后，则晶体的一部分相对于另一部分发生滑动，此现象称为滑移，此时为弹塑性变形；图 4.2(d)是晶体发生滑移后，除去外力，晶体也不能全部回复到原始状态，这就产生了塑性变形。

(a)　　　　　(b)　　　　　(c)　　　　　(d)

图 4.2　单晶体的塑性变形过程示意图

晶体在滑移面（glide plane）上发生滑移，实际上并不需要整个滑移面上的所有原子同时一起移动（即刚性滑移），而是由晶体内的位错运动来实现的。位错的类型很多，最简单的是刃型位错。在切应力作用下，刃型位错线周围原子结合键断开与重组一次，就是位错向右移动一个原子间距，如此重复，就是位错不断运动滑移到晶体表面，进而实现了整个晶体的塑性变形，如图 4.3 所示。由于滑移是通过晶体内部的位错运动实现的，它所需要的切应力比刚性滑移时小得多。

图 4.3　刃型位错移动产生滑移示意图

当晶体受力时,由于各个滑移系相对于外力的空间位置不同,因此各个晶粒上所作用的切应力也各不相同,如图 4.4 所示。如由外力 F 作用在某一晶体引起的拉伸应力 σ,其滑移面的法线方向与拉伸轴的夹角为 ϕ,面上的滑移方向与拉伸轴夹角为 λ,则在次滑移方向上的切应力分量为

$$\tau = \sigma \cos\phi \cos\lambda$$

式中,$\cos\phi\cos\lambda = \mu$,$\mu$ 为施密德(Schmid)因子,即取向因子,因此滑移系上所受切应力分量取决于取向因子。

(2) 孪生(twin)

在切应力作用下,晶体的一部分相对于另一部分以一定的晶面(孪生面)产生一定角度的切变叫作孪生,如图 4.5 所示。晶体中未变形部分与变形部分的交界面称为孪生面。孪生的结果是孪生面两侧的晶体呈镜面对称。孪生使晶格位相发生改变,其变形所需切应力比滑移大得多,变形速度极快,接近声速。孪生时相邻原子面的相对位移量小于一个原子间距。

图 4.4　晶体滑移时的应力分析

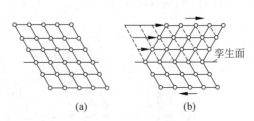

(a)　　　　　(b)

图 4.5　晶体的孪生

(a) 切变前;(b) 切变后

由于金属孪生变形所需要的切应力一般高于产生滑移变形所需要的切应力,故只有在滑移困难的情况下才发生孪生。如密排六方晶体结构由于滑移系(指滑移面与滑移方向的组合)少,比较容易发生孪生,它能促使晶体转动,进而启动二次滑移。

2) 多晶体的塑性变形

多晶体是由很多形状、大小和位向不同的晶粒组成的,在多晶体内存在着大量晶界。多晶体塑性变形是各个晶粒塑性变形的综合结果。由于每个晶粒变形时都要受到周围晶粒及晶界的影响和阻碍,故多晶体塑性滑移时的变形抗力要比单晶体高。

在多晶体内,单就某一个晶粒来分析,其塑性变形方式与单晶体是一样的;此外,在多晶体晶粒之间还有少量的相互移动和转动,这部分塑性变形称为晶间变形,如图 4.6 所示。

在晶界上的原子排列不规则,晶格畸变严重,也是各种缺陷和杂质原子富集的地方。在常温下晶界对滑移起阻碍作用。晶粒越细,晶界就越多,对塑性变形的抗力也就越大,金属的强度也越高。同时由于晶粒越细,在一定体积的晶体内晶粒数目就越多,变形就可以分散到更多的晶粒内进行,使各晶粒的变形比较均匀,不致产生太大的应力集中,所以细晶粒金属的塑性和韧性均较好。

图 4.6 多晶体的晶间变形示意图
(a) 变形前;(b) 变形后

需要指出的一点是,在塑性变形过程中一定有弹性变形存在,当外力去除后,弹性变形部分将恢复,称为"弹复"现象。这种现象对锻件的变形和质量有很大影响,必须采取工艺措施以保证产品质量。

2. 塑性变形对金属组织及性能的影响

塑性变形不仅可以改变金属的外观、尺寸和形状,而且可以改变金属内部的组织和性能。

1) 塑性变形对组织的影响

(1) 显微组织的变化

金属材料经过塑性变形后,其显微组织将发生明显的改变,除了每个晶粒内部出现大量滑移带和孪晶带,原始的晶粒将沿着其形变方向伸长,随着变形量的增加,逐渐形成纤维组织(fibrous tissue)。

金属压力加工最原始的坯料是铸锭,铸锭经热变形后,其内部的气孔、缩松等被锻合,使组织致密,晶粒细化,机械性能提高。同时存在于铸锭中的非金属化合物夹杂,随着晶粒的变形被拉长,在再结晶时,金属晶粒形状改变,而夹杂沿着被拉长的方向保留下来,形成了纤维组织。变形程度越大,形成的纤维组织越明显。

纤维组织使金属在性能上具有方向性,对金属变形后的质量也有影响。纤维组织的稳定性很高,不能用热处理方法加以消除,只能在热变形过程中改变其分布方向和形状。因此在设计和制造零件时,应使零件工作时的最大正应力与纤维方向重合,最大切应力与纤维方向垂直,并使纤维沿零件轮廓分布而不被切断,以获得最好的机械性能。

(2) 亚结构的变化

晶体的塑性变形是借助位错在应力作用下运动和不断繁殖的,随着变形量的增加,晶体内部的位错密度迅速升高至 $10^{15} \sim 10^{16}$ m^{-2}。晶体内部的亚结构直径将细化至 $10^{-8} \sim 10^{-6}$ m。

(3) 变形织构

金属受外力作用时,多晶体会在外力作用下发生转动,当变形量很大时,任意取向的各个晶粒会逐渐调整其取向而逐渐彼此趋向一致,形成变形织构。根据加工方式的不同,织构可分为丝织构和板织构。拉拔工艺会产生与拉拔方向平行的丝织构,而在轧制过程中会产生平行于轧制平面的板织构。

2) 塑性变形对性能的影响

(1) 加工硬化(work hardening)

金属在塑性变形中随着变形程度增大,金属的强度、硬度升高,而塑性和韧性下降,如图 4.7 所示。其原因是滑移面上的碎晶块和附近晶格的强烈扭曲,增大了滑移阻力,使继续滑移难以进行。这种随着变形程度增大,强度、硬度升高而塑性、韧性下降的现象称为加工硬化(或冷变形强化)。影响加工硬化的因素主要有变形程度、变形温度、变形速度、初始晶粒度和合金元素。加工硬化的有益之处在于:可以通过冷加工控制产品的最终性能,如冷拉钢丝绳不仅可获得高强度,而且表面光洁;有些零件通过工件中的不断硬化达到表面耐磨、耐冲击的要求,如铁路用道岔由于经常受到车轮的冲击和摩擦,采用应变硬化速率高的高锰钢后,就可以达到冲击韧性和表面硬度要求。

图 4.7 冷变形强化

在生产中,可以利用加工硬化来强化金属性能;但加工硬化也使进一步的变形困难,给生产带来一定麻烦。在实际生产中,常采用加热的方法使金属发生再结晶,从而再次获得良好塑性。这种工艺操作叫作再结晶退火(recrystallization annealing)。

(2) 残余应力

金属塑性变形时,外力所做的功大部分转化为热,其余较少一部分(小于 10%)保留在金属内部,形成残余应力。残余应力主要由三部分组成:宏观内应力、微观内应力和点阵畸变。宏观内应力是由金属各部分不均匀变形所引起的。微观内应力是由晶粒和亚晶粒不均匀变形而引起的。塑性变形使金属产生大量的位错和空位,使晶格点阵中的一部分原子偏离其平衡位置,造成点阵畸变。通常残余应力对金属材料的性能是有害的,它会导致材料及工件的变形、开裂和产生应力腐蚀。

3. 回复、再结晶和晶粒长大

金属经冷变形后,组织处于不稳定状态,有自发恢复到稳定状态的倾向。但在室温下这种回复不易实现,因为室温下原子扩散能力小,不稳定状态可长时间维持。加热可使原子扩散能力增加,金属将依次发生回复、再结晶和晶粒长大。

1) 回复

当将金属加热至其熔化温度的 0.2~0.3 倍时,晶粒内扭曲的晶格将恢复正常,内应力减少,冷形强化部分消除,这一过程称为回复(restoring),如图 4.8 所示。

回复温度为

$$T_{回} = (0.2 \sim 0.3) T_{熔}$$

式中,$T_{回}$ 为金属的回复温度(K),$T_{熔}$ 为金属的熔点(K)。

回复是指在加热温度较低时,由于金属中的点缺陷及位错近距离迁移而引起的晶内某些变化。如空位与其他缺陷合并、同一滑移面上的异号位错相遇合并而使缺陷数量减少等。

图 4.8　金属的回复、再结晶和晶粒长大示意图

由于位错运动使其由冷塑性变形时的无序状态变为垂直分布,形成亚晶界,这一过程称为多边形化。在回复阶段,金属组织变化不明显,其强度、硬度略有下降,塑性略有提高,但内应力、电阻率等显著下降。

工业上,常利用回复现象将冷变形金属低温加热,既稳定组织又保留加工硬化,这种热处理方法称去应力退火。

2) 再结晶

当温度继续升高至其熔化温度的 0.4 倍时,金属原子获得更多的热能使原子活动能力增大,晶粒的形状开始发生变化,开始以某些碎晶或杂质为核心结晶成新的晶粒,由破碎拉长的晶粒变为完整的等轴晶粒,进而消除全部冷变形强化现象。这一过程称为再结晶(recrystallization),如图 4.8 所示。

再结晶温度为

$$T_{再} = 0.4T_{熔}$$

式中,$T_{再}$ 为金属的再结晶温度(K)。

这种冷变形组织在加热时重新彻底改组的过程,也是一个晶核形成和长大的过程,但不是相变过程,因为再结晶前后新旧晶粒的晶格类型和成分完全相同。由于再结晶后组织的复原,金属的强度、硬度下降,塑性、韧性提高,加工硬化消失。

金属的塑性变形一般分为冷变形和热变形两种。在再结晶温度以下的变形叫作冷变形。变形过程中无再结晶现象,变形后的金属只具有冷变形强化现象。所以在变形过程中变形程度不宜过大,以避免产生破裂。冷变形能使金属获得较高的硬度和较低的表面粗糙度,生产中常用冷变形来提高产品的表面质量和性能。在再结晶温度以上的变形叫作热变

形。期间,再结晶速度大于变形强化速度,变形产生的强化会随时因再结晶软化而消除,变形后金属具有再结晶组织,从而消除冷变形强化痕迹。因此在热变形过程中金属始终保持较低的塑性变形抗力和良好的塑性,塑性加工生产多采用热变形来进行。

3）再结晶后的晶粒长大

再结晶完成后,若继续升高加热温度或延长保温时间,将发生晶粒长大,这是一个自发的过程。晶粒的长大是通过晶界迁移进行的,是大晶粒吞并小晶粒的过程。晶粒粗大会使金属的强度,尤其是塑性和韧性降低。

4.1.2 金属的锻造性能

金属的锻造性能(forging performance)是指金属经受塑性加工时成形的难易程度。金属的锻造性能好,表明该金属适于采用塑性加工方法成形。

金属的锻造性能常用金属的塑性和变形抗力来综合衡量,塑性越好,变形抗力越小,金属的锻造性能越好;反之,则差。金属的锻造性能取决于金属的本质和变形条件。

1）金属的本质

（1）化学成分

一般纯金属的锻造性能好于合金的。随着含碳量的增加,碳钢的锻造性能变差。合金元素的加入会劣化锻造性,合金元素的种类越多,含量越高,锻造性越差。因此,碳钢的锻造性好于合金钢的锻造性;低合金钢的锻造性好于高合金钢的锻造性。另外,钢中硫、磷含量多也会使锻造性能变差。

（2）金属组织

金属内部组织结构不同,其锻造性有很大差别。纯金属与固溶体具有良好的锻造性能,而碳化物的锻造性能差。铸态柱状组织和粗晶结构不如细小而又均匀的晶粒结构的锻造性能好。

2）变形条件

（1）变形温度

随着温度升高,金属原子的动能升高,易于产生滑移变形,从而改善金属的锻造性能。故加热是塑性加工成形中很重要的变形条件。

对于钢而言,当加热温度超过 A_{cm} 或 A_{c3} 线时,其组织转变为单一的奥氏体,锻造性能大大提高。因此,适当提高变形温度对改善金属的锻造性能有利。但温度过高,会使金属产生氧化、脱碳、过热等缺陷,甚至使锻件产生过烧而报废,所以应该严格控制锻造温度范围。

锻造温度范围是指始锻温度(开始锻造的温度)与终锻温度(停止锻造的温度)间的温度范围。它的确定以合金状态图为依据。例如,碳钢的锻造温度范围如图 4.9 所示,始锻温度比 AE 线低 200 ℃左右,

图 4.9 碳钢的锻造温度范围

终锻温度约为 800 ℃。终锻温度过低,金属的冷变形强化严重,变形抗力急剧增加,使加工难以进行,强行锻造,将导致锻件破裂报废。而始锻温度过高,会造成过热、过烧等缺陷。

　　(2) 变形速度

　　变形速度即单位时间内的变形程度,它对金属锻造性能的影响是复杂的。正由于变形程度增大,回复和再结晶不能及时克服冷变形强化现象,金属表现出塑性下降、变形抗力增大,锻造性能变坏。另外,金属在变形过程中,消耗于塑性变形的能量有一部分转化为热能,使金属温度升高,这是金属在变形过程中产生的热效应现象。变形速度越大,热效应现象越明显,使金属的塑性提高,变形抗力下降,锻造性能变好。变形速度对塑性及变形抗力的影响如图 4.10 所示,当变形速度在 b 和 c 附近时,变形抗力较小,塑性较高,锻造性能较好。

1—变形抗力曲线;2—塑性变化曲线。

图 4.10　变形速度对塑性及变形抗力的影响

　　在一般塑性加工方法中,由于变形速度较低,热效应不显著。目前采用高速锤锻造、爆炸成形等工艺来加工低塑性材料,可利用热效应现象来提高金属的锻造性能,此时对应变形速度为图 4.10 的 c 点附近。

　　(3) 应力状态

　　金属在经受不同方法进行变形时,所产生的应力大小和性质是不同的。例如,挤压变形时(图 4.11)金属为三向受压状态;而拉拔时(图 4.12)金属为两向受压、一向受拉的状态。

图 4.11　三向受压

图 4.12　两向受压

　　实践证明,在三个方向上压应力的数目越多,金属的塑性越好;拉应力的数目越多,金属的塑性越差;而同号应力状态下引起的变形抗力大于异号应力状态下的变形抗力。当金属内部存在气孔、小裂纹等缺陷时,在拉应力作用下缺陷处易产生应力集中,缺陷必将扩展,甚至达到破坏而使金属失去塑性。压应力使金属内部摩擦增大,变形抗力亦随之增大,但压应力使金属内部原子间距减小,使缺陷不易扩展,故金属的塑性会增高。

　　综上所述,金属的锻造性能既取决于金属的本质,又取决于变形条件。在塑性加工过程中,要力求创造最有利的变形条件,充分发挥金属的塑性,降低变形抗力,使功耗最少,变形进行得充分,达到加工目的。

4.2　典型锻造成形技术与工程应用

　　锻造是利用工(模)具在冲击力或静压力的作用下,使金属材料产生塑性变形,从而获得一定尺寸、形状和质量的锻件的加工方法。根据所用设备和工具的不同,锻造分为自由锻造

（以下简称自由锻）和模型锻造（以下简称模锻）两类。

4.2.1　自由锻成形技术及其应用

自由锻（open die forging 或 hammer forging）是利用简单的工具和开放式的模具（砧块）直接使金属坯料变形而获得锻件的工艺方法。自由锻时，金属仅有部分表面与工具或砧块接触，其余部分为自由变形表面，锻件的形状尺寸主要由人工操作来控制。适应性强，适用于各种大小的锻件生产，而且是大型锻件的唯一锻造方法。由于采用通用设备和工具，故费用低，生产准备周期短。但自由锻造的生产效率低，工人劳动强度大，锻件的精度差，加工余量大，因此自由锻件在锻件总量中所占的比重随着生产技术的进步而日趋减少。自由锻也是大型锻件的主要生产方法，在重型的冶金机械、动力机械、矿山机械、粉碎机械、锻压机械、船舶和机车制造工业中占有重要的地位。

自由锻分为手工锻造和机器自由锻。手工锻造是靠手抡铁锤锻打金属使之成形，是最简单的自由锻。它是一种古老的锻造工艺，在某些零星修理或农具配件行业中仍然存在，但正逐渐被淘汰。机器自由锻是在锻锤或水压机上进行。锤上自由锻时金属变形速度快，可以较长时间保持金属的锻造温度，有利于锻出所需要的形状。锤上自由锻主要用轧制或锻压过的钢材作为坯料，用于生产小批量的中小型锻件。水压机上自由锻的锻压速度较慢，金属变形深入锻坯内部，主要用于钢锭开坯和大锻件（几吨以上）制造，如冷、热轧辊，低速大功率柴油机曲轴，汽轮发电机和汽轮机转子，核电站压力壳简体和法兰等，锻件质量可达 250 t。

1. 自由锻设备及工具

自由锻最常用的设备有空气锤、蒸汽-空气锤和水压机。通常几十千克的小锻件采用空气锤，两吨以下的中小型锻件采用蒸汽-空气锤，大锻件则应在水压机上锻造。

自由锻工具主要有夹持工具（图 4.13(a)），衬垫工具（图 4.13(b)），支持工具（铁砧）等。

摔子

剁刀

漏盘

(a)　　　　　　　　　　(b)

图 4.13　自由锻工具

(a) 夹持工具；(b) 衬垫工具

2. 自由锻基本工序

自由锻的工序可分为三类：基本工序，使金属产生一定程度的变形，以达到所需形状和尺寸的工艺过程；辅助工序，使基本工序操作便利而进行的预先变形工序，如压钳口、压棱边等；精整工序，用以减少锻件表面缺陷，提高锻件表面质量的工序，如整形等。

自由锻的基本工序有镦粗、拔长、冲孔、切割、扭转、弯曲等。实际生产中最常用的是镦粗、拔长和冲孔三种。

（1）镦粗（upsetting）

镦粗是在外力作用方向垂直于变形方向，使坯料高度减小而截面积增大的工序，如图4.14（a）所示。若使坯料的部分截面积增大，叫作局部镦粗，如图4.14（b）～（d）所示。镦粗主要用于制造高度小、截面大的工件（如齿轮、圆盘、法兰等盘形锻件）的毛坯或作为冲孔前的准备工序以及增加金属变形量，提高内部质量的预备工序，也是提高锻造比为下一步拔长的预备工序。

(a)　　　　　(b)　　　　　(c)　　　　　(d)

图4.14　镦粗和局部镦粗

完全镦粗时，坯料应尽量用圆柱形，且长径比不能太大，端面应平整并垂直于轴线，镦粗时的打击力要足，否则容易产生弯曲、凹腰、歪斜等缺陷。

（2）拔长（drawing）

拔长是缩小坯料截面积、增加其长度的工序。拔长是通过反复转动和送进坯料进行压缩来实现的，是自由锻生产中最常用的工序。包括平砧拔长（图4.15）和带芯轴拔长及芯轴上扩孔（图4.16）。平砧拔长主要用于制造各类方、圆截面的轴、杆等锻件。带芯轴拔长及芯轴上扩孔用于制造空心件，如炮筒、圆环、套筒等。

图4.15　平砧拔长

(a)　　　　　　　　　　　　　(b)

图4.16　带芯轴拔长及芯轴上扩孔

(a) 带芯轴拔长；(b) 芯轴上扩孔

拔长时要不断送进和翻转坯料，以使变形均匀，每次送进的长度不能太长，以避免坯料横向流动增大，影响拔长效率。

（3）冲孔（punching）

冲孔是利用冲头在坯料上冲出通孔或不通孔的工序。一般锻件通孔采用实心冲头双面冲孔，如图4.17所示。先将孔冲到坯料厚度的2/3～3/4深，取出冲子，然后翻转坯料，从反面将孔冲透。主要用于制造空心工件，如齿轮坯、圆环和套筒等。冲孔前坯料需镦粗至扁平形状，并使端面平整，冲孔时坯料应经常转动，冲头要注意冷却。冲孔偏心时，可局部冷却薄壁处，再冲孔校正。

对于厚度较小的坯料或板料，可采用单面冲孔，如图4.18所示。

图4.17 双面冲孔

图4.18 单面冲孔

4.2.2 模锻成形技术及其应用

模锻（die forging）是利用模具使毛坯变形而获得锻件的锻造方法。模锻时坯料在模具模膛中被迫塑性流动变形，从而获得比自由锻质量更高的锻件。

与自由锻相比，模锻具有锻件精度高、流线组织合理、力学性能高等优点，而且生产效率高、金属消耗少，并能锻出自由锻难以成形的复杂锻件。因此，在现代化大批量生产中广泛采用模锻。但模锻需用锻造能力大的设备和价格昂贵的锻模，而且每种锻模只能加工一种锻件，所以不适合于单件、小批量生产。另外，受设备吨位限制，模锻件不能太大，一般质量不超过150 kg。

根据模锻设备不同，模锻可分为锤上模锻、胎模锻等。

1. 锤上模锻

锤上模锻（hammer on the mold forging）是指在蒸汽-空气锤、高速锤等模锻锤上进行的模锻，其锻模由开有模膛的上下模两部分组成，如图4.19所示。模锻时把加热好的金属坯料放进下模1的模膛中，开启模锻锤，上模座4带动上模2锤击坯料，使其充满模膛而形成锻件。

形状较复杂的锻件，往往需要用几个模膛使坯料逐步变形，最后在终锻模膛中得到锻件的最终形状。图4.20为锻造连杆用多膛模锻示意图。坯料经拔长、滚压、弯曲三个模膛制坯，然后经预锻和终锻模膛制成带有飞边的锻件，再在切边模上切除飞边即得合格锻件。

2. 胎模锻

胎模锻（blocker-type forging）是在自由锻设备上使用胎模生产模锻件的工艺方法。通常用自由锻

1—下模；2—上模；3、8、10—紧固楔铁；
4—上模座；5、6—键块；7—石砧座；9—下模座。
图4.19 锤上固定模锻造铁砧

方法使坯料初步成形,然后将坯料放在胎模模腔中终锻成形。胎模一般不固定在锤头和砧座上,而是用工具夹持,平放在锻锤的下砧上。

胎模锻虽然不及锤上模锻生产效率高,精度也较低,但它灵活,适应性强,不需昂贵的模锻设备,所用模具也较简单。因此一些生产批量不大的中小型锻件,尤其在没有模锻设备的中小型工厂中,广泛采用自由锻设备进行胎模锻造。

胎模按其结构分为扣模、套筒模(简称筒模)及合模三种类型。

(1) 扣模(buckling die)

如图 4.21 所示,用于非回转体锻件的扣形或制坯。

图 4.20　多膛模锻示意图

图 4.21　扣模

(2) 套筒模

简称筒模(tube mold),为圆筒形锻模,主要用于锻造齿轮、法兰盘等回转体盘类锻件。形状简单的锻件,只用一个筒模就可进行生产,如图 4.22 所示。对于形状复杂的锻件,则需要组合筒模,以保证从模内取出锻件,如图 4.23 所示。

图 4.22　筒模

1—筒模;2—右半模;3—冲头;4—左半模;5—锻件。

图 4.23　组合筒模

（3）合模（assembly）

通常由上模、下模组成，依靠导柱、导锁定位，使上、下模对中，如图 4.24 所示。合模主要用于生产形状较复杂的非回转体锻件，如连杆、叉形锻件等。

图 4.24　合模

4.2.3　锻件的结构工艺性

设计锻造零件时，除满足使用性能要求，还必须考虑自由锻设备和工具的特点，使锻件的结构符合锻造的工艺性，以达到便于锻造、节约金属、保证质量、提高生产效率的目的。

（1）锻件上具有锥体或斜面的结构，必须使用专用工具，锻造成形也比较困难，应尽量避免，如图 4.25 所示。

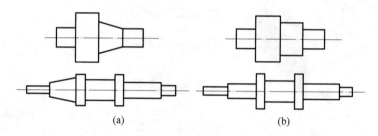

图 4.25　锥体或斜面的结构

(a) 工艺性差的结构；(b) 工艺性好的结构

（2）锻件由几个简单几何体构成时，几何体的交接处不应形成空间曲线，如图 4.26(a)所示。这种结构锻造成形极为困难，应改成平面与圆柱、平面与平面相接，如图 4.26(b)所示。

（3）锻件上不应设计加强筋、凸台、工字形截面或空间曲线形表面，如图 4.27(a)所示，这种结构难以用自由锻方法获得，可改成如图 4.27(b)所示结构。

图 4.26　杆类锻件结构

(a) 工艺性差的结构；(b) 工艺性好的结构

图 4.27　盘类锻件结构

(a) 工艺性差的结构；(b) 工艺性好的结构

（4）锻件的横截面积有急剧变化或形状较复杂时（图 4.28（a）），应设计成由几个简单件构成的组合体。每个简单件锻制成形后，再用焊接或机械连接方式构成整个零件，如图 4.28（b）所示。

（a）　　　　　　　　　　　　　（b）

图 4.28　形状复杂锻件

(a) 工艺性差的结构；(b) 工艺性好的结构

4.2.4　典型锻造成形技术工程案例

工程案例 4.1　轴类零件的自由锻成形技术

以一传动轴的自由锻成形技术为案例进行分析。该传动轴零件图及技术条件如图 4.29 所示，生产数量为 3 件。

1—力学性能要求：$\sigma_b \geqslant 580$ MPa，$\Delta \geqslant 15\%$，$\sigma_s > 290$ MPa，$\psi \geqslant 35\%$；

2—热处理硬度：$\geqslant 150 \sim 190$ HB，材料：45 钢。

图 4.29　传动轴零件图

1. 绘制锻件图

根据零件的最大直径和长度尺寸可知其属于锤上锻造范围。按照锻件材质与技术要求的力学性能，在锻后经正火加高温回火，即可达到力学性能的要求。但需在锻件上留出机械加工试验用试样。

1）取得锻件形状

按照《锤上钢质自由锻件机械加工余量与公差台阶轴类》（GB/T 15826.7—1995）规

定,确定余块和简化锻件形状。

将零件分成几段,如图 4.30 所示,并分别查表确定零件的总长 $L=3036$ mm。

（1）Ⅰ与Ⅱ和Ⅳ与Ⅴ两个台阶高度 h_1 相同,均为$(160-130)/2$ mm$=15$ mm。

（2）Ⅱ与Ⅲ和Ⅲ与Ⅳ两个台阶高度 h_2 相同,均为$(270-160)/2$ mm$=55$ mm。

（3）长度 L_3 与 L_4 相同,为 300 mm,L_2 与 L_3 相同,为 780 mm。

图 4.30 传动轴零件分解示意图

查标准并根据有关锻件台阶锻出条件可知,对锻件总长为 3036 mm,台阶高度 h_1 为 15 mm,与相邻台阶直径为 160 mm,可查出锻出的最小长度为 270 mm。另外对锻件总长为 3036 mm,台阶高度 h_1 为 55 mm,与相邻台阶直径为 270 mm,可查出锻出的最小长度为 300 mm。所以零件的各个台阶均应锻出。

2）确定机械加工余量与公差

按零件总长度和最大直径查 GB/T15826.7—1995 标准得到,精度为 F 级的零件的各部分直径的余量和公差如下:

零件部分尺寸/mm	余量和公差/mm
$D_1=D_5=130$	$a_1=a_5=21\pm9$
$D_2=D_4=160$	$a_2=a_4=21\pm9$
$D_3=270$	$a_3=21\pm9$

根据各部分直径的余量和公差,如图 4.31 所示,计算出各部分长度的余量和公差如下:

$$L_1=L_5=300 \text{ mm}, \quad L_2=L_4=780 \text{ mm}, \quad L_3=876 \text{ mm}$$

图 4.31 锻件的加工余量示意图

根据所查标准和计算出余量及工差,绘制锻件图,如图 4.32 所示。

2. 计算坯料质量和规格

1）计算锻件质量

按规定,锻件的质量 $m_{应}$ 由基本尺寸加上 $\dfrac{1}{2}$ 上偏差来计算。

图 4.32 传动轴锻件图

(1) 锻件各部分质量计算如下：

$$m_{\text{I}} = 6.16 \ \text{kg/mm}^3 \times 1.555^2 \ \text{mm}^2 \times 4.545 \ \text{mm} = 68 \ \text{kg}$$

$$m_{\text{II}} = m_{\text{IV}} = 6.16 \ \text{kg/mm}^3 \times 1.855^2 \ \text{mm}^2 \times 7.8 \ \text{mm} = 165.33 \ \text{kg}$$

$$m_{\text{III}} = 6.16 \ \text{kg/mm}^3 \times 2.955^2 \ \text{mm}^2 \times 9.015 \ \text{mm} = 484.91 \ \text{kg}$$

$$m_{\text{V}} = 6.16 \ \text{kg/mm}^3 \times 1.555^2 \ \text{mm}^2 \times 3.000 \ \text{mm} = 44.69 \ \text{kg}$$

(2) 台阶余量质量计算。一般台阶很小可不计算余量质量，如锻件的 I 与 II、IV 与 V 余面。以下计算 II 与 III、III 与 IV 的台阶余面质量。

$$\begin{aligned}
m_{\text{余面}} &= 0.18 \ \text{kg/mm}^3 \times (D-d)^2 \ \text{mm}^2 \times (D+2d) \ \text{mm} \\
&= 0.18 \ \text{kg/mm}^3 \times (2.91 - 1.81)^2 \ \text{mm}^2 \times (2.91 + 2 \times 1.81) \ \text{mm} \\
&= 1.42 \ \text{kg}
\end{aligned}$$

(3) 锻件总质量的计算如下：

$$m_{\text{锻}} = m_{\text{I}} + m_{\text{II}} + m_{\text{III}} + m_{\text{IV}} + m_{\text{V}} + 2m_{\text{余面}} = 931.1 \ \text{kg}$$

2) 计算坯料质量

坯料质量 $m_{\text{坯}}$ 由下式计算：

$$m_{\text{坯}} = m_{\text{锻}} + m_{\text{烧}} + m_{\text{切}}$$

一般火耗：一火为 2%～3%，二火为 1.5%～2%，采用两次加热完成 5%。

锻件两端切头质量为

$$m_{\text{切}} = 2 \times 1.8 \ \text{kg/mm}^3 \times D^3 \ \text{mm}^3 = 2 \times 1.8 \ \text{kg/mm}^3 \times 1.51^3 \ \text{mm}^3 = 12.38 \ \text{kg}$$

将火耗和切头质量代入上式得

$$m_{\text{坯}} = (m_{\text{锻}} + m_{\text{切}}) \text{kg}/(1 - 5\%) = (931.1 + 12.38) \text{kg}/(1 - 5\%) = 993.14 \ \text{kg}$$

取整，$m_{\text{坯}} = 994 \ \text{kg}$。

锻造传动轴全部采用拔长工序完成。因此坯料截面积 $A_{\text{坯}}$ 应保证锻造比在 1.6 以上。

$$A_{\text{坯}} = 1.6 A_{\text{锻}}$$

采用方形坯料规格为 $L = \sqrt{1.6 \times d^2 \times \pi/4}$，将锻件最大直径 $\phi = 291 \ \text{mm}$ 代入上式，得

$$L = \sqrt{1.6 \times 2.91^2 \times \pi/4} \ \text{mm} = 326.13 \ \text{mm}$$

按坯料规格选用 350 mm 的方坯，然后按体积不变定律计算坯料长度。因为

$$m_{\text{坯}} = L_{\text{坯}} \times 7.85 \ \text{kg/dm}^3 \times 3.5 \ \text{dm}^2$$

所以

$$L_坯 = m_坯 / (7.85 \text{ kg/dm}^3 \times 3.5 \text{ dm}^2) = 10.34 \text{ dm} = 1034 \text{ mm}$$

3. 拟定锻造工序

传动轴锻造方案有以下两种。

一火完成工序：坯料→拔成圆棒→压肩→拔出一端→再调头拔出另一端→修正；

二火完成工序：第一火将坯料拔成圆柱→压肩→拔出一端，第二火加热后，拔出另一端→修正。

根据实际生产情况选用二火完成，其具体工序为：第一火加热到 950～1000 ℃，将坯料拔成尺寸为 350 的八方坯→压肩→将二头拔成 240 的八方坯；第二火加热到 1050～1100 ℃，拔出一端→调头拔出另一端→将中间部分锻造到要求尺寸→修正。

4. 确定设备与工具

按照坯料及锻件尺寸、形状选用 5 t 锻锤。而因锻件数量不多，材质是塑性较好的 45 钢，因此工具用上下平砧及普通剁刀、三角压铁等。

工序尺寸计算：

1) 拔成圆棒。考虑以后拔出两端轴颈会造成伸缩现象，因此拔圆棒时要增加保险量。按生产经验一般取 16 mm 左右，锻件最大直径要求 $\phi 291 + \phi 16 = \phi 307$，取 $\phi 310$。

2) 压肩长度。锤上锻造时，根据自由锻拔长工序的规定，当台阶高度 $H < 20$ mm 时，只压痕；当 $H > 20$ mm 时，先压痕后压肩。压肩深度一般为台阶高度的 1/3～1/2。

(1) 加热后，$\phi 310$ mm 圆坯料长度 $L_坯$ 的质量应减去 2.5% 的一火烧损率，现坯料质量只有 994 kg×0.975＝969 kg。

$$L = \frac{969 \text{ kg}}{6.16 \text{ kg/dm}^3 \times 3.1^2 \text{ dm}^3} = 16.37 \text{ dm} = 1637 \text{ mm}$$

(2) 压肩长度Ⅰ与Ⅱ和Ⅳ与Ⅴ两个台阶高度相同 $h_1 = 15$ mm，小于规定值 20 mm，只压痕。中型锻件一般直接锻出，不出压痕。Ⅱ与Ⅲ和Ⅲ与Ⅳ两个台阶高度相同 $h_2 = 55$ mm，大于规定值 20 mm，则采用先压痕后压肩，取压肩深度为 0.6×55 mm＝33 mm 左右。

Ⅰ与Ⅱ两台阶轴的质量为 $68 + 165.33$ kg＝233.33 kg(1/2 切头质量)≈240 kg。按体积不变规律计算得

$$L_Ⅰ = \frac{240 \text{ kg}}{6.16 \text{ kg/dm}^3 \times 3.1^2 \text{ dm}^3} = 4.05 \text{ dm} = 405 \text{ mm}$$

根据拔长工序规定，圆坯料端头拔长时最小长度大于 $\frac{1}{3}D$，现长度为 405 mm，已大于 $\frac{310}{3} \approx 103$ mm，故不需要再增加工艺废料。

Ⅱ轴中间质量加一火消耗 2.5%，再加上两端余量质量共计：

$$(m_Ⅲ + 2m_{余面}) \text{kg}/(1 - 2.5\%) = (484.91 + 284) \text{kg}/0.975 \approx 500 \text{ kg}$$

Ⅲ轴中间长度为

$$L_Ⅲ = \frac{500 \text{ kg}}{6.16 \text{ kg/dm}^3 \times 3.12^2 \text{ dm}^3} = 8.45 \text{ dm} = 845 \text{ mm}$$

另一端长度为

$$L_{II} = L - L_I - L_{III} = 1637 \text{ mm} - 405 \text{ mm} - 845 \text{ mm} = 387 \text{ mm}$$

L_{II} 长度 387 mm 的质量为 229 kg。锻件 IV 与 V 二台阶轴颈再加上切头质量 6.19 kg 及下一次火耗的质量：

$$m = (m_{IV} + m_V + m_{坯}) \text{kg}/(1 - 2.5\%) = 221 \text{ kg} < 229 \text{ kg}$$

上述计算与分析符合工艺要求，按计算数据制成如图 4.33 所示切肩尺寸图。

图 4.33 传动轴切肩尺寸图

5. 制定加热、冷气和热处理规范

1）加热。采用 45 钢 350 mm 的方坯，一般选用快速加热，将方坯直接装入温度高达 1250 ℃的炉内，加热时间可按 0.6～0.7 h/100 mm 来计算，若采用 0.7 h/100 mm，坯料加热时间为 350 mm×0.7 h/100 mm=2.45 h，取 3 h 加热时间。采用加热曲线如图 4.34(a)所示。若采用二次锻造，则在第二次加热时仍采用快速加热。将尾锻部分装入 1000 ℃炉内加热，加热时间取 1.2 h/100 mm，约 310 mm×1.2 h/100 mm=3.72 h，取 4 h。在炉内保温时间不要太长，以防锻件过热，加热曲线如图 4.34(b)所示。

图 4.34 加热曲线
(a) 第一火加热曲线；(b) 第二火加热曲线

2）锻后冷却。根据锻件为 45 钢和最大截面为 ϕ291 mm 及坯料质量可知可采用空冷。

3）热处理工艺。按照锻件力学性能要求，根据材质 45 钢再结合锻造情况，一般采用正火加高温回火热处理工艺，如图 4.35 所示。

(1) 制定工时定额与锻件等级。参照企业有关工时定额标准，确定第一火为 0.6 台时，第二火为 0.8 台时，锻件等级查阅 JB 4286—1986 中相应锻件形状，锻件定为 IV 级。

(2) 填写工艺卡片。传动轴自由锻造工艺卡片见表 4.1。

图 4.35 传动轴热处理工艺

表 4.1 传动轴自由锻造工艺卡片

锻件	名称	传动轴
	类别	Ⅳ
	钢号	45 钢
还料质量/kg		994
锻件质量/kg		931
利用率/%		93.3
每批锻件数/件		3
坯料规格		方钢 350

火次	温度/℃	操作说明	变形过程图	设备	工具
1	1200~1250	坯料加热、拔长 φ330 切肩拔长一端		5000 kg 锻锤	三角压铁
2	1000	拔长另一端修正到锻件尺寸			
编制		审核		批准	

工程案例 4.2 水压机自由锻热轧辊锻件

1. 热轧辊零件图

热轧辊零件图如图 4.36 所示。热轧辊技术条件中无力学性能的要求,因此锻件不留试棒,这类锻件也不需要热处理吊卡头和机械加工特殊余块,生产数量为 1 件,轧辊材料为 60CrMnMo。

图 4.36　热轧辊零件图

2. 绘制热轧辊锻件图

从有关标准中可查得粗加工和热处理余量 $a=14$ mm，粗加工外圆角半径 $R_1=15$ mm，内圆角半径 $R_2=30$ mm，绘制粗加工图。由于轧辊两端的梅花头凹槽不能锻出，故需加余块，如图 4.37 所示。

根据锻件形状和尺寸查有关标准中的相应锻件，得到轧辊中间直径的余量及公差为 (46 ± 34) mm，轧辊两端直径的余量及公差为 (38 ± 26) mm，绘制锻件图，如图 4.38 所示。

图 4.37　热轧辊粗加工

图 4.38　热轧辊锻件图

3. 确定钢锭质量

大中型锻件按基本尺寸加上 $\dfrac{1}{2}$ 上偏差来计算锻件质量。

$$m_{锻}=m_{\text{I}}+m_{\text{II}}+m_{\text{III}}+2m_{余面}$$

其中，

$m_{\text{I}}=m_{\text{II}}=6.16D^2L=6.16 \text{ kg/mm}^3\times5.03^2 \text{ mm}^2\times8.63 \text{ mm}\approx1345 \text{ kg}$

$m_{\text{III}}=6.16 \text{ kg/mm}^3\times9.77^2 \text{ mm}^2\times18.02 \text{ mm}\approx10596 \text{ kg}$

$m_{余面}=0.18(D-d)^2(D+2d)=0.18 \text{ kg/mm}^3\times(9.77-5.03)^2 \text{ mm}^2\times$
$\qquad (9.77+2\times5.03) \text{ mm}=80.2 \text{ kg}$

取 $m_{余面}=80$ kg，则

$m_{锻}=m_{\text{I}}+m_{\text{II}}+m_{\text{III}}+2m_{余面}=1345 \text{ kg}+10596 \text{ kg}+1345 \text{ kg}+(2\times80) \text{ kg}$
$\qquad =13446 \text{ kg}$

查阅台阶轴类锻件钢锭利用率 η 为 $58\%\sim60\%$，按 60% 计算得

$$m_{锭}=\frac{m_{锻}}{\eta}=\frac{13446}{0.6} \text{ kg}=22410 \text{ kg}$$

根据钢锭规格，初选 22 t 钢锭，如图 4.39 所示。

4. 确定锻造比 K_L

查表 4.2 得知一般情况下热轧辊 $K_L = 2.5 \sim 3$，验算初选的钢锭截面积是否满足 K_L 的要求，即

$$K_L = \frac{A_{锭}}{A_{锻}} = \frac{1063^2}{960^2} = 1.2 < (2.5 \sim 3)$$

上述计算未能满足要求，则应采用镦粗后拔长的工艺方案。

5. 拟定锻造工序

参照类似产品的锻造工艺，确定锻造工序方案如下。

第一火：压钳把→倒棱→切锭尾；

第二火：镦粗→预拔长→分段压印→拔长至锻件尺寸。

6. 确定设备与工具

为达到 2.5 的锻比，需进行镦粗，镦粗后直径 $d \geqslant \sqrt{2.5 \times 1029}$ mm $= 1627$ mm，查手册可得，需水压机 3150000 kg。为提高内部质量，应采用上下 V 形砧拔长。

7. 确定加热、冷却和热处理规范

（1）加热规范

一般情况大型合金钢钢锭采用热运送，根据某厂热钢锭加热规范来定出加热温度变化曲线，如图 4.40 所示。始锻温度 1200 ℃，终锻温度 800 ℃，修整温度不低于 700 ℃。第二火直接进入高温炉中进行快速加热，其加热曲线与热锭加热曲线相同。

图 4.39　22 t 钢锭尺寸

图 4.40　22 t 60CrMnMo 热锭加热曲线

（2）锻件冷却和热处理规范

由锻件尺寸参照某厂锻后冷却及热处理规范，确定如图 4.41 所示冷却、热处理规范。

图 4.41　60CrMnMo 热轧辊冷却、热处理曲线

8. 制订工时定额和确定锻件级别

参照某厂工时定额标准，定出工时定额为第一火 0.4 台时，第二火 2.2 台时。根据国家标准中相应锻件规定，查得该锻件为 Ⅲ 级。

9. 填写工艺卡片

将上述编好的工艺规程填入工艺卡片，见表 4.2。

表 4.2 水压机自由锻造热轧辊工艺卡片

锻件	名称	热 轧 辊	材料参数						
	生产件数/件	1	项目	锻件	烧损	冒口切头	底部切头	其他	共计
	钢号	60CrMnMo	质量/kg	13446	770	5500	1540	744	22000
生产号			占总量/%	61	3.5	25	7	3.5	100

工艺参数		锻件图
锻造比	3:1	
锻件级别	Ⅲ	
单件台时	2.6	
锭型	普通锥度锭	
锭小头直径/mm	1029	技术要求:
锭大头直径/mm		1-锻后等温冷却处理;
锭身长度		2-热处理硬度:196~269 HBS。

锭身质量/kg	22590	编制		审核		组长		会审	

火次	温度/℃	操作说明	变形过程	工具	设备/kg	冷却
		钢锭				
1	800~1200	1.压钳把 2.倒棱 3.切底		上平砧下 V 形砧	3150000 水压机	返炉
2	800~1200, 修正温度不低于700	4.镦粗 5.预拔长到 1100 mm 6.分段压槽 7.拔长到 φ490 mm 切下部残料 8.拔长Ⅲ到 φ490 mm 9.修整辊中间 φ960 mm 10.矫直锻件 11.剁下锻件		球面镦粗拔长下镦盘、上下V形宽砧、三角形剁刀	3150000	送热处理工段

工程案例4.3   典型模锻成形壁薄、筋高叉形类锻件

马蹄铁主要用于汽车上弹簧的装卸,其特点是壁薄、筋高、质量轻、复杂系数高,毛坯属 S4级锻件,加工难度较大,零件形状与尺寸如图4.42所示。该零件的材质为45钢,质量为 1.7 kg。在对该零件工艺性进行分析和实验分析的基础上,制定了一套采用空气锤制坯与 热模锻压力机模锻成形相结合的联合锻造工艺方案。

图4.42   壁薄、筋高叉形类锻件图

技术要求
1-未注锻造圆角 R2;
2-未注出模斜度5°;
3-热处理硬度:调质处理187~207HB。

1. 工艺分析

在锻造生产中,叉形类锻件的锻造工艺路线通常为下料→加热→制坯→预锻→终锻成 形→切边及其后续加工工序等。不同工艺方案之间的主要区别是制坯工步。叉形锻件制坯 方法一般采用劈料台,将叉部料劈开。其优点是生产效率高,劳动条件好,但只适用于叉部 尺寸较小的叉形件,对于质量轻、叉部尺寸大、壁薄的叉形件,采用同样制坯方法就比较困难。

马蹄铁就属于这种有难度的断件,其叉部尺寸为218 mm,而两叉截面积总和仅为 1056 mm²,加飞边截面积为1500 mm²。当采用φ44棒材锻造叉部时,要将φ44棒材在 劈料台上劈料至218 mm,难度较大且容易放偏,使金属分配不均匀,造成在终锻时局部充 不满或穿筋等锻造缺陷,严重影响产品质量。

为解决这一问题,通过在空气锤上进行胎模锻弯曲制坯(热棒材在空气锤上经拍扁、卡 压、摔拔两端、弯曲),制坯精度高,尺寸一致性好,生产效率较高。考虑到马蹄铁锻件存在 30 mm的落差,会增加模具设计、制造的难度并影响模块尺寸的确定,决定将该落差在制 坯、预锻、终锻工步中取消,改为平底,以简化模具结构,降低模块尺寸,降低成本。在以后的 整形过程中,再整出落差。

经过分析,最后确定采用马蹄铁的空气锤胎模锻制坯与热模锻压力机模锻相结合的联合

锻造工艺方案。棒料剪切下料→中频感应加热→制坯(拍扁、卡压并拔长两端、弯曲成形)→预锻→终锻→切边→整形→人工修磨毛刺→精整→抛丸处理→锻件质量检查→调质处理→抛丸处理→防锈处理→检验装箱。这种工艺方案使锻件的金属流动更合理,分配均匀准确,产品质量稳定,显著提高了产品的合格率。

2. 工艺设计

1) 设备吨位的选择

考虑到工厂的设备拥有情况,制坯决定采用 C42-750 空气锤。预锻及终锻成形的压力机吨位可根据下式确定:

$$P = (6.4 \sim 7.3)KF$$

式中:K 为钢种系数,45 钢取 1;F 为包括飞边桥的锻件投影面积。

在本例中为 $300\ \mathrm{cm^2}$,由于该锻件为 S4 级锻件,式中系数($6.4 \sim 7.3$)项取值 7.0,将以上数据代入公式得 $P = 21000\ \mathrm{kN}$。

为防止在锻造过程中出现闷车现象,应预留一定的安全系数,所以初步选择 $23000\ \mathrm{kN}$ 热模锻压力机。经实际生产测试,预锻及终锻的数显变形力在 $14500 \sim 17500\ \mathrm{kN}$,因此最终选用 $20000\ \mathrm{kN}$ 热模锻压力机,完全满足生产需要。

2) 下料

由于锻件批量大,如果采用锯床下料,切口的料耗较大,材料利用率低,为提高材料利用率及生产效率,降低成本,应优先考虑无切口下料。例如,可以采用棒料剪切机下料。

3) 加热

加热采用中频感应加热,有利于加热温度控制,减少氧化皮产生,可显著提高锻件表面质量,稳定工艺过程。

4) 制坯工步设计

由于锻件叉部较宽、质量轻、投影面积大,直接采用在劈料台上劈料有一定的难度,若在热模锻压力机上制坯,效率低、能耗大。为此决定在空气锤上胎模锻煨弯制坯(不用劈料台),其制坯成形过程如图 4.43 所示。

图 4.43　制坯工步示意图

5) 预锻工步设计

预锻工步如图 4.44 所示,采用预锻工步的主要目的是改善终锻模膛的金属填充状况。预锻模设计应注意以下几点。

(1) 为保证终锻模膛能够很好地充满,预锻工步应在终锻模膛内尽可能以镦粗的形式成形,即预锻工步图的高度应比终锻大,而宽度尺寸比终锻小。

图 4.44   预锻工步图

（2）预锻坯的体积应比终锻坯体积略大一些，以保证终锻时能充满模腔。但是也应注意，预锻坯的体积要严格控制，并应使多余的金属在终锻时能够合理流动，避免产生摺纹或穿筋现象。

（3）预锻工步图中某些部位的形状要与终锻工步基本吻合，以便于终锻时能很好地定位和防止摺纹产生。

（4）在锻件内挡的两个凸耳部位，预锻时应特别注意严格控制所留的余量，以避免在终锻时，由于余量过小或过大而出现耳部充不满或出现穿筋的现象，以致锻件大量报废。

6）终锻及整形工步设计

由于该锻件存在 30 mm 高度落差，若在终锻模上锻出，锻模结构将非常复杂，不便加工和维修，并显著增加模块质量及成本。因此这种方案不是最佳方案。如果将 30 mm 高度落差在终锻模上取消，改为平底，以简化终锻模结构，而在最后的整形模中整出 30 mm 的落差，可以很好地解决这个问题，终锻工步如图 4.45 所示。整形后的锻件如图 4.46 所示。在终锻模腔及整形模设计中应注意如下几点。

图 4.45   终锻工步图   图 4.46   整形后锻件

（1）在终锻模的设计中，由于终锻温度较高，其型腔尺寸应在冷锻件图的基础上，考虑留有一定的精整余量，再加 1.5% 的收缩量，同时将 30 mm 的落差取消，改为平底。

（2）整形工步应在切边后进行，整形模具设计是在终锻模基础上，做出 30 mm 落差，并考虑到为以后精整工步留有精整余量，以提高精整后产品的表面质量及尺寸精度。

（3）终锻模的飞边槽的形式如图 4.47 所示，在实际生产中可根据需要增加阻力沟，以保证能够使金属充满模膛。

图 4.47　飞边槽的形式及尺寸

由于马蹄铁锻件为非回转类锻件，径向错移力较大，虽然有压力机模架导向，但是在预锻模、终锻模、整形模、精整模的设计过程中仍应注意设置合理锁扣，以减轻其径向错移力，提高模架寿命，保证产品质量。

对于叉形类锻件，当制坯工步采用劈料台劈料困难时，可以采用胎模锻弯曲成形方法制坯；对于有落差的模锻件，为简化模具设计及降低制造难度，可以在终锻成形时将落差取消，改为平底，而在最后的精整过程中，整出落差，但应考虑回弹。

4.3　冲压成形技术与工程应用

冲压（stamping）是指靠压力机和模具对板材、带材、管材和型材等施加外力，使之产生分离或变形，从而获得所需形状和尺寸的工件（冲压件）的加工成形技术。板料冲压通常在室温下进行，故称为冷冲压；只有当板料厚度超过 8～10 mm 时才采用热冲压。

板料冲压具有下列特点：

（1）可以冲压出形状复杂的零件，废料较少；

（2）产品具有足够高的精度和较低的表面粗糙度，互换性能好；

（3）能获得质量轻、材料消耗少、强度和刚度较高的零件；

（4）冲压操作简单，工艺过程便于实现机械化和自动化，生产效率高，故零件成本低。

但冲模制造复杂，模具材料及制作成本高，只有大批量生产才能充分显示其优越性。冲压成形技术广泛应用于汽车、飞机、农业机械、仪表电器、轻工和日用品等工业部门。全世界的钢材中，有 60%～70% 是板材、带材、管材及其他型材，其中大部分经过冲压制成成品。汽车的车身、底盘、油箱、散热器片、锅炉的汽包、容器的壳体、电机、电器的铁芯硅钢片等都是冲压加工的。仪器仪表、家用电器、自行车、办公机械、生活器皿等产品中，也有大量冲压件。

4.3.1 冲压成形技术的基本原理

1. 板料冲压基本工序

冲压生产中常用的设备有剪床和冲床等。剪床用来把板料剪切成一定宽度的条料,以供下一步的冲压工序用。冲床用来实现冲压工序,制成所需形状和尺寸的成品零件。冲压生产的基本工序有分离工序(separation process)和变形工序(deformation process)两大类。

1) 分离工序

分离工序是使坯料的一部分与另一部分相互分离的工序,如冲裁、落料、冲孔、切断和修整等。

(1) 冲裁

是使坯料按封闭轮廓分离的工序,主要用于落料和冲孔。落料时,冲下的部分为成品,剩下部分为废料;冲孔则相反,冲下的部分为废料,剩下部分为成品,如图 4.48 所示。

(2) 切断

是用剪刃或冲模将板料沿不封闭轮廓进行分离的工序。剪刃安装在剪床(或称为剪板机)上;而冲模安装在冲床上,多用于加工形状简单、精度要求不高的平板零件或下料。

(3) 修整

当零件精度和表面质量要求较高时,在冲裁之后常需进行修整。修整是利用修整模沿冲裁件外缘或内孔去除一薄层金属,以消除冲裁件断面上的毛刺和斜度,使之成为光洁平整的切面,如图 4.49 所示。

图 4.48 冲裁示意图   图 4.49 修整工序简图
(a) 落料;(b) 冲孔   (a) 外缘修整;(b) 内孔修整

2) 变形工序

变形工序是使板料的一部分相对另一部分在不破裂的情况下产生位移的工序,称为变形工序,如弯曲、拉深、翻边和成形等。

(1) 弯曲

是使坯料的一部分相对于另一部分弯成一定角度的工序。可利用相应的模具把金属板料弯成各种所需的形状,图 4.50 为几种弯曲件示意图。

(2) 拉深

使平板坯料变形成空心零件的工序。用拉深方法可以制成筒形、阶梯形、锥形、球形、方盒形及其他不规则形状的零件。图 4.51 为几种拉深件示意图。

拉深过程如图 4.52 所示,把直径为 D 的平板坯料放在凹模上,在凸模作用下,板料被拉入凸、凹模的间隙中,形成空心件。当工件直径 d 与坯料直径 D 相差较大时,往往需多次拉深完成。d 与 D 的比值($m=d/D$)称为拉伸系数。

图 4.50　弯曲件示意图　　　　　　　图 4.51　拉深件示意图

1—平板坯料；2—座心架；3—凸模；4—凹模。

图 4.52　拉深过程

板料冲压还可完成翻边、胀形等其他工序。

3）冲压件工艺过程举例

在利用板料制造各种零件时，各种工序的选择、工序顺序的安排以及各工序应用次数的确定，都以产品零件的形状和尺寸、每道工序中材料所允许的变形程度为依据。图 4.53 为汽车消音器零件的冲压工序。由于消音器筒口直径与坯料直径相差较大。根据坯料所允许的变形程度需三次拉深成形；零件底部的翻边孔径较大，只能在拉深后再冲孔，若先冲孔则拉深难以进行。筒底和外缘都可一次翻边成形。

冲压成形是一种常见的加工方法，冲压加工所生产出来的冲压件，应用领域可说是包罗万象，比如消费电子产品、农业机械、五金、运输工具、轻工和日用品等产业均少不了它的存在。冲压件具有下列主要特性，相对于其他加工方法可说具有不可取代的地位，主要特性包括：

（1）可得到质量轻、刚性高的制品；

（2）生产性良好，适合大量生产，成本低；

（3）可得到品质均一的制品；

（4）材料利用率高，剪切性及回收性良好。

冲压既能制造尺寸很小的仪表零件，又能制造诸如汽车大梁、压力容器封头一类的大型零件；既能制造一般尺寸公差等级和形状的零件，又能制造精密（公差在微米级）和复杂形状的零件。冲压件的质量轻、厚度薄、刚性好。它的尺寸公差取决于模具，所以质量稳定，一般不需要再经机械切削即可使用。冷冲压件的金属组织与力学性能优于原始胚料，表面光滑美观。冷冲压件的公差等级和表面状态优于热冲压件。

图 4.53　汽车消音器零件的冲压工序

2. 冲压模具

冲压模具简称冲模(stamp die)，是冲压生产中必不可少的模具。冲模结构合理与否对冲压件质量、冲压生产的效率及模具寿命等都有很大的影响。冲模基本上可分为简单冲模、连续冲模和复合冲模三种。

1) 简单冲模

在冲床的一次行程中只完成一道工序的冲模为简单冲模。如图 4.54 所示为落料用的简单冲模。凹模(2)用压板(7)固定在下模板(4)上，下模板用螺栓固定在冲床的工作台上，凸模(1)用压板(6)固定在上模板(3)上，上模板则通过模柄(5)与冲床的滑块连接。因此，凸模可随滑块作上下运动。为了使凸模向下运动能对准凹模孔，并在凸凹模之间保持均匀间隙，通常用导柱(12)和套筒(11)的结构。条料在凹模上沿两个导板(9)之间送进，碰到定位销(10)为止。凸模向下冲压时，冲下的零件(或废料)进入凹模孔，而条料则夹住凸模并随凸模一起回程向上运动。条料碰到卸料板(8)时(固定在凹模上)被推下，这样条料继续在导板间送进。重复上述动作，冲下第二个零件。

2) 连续冲模

冲床的一次行程中,在模具不同部位上同时完成数道冲压工序的模具,称为连续冲模(图4.55)。工作时定位销(2)对准预先冲出的定位孔,上模向下运动,凸模(1)进行落料,凸模(4)进行冲孔。当上模回程时,卸料板(6)从凸模上推下残料。这时再将坯料(7)向前送进,执行第二次冲裁。如此循环进行,每次送进距离由挡料销控制。

1—凸模;2—凹模;3—上模板;4—下模板;
5—模柄;6—压板;7—压板;8—卸料板;
9—导板;10—定位销;11—套筒;12—导柱。

图4.54　简单冲模

1—落料凸模;2—定位销;3—落料凹模;
4—冲孔凸模;5—冲孔凹模;6—卸料板;
7—坯料;8—成品;9—废料。

图4.55　连续冲模

3) 复合冲模

冲床的一次行程中,在模具同一部位上同时完成数道冲压工序的模具,称为复合冲模(图4.56)。复合冲模的最大特点是模具中有一个凸凹模(1)。凸凹模的外圆是落料凸模刃口,内孔则成为拉深凹模。当滑块带着凸凹模向下运动时,条料首先在凸凹模(1)和落料凹模(4)中落料。落料件被下模当中的拉深凸模(2)顶住,滑块继续向下运动时,凹模随之向下运动进行拉深。顶出器(5)和卸料器(3)在滑块的回程中将拉深件(9)推出模具。复合冲模适用于产量大、精度高的冲压件。

1—凸凹模;2—拉深凸模;3—压板(卸料器);4—落料凹模;5—顶出器;
6—条料;7—挡料销;8—坯料;9—拉深件;10—零件;11—切余材料。

图4.56　落料及拉深复合冲模

4.3.2　冲压件的结构工艺性

冲压件结构应具有良好的工艺性能,以减少材料消耗和工序数目,延长模具寿命,提高生产效率,降低成本,并保证冲压质量。所以冲压件设计时要考虑以下原则。

1. 对冲裁件的要求

(1)落料件的外形和冲孔件的孔形应力求简单、规则、对称,排样力求废料最少。如图 4.57 所示,图(b)较图(a)合理,材料利用率较高。

(a)　　　　　　　　　　　　　　　　(b)

图 4.57　零件形状便于合理排样

(a) 形状不对称,浪费材料；(b) 形状对称,材料利用率高

(2)应避免长槽与细长悬臂结构。如图 4.58 所示的落料件结构工艺性差,模具制造困难,寿命低。

(3)冲孔及外缘凸凹部分尺寸不能太小,孔与孔以及孔与零件边缘距离不宜过近,如图 4.59 所示。

图 4.58　不合理的冲裁件结构

图 4.59　冲孔件尺寸与板料厚度的关系

2. 对弯曲件的要求

(1)弯曲件形状应尽量对称,弯曲半径不能太小,弯曲边不宜过短,拐弯处离孔不宜太近。如图 4.60 所示,弯曲时应使零件的垂直壁与孔中心线的距离 $k > r + d/2$,以防孔变形；弯曲边高 H 应大于板厚 t 的 2 倍($H > 2t$),过短不易弯成。

(2)应注意材料的纤维方向,尽量使坯料纤维方向与弯曲线方向垂直,以免弯裂,如图 4.61 所示。

图 4.60　弯曲件上孔的位置和边高

图 4.61　弯曲时的纤维方向

3. 对拉深件的要求

(1)拉深件外形应简单、对称,且不宜太高,以减少拉伸次数并易于成形。

（2）拉深件转角处圆角半径不宜太小，最小许可半径 r_{min} 与材料的塑性和厚度等因素有关，如图 4.62 所示。

图 4.62 拉深件最小许可半径

4. 改进结构，简化工艺，节省材料

（1）对于形状复杂的冲压件，可先分别冲出若干个简单件，再焊成整体件，如图 4.63 所示。

（2）采用冲口工艺减少组合件，如图 4.64 所示。

图 4.63 冲压-焊接结构

图 4.64 冲口工艺的应用

（a）铆接结构；（b）冲压结构

4.4 挤压、轧制、拉拔成形技术与工程应用

4.4.1 挤压及其应用

挤压（extrusion）是使坯料在挤压筒中受强大的压力作用而变形的加工方法，具有如下特点。

（1）挤压时金属坯料在三向压应力状态下变形，因此可提高金属坯料的塑性。挤压材料不仅有铝、铜等塑性较好的有色金属，而且碳钢、合金结构钢、不锈钢及工业纯铁等也可以用挤压工艺成形。在一定的变形量下某些高碳钢，甚至高速钢等也可进行挤压。

（2）可以挤压出各种形状复杂、深孔、薄壁、异型断面的零件。

（3）零件精度高，表面粗糙度低。一般尺寸精度为 IT6～IT7，表面粗糙度 Ra 为 3.2～0.4 μm，从而可达到少屑、无屑加工的目的。

（4）零件的力学性能好。挤压变形后零件内部的纤维组织是连续的，基本沿零件外形分布而不被切断，从而提高了零件的力学性能。

（5）节约原材料，材料利用率可达 70%，生产效率也很高，可比其他锻造方法高几倍。

按挤压模出口处的金属流动方向和凸模运动方向的不同，可将挤压分为以下四种。

（1）正挤压，挤压模出口处的金属流动方向与凸模运动方向相同，如图 4.65(a)所示。

（2）反挤压，挤压模出口处的金属流动方向与凸模运动方向相反，如图 4.65(b)所示。

（3）复合挤压，挤压过程中，在挤压模的不同出口处，一部分金属的流动方向与凸模运动方向相同，而另一部分金属流动方向与凸模方向相反，如图 4.65(c)所示。

（4）径向挤压，挤压模出口处的金属流动万向与凸模运动方向成 90°，如图 4.65(d)所示。

图 4.65　挤压的种类

(a) 正挤压；(b) 反挤压；(c) 复合挤压；(d) 径向挤压

图 4.66　静液挤压

除了上述挤压方法，还有一种静液挤压方法，如图 4.66 所示。静液挤压时凸模与坯料不直接接触，而是给液体施加压力（压力可达 3000 个大气压以上），再经液体传给坯料，使金属通过凹模成形。静液挤压由于在坯料侧面无通常挤压时存在的摩擦，所以变形较均匀，可提高一次挤压的变形量。挤压力也较其他挤压方法小 10%～50%。

静液挤压可用于低塑性材料，如铍、钽、铬、钼、钨等金属及其合金的成形。对常用材料可采用大变形量（不经中间退火）一次挤成线材和型材。静液挤压法已用于挤制螺旋齿轮（圆柱斜齿轮）及麻花钻等形状复杂的零件。

挤压是在专用挤压机上进行的（有液压式、曲轴式、肘杆式等），也可在经适当改进后的通用曲柄压力机或摩擦压力机上进行。

4.4.2　轧制及其应用

轧制（rolling）方法除了生产型材、板材和管材，近年来也用来生产各种零件，在机械制造业中得到了越来越广泛的应用。零件的轧制具有生产效率高、质量好、成本低，并可大量减少金属材料消耗等优点。

根据轧辊轴线与坯料轴线方向的不同，轧制分为纵轧、横轧、螺旋斜轧等几种。

1. 纵轧

纵轧是轧辊轴线与坯料轴线互相垂直的轧制方法，包括辊锻轧制、辗环轧制等。

1) 辊锻轧制

辊锻轧制是把轧制工艺应用到锻造生产中的一种新工艺。辊锻是使坯料通过装有圆弧形模块的一对相对旋转的轧辊时受压而变形的生产方法,如图4.67所示。既可作为模锻前的制坯工序,也可直接辊锻锻件。目前,成形辊锻适用于生产以下三种类型的锻件。

(1) 扁断面的长杆件,如扳手、活动扳手、链环等。

(2) 带有不变形头部而沿长度方向横截面面积递减的锻件,如叶片等。叶片辊锻工艺和铁削旧工艺相比,材料利用率可提高4倍,生产效率提高2.5倍,而且叶片质量大为提高。

(3) 连杆成形辊锻,国内已有不少工厂采用辊锻方法锻制连杆,生产效率高,简化了工艺过程,但锻件还需用其他锻压设备进行精整。

2) 辗环轧制

辗环轧制是用来扩大环形坯料的外径和内径,从而获得各种环状零件的轧制方法,如图4.68所示。图中驱动辊(1)由电动机带动旋转,利用摩擦力使坯料(5)在驱动辊(1)和芯辊(2)之间受压变形。驱动辊还可由油缸推动作上下移动,改变两辊间(1、2)的距离,使坯料厚度逐渐变小、直径增大。导向辊(3)用以保持坯料正确运送。信号辊(4)用来控制环件直径。当环坯直径达到需要值与信号辊(4)接触时,信号辊旋转传出信号,使辊(1)停止工作。

图4.67 辊锻轧制示意图

1—驱动辊;2—芯辊;3—导向辊;4—信号辊;5—坯料。

图4.68 辗环轧制示意图

用这种方法生产的环类件,其横截面可以是各种形状的,如火车轮箍、轴承座圈、齿轮及法兰等。

2. 横轧

横轧是轧辊轴线与坯料轴线互相平行的轧制方法,如齿轮轧制等。

齿轮轧制是一种无屑或少屑加工齿轮的新工艺。直齿轮和斜齿轮均可用热轧法制造(图4.69)。在轧制前将毛坯外缘加热,然后将带齿形的轧轮(1)作径向进给,迫使轧轮与毛坯(2)对辗。在对辗过程中,毛坯上一部分金属受压形成齿谷,相邻部分的金属被轧轮齿部"反挤"而上升,形成齿顶。

3. 螺旋斜轧

螺旋斜轧亦称为斜轧。它是轧辊轴线与坯料轴线相交一定角度的轧制方法,如钢球轧制,如图4.70(a)所示;周期轧制,如图4.70(b)所示;冷轧丝杠等。

螺旋斜轧采用两个带有螺旋型槽的轧辊,互相交叉成一定角度,并作同方向旋转,使坯料在轧辊间既绕自身轴线转动,又向前进,同时受压变形获得所需产品。

1—轧轮；2—毛坯；3—感应加热器。

图 4.69　热轧齿轮示意图　　　　　　　　　　图 4.70　螺旋斜轧

螺旋斜轧钢球，如图 4.70(a)所示，使棒料在轧辊间螺旋型槽里受到轧制，并被分离成单球。轧辊每转一周即可轧制出一个钢球。轧制过程是连续的。

螺旋斜轧可以直接热轧带螺旋线的滚刀及冷轧丝杠等。

4.4.3　拉拔及其应用

拉拔(drawing)是将金属坯料通过拉拔模的模孔使其变形的塑性加工方法，如图 4.71 所示。拉拔过程中坯料在拉拔模内产生塑性变形，通过拉拔模后，坯料的截面形状和尺寸与拉拔模模孔出口相同。因此改变拉拔模模孔的形状和尺寸，即可得到相应的拉拔成形的产品。

目前的拉拔形式主要有线材拉拔、棒料拉拔、型材拉拔和管材拉拔。

线材拉拔主要用于各种金属导线、工业用金属线以及电器中常用的漆包线的拉制成形。此时的拉拔也称为"拉丝"。拉拔生产的最细的金属丝直径可达 0.01 mm 以下。线材拉拔一般要经过多次成形，且每次拉拔的变形程度不能过大，必要时要进行中间退火，否则将使线材拉断。

拉拔生产的棒料可有多种截面形状，如圆形、方形、矩形、六角形等。

型材拉拔多用于特殊截面或复杂截面形状的异形型材(图 4.72)生产。

图 4.71　拉拔示意图

图 4.72　拉拔型材截面形状

异形型材拉拔时，坯料的截面形状与最终型材的截面形状差别不宜过大。差别过大时，会在型材中产生较大的残余应力，导致裂纹以及沿型材长度方向上的形状畸变。

管材拉拔以圆管为主，也可拉制椭圆形管、矩形管和其他截面形状的管材。管材拉拔后管壁将增厚。当不希望管壁厚度变化时，拉拔过程中要加芯棒。需要管壁厚度变薄时，也必须加芯棒来控制壁管的厚度，如图 4.73 所示。

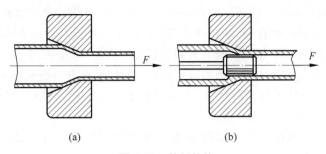

图 4.73　管材拉拔

（a）不加芯棒；（b）加芯棒

拉拔模在拉拔过程中会受到强烈的摩擦，生产中常采用耐磨的硬质合金（有时甚至用金刚石）来制作，以确保其精度和使用寿命。

4.5　新型锻压成形技术与工程应用

4.5.1　精密模锻成形技术及其应用

精密模锻是在模锻基础上发展起来的一种少、无切削加工的新工艺，是在模锻设备上锻造出形状复杂、锻件精度高的模锻工艺。与普通模锻相比，它能获得表面质量高、加工余量少和尺寸精度高的锻件，从而提高材料利用率，减少或取消切削加工工序，使金属流线沿零件轮廓合理分布，提高零件的承受能力。因此对于生产批量大的中小型锻件，若能采用精密模锻成形技术生产，则可显著提高生产效率、降低产品成本和提高产品质量。特别是对一些贵重、难以进行切削加工工件的材料，其技术经济效果更为显著。

1. 精密模锻的特点

精密模锻件具有下列优点。

（1）可节约大量金属材料，与自由锻件相比，材料利用率提高 80% 以上；与普通模锻件相比，材料利用率提高 60% 以上。

（2）可节省大量机械加工工时。精密模锻件一般不需再机械加工或只需少量机械加工就可装配使用。与自由锻相比，机械加工量减少 80% 以上。

（3）生产效率高。对于某些形状复杂和难以用机械加工方法成批生产的零件（如齿轮、叶片、高肋薄膜板零件等），采用精密模锻更能显示其优越性。它不仅生产效率高，而且在一定条件下也能达到机械加工的精度。

（4）金属流线能沿零件外形合理分布而不被切断，有利于提高锻件疲劳性能及抗应力腐蚀性能。

精密模锻虽然优点很多，但并不是在任何条件下都是经济的。因为精密模锻要求高质量的毛坯、精确的模具、少或无氧化的加热条件、良好的润滑和较复杂的工序间清理等，所以只有在一定的批量下才能大幅地降低成品零件的总成本。

2. 精密模锻成形的要点

精密模锻的成形过程是：先将原始坯料普通模锻成中间坯料；再对中间坯料进行严格

地清理,除去表面氧化皮和缺陷等；最后采用无氧化或少氧化加热后精锻。为获得表面高质量和尺寸精度合格的模锻件,从配料开始到生产出精锻件成品的整个过程,每道工序之间均要严格清理和控制表面质量。清理方法和普通模锻相似,如喷砂、喷丸、滚筒清理和酸洗、碱腐蚀等。但表面清理的要求较普通模锻高,除一般清理,还要进行光饰加工。

（1）需要精确计算原始坯料的尺寸,严格按坯料质量下料。否则会增大锻件尺寸公差,降低精度。

（2）需要采用吹沙或酸洗精细清理,除净坯料表面的氧化皮、夹杂物、裂纹、折叠、凹坑等缺陷。

（3）为了提高锻件的尺寸精度和降低表面粗糙度,在加热毛坯的过程中,要有良好的清洁条件,应采用无氧化和少氧化加热,防止各种杂物氧化皮、熔渣等连在坯料表面。

（4）为了最大限度地减少氧化,提高锻件的质量,精锻的加热温度较低,对于碳素钢,锻造温度在 900~950 ℃,称为温模锻。

（5）精密模锻的锻件精度在很大程度上取决于锻模的加工精度。因此,精锻模腔的精度必须很高。一般要比锻件精度高两级。精锻模一定要有导柱导套结构,保证合模准确。为排除模腔中的气体,减少金属流动阻力,使金属更好地充满模腔,在凹模上应开有排气小孔。

（6）模锻时要很好地进行润滑和冷却锻模。在精密模锻过程中,采取良好的润滑措施,可使金属易于充满型槽、易于脱模、减少变形抗力、防止表面缺陷和延长模具寿命等。因精密模锻后锻件温度高,倘若直接空冷将会产生表面二次氧化,影响其表面质量。为此热锻后锻件应迅速放在保护介质中冷却。常用的保护介质有黄砂、石墨砂和保护气体。大批生产时,采用保护气体冷却是比较理想的。为防止锻件在冷却过程中产生挠曲和变形,一般采用低堆冷。

（7）精密模锻一般都在刚度大、精度高的模锻设备上进行,如曲柄压力机、摩擦压力机或高速锤等。

3. 精密模锻的应用

机械制造工业有些零件,如汽车的同步齿圈,不仅齿形复杂,而且其上有一些盲槽,切削加工很困难,而采用精密模锻技术成形后,只需少量的切削加工便可装配使用。如精密模锻锥齿轮,其齿形部分可直接锻出而不必再经过切削加工。模锻件尺寸精度可达 IT12~IT15,表面粗糙度 Ra 为 3.2~1.6 μm。因此精密模锻是现代机械制造工业中的一项重要新技术,也是锻压技术的发展方向之一。

4.5.2 超塑性模锻成形技术及其应用

超塑性(superplasticity)是指金属或合金在特定条件下,极低的形变速率($\varepsilon = 10^{-4} \sim 10^{-2}$ 1/S),一定的变形温度和均匀的细晶粒度(晶粒平均直径为 0.2~5 μm)条件下,其相对延伸率 δ 超过 100%的特性,如钢超过 500%、钛超过 300%、锌铝合金超过 1000%。

超塑性状态下的金属在拉伸变形过程中不产生缩颈现象,变形应力可比常态下金属的降低百分之几十。因此该金属极易成形,可采用多种工艺方法制出复杂零件。

目前常用的超塑性模锻成形材料主要是锌铝合金、铝基合金、钛合金及高温合金。

1. 超塑性模锻成形特点

（1）扩大了可锻金属材料种类。如过去只能采用铸造成形的镍基合金,也可以进行超塑性模锻成形。

（2）金属填充模腔的性能好，可锻出尺寸精度高、机械加工余量小甚至不用加工的零件。

（3）能获得均匀细小的晶粒组织，零件力学性能均匀一致。

（4）金属的变形抗力小，可充分发挥中、小设备的作用。

2．超塑性模锻成形技术的应用

（1）板料冲压

如图 4.74 所示，工件直径 d_0 较小，但高度 H 很高。选用超塑性材料可以一次拉深成形，工件质量很好，性能无方向性。图 4.74 为拉深成形过程与工件示意图。

1—冲头（凸模）；2—压板；3—凹模；4—电热元件；5—坯料；6—高压油孔；7—工件。

图 4.74　拉深成形过程与工件示意图

（a）拉深过程；（b）工件

（2）板料气压成形

如图 4.75 所示，超塑性金属板料放于模具内，把板料与模具一起加热到规定温度，向模具内充入压缩空气或抽出模具内的空气形成负压，板料将贴紧在凹模或凸模上，获得所需形状的工件。该方法可加工的板料厚度为 0.4～4 mm。

1—电热元件；2—进气孔；3—板料；4—工件；5—凹（凸）模；6—模框；7—抽气孔。

图 4.75　板料气压成形

（a）凹模内成形；（b）凸模上成形

（3）挤压和模锻

高温合金及钛合金在常态下塑性很差，变形抗力大，不均匀变形引起各向异性的敏感性强，用通常的成形方法较难成形，材料损耗极大，致使产品成本很高。如果在超塑性状态下进行模锻就可完全克服上述缺点，节约材料，降低成本。

4.5.3 粉末锻造成形技术及其应用

粉末锻造(power forging)通常是指将粉末烧结的预成形坯经加热后,在闭式模中锻造成零件的成形工艺方法。它是将传统的粉末冶金和精密锻造结合起来的一种新工艺,并兼有两者的优点。可以制取密度接近材料理论密度的粉末锻件,可克服普通粉末冶金零件密度低的缺点。使粉末锻件的某些物理和力学性能达到甚至超过普通锻件的水平。同时又保持了普通粉末冶金少屑、无切屑工艺的优点。通过合理设计预成形坯和实行少、无飞边锻造,具有成形精确、材料利用率高、锻造能量消耗少等特点。

图 4.76 粉末锻造的基本工艺过程

粉末锻造的目的是把粉末预成形坯锻造成致密的零件。目前常用的粉末锻造方法有粉末锻造、烧结锻造、锻造烧结和粉末冷锻几种,其基本工艺过程如图 4.76 所示。

粉末锻造在许多领域中得到了应用,特别是在汽车制造业中的应用更为突出。表 4.3 给出了适于粉末锻造工艺生产的汽车零件。

表 4.3 适于粉末锻造工艺生产的汽车零件

发动机	连杆、齿轮、气门挺杆、交流电机转子、阀门、气缸衬套、环形齿轮
变速器(手动)	毂套、回动空转齿轮、离合器、轴承座圈同步器、各种齿轮
变速器(自动)	内座圈、压板、外座圈、制动装置、离合器凸轮、各种齿轮
底盘	后轴壳体端盖、扇形齿轮、万向轴、侧齿轮、轮箍、伞齿轮、环齿轮

4.5.4 液态模锻成形技术及其应用

液态模锻(liquid forging)是将一定量的液态金属直接注入金属模膛,随后在压力的作用下,使处于熔融或半熔融状态的金属液发生流动并凝固成形,同时伴有少量塑性变形,从而获得毛坯或零件的加工方法。

液态模锻典型工艺流程如图 4.77 所示。一般分为金属液和模具准备、浇注、合模施压以及开模取件四个步骤。

(a)   (b)   (c)   (d)

图 4.77 液态模锻工艺流程

(a) 熔化;(b) 浇注;(c) 加压;(d) 顶出

液态模锻工艺的主要特点如下：

(1) 成形过程中，液态金属自始至终承受等静压，在压力下完成结晶凝固；

(2) 已凝固金属在压力作用下产生塑性变形，使制件外表面紧贴模膛，保证尺寸精度；

(3) 液态金属在压力作用下，凝固过程中能得到强制补缩，比压铸件组织致密；

(4) 成形能力高于固态金属热模锻，可成形形状复杂的锻件。

适用于液态模锻的材料非常多，不仅铸造合金，而且变形合金、有色金属及黑色金属的液态模锻也已大量应用。

液态模锻适用于各种形状复杂、尺寸精确的零件制造，在工业生产中应用广泛，如活塞、炮弹引信体、压力表壳体、波导弯头、汽车油泵壳体、摩托车零件等铝合金零件；齿轮、蜗轮、高压阀体等铜合金零件；钢法兰、钢弹头、凿岩机缸体等碳钢、合金钢零件。

4.5.5　高能率成形技术及其应用

高能率成形(high-energy rate shaping)是一种在极短时间内释放高能量使金属变形的成形方法。高能率成形主要包括爆炸成形、电液成形和电磁成形等几种形式。

1. 爆炸成形

爆炸成形(explosion shaping)是利用爆炸物质在爆炸瞬间释放出巨大的化学能对金属坯料进行加工的高能率成形方法。

爆炸成形时，爆炸物质的化学能在极短时向内转化为周围介质(空气或水)中的高压冲击波，并以脉冲波的形式作用于坯料，使其产生塑性变形并以一定速度贴模，完成成形过程。冲击波对坯料的作用时间为微秒级，仅占坯料变形时间的一小部分。这种高速变形条件，使爆炸成形的变形机理及过程与常规冲压加工有着根本性的差别。爆炸成形装置原理图如图 4.78 所示。

1—电雷管；2—炸药；3—水筒；4—压迫圈；5—螺栓；6—毛坯；7—密封；
8—凹模；9—真空管道；10—缓冲装置；11—压缩空气管路；12—垫环；13—密封。

图 4.78　爆炸成形装置原理图

爆炸成形的主要特点如下。

(1) 模具简单，仅用凹模即可，节省模具材料，降低成本。

(2) 简化设备，一般情况下，爆炸成形无需使用冲压设备，生产条件简化。

（3）能提高材料的塑性变形能力，适用于塑性差的难成形材料。

（4）适于大型零件成形，用常规方法加工大型零件，往往受到模具尺寸和设备厂作台面的限制。而爆炸成形不需专用设备，且模具及工装制造简单，周期短，成本低。

爆炸成形目前主要用于板材的拉深、胀形、校形等成形工艺，此外还常用于爆炸焊接、表面强化、管件结构的装配、粉末压制等方面。

2. 电液成形

电液成形（electro-hydraulic shaping）是利用液体中强电流脉冲放电所产生的强大冲击波对金属进行加工的高能率成形方法。

电液成形装置的基本原理如图 4.79 所示。该装置由两部分组成，即充电回路和放电回路。充电回路主要由升压变压器（1）、整流器（2）及充电电阻（3）组成。放电回路主要由电容器（4）、辅助间隙（5）及电极（9）组成。来自网路的交流电经升压变压器及整流器后变为高压直流电并向电容器（4）充电。当充电电压达到所需值后，点燃辅助间隙，高压电瞬时加到两放电电极所形成的主放电间隙上，并使主间隙击穿，产生高压放电，在放电回路中形成非常强大的冲击电流，结果在电极周围介质中形成冲击波及液流冲击而使金属坯料成形。

1—升压变压器；2—整流器；3—充电电阻；4—电容器；5—辅助间隙；
6—水；7—水箱；8—绝缘；9—电极；10—毛坯；11—抽气孔；12—凹模。

图 4.79　电液成形装置原理图

电液成形除了具有模具简单、零件精度高、能提高材料塑性变形能力等特点，与爆炸成形相比，电液成形时能量易于控制，成形过程稳定，操作方便，生产效率高，便于组织生产。

电液成形主要用于板材的拉深、胀形、翻边、冲裁等。

3. 电磁成形

电磁成形（electromagnetic shaping）是利用脉冲磁场对金属坯料进行塑性加工的高能率成形方法。电磁成形装置原理如图 4.80 所示。通过放电磁场与感应磁场的相互叠加，产生强大的磁场力，使金属坯料变形。与电液成形装置原理比较可见，除放电元件不同，其他都是相同的。电液成形的放电元件为水介质中的电极，而电磁成形的放电元件为空气中的线圈。

电磁成形除具有一般的高能成形特点，还无需传压介质，可以在真空或高温条件下成形，能量易于控制，成形过程稳定，再现性强，生产效率高，易于实现机械化和自动化。

1—升压变压器；2—整流器；3—限流电阻；4—电容器；5—辅助间隙；6—工作线圈；7—毛坯。

图 4.80　电磁成形装置原理图

电磁成形典型技术主要有管坯胀形，如图 4.81(a)所示，管坯缩颈，如图 4.81(b)所示，及平板坯料成形，如图 4.81(c)所示。此外，在管材的缩口、翻边、压印、剪切及装配、连接等方面也有较多应用。

1—工件；2—线圈；3—模具。

图 4.81　电磁成形典型加工方法

(a)管坯胀形；(b)管坯缩颈；(c)平板坯料成形

4.5.6　新型锻造成形技术工程案例

工程案例 4.4　精密模锻某汽车差速器行星齿轮

直齿圆锥齿轮精锻件有连续的金属流线（沿齿廓分布合理）、致密的组织，齿轮的强度、齿面的耐磨能力、热处理的变形量和咬合噪声等都比切削加工的齿轮优越。其强度和抗弯、抗疲劳寿命提高 20%，热处理变形量减少 30%，生产成本降低 20% 以上。下面介绍某汽车差速器行星齿轮的精密模锻，行星齿轮的零件如图 4.82 所示，材料为 18CrMnTi。

1. 工艺流程

精锻齿轮生产工艺过程为：下料→切削外圆（除去表面缺陷层，切削量 1～1.5 mm）→

加热→精密模锻→冷切边→酸洗(喷砂)→加热→精压→冷切边→酸洗(喷砂)→膛孔、车背锥球面→热处理→喷丸→磨内孔、磨背锥球面。

精锻时,在快速少、无氧化加热炉中加热坯料。精压时,把锻件加热到 $800\sim900\ ℃$,用高精度模具进行体积精压。采用精压工序,有利于保证零件精度和提高零件寿命。

图 4.82　行星齿轮零件图

2. 锻件图

图 4.83 为行星齿轮精密锻件图。制订锻件图主要考虑如下几方面。

(1) 分模面位置。把分模面设计在锻件最大直径处,这样能锻出全部齿形及顺利脱模。

(2) 加工余量。齿形和小端不留加工余量,即不需机械加工。背锥面是安装基准面,精锻时可能达不到精度要求,预留 1 mm 加工余量。

(3) 冲孔连皮。当锻件中孔的直径小于 25 mm 时,一般不锻出;当孔的直径大于 25 mm 时,应锻出斜度和连皮孔,锻出孔对齿形充满有利。对圆锥齿轮精密模锻的研究指出,当锻出中间孔时,连皮的位置对齿形充满情况有影响,连皮至端面距离约为 $0.6H$ 时,齿形充满情况最好,其中 H 为不包括轮毂部分的锻件高度,如图 4.84 所示。连皮厚度 $h = (0.2\sim0.3)d$,但不宜小于 $6\sim8$ mm。行星齿轮孔径 $d = 20$ mm,不锻出。

图 4.83　行星齿轮精密锻件图

图 4.84　冲孔连皮位置

(4) 锻件高度为不包括轮毂部分的锻件高度。在行星齿轮小端压出 $1 \times 45°$ 孔的倒角，省去倒角工序。

3. 坯料形状和尺寸

根据计算并试锻，确定采用的圆柱坯料，其质量约为 311 g。

4. 精锻模具

如图 4.85 所示为行星齿轮精锻模具，它是开式精密模锻的典型结构。一般说来，齿形模腔设置在上模有利于成形和提高模具寿命。但对行星齿轮的精锻模来说，为了安放毛坯方便和便于顶出锻件，凹模(9)安放在下膜板(13)上，这对于清除齿形模腔中的氧化皮或润滑剂残渣，提高模具寿命是不利的。采用双层组合凹膜，凹膜(9)用预应力圈(6)加强，凹膜压圈(7)起到固紧凹膜的作用。模锻后由顶杆(10)把锻件从凹模中顶出。

图 4.86 为半闭式精密模锻圆锥齿轮的典型模具结构。该模具上的关键零件是环形齿圈，模锻时直接由它压出齿形。

1—上模板；
2—上模垫板；
3—上模；
4—压板；
5、8—螺栓；
6—预应力圈；
7—凹模压圈；
9—凹模；
10—顶杆；
11—凹模垫板；
12—垫板；
13—下模板。

图 4.85　行星齿轮精锻模

图 4.86　半闭式精密模锻圆锥
齿轮的模具结构

凹模采用预应力组合结构，模腔采用电脉冲方法加工，加工模腔用的电极根据齿轮零件图设计，并考虑下述因素：锻件冷却时的收缩，锻模工作时的弹性变形和模具的磨损，电火花放电间隙，电加工时电极损耗等。凹膜和上膜材料采用 3CrW8V，钢热处理硬度为 48～52 HRC。凹膜和上膜的结构如图 4.87 所示。在初加工、热处理和磨削加工后，用电脉冲机床加工齿形模腔，并用低熔点浇铸实样或制造样板来检验齿形模腔。

图 4.87 行星锥齿轮凹模和上模结构

(a) 凹模;(b) 上模

用电脉冲加工凹模模腔时,模腔设计就是齿轮电极的设计。设计齿轮电极需要根据齿轮零件图,并考虑锻件冷却时的收缩、模锻工作时的弹性变形和模具的磨损、电火花放电间隙和电加工时的电极损耗等因素。

5. 齿轮电机设计应考虑的问题

齿轮电机设计应考虑如下几点。

(1) 精度要比齿轮产品高两级,如产品齿轮精度为 8 级时,齿轮电极精度为 6 级。

(2) 表面粗糙度比齿轮产品提高 1~2 级。

(3) 齿轮高可等于齿轮产品齿根高或增加 $0.1m$(m 为模数),即使齿全高增加约 $0.1m$。

(4) 分度圆压力角的修正主要考虑下述影响压力角变化的因素:模具的弹性变形和磨损,电加工时齿轮电极的损耗,锻件温度不均匀,锻件的冷却收缩。

对于尺寸较大的齿轮,由于冷收缩的绝对值较大,需要在设计电极时考虑锻件的冷收缩量。此时仍是修正齿轮电极的安装距,使锻件齿轮冷收缩后的分度圆锥与齿轮零件图的分度圆锥一致,即在齿轮电极增加安装距修正量。

该件在 3000 kN 摩擦压力机上精锻,润滑剂采用 70% 机油 + 30% 石墨。精锻齿轮的尺寸精度和内部组织完全达到了设计要求。如图 4-87(b)所示为行星齿轮上模,其材料为 3Cr2W8V 钢,热处理硬度为 48~52 HRC。考虑到冷收缩时,根据收缩率确定热锻件的尺寸为

节圆直径 $d_2 = d_0(1 + \alpha \Delta t)$

大端模数 $m_2 = d_2 / z$

大端齿 $h_1 = m_2$

顶高 $h_2 = 1.2m_2$

大端齿顶圆直径 $D = m_2(z + 2\cos\delta_0)$

大端固定弦齿厚 $S = 1.387m_2$

大端固定弦齿高 $h = 0.7476m_2$

式中:d_0 为齿轮零件大端节圆直径;z 为齿数;α 为材料的热膨胀率;Δt 为终锻时锻件温

度与模具的温度差；δ_0 为节锥角。

根据热锻件图，并考虑模具弹性变形和磨损、电加工的放电间隙和电极损耗，从而确定齿轮电极尺寸。考虑上述因素后，设计加工的行星齿轮凹模用电极如图 4.88 所示。

图 4.88　加工行星齿轮凹模用电极

利用这种结构的半闭式精密模锻，在 16000 kN、25000 kN、40000 kN 热模锻压力机上可以模锻公称直径为 79～229 mm，具有直线型和曲线型的圆锥齿轮。其工艺流程为：剪床下料→电感应加热→模锻（镦粗和终锻）。为了提高终锻模镶块寿命，模段在两个镶块中轮流进行。行星齿轮由切削加工改为精密模锻成形后，材料利用率由 41.6% 提高到 83%，提高工效两倍。

4.6　锻压成形技术新进展

1. 发展省力成形工艺

锻压成形技术相对于铸造、焊接技术有产品内部组织致密、力学性能好且稳定的优点。但是传统的锻压成形技术往往需要大吨位的压力机，重型锻压设备的吨位已达万吨级，相应的设备重量及初期投资非常大。实际上，塑性加工也并不是沿着大工件—大变形力—大设备—大投资这样的逻辑发展下去的。

省力的主要途径有三种：

（1）改变应力状态，根据塑性加工力学中塑性变形的条件，受力物体处于异号应力状态时，材料容易产生塑性变形，即变形力较小。

（2）降低流动应力，属于这一类的成形方法有超塑成形及液态模锻（实际上是半固态成形或近熔点成形),前者属于较低应变速率的成形,后者属于特高温度下成形。

(3)减少接触面积不仅使总压力减少,而且也使变形区单位面积上的作用力减少,原因是减少了摩擦对变形的拘束。属于这类的成形工艺有旋压、辊锻、楔横轧、摆动辗压等。

2. 增强成形柔度

柔性加工是指应变能力很强的加工方法,适用于产品多变的场合。在市场经济条件下,柔度高的加工方法显然也有较强的竞争力。

塑性加工通常是借助模具或其他工具使工件成形。模具或工具的运动方式及速度受设备的控制。所以提高塑性加工柔度的方法有两种途径:一是从机器的运动功能上着手,例如多向多动压力机、快速换模系统及数控系统;二是从成形方法上着手,可以归结为无模成形、单模成形、点模成形等多种成形方法。

无模成形是一种基本上不使用模具的柔度很高的成形方法。如管材无模弯曲、变截面坯料无模成形、无模胀球等工艺近年来得到了非常广泛的应用。

单模成形是指仅用凸模或凹模成形,当产品形状尺寸变化时不需要同时制造凸、凹模。属于这类成形方法的有爆炸成形、电液或电磁成形、聚氨酯成形及液压胀形等。

点模成形也是一种柔性很高的成形方法。对于像船板一类的曲面,其截面总可以用函数 $z=f(x,y)$ 来描述。当曲面参数变化时,仅需调整一下上下冲头的位置即可。

利用单点模成形近来有较大的发展,实际上钣金工历史上就是用锤逐点敲打成很多复杂零件的。近来由于数控技术的发展,使单点成形数控化,这是一个有相当应用前景的技术。

3. 提高成形精度

近年来,近无余量成形(near net shape forming)很受重视,其主要优点是减少材料消耗,节约后续加工的能源,当然成本也相应减低。提高产品精度,一方面要使金属能充填模腔中很精细的部位,另一方面又要有很小的模具变形。等温锻造由于模具与工件的温度一致,工件流动性好,变形力少,模具弹性变形小,是实现精锻的好方法。粉末锻造,由于容易得到最终成形所需要的精确的预制坯,所以既节省材料又节省能源。

4. 推广 CAD/CAE/CAM 技术

随着计算机技术的迅速发展,CAD/CAE/CAM 技术在塑性加工领域的应用日趋广泛,为推动塑性加工的自动化、智能化、现代化进程发挥了重要作用。

在锻造生产中,利用 CAD/CAM 技术可进行锻件、锻模设计,材料选择、坯料计算,制坯工序、模锻工序及辅助工序设计,确定锻造设备及锻模加工等一系列工作。

在板料冲压成形中,随着数控冲压设备的出现,CAD/CAM 技术得到了充分的应用。尤其是冲裁件 CAD/CAM 系统应用已经比较成熟。不仅使冲模设计、冲裁件加工实现了自动化,大幅提高了生产效率,而且对于大型复杂冲裁件,还省去了大型、复杂的模具,从而大大降低了产品成本。目前,CAD/CAE/CAM 技术已在板料冲压成形工序(如弯曲、胀形、拉深等)中得到了应用。尤其是应用在汽车覆盖件的成形中,给整个汽车工业带来了极为深刻的变革。利用 CAE(其核心内容是有限元分析、模拟)技术,对 CAD 系统设计的覆盖件及其成形模具进行覆盖件冲压成形过程模拟,将模拟计算得到的数据再反馈给 CAD 系统进行模具参数优化,最后送交 CAM 系统完成模具制造。这样就省去了传统工艺中反复多次的繁杂的试模、修模过程，从而大大缩短了汽车覆盖件的生产乃至整个汽车改型换代的时间。

CAD/CAE技术在板料冲压成形领域中尤其有巨大的应用前景。利用这一技术，只要输入造型设计师设计的冲压件形状数字模型，计算机就会输出我们所需要的模具形状、板料尺寸、拉深筋及其方位和形状。

5. 实现产品—工艺—材料一体化

以前塑性成形往往是"来料加工"，近来由于机械合金化的出现，可以不通过熔炼得到各种性能的粉末。塑性加工时可以自配材料经热等静压（HIP）再经等温锻得到产品。

复合材料，包括颗粒增强及纤维增强的复合材料的成形，已经历史性地落到塑性加工的肩上。材料工艺一体化正给塑性加工界带来更多的机会和更大的活动范围。

人们对客观世界的认识在不断加深，人们发现世界的能力也在不断增强。例如汽车车轮制造方法先后出现的有冲压法、旋压法，新近在国外又出现了整体铸造-模锻法。可以毫不夸张地说，新的成形工艺将层出不穷，它的实用化程度将反映出一个国家制造业的水平。

铸压成形
技术教学
案例

思考题与习题

4.1　塑性加工中，什么是热变形？什么是冷变形？各有何特点？生产中如何选用？

4.2　什么叫作加工硬化？加工硬化对工件性能及加工过程有何影响？

4.3　评价金属可锻性好坏的指标是什么？影响可锻性的因素是什么？

4.4　金属在规定的合理的锻造温度范围以外进行锻造，可能会出现什么问题？

4.5　自由锻有哪些主要工序？试比较自由锻造与模锻的生产特点及应用范围，与自由锻相比，模锻具有哪些优点？

4.6　锻造过程中纤维组织是如何形成的？它对机械性能有何影响？能否消除纤维组织？

4.7　锻造过程中金属加热的主要缺陷有哪些？如何减少或消除？

4.8　设计自由锻件结构时，应注意哪些工艺性问题？绘制锻件图应考虑的几个主要因素是什么？

4.9　板料冲压生产有何特点，应用范围如何？

4.10　冲压有哪些基本工序？各工序的工艺特点是什么？

4.11　各冲压工序容易出现的问题是什么？如何保证冲压件质量，避免缺陷？

4.12　设计冲压件结构时应考虑哪些原则？

4.13　用 $\phi 50$ 冲孔模具来生产 $\phi 50$ 落料件能否保证冲压件的精度？为什么？

第5章

焊接成形技术与工程应用

焊接（welding），也称作熔接、镕接，是一种以加热、高温或高压的方式，使两个分离的金属或其他热塑性材料如塑料（同种材质或异种材质）产生原子或分子间接合的制造工艺及成形技术。焊接通过下列三种途径达成接合的目的：①加热欲接合之工件使之局部熔化形成熔池，熔池冷却凝固后便接合，必要时可加入熔填物辅助；②在相当于或低于工件熔点的温度下辅以高压、叠合挤塑或振动等，使两工件间相互渗透接合（如锻焊、固态焊接）；③单独加热熔点较低的焊料，无需熔化工件本身，借焊料的毛细作用连接工件（如软钎焊、硬焊）。依据具体的焊接工艺，焊接可分为气焊、电阻焊、电弧焊、感应焊接及激光焊接等。焊接的能量来源有很多种，包括气体焰、电弧、激光、电子束、摩擦和超声波等。除了在工厂中使用，焊接还可以在多种环境下进行，如野外、水下和太空。无论在何处，焊接都可能给操作者带来危险，所以在进行焊接时必须采取适当的防护措施。焊接给人体可能造成的伤害包括烧伤、触电、视力损害、吸入有毒气体、紫外线照射过度等。

焊接技术是随着金属的应用而出现的，古代的焊接方法主要是铸焊、钎焊和锻焊。中国商朝制造的铁刃铜钺，就是铁与铜的铸焊件，其表面铜与铁的熔合线蜿蜒曲折，接合良好。春秋战国时期曾侯乙墓中的建鼓铜座上有许多盘龙，是分段钎焊连接而成的，经分析，所用的材料与现代软钎料成分相近。战国时期制造的刀剑，刀刃为钢，刀背为熟铁，一般是经过加热锻焊而成的，据明朝宋应星所著《天工开物》记载：中国古代将铜和铁一起入炉加热，经锻打制造刀、斧；用黄泥或筛细的陈久壁土撒在接口上，分段煅焊大型船锚。中世纪，在叙利亚大马士革也曾用锻焊制造兵器。但古代焊接技术长期停留在较原始的水平上，使用的热源都是炉火，温度低、能量不集中，无法用于大截面、长焊缝工件的焊接，只能用以制作装饰品、简单的工具和武器。

近代真正意义上的焊接技术，起源于1880年前后电弧焊方法的问世。半个多世纪以来，随着近代物理化学、材料科学、机械、电子、计算机等学科的发展，焊接技术取得了令世人瞩目的进展，成为制造业中不可缺少的基本制造技术之一。特别是近年来，焊接技术已经发展成为具有一定规模的机械化、半自动化和自动化的独立加工领域。科学技术的发展和焊接技术的不断进步，使新的焊接方法不断产生。特别是20世纪50年代以后，焊接方法得到更快的发展。1956年出现了以超声波和电子束作为热源的超声波焊和电子束焊。1957年出现了等离子弧焊和扩散焊。1965年和1970年分别出现了以激光束为热源的脉冲和连续激光焊。20世纪末出现了搅拌摩擦焊和微波焊。焊接技术几乎运用了一切可以利用的热源，其中包括电弧、电阻热、超声波、摩擦、等离子弧、电子束激光、微波等。从19世纪末出现碳弧到20世纪末出现微波焊的发展来看，历史上每一种热源的出现都伴随着新的焊接方法的出现，并推动了焊接技术的发展。至今，焊接热源的研究与开发仍未终止，新的焊接方法和新工艺不断涌现，焊接技术已经渗透到国民经济的各个领域。

我国焊接技术的发展开始于1955年前后。在当时苏联专家的帮助下，经过第一批留苏人员的艰苦努力，我国开始建立自己的焊接专业，培养焊接人才，这标志着我国焊接事业的真正起步。而我国焊接专业的迅速发展还是在改革开放后，在经济腾飞和工业发展的巨大推动力下获得的。目前经过焊接工作者的努力，基本掌握了各项先进的焊接生产技术，并将其应用于工业生产中，极大地推动了我国经济的快速发展。我国在实行改革开放政策以来，在大型焊接钢结构的开发与应用方面创造了1949年以来的最高水平，有的已经成为世界第一，例如国家大剧院、奥运体育场、大吨位原油船舶、核电站反应器、"神舟"飞船的返回舱、长江大桥等。世界关注的长江三峡水利工程，其水电站的水轮机转轮直径为10.7 m，高5.4 m，重达440 t，成为世界上最大、最重的不锈钢焊接转轮。这些焊接技术在国民工业的成功应用，也说明了我国焊接制造技术已经得到很大发展，得到世界的瞩目。

大量先进技术在我国航空航天、电子工业、交通运输、大型工程及设备等行业的应用，使我国的焊接技术得到突飞猛进的发展。为了完成诸多的重要焊接任务，我国先后自行研制、开发和引进了一批先进的焊接设备、技术和材料。目前国际上在生产中已经采用的成熟焊接方法与装备在我国也都有所应用。我国制造企业通过消化吸收，已经掌握了先进的焊接技术和焊接方法（其中不乏一些特种焊接技术），并在应用的过程中创新发展，诸如电子束焊接、搅拌摩擦焊、激光焊接、单丝或双丝窄间隙埋弧焊、水射流切割、四丝高速埋弧焊、等离子焊接、精细等离子切割、焊接柔性生产线、STT焊接热源、变极性焊接热源和全数字化焊接电源等先进的焊接技术和设备。

虽然我国焊接工作者积极努力追赶国际先进水平，但是也该认识到，我国在焊接方法和工艺的原始创新上，要赶上世界先进水平还有一段很长的路程要走。因此，需要加强新的焊接共性技术的研究与开发。在新焊接技术的研发与推进应用、新型热源在焊接方法上的应用、高效优质自动化焊接技术、焊接生产与质量管理的信息化等方面，应加快研究与应用开发。

5.1　焊接成形技术原理基础

焊接是最主要的连接技术之一。焊接的定义可以概括为：同种或异种材质的工件，通过加热或加压或二者并用，用或者不用填充材料，使工件达到原子水平的结合而形成永久性连接的工艺。焊接过程中一般需要对焊接区域进行加热，使其达到或超过材料的熔点（熔焊），或接近熔点的温度（固相焊接），随后在冷却过程中形成焊接接头（welding joint）。这种加热和冷却过程称为焊接热过程。它贯穿于材料焊接过程的始终，对于后续涉及的焊接冶金、焊缝凝固结晶、母材热影响区的组织和性能、焊接应力变形以及焊接缺陷（如气孔、裂纹等）的产生都有着重要的影响。

典型焊条电弧焊的焊接过程如图 5.1(a)所示。焊条与被焊工件之间燃烧产生的电弧热使工件(基本金属)和焊条同时熔化成为熔池(molten pool)。药皮燃烧产生的 CO_2 气流围绕电弧周围,连同熔池中浮起的熔渣可阻挡空气中的氧、氮等侵入,从而保护熔池金属。电弧焊的冶金过程如同在小型电弧炼钢炉中进行炼钢,焊接熔池中进行着熔化、氧化还原、造渣、精炼和渗合金等一系列物理、化学过程。电弧焊过程中,电弧沿着工件逐渐向前移动,并对工件局部进行加热,使工件和焊条金属不断熔化成为新的熔池,原先的熔池则不断地冷却凝固,形成连续焊缝。焊缝连同熔合区和热影响区组成焊接接头,图 5.1(b)是焊接接头横截面示意图。

(a)   (b)

1—工件;2—焊缝;3—熔池;   1—焊缝;2—熔合区;

4—金属熔滴;5—药皮;6—焊芯;   3—热影响区;4—母材。

7—气体;8—熔融熔渣;9—固态渣壳。

图 5.1　低碳钢电弧焊焊接过程及其形成的焊接接头

(a)电弧焊焊接过程;(b)焊接接头横截面示意图

5.1.1　焊接热过程

1. 焊接热过程的特点

焊接的热过程包括焊件的加热、焊件中的热传递及冷却三个阶段。焊接热过程具有如下特点。

(1)加热的局部性。熔焊过程中,高度集中的热源仅作用在焊件的焊接接头部位,焊件上受到热源直接作用的范围很小。由于焊接加热的局部性,焊件的温度分布很不均匀,特别是在焊缝附近温差很大,由此带来了热应力和变形等问题。

(2)焊接热源是移动的。焊接时热源沿着一定方向移动而形成焊缝,焊缝处金属被连续加热熔化的同时又不断冷却凝固。因此,焊接熔池的冶金过程和结晶过程均不同于炼钢和铸造时的金属熔炼和结晶过程。同时,移动热源在焊件上形成的是一种准稳定温度场,对它作理论计算也比较困难。

(3)具有极高的加热速度和冷却速度。

2. 焊接热源

焊接热源是进行焊接所必须具备的条件。事实上,现代焊接技术的发展过程也是与焊接热源的发展密切相关的。一种新的热源的应用,往往意味着一种新的焊接方法的出现。现代焊接生产对于焊接热源的要求主要包括以下几点。

(1) 能量密度高,能产生足够高的温度。高能量密度和高温可以使焊接加热区域尽可能小,热量集中,并实现高速焊接,提高生产效率。

(2) 热源性能稳定,易于调节和控制。热源性能稳定是保证焊接质量的基本条件。

(3) 高的热效率,降低能源消耗。尽可能提高焊接热效率,节约能源消耗有着重要经济意义。

主要焊接热源有电弧热、化学热、电阻热、等离子焰、电子束和激光束等,见表 5.1。

表 5.1 各种热源的主要特性

热 源	最小加热面积/cm²	最大功率密度/(W/cm²)	正常焊接工艺参数下的温度
乙炔火焰	10^{-2}	2×10^3	3200 ℃
金属极电弧	10^{-3}	10^4	6000 K
钨极氩弧(TIG)	10^{-3}	1.5×10^4	8000 K
熔化极氩弧(MIG)	10^{-4}	$10^4\sim10^5$	—
CO_2 气体保护焊	10^{-4}	$10^4\sim10^5$	—
埋弧焊	10^{-3}	2×10^4	6400 K
电渣焊	10^{-2}	10^4	2000 ℃
等离子焰	10^{-5}	1.5×10^5	18000~24000 K
电子束	10^{-7}	$10^7\sim10^9$	—
激光束	10^{-8}	$10^7\sim10^9$	—

3. 焊接温度场

根据热力学第二定律,只要有温度差存在,热量总是由高温处流向低温处。在焊接时,由于局部加热的特点,工件上存在着极大的温度差,因此在工件内部必然要发生热量的传输过程。此外,焊件与周围介质间也存在很大温差,并进行热交换。在焊接过程中,传导、对流和辐射三种传热方式都存在。但是,对于焊接过程影响最大的是热能在焊件内部的传导过程,以及由此形成的焊接温度场(weldingtemperature field)。它对于焊接应力、变形、焊接化学冶金过程、焊缝及热影响区的金属组织变化,以及焊接缺陷(如气孔、裂纹等)的产生均有重要影响。

图 5.2 温度场的等温线

温度场指的是一个温度分布的空间。焊接时焊件上存在着不均匀的温度分布,同时由于热源不断移动,焊件上各点的温度也在随时变化。因此,焊接温度场是不断随时间变化的。焊接温度场可以用等温线来表示,如图 5.2 所示。

4. 焊接热循环

焊接过程中焊缝附近母材上各点,当热源移近时将急剧升温;当热源离去后,将迅速冷却。母材上某一点所经受的这种升温和降温过程叫作焊接热循环(weld thermal cycle)。焊接热循环具有加热速度快、温度高、高温停留时间短和冷却速度快等特点。焊接热循环可以用如图 5.3 所示的温度-时间曲线来表示,反映焊接热循环的主要特征。对焊接接头性能影响较大的四个参数是加热速度 w_H、加热的最高温度 T_M、相变点以上停留时间 t_H 和冷却

速度 v_c。焊接过程中加热速度极高,在一般电弧焊时,可以达到 200～300 ℃/s,远高于一般热处理时的加热速度。最高温度 T_M 相当于焊接热循环曲线的极大值,它是对金属组织变化具有决定性影响的参数之一。

图 5.3　焊接热循环曲线及主要参数

在实际焊接生产中,应用较多的是多层、多道焊,特别是对于厚度较大的焊件,有时焊接层数可以高达几十层。在多层焊接时,后面施焊的焊缝对前层焊缝起着热处理的作用,而前面施焊的焊缝在焊件上形成一定的温度分布,对后面施焊的焊缝起着焊前预热的作用。因此,多层焊时近缝区中的热循环要比单层焊时复杂得多。但是,多层焊时层间焊缝相互的热处理作用对于提高接头性能是有利的。多层焊时的热循环与其施焊方法有关。在实际生产中,多层焊的方法有"长段多层焊"和"短段多层焊"两种,它们的热循环也有很大差别。

一般来说,在焊接易淬火硬化的钢种时,长段多层焊各层均有产生裂纹的可能。为此,在各层施焊前仍需采取与所焊钢种相应的工艺措施,如焊前预热、焊后缓冷等。短段多层焊虽然对于防止焊接裂纹有一定作用,但是它操作工艺较烦琐,焊缝接头较多,生产效率也较低,一般较少采用。

5.1.2　焊接化学冶金

熔焊时,伴随着母材被加热熔化,在液态金属的周围充满了大量的气体,有时表面上还覆盖着熔渣。这些气体及熔渣在焊接的高温条件下与液态金属不断进行着一系列复杂的物理化学反应,这种焊接区内各种物质之间在高温下相互作用的过程称为焊接化学冶金过程。该过程对焊缝金属的成分、性能、焊接质量以及焊接工艺性都有很大影响。

1. 焊接化学冶金反应区

焊接化学冶金反应从焊接材料(焊条或焊丝)被加热、熔化开始,经熔滴过渡,最后到达熔池,该过程是分区域(或阶段)连续进行的。不同焊接方法有不同的反应区。以焊条电弧焊为例,可划分为三个冶金反应区:药皮反应区、熔滴反应区和熔池反应区(图 5.4)。

(1) 药皮反应区

焊条药皮被加热时,固态下其组成物之间也会发生物理、化学反应。其反应温度范围从100 ℃至药皮的熔点,主要是水分的蒸发、某些物质的分解和铁合金的氧化等。当加热温度超过 100 ℃时,药皮中的水分开始蒸发。再升高到一定温度时,其中的有机物、碳酸盐和高价氧化物等逐步发生分解,析出 H_2、CO_2 和 O_2 等气体。这些气体,一方面机械地将周围空气排开,对熔化金属进行保护,另一方面也对被焊金属和药皮中的铁合金产生了很强的氧化作用。

Ⅰ—药皮反应区;Ⅱ—熔滴反应区;Ⅲ—熔池反应区;

T_1—药皮件始反应温度;T_2—焊条端熔滴温度;

T_3—弧柱间熔滴温度;T_4—熔池表面温度;T_5—熔池凝固温度。

图 5.4 焊条电弧焊的冶金反应区

（2）熔滴反应区

熔滴反应区包括熔滴形成、长大到过渡至熔池中的整个阶段。在熔滴反应区中,反应时间虽短,但因温度高,液态金属与气体及熔渣的接触面积大,并有强烈的混合作用,所以冶金反应最激烈,对焊缝成分的影响也最大。在此区进行的主要物理化学反应有气体的分解和溶解、金属的蒸发、金属及其合金的氧化与还原,以及焊缝金属的合金化等。

（3）熔池反应区

熔滴金属和熔渣以很高的速度落入熔池,并与熔化后的母材金属相混合或接触,同时各相间的物理化学反应继续进行,直至金属凝固,形成焊缝。这个阶段即属熔池反应区,它对焊缝金属成分和性能具有决定性作用。与熔滴反应区相比,熔池的平均温度较低,为 $1600\sim1900\ ℃$,比表面积较小,为 $3\sim130\ cm^2/kg$,反应时间较长。熔池反应区的显著特点之一是温度分布极不均匀。由于在熔池的前部和后部存在着温度差,因此化学冶金反应可以同时向相反的方向进行。此外,熔池中的强烈运动有助于加快反应速度,并为气体和非金属夹杂物的外逸创造了有利条件。

2. 气相对焊缝金属的影响

焊接过程中,在熔化金属的周围存在着大量的气体,它们会不断地与金属产生各种冶金反应,从而影响焊缝金属的成分和性能。

焊接区内的气体主要来源于焊接材料。例如,焊条药皮、焊剂和焊芯中的造气剂、高价氧化物和水分都是气体的重要来源。热源周围的空气也是一种难以避免的气源。此外还有一些冶金反应也会产生气态产物。

气体的状态(分子、原子和离子状态)对其在金属中的溶解和与金属的作用有很大的影响。主要有简单气体的分解和复杂气体的分解,焊接区气相中常见的简单气体有 N_2、H_2、O_2 等双原子气体,CO_2 和 H_2O 是焊接冶金中常见的复杂气体。

焊接时,焊接区内气相的成分和数量与焊接方法、焊接规范、焊条药皮或焊剂的种类有关。用低氢型焊条焊接时,气相中 H_2 和 H_2O 的含量很少,故有"低氢型"之称。埋弧焊和中性火焰气焊时,气相中 CO_2 和 H_2O 的含量很少,因而气相的氧化性也很小,而焊条电弧焊时气相的氧化性则较强。

氮、氢、氧在金属中的溶解及扩散都会对焊接质量产生一定的影响,当然也有相应的控制措施,在此不再一一介绍。

3. 熔渣及其对金属的作用

熔渣在焊接过程中的作用有保护熔池、改善工艺性能和冶金处理三个方面。根据焊接熔渣的成分和性能可将其分为三大类,即盐型熔渣、盐-氧化物型熔渣和氧化物型熔渣。熔渣的性质与其碱度、黏度、表面张力、熔点和导电性都有密切的关系。

焊接时的氧化还原问题,是焊接化学冶金涉及的重要内容之一。主要包括焊接条件下金属及合金元素的氧化与烧损、金属氧化物的还原等。

氧对焊接质量有严重的危害性。对已进入焊缝的氧,必须通过脱氧将其去除。脱氧是一种冶金处理措施,是通过在焊丝、焊剂或焊条药皮中加入某种对氧亲和力较大的元素,使其在焊接过程中夺取气相或氧化物中的氧,从而减少被焊金属的氧化及焊缝的含氧量。钢的焊接常用 Mn、Si、Ti、Al 等元素的铁合金或金属粉(如锰铁、硅铁、钛铁和铝粉等)作脱氧剂。

焊缝中硫和磷的质量分数超过 0.04% 时,极易产生裂纹。硫、磷主要来自焊接材料,一般应选择含硫、磷低的原材料,并通过药皮(或焊剂)进行脱硫脱磷,以保证焊缝质量。

5.1.3　焊接接头的金属组织和性能

熔焊是在局部进行短时高温的冶炼、凝固过程。这种冶炼和凝固过程是连续进行的,与此同时,周围未熔化的基体金属受到短时的热处理。因此,焊接过程会引起焊接接头组织和性能的变化,直接影响焊接接头的质量。熔焊的焊接接头由焊缝区(weld metal area)、熔合区(bond)和热影响区(heat-affected zone)组成。

1. 焊缝的组织和性能

焊缝是由熔池金属结晶形成的焊件结合部分。焊缝金属的结晶是从熔池底壁开始的,由于结晶时各个方向冷却速度不同,因而形成的晶粒是柱状晶,柱状晶粒的生长方向与最大冷却方向相反,垂直于熔池底壁。由于熔池金属受电弧吹力和保护气体的吹动,熔池壁的柱状晶生长受到干扰,使柱状晶呈倾斜状,晶粒有所细化。熔池结晶过程中,由于冷却速度很快,已凝固的焊缝金属中的化学成分来不及扩散,易造成合金元素分布的不均匀。如硫、磷等有害元素易集中到焊缝中心区,将影响焊缝的力学性能。所以焊条芯必须采用优质钢材,其中硫、磷的含量应很低。此外由于焊接材料的渗合金作用,焊缝金属中锰、硅等合金元素的含量可能比基体金属高。所以焊缝金属的力学性能可高于基体金属。

2. 热影响区的组织和性能

在电弧热的作用下,焊缝两侧处于固态的母材发生组织和性能变化的区域,称为焊接热影响区。由于焊缝附近各点受热情况不同,其组织变化也不同,不同类型的母材金属,热影响区各部位也会产生不同的组织变化。图 5.5 为低碳钢焊接时焊接接头的组织变化示意图。

图 5.5　焊接接头的组织变化示意图

　　按组织变化特征,其热影响区可分为过热区、正火区和部分相变区。过热区紧靠熔合区,低碳钢过热区的最高加热温度在 1100 ℃ 至固相线之间,母材金属加热到这个温度,结晶组织全部转变成为奥氏体。奥氏体急剧长大,冷却后得到过热粗晶组织,因而过热区的塑性和冲击韧性很低。焊接刚度大的结构和含碳量较高的易淬火钢材时,易在此区产生裂纹。

　　正火区紧靠过热区,是焊接热影响区内相当于受到正火热处理的区域。一般情况下,焊接热影响区内的正火区的力学性能高于未经热处理的母材金属。部分相变区紧靠正火区,是母材金属处于 $Ac_1 \sim Ac_3$ 的区域,加热和冷却时,该区结晶组织中只有珠光体和部分铁素体发生重结晶转变,而另一部分铁素体仍为原来的组织形态。因此,已相变组织和未相变组织在冷却后晶粒大小不均匀对力学性能有不利影响。熔合区是焊接接头中焊缝与母材交接的过渡区,这个区域的焊接加热温度在液相线和固相线之间,又称为半熔化区。

　　3. 改善焊接接头组织性能的方法

　　焊接热影响区在焊接过程中是不可避免的。低碳钢焊接时因其热影响区较窄,危害性较小,焊后不进行热处理就能保证使用。对于焊后不能进行热处理的金属材料或构件,正确选择焊接方法可减少焊接接头内不利区域的影响,以达到提高焊接接头性能的目的。

5.2　焊接成形技术及其应用

　　19 世纪初,英国的戴维斯发现电弧和氧乙炔焰两种能局部熔化金属的高温热源;1885—1887 年,俄国的别纳尔多斯发明了碳极电弧焊钳;1900 年又出现了铝热焊。20 世纪初,碳极电弧焊和气焊得到应用,同时还出现了薄药皮焊条电弧焊,电弧比较稳定,焊接熔池受到熔渣保护,焊接质量得到提高,使手工电弧焊进入实用阶段,电弧焊从 20 年代起成为一种重要的焊接方法。在此期间,美国的诺布尔利用电弧电压控制焊条送给速度,制成自动电弧焊机,从而成为焊接机械化、自动化的开端;1930 年美国的罗宾诺夫发明使用焊丝和焊剂的埋弧焊,焊接机械化得到进一步发展;20 世纪 40 年代,为适应铝、镁合金和合金钢焊接的需要,钨极和熔化极惰性气体保护焊相继问世。1951 年苏联的巴顿电焊研究所创造了电渣焊,成为大厚度工件的高效焊接法。1953 年,苏联的柳巴夫斯基等发明了二氧化碳气体保护焊,促进了气体保护电弧焊的应用和发展,如出现了混合气体保护焊、药芯焊丝气渣联合保护焊和自保护电弧焊等。1957 年美国的盖奇发明了等离子弧焊。20 世纪 40 年代德国和法国发明的电子束焊,也在 50 年代得到实用和进一步发展;60 年代又出现了激光焊等离子、电子束和激光焊接方法,标志着高能量密度熔焊的新发展,大大改善了材料的焊接性,使许多难以用其他方法焊接的材料和结构得以焊接。

　　焊接方法的种类很多,而且新的方法仍在不断涌现,目前应用的金属焊接办法有 40 种以上,按焊接工艺特征可将其主要分为熔化焊、压力焊、钎焊三大类。表 5.2 为焊接方法的分类。

表 5.2　焊接方法的分类

第 一 层 次 (根据母材是否熔化)	第 二 层 次	第 三 层 次	第 四 层 次	是否易于 实现自动化
熔化焊:又叫作熔焊,是利用一定的热源,使构件的被连接部位局部熔化成液体,然后冷却结晶成为一体的方法	电弧焊	熔化极电弧焊	焊条电弧焊	否
			埋弧焊	是
			熔化极氩弧焊(MIG)	是
			CO_2 气体保护焊	是
			螺柱焊	否
		非熔化极电弧焊	钨极氩弧焊	是
			等离子弧焊	是
			氢原子焊	否
	气焊	氧-氢火焰		否
		氧-乙炔火焰		否
		空气-乙炔火焰		否
		氧-丙烷火焰		否
		空气-丙烷火焰		否
	铝热剂焊			否
	电渣焊	丝极、板级		是
	电子束焊	真空电子束焊		是
		低真空电子束焊		是
		非真空电子束焊		是
	激光焊	YAG 激光焊		是
		CO_2 激光焊		是
	电渣焊			是
压焊:利用摩擦、扩散和加压等物理作用,克服两个连接表面的不平度,除去氧化膜及其他杂物,使两个连接表面上的原子相互接近到晶格距离,从而在固态条件下实现连接的方法	电阻焊	点焊、缝焊、对焊		是
	冷压焊			否
	热压焊			是
	扩散焊			是
	摩擦焊			是
	超声波焊			是
	爆炸焊			否

续表

第一层次 （根据母材是否熔化）	第二层次	第三层次	第四层次	是否易于 实现自动化
钎焊：采用熔点比母材低的材料作钎料，将焊件和钎料加热至高于钎料熔点，但低于母材熔点的温度，利用毛细作用使液态钎料充满接头间隙，熔化钎料湿润母材表面，冷却后结晶形成冶金结合	火焰钎焊			否
	感应钎焊			否
	炉中钎焊	空气炉钎焊		否
		气体保护炉钎焊		否
		真空炉钎焊		否
	盐浴钎焊			否
	超声波钎焊			否
	电阻钎焊			否
	摩擦钎焊			否
	放热反应钎焊			否
	红外线钎焊			否
	电子束钎焊			否

5.2.1　熔化焊成形技术及其应用

熔化焊（melting welding）又叫作熔焊，是利用一定的热源，使构件的被连接部位局部熔化成液体，然后冷却结晶成为一体的方法。常使用的熔化焊有焊条电弧焊、埋弧焊、熔化极氩弧焊（MIG）、CO_2 气体保护焊、钨极氩弧焊、空气-乙炔火焰、电渣焊、电子束焊、激光焊和电阻焊等，见表5.2。

1. 焊条电弧焊及其应用

焊条电弧焊（electrode arc welding）又称手工电弧焊（manual labour arc welding）或手弧焊，是利用电弧产生的热量局部熔化被焊工件及填充金属，冷却凝固后形成牢固接头。焊接过程依靠手工操作完成。手弧焊设备简单，操作灵活方便，适应性强，并且配有相应的焊条，可适用于碳钢、不锈钢、铸铁、铜、铝及其合金等材料的焊接。但其生产效率低，劳动条件较差，所以随着埋弧自动焊、气体保护焊等先进电弧焊方法的出现，焊条电弧焊的应用逐渐有所减少，但在目前焊接生产中仍占很重要的地位。

焊条电弧焊的焊接过程如图5.6所示。弧焊机（电源）供给电弧所必需的能量。焊接前将焊件和焊条分别接到焊机的两极。焊接时首先将焊条与工件接触，使焊接回路短路，接着将焊条提起2~4 mm，电弧即被引燃。电弧热使焊件局部及焊条末端熔化，熔化的焊件和焊条熔滴共同形成金属熔池。焊条外层的涂层（药皮）受热熔化并发生分解反应，产生液态熔渣和大量气体包围在电弧和熔池周围，防止周围气体对熔化金属的侵蚀。为确保焊接过程的进行，在焊条不断熔化缩短的同时，焊条要连续向熔池方向送进，同时还要沿焊接方向前进。

图 5.6　焊条电弧焊的焊接过程

当电弧离开熔池后，被熔渣覆盖的液态金属就冷却凝固成焊缝；熔渣也凝固成渣壳。在电弧移达的下方，又形成新的熔池，随后又凝固成新的焊缝和渣壳。上述过程连续不断进行直至完成整个焊缝。

1）焊条电弧焊设备

为焊接电弧提供电能的设备叫作电弧焊机。焊条电弧焊机有交流、直流和整流三类。

交流弧焊机又称为弧焊变压器,实际上是一个特殊的变压器,如图 5.7 所示为 BXl-300 型交流弧焊机(又称为动铁心式弧焊变压器)。这种焊机的初级电压为 220 V 或 380 V,次级空载电压为 78 V,额定工作电压为 22.5～32 V,焊接电流调整范围为 62.5～300 A。使用时,可按要求调节电流。粗调电流是用改变次级线圈抽头的接法,即改变次级线圈匝数来达到。细调电流是通过摇动调节手柄,改变可动铁心位置实现。由于交流弧焊机具有结构简单、维修方便、体积小、重量轻、噪声小等优点,所以应用较广。

图 5.7　BX1-300 型交流弧焊机

(a) 外形图；(b) 结构示意图

直流弧焊机又称为直流弧焊发电机,如图 5.8 所示。它是由直流发电机和原动机(如电动机、内燃机等)两部分组成。直流弧焊机的焊接电流也可通过粗调和细调在较大范围内调节。

图 5.8　AX-250 型直流弧焊机

直流弧焊机的优点是电流稳定,故障较少。但由于其结构复杂、维修困难、噪声大、效率低,因此应用较少,一般只用在对焊接电源有特殊要求的场合或无交流电源的地方。

焊接整流器及交流弧焊机弥补了直流弧焊机的电弧稳定性较差和弧焊发电机效率低、噪声大、难以维修等缺点,所以近年来得到了迅速发展,在很大程度上取代了直流弧焊机。

直流弧焊机因有正负极之分,在焊接时,如把工件接正极,焊条接负极,这种接法称为直流正接;反之,称为直流反接。直流反接常用于薄板、有色金属及使用碱性焊条时的焊接。

2) 焊条

(1) 焊条的组成及其作用

焊条由焊芯和涂层(药皮)组成。常用焊芯直径(即为焊条直径)有 1.6 mm、2.0 mm、2.5 mm、3.2 mm、4 mm、5 mm 等,长度常在 200~450 mm。

焊条电弧焊时,焊芯的作用一是作为电极,起导电作用,产生电弧提供焊接热源;二是作为填充金属,与熔化的母材共同形成焊缝。因此,可通过焊芯调整焊缝金属的化学成分。焊芯采用焊接专用的金属丝(称焊丝)碳钢焊条用焊丝 H08A 等作焊芯。不锈钢焊条用不锈钢焊丝作焊芯。

焊条药皮对保证焊条电弧焊的焊缝质量极为重要。药皮的组成物按其作用分为稳弧剂、造气剂、造渣剂、脱氧剂、合金剂、粘接剂等,在焊接过程中能稳定电弧燃烧,防止熔滴和熔池金属与空气接触,防止高温的焊缝金属被氧化,进行焊接冶金反应,去除有害元素,增添有用元素等,以保证焊缝具有良好的成形和合适的化学成分。

(2) 焊条的种类、型号和牌号

焊条的种类按用途分为碳钢焊条、低合金焊条、不锈钢焊条、铸铁焊条、堆焊焊条、镍和镍合金焊条、铜和铜合金焊条、铝和铝合金焊条等。

焊条按熔渣性质分为两大类:熔渣以酸性氧化物为主的焊条称为酸性焊条;熔渣以碱性氧化物和氟化钙为主的焊条称为碱性焊条。

碱性焊条和酸性焊条的性能有很大差别,使用时要注意,不能随便地用酸性焊条代替碱性焊条。碱性焊条与强度级别相同的酸性焊条相比,其焊缝金属的塑性和韧性高,含氧量低,抗裂性强。但碱性焊条的焊接工艺性能(包括稳弧性、脱渣性、飞溅等)较差,对锈、油、水的敏感性大,易出气孔,并且产生的有毒气体和烟尘多。因此,碱性焊条适用于对焊缝塑性、韧性要求高的重要结构。

焊条型号是国家标准中的焊条代号。碳钢焊条型号见 GB 5117—85,如 E4303、E5015、E5016 等。"E"表示焊条;前两位数字表示熔敷金属抗拉强度最小值,单位为 kgf/mm^2。第三位数字表示焊条的焊接位置,如"0"及"1"表示焊条适用于全位置焊接。第三和第四位数字组合时表示焊接电流种类及药皮类型,如"03"为钛钙型药皮,交流或直流正、反接;"15"为低氢钠型药皮,直流反接。焊条牌号是焊条行业统一的焊条代号。焊条牌号一般用一个大写拼音字母和三个数字表示,如 J422、J507 等。拼音字母表示焊条的大类,如"J"表示结构钢焊条,"Z"表示铸铁焊条等。结构钢焊条牌号的前两位数字表示焊缝金属抗拉强度等级,单位为 kgf/mm^2,最后一个数字表示药皮类型和电流种类,如"2"为钛钙型药皮,交流或直流;"7"为低氢钠型药皮,直流反接。其他焊条牌号表示方法,见国家机械工业委员会编《焊接材料产品样本》。J422(结 422)符合国标 E4303,J507(结 507)符合国标 E5015。

(3) 焊条的选用

焊条的选用原则是要求焊缝和母材具有相同水平的使用性能。

选用结构钢焊条时,一般是根据母材的抗拉强度,按"等强度"原则选用焊条。例如

16Mn 的抗拉强度为 520 MPa,故应选用 J502 或 J507 等。对于焊缝性能要求较高的重要结构或易产生裂纹的钢材和结构(厚度大、刚性大、施焊环境温度低等)焊接时,应选用碱性焊条。

选用不锈钢焊条和耐热钢焊条时,应根据母材化学成分类型选择相同成分类型的焊条。

3) 焊条电弧焊成形技术

(1) 接头和坡口形式

由于焊件的结构形状、厚度及使用条件不同,所以其接头和坡口形式也不同。常用接头形式有对接、角接、T 字接和搭接等。当焊件厚度在 6 mm 以下时,对接接头可不开坡口;当焊件较厚时,为保证焊缝根部焊透,则要开坡口。焊接接头形式和坡口形式如图 5.9 所示。

图 5.9　焊接接头形式和坡口形式

(a) 对接接头;(b) 角接接头;(c) T 字接头;(d) 搭接接头

(2) 焊缝的空间位置

根据焊缝所处空间位置的不同可分为平焊缝、立焊缝、横焊缝和仰焊缝,如图 5.10 所示。

图 5.10　各种焊接位置
（a）平焊；（b）立焊；（c）横焊；（d）仰焊

不同位置的焊缝施焊难易不同。平焊时,最有利于金属熔滴进入熔池,且熔渣和金属液不易流焊,同时应适当减小焊条直径和焊接电流,并采用短弧焊等措施以保证焊接质量。

（3）焊接工艺参数

焊条电弧焊的焊接工艺参数通常为焊条直径、焊接电流、焊缝层数、电弧电压和焊接速度。其中最主要的是焊条直径和焊接电流。

① 焊条直径　为了提高生产效率,应尽量选用直径较大的焊条。但焊条直径过大,易造成烧穿或焊缝成形不良等缺陷。因此应合理选择焊条直径。焊条直径一般根据工件厚度选择,可参考表 5.3。对于多层焊的第一层及非平焊位置焊接应采用较小的焊条直径。

表 5.3　焊条直径的选择

焊件厚度/mm	≤4	4~12	>12
焊条直径/mm	不超过工件厚度	3.2~4	≥4

② 焊接电流　焊接电流的大小对焊接质量和生产效率影响较大。电流过小,电弧不稳,会造成未焊透、夹渣等焊接缺陷,且生产效率低。电流过大易使焊条涂层发红失效并产生咬边、烧穿等焊接缺陷。因此焊接电流要适当。

焊接电流一般可根据焊条直径初步选择。焊接碳钢和低合金钢时,焊接电流 I（A）与焊条直径 d（mm）的经验关系式为 $I=(35\sim55)d$。

依据上式计算出的焊接电流在实际使用时,还应根据具体情况灵活调整。如焊接平焊缝时,可选用较大的焊接电流。在其他位置焊接时,焊接电流应比平焊时适当减小。

总之,焊接电流的选择应在保证焊接质量的前提下尽量采用较大的电流,以提高生产效率。

（4）操作方法

焊条电弧焊的操作包括引弧、运条和收尾。

① 引弧　焊接开始首先要引燃电弧。引弧时需将焊条末端与焊件表面接触形成短路,然后迅速将焊条提起 2~4 mm 的距离,电弧即可引燃。引弧方法有敲击法和摩擦法,如图 5.11 所示。焊接过程中要保持弧长的相对稳定,并力求使用短电弧（弧长不超过焊条直径）,以利于焊接过程的稳定和保证焊接质量。

② 运条　电弧引燃后,就进入正常的焊接过程,此时焊条除了沿其轴线向熔池送进和沿焊接方向均匀移动,为了使焊缝宽度达到要求,有时焊条还应作适当横向摆动,如图 5.12 所示。

图 5.11　引弧方法　　　　　　　　　　图 5.12　焊条横向摆动形式

(a) 敲击法;(b) 摩擦法

③ 收尾　当焊缝焊完时,应有一个收尾动作。否则,立即拉断电弧会形成低于焊件表面的弧坑,如图 5.13 所示。一般常采用反复断弧收尾法和划圈收尾法,如图 5.14 所示。

图 5.13　不正确收尾的弧坑

图 5.14　划圈收尾法

2. 埋弧自动焊及其应用

1) 埋弧自动焊的原理及设备

埋弧自动焊(automatic submerged-arc welding)如图 5.15 所示。它是电弧在焊剂层下燃烧,将手工电弧焊的填充金属送进和电弧移动,两个动作都采用机械来完成。

图 5.15　埋弧自动焊示意图

焊接时,在被焊工件上先覆盖一层 30～50 mm 厚的由漏斗中落下的颗粒状焊剂,在焊剂层下,电弧在焊丝端部与焊件之间燃烧,使焊丝、焊件及焊剂熔化,形成熔池,如图 5.16 所示。由于焊接小车沿着焊件的待焊缝等速地向前移动,带动电弧匀速移动,熔池金属被电弧气体排挤向后堆积。覆盖于其上的焊剂,一部分熔化后形成熔渣。电弧和熔池为熔渣和焊剂蒸气所包围,因此有害气体不能侵入熔池和焊缝。随着电弧移动,焊丝与焊剂不断地向焊接区送进,直至完成整个焊缝。

图 5.16 埋弧焊时焊缝的纵截面图

埋弧焊时焊丝与焊剂直接参与焊接过程的冶金反应,因而焊前应正确选用,并使之相匹配。埋弧自动焊的设备主要由三部分组成:

(1) 焊接电源多采用功率较大的交流或直流电源;

(2) 控制箱主要保证焊接过程稳定进行,可以调节电流、电压和送丝速度,并能完成引弧和熄弧的动作;

(3) 焊接小车主要作用是等速移动电弧和自动送进焊丝与焊剂。

2) 埋弧自动焊的特点及应用

埋弧自动焊与手弧焊相比,有如下优点。

(1) 生产效率高。由于焊丝上没有涂层且导电嘴距离电弧近,因而允许焊接电流最高可达 1000 A,所以厚度在 20 mm 以下的焊件可以不开坡口一次熔透;焊丝盘上可以挂带 5 kg 以上焊丝,焊接时焊丝可以不间断地连续送进。这就省去许多在手弧焊时因开坡口、更换焊条而花费的时间和浪费掉的金属材料。因此,埋弧自动焊的生产效率比手工电弧焊可提高 5~10 倍。

(2) 焊接质量好而且稳定。由于埋弧自动焊电弧是在焊剂层下燃烧,焊接区得到较好的保护,施焊后焊缝仍处在焊剂层和渣壳的保护下缓慢冷却,因此冶金反应比较充分,焊缝中的气体和杂质易于析出,减少了焊缝中产生气孔、裂纹等缺陷的可能性。另外,埋弧自动焊的焊接参数在焊接过程中可自动调节,因而电弧燃烧稳定,与手弧焊相比焊接质量对焊工技艺水平的依赖程度可大大降低。

(3) 劳动条件好。埋弧自动焊无弧光,少烟尘,焊接操作机械化,改善了劳动条件。

埋弧自动焊的不足之处是:由于采用颗粒状焊剂,一般只适于平焊位置。对其他位置焊接需采用特殊措施,以保证焊剂能覆盖焊接区;埋弧自动焊因不能直接观察电弧和坡口的位置,易焊偏,因此对工件接头的加工和装配要求严格;它不适于焊接厚度小于 1 mm 的薄板和焊缝短而数量多的焊件。

由于埋弧自动焊有上述特点,因而适于焊接中厚板结构的长直焊缝和较大直径的环形焊缝,当工件厚度增大和批量生产时,其优点显著。它在造船、桥梁、锅炉与压力容器、重型机械等部门有着广泛的应用。

3. 气体保护焊及其应用

气体保护焊是近 30 年来发展最快的一种焊接方法。由于气体保护焊便于实现机械化、自动化和智能化,并具有焊接质量好、效率高等优点,受到世界各国的普遍重视,在生产中的应用日益广泛。现代工业和科学技术,特别是汽车、工程机械、交通运输、桥梁和建筑、航空航天、海洋开发等工业的迅速发展,对焊接技术和焊接质量提出了更高的要求。市场需求同时还要求提高生产效率、降低成本和实现焊接过程自动化、智能化。近年来,新材料、新结构和计算机技术的发展,结合生产需求和现代科学技术新成就,推动气体保护焊技术得到了更快的发展。

气体保护焊(gas shielded arc welding)是利用外加气体作为保护介质的一种电弧焊方法。

焊接时可用作保护气体的有氩气、氦气、氮气、二氧化碳气体及某些混合气体等。

本节主要介绍常用的氩气保护焊(以下简称氩弧焊)和CO_2气体保护焊。

1) 氩弧焊(argon-arc welding)

氩弧焊是以惰性气体氩气(Ar)作为保护介质的电弧焊方法。氩弧焊时,电弧发生在电极和工件之间,在电弧周围通以氩气,形成气体保护层隔绝空气,防止其对电极、熔池及邻近热影响区的有害影响,如图 5.17 所示。在焊接高温下,氩气不与金属发生化学反应,也不溶于液态金属,因此对焊接区的保护效果很好,可用于焊接化学性质活泼的金属并能获得高质量的焊缝。

图 5.17　氩弧焊示意图
(a) 熔化极氩弧焊；(b) 非熔化极氩弧焊

氩弧焊按电极不同分为熔化极氩弧焊(图 5.17(a))和非熔化极氩弧焊(图 5.17(b))。

(1) 熔化极氩弧焊(metal argon arc weldin,MIG/MAG)是使用焊丝作为熔化电极,采用氩气或富氩混合气作为保护气体的电弧焊方法。以连续送进的金属焊丝作电极和填充金属,通常采用直流反接。因为可用较大的焊接电流,所以适用于焊接厚度在 3～25 mm 的焊件。焊接过程可采用自动或半自动方式。自动熔化极氩弧焊在操作上与埋弧自动焊类似,所不同的是它不用焊剂。焊接过程中氩气只起保护作用,不参与冶金反应。

(2) 非熔化极氩弧焊采用熔点很高的钨棒作电极,所以又称为钨极氩弧焊(tungsten inert gas welding,TIG)。焊接时电极只起发射电子、产生电弧的作用,本身不熔化,不起填充金属的作用,因而一般要另加焊丝。焊接过程可采用手工或自动方式进行。焊接低合金钢、不锈钢和紫铜时,为减少电极损耗,应采用直流正接,同时焊接电流不能过大,所以钨极氩弧焊通常适用于焊接 3 mm 以下的薄板或超薄材料。若用于焊接铝、镁及合金时,一般采用交流电源,这既有利于保证焊接质量,又可延长钨极使用寿命。

氩弧焊的主要优点是:氩气保护效果好,焊接质量优良,焊缝成形美观,气体保护无熔渣,明弧可见,可进行全位置焊接。氩弧焊可用于几乎所有金属和合金的焊接,但由于氩气较贵,焊接成本高,通常多用于焊接易氧化、化学活泼性强的有色金属(如铝、镁、钛、铜)以及不锈钢、耐热钢等。

2)CO_2 气体保护焊

CO_2 气体保护焊是以 CO_2 作为保护介质的电弧焊方法。它是以焊丝作电极和填充金属,有半自动和自动两种方式,如图 5.18 所示。

图 5.18 CO_2 气体保护焊示意图

CO_2 是氧化性气体,在高温下具有较强烈的氧化性。其保护作用主要是使焊接区与空气隔离,防止空气中氮气对熔化金属的有害作用。在焊接过程中,由于 CO_2 气体会使焊缝金属氧化,并使合金元素烧损,从而使焊缝机械性能降低,同时氧化作用导致产生气孔和飞溅等。因此需在焊丝中加入适量的脱氧元素,如硅、锰等。常用的焊丝牌号是 H08Mn2SiA。

目前常用的 CO_2 气体保护焊分为两类:

细丝 CO_2 气体保护焊 焊丝直径为 0.5~1.2 mm,主要用于 0.8~4 mm 的薄板焊接。

粗丝 CO_2 气体保护焊 焊丝直径为 1.6~5 mm,主要用于 3~25 mm 的中厚板焊接。

CO_2 气体保护焊的主要优点是:CO_2 气体便宜,因此焊接成本低;CO_2 保护焊电流密度大,焊速快,焊后不需清渣,生产效率比手弧焊提高 1~3 倍。采用气体保护,明弧操作,可进行全位置焊接;采用含锰焊丝,焊缝裂纹倾向小。

CO_2 气体保护焊的不足之处是:飞溅较大,焊缝表面成形较差;弧光强烈,烟雾较大;不宜焊接易氧化的有色金属。

CO_2 气体保护焊主要用于焊接低碳钢和低合金钢。在汽车、机车车辆、机械、造船、石油化工等行业中得到广泛的应用。

4. 等离子弧焊及其应用

等离子弧焊(plasma arc welding,PAW)是在钨极氩弧焊的基础上发展起来的一种焊接方法。它是借助于等离子弧焊枪的喷嘴等外部拘束条件使电弧受到压缩,弧柱横断面受到限制,使弧柱温度、能量密度提高,气体介质的电离更加充分,等离子流速也显著增大。这种将阴极与阳极之间的自由电弧压缩成高温、高电离度、高能量密度及高焰流速度的电弧即等离子弧。等离子弧既可以用于焊接,也可以用于切割、堆焊及喷涂,在工业中得到了广泛的应用。

1)等离子弧的类型

等离子弧焊用的热源是将自由钨极氩弧压缩强化之后获得电离度更高的等离子体,称为等离子弧,又称压缩电弧。等离子弧与钨极氩弧焊的自由电弧在物理本质上没有区别,仅是弧柱中电离程度上的不同。经压缩的电弧,其能量密度更为集中,温度更高。

等离子弧是一种被压缩的钨极氩弧,具有能量集中(能量密度可达 $10^5 \sim 10^6$ W/cm^2)、温度高(弧度中心可达 18000~244000 K 以上)、焰流速度大(可达 300 m/s 以上)、刚直性好等特点。等离子弧的压缩是依靠水冷铜喷嘴的拘束作用实现的,等离子弧通过水冷铜喷嘴时受到下列三种压缩作用。

(1)机械压缩 水冷铜喷嘴孔径限制了弧柱截面积的自由扩大,这种约束作用就是机械压缩。

(2)热压缩 喷嘴中的冷却水使喷嘴内壁附近形成一层冷气膜,进一步减少了弧柱的有效导电面积,从而提高了电弧弧柱的能量密度及温度,这种依靠水冷使弧柱温度及能量密度进一步提高的作用就是热压缩。

(3)电磁压缩 以上两种压缩效应使得电弧电流密度增大,电弧电流自身磁场产生的电磁收缩力增大,使电弧又得到进一步的压缩,这就是电磁压缩。

根据电源的连接方式,等离子弧分为非转移型电弧、转移型电弧及联合型电弧三种。产生这三种形态等离子弧的共同点是:等离子枪的结构是一样的,钨极都接电源的负极。不同点在于电弧正极接的位置不同。

(1)非转移型电弧 非转移型电弧的正极接在焊枪的喷嘴上,电弧燃烧在钨极与喷嘴之间。焊接时电源正极接水冷铜喷嘴,负极接钨极,工件不接到焊接回路上,如图 5.19(a)所示。依靠高速喷出的等离子气将电弧带出,这种电弧适用于焊接或切割较薄的金属及非金属。

(2)转移型电弧 转移型电弧正极接工件,电弧直接燃烧在钨极与工件之间,焊接时首先引燃钨极与喷嘴间的非转移弧,然后将电弧转移到钨极与工件之间。在工作状态下,喷嘴不接到焊接回路中,如图 5.19(b)所示。转移型电弧的产生要经过两步骤:先在钨极与喷嘴之间产生非转移弧,使其电弧焰流从喷嘴喷出并接触工件,然后进行电路转换,将电源的正极从喷嘴电路转移到工作电路,转移弧便瞬即产生(非转移弧同时熄灭)。这种电弧用于焊接较厚的金属。

(3)联合型电弧 转移弧及非转移弧同时并存的电弧称为联合型电弧,如图 5.19(c)所示。联合型电弧在很小的电流下就能保持稳定,微束等离子弧采用了联合弧的形态,因此特别适合于薄板及超薄板的焊接。联合弧的获得方法是:先获得非转移弧,然后产生转移弧,但是在转移弧产生的同时,不要切断非转移弧(不切断喷嘴的正极电路),这样就可得到非转移弧(也叫作维持电弧,简称维弧)和转移弧(也叫作工作电弧或焊接电弧)同时存在的联合弧。

2)等离子弧焊的分类

根据操作方式,等离子弧焊可分为手工及自动两种。根据所适用的焊接工艺,可分为小孔型等离子弧焊、熔透型等离子弧焊、微束速等离子弧焊、熔化极等离子弧焊、热丝等离子弧焊及脉冲等离子弧焊等。

3)等离子弧焊的特点及应用

由于等离子电弧具有较高的能量密度、温度及刚直性,因此与一般电弧焊相比,等离子

1—钨极；2—喷嘴；3—转移弧；4—非转移弧；
5—工件；6——冷却水；7—弧焰；8—离子气。

图 5.19　等离子弧的基本类型

(a) 非转移型电弧；(b) 转移型电弧；(c) 联合型电弧

焊接具有下列优点。

（1）能量密度大、电弧方向性强、熔透能力强，在不开坡口、不加填充焊丝的情况下可一次焊透厚度为 8~10 mm 的不锈钢板。与钨极氩弧焊相比，在相同的焊缝熔深情况下，等离子弧焊接速度要快得多。

（2）焊缝形状对弧长的变化不敏感，这是由于等离子弧的形态接近圆柱形，发散角很小，约 5°，且挺直度好，弧长变化时对加热斑点面积的影响很小，易获得均匀的焊缝形状。工件上受热区区域小，热影响区窄，因而薄板焊接时变形。

（3）钨极缩在水冷铜喷嘴内部，不可能与工件接触，因此可避免焊缝金属产生夹钨现象。电弧搅动性好，熔池温度高，有利于熔池内气体的释放。

（4）等离子电弧由于压缩效应及电热电离度较高，电流较小时仍很稳定。配用新型的电子电源，焊接电流可以小到 0.1 A，这样小的电流也能达到电弧稳定燃烧，特别适合于焊接微型精密零件。

（5）可产生稳定的小孔效应，通过小孔效应，正面施焊可获得良好的单面焊双面成形。

等离子弧焊的缺点如下：

（1）可焊厚度有限，一般在 25 mm 以下；

（2）焊枪及控制线路较复杂，喷嘴的使用寿命低；

（3）焊接参数较多，对焊接操作人员的技术水平要求较高。

采用等离子弧焊可以焊接的金属有不锈钢、铝及铝合金、钛及钛合金、镍、铜、蒙耐尔合金等，可用钨极氩弧焊焊接的金属均可用等离子弧焊进行焊接。等离子弧焊可用于航天、航空、核能、电子、造船、机械及其他工业部门中。

5. 电子束焊及其应用

电子束焊（electron beam welding）是利用加速和聚集的电子束轰击置于真空或非真空中的焊件所产生的热能进行焊接的方法。电子束撞击工件时，其动能的 96% 可转化为焊接所需的热能，能量密度高达 $10^3 \sim 10^5$ kW/cm²，而焦点处的最高温度达 5930 ℃ 左右。

1）电子束焊的特点

电子束焊是高能量密度的焊接方法,利用空间定向高速运动的电子束,撞击工件表面并将部分动能转化成热能,使被焊金属迅速熔化和蒸发。在高压金属蒸气的作用下,熔化的金属被排开,电子束能继续撞击,深处的固态金属很快在被焊工件上钻出一个锁形小孔,表面的高温还可以向焊件深层传导。随着电子束与工件的相对移动,液态金属沿小孔周围流向熔池后部,冷却结晶后形成焊缝,如图5.20所示。提高电子束的功能密度,可以增加穿透深度。电子束焊具有很多优于传统焊接方法的特点,归纳在表5.4中。

图5.20　电子束焊焊缝的形成原理

(a) 接头不熔化、蒸发；(b) 金属蒸气排开液体金属,电子束"钻入"母材,形成"匙孔"；
(c) 电子束穿透工件形成有液态金属包围的"小孔"；(d) 焊缝凝固成形

表5.4　电子束焊的特点

序号	特　点	内　　容
1	焊缝深宽比高	电子束斑点尺寸小,功率密度大。可实现高深宽比(即焊缝深而窄)的焊接,深宽比达60:1,可一次焊透厚度为0.1~300 mm的不锈钢板
2	焊接速度快,焊缝组织性能好	能量集中,熔化和凝固过程快。例如焊接厚度为125 mm的铝板,焊接速度达40 cm/min,是氩弧焊的40倍；高温作用时间短,合金元素烧损少,能避免晶粒长大,改善了接头的组织性能,焊缝抗蚀性好
3	焊接热变形小	功率密度高,输入焊件的热量少,焊件变形小
4	焊缝纯度高	真空对焊缝有良好的保护作用,高真空电子束焊尤其适合于焊接钛及钛合金等活性材料
5	工艺适应性强	工艺参数易于精确调节,便于偏转,对焊接结构有广泛的适应性
6	可焊材料多	不仅能焊接金属和异种金属材料的接头,也可焊接非金属材料和复合材料,如陶瓷、金属间化合物、石英玻璃等
7	工艺再现性好	电子束焊的工艺参数易于实现机械化、自动化控制,重复性、再现性好,提高了产品质量的稳定性
8	可简化加工工艺	可将重复的或大型整体加工的焊件分为易于加工的、简单的或小型部件,用电子束焊接成一个整体,减少加工难度,节省材料,简化工艺

2）电子束焊的分类

电子束焊是通过高能密度的电子束轰击焊件,使其局部加热和熔化而实现焊接的。电子束焊按被焊工件所处环境的真空度可分为四类：高真空电子束焊、低真空电子束焊、非真空电子束焊和局部真空电子束焊。不同类型电子束焊的特点及应用范围见表5.5。

表 5.5　不同类型电子束焊的特点及应用范围

类　　型	真空度/Pa	特点及应用范围
高真空电子束焊	$10^{-4} \sim 10^{-1}$	有效地防止熔化金属氧化燃烧,适用于活泼性金属、难熔金属、高要求大厚度工件的焊接
低真空电子束焊	$10^{-1} \sim 10$	与高真空电子束焊相比,生产效率高,适合于批量生产,焊接变速箱、组合齿轮取得很好的效果
非真空电子束焊	大气压	散色严重,使束流及功率密度显著降低,使焊缝熔深及深宽比明显降低,一次焊透厚度不超过 30 mm
局部真空电子束焊	根据要求确定	用于移动式真空室,或在工件焊接部位制造局部真空进行焊接,适用于大型工件的焊接

目前,非真空电子束焊能够达到的最大熔深为 30 mm。这种方法的熔点不需要真空室,可以焊接尺寸大的工件,生产效率高。近年来发展起来的移动式真空室或局部真空电子束焊接方法,既保留了真空电子束焊高功能的优点,又不需要真空室,因而在大型工件的焊接工程上有应用前景。

3) 电子束焊的特点

电子束焊的主要优点如下。

(1) 加热功率密度大。焊接用电子束电流为几十毫安到几百毫安,最大可达 1000 mA 以上;加速电压为几十千伏到几百千伏;电子束功率为几十千瓦到数百千瓦,而电子束焦点直径小于 1 mm。故电子束焦点处的功率密度可达 $10^3 \sim 10^5$ kW/cm^2,比普通电弧功率密度高 100~1000 倍。

(2) 焊缝深宽比大。通常电弧焊的深度比很难超过 2,电子束焊的深宽比在 50∶1 以上。电子束焊比电弧焊可节约大量填充金属和电能,可实现高深宽比的焊接。

(3) 焊接速度快和焊缝热物理性能好。电子束焊接速度快和能量集中,熔化和凝固快,热影响区小,焊接变形小。对精加工的工件可用作最后的连接工序,焊后工件仍能保持足够的精度。能避免晶粒长大,使焊接接头性能得到改善;高温作用时间短,合金元素烧损少,焊缝抗蚀性好。

(4) 焊缝纯度高。真空电子束焊的真空度一般为 5×10^{-4} Pa,这种焊接方式尤其适合焊接钛及钛合金等活性材料。

(5) 工艺参数调节范围广和适用性强。电子束焊的工艺参数可独立地在很宽的范围内调节,控制灵活,适用性强,再现性好;而且电子束焊的焊接参数易于实现机械化、自动化控制,提高了产品质量的稳定性。

(6) 可焊材料多。不仅能焊钢铁材料、有色金属和异种金属材料的接头,也可焊无机非金属材料和复合材料,如陶瓷、石英玻璃等。

电子束焊的主要缺点如下:

(1) 设备复杂,价格贵,使用维护技术要求高;

(2) 焊接装备要求高,焊件尺寸受真空室大小的限制;

(3) 需防护 X 射线。

4) 电子束焊的应用

电子束焊所具有的优越性,使其在工业发达国家得到了迅速发展和广泛应用。电子束焊接产品已由原子能、火箭、航天航空等国防部门扩大到机械工业等民用部门。目前全世界拥有的电子束焊机有 1 万多台，焊机功率为 2～300 kW，实用中的最大电子束功率在 100 kW 左右。

20 世纪 60 年代初，我国开始跟踪世界电子束焊技术的发展。

我国科技人员先后对多种材料（如铝合金、钛合金、不锈钢、超高强钢、高温合金等）的电子束焊进行了较系统的研究。在新型飞机、航空发动机、导弹等的试制中都用到了电子束焊技术。目前电子束焊已作为一种先进的制造技术，在我国航空航天、汽车、电力及电子等工业部门得到了应用。

在其他工业部门中，采用电子束焊的主要有高压气瓶、核电站反应堆内构件筒体、汽车齿轮、电子传感器、雷达波导等。另外，炼钢炉的铜冷却风口、汽轮机叶片等也采用了电子束焊。

近年来，电子束焊的研究和推广应用非常迅速。电子速加速电压由 20～40 kV 发展为 60 kV、150 kV 甚至 300～500 kV，焊机功率也由几百瓦发展为几千瓦、几十千瓦甚至数百千瓦，一次焊接的深度可达到数百毫米。

电子束焊接主要用于质量或生产效率要求高的产品。前者主要用于核能、航空航天及电子工业，典型实例有核燃料密封罐、喷气发动机特种合金部件、火箭推进系统压力容器、密封真空系统等；后者主要用于汽车、焊管、双金属锯条等，典型实例有汽车传动齿轮、直缝连续焊铜管或钢管，齿部为钨钢（W6Mn65Cr4V2）、背部为弹簧钢（50CrV2）的双金属机用锯条等。

6. 激光焊及其应用

激光焊是利用高能量密度的激光束作为热源进行焊接的一种高效精密的焊接方法。随着工业生产的迅猛发展和热材料的不断开发，对焊接结构的性能要求越来越高，激光焊以其高能量密度、深穿透、高精度、适应性强等优点日益得到广泛应用。激光焊对一些特殊材料及结构的焊接具有非常重要的作用，这些焊接方法在航空航天、电子、汽车制造、核动力等高新技术领域中得到应用，并逐渐受到工业发达国家的重视。

激光（Laser）是英文 Light Amplification by Stimulated Emission of Radiation 的缩写，意为"通过受激辐射实现光的放大"。激光是利用辐射激发光放大原理而产生一种单色、单方向性强、光亮度大的光束。经透射或反射镜聚焦后可获得直径小于 0.01 mm、功率密度高达 10^{18} W/cm^2 的能束，可用作焊接、切割及材料表面处理的热源。

1) 激光焊原理

激光焊接时，激光照射到被焊接材料的表面，与其发生作用，一部分被反射，一部分被吸收，进入材料内部。对于不透明材料，透射光被吸收，金属的线性吸收系数为 $10^7～10^8$/m。对于金属，激光在金属表面 0.01～0.1 μm 的厚度中被吸收转变成热能，导致金属表面温度升高，再传向金属内部。

激光焊接的原理是：光子轰击金属表面形成蒸气，蒸发的金属可防止剩余能量被金属反射掉。如果被焊金属有良好的导热性能，则会得到较大的熔深。激光在材料表面的反射、透射和吸收，本质上是光波的电磁场与材料相互作用的结果。激光光波入射材料时，材料中的带电粒子依着光波电矢量的步调振动，使光子的辐射能变成了电子的动能。物质吸收激光后，首先产生的是某些质点的过量能量，如自由电子的动能、束缚电子的激发能或者过量的声子，这些原始激发能经过一定过程再转化为热能。

激光除了与其他光源一样是一种电磁波,还具有其他光源不具备的特性,如高方向性、高亮度(光子强度)、高单色性和高相干性。激光加工时,材料吸收的光能向热能的转化是在极短的时间(约为 10^{-9} s)内完成的。在这个时间内,热能仅仅局限于材料的激光辐照区,而后通过热传导,热量由高温区传向低温区。

金属对激光的吸收,主要与激光波长、材料的性质、温度、表面状况以及激光功率密度等因素有关。一般来说,金属对激光的吸收率随着温度的上升而增大,随着电阻率的增加而增大。

2) 激光焊分类

按照激光发生器工作性质的不同,激光有固体、半导体、液体、气体激光之分。根据激光对工件的作用方式和激光器输出能量的不同,激光焊可分为连续激光焊和脉冲激光焊。连续激光焊在焊接过程中形成一条连续的焊缝。脉冲激光焊输入工件上的能量是断续的、脉冲的,每个激光脉冲在焊接过程中形成一个圆形焊点。根据激光聚焦后光斑作用在工件上的功率密度,激光焊可分为传热焊和深熔焊(锁孔焊)。

(1) 传热焊

采用的激光光斑功率密度小于 10^5 W/cm^2 时,激光将金属表面加热到熔点与沸点之间。焊接时,金属材料表面将所吸收的激光能转变为热能,使金属表面温度升高而熔化,然后通过热传导方式把热能传向金属内部,使熔化区逐渐扩大,凝固后形成焊点或焊缝,这种焊接方法称为传热焊。

传热焊时,工件表面温度不超过材料的沸点,工件吸收的光能转变为热能后通过热传导将工件熔化,熔池形状近似为半球形。传热焊的特点是激光光斑的功率密度小,很大一部分激光被金属表面反射,激光的吸收率较低,焊接熔深浅,焊接速度慢。主要用于薄(厚度<1 mm)、小工件的焊接。

(2) 深熔焊

当激光光斑的功率密度足够大时($\geqslant 10^6$ W/cm^2),金属表面在激光束的照射下被迅速加热,其表面温度在极短的时间内($10^{-8} \sim 10^{-6}$ s)升高到沸点,使金属熔化和汽化。产生的金属蒸气以一定的速度离开熔池,逸出的蒸气对熔化的液态金属产生一个附加压力,使熔池表面金属表面向下凹陷,在激光光斑下产生一个小孔。当光束在小孔底部继续加热时,产生的金属蒸气一方面压迫孔底的液态金属使小孔进一步加深;另一方面,向孔外飞出的蒸气将熔化的金属挤向熔池四周,在液态金属中形成一个细长的孔洞。当光束能量所产生的金属蒸气的反冲压力与液态金属的表面张力和重力平衡后,小孔不再继续加深,形成一个深度稳定的孔而进行焊接,称为深熔焊(也称为锁孔焊)。

深熔焊的激光束可深入焊件内部,因而形成深宽比较大的焊缝。如果激光功率足够大而材料相对较薄,激光焊形成了小孔贯穿整个板厚且背面可以接收到部分激光,这种方法也可称为薄板激光小孔效应焊。

3) 激光焊的特点

激光焊是以高能量密度的激光束作为热源的熔焊方法。采用激光焊,不仅生产效率高于传统的焊接方法,而且焊接质量也得到显著提高。与一般焊接方法相比,激光焊具有以下特点。

(1) 聚焦后的激光束具有很高的功率密度($10^5 \sim 10^7$ W/cm^2 或更高),加热速度快。可实现深熔焊和高速焊。由于激光加热焊的范围小(<1 mm),在同等功率和焊接厚度条件

下，焊接热影响区小、焊接应力和变形小。

（2）激光能发射、透射，能在空间传播相当距离而衰减很小，可通过光导纤维、棱镜等光学方法弯曲传输、偏转、聚焦，特别适合于微型零件、难以接近的部位或远距离的焊接。

（3）一台激光器可供多个工作台进行不同的工作，既可用于焊接，又可用于切割、合金化和热处理，一机多用。

（4）激光在大气中损耗不大，可以穿过玻璃等透明物体，适合于在玻璃制成的密封容器里焊接铍合金等剧毒材料；激光不受电磁场影响，不存在 X 射线防护，也不需要真空保护。

（5）一般焊接方法难以焊接的材料，如高熔点金属、非金属材料（如陶瓷、有机玻璃等）、对热输入敏感的材料可以进行激光焊，焊后无需热处理。

目前影响大功率激光焊扩大应用的主要障碍有以下几个方面。

（1）激光器特别是高功率连续激光器，价格昂贵，目前工业用激光器的最大功率为 20 kW，可焊接的最大厚度约 20 mm，比电子束焊小得多。

（2）对焊件加工、组装、定位要求均很高。

（3）激光器的电光转换及整体运行效率都很低，光束能量转化率仅为 $10\% \sim 20\%$。

4）激光焊的应用

激光焊作为一种独特的焊接方法日益受到重视。目前世界上 1 kW 以上的激光加工设备大约已超过 2 万台，其中 1/3 用于焊接。早期的激光应用大都是采用脉冲固体激光器，进行小型零部件的点焊和由点焊搭接而成的缝焊。20 世纪 70 年代，大功率 CO_2 激光器的出现，开辟了激光应用于焊接的新纪元。激光焊在汽车、钢铁、船舶、航空、轻工等行业得到了成功的应用。CO_2 激光器的部分应用实例见表 5.6。

表 5.6　CO_2 激光器的部分应用实例

应用部门	应 用 实 例
航空	发动机壳体、机翼隔架、膜盒
电子仪表	集成电路内引线、显线管电子枪、全钽电容、调速管、仪表游丝等
机械	精密弹簧、针式打印机零件、金属薄壁波纹管、电热偶、电液伺服阀等
钢铁冶金	焊接厚度为 0.2~8 mm、宽度为 0.5~1.8 mm 的硅钢片，高中低碳钢和不锈钢，焊接速度为 100~1000 cm/min
汽车	汽车底架、传动装置、齿轮、点火器中轴与拨板组合件等
医疗	心脏起搏器以及心脏起搏器所用的锂碘电池等
食品	食品罐（用激光焊代替传统的锡焊或接触高频焊，具有无毒、焊速快、节省材料以及接头美观、性能优良等特点）等
其他	燃气轮器、换热器、干电池锌筒外壳、核反应堆零件等

脉冲激光焊主要用于微型件、精密元件和微电子元件的焊接。低功率脉冲激光焊常用于直径在 0.5 mm 以下金属丝与丝（或薄膜）之间的点焊。脉冲激光焊已成功地用于焊接不锈钢、铁镍合金、铁镍钴合金、铂、铑、铌、钨、钼、铜及各类铜合金、金、银、铝硅丝等。脉冲激光焊可用于显像管电子枪的组装、核反应堆零件、仪表游丝、混合电路薄膜元件的导线连接等。用脉冲激光封装焊接继电器外壳、锂电池和钽电容外壳、集成电路等都是很有效的方法。

连续激光焊主要用于厚板深熔焊。激光焊由于不受电子束焊真空室对零件的局限，无需在真空条件下进行焊接，故其应用前景更为广阔，尤其是激光焊设备常与机器人结合起来组成柔性加工系统,使激光焊的应用范围进一步扩大。

在电厂的建造及化工行业,有大量的管-管、管-板,用激光焊可得到高质量的单面焊双面成形焊缝。在舰船制造业用激光焊焊接大厚度板(可加填充金属),接头性能优于电弧焊,能降低产品成本,提高构件的可靠性,有利于延长舰船的使用寿命。激光焊还应用于电机定子铁芯的焊接,发动机壳体、机翼隔架等飞机零件的生产,航空涡轮叶片的修复等。激光焊接还有其他形式的应用,如激光钎焊、激光-电弧复合热源焊接、激光填丝焊、激光压焊等。激光钎焊主要用于印刷电路板的焊接,激光压焊主要用于薄板或薄钢带的焊接。

影响金属激光焊焊接性的因素有力学性能、表面条件、冶金和化学性能等。高反射率的表面条件不利于获得良好的激光焊接质量。激光能使不透明的材料汽化或熔成孔洞,而且激光能自由地穿过透明材料而又不会损伤它,这一特点使激光焊能够焊接预先放在电子管内的金属。

7. 电阻焊及其应用

电阻焊(electric resistance welding)是利用电流通过焊件及接触处产生的电阻热作为热源,将焊件局部加热到塑性或熔化状态,然后在压力下形成接头的焊接方法。电阻焊与其他焊接方法相比较,具有生产效率高、焊接应力变形小、不需要另加焊接材料、操作简便、劳动条件好、易于实现机械化等优点;但设备功率大、耗电量高,适用的接头形式与可焊工件厚度(或断面)受到限制。

电阻焊方法主要有点焊、缝焊、对焊,如图 5.21 所示。

（a）　　　　　　　　（b）　　　　　　　　　（c）

1—固定电极；2—移动电极。

图 5.21　电阻焊示意图

(a) 点焊；(b) 缝焊；(c) 对焊

1) 点焊(spot welding)

点焊如图 5.21(a)所示,是利用柱状电极,焊件被压紧在两电极之间,以搭接的形式在个别点上被焊接起来。点焊通常采用搭接接头形式,如图 5.22 所示。焊缝是由若干个不连续的焊点组成。每个焊点的焊接过程是:

图 5.22　点焊接头

电极压紧焊件→通电加热→

断电(维持原压力或增压)→去压

通电过程中,被压紧的两电极(通水冷却)间的贴合面处金属局部熔化形成熔核,其周围的金属处于塑性状态。断电后熔核在电极压力作用下冷却、结晶,去掉压力后即可获得组织致密的焊点,如图 5.23(a)所示。如果焊点的冷却收缩较大,如铝合金焊点,则断电后应增大电极压力,以保证焊点结晶密实。焊完一点后移动焊件(或电极),依次焊接其他各点。

点焊是一种高速、经济的焊接方法,主要用于焊接薄板冲压壳体结构及钢筋等。焊件的厚度一般小于 4 mm,被焊钢筋直径小于 15 mm。点焊可焊接低碳钢、不锈钢、铜合金及铝镁合金等材料。在飞机、汽车、火车车厢、钢筋构件、仪器、仪表等制造中得到广泛应用。

图 5.23 点焊、缝焊接头比较
(a)点焊;(b)缝焊

2) 缝焊(seam welding)

缝焊如图 5.21(b)所示,过程与点焊相似,只是用旋转的盘状滚动电极代替了柱状电极,焊接时滚盘电极压紧焊件并转动,配合断续通电,形成连续焊点互相接叠的密封性良好的焊缝,如图 5.23(b)所示。

缝焊的接头形式与点焊相似,均为搭接接头。

缝焊主要用于制造密封的薄壁结构件(如油箱、水箱、化工器皿)和管道等。一般只用于 3 mm 以下薄板的焊接。

3) 对焊(welding neck)

对焊如图 5.21(c)所示,是利用电阻热使两个工件以对接的形式在整个端面上焊接起来的电阻焊方法。根据工艺过程的不同,又可分为电阻对焊和闪光对焊。

(1) 电阻对焊

焊接时先将两焊件端面接触压紧,再通电加热,由于焊件的接触面电阻大,大部分热量就集中在接触面附近,因而迅速将焊接区加热到塑性状态。断电同时增压顶锻,在压力作用下使两焊件的接触面产生一定量的塑性变形而焊接在一起。

电阻对焊的接头外形光滑无毛刺,如图 5.24(a)所示,但焊前对端面的清理要求高,且接头强度较低。因此一般仅用于截面简单、强度要求不高的杆件。

(2) 闪光对焊

焊接时先将两焊件装夹好,不接触,再加电压,逐渐移动被焊工件使之轻微接触。由于接触面上只有某些点真正接触,当通过大电流通过这些点,其电流密度很大,接触点金属被迅速熔化、蒸发,再加上电磁作用,液体金属即发生爆破,并以火花状射出,形成闪光现象。经多次闪光加热后,端面均匀达到半熔化状态,同时多次闪光把端面的氧化物也清除干净了,这时断电加压顶锻,形成焊接接头。

闪光对焊的接头机械性能较高,焊前对端面加工要求较低,常用于焊接重要零件。闪光对焊接头外表有毛刺,如图 5.24(b)所示,需焊后清理。闪光对焊可焊相同的金属材料,也可以焊异种金属材料,如钢与铜、铝与铜等。闪光对焊可焊直径为 0.01 mm 的金属,也可焊截面积为 0.1 m^2 的钢坯。

对焊主要用于钢筋、锚链、导线、车圈、钢轨、管道等的焊接生产。

图 5.24 对焊接头形状
(a)电阻对焊接头;(b)闪光对焊接头

5.2.2　压焊成形技术及其应用

压焊(pressure welding)是利用摩擦、扩散和加压等物理作用,克服两个连接表面的不平度,除去氧化膜及其他杂物,使两个连接表面上的原子相互接近到晶格距离,从而在固态条件下实现连接的方法。常使用的压焊有扩散焊、摩擦焊、冷压焊和热压焊、超声波焊和爆炸焊等,见表5.2。

1. 扩散焊及其应用

一些特殊钢高性能构件的制造,经常要求把特殊合金或性能差别很大的异种材料(如金属与陶瓷、钢与铝、钢与钛等)连接在一起,采用传统的熔焊方法难以实现。为了适应这种要求,作为固相连接方法之一的真空扩散焊技术引起了人们的重视,成为连接领域新的热点。近年来,真空扩散焊技术发展很快,也被运用于航空航天、仪表及电子、核工业等行业,并已经扩展到能源、化工及机械制造等领域。

1) 扩散焊的特点

扩散焊是指在一定的温度和压力下,被连接表面相互接触,通过使界面局部发生微观塑性变形,或通过被连接表面产生的微观液相而扩大被连接表面的物理接触,然后界面原子间经过一定时间的相互扩散,形成整体可靠连接的过程。

扩散焊是在固态中实现材料连接的焊接方法,属于压焊的一种。与常用压焊方法(摩擦焊、冷压焊、热压焊、超声波焊及爆炸焊)相同的是在连接过程中要施加一定的压力。扩散焊与熔焊、钎焊方法的加热温度、压力及过程持续时间等工艺条件的对比见表5.7。

表5.7　扩散焊与熔焊、钎焊方法的比较

工艺条件	扩散焊	熔焊	钎焊
加热	局部、整体	局部	局部、整体
温度	0.5~0.8倍母材熔点	母材熔点	高于钎料熔点
表面准备	严格	不严格	严格
装配	精确	不严格	不严格
焊接材料	金属、合金、非金属	金属合金	金属、合金、非金属
异种材料连接	无限制	受限制	无限制
裂纹倾向	无	强	弱
气孔	无	有	有
变形	轻	强	轻
接头施工可达性	有限制	无限制	有限制
接头强度	接近母材	接近母材	取决于钎料的强度
接头抗腐蚀性	好	敏感	差

一些新材料(如陶瓷、金属间化合物、非晶态材料及单晶等)采用传统的熔焊方法很难实现可靠的连接。一些特殊的高性能构件的制造,往往要求把性能差别很大的异种材料(如金属与陶瓷、有色金属与钢、金属与玻璃等)连接在一起,这用传统的熔焊方法难以实现。为了满足上述要求,作为固相连接方法之一的扩散焊引起人们的重视。

扩散焊与熔焊、钎焊方法相比,在某些方面具有明显的优点,主要表现在以下几个方面。

(1) 扩散焊接头的显微组织和性能与母材接近或相同,不存在各种熔化焊缺陷,也不存在具有过热组织的热影响区。工艺参数易于控制,在批量生产时接头质量稳定。

（2）可以进行内部及多点、大面积构件的连接,以及电弧可达性不好或用熔焊方法不能实现的连接。可焊接其他焊接方法难以焊接的材料。

（3）是一种高精密的连接方法,工件不变形,可以实现机械加工后的精密装配连接,可获得较大的经济效益。

（4）对于塑性差或熔点高的同种材料,或对于不互溶或在熔焊时产生脆性金属间化合物的异种材料,扩散焊是一种可靠的方法,适用于耐热材料(耐热合金、钨、钼、铌、钛等)、陶瓷、磁性材料及活性金属的连接。在扩散焊研究与实际应用中,有70%涉及异种材料的连接。

扩散焊的缺点如下：

（1）零件被连接表面的制备和装配质量的要求较高；

（2）焊接过程的加热时间长,在某些情况下会产生晶粒长大等副作用；

（3）设备一次性投资较大,且被连接工件的尺寸受到设备的限制。

2）扩散焊的分类

扩散焊是正在不断发展的一种焊接技术,其分类和工艺都在不断完善和向前发展。根据被焊材料的组合和工艺特点,扩散焊分为同种材料扩散焊、异种材料扩散焊、过渡液相扩散焊(TLP)、加中间层的扩散焊、超塑性成形扩散焊(PF-DB)和热等静压扩散焊(HIP)。扩散焊的分类及工艺特点见表5.8。

表 5.8　根据被焊材料的组合和工艺对扩散焊的分类及工艺特点

分类	工 艺 特 点
同种材料扩散焊	是指不加中间层的两同种金属直接接触的一种扩散焊,对待焊表面制备质量要求高,要求施加较大的压力。焊后接头组织性能与母材基本一致。对氧溶解度大的金属(如 Ti、Cu、Fe、Zr、Ta 等)最易焊,容易氧化的铝及其合金,含 Al、Cr、Ti 的铁基及钴基合金等则难焊
异种材料扩散焊	是指异种金属或金属与陶瓷、石墨等非金属材料的扩散焊。由于两种材质上存在物理和化学等性能差异,焊接时可能出现：①因膨胀系数不同,导致结合面上出现热应力；②由于冶金反应,在结合面上产生低熔点共晶或形成脆性金属间化合物；③因扩散系数不同,导致接头中形成扩散孔洞；④因电化学性能不同,接头可能产生电化学腐蚀
过渡液相扩散焊	是一种具有钎焊特点的扩散焊。在焊件待焊面之间放置熔点低于母材的中间层金属,在较小压力下加热,使中间层金属熔化、润湿并填充整个接头间隙成为过渡液相,通过扩散和等温凝固,然后再经一定时间均匀化扩散,从而形成焊接接头的方法,又叫作扩散钎焊
加中间层的扩散焊	是指在待焊界面之间加入中间层材料的扩散焊。该中间层材料通常以箔、电镀层、喷涂或气相沉积层等形式使用,其厚度小于 0.25 mm。中间层的作用是：降低扩散焊的温度和压力,提高扩散系数,缩短保持时间,防止金属间化合物的形成等。此法可以焊接很多难焊的或在冶金上不相溶的异种材料
超塑性成形扩散焊	扩散焊压力较低,与塑性成形压力相匹配,扩散焊时间较长,可长达数小时。薄壁零件可先超塑性成形然后焊接,也可相反进行,次序取决于零件的设计。如果先成形,则使接头的两个配合面对在一起,以便焊接；如果两个配合面原来已经贴合,则先焊接,然后用惰性气体充压使零件在模具中成形
热等静压扩散焊	在热等静压设备中实现扩散连接。焊接时将待焊件安放在密封的真空盒或软质金属包内,将此盒或包放入通有高压惰性气体的加热炉中,通过加热元件加热,利用高压气体与真空盒中的压力差对工件施以各向均衡的等静压力,在高温和高压共同作用下完成焊接过程,可以精确地控制被焊接构件的尺寸

3) 扩散焊的应用

扩散焊几乎适用于各种材料的焊接,特别适用于特种材料、特殊结构的焊接。虽然扩散焊的生产成本稍高一些,但在航空航天、电子和核工业等质量更为重要的场合得到相当成功的应用。许多零部件的使用环境恶劣,加之产品结构要求特殊,设计者不得不采用特种材料(如为减轻质量而采用空心结构),而且要求焊接接头与母材成分、性能上接近。在这种情况下,扩散焊成为最优先考虑的焊接方法。

2. 摩擦焊及其应用

摩擦焊是在外力作用下,利用焊件接触面之间的相对摩擦运动产生的热量,使接触面金属间相互扩散、塑性流动和动态再结晶而完成的固态连接方法。焊接过程不需要填充金属、焊剂或保护气体。摩擦焊方法以优质、高效、节能、无污染的技术特点受到制造业的重视,特别是近年来开发的搅拌摩擦焊、超塑性摩擦焊等新技术,使其在航空航天、能源、海洋开发等技术领域及石油化工、机械和汽车制造等产业部门得到了广泛的应用。

1) 摩擦焊的原理

将两个圆形截面工件进行对接焊,首先使一个工件以中心线为轴高速旋转,然后将另一个工件向旋转工件施加轴向压力 F_1,接触端面开始摩擦加热,达到给定的摩擦时间或规定的摩擦变形量时,停止工件转动,同时施加更大的顶锻压力 F_2,接头在顶锻压力的作用下产生一定的塑性变形,即顶锻变形量。在保持一定时间后,松开两个夹头,取出焊件,结束焊接过程。图 5.25 为摩擦焊接过程示意图。

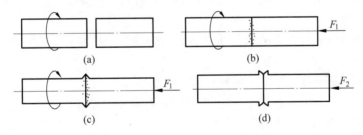

图 5.25　摩擦焊接过程示意图

两焊件接合面之间在压力下高速相对摩擦便产生两个重要的效果:一是破坏了结合面上的氧化膜或其他污染层,使纯金属暴露出来;另一个是发热,使接合面很快形成热塑性层。在随后的摩擦转矩和轴向压力作用下,这些破碎的氧化物和部分塑性层被挤出接合面而形成飞边,剩余的塑性变形金属构成焊缝金属,最后的顶锻使焊缝金属获得进一步锻造,形成质量良好的焊接接头。

2) 摩擦焊的特点

摩擦焊有许多特征与闪光对焊和电阻对焊相似,如焊接接头多为圆形截面对接。不同之处是焊接热源,闪光对焊和电阻对焊是利用电阻热,而摩擦焊是利用摩擦热。与闪光焊、电阻对焊相比较,摩擦焊具有如下优点。

(1) 接头质量高。摩擦焊属固态焊接,正常情况下接合面不发生熔化,熔合区金属为锻造组织,不产生与熔化和凝固相关的焊接缺陷;压力与转矩的滤力学冶金效应使晶粒细化、组织致密、接头质量高。

（2）适合异种材料的连接。不同组合的金属材料（如铝-钢、铝-铜、钛-铜等）都可以进行摩擦焊接。大多数可进行锻造的金属材料也都可以进行摩擦焊接。

（3）生产效率高。发动机排气门双头自动摩擦焊机的生产效率可达 800～1200 件每小时。对于外径 $\phi127$ mm、内径 $\phi95$ mm 的石油钻杆与接头的焊接，连续驱动摩擦焊仅需十几秒，如采用惯性摩擦焊，所需时间还要短。

（4）尺寸精度高。用摩擦焊生产的柴油发动机顶燃烧室，全长误差为 ±0.1 mm；专用机可保证焊后的长度公差为 ±0.2 mm，偏心度为 0.2 mm。

（5）设备易于机械化、自动化，操作简单。

（6）环境清洁。工作时不产生烟雾、弧光及有害气体等。

摩擦焊的缺点与局限性：

（1）对非圆形截面焊接较困难，所需设备复杂；对盘状薄零件和管壁件，由于不易夹固，施焊也很困难。

（2）由于受摩擦焊机主轴电动机功率和压力不足的限制，目前最大焊接截面约为 200 cm^2。

（3）摩擦焊机的一次性投资大，只有大批量生产时，才能降低生产成本。

3）摩擦焊的分类

随着工业技术的发展，摩擦焊的设备种类也不断增加。现在广泛应用的是连续驱动型和惯性摩擦焊，并已经用于大批量生产。为了满足特殊焊接结构的要求，也发展了其他的摩擦焊方法。摩擦焊主要根据焊件的相对运动和工艺特点进行分类。按焊件相对运动形式分类如下：

（1）焊件绕线旋转可分为连续驱动摩擦焊、惯性摩擦焊、混合型旋转摩擦焊、相位摩擦焊等；

（2）焊件不运动可分为径向摩擦焊和搅拌摩擦焊；

（3）其他运动可分为摩擦堆焊、线性摩擦焊和轨道摩擦焊等。

按焊接工艺特点进行分类如下：

（1）按界面温度可分为高温摩擦焊、低温摩擦焊和超速性摩擦焊；

（2）按工艺措施可分为气体保护摩擦焊、感应加热摩擦焊、导电加热摩擦焊和封闭摩擦焊；

（3）按复合工艺可分为钎层摩擦焊、嵌入摩擦焊和第三体摩擦焊。

4）摩擦焊的应用

摩擦焊接过程由于具有焊接温度等于或低于金属熔点、加热区域窄、时间短、接头的加热温度和温度分布调节范围宽等特点，在航空航天、汽车、石化、核电等产业部门得到广泛应用。图 5.26 是部分摩擦焊的典型产品示例。

3. 冷压焊和热压焊及其应用

冷压焊和热压焊都是变形焊的一种形式。冷压焊的整个过程是在室温下进行的，但冷压焊的变形程度大、施焊压力比较大。被焊接件在强大的外压下，工件接触表面的氧化膜破裂并被塑性流动的金属挤向界面外部，使洁净金属紧密接触，达到原子间结合，最后形成牢固的焊接接头。热压焊的焊接本质与冷压焊基本相同，但是在工件加热条件下施加压力，使被焊界面金属产生塑性变形，形成界面金属原子间的结合。

图 5.26 摩擦焊的典型产品示例

(a) 圆柄刀具;(b) 涡轮增压器转子;(c) 柴油发动机预燃烧室;(d) 拖拉机双金属轴瓦;(e) 运土机主动齿轮;
(f) 载重车推进轴;(g) 农机油缸;(h) 拖拉机液压活塞;(i) 汽车轴套;(j) 履带拖拉机支重轮

1) 冷压焊及其应用

(1) 冷压焊的特点

冷压焊是在常温下只靠外加压力使金属产生强烈塑性变形而形成接头的焊接方法。加压变形时,工件接触面的氧化膜被破坏并被挤出,能净化焊接接头。冷压焊的压力一般高于材料的屈服强度,产生 60%~90% 的变形量。加压方式可以缓慢挤压、滚压或加冲击力,也可以分几次加压达到所需的变形量。

在几十种焊接方法中,冷压焊是焊接温度最低的焊接方法。实践表明,冷压焊过程中的变形速度不会引起焊接接头的升温,存在界面原子的明显扩散。冷压焊中金属的结合是界面处咬合的细晶形成的晶间结合,咬合的细晶增加了金属的有效结合面积,使冷压焊接头有较高的强度。冷压焊不会产生其他焊接接头常见的软化区、热影响区和脆性中间相,因此特别适用于热敏感材料、高温下易氧化的材料以及异种金属的焊接。

在冷压焊过程中,由于焊接接头的形变硬化可以使接头强化,其结合界面呈现复杂的峰谷和犬牙交错的形貌,结合面面积比简单的几何截面大。因此在正常情况下,同种金属的冷压焊接头强度不低于母材;异种金属的冷压焊接头强度不低于被焊接头较软一测金属的强度。由于结合界面面积大,无中间相形成,所以冷压焊接头具有优良的导电性和抗腐蚀性能。

冷压焊由于不需加热、不需填料,焊接的主要工艺参数已由模具尺寸确定,故易于操作和实现自动化,焊接质量稳定,生产效率高,成本低。由于不用焊剂,接头不会引起腐蚀。焊接时接头温度不升高,材料组织变化不大,适用于异种金属和热焊无法实现的一些金属材料和产品的焊接。目前,冷压焊已成为电气行业、铝制品业和太空焊接领域最重要的几种焊接方法之一。

冷压焊特别适用于在焊接中要求必须避免母材软化、退火和不允许烧坏绝缘的一些材料或产品的焊接。例如,某高强度变形铝合金导体,当温度超过 150 ℃时,强度成倍下降;某些铝合金通信电缆或铝壳电力电缆,在焊接铝管之前就已经装入了电绝缘材料,焊接时的温度升高不允许超过 120 ℃时。石英因谐振子及铝质电容器的封盖工序、Nb-Ti 超导线的连接等也可以采用冷压焊来实现。

同种金属或硬度相差较小的金属间具有良好的冷压焊接性;硬度相差较大的异种金属间冷压焊需采用工艺措施改善其冷压焊接性。异种材料在热焊时往往会产生脆型金属间化合物,而由于冷压焊是在室温下实现异种金属的连接,原子之间难以实现化学反应生成脆型金属间化合物,因此冷压焊也是焊接异种材料较适用的方法。

冷压焊所需设备简单,工艺简便,劳动条件好。冷压焊接件的形状和尺寸主要取决于加压模具的结构。硬度较高的材料冷压焊常需要多次加压,有时需重复顶锻 2～4 次才能使界面完全焊合。冷压焊所需的挤压力较大,大截面工件焊接使设备比较庞大,搭接焊后工件表面有较深的压坑,因而在一定程度上限制了它的应用范围。

(2) 冷压焊的分类

根据焊接接头的形式,冷压焊可分为搭接冷压焊和对接冷压焊两大类。

搭接冷压焊包括搭接点焊和搭接缝焊。用柱状压头形成焊点,称为搭接冷压点焊;用滚轮式压头形成焊缝,称为搭接冷压缝焊。搭接缝焊又包括滚压焊、套压焊和挤压焊。搭接冷压焊主要用于箔材、带材和薄板材的连接。搭接冷压焊可以焊接厚度为 0.01～20 mm 的箔材、带材和板材。此外,管材的封端及棒材的搭接也可以通过搭接冷压焊实现。搭接冷压点焊常用于导线和母材的连接。搭接冷压缝焊可用于焊接气密性要求较高的接头。其中滚压焊适用于焊接大长度焊缝,例如制造有色金属、铝制容器等较大容器的产品;套压焊常用于电容器元件封帽的封装焊及日用铝制品件的焊接。

对接冷压焊主要用于制造同种或异种金属线材、棒材或管材的对接接头。对接冷压焊接头的最小截面积为 0.5 mm² (用手动焊钳),最大焊接接头面积可达 500 mm² (用液压焊机)。主要用于对接简单或异形截面的线材、棒材、板材、管材等。可在生产中进行同种材料的接长、制造双金属过渡接头或异种金属的焊接。电气工程中铝、铜导线、母线的对接冷压焊应用最为广泛。

冷压焊接件的搭接厚度或对接截面受焊机吨位的限制而不能过大;焊接件的硬度受冷压焊模具材质的限制而不能过高。在模具强度允许的前提下,不产生加工硬化的延性金属,如 Cu、Al、Ag、Au、Ni、Zn、Ti、Pb 及其合金等均适于冷压焊。它们之间的任意组合,包括液相、固相不相溶的非共格金属，如 Al 与 Pb、Zn 与 Pb 等的组合，也可进行冷压焊。铝与铝对接可焊截面积可达 1500 mm²，铝与铜对接可焊截面积可达 1000 mm²。但对于某些异种金属（如 Cu 与 Al）形成的焊缝，在高温下会因扩散而产生脆性化合物，使其延性明显下降。这类异种金属组合的冷压焊接头只适合在较低温度下工作。

（3）冷压焊的应用

冷压焊的焊接过程由于不需要加热，可以大大节省能源，简化焊接设备，又可避免由于熔化或加热造成的对接头组织性能的不利影响。因此冷压焊主要适用于硬度不高、塑韧性较好的金属薄板、线材、棒材和管材的焊接，特别适用于焊接中不允许接头升温的产品。

冷压焊在工业部门中的应用见表 5.9 和图 5.27。

表 5.9　冷压焊在工业部门中的应用

部门	应用实例
电子工业	圆形、方形电容器外壳的封装，绝缘箱外壳的封装，大功率二极管散热片，电解电容阳极板与屏蔽引出线
电气工程	通信、电力电缆铝外导体管、护套管的连续生产，各种规格铝-铜过渡接头；电缆、电缆厂、电机厂、变压器厂、开关厂铝线及铝合金导线的接长及引出线，铜排、铝排、整流片、汇流圈的安装焊，输配电站引出线，架空电线、通信电线、地下电缆的接线和引出线，电缆屏蔽带接地，铜式铝箔绕组引出线，石英振子盒封装、集成块封装、铌钛合金超导线的连接
制冷工程	热交换器、制冷设备
汽车制造业	小轿车暖气片、汽车水箱、散热器片、脚踏板
交通运输	地下铁路、矿山运输、无轨电车断面滑接对焊
日用品工业	铝壶、电热铝茶壶制造、铝容器、铝壶手把螺钉支撑
其他部门	铝管、铜管、铝锰合金管、铝镁合金管、钛管的对接、封头等

图 5.27　冷压焊的应用实例

(a) 铝箔多点点焊；(b) 铝板双面镶焊铜板；(c) 滚焊制管；(d) 矩形容器滚焊；
(e) 筒体与法兰盘单面滚压焊；(f) 容器封头挤压焊；(g) 碟形封头双面套压焊；(h) 单面套压焊

2）热压焊及其应用

热压焊的焊接本质与冷压焊基本相同,只是在加热条件下对工件施加压力,使被焊金属界面达到塑性状态(甚至熔融)和产生足够的塑性变形,形成界面金属原子间的结合。

（1）热压焊的分类和特点

热压焊是在焊接过程中对焊件施加压力,同时加热以完成焊接的方法的统称,包括气压焊、锻焊和滚焊等。热压焊按加热方式可分为工作台加热、压头加热、工作台和压头同时加热三种形式。不同加热方式的优缺点见表5.10。按照压头形状,热压焊又可以分为楔形压头、空心压头、带槽形压头及带凸缘压头的热压焊等,如图5.28所示。

表 5.10　不同加热方式的热压焊的优缺点

加 热 方 法	优　点	缺　点
工作台加热	由于加热件的热容量大,加热温度可精确调节,故温度稳定	整个焊接过程均需对工件加热
压头加热	可采用较紧凑的加热器简化设备结构	很难测量加热焊接区内的温度
工作台和压头同时加热	温度调节比较容易,能在较适宜的压头温度实现焊接,获得牢固焊点所需的时间最短	设备和压头的结构复杂,整个装配过程中均需对工件、压头加热

如图5.28所示三种压头都是将金属引线直接搭接在基板导体或芯片的平面上。而图5.28(b)则是一种金丝球焊法,即金属丝导线从空心爪头的直孔中送出或拉出引线,在引线端头用切割火焰将端头熔化,借助液态金属的表面张力,在引线端头形成球状,压焊时利用压头的周壁对球施加压力,形成圆环状焊缝。在半导体器件的引线连接中,广泛应用了热压焊。

图 5.28　热压焊压头形式和焊点形状

（a）楔形压头（扁平焊点）；（b）空心压头（金丝球焊）；（c）带槽形的压头；（d）带凸缘（轴肩）的压头

（2）热压焊的应用

热压焊最早应用于钢轨焊接。在无缝线路建设初期,主要用在钢轨的厂内焊接,焊机为固定式,以后大部分被闪光焊代替。后来在我国和日本,热压焊多用在钢轨的现场联合接头的焊接上,并逐步朝着多功能轻型化方向发展。

目前现场钢轨焊接使用的热压焊机(气压焊机)为小型移动式。我国现在广泛使用的气压焊机的质量为140 kg,新型保压推凸钢轨气压焊机的质量为160 kg。热压焊还应用于钢筋焊接,这种方法在日本应用得较广泛,但在我国受到一定限制,原因在于热压焊的加热采用氧-燃气火焰,对施工现场防火要求较高。

5.2.3　钎焊成形技术及其应用

钎焊(braze welding)是采用熔点比母材低的材料作钎料,将焊件和钎料加热至高于钎料熔点但低于母材熔点的温度,利用毛细作用使液态钎料充满接头间隙,熔化钎料湿润母材表面,冷却后结晶形成冶金结合。常使用的钎焊有超声波钎焊、电阻钎焊、摩擦钎焊、放热反应钎焊、红外线钎焊、电子束钎焊、炉中钎焊、感应钎焊和火焰钎焊等。

钎焊时先将工件的待连接处清理干净,以搭接形式装配在一起,把钎料放在装配间隙附近或装配间隙处,并要加钎剂(钎剂的作用是去除氧化膜和油污等杂质,保护焊件接触面和钎料不受氧化,并增加钎料润湿性和毛细流动性)。当工件与钎料被加热到稍高于钎料的熔化温度后(工件未熔化),液态钎料充满固体工件间隙,焊件与钎料间相互扩散,凝固后即形成接头。钎焊多用搭接接头,常见的钎焊接头形式如图 5.29 所示。钎焊的质量在很大程度上取决于钎料。钎料应具有合适的熔点与良好的润湿性,能与母材形成牢固结合,得到具有一定的机械性能与物理化学性能的接头。钎料按钎料熔点分为两大类:软钎焊和硬钎焊。

图 5.29　钎焊接头形式

(1) 软钎焊(soldering)是钎料的熔点低于 450 ℃ 的钎焊。常用钎料是锡铅钎料,常用钎剂是松香、氯化锌溶液等。软钎焊接头强度低(一般小于 70 MPa),工作温度低,主要用于电子线路的焊接。

(2) 硬钎焊(brazing)是钎料的熔点高于 450 ℃ 的钎焊。常用钎料是铜基钎料和银基钎料等,常用钎剂有硼砂、硼酸、氯化物、氟化物等。硬钎焊接头强度较高(可达 500 MPa),工作温度较高,主要用于机械零部件和刀具的钎焊。

钎焊的加热方法很多,如烙铁加热、火焰加热、炉内加热、高频加热、盐浴加热等。

钎焊与熔化焊相比有如下优点。

(1) 焊接质量好。因加热温度低,焊件的组织性能变化很小,焊件的应力变形小,精度高,焊缝外形平整美观。适宜焊接小型、精密、装配件及电子仪表等工件。

(2) 生产效率高。钎焊可以焊接一些其他焊接方法难以焊接的特殊结构(如蜂窝结构等)。可以采用整体加热,一次焊成整个结构的全部(几十条或成百条)焊缝。

(3) 用途广。钎焊不仅可以焊接同种金属,还可以焊接异种材料,甚至金属与非金属之间也可焊接(如原子、反应堆中金属与石墨的钎焊,电子管的玻璃罩壳与封接合金的钎焊等)。

钎焊也有本身的缺点,如接头强度比较低,耐热能力较差,装配要求较高等。但由于它有独特的优点,因而在机械、电机、无线电、仪表、航空、原子能、空间技术及化工、食品等都有应用。

5.3　焊接件结构工艺性

焊件结构需要采用具体的焊接方法进行生产,因此焊接结构设计必须在满足焊件使用性能要求的前提下,充分考虑焊接生产过程的工艺特点,力求做到焊缝分布合理,既减小焊接应力和变形,又方便制造和进行质量检验。焊接结构设计的一般原则和图例比较列于表 5.11 中。

表 5.11 焊接结构工艺设计的一般原则

设 计 原 则	不 良 设 计	改 进 设 计
焊缝位置应便于操作(手弧焊要考虑焊条操作空间)		
焊缝应尽量避免最大应力和应力集中处		
焊缝位置应有利于减少焊接应力与变形:①避免焊缝过分密集交叉和端部锐角;②减少焊缝数量;③焊缝应尽量对称分布		
不同厚度工件焊接时,接头处应平滑过渡		
焊缝应避开加工表面		
焊缝拐弯处应平缓过渡		

5.4 常用金属材料的焊接

5.4.1 金属材料的焊接性

1. 焊接性的概念

一定焊接技术条件下,获得优质焊接接头的难易程度,即金属材料对焊接加工的适应性称为金属材料的焊接性(weldability)。衡量焊接性的主要指标有两个:一是在一定的焊接技术条件下接头产生缺陷,尤其是裂纹的倾向性或敏感性;二是焊接接头在使用中的可靠性。

金属材料的焊接性与母材的化学成分、厚度、焊接方法及其他技术条件密切相关。同一种金属材料采用不同的焊接方法、焊接材料、技术参数及焊接结构形式,其焊接性都有较大差别。如铝及铝合金采用焊条电弧焊时,难以获得优质焊接接头,但如采用氩弧焊则接头质量好,此时焊接性好。

金属材料的焊接性是生产中设计、施工准备及正确拟定焊接过程技术参数的重要依据,因此当采用金属材料尤其是新的金属材料制造焊接结构时,了解和评价金属材料的焊接性是非常重要的。

2. 焊接性的评价

影响金属材料焊接性的因素很多,焊接性的评价一般是通过估算或试验方法确定,通常用碳当量法和冷裂纹敏感系数法。

(1) 碳当量法

实际焊接结构所用的金属材料大多数是钢材,而影响钢材焊接性的主要因素是化学成分。因此碳当量是评价钢材焊接性最简便的方法。

碳当量是把钢中的合金元素(包括碳)的含量,按其作用换算成碳的相对含量。国际焊接学会推荐的碳当量(w_{CE})公式为

$$w_{CE} = \left(w_C + \frac{w_{Mn}}{6} + \frac{w_{Cr} + w_{Mo} + w_V}{5} + \frac{w_{Ni} + w_{Cu}}{15} \right) \times 100\%$$

式中,w_C、w_{Mn} 等表示碳、锰等相应成分的质量分数(%)。

一般碳当量越大,钢材的焊接性越差。硫、磷对钢材的焊接性影响也极大,但在各种合金钢材中,硫、磷一般都受到严格控制。因此,在计算碳当量时可以忽略。当 $w_{CE} < 0.4\%$ 时,钢材的塑性良好,淬硬倾向不明显,焊接性良好。在一般的焊接技术条件下,焊接接头不会产生裂纹,但对厚大件或在低温下焊接,应考虑预热;当 w_{CE} 在 $0.4\% \sim 0.6\%$ 时,钢材的塑性下降,淬硬倾向逐渐增加,焊接性较差。焊前工件需适当预热,焊后注意缓冷,才能防止裂纹;当 $w_{CE} > 0.6\%$ 时,钢材的塑性变差,淬硬倾向和冷裂倾向大,焊接性更差。工件必须预热到较高的温度,要采取减少焊接应力和防止开裂的技术措施,焊后还要进行适当的热处理。

(2) 冷裂纹敏感系数法

由于碳当量法仅考虑了钢材的化学成分,忽略了焊件板厚、焊缝含氢量等其他影响焊接性的因素,因此无法直接判断冷裂纹产生的可能性大小。由此提出了冷裂纹敏感系数的概念,其计算式为

$$P_w = \left(w_C + \frac{w_{Si}}{30} + \frac{w_{Cr} + w_{Mn} + w_{Cu}}{20} + \frac{w_{Ni}}{60} + \right.$$
$$\left. \frac{w_{Mo}}{15} + \frac{w_V}{10} + 5w_B + \frac{[H]}{60} + \frac{h}{600} \right) \times 100\%$$

式中,P_w 为冷裂纹敏感系数,h 为板厚(mm),$[H]$ 为 100 g 焊缝金属扩散氢的含量(mL)。

冷裂纹敏感系数越大,产生冷裂纹的可能性越大,焊接性越差。

5.4.2 结构钢的焊接

1. 低碳钢的焊接

低碳钢的 w_{CE} 小于 0.4%,塑性好,一般没有淬硬倾向,对焊接热过程不敏感,焊接性良

好。通常情况下,焊接不需要采取特殊技术措施,使用各种焊接方法都易获得优质焊接接头。但是低温下焊接刚度较大的低碳钢结构时,应考虑采取焊前预热,以防止裂纹的产生。厚度大于 50 mm 的低碳钢结构或压力容器等重要构件,焊后要进行去应力退火处理。电渣焊的焊件,焊后要进行正火处理。

2. 中碳钢、高碳钢的焊接

中碳钢的 w_{CE} 一般为 $0.4\%\sim0.6\%$,随着 w_{CE} 的增加,焊接性能逐渐变差。高碳钢的 w_{CE} 一般大于 0.6%,焊接性能更差,这类钢的焊接一般只用于修补工作。焊接中碳钢、高碳钢存在的主要问题是:焊缝易形成气孔,焊缝及焊接热影响区易产生淬硬组织和裂纹。为了保证中碳钢、高碳钢焊件焊后不产生裂纹,并具有良好的力学性能,通常采取以下技术措施。

(1) 焊前预热、焊后缓冷。其目的主要是减小焊接前后的温差,降低冷却速度,减少焊接应力,从而防止焊接裂纹的产生。预热温度取决于焊件的含碳量、焊件的厚度、焊条类型和焊接规范。焊条电弧焊时,一般预热温度在 $150\sim250$ ℃,碳当量高时,可适当提高预热温度,加热范围在焊缝两侧 $150\sim200$ mm 为宜。

(2) 尽量选用抗裂性好的碱性低氢焊条,也可选用比母材强度等级低一些的焊条,以提高焊缝的塑性。当不能预热时,也可采用塑性好、抗裂性好的不锈钢焊条。

(3) 选择合适的焊接方法和规范,降低焊件冷却速度。

3. 普通低合金钢的焊接

普通低合金钢在焊接生产中应用较为广泛,按屈服强度分为六个等级。

屈服强度为 $294\sim392$ MPa 的普通低合金钢,其 w_{CE} 大多小于 0.4%,焊接性能接近低碳钢。焊缝及热影响区的淬硬倾向比低碳钢稍大。常温下焊接,不用复杂的技术措施,便可获得优质的焊接接头。当施焊环境温度较低或焊件厚度、刚度较大时,则应采取预热措施,预热温度应根据工件厚度和环境温度进行考虑。焊接 16Mn 钢的预热条件见表 5.12。

表 5.12　焊接 16Mn 钢的预热条件

工件厚度/m	不同气温的预热温度	
<16	不低于-10 ℃不预热	-10 ℃以下预热 100~150 ℃
16~24	不低于-5 ℃不预热	-5 ℃以下预热 100~150 ℃
25~40	不低于 0 ℃不预热	0 ℃以下预热 100~150 ℃
>40	预热 100~150 ℃	

强度等级较高的低合金钢,其 w_{CE} 为 $0.4\%\sim0.6\%$,有一定的淬硬倾向,焊接性较差。应采取的技术措施是:尽可能选用低氢型焊条或使用碱度高的焊剂配合适当的焊丝;按规范对焊条进行烘干,仔细清理焊件坡口附近的油、锈、污物,防止氢进入焊接区;焊前预热,一般预热温度超过 150 ℃;焊后应及时进行热处理以消除内应力。

4. 奥氏体不锈钢的焊接

奥氏体不锈钢是实际应用最广泛的不锈钢,其焊接性能良好,几乎所有的熔焊方法都可采用。焊接时,一般不需要采取特殊措施,主要防止晶界腐蚀和热裂纹。

为避免晶界腐蚀,不锈钢焊接时应该采取的技术措施是:选择超低碳焊条,减少焊缝金属的含碳量,减少和避免形成铬的碳化物,从而降低晶界腐蚀倾向;采取合理的焊接过程和规范,焊接时用小电流、快速焊、强制冷却等措施防止晶界腐蚀的产生。可采用两种方式进行焊后热处理:一种是固熔化处理,将焊件加热到 1050~1150 ℃,使碳重新熔入奥氏体中,然后淬火,快速冷却将形成稳定奥氏体组织。第二种是进行稳定化处理,将焊件加热到 850~950 ℃保温 2~4 h,使奥氏体晶粒内部的铬逐步扩散到晶界。

奥氏体不锈钢由于本身导热系数小,线膨胀系数大,焊接条件下会形成较大拉应力,同时晶界处可能形成低熔点共晶,导致焊接时容易出现热裂纹。因此为了防止焊接接头热裂纹,一般应采用小电流、快速焊、不横向摆动,以减少母材向熔池的过渡。

5.4.3 铸铁件的焊补

铸铁含碳量高,组织不均匀,焊接性能差,所以应避免考虑铸铁材质的焊接件。但铸铁件生产中出现的铸造缺陷及铸件在使用过程中发生的局部损坏和断裂,如能焊补,其经济效益也是显著的。铸铁焊补的主要困难是:焊接接头易产生白口组织,硬度很高,焊后很难进行机械加工;焊接接头易产生裂纹,铸铁焊补时,其危害性比形成白口组织大;铸铁含碳量高,焊接过程中熔池中碳和氧发生反应,生成大量 CO 气体,若来不及从熔池中逸出而存留在焊缝中,焊缝中易出现气孔。

以上问题在焊补时必须采取措施加以防止。

铸铁的焊补,一般采用气焊、焊条电弧焊,对焊接接头强度要求不高时,也可采用钎焊。铸铁的焊补过程根据焊前是否预热,可分为热焊和冷焊两类。

5.4.4 有色金属及其合金的焊接

1. 铝及铝合金的焊接

工业纯铝和非热处理强化的变形铝合金的焊接性较好,而可热处理强化变形铝合金和铸造铝合金的焊接性较差。

铝及铝合金焊接的困难主要是铝容易氧化成 Al_2O_3。由于 Al_2O_3 氧化膜的熔点高(2050 ℃)而且密度大,在焊接过程中会阻碍金属之间的熔合而形成夹渣。此外,铝及铝合金液态时能吸收大量的氢气,但在固态几乎不溶解氢,溶入液态铝中的氢大量析出,使焊缝易产生气孔;铝的热导率为钢的 4 倍,焊接时热量散失快,需要能量大或密集的热源,同时铝的线膨胀系数为钢的 2 倍,凝固时收缩率达 6.5%,易产生焊接应力与变形,并可能产生裂纹;铝及铝合金从固态转变为液态时,无塑性过程及颜色的变化,因此焊接操作时很容易造成温度过高、焊缝塌陷、烧穿等缺陷。

铝和铝合金的焊接常用氩弧焊、气焊、电阻焊和钎焊等方法。其中氩弧焊应用最广,气焊仅用于焊接厚度不大的一般构件。

氩弧焊电弧集中,操作容易,氩气保护效果好,且有阴极破碎作用,能自动除去氧化膜,所以焊接质量高,成形美观,焊件变形小。氩弧焊常用于焊接质量要求较高的构件。

电阻焊时,应采用大电流,短时间通电,焊前必须彻底清除焊件焊接部位和焊丝表面的氧化膜与油污。

气焊时,一般采用中性火焰。焊接时,必须使用溶剂以溶解或消除覆盖在熔池表面的氧化膜,并在熔池表面形成一层较薄的熔渣,保护熔池金属不被氧化,排除熔池中的气体、氧化物和其他杂质。

铝及铝合金的焊接无论采用哪种焊接方法,焊前都必须进行氧化膜和油污的清理。清理质量的好坏将直接影响焊缝质量。

2. 铜及铜合金的焊接

铜及铜合金焊接性较差,焊接接头的各项性能一般均低于母材。

铜及铜合金焊接的主要困难是:铜及铜合金的导热性很好,焊接时热量很快从加热区传导出去,导致焊件温度难以升高,金属难以熔化,以致填充金属与母材不能很好地熔合;铜及铜合金的线膨胀系数及收缩率都较大,并且由于导热性好,而使焊接热影响区变宽,导致焊件易产生变形;另外,铜及铜合金在高温液态下极易氧化,生成的氧化铜与铜形成易熔共晶体沿晶界分布,使焊缝的塑性和韧性显著下降,易引起热裂纹;铜在液态时能溶解大量氢,而凝固时溶解度急剧下降,焊接熔池中的氢气来不及析出,在焊缝中形成气孔。同时,以溶解状态残留在固态金属中的氢与氧化亚铜发生反应,析出水蒸气,而水蒸气不溶于铜,但以很高的压力状态分布在显微空隙中导致裂缝产生所谓氢脆现象。

导热性强、易氧化、易吸氢是焊接铜及铜合金时应解决的主要问题。目前焊接铜及铜合金较理想的方法是氩弧焊。对质量要求不高时,也常采用气焊、焊条电弧焊和钎焊等。

采用各种方法焊接铜及铜合金时,焊前都要仔细清除焊丝、焊件坡口及附近表面的油污、氧化物等杂质。气焊、钎焊或电弧焊时,焊前应对焊剂、钎剂或焊条药皮作烘干处理。焊后应彻底清洗残留在焊件上的溶剂和熔渣,以免引起焊接接头的腐蚀破坏。

5.5 焊接成形技术工程案例

5.5.1 奥运主体育场"鸟巢"钢结构柱脚 CO_2 气体保护焊

工程案例 5.1 奥运主体育场"鸟巢"钢结构柱脚 CO_2 气体保护焊

"鸟巢"钢结构较为复杂,其中精度要求较高、焊接难度较大的是柱脚的拼装焊接,并且立柱柱脚在旋转对称的范围内,每一个注脚的焊接工艺都不尽相同。"鸟巢"钢结构柱脚所用的钢种主要是 Q460E-Z35 钢和 Q345 钢。

1. Q460E-Z35 钢焊接工艺

"鸟巢"的施工现场柱脚用 Q460E-Z35 钢焊接的主要形式见表 5.13。

表 5.13 柱脚用 Q460E-Z35 钢焊接的主要形式

母　　材	板厚/mm	接头形式	焊接方法	焊接材料	坡口形式
Q460E-Z35＋Q345GJD	100＋100	T形	焊条电弧焊打底,CO_2 焊填充,药芯焊丝 CO_2 焊盖面	E5015-G、ER50-G 和 E501T-1	V形坡口
Q460E-Z35＋Q345GJD	100＋60	对接			
Q460E-Z35＋Q345GJD	100＋50	T形			
Q460E-Z35	100、110	对接	焊条电弧焊打底,CO_2 焊填充,药芯焊丝 CO_2 焊盖面	E5015-G、ER50-G 和 E501T-1	
Q460E-Z35＋GS20Mn5V	100＋130	对接			

（1）焊前清理　Q460E-Z35 钢具有淬硬倾向,焊接前需对热切割面用角向磨光机进行打磨处理,打磨厚度为 2 mm,至露出原始金属光泽。同时对坡口加工造成的钝边、凹槽进行打磨处理,要求不留钝边和避免坡口面留有加工凹槽。

（2）坡口形状　要求再加工及安装过程中严格执行图纸要求,坡口角度为 35°,间隙为 8 mm。焊前进行坡口形状检查,包括间隙、错边和焊缝原始宽度。

（3）预热、层间温度及后热温度控制　为了降低冷裂纹敏感性,Q460E-Z35 钢预热温度在 150～200 ℃。层间温度控制与预热温度相同。焊接完毕后,立即进行后热处理,后热温度为 300～350 ℃,后热时间为 2 h。后热完成,用岩棉被保温缓冷至环境温度。

（4）加热方法　采用电加热的方法,加热板设置在焊缝正反两面,预热温度达到预定值后,将焊缝正面的加热板拆除,焊缝背面的加热板作为伴随预热,焊后热处理时再将正面加热板重新布置,并用岩棉被包裹严密。

（5）测温方法　测温采用红外测温仪和接触式测温仪两种,测温点设置在焊缝原始边缘两侧各 75 mm 处。使用红外测温仪时,注意测温仪需垂直于测温表面,距离不得大于 20 cm。层间温度测温点应在焊道起点,距离焊道熄弧端 300 mm 以上。后热温度测温点应在焊道表面。

（6）焊接环境要求　Q460E-Z35 钢焊接要求在正温条件下焊接,当环境温度在负温时,需搭设保温棚,确保焊接环境温度达到 0 ℃以上,环境风速需小于 2 m/s 方可施焊。

（7）焊接技术要求　焊接过程严格执行多层多道及窄焊道薄焊层的焊接方法,在平、横、仰焊位禁止焊枪摆动,立焊位焊枪摆幅不得大于 20 mm,每层厚度不得大于 5 mm。层间清理,采用风动打渣机清除焊渣及飞溅物,同时对焊缝进行同频率锤击,起到消应力处理的作用。

此外,在 Q460E-Z35 钢上禁止焊接卡码及连接板等临时设施,如必须焊接,在焊前按照正式焊接要求,对母材进行预热,预热温度为 150～200 ℃。在切割临时设施时,也必须进行预热 150～200 ℃,尽量避免伤及母材,如发生该种情况,必须及时进行焊补,然后打磨圆滑过渡。在焊接过程中,严禁在母材上出现随意打火或由于拖拉焊把或焊枪对母材造成的电弧擦伤。

柱脚用 Q460E-Z35 钢的焊接工艺参数见表 5.14。

表 5.14　柱脚用 Q460E-Z35 钢的焊接工艺参数

母　材	板厚/mm	道次	焊接方法	焊接材料		保护气体	气体流量/(L/min)	焊接电流/A	焊接电压/V
				型号	直径/mm				
Q460E-Z35＋Q345GJD	100＋100 100＋60＋100 100＋50	打底	焊条电弧焊	E5015-G	3.2	—	—	130～150	22～31
		填充	焊条电弧焊	E5015-G	4.0	—	—	170～200	27～31
		填充	CO$_2$ 气体保护焊	ER50-G	1.2	CO$_2$	25～50	280～320	35～45
		盖面	药芯焊丝 CO$_2$ 焊	E501T-1	1.2	CO$_2$	25～50	260～280	35～45
Q460E-Z35 对接	100＋100 110＋110	打底	焊条电弧焊	E5015-G	3.2	—	—	150～240	22～31
		填充	焊条电弧焊	E5015-G	4.0	—	—	180～280	27～31
		填充	药芯焊丝 CO$_2$ 焊	E501T-1	1.2	CO$_2$	25～50	260～320	35～45
		盖面	药芯焊丝 CO$_2$ 焊	E501T-1	1.2	CO$_2$	25～50	220～300	30～40
Q460E-Z35＋GS20Mn5V	100＋130	打底	焊条电弧焊	E5015-G	3.2	—	—	130～150	22～31
		填充	焊条电弧焊	E5015-G	4.0	—	—	150～180	22～24
		填充	CO$_2$ 气体保护焊	ER50-G	1.2	CO$_2$	25～50	200～300	30～38
		盖面	药芯焊丝 CO$_2$ 焊	E501T-1	1.2	CO$_2$	25～50	240～280	34～38

2. 典型的柱脚拼装焊接成形技术

桁架柱柱脚的结构如图 5.30 所示,主要是由三角形箱体、外柱箱形体、内柱箱形体组成。材质为 Q345 钢和 Q460E-Z35 钢。脚柱用钢板厚度较大,有一定的淬硬倾向,焊接涉及平、立、横、仰等位置,并且封闭的柱脚结构内的筋板为传力构件,几乎 100% 设计要求全熔透一级焊缝。

图 5.30 "鸟巢"钢结构桁架柱柱脚的结构

(a) 三角形箱体;(b) 外柱箱形体;(c) 内柱箱形体

1~41 为焊缝编号

1) 焊前准备

(1) 将焊缝坡口及附近 50 mm 范围内油污、铁锈等污物清除;

(2) 检查 CO_2 气体的纯度必须大于 99.7%,含水率不大于 0.005%,瓶装气体必须留 1 MPa 气体压力,不得用尽;

(3) 施焊前,复查组装质量和定位焊质量,如不符合要求,修正合格后方可施焊;

(4) 加设防风装置,气体保护焊现场风速不大于 2 m/s。

2) 焊接工艺

(1) 采用焊条电弧焊进行定立焊,点焊长度需大于 50 mm,厚度为 4~5 mm;

(2) 拼装的焊接顺序见表 5.15;

(3) 采用 ER50-G 焊丝进行多层多道焊,每层厚度不超过 4 mm,立焊摆幅为 15~20 mm,其他焊接位置不允许有摆幅;

(4) 焊接工艺参数见表 5.15。

表 5.15 桁架柱柱脚拼装的焊接顺序

焊接顺序	焊接位置	焊缝编号	熔透要求	板厚/mm	焊接电流/A	焊接电压/V	CO_2 气体流量/(L/min)
I	对接(横焊)	1~11	全熔透	60、90、100	230~320	28~32	25~50
I	对接(立焊)	12~13(上部 700 mm)	全熔透	60	120~210	18~27	25~50

続表

焊接顺序	焊接位置	焊缝编号	熔透要求	板厚/mm	焊接电流/A	焊接电压/V	CO_2 气体流量/(L/min)
Ⅰ	T形(平、立焊)	14~29	全熔透	50	平焊:230~320 立焊:120~210	平焊:28~32 立焊:18~27	25~50
Ⅰ	对接(立焊)	12~13(下部)	全熔透	60	120~210	18~27	25~50
Ⅱ	对接(横焊)	30~35	全熔透	60、90、100	230~320	28~32	25~50
Ⅲ	对接(平焊)	36~38	全熔透	50	230~320	28~32	25~50
Ⅳ	对接(横焊)	39~41	全熔透	50	230~320	28~32	25~50

3) 焊接检验

根据《建筑钢结构焊接技术规范》(JGJ 81—2002)的相关规定和《钢焊缝手工超声波探伤方法和探伤结果分级》(GB 11345—89)一级焊缝合格的标准进行 UT 检测。如不合格,应采取如下措施进行处理。

(1) 打底如发现有未焊透,局部未焊透采用 $\phi200$ mm 的角磨机对缺陷位置进行打磨;当缺陷较长时,采用碳弧气刨清根后打磨干净,重新施焊。

(2) 使用碳弧气刨进行返修,当板厚小于 80 mm 时,炭棒伸出长度小于 100 mm;当板厚超过 100 mm 时,炭棒伸出长度小于 130 mm,随着炭棒的消耗随时调整炭棒的伸出长度。

(3) 填充时发现有气孔、夹渣等现象,当缺陷较深时采用 $\phi200$ mm 的角磨机或偏铲、手锤等工具剔除缺陷,处理完毕重新施焊。

5.5.2　汽车高强钢板光纤激光焊

工程案例 5.2　汽车高强钢板光纤激光焊

我国汽车工业已进入发展的"快车道",汽车工业对于轻量化、安全、废气排放、成本控制及燃油经济性的要求越来越高,这就驱使汽车工业采用高强度钢板和一些高强度轻量化材料。北京工业大学王鹏等采用 IPG YLR-6000-ST2 光纤激光器,对宝钢生产的汽车用 1.5 mm 厚高强钢板进行焊接,并对焊接质量与缺陷进行分析。

1. 焊接材料及方法

试验材料为宝钢生产的高强钢板,抗拉强度为 700 MPa,厚度为 1.5 mm,其化学成分见表 5.16。试样尺寸为 100 mm×50 mm×1.5 mm,50 mm 边对接焊,不开坡口。焊接设备采用 IPG 公司生产的 YLR-6000-ST2 激光器,最大输出功率为 6 kW,使用 200 μm 的光纤进行传输,扩束镜 150 mm,焊接头为 Precitec 公司生产的 YW50,焦距为 250 mm,聚焦光斑直径为 0.33 mm。

表 5.16　高强钢板成分及力学性能

成分/%							抗拉强度/MPa	屈服强度/MPa
C	Si	Mn	P	Nb	S	Cr		
0.15	0.43	1.8	0.014	0.019	0.003	0,015	700	625

　　焊前采用丙酮对焊接部位进行清洗,然后将工件固定在自制的焊接夹具上,装配间隙控制在板厚的 1/10 以内,保证焊缝均匀平整。焊接过程中采用 Ar 气作为保护气和等离子体控制气。焊接中采用的工艺参数见表 5.17。

表 5.17　高强钢板激光焊的工艺参数

材　　　料	功率/kW	焊接速度/(mm/s)	离焦量/mm	保护气体	气体流量/(L/min)
1.5 mm 高强钢	2.8	120	2	Ar	10

2. 工艺参数对熔深和熔宽的影响

　　激光功率和焊缝熔深和熔宽之间的关系如图 5.31 所示。当功率为 1~2 kW 时,熔深随着功率的增大而增加,此时焊接的主要模式为热传导焊接;当功率达到 2.2 kW 时,熔深突然增大,这是因为焊接模式由热传导焊接转变为深熔焊接。深熔焊接模式的特征是小孔的出现,小孔出现后材料对激光的吸收急剧增大,熔深增加;当功率达到一定值后,激光的能量过热导致蒸发金属也被电离,出现等离子体对激光的屏蔽作用,焊缝深度反而减小。

图 5.31　激光功率对焊接熔深和熔宽的影响($v=80$ mm/s)

　　熔宽随激光功率变化的规律与熔深相似。功率较低时,熔宽随功率的逐渐增大而慢慢变宽;当功率超过 3 kW 后,熔宽反而随功率的增加而减小,可能是因为等离子体对激光屏蔽作用的加强,导致到达材料表面的能量降低,熔宽变窄。

　　功率与焊接速度和焊接熔深之间的关系如图 5.32 所示。相同功率下,熔深随焊接速度的增加而减小。这是由于随着焊接速度的增加,激光热输入减小,明显地降低了激光作用到材料表面的能量,因此熔深减少。对于高强度钢来说,要增加焊接熔深,可适当增大激光功率或减小焊接速度。

3. 接头组织特征

　　激光焊接头的热影响区较窄,截面上表面处热影响区宽度约为 0.2 mm,下表面处约为 0.25 mm。焊缝组织均匀细小,为低碳马氏体,含有极少量的铁素体和残余奥氏体,还有针状铁素体存在,有效地提高了焊缝横向的抗拉强度,力学性能优于母材。热影响区过热粗晶区组织也为低碳马氏体,但晶粒相对尺寸比常规电弧焊接头的要小。由于激光焊热输入小,冷却速度快,在焊缝和熔合区附近容易形成淬冷后的马氏体组织。热影响区细晶区发生完

图 5.32 激光功率与焊接速度和焊接熔深的关系

全重结晶,形成了细小的铁素体和马氏体组织。

4. 接头的性能

对激光焊接头试样进行拉伸试验,加载速度为 1 mm/min,结果两次均断于母材,可知激光焊接头的抗拉强度(1020 MPa)高于母材,这是由于焊缝组织含有一定量的板条马氏体,提高了焊缝强度。接头试样无明显的拉长,断口也没有明显的缩减现象,可以断定断裂为脆性断裂。

5.5.3 斯太尔汽车后桥壳体的真空电子束焊

工程案例5.3 斯太尔汽车后桥壳体的真空电子束焊

后桥壳体是重型汽车的重要部件,特别是桥壳中段与半轴的焊接质量至关重要,不仅要求焊缝强度高、刚度大、冲击韧性好,而且要求加工精度高,耐疲劳性能好。目前,国内大多数汽车制造厂后桥壳中段与半轴的焊接采用电弧焊方法,焊接变形大、精度低、易产生焊接缺陷,特别是耐疲劳性能差,与汽车制造强国相比存在较大差距。我国某汽车制造公司采用真空电子焊焊接斯太尔汽车后桥壳中段与半轴,取得了良好的效果。

斯太尔汽车后桥壳采用先进的锻-焊工艺制造,板厚为 16 mm 的斯太尔汽车后桥壳中段与半轴装焊结构,如图 5.33 所示。

桥壳中段材质为 16Mn,半轴材质为 30Mn2,焊接状态是淬火-回火的调质态;内部衬环采用 20 钢,它将 16Mn 与 30Mn2 连接在一起,对异种钢的焊接起一个过渡作用,可减小焊缝金属下沉和咬边。

焊接工艺性试验采用德国 EBW15/60-701 型真空电子束焊机,该焊机的加速电压为 60 kV,焊接室容积为 701 L,最大焊接速度为 50 mm/s。

图 5.33 斯太尔汽车后桥壳中段与
半轴装焊结构示意图

1. 焊接性分析

桥壳中段 16Mn 与半轴 30Mn2 的装焊结构属异种钢焊接,两种钢的化学成分及力学性能见表 5.18。异种钢焊接除了材质本身的化学成分对焊接性有影响,两种钢性能的差异在很大程度上也影响它们之间的焊接性,即 16Mn 与 30Mn2 异种钢焊接时,会产生一层化学成分、组织和性能与母材不同的过渡层。

表 5.18　16Mn 与 30Mn2 的化学成分及力学性能

钢种	化学成分/%				抗拉强度/MPa	热处理状态
	C	Si	Mn	S、P		
16Mn	0.12~0.20	0.25~0.35	1.20~1.60	≤0.045	≥490	热轧
30Mn2	0.27~0.34	0.17~0.37	1.40~1.80	≤0.035	≥860	调质

16Mn 钢碳当量 $w_{CE}=0.41\%$,30Mn2 钢碳当量 $w_{CE}=0.58\%$,因此 30Mn2 钢淬硬倾向大,热影响区中易形成脆硬的马氏体组织,具有较大的冷裂纹敏感性。30Mn2 钢在调质状态下焊接还要考虑热影响区软化问题。

采用焊前预热和焊后缓冷措施,降低接头区的冷却速度,可减少冷裂纹的产生。采用热量集中、能量密度大及小热量输入的电子束焊接工艺,可以减小热影响区的软化。由于后桥壳中段与半轴的电子束焊是后桥壳总成的最后一道工序,要求焊接变形小、精度高。所以组对间隙的两侧母材应尽可能平行,金属飞溅应最小,熔化区应准确定位,保证部件冷却时不产生弯曲变形。

2. 焊接工艺要点

为避免产生气孔,应降低焊缝氢含量,焊前对焊接处进行严格清理,装配前用砂纸将氧化膜及锈蚀打磨干净,直至露出金属光泽;然后用汽油洗去油污,最后用丙酮清洗干净,放入烘干箱进行 200~250 ℃预热,保温待焊。

真空电子束焊是通过高压加速装置形成的高功率电子束流,经过磁透镜会聚,得到很小的焦点,轰击置于真空室中的焊件时,电子动能迅速转变为热能,使金属熔化和实现焊接过程。由于焦点小、电子运行速度快,因而产生的热量相对集中,具有很高的穿透能力,可得到深度比大、热影响区小的焊缝。这对于细化焊缝晶粒、减少焊接变形、控制热影响区软化十分有利。在真空状态下焊接时,可以杜绝空气对焊缝的影响,特别是阻止氢进入熔池,减少氢致冷裂倾向。

考虑到 30Mn2 钢的碳当量较高,应采取预热措施,预热温度为 200~250 ℃。通过试板模拟和工艺性试验,最终确定的焊接参数为加速电压 60 kV、电子束电流 120 mA、焊接速度 0.2 cm/s、聚焦电流 488 mA、真空度 2×10^{-2} Pa。爬坡时间为工件旋转 40°,下降时间为工件旋转 20°,焊接时间为工件旋转 380°,重合度为 20°。

3. 焊后检验

将所焊的试板接头剖开进行检验,焊缝中未发现气孔、夹渣和微裂纹。对所焊接的后桥壳焊缝进行外观检测、超声波和 100%X 射线探伤,均未发现焊接缺陷。最后将装焊的后桥壳体进行载荷为 18.75 t、重复万次的疲劳试验,焊缝处也未出现疲劳裂纹。

通过试验确定了合理的焊接工艺,表明采用真空电子束焊接的斯太尔汽车后桥壳体变形小、精度高、质量稳定,能满足焊后不经加工处理就可应用的要求。

5.5.4 航空器上重要零部件的等离子弧焊

工程案例5.4 飞机发动机涡轮盘、加力燃烧室、尾喷管等重要零部件的等离子弧焊

航空器上很多零部件在高温和极其复杂的载荷条件下工作,如飞机发动机涡轮盘、加力燃烧室、尾喷管等。这些零部件通常采用高温合金 GH132 来制造。虽然高温合金具有良好的热稳定性和高的热强度,但在应用过程中由于种种原因,也经常会产生裂纹、腐蚀、烧伤等缺陷。针对 GH132 高温合金燃烧室燃气腐蚀损伤,采用了等离子弧焊接技术进行修复,不仅大大缩短了修复工期,而且经等离子弧焊接修复后,焊缝质量能够完全满足使用要求。

GH132 合金是一种时效强化的铁基高温合金,含有的 Ti、Al、Mo 等元素焊接时容易被氧化烧损,使焊接接头强度性能降低。该合金具有单相奥氏体组织,导热性差、线胀系数大,焊接时有较大的焊接应力。另外,合金中含有 Mn、Si、Ti 和 B 等元素,在焊接过程中容易形成低熔点共晶偏析,增加了焊接热裂纹倾向。此外,锻造、热处理及焊接等工艺参数不当也会成为产生裂纹的原因。

焊接设备采用 LH-300 型等离子弧焊机。焊枪为对中可调焊枪,使用的喷嘴为有压缩段的收敛扩散三孔型喷嘴。焊枪对等离子弧的性能和焊接过程的稳定性起着决定性的作用。LH-300 型等离子弧焊枪能保证电弧的稳定,引弧转弧方便,电弧压缩性能良好,电极与喷嘴的对中性准确。GH132 高温合金等离子弧焊接的工艺参数见表 5.19。

表 5.19 GH132 高温合金等离子弧焊接的工艺参数

厚度/mm	喷嘴孔径/mm	焊接电流/A	焊接电压/V	焊接速度/(cm/s)	喷嘴端面至工件距离/mm	焊丝直径/mm	氩气流量/(L/min)		
							离子气	保护气	施罩保护器
6	3	280	30	0.33	6.5～7.0	1.5	4.5	23	15

高温合金焊接时需注意以下几个特点:一是合金元素在高温状态下易氧化;二是其线胀系数大、导热性差,容易引起焊接变形;三是合金组元复杂,要注意防止产生热裂纹。另外要注意的是,焊缝的化学成分对接头性能的影响,如焊接接头的耐腐蚀性能、耐晶间腐蚀性能和热强性等。

1) 焊前准备

焊接前,焊口两侧必须清除一切油污及表面氧化层,可采用酸洗或机械清理。例如,用丙酮除去焊口两侧 100 mm 内的油污,用细纱布除去两侧 50 mm 内的氧化层,直至露出光洁的金属,再用棉纱蘸丙酮擦洗 2～3 遍,即可进行焊接。接头间隙应在 0.5～1.5 mm。

2) 焊缝区域的保护

为保证焊接质量和合理使用保护气体,焊缝背面采用分段跟踪通气保护,正面附加弧形施罩保护,弧形施罩长度为 150 mm,弧形施罩的半径为工件半径再加 5～8 mm。

3) 工艺要点

(1) 焊接时不开坡口,用穿孔法单面焊双面成形,焊接时不加填充焊丝,收弧时填加 0.8 mm 的 GH113 焊丝。焊接接头处应有 30 mm 左右的重叠,熄弧时电流、气流同时衰减(电流衰减稍慢),运送焊丝填满弧坑,防止产生收弧缺陷。

(2) 收弧是等离子弧焊接的"小孔效应"逐渐消失,直至电弧熄灭的过程。收弧参数不适当可能造成气孔、裂纹、弧坑等缺陷。合理地选择电流、离子气流量、焊接速度的衰减及焊枪与工件的位置等参数，气孔是可以消除的。应使熔池由穿透到不穿透直至熔池消失，这一过程圆滑均匀过渡。收弧时，不填满熔池会出现弧坑或裂纹，为此应通过增加填充金属、减慢焊接速度来消除。

高温合金的等离子弧焊接过程稳定，焊接速度快，热影响区小，变形小，熔池保护效果好，焊缝正反面成形美观，焊缝内部质量好，生产效率高。试验表明，厚度为 6 mm 的高温合金等离子弧焊接头的力学性能与氩弧焊接头基本相同，但热稳定和抗腐蚀性能明显高于亚弧焊接头。

5.5.5　航空发动机叶片的扩散焊

工程案例5.5　航空发动机叶片的扩散焊

DD3 合金是国内研制的第一代单晶合金，成分较简单，不含稀缺贵重金属元素，成本较低，中、高温性能良好。对 DD3 合金过渡液相扩散焊（TLP 扩散焊）的研究结果表明，采用以母材成分为基或将母材中的 Al 或 Ti 去除，并以 B 作为降熔元素的粉末中间层合金 D1P 或非晶态箔带中间层合金 D1F，可实现 DD3 单晶合金的过渡液相扩散焊。1250 ℃×4 h 规范扩散焊接头 980 ℃ 持久强度约为母材性能的 70%；1250 ℃ 保温 24 h 以上，并在焊后进行 870 ℃×32 h 时效处理，扩散焊接头 980 ℃ 持久强度可达母材性能的 90%。

北京航空材料研究院的李晓红等测试了采用较短保温时间（1250 ℃×4 h）扩散焊，并在焊后进行固溶-时效处理接头的中、高温拉伸强度和持久强度。

（1）试验方法及试验材料

试验用母材为 DD3 单晶合金，其化学成分、热处理制度和力学性能要求分别见表 5.20 和表 5.21。试验中间层合金为专为 DD3 合金过渡液相扩散焊设计制备的，代号为 XH4A，其成分以 DD3 合金为基，加入 2%～3%（质量分数）的 B 作为降熔元素，DTA 测试其熔化温度范围为 1100～1198 ℃，使用形式为 50～60 μm。

表 5.20　DD3 合金的主要成分（质量分数%）

C	Cr	Co	W	Mo	Al	Ti	Fe	Ni
0.010	9.0～10.0	4.5～5.5	5.0～6.0	3.5～4.5	5.5～6.2	1.7～2.4	≤0.5	余量

为了防止由于机械加工应力导致在焊接热循环中母材发生再结晶，试样的焊前表面准备采用按母材热处理制度处理＋线切割＋砂纸打磨的方法。焊前所有试样均采用丙酮超声波清洗去油。扩散焊试验在 L1215Ⅱ/-1/ZM 型真空炉中进行。扩散焊温度为 1240 ℃（略低于母材固溶处理温度），保温时间为 4 h，焊后按母材热处理制度（表 5.21）进行固溶-时效处理。采用如图 5.34 所示形式的试样测定接头的力学性能。

表 5.21　DD3 合金的热处理制度和力学性能技术指标

热处理制度	测试温度/℃	抗拉强度/MPa	持久性能	
			应力/MPa	寿命/h
1240 ℃/4 h，空冷＋870 ℃/32 h，空冷	760	≥1030	785	≥70
	900	≥835	—	—
	1030	—	165	≥70

图 5.34　测定接头力学性能的试样

(a)拉伸试样；(b)持久试样

（2）接头的力学性能

采用 XH4A 中间层合金和 1240 ℃×4 h 的规范扩散焊 DD3 合金,可获得致密完整的扩散焊接头。在 1240 ℃×4 h 规范下的扩散焊接头,焊缝两侧为 γ+γ′双相组织,焊缝中央为几乎连续的 γ+γ′花团状共晶,周围有一些骨架状硼化物相。焊后经固溶-时效处理后,焊缝中的 γ+γ′花团状共晶和硼化物相完全扩散消除,近缝区有少量细小的块状和针状硼化物相,缝隙和母材之间的界面已不明显,即焊后固溶-时效处理过程有效地改善了接头组织。扩散焊接头力学性能的测试结果见表 5.22。

表 5.22　扩散焊接头力学性能的测试结果

测试温度/℃	抗拉强度/MPa	持久性能		
		应力/MPa	寿命/h	说　　明
760	1087,1119,1106	628	189,189.5,186	70 h 应力增至 706.5 MPa 140 h 应力增至 785 MPa
		706.5	81,67,97,58	70 h 应力增至 785 MPa
900	866,822,881,872,886	—	—	—
1040	—	132	93,100.5	70 h 应力增至 148.5 MPa

扩散焊接头 760 ℃抗拉强度测试值为 1087～1119 MPa,达到大于等于 1030 MPa 的母材性能指标;900 ℃抗拉强度测试值为 866～886 MPa,也达到了大于等于 835 MPa 的母材性能指标; 760 ℃的持久强度达到母材性能指标的 90%(706.5 MPa 应力下持久寿命均在70 h 以上); 1040 ℃持久强度达到母材性能指标的 80%(132 MPa 应力下持久寿命均在70 h 以上)。而且 DD3 合金经 1240 ℃×4 h 热循环后,再按母材标准热处理制度进行固溶-时效处理,其组织和性能与标准热处理态完全相同。采用的过渡液相扩散焊工艺对 DD3 母材的组织和性能没有不利影响。

5.5.6　船舶铝合金构件的搅拌摩擦焊

工程案例 5.6　船舶铝合金构件的搅拌摩擦焊

船舶制造中常用金属材料为合金钢,但是考虑到船舶的重量及耐蚀性等因素,在高速船舶制造中广泛使用铝合金材料,常用的主要有防锈铝 5083(LF4)和锻铝 6082。防锈铝 5083耐腐性能优异,主要应用于船舶外侧与海水接触的具有防腐要求的壁板结构中;锻铝 6082

热塑性能好,而且可以热处理强化,常用于船舶结构的型材结构中。

船舶制造中,考虑到生产效率和成本因素,船舶设计师和造船厂通常希望选用商业化的工业板材及型材作为铝合金船舶制造的初始材料。铝合金型材在船舶制造中的应用可以有效提高船舶制造的标准化、批量化和节省时间。

对于船舶外侧,尤其是经常与海水接触的部分,考虑到耐腐蚀和焊接性,结构设计通常为5083(LF4)铝合金板材和6082挤压型材加强筋结构,如图5.35(a)所示。但是搅拌摩擦焊不同,采用的结构如图5.35(b)、(c)所示。

图5.35 不同焊接设计结构的船舶加强壁板
(a)断续熔焊结构设计;(b)穿透搅拌摩擦焊接头设计;(c)搭接搅拌摩擦焊接头设计

对于铝合金船舶的内围壁板、甲板和上层建筑,焊接接头的设计主要考虑结构的强度和重量,所以一般采用6082铝合金,供货状态基本上为挤压型材。这种型材焊接接头主要为对接形式,考虑到铝合金已经过沉淀强化热处理,焊接过程会因为焊接热循环而产生强化相脱熔现象,与母材相比,焊接接头的强度有不同程度的降低,所以接头设计一般有一定幅度的加强筋。

对于铝合金船舶构件的制造,防腐铝5083和锻铝6082都非常适于用搅拌摩擦焊实现连接。5083为非热处理强化铝合金,搅拌摩擦焊工艺参数选择范围大,6082铝合金一般为挤压型材,出厂材料经过了热处理,强度高,搅拌摩擦焊接性好。船舶铝合金结构件摩擦焊接头的力学性能见表5.23。

表5.23 船舶铝合金结构件摩擦焊接头的力学性能

材　料	厚度/mm	接　头	旋转速度/(r/min)	抗拉强度/MPa	弯曲性能	母材强度/MPa	接头强度系数
6082	3	对接	1200	245	正、背弯180°	320	0.76
	4		1200	240			0.75
	5		1500	240			0.75
	6		1800	230		300	0.76
5083(LF4)	3	对接	1200	320	正、背弯180°	338	0.92
	3.5		1200	323		333	0.97

防腐铝5083搅拌摩擦焊接头性能优异,可以达到母材的强度要求,虽然室温拉伸强度较低,但是在温度高于200 ℃时热强性较高,对搅拌工具的寿命要求较高;锻铝6082对搅拌工具的要求较低,但是接头性能降低较多,可以达到母材强度的70%以上。

5.6 焊接质量检测

5.6.1 焊接缺陷

1. 焊接缺陷的概念

在焊接制造过程中,由于结构设计不当、原材料不符合要求、焊接过程不合理或焊后操作有误等原因,在焊接接头中常产生的不符合设计或工艺要求的称为焊接缺陷(welding defects)。常见的焊接缺陷有焊缝外形尺寸不符合要求、咬边、焊瘤、气孔、夹渣、未焊透和裂缝等。其中以未焊透和裂缝的危害性最大。

在焊接结构件中要获得无缺陷的焊接接头,在技术上是相当困难的,也是不经济的。为了满足焊接结构件的使用要求,应该把缺陷限制在一定的程度之内,使其对焊接结构件的使用不至于产生危害。由于不同的焊接结构件使用场合不同,对其质量要求也不一样,因而对缺陷的容限范围也不相同。

评定焊接接头质量优劣的依据是缺陷的种类、大小、数量、形态、分布及危害程度。若接头中存在着焊接缺陷,一般可通过焊补来修复,或者采取铲除焊道后重新进行焊接,有时直接作为废品。

2. 常见焊接缺陷

焊接缺陷的种类很多,有熔焊产生的缺陷,也有压焊、钎焊产生的缺陷。本节主要介绍熔焊缺陷,其他焊接方法的缺陷这里不作介绍。根据《金属熔焊焊缝缺陷分类及说明》(GB/T 6417—1986),可将熔焊缺陷分为六类:裂纹、孔穴、固体夹杂、未熔合和未焊透、形状缺陷及其他缺陷。除以上六类缺陷,还有金相组织不符合要求及焊接接头的理化性能不符合要求的性能缺陷(包括化学成分、力学性能及不锈钢焊缝的耐腐蚀性能等)。

这类缺陷大多是由于违反焊接工艺或错用焊接材料所引起的。

3. 产生焊接缺陷的主要因素

产生焊接缺陷的因素是多方面的,对不同的缺陷,影响因素也不同。实际上焊接缺陷的产生过程是十分复杂的,既有冶金的原因,又有应力和变形的作用。通常焊接缺陷容易出现在焊缝及其附近区域,而这些区域正是结构中拉伸残余应力最大的地方。一般认为,焊接缺陷之所以会降低焊接结构的强度,其主要原因是缺陷减小了结构承载截面的有效面积,并且使缺陷周围产生了严重的应力集中。

4. 焊接缺陷的预防

预防焊接缺陷的主要途径:一是制定正确的焊接技术指导文件;二是针对焊接缺陷产生的原因在操作中防止焊缝尺寸不符合要求,从适当选择坡口尺寸、装配间隙及焊接规范入手,并辅以熟练操作技术。采用夹具固定、定位焊和多层多道焊有助于焊缝尺寸的控制和调节。

为了防止咬边、焊瘤、气孔、夹渣、未焊透等缺陷,必须正确选择焊接工艺参数。焊条电弧焊工艺参数中,以电流和焊速的影响最大,其次是预热温度。

要防止冷裂纹,应降低焊缝中氢的含量,采用预热、后热等技术也可有效地防止冷裂纹的产生。

为了防止焊缝中气孔的产生,必须仔细清除焊件表面的污物,手工焊条电弧焊时在坡口面两侧各 10 mm(埋弧焊则取 20 mm)范围内除锈、油,应打磨至露出金属表面光泽。

预防夹渣,除了保证合适的坡口参数和装配质量,焊前清理也是非常重要的,包括坡口面清除锈蚀、污垢和层间清渣。

加强焊接过程中的自检,可杜绝因操作不当所产生的大部分缺陷,尤其对多层多道焊来说更为重要。

5.6.2　常用检验方法

焊接产品虽然在焊前和焊接过程中进行了检验,但由于制造过程中外界因素的变化,或采用规范的不成熟,或能源的波动等都有可能产生缺陷。为了保证产品的质量,对成品必须进行质量检验。检验的方法很多,应根据产品的使用要求和图样的技术条件进行选用。下面介绍几种检验方法。

1. 外观检验和测量

外观检验(visual examination)方法手续简便、应用广泛,常用于成品检验,有时亦使用在焊接过程中。如厚壁焊件多层焊时,每焊完一层焊道时便进行检验,防止前道焊层的缺陷被带到下一层焊道中。

外观检验一般通过肉眼,借助标准样板、量规和放大镜等工具来进行检验,主要是发现焊缝表面的缺陷和尺寸上的偏差。检查之前,需将焊缝附近 10～20 mm 基体金属上所有飞溅及其他污物清除干净。要注意焊渣覆盖和飞溅的分布情况,粗略地预料缺陷。

若焊缝表面出现缺陷,焊缝内部便有存在缺陷的可能。如焊缝表面出现咬边或满溢,则内部可能存在未焊透或未熔合;焊缝表面多孔,则焊缝内部亦可能会有气孔或非金属夹杂物存在。

2. 致密性检验

贮存液体或气体的焊接容器,其焊缝的不致密缺陷,如贯穿性的裂纹、气孔、夹渣、未焊透以及疏松组织等,可用致密性试验(leaktest)发现。

(1) 煤油试验

煤油试验是致密性检验最常用的方法,常用于检验敞开的容器,如贮存石油、汽油的固定存储容器和同类型的其他产品。这是由于煤油黏度和表面张力很小,渗透性很强,具有透过极小的贯穿性缺陷的能力。这种方法最适合对接接头,而对于搭接接头,除检验有一定困难,缺陷焊缝的修补工作也有一定的危险,因搭接处的煤油不易清理干净,修补时容易着火。

(2) 载水试验

进行这种试验时,将容器的全部或一部分充水,观察焊缝表面是否有水渗出。如果没有水渗出,那么该容器的焊缝视为合格。这种方法常用于不受压力的容器或敞口容器的检验。

(3) 水冲试验

这种试验进行时,在焊缝的一面用高压水流喷射,在焊缝的另一面观察是否漏水。水流喷射方向与试验焊缝的表面夹角应不小于 70°,水管喷嘴直径要在 15 mm 以上,水压应使垂直面上的反射水环直径大于 400 mm。检验竖直焊缝时应从下至上,避免已发现缺陷的漏水影响未检焊缝的检验。这种方法常用于检验大型敞口容器,如船体甲板的密封性检验。

（4）沉水试验

试验时,先将工件浸入水中,然后冲入压缩空气,为了易于发现焊缝的缺陷,被检的焊缝应在水面下 20～40 mm 的深处。当焊缝存在缺陷时,在缺陷的地方有气泡出现。这种方法只适用于小型焊接容器,如飞机、汽车油箱的致密性检验。

（5）吹气试验

这种方法是用压缩空气对着焊缝的一面猛吹,焊缝另一面涂上肥皂水,有缺陷存在时,便产生肥皂泡。所使用压缩空气的压力不得小于 4 个大气压,并且气流要正对焊缝表面,喷嘴到焊缝表面的距离不得超过 30 mm。

（6）氨气试验

试验时,将容器的焊缝表面用浓度为 5％硝酸汞水溶液浸过的纸带盖上,在容器内加入含 1％体积（常压下的含量）氨气的混合气体,加压至所需的压力时,如果焊缝有不致密的地方,氨气就会透过焊缝,并作用到浸过硝酸汞的纸上,使该处形成黑色的图像。根据这些图像就可以确定焊缝的缺陷部位。试验所用的硝酸汞纸带可作判断焊缝质量的证据。浸过同样溶液的普通医用绷带亦可代替纸带,绷带的优点是洗净后可再用。

这种方法比较准确、便宜和快捷,同时可在低温下检验焊缝的致密性。

（7）氦气试验

氦气检验是通过被检容器充氦或用氦气包围着容器后检验容器是否漏氦和漏氦的程度。它是灵敏度比较高的一种致密性试验方法。用氦气作为试剂是因为氦气质量轻,能穿过微小的孔隙。此外,氦气是惰性气体,不会与其他物质发生化学反应。目前的氦气检漏仪,可以探测出气体中含有千万分之一的氦气存在,相当于在标准状态下漏氦气率为 $1\ \text{cm}^3/\text{a}$。

3. 受压容器焊接接头的强度检验

产品整体进行的接头强度试验是用来检验焊接产品的接头强度是否符合产品的设计强度要求,常用于贮藏液体或气体的受压容器检验上。这类容器除进行密封性试验,还要进行强度试验。

产品整体的强度试验分为两类:一类是破坏性强度试验,另一类是超载试验。

进行破坏性强度试验时,所施加负荷的性质（压力、弯曲、扭转等）和工作载荷的性质相同,负载要加至产品破坏为止。用破坏负荷和正常工作载荷的比值来说明产品的强度情况。比值达到或超过规定的数值时为合格,低于则不合格。这个数值是由设计部门规定的。高压锅炉汽包的爆破试验即属这种试验。

这种试验在大量生产而质量尚未稳定的情况下,抽百分之一或千分之一来进行。或在试制新产品以及在改变产品的加工工艺规范时才选用。

超载试验是对产品所施加的负荷超过工作载荷一定程度,如超过 25％、50％来观察焊缝是否出现裂纹,以及产品变形的部分是否符合要求来判断其强度是否合格。受压的焊接容器规定 100％均要接受这种检验。试验时,施加的载荷性质是与工作载荷性质相同的。在载荷的作用下,保持一定的停留时间进行观察,若不出现裂纹或其他渗漏缺陷,且变形程度在规定范围内,则产品评为合格。

5.7　焊接技术新进展

随着科技的发展,焊接技术也在不断地向高质量、高生产效率、低能耗的方向发展。目前,出现了许多新技术、新工艺,拓宽了焊接技术的应用范围。

1. 提高生产效率是推动焊接技术发展的重要驱动力

随着科学技术的发展,焊接技术不断发展。提高焊接生产效率的途径,一是提高焊接速度,二是提高焊接熔敷率,三是减少坡口断面及熔敷金属量。为了提高焊接生产效率,焊接工作者从提高焊接速度、提高焊接熔敷效率和减少填充金属三方面做了许多努力,如熔化极气体保护焊中采用电流成形控制或多丝焊,能使焊接速度从 0.5 m/min 提高到 1～6 m/min。窄间隙焊接利用单丝、双丝或三丝进行焊接,所需熔敷金属量成数倍地降低。电子束焊、等离子弧焊能够一次焊透很深的厚度,对接接头可以不开坡口,有更为广阔的应用前景。

(1) 真空电弧焊接技术

它是可以对不锈钢、钛合金和高温合金等金属进行熔化焊及对小试件进行快速高效的局部加热钎焊的最新技术。该技术由俄罗斯发明,并迅速应用在航空发动机的焊接中。使用真空电弧进行涡轮叶片的修复、钛合金气瓶的焊接,可以有效地解决材料氧化、软化、热裂、抗氧化性能降低等问题。

(2) 窄间隙熔化极气体保护电弧焊技术

它具有比其他窄间隙焊接工艺更多的优势,在任意位置都能得到高质量的焊缝,且具有节能、焊接成本低、生产效率高、适用范围广等特点。利用表面张力过渡技术进行熔化极气体保护电弧焊表明,该技术必将进一步促进熔化极气体保护电弧焊在窄间隙焊接的应用。

(3) 高速焊接技术

高速焊接技术使金属惰性气体保护焊(metal inert gas,MIG)和金属活性气体保护焊(metal active gas,MAG)的焊接生产效率成倍增长,包括快速电弧技术和快速熔化技术。由于采用的焊接电流大,所以熔深大,一般不会产生未焊透和熔合不良等缺陷,焊缝成形良好,焊缝金属与母材过渡平滑,有利于提高疲劳强度。

(4) 搅拌摩擦焊(friction stir welding,FSW)

1991 年,FSW 技术由英国焊接研究所发明,作为一种固相连接手段,它克服了熔焊的诸如气孔、裂纹、变形等缺陷,更使以往通过传统熔焊手段无法实现焊接的材料可以采用 FSW 实现焊接,被誉为"继激光焊后又一革命性的焊接技术"。

作为一种固相连接手段,FSW 除了可以焊接用普通熔焊方法难以焊接的材料(如可实现用熔焊难以保证质量的裂纹敏感性强的 7000、2000 系列铝合金的高质量连接),FSW 还具有温度低、变形小、接头力学性能好(包括疲劳、拉伸、弯曲),不产生类似熔焊接头的铸造组织缺陷,且其组织由于塑性流动而细化、焊接变形小、焊前及焊后处理简单、能够进行全位置的焊接、适应性好、效率高、操作简单、环境保护好等优点。尤其值得指出的是,搅拌摩擦焊具有适合于自动化和机器操作的优点,诸如不需要填丝、保护气(对于铝合金);可允许有薄的氧化膜;对于批量生产,不需要进行打磨、刮擦之类的表面处理非损耗的工具头,一个典型的工具头就可以用来焊接 6000 系列的铝合金达 1000 m 等。

（5）激光-电弧复合热源焊接（laser arc hybrid welding，LAH）

激光-电弧复合热源焊接在 1970 年就已提出，然而稳定的加工直至近几年才出现，这主要得益于激光技术以及弧焊设备的发展，尤其是激光功率和电流控制技术的提高。复合焊接时，激光产生的等离子体有利于电弧的稳定；复合焊接可提高加工效率；可提高焊接性差的材料诸如铝合金、双相钢等的焊接性；可增加焊接的稳定性和可靠性；通常激光加丝焊是很敏感的，但通过与电弧的复合，则变得容易而可靠。

激光-电弧复合主要是激光（laser）与惰性气体保护钨极电弧焊（tungsten inert gas，TIG）、等离子弧（plasma）以及熔化极活性气体保护电弧焊（metal active gas arc welding，MAG）的复合。通过激光与电弧的相互影响，可克服每一种方法自身的不足，进而产生良好的复合效应。MAG 成本低，使用填丝，适用性强，缺点是熔深浅、焊速低、工件承受热载荷大。激光焊可形成深而窄的焊缝，焊速高、热输入低，但投资高，对工件制备精度要求高，对铝等材料的适应性差。laser-MAG 的复合效应表现在电弧增加了对间隙的桥接性，其原因有两个：一是填充焊丝，二是电弧加热范围较宽。电弧功率决定了焊缝顶部宽度；激光产生的等离子体减小了电弧引燃和维持的阻力，使电弧更稳定；激光功率决定了焊缝的深度。即复合导致了效率增加以及焊接适应性的增强。激光电弧复合对焊接效率的提高十分显著，这主要基于两种效应：一是较高的能量密度导致了较高的焊接速度，工件对流损失减小；二是两热源相互作用的叠加效应。焊接钢时，激光等离子体使电弧更稳定，同时电弧也进入熔池小孔，减少了能量的损失；焊接铝时，由于叠加效应几乎与激光波长无关，其物理机制和特性尚待进一步研究。

激光-惰性气体保护钨极复合焊（laser-TIG hybrid）可显著增加焊速，约为 TIG 焊接时的 2 倍；钨极烧损也大大减小，寿命增加；坡口夹角亦减小，焊缝面积与激光焊时相近。阿亨大学弗朗和费激光技术学院研制了一种激光双弧复合焊接（hybrid welding with double rapid arc，HWDRA），与激光单弧复合焊相比，焊接速度可增加 30% 左右，线能量减小 25% 左右。

2. 过程模拟数值化是更好认识焊接规律的重要手段

随着计算机技术和计算数学的发展，数值分析方法特别是有限元方法，已较普遍地用于模拟焊缝凝固和变形过程。焊接过程是非常复杂的，涉及高温、瞬时的物理、冶金和力学过程，很多重要参数极其复杂的动态过程在以前的技术水平下是无法直接测定的。随着计算机应用技术的发展，采用数值模拟来研究一些复杂过程已成为可能。采用科学的模拟技术和少量的试验验证来代替过去所有都要通过大量重复性试验，已成为焊接技术发展的一个重要方法。这不仅可以节省大量的人力物力，还可以通过数值模拟来研究一些目前尚无法采用试验进行直接研究的复杂问题。

（1）焊接热过程的数值模拟

焊接热过程是焊接时最根本的过程，它决定了焊接化学冶金过程和应力、应变发展过程及焊缝成形等。研究实际焊接接头中的三维温度场分布是今后数值模拟要解决的一个重要问题。

（2）焊缝金属凝固和焊接接头相变过程的数值模拟

根据焊接热过程和材料的冶金特点，用数值模拟技术研究焊缝金属的凝固过程和焊接接头的相变过程。通过数值模拟来模拟不同焊接工艺条件下过热区高温停留时间和 $500\sim$ $800\ ℃$ 的冷却速度，控制晶粒度和相变过程，预测焊接接头的组织和性能。以此代替或减少工艺和性能试验,优化出最佳的焊接工艺方案。

（3）焊接应力和应变发展过程的数值模拟

其研究不同约束条件、不同接头形式和不同焊接工艺下的焊接应力、应变产生和发展的动态过程。将焊缝凝固时的应力、应变动态过程的数值模拟与焊缝凝固过程的数值模拟相结合,预测裂纹产生的倾向,优化避免热裂纹产生的最佳工艺方案。通过焊接接头中氢扩散过程的数值模拟以及对焊接接头中内应力大小及氢分布的数值模拟,预测氢致裂纹产生的倾向,优化避免氢致裂纹的最佳工艺。通过对实际焊接接头中焊接应力、应变动态过程的数值模拟,确定焊后残余应力和残余应变的大小分布,优化出最有效的消除残余应力和残余变形的方案。

（4）非均质焊接接头的数值模拟

焊接接头的力学性能往往是不均匀的,而且其不均匀性具有梯度大的特点。当其中存在裂纹时,受力后裂纹尖端的应力、应变场是非常复杂的。目前还不能精确测定,采用数值模拟是一个比较有效的办法。这对研究非均质材料中裂纹的扩展和断裂具有重要的意义。

（5）焊接熔池形状和尺寸的数值模拟

结合实际焊接结构和接头形式来研究工艺条件对熔池形状和尺寸的影响规律,对确定焊接工艺参数、实现焊缝成形和熔透的控制具有重要意义。

（6）焊接过程的物理模拟

利用热模拟试验机可以精确地控制热循环,并可以通过模拟研究金属在焊接过程中的力学性能及其变化。此项技术已广泛用于模拟焊接热影响区内各区的组织和性能变化。此外,模拟材料在焊接时凝固过程中的冶金和力学行为,可以揭示焊缝凝固过程中材料的结晶特点、力学性能和缺陷的形成机理。此前数值模拟在焊接领域中虽然已被用于温度场分布和焊接应力分布等的研究中,但由于受对焊接过程了解的限制,模拟基本上局限于二维场,又由于对材料高温行为和接头形式的假设较粗略,因此模拟结果与实际之间存在较大差距。为使数值模拟真正反映焊接实际情况,得到一些试验无法测得的信息和规律。目前已开展了三维非线性模拟,并在模拟中周密考虑焊缝的高温行为和实际焊接接头形式。

3. 提高焊接机械化、自动化水平是世界先进工业化国家的发展方向

提高焊接结构生产的效率和质量,仅仅从焊接工艺着手有一定的局限性。机械化、自动化是提高焊接生产效率、保证产品质量、改善劳动条件的重要手段。焊接生产自动化是未来焊接技术发展的方向。全部焊接工序(钢板划线、切割、装配、焊接)机械化、自动化的优势不仅在于提高了生产效率,更重要的是提高了产品的质量。钢板划线、切割、开坡口全部采用计算机数字控制技术以后,零部件尺寸精度大大提高,焊接坡口表面粗糙度大幅降低。坡口几何尺寸和装配质量相当准确,在自动施焊之后,整个焊接结构工整、精确、美观,完全改变了过去焊接车间人工操作的落后现象。特种焊接技术由于工艺参数的控制要求严格,使得对机械化、自动化的要求更为迫切。随着先进制造技术的发展,实现焊接产品制造的自动化、柔性化与智能化已成为必然趋势。电子及计算机技术的发展,尤其是计算机控制技术的发展,为特种焊接自动化打下了良好基础。目前,焊接过程控制系统的智能化、焊接生产系统的柔性化和集成化已成为焊接自动化技术现代化的主要标志。

4. 焊接过程智能化是提高焊接质量稳定性的重要方向

工业机器人作为现代制造技术发展的重要标志之一,与新兴技术产业一起,对现代高技术产业各领域产生了重要影响。由于焊接制造工艺的复杂性和焊接质量要求严格,而焊接技术水平和劳动条件往往相对较差,因而焊接过程的智能化受到特殊重视,实现智能机器人焊接成为几代焊接工作者追求的目标。采用机器人技术,可提高生产效率、改善劳动条件、稳定和保证焊接质量、实现小批量产品的焊接自动化。智能机器人的出现迅速得到焊接界的热烈响应。目前,全世界机器人中有 25%～50%用在焊接技术上。焊接机器人最初多用于汽车工业中的点焊生产流水线上,近年来已经拓展到弧焊技术领域。机器人虽然是一个高度自动化的装备,但从自动控制的角度来看,它仍是一个程序控制的开环控制系统,因而不能根据焊接时的具体情况进行适时调节。为此智能化焊接成为当前焊接发展的重要方向之一。智能化焊接的第一个发展重点是视觉系统,目前已开发出的视觉系统可使机器人根据焊接过程中的具体情况自动修改焊枪运动轨迹,有的还能根据坡口尺寸适时地调节工艺参数。目前国内已有大量的焊接机器人应用于各类自动化生产线上,焊接机器人由单一的单机示教再现型向多传感、智能化的柔性生产系统方向发展,实现由第二代向第三代的过渡将成为焊接机器人发展的目标。但我国的焊接机器人发展与生产总体需求还相距甚远,智能化焊接机器人仍处在初级阶段,这方面的研究及发展将是一个长期的任务。

5. 新热源的研究与开发是推动焊接技术发展的根本动力

焊接新热源的开发将推动特种焊接技术的发展,促成新的焊接技术的产生。焊接技术已成功地利用电弧、等离子弧、电子束、激光、超声波、摩擦、微波等热源形成相应的焊接方法。历史上每一种热源的出现,都伴随着新的焊接技术的出现。今后的发展将从改善现有热源和开发新的更有效的热源两方面着手。在改善现有热源、提高焊接效率方面,如扩大激光器的能量、有效利用电子束能量、改善焊接设备性能、提高能量利用率都取得了进展。在开发焊接新能源方面,为了获得更高的能量密度,可采用叠加热源,如在等离子弧中加激光,在电弧中加激光等。进行太阳能焊接试验也是为了寻求新的焊接热源。

6. 新兴工业的发展不断推动焊接技术发展

焊接技术是一项与新兴学科发展密切相关的先进制造技术,计算机技术、信息技术、电子技术、人工智能技术、数控及机器人技术的发展为焊接过程自动化与智能化提供了十分有利的技术基础,已取得许多研究与应用成果并已渗透到众多的应用领域中。高新技术、新材料的不断发展与运用以及各类特殊环境对产品性能要求的不断提高,对特种焊接技术及设备提出了更高的要求。最近 20 年来,在新兴工业和基础学科的带领下,半自动焊、专机设备以及自动化焊接方面都能得到迅速发展。逆变焊机的出现也是推动焊接技术前进的一个成功例子。逆变焊机体积小、质量轻,具有较高的技术特性,显著的节能、节材等优点,受到国内外焊接界的普遍重视,发展速度很快。目前世界上的主要焊接设备生产厂商基本上完成了全系列逆变焊机的商品化,使之成为先进与高技术的标志之一。从 20 世纪 80 年代初的晶闸管逆变焊机开始,到场效应晶体管逆变焊机、大功率晶体管逆变焊机、IGBT 逆变焊机等不断推入市场,使焊接设备制造呈现出一个崭新的景象。但是逆变焊机输入电流产生畸变,存在较大的谐波,一些元器件的稳定性有待提高,焊接的功率因素并不很高。为此人们正在研究谐波控制技术,以便取得更好的效果。

焊接成形
技术教学
案例

思考题与习题

5.1　焊条的焊芯和药皮应各起什么作用？试问用敲掉了药皮的焊条(或光焊丝)进行焊接时,将会产生什么问题?

5.2　下列焊条型号或牌号的含义是什么?

$$E4303,\ E5015,\ J422,\ J5075.7$$

5.3　酸性焊条和碱性焊条的性能有什么不同? 如何选用?

5.4　焊接接头包括哪几个部分? 什么叫作焊接热影响区? 低碳钢焊接热影响区分为哪几个区?

5.5　焊接应力是怎样产生的? 减小焊接应力有哪些措施? 消除焊接残余应力有什么方法?

5.6　减小焊接变形有哪些措施? 矫正焊接变形有哪些方法?

5.7　既然埋弧自动焊比手工电弧焊效率高、质量好、劳动条件也好,为什么手工电弧焊现在应用仍很普遍?

5.8　CO_2 气体保护焊与埋弧自动焊比较各有什么特点?

5.9　氩弧焊和 CO_2 气体保护焊比较有何异同? 各自的应用范围如何?

5.10　简述等离子弧焊、电子束焊和激光焊各种的分类、特点及应用。

5.11　电阻焊有何特点? 点焊、缝焊、对焊各应用于什么场合?

5.12　钎焊与熔化焊相比,有何根本区别?

5.13　常见焊接缺陷主要有哪些? 它们有什么危害?

5.14　焊接结构工艺性要考虑哪些内容? 焊缝布置不合理及焊接顺序不合理可能引起什么不良影响?

第6章

材料加工制造技术与工程应用

金属切削加工是在金属切削机床上,用金属切削刀具从工件表面上去除多余的金属材料,使被加工零件的尺寸、形状精度和表面质量符合预定的技术要求。金属切削理论就是通过对金属切削加工过程的研究,寻求其内在本质与规律,并合理利用这些规律控制切削加工过程,以提高生产效率、加工质量和降低加工成本。

6.1 金属切削理论基础

在切削加工的过程中,伴随着切削变形、切削力、切削热、刀具磨损等物理现象的发生。在掌握切削刀具基本知识的基础上,研究分析这些物理现象,对于保证零件的加工质量、降低加工成本和提高生产效率具有十分重要的意义。下面以切削塑性材料为例说明金属切削的变形过程。

6.1.1 金属切削变形过程

刀具对工件的切削加工,实际上是切削层金属材料受到刀具的切削刃和前刀面强烈推挤作用,发生强烈的塑性变形,从工件母体上脱离下来,变成切屑。对切屑形成过程的研究是金属切削过程中的根本问题,是研究切削过程中其他各物理现象的基础。

1. 变形区的划分

采用侧面方格变形观察法、高速摄影法、快速落刀法等可非常直观地了解切削过程中产生的变形现象。如图 6.1 所示为利用快速落刀法获得切屑根部标本,通过扫描电镜观察到的切削变形图片。

通过观察发现,金属切削变形可划分为三个区域,如图 6.2 所示。

1) 第一变形区

金属材料从 OA 线开始发生塑性变形,到

图 6.1 切屑根的变形

OM 线晶粒的剪切滑移基本结束。这一区域称为第一变形区,又称为剪切滑移变形区。OA 线称为始滑移线,OM 线称为终滑移线。

如图 6.3 所示,以切削层中某一点 P 为研究对象,当 P 点运动到 OA 线上的 1 点位置时,其所受的剪切应力达到了材料的剪切屈服极限 τ_s,则 P 点在向前运动的同时,也沿 OA 线方向滑移,其合成运动使 P 点由 1 点运动到 2 点,2′-2 就是滑移量。P 点向 2、3、4 点运动时,同样存在滑移现象,越逼近切削刃和前刀面,滑移量越大。同时,P 点的运动方向也在悄然发生着变化,当运动到 OM 线上的 4 点时,由于其运动方向与前刀面平行,将停止沿 OM 线滑移,变成切屑从前刀面流出。

图 6.2 变形区的划分

图 6.3 第一变形区金属的剪切滑移

第一变形区的宽度与切削速度有直接关系。切削速度越大,第一变形区的宽度越窄,在一般切削速度范围内,其宽度仅为 0.02~0.2 mm。因此第一变形区可近似用一个平面来表示,称为剪切面。

2) 第二变形区

切削层金属经过第一变形区后形成切屑,在沿刀具前刀面流出时,进一步受到前刀面强烈的挤压和摩擦而发生更为严重的塑性变形,使切屑底层金属纤维化,其方向基本上与前刀面平行,这一变形区域称为第二变形区。

3) 第三变形区

已加工表面的金属材料受到切削刃和刀具后刀面的挤压与摩擦,造成更为严重的纤维化和加工硬化现象,这一区域称为第三变形区。

2. 前刀面上的摩擦与积屑瘤

1) 前刀面上的摩擦

如前所述,切削层金属变成切屑后从前刀面流出,进一步受到前刀面的挤压与摩擦而使

图 6.4 刀-屑接触区域的应力分布

切屑底层金属材料纤维化,形成第二变形区。研究发现,刀具与切屑之间的摩擦状况并不是单纯的滑动摩擦。如图 6.4 所示,在刀-屑接触长度 OB 上,根据刀屑接触状况不同,可分成两段,即离切削刃较近的 OA 段(前区)和离切削刃较远的 AB 段(后区)。在刀-屑接触的前区,接触压力很大,切屑底层金属各点均紧密地冷焊(或称粘接)在刀具的前刀面上,形成滞留层。当新形成的切屑流经滞留层时,刀-屑摩擦实际上是滞留层与其上切屑金属间的内摩擦。因此前区的平均摩擦系

数 μ_1 可按下式计算：

$$\mu_1 = \frac{F_{\gamma 1}}{F_{\gamma N1}} = \frac{\tau_s A_1}{\sigma_{av} A_1} = \frac{\tau_s}{\sigma_{av}} \tag{6.1}$$

式中，$F_{\gamma 1}$ 为前区摩擦力，$F_{\gamma N1}$ 为前区刀-屑间接触压力，τ_s 为工件材料的剪切屈服极限，σ_{av} 为前区各点平均正应力，A_1 为前区刀-屑间接触面积。

　　由于在刀-屑接触长度上，各点正应力 σ 不同（越靠近切削刃正应力越大），则各点摩擦系数 μ_1 也不相同（不是常数），所以刀-屑接触的前区摩擦不服从古典滑动摩擦法则。

　　在刀-屑接触的后区，接触压力减小，切屑底层金属与前刀面只是有限个凸起的峰点接触，实际接触面积很小，使得相互接触的峰点处压应力很大，达到了材料的压缩屈服极限，因此在相互接触的峰点处也会产生冷焊现象。当切屑底层金属从前刀面流出时，冷焊结点受剪后产生的抗剪力即摩擦力。则刀-屑接触后区的摩擦系数为

$$\mu_2 = \frac{F_{\gamma 2}}{F_{\gamma N2}} = \frac{\tau_s A_2}{F_{\gamma N2}} = \frac{\tau_s F_{\gamma N2}/\sigma_s}{F_{\gamma N2}} = \frac{\tau_s}{\sigma_s} \tag{6.2}$$

式中，$F_{\gamma 2}$ 为后区摩擦力，$F_{\gamma N2}$ 为后区刀-屑间接触压力，τ_s 为工件材料的剪切屈服极限，σ_s 为工件材料的压缩屈服极限，A_2 为后区刀-屑间接触面积，为 $F_{\gamma N2}/\sigma_s$。

　　可见，在刀-屑接触的后区，摩擦系数 μ_2 为常数，服从古典滑动摩擦法则。

　　一般情况下，来自前区的摩擦力约占全部摩擦力的 85%。因此在研究刀-屑摩擦时，应以刀-屑接触前区的摩擦为主要依据。前刀面上的刀-屑摩擦，不仅影响切削变形，而且是产生积屑瘤的主要原因。

　　2）积屑瘤

　　（1）积屑瘤现象

　　切削钢、铝合金等塑性材料时，在切削速度不高而又能形成带状切屑的情况下，有一些来自切屑底层的金属冷焊并层积在刀具前刀面上，形成硬度很高的三角形楔块（是工件硬度的 $2\sim3$ 倍），它能够代替切削刃和前刀面进行切削，这一楔块称为积屑瘤，如图 6.5 所示。

　　图 6.6 为积屑瘤示意图。可见，积屑瘤粘结在刀具前刀面上并包络切削刃，其向前伸出的尺寸称为积屑瘤的高度 H_b，向下伸出的尺寸称为过切量 Δh_D。

图 6.5　带有积屑瘤的切屑根部显微照片　　　　　图 6.6　积屑瘤示意图

　　（2）积屑瘤的成因

　　由于刀-屑间的挤压和摩擦，使一部分切屑底层的金属冷焊在刀具前刀面上，形成滞留层，这是积屑瘤形成的基础。当切屑流经滞留层时（产生的摩擦相当于"内摩擦"），受滞留层的阻碍而粘结在滞留层上，切屑底层金属在滞留层上逐渐层积，最后形成积屑瘤。

除刀-屑摩擦,积屑瘤的形成还与工件材料及温度有关。若工件材料的加工硬化倾向大,经塑性变形的滞留层因加工硬化而使其强度、硬度增加,耐磨性好,能够抵抗切屑的挤压和摩擦而在前刀面停留,产生积屑瘤。若温度过低,刀-屑之间不易发生冷焊,不能形成滞留层,不会产生积屑瘤;若温度过高,切屑底层的金属弱化,同样也不会产生积屑瘤。因此,积屑瘤只有在适当的温度下才会产生。

图 6.7 积屑瘤高度与切削速度之间的关系

一般来说,切削速度越高,切削温度也越高。因此,可利用切削速度代替切削温度来分析对积屑瘤的影响。

根据积屑瘤的消长产生,将切削速度分为四个区域,如图 6.7 所示。

在 I 区(低速区)和 IV 区(高速区),无积屑瘤产生;在 II 区,积屑瘤的高度随着切削速度的增大而增大;在 III 区,积屑瘤的高度随着切削速度的增大而减小。

(3)积屑瘤对切削过程的影响

① 对刀具耐用度的影响 积屑瘤粘结在刀具前刀面上,在相对稳定时,可代替切削刃和前刀面进行切削,起到保护刀具的作用。若不稳定时,积屑瘤破裂而从前刀面脱落,可能会带走刀具表面的金属颗粒,造成刀具磨损加剧。

② 增大刀具的实际工作前角 产生积屑瘤后,实际起作用的前刀面是积屑瘤表面,如图 6.6 所示,刀具实际工作前角 γ_{oe} 增大,可降低切削力,这对切削过程是有利的。

③ 增大切削厚度 由于有过切量 Δh_D 的存在,使实际切削厚度增大。

④ 增大已加工表面粗糙度 积屑瘤在切削刃各点的过切量不同,在已加工表面上切出深浅和宽窄不同的"犁沟",使粗糙度增大;积屑瘤的产生、成长与脱落是一个动态变化的过程,易引起切削振动,使粗糙度增大。因此,精加工时应设法避免或减小积屑瘤。

可见,积屑瘤的存在对切削过程的影响有利有弊。对于粗加工,积屑瘤的存在是有利的;对于精加工,则是不利的。

3. 切削变形的影响因素

研究各因素对切削变形的影响规律如下。

(1)工件材料

工件材料的强度和硬度越高,刀-屑间接触长度及接触面积 A_1 减小,切削力集中,平均正应力增大,使摩擦系数 μ_1 减小,剪切角 ϕ 增大,变形系数 Λ_h 减小,变形程度减轻。

(2)刀具前角

刀具前角增大,根据剪切角的计算公式,直接增大剪切角;同时,刀具前角增大,刀-屑之间的正应力减小,摩擦系数增大,间接使剪切角减小。由于直接影响大于间接影响,所以前角增大使剪切角增大,变形程度减轻。

(3)切削速度

切削塑性材料时,在无积屑瘤的速度区域,切削速度增大,第一变形区后移,同时因温度升高而使摩擦系数降低,这些原因都会使剪切角增大,变形系数减小。在有积屑瘤的速度区域,在 II 区,切削速度增大,刀具的实际工作前角增大,变形系数减小;在 III 区,切削速度增大,刀具的实际工作前角减小,变形系数增大。

切削脆性材料时,切削速度对切削变形的影响不显著。

（4）切削厚度

切削厚度增大,前刀面所受法向力 $F_{\gamma 1}$ 增大,摩擦系数减小,剪切角增大,变形系数减小。

4. 切屑的种类

上述分析可知,加工条件不同,切削变形程度也不同。变形程度对切屑的形状会有一定的影响。在生产实际中,切屑形状多种多样,如带状切屑、C形屑、螺卷屑、长紧卷屑、发条状卷屑、宝塔状卷屑、崩碎屑等。归纳起来可分为四种类型：带状切屑、节状切屑、粒状切屑和崩碎切屑,如图 6.8 所示。

图 6.8 切屑的种类

（a）带状切屑；（b）节状切屑；（c）粒状切屑；（d）崩碎切屑

（1）带状切屑

带状切屑的外表面呈毛茸状,内表面是光滑的。利用显微镜观察,在切屑的侧面上可以看到剪切面的条纹,但肉眼看来大体是平整的。一般情况下在加工塑性金属材料时,切削速度较高、刀具前角较大、切削厚度较小,可形成带状切屑。其切削过程比较平稳,切削力波动较小,已加工表面粗糙度较小。

（2）节状切屑

又称为挤裂切屑,其外表面呈锯齿形,内表面有时有裂纹。在形成带状切屑的条件下,适当降低切削速度、增大切削厚度、减小刀具前角可形成此类切屑。

（3）粒状切屑

在形成节状切屑的条件下,进一步降低切削速度、增大切削厚度、减小刀具前角,切屑沿着剪切面方向分离,形成一个个独立的梯形单元,这时节状切屑就变成粒状切屑（又称为单元切屑）。

可见,上述三种切屑都是在切削塑性材料时形成的,当改变切削速度、切削厚度或刀具前角等切削条件时,这三种切屑形态往往可以相互转化。

（4）崩碎切屑

切削脆性材料时,由于材料的塑性较小、抗拉强度低,在刀具的作用下,工件材料在未发生明显塑性变形的情况下就已脆断,形成不规则的碎块状切屑,同时使工件的已加工表面凸凹不平。

6.1.2 切削力

切削力不仅对切削热的产生、刀具磨损、加工质量等方面有重要的影响,而且也是计算切削功率、制订切削用量,设计和使用机床、刀具和夹具等工艺装备的主要依据。因此研究切削力的规律,对生产实际有重要的意义。

1. 切削力的来源及切削力的合成与分解

1）切削力的来源

刀具在切削工件时，前刀面对切屑、后刀面对已加工表面有强烈的挤压与摩擦作用，使工件及切屑产生严重的弹塑性变形。若以刀具作为受力对象，则工件、切屑的弹塑性变形抗力及摩擦力又反作用于刀具，如图 6.9 所示。因此，切削力的来源有两个方面：

（1）工件、切屑对刀具的弹塑性变形抗力；

（2）工件、切屑对刀具的摩擦阻力。

2）切削分力

以外圆车削为例，在直角切削时，若不考虑副切削刃的切削作用，上述各力对刀具的作用合力 F 应在刀具的正交平面 P_o 内。为了便于测量和应用，可将合力 F 分解为三个相互垂直的分力，如图 6.10 所示。

图 6.9　切削力的来源

图 6.10　切削合力及其分解

（1）切削力 F_e

与基面垂直，即平行于切削速度方向。在切削过程中，切削力所消耗的功率约占总量的99% 左右，所以 F_e 是计算切削功率的主要依据，同时也是设计机床、刀具、夹具的主要数据，故又称为主切削力。

（2）进给力 F_f

在基面内，与进给运动方向平行，即与工件的轴线平行。进给力是计算进给运动所消耗的功率、设计校核进给机构强度的主要依据。

（3）背向力 F_p

在基面内，与进给运动方向垂直，即与工件的轴线垂直。外圆车削时，因背向力方向上的运动速度等于零，所以 F_p 不消耗切削功率。但是由于 F_p 作用在工艺系统刚度最弱的方向上，易使工件变形和产生振动，影响加工质量，尤其是加工细长轴时更为显著。背向力 F_p 是选用机床主轴轴承和校验机床刚度的依据。

2. 切削力的影响因素

1）工件材料

切削塑性材料时，工件材料的强度、硬度越高，剪切屈服极限 τ_s 越大，尽管变形系数 Λ_h 有所减小，但结果还是使切削力增大；强度、硬度相近的工件材料，若加工硬化倾向越大，即

强化系数 n 越大,较小的变形就会引起硬度大大提高,从而使切削力增大。切削脆性材料时,被切材料的弹塑性变形小,加工硬化现象不显著,刀-屑摩擦与挤压较轻,切削力相对较小。

2）切削用量

（1）切削速度 v_c

切削塑性材料时,在无积屑瘤的速度区域,即Ⅰ区和Ⅳ区,随着 v_c 的增大,切削温度升高,工件材料的强度和硬度因产生弱化现象而降低,切削力减小。在有积屑瘤的速度区域,在Ⅱ区, v_c 增大,积屑瘤的高度 H_b 增大,刀具的实际工作前角 γ_o 增大,变形系数 Λ_h 减小,切削力降低;相反在Ⅲ区, v_c 增大,积屑瘤的高度 H_b 减小,刀具的实际工作前角 γ_o 减小,变形系数 Λ_h 增大,切削力增大。

切削脆性材料时,由于变形和摩擦都较小,所以 v_c 对切削力的影响不显著。

（2）进给量 f 和背吃刀量 a_p

根据切削力的理论公式, f 及 a_p 增大,都会使切削力增大,但两者对切削力的影响程度不同。 a_p 增大,变形系数 Λ_h 不变,切削力随 a_p 成正比增大; f 增大,切削厚度 h_D 增大使 Λ_h 有所减小,故切削力不成正比增大,影响程度相对较弱。

3）刀具几何参数

（1）刀具前角 γ_o

加工塑性材料时, γ_o 增大,使变形系数 Λ_h 和 C 减小,切削力降低。

加工脆性材料时,由于刀-屑摩擦、切削变形及加工硬化现象不明显,故 γ_o 的变化对切削力的影响不如切削塑性材料时显著。

（2）负倒棱

在刀具的前刀面上,沿切削刃方向磨出前角为负值（或前角为零,或很小的正前角）的窄棱面,以增加刃区的强度,这一窄棱面成为负倒棱。通常用负倒棱前角 γ_{o1} 及其棱面宽度 $b_{\gamma 1}$ 来衡量,如图 6.11（a）所示。

显而易见,负倒棱的存在会使切削力增大。其影响程度与切削时负倒棱面所起的作用有关。若刀屑接触长度远大于负倒棱宽度 $b_{\gamma 1}$,如图 6.11（b）所示,切屑流出时,刀具前刀面起主要作用,实际工作前角是 γ_o ,负倒棱的存在使切削力增大,但影响程度不显著;若刀屑接触长度小于或等于负倒棱宽度 $b_{\gamma 1}$,如图 6.11（c）所示,切屑流出时,实际起作用的是负倒棱面,实际工作前角为 γ_{o1} ,这时负倒棱的存在使切削力增大且影响显著。

图 6.11　带有负倒棱的刀具前刀面与切屑的接触情况

（3）主偏角 κ_r

κ_r 增大,使 F_f 增大, F_p 减小。

κ_r 对 F_c 的影响较为复杂。随着 κ_r 的增大, F_c 先减小后又增大,其最小值出现在 κ_r 为 $60°\sim 75°$ 的范围内。 F_c 先减小的原因是:当切削面积不变时, κ_r 增大使切削厚度 h_D 增大,

变形系数 Λ_h 减小；F_e 后又增大的原因是：κ_r 进一步增大，由于刀尖圆弧半径 r_ε 的存在，使刀尖处参加切削工作的曲线刃长度增大及平均切削厚度减小，都会使变形加剧，切削力 F_e 增大。但 F_e 的变动范围不大，一般在 F_e 的 10% 以内变动。

（4）刃倾角 λ_s

λ_s 的变化对切削力 F_e 影响不大，但对 F_f、F_p 的影响较大。λ_s 的变化使切削合力 F 的方向发生改变。当 λ_s 增大，F_f 方向上测量的前角（侧前角）γ_f 减小，F_p 方向上的测量的前角（背前角）γ_p 增大，所以 F_f 增大，F_p 减小。γ_f、γ_p 随 λ_s 的变化可通过不同测量平面间的角度换算来验证。

（5）刀尖圆弧半径 r_ε

当刀尖圆弧半径 r_ε 增大时，参加切削工作的曲线刃长度增大，平均切削厚度 h_D 减小，变形增大，使切削力 F_e 增大。同时 r_ε 增大，刀具的平均主偏角减小，F_f 减小，F_p 增大。

4）刀具的磨损

刀具发生磨损，特别是后刀面磨损后，在刀具的后刀面沿切削刃的方向上磨出后角为零的棱面，使刀具后刀面与工件的摩擦加剧，切削力增大。

5）切削液

采用润滑效果好的切削液，减小前刀面与切屑、后刀面与工件表面的摩擦，显著地降低切削力。

6.1.3　切削热与切削温度

切削热和切削温度是切削过程中极为重要的物理现象，不仅与其他物理现象相互影响，而且也影响工件的加工质量和刀具耐用度。

1. 切削热的产生与传出

1）切削热的产生

试验表明，切削时所消耗的能量，只有 $1\%\sim2\%$ 用以形成新表面和以晶格扭曲等形式形成潜藏能，绝大部分消耗的能量都转化为热能。因此可近似地认为，切削时所消耗的能量都转化成了热。

图 6.12　切削热的产生与传出

如前所述，在三个变形区域内，存在着强烈的弹塑性变形和摩擦。这是导致切削热产生的主要原因，如图 6.12 所示。切削热的产生来自以下两个方面：

（1）使工件及切屑发生弹塑性变形，消耗的能量转化成的热；

（2）切屑与前刀面、已加工表面与后刀面的摩擦而产生的热。

若忽略进给运动所消耗的能量，并假定主运动所消耗的能量都转化为热，则单位时间内产生的切削热为

$$Q = F_e \cdot v_c \qquad (6.3)$$

式中，Q 为单位时间内产生的切削热（J/s），F_e 为切削力（N），v_c 为切削速度（m/s）。

2）切削热的传出

如图 6.12 所示，在切削区产生的热量要向刀具、工件、切屑和周围的介质（空气或切削

液)传散。加工方式不同,从刀具、工件、切屑和周围的介质传热的比例也不同,见表6.1。

表 6.1　车削、钻削时切削热的传散

类别	从工件传出的热	从刀具传出的热	从切屑传出的热	从介质传出的热
车削	3%~9%	10%~40%	50%~86%	1%
钻削	52.5%	12.5%	28%	5%

切削热的产生与传出直接影响切削区温度的高低。如工件材料的导热系数高,由工件和切屑传散的热量多,工件的温度较高,但切削区的温度较低,这有利于降低刀具的磨损,提高刀具耐用度;若刀具材料的导热系数高,从刀具传散的热量多,切削区的温度也会降低。若在切削时采用冷却效果较好的切削液,可大大降低切削区的温度。

2. 切削温度的测量

切削温度的测量方法很多,有热电偶法、辐射温度计法、热敏法和金相组织观察法等,其中较为常用的是热电偶法。下面介绍热电偶法的测温原理。

热电偶法又分为自然热电偶法和人工热电偶法。

1) 自然热电偶法

如图 6.13 所示,自然热电偶法是利用刀具材料和工件材料的化学成分不同而组成热电偶的两极,切削区为热电偶的热端,工件与刀具的引出线与毫伏表相连保持室温,形成热电偶的冷端,热端与冷端之间会产生温差电动势,利用毫伏表测出电压值。再根据事先标定好的刀具与工件所组成热电偶的温度与电压关系曲线(此关系曲线与刀具、工件的材料有关),便可得到切削区的温度。

需要注意的是,自然热电偶法测量的是切削区的平均温度,而不能测量切削区某一点的温度。当刀具或工件的材料改变时,热电偶的温度与电压关系曲线需要重新标定。

2) 人工热电偶法

如图 6.14 所示,将两种事先标定好的金属丝一端焊接在需要测量温度的切削区某一点上形成热端,另一端引出至室温环境下与毫伏表相连形成冷端。于是根据自然热电偶的测量原理,就可以测量切削区某一点的切削温度。

1—刀具;2—工件;3—车床主轴尾部;4—铜销;
5—铜顶尖;6—导线;7—毫伏表。

图 6.13　自然热电偶法测量切削温度示意图

(a)　　　　　　(b)

图 6.14　人工热电偶法测量切削温度示意图

(a) 测刀具;(b) 测工件

由于对两种材料的金属丝事先已做好关于温度与电压关系的标定,只要金属丝的材料不变,无论刀具或工件材料如何改变,都不需对温度与电压关系曲线重新标定,这方面比自然热电偶方便。

3. 切削温度的影响因素

这里所述的切削温度通常是指切削区的平均温度。

1) 工件材料

工件材料的强度、硬度越高,产生的切削力越大,消耗的切削功率越多,产生的切削热越多,切削温度升高;工件材料的导热性好,从切屑和工件传出的热量多,使切削区的温度降低;切削脆性材料时,由于切削变形和摩擦都比较小,所以切削温度一般低于钢料等塑性材料。

2) 切削用量

与切削力的经验公式类似,通过试验得出的切削温度经验公式如下:

$$\theta = C_\theta \cdot a_p^{x_\theta} \cdot f^{y_\theta} \cdot v_c^{z_\theta} \tag{6.4}$$

式中,θ 为切削温度(℃),C_θ 为系数,a_p 为背吃刀量(mm),f 为进给量(mm/r),v_c 为切削速度(m/min),x_θ、y_θ、z_θ 为指数。式中的指数和系数与刀具材料、工件材料及加工方法等因素有关,可通过试验获得。

(1) 切削速度 v_c

当 v_c 升高时,尽管切削力 F_c 有所减小(若不考虑积屑瘤的影响),但消耗的切削功率还是增大的,产生的切削热增多;此时,切屑快速从前刀面流出,所容纳的切削热来不及向切削区传散而被切屑带走,传出的热量也增多,但产生的切削热要大于传出的切削热,切削热逐渐聚集在切削区内。因此,v_c 增大,使切削温度 θ 升高,但不成正比变化。

(2) 进给量 f

进给量 f 增大使切削温度 θ 升高。原因是随着进给量的增大,切削厚度和刀-屑接触长度增大,切屑容热条件得以改善,由切屑带走的热量多;但 f 增大,会使切削力 F_c 增大,消耗的切削功率增大,产生的切削热增多,要大于传出的切削热,使 θ 升高。

(3) 背吃刀量 a_p

当背吃刀量 a_p 增大时,尽管产生的热量成正比地增多,但参加工作的切削刃长度也成正比地增加,明显改善了散热条件。因此,a_p 变化对 θ 的影响不明显。

3) 刀具几何参数

(1) 刀具前角 γ_o

刀具前角 γ_o 增大,使切削力 F_c 明显减小,产生的热量减少,切削温度 θ 降低。但 γ_o 若减小得过多,由于楔角 β_o 也减小,使刀具的容热体积减小,传出的热量也少,θ 不会进一步降低,反而可能会升高。

(2) 主偏角 κ_r

前面提到,主偏角 κ_r 对切削力 F_c 的影响不大。因此,κ_r 变化时,消耗的切削功率及产生切削热的变化也不大。但 κ_r 增大,使参加工作的主切削刃长度及刀尖角 ε_r 都减小,刀具的散热条件变差,所以切削温度升高。

(3) 负倒棱 $b_{\gamma 1}$ 和刀尖圆弧半径 r_ε

当 $b_{\gamma 1}$ 在 $(0\sim 2)f$ 范围内变动、r_ε 在 $0\sim 1.5$ mm 范围内变化时,因这两者的存在都会

使切削变形增大,产生的切削热增多,同时又都能使刀具的散热条件有所改善,传出的热量也增大,产生的热量与传出的热量趋于平衡,所以切削温度基本没有变化。

(4) 刀具的磨损和切削液

当刀具磨损时,在后刀面上磨出一个后角为零的窄棱面,与工件的摩擦加剧,使切削温度升高。切削液能起到散热、减小摩擦的作用,因此合理使用切削液可有效降低切削温度。

6.1.4　工件材料的切削加工性

切削加工性是指工件材料被切削加工的难易程度。它是一个相对性的概念,一种材料切削加工性的好坏,是相对另一种材料而言的。在不同的情况下,材料切削加工性的衡量指标可以不同。

1) 以相对加工性来衡量

所谓相对加工性是以切削正火状态下 45 钢($\sigma_b = 0.637$ GPa)的 v_{60} 作为基准,记作 $(v_{60})_j$,切削其他工件材料的 v_{60} 与之相比的数值用 K_r 表示,则

$$K_r = v_{60}/(v_{60})_j \tag{6.5}$$

式中,v_{60} 为当刀具耐用度为 $T = 60$ min 时切削某种材料所允许的切削速度(m/min);$(v_{60})_j$ 为当刀具耐用度为 $T = 60$ min 时切削正火状态下 45 钢所允许的切削速度(m/min)。

相对加工性 K_r 是最常用的加工性指标,在不同的加工条件下都适用。通常分为 8 个等级,见表 6-2。凡 K_r 大于 1 的材料,其加工性比 45 钢好,K_r 小于 1 的材料,加工性比 45 钢差。

2) 以已加工表面质量来衡量

精加工时,常以已加工表面作为衡量工件材料切削加工性的指标。容易获得较好的已加工表面质量的材料,其切削加工性好,反之较差。

3) 以切削力或切削温度来衡量

在粗加工或机床刚度、功率不足时,用此项指标来衡量切削加工性。在相同的切削条件下,产生的切削力小、切削温度低的工件材料,其切削加工性好,反之较差。

4) 以切屑控制的难易程度来衡量

在自动机床或自动生产线上,常以材料切削加工性等级指标来衡量工件材料的切削加工性,见表 6.2。若切屑容易控制,切削加工性好,否则较差。

表 6.2　材料切削加工性等级

加工性等级	名称和种类		相对加工性	代表性材料
1	很容易切削的材料	一般有色金属	>3.0	5-5-5 铜铅合金,9-4 铝铜合金,铝镁合金
2	容易切削的材料	易切削钢	2.5~3.0	退火 15Cr,自动机钢
3		较易切削钢	1.6~2.5	正火 30 钢
4	普通材料	一般钢和铸铁	1.0~1.6	正火 45 钢,灰铸铁
5		稍难切削的材料	0.65~1.0	2Cr13 调质钢,85 钢
6	难切削材料	较难切削的材料	0.5~0.65	45Cr 调质钢,65Mn 调质钢
7		难切削材料	0.15~0.65	50CrV 调质,某些钛合金
8		很难切削材料	<0.15	某些钛合金,铸造镍基高温合金

6.2 金属材料先进加工制造技术

金属材料表面常规的切削加工制造技术包括车削、铣削、刨削、拉削和镗削等。

6.2.1 车削加工制造技术

车削加工是指在车床上利用工件的旋转和刀具的移动,从工件表面切除多余材料,使其成为符合一定形状、尺寸和表面质量要求的零件的一种切削加工方法。其中工件的旋转为主运动,刀具的移动为进给运动。

车削(turning)比其他加工方法应用得普遍,一般机械加工车间中,车床往往占总机床的20%~50%甚至更多。车床主要用来加工各种回转表面(内外圆柱面、圆锥面及成形回转表面)和回转体的端面,有些车床可以加工螺纹面。图6.15表示适宜在车床上加工的零件。

图 6.15 车床加工零件举例

1. 车刀

车刀是最简单的金属切削刀具。车削加工的内容不同,采用的车刀种类也不同。车刀的种类很多,按结构可分为焊接式、整体式、机夹可转位式等;按形式可分为直头、弯头、尖头、圆弧、右偏刀和左偏刀;根据用途可分为外圆、端面、螺纹、镗孔、切断、螺纹和成形车刀等。生产常用的车刀种类和用途如图6.16所示。

2. 车削基本工艺

车削加工适用于加工各种轴类、套筒类和盘类零件上的回转表面,如内圆柱面、圆锥面、环槽、成形回转表面、端面和各种常用螺纹等。在车床上还可以进行钻孔、扩孔、铰孔和滚花等工艺,如图6.17所示。

由于车刀的角度和切削用量不同,车削的精度和表面粗糙度也不同。为了提高生产效率,保证加工质量,外圆面的车削分为粗车、半精车、精车和精细车。

粗车的目的是从毛坯上切去大部分余量,为精车作准备。粗车时采用较大的背吃刀量a_p、较大的进给量以及中等或较低的切削速度v_c,以达到高的生产效率。粗车也可作为低

图 6.16　车刀的种类及用途

图 6.17　卧式车床的典型加工工序

(a) 车端面；(b) 车外圆；(c) 车外锥面；(d) 切槽、切断；(e) 车孔；

(f) 切内槽；(g) 钻中心孔；(h) 钻孔；(i) 铰孔；(j) 锪锥孔；

(k) 车外螺纹；(l) 车内螺纹；(m) 攻螺纹；(n) 车成形面；(o) 滚花

精度表面的最终工序。粗车后的尺寸公差等级一般为IT13～IT11,表面粗糙度 Ra 为50～12.5 μm。

半精车的目的是提高精度,减小表面粗糙度,可作为中等精度外圆的终加工,亦可作为精加工外圆的预加工。半精车的背吃刀量和进给量较粗车时小。半精车的尺寸公差等级可达 IT10～IT9,表面粗糙度 Ra 为6.3～3.2 μm。

精车的目的是保证工件所要求的精度和表面粗糙度,作为较高精度外圆面的终加工,也可作为光整加工的预加工。精车一般采用小的背吃刀量($a_p <$ 0.15 mm)和进给量($f <$ 0.1 mm/r),可以采用高的或低的切削速度,以避免积屑瘤的形成。精车的尺寸公差等级一般为IT8～IT7,表面粗糙度 Ra 为1.6～0.8 μm。

精细车一般用于技术要求高的、韧性大的有色金属零件的加工。精细车所用机床应有很高的精度和刚度,多使用仔细刃磨过的金刚石刀具。车削时采用小的背吃刀量($a_p \leqslant$ 0.03～0.05 mm)、小的进给量($f =$ 0.02～0.2 mm/r)和高的切削速度($v_c >$ 2.6 m/s)。精细车的尺寸公差等级可达IT6～IT5,表面粗糙度 Ra 为0.4～0.1 μm。

1) 车外圆

刀具的运动方向与工件轴线平行时,将工件车削成圆柱形表面的加工称为车外圆。这是车削加工最基本的操作,经常用来加工轴销类和盘套类工件的外表面。

常用外圆车刀(图6.18)有以下几种。

(1) 尖刀,主要用于粗车外圆和车削没有台阶或台阶不大的外圆。

(2) 45°弯头刀,既可车外圆,又可车端面,还可以进行45°倒角,应用较为普遍。

(3) 右偏刀,主要用来车削带直角台阶的工件。由于右偏刀切削时产生的径向力小,常用于车削细长轴。

图6.18　车外圆

(a) 尖刀车外圆;(b) 45°弯头刀车外圆;(c) 右偏刀车外圆

在粗车铸件、锻件时,因表面有硬皮,可先倒角或车出端面,然后用大于硬皮厚度的背吃刀量粗车外圆,使刀尖避开硬皮,以防刀尖磨损过快或被硬皮打坏。

用高速钢车刀低速精车钢件时采用乳化液润滑,用高速钢车刀低速精车铸铁件时采用煤油润滑可降低工件表面粗糙度。

2) 车端面

轴类、盘套类工件的端面经常用来作为轴向定位和测量的基准。车削加工时,一般都先将端面车出。

对工件端面进行车削时刀具进给运动方向与工件轴线垂直。车削时,注意刀尖要对准中心,否则端面中心处会留有凸台。端面的车削加工如图6.19所示。

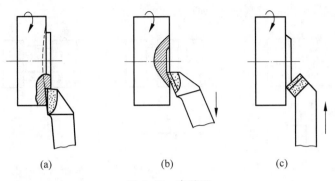

图 6.19 车端面

(a) 偏刀车端面(由外向中心)；(b) 偏刀车端面(由中心向外)；(c) 弯头刀车端面

粗车或加工大直径工件时，车刀自外向中心切削，多用弯头车刀，弯头车刀车端面对中心凸台是逐步切除的，不易损坏刀尖。

精车或加工小直径工件时，多用右偏刀。右偏刀由外向中心车端面时，凸台是瞬时去掉的，容易损坏刀尖。且右偏刀由外向中心进给切削时前角小，切削不顺利，而且背吃刀量大时容易引起扎刀，使端面出现内凹。右偏刀自中心向外切削，此时切削刃前角大，切削顺利，表面粗糙度小。

3) 车台阶

很多的轴类、盘套类零件上的台阶面的加工，当高度小于 5 mm 的低台阶加工时由正装的 90°偏刀车外圆时车出；当高度大于 5 mm 的高台阶在车外圆几次走刀后用主偏角大于90°的偏刀沿径向向外走刀车出，如图 6.20 所示。

图 6.20 车台阶

(a) 车低台阶；(b) 车高台阶

4) 切槽与切断

(1) 切槽

回转体工件表面经常需要加工一些沟槽，如螺纹退刀槽、砂轮越程槽、油槽、密封圈槽等，分布在工件的外圆表面、内孔或端面上。切槽所用的刀具为切槽刀，如图 6.21所示，它有一条主切削刃、两条副切削刃、两个刀尖，加工时沿径向由外向中心进刀。

宽度小于 5 mm 的窄槽，用主切削刃尺寸与槽宽相等的车槽刀一次车出；车削宽度大于 5 mm 的宽槽时，先沿纵

图 6.21 切槽刀

向分段粗车,再精车,车出槽深及槽宽,如图 6.22 所示。

第一、第二次横向进给　　　　最后一次横向进给后
再以纵向进给车槽底

(a)　　　　　　　　　　　　　(b)

图 6.22　切槽方法

(a) 切窄槽;(b) 切宽槽

当工件上有几个同一类型的槽时,槽宽如一致,可以用同一把刀具切削。

(2) 切断

切断是将坯料或工件从夹持端上分离下来,如图 6.23 所示。

图 6.23　切断

切断所用的切断刀与车槽刀极为相似,只是刀头更加窄长,刚性更差。由于刀具要切至工件中心,呈半封闭切削,排屑困难,容易将刀具折断。因此,装夹工件时应尽量将切断处靠近卡盘,以增加工件刚性。对于大直径工件,有时采用反切断法,目的在于排屑顺畅。

切断时刀尖必须与工件等高,否则切断处将留有凸台,也容易损坏刀具;切断刀伸出不宜过长,以增强刀具刚性;切断时切削速度要低,采用缓慢均匀的手动进给,以防进给量太大造成刀具折断;切断钢件时应适当使用切削液,加快切断过程的散热。

5) 车圆锥

在各种机械结构中还广泛存在圆锥体和圆锥孔的配合。如顶尖尾柄与尾座套筒的配合、顶尖与被支承工件中心孔的配合、锥销与锥孔的配合。圆锥面配合紧密,装拆方便,经多次拆卸后仍能保证有准确的定心作用,小锥度配合表面还能传递较大的扭矩。因此,大直径的麻花钻都使用锥柄。在生产中常遇到的是圆锥面的加工。车削锥面的方法常用的有宽刀法、小拖板旋转法、偏移尾座法和靠模法。

(1) 宽刀法

宽刀法就是利用主切削刃横向直接车出圆锥面,如图 6.24 所示。此时,切削刃的长度要略长于圆锥母线长度,切削刃与工件回转中心线成半锥角。

宽刀法加工方法方便、迅速,能加工任意角度的内、外圆锥。此种方法加工的圆锥面很短,而且要求切削加工系统有较高的刚性,适用于批量生产。

(2) 小拖板旋转法

车床中拖板上的转盘可以转动任意角度,松开上面的紧固螺钉,使小拖板转过半锥角。

如图 6.25 所示,将螺钉拧紧后,转动小拖板手柄,沿斜向进给,便可以车出圆锥面。

图 6.24 宽刀法车锥面

图 6.25 小拖板旋转法车锥面

小拖板旋转法操作简单方便,能保证一定的加工精度,能加工各种锥度的内、外圆锥面,应用广泛。受小拖板行程的限制,小拖板旋转法不能车太长的圆锥。小拖板只能手动进给,加工的锥面粗糙度大。小拖板旋转法在单件或小批量生产中用得较多。

(3) 偏移尾座法

如图 6.26 所示,将尾座带动顶尖横向偏移距离 S,使得安装在两顶尖间的工件回转轴线与主轴轴线成半锥角。这样车刀作纵向走刀车出的回转体母线与回转体中心线成斜角,形成圆锥面。

图 6.26 偏移尾座法车锥面

偏移尾座法能切削较长的圆锥面,并能自动走刀,表面粗糙度比小拖板旋转法小,与自动走刀车外圆一样。由于受到尾部偏移量的限制,一般只能加工小锥度圆锥,不能加工内锥面。

(4) 靠模法

在大批量生产中还经常用靠模法车削圆锥面,如图 6.27 所示。

靠模装置的底座固定在床身的后面,底座上装有锥度靠模板。松开紧固螺钉,靠模板可以绕定位销钉旋转,与工件的轴线成一定的斜角。靠模上的滑块可以沿靠模滑动,而滑块通过连接板与拖板连接在一起。中拖板上的丝杠与螺母脱开,其手柄不再调节刀架横向位置,而是将小拖板转过 $90°$,用小拖板上的丝杠调节刀具横向位置,以调整所需的背吃刀量。

图 6.27　靠模法车锥面

如果工件的锥角为 α，则将靠模调节成 $\alpha/2$ 的斜角。当大拖板作纵向自动进给时，滑块就沿着靠模滑动，从而使车刀的运动平行于靠模板，车出所需的圆锥面。

靠模法加工进给平稳，工件的表面质量好，生产效率高，可以加工 $\alpha < 12°$ 的长圆锥。

6）成形面车削

在回转体上有时会出现母线为曲线的回转表面，如手柄、手轮、圆球等。这些表面称为成形面。成形面的车削方法有手动法、成形刀法、靠模、数控法等。

（1）手动法

如图 6.28 所示，操作者双手同时操纵中拖板和小拖板手柄移动刀架，使刀尖运动的轨迹与要形成的回转体成形面的母线尽量符合。车削过程中还经常用成形样板检验。通过反复地加工、检验、修正，最后形成要加工的成形表面。手动法加工简单方便，但对操作者技术要求高，而且生产效率低，加工精度低，一般用于单件或小批量生产。

切削刃形状与工件表面形状一致的车刀称为成形车刀（样板车）。用成形车刀切削时，只要作横向进给就可以车出工件上的成形表面。用成形车刀车削成形面，工件的形状精度取决于刀具的精度。其加工效率高，但由于刀具切削刃长，加工时的切削力大，加工系统容易产生变形和振动，要求机床有较高的刚度和切削功率。成形车刀制造成本高，且不容易刃磨，因此成形车刀法宜用于成批或大量生产。

（2）靠模法

用靠模法车成形面与用靠模法车圆锥面的原理是一样的。只是靠模的形状是与工件母线形状一样的曲线，如图 6.29 所示。大拖板带动刀具作纵向进给的同时靠模带动刀具作横向进给，两个方向进给形成的合运动产生的进给运动轨迹就形成工件的母线。靠模法加工采用普通的车刀进行切削，刀具实际参加切削的切削刃不长，切削力与普通车削相近，变形小，振动小，工件的加工质量好，生产效率高，但靠模的制造成本高。靠模法车成形面主要用于成批或大量生产。

图 6.28 双手操纵法车成形面

图 6.29 靠模法车成形面

7) 孔加工

车床上孔的加工方法有钻孔、扩孔、铰孔和镗孔。

(1) 钻孔

在车床上钻孔时,钻孔所用的刀具为麻花钻。工件的回转运动为主运动,尾座上的套筒推动钻头所作的纵向移动为进给运动。车床上的钻孔加工如图 6.30 所示。

图 6.30 在车床上钻孔

车床钻孔前先车平工件端面,以便于钻头定心,防止钻偏。然后用中心孔钻在工件中心处先钻出麻花钻定心孔,或用车刀在工件中心处车出定心小坑。最后选择与所钻孔直径对应的麻花钻,麻花钻工作部分长度略长于孔深。如果是直柄麻花钻,则用钻夹头装夹后插入尾座套筒。锥柄麻花钻用过渡锥套或直接插入尾座套筒。

钻孔时,松开尾座锁紧装置,移动尾座直至钻头接近工件,开始钻削时进给要慢一些,然后以正常进给量进给,并应经常将钻头退出,以利于排屑和冷却钻头。钻削钢件时,应加注切削液。

(2) 镗孔

镗孔是利用镗孔刀对工件上铸出、锻出或钻出的孔作进一步的加工。

在车床上镗孔(图 6.31),工件旋转作主运动,镗刀在刀架带动下作进给运动。镗孔时镗刀杆应尽可能粗一些,镗刀伸出刀架的长度应尽量短些,以增加镗刀杆的刚性,减少振动,但伸出长度不得小于镗孔深度;镗孔时选用的切削用量要比车外圆小些,其调整方法与车外圆基本相同,只是横向进刀方向相反。开动机床镗孔前要将镗刀在孔内手动试走一遍,确认无运动干涉后再开车切削。

图 6.31　镗孔

(a) 镗通孔；(b) 镗不通孔

车床上的孔加工主要是针对回转体工件中间的孔。对非回转体上的孔可以利用四爪单动卡盘或花盘装夹在车床上加工,但更多的是在钻床和镗床上进行加工。

8) 车螺纹

车床上加工螺纹主要是用车刀车削各种螺纹。对于小直径螺纹也可用板牙或丝锥在车床上加工。这里只介绍普通螺纹的车削加工。

各种螺纹的牙型都是靠刀具切出的,所以螺纹车刀切削部分的形状必须与将要车的螺纹的牙型相符。螺纹车刀装夹时,刀尖必须与工件中心等高,并用样板对刀,保证刀尖角的角平分线与工件轴线垂直,以保证车出的螺纹牙形两边对称。

车螺纹时应使用丝杠传动,主轴的转速应选择得低些,图 6.32 为车削螺纹的步骤,此法适合于车削各种螺纹。

图 6.32　车削螺纹步骤

(a) 开车,使车刀与工件轻微接触记下刻度盘读数,向右退出车刀;

(b) 合上对开螺母,在工件表面上车出一条螺旋线,横向退出车刀,停车;

(c) 开反车使车刀退到工件右端,停车,用钢尺检查螺距是否正确;(d) 利用刻度盘调整切深,开车切削;

(e) 车刀将至行程终了时,应做好退刀停车准备,先快速退出车刀,然后停车,开反车退回刀架;

(f) 再次横向进切深,继续切削,其切削过程的路线如图所示

9) 滚花

许多工具和机器零件的手握部分为了便于握持和增加美观,常常在表面滚压出各种不

同的花纹,如百分尺的套管、铰杠扳手及螺纹量规等。这些花纹一般是在车床上用滚花刀滚压而成的,如图 6.33 所示。

滚花的花纹有直纹和网纹两种,滚花刀也分直纹滚花刀(图 6.34(a))和网纹滚花刀(图 6.34(b),(c))。花纹亦有粗细之分,工件上花纹的粗细取决于滚花刀上的滚轮。滚花时工件所受的径向力大,工件装夹时应使滚花部分靠近卡盘。滚花时工件的转速要低,并且要有充分的润滑,以减小塑性流动的金属对滚花刀的摩擦并防止产生乱纹。

图 6.33　滚花　　　　　　　　　图 6.34　滚花刀
(a) 直纹滚花刀；(b),(c) 网纹滚花刀

3. 车削的工艺特点

1) 易于保证零件各加工表面的相互位置精度

对于轴、套筒、盘类等零件,在一次安装中加工出同一零件不同直径的外圆面、孔及端面,可保证各外圆面之间的同轴度、各外圆面与内圆面之间的同轴度以及端面与轴线的垂直度。

2) 生产效率高

车削的切削过程是连续的(车削断续外圆表面例外),而且切削面积保持不变(不考虑毛坯余量的不均匀),所以切削力变化小。与铣削和刨削相比,车削过程平稳,允许采用较大的切削用量,常可以采用强力切削和高速切削,生产效率高。

3) 生产成本低

车刀是刀具中最简单的一种,制造、刃磨和安装方便,刀具费用低。车床附件多,装夹及调整时间较短,生产准备时间短,加之切削生产效率高,生产成本低。

4) 应用范围广

车削除了经常用于车外圆、端面、孔、切槽和切断等加工,还用来车螺纹、锥面和成形表面。同时车削加工的材料范围较广,可车削黑色金属、有色金属和某些非金属材料,特别是适合于有色金属零件的精加工。车削既适于单件小批量生产,也适于中、大批量生产。

6.2.2　铣削加工制造技术

在铣床上用铣刀对工件进行切削加工的方法叫作铣削,主要用于加工平面、斜面、垂直面、各种沟槽以及成形表面。图 6.35 为铣削加工常用的加工方法。

图 6.35　铣削加工方法

(a) 圆柱形铣刀铣平面；(b) 套式立铣刀铣台阶面；(c) 三面刃铣刀铣直角槽；

(d) 端铣刀铣平面；(e) 立铣刀铣凹平面；(f) 锯片铣刀切断；

(g) 凸半圆铣刀铣凹圆弧面；(h) 凹半圆铣刀铣凸圆弧面；(i) 齿轮铣刀铣齿轮；

(j) 角度铣刀铣 V 形槽；(k) 燕尾槽铣刀铣燕尾槽；(l) T 形槽铣刀铣 T 形槽；

(m) 键槽铣刀铣键槽；(n) 半圆键槽铣刀铣半圆键槽；(o) 角度铣刀铣螺旋槽

铣削(milling)是平面加工的主要方法之一。铣削可以分为粗铣和精铣,对有色金属还可以采用高速铣削,以进一步提高加工质量。铣平面的尺寸公差等级一般可达 IT7～IT9级,表面粗糙度 Ra 为 6.3～1.6 μm,直线度可达 0.12～0.08 mm/m。铣平面时,铣刀的旋转运动是主运动,工件随工作台的直线运动是进给运动。

1. 铣刀

铣刀实质上是一种由几把单刃刀具组成的多刃刀具,它的刀齿分布在圆柱铣刀的外回转表面或端铣刀的端面上。常用的铣刀刀齿材料有高速钢和硬质合金两种。铣刀的分类方法很多,根据安装方法的不同铣刀可分为两大类:带孔铣刀和带柄铣刀。

1) 带孔铣刀

带孔铣刀如图 6.36 所示,多用于卧式铣床。

圆柱铣刀,如图 6.36(a)所示,主要用其周刃铣削中小型平面。按刀齿分布在刀体圆柱表面上的形式可分为直齿和螺旋齿圆柱铣刀两种。螺旋齿铣刀又分为粗加工用的粗齿铣刀(8～10 个刀齿)和精加工用的细齿铣刀(12 个刀齿以上)。螺旋齿铣刀同时参加切削的刀齿数较多,工作较平稳,生产中使用较多。

三面刃铣刀,如图 6.36(b)所示,用于铣削小台阶面、直槽和四方或六方螺钉小侧面。

锯片铣刀,如图 6.36(c)所示,用于铣削窄缝或切断,其宽度比圆盘铣刀的宽度小。

盘状模数铣刀,如图 6.36(d)所示,属于成形铣刀,用于铣削齿轮的齿形槽。

角度铣刀,如图 6.36(e)和(f)所示,属于成形铣刀,具有各种不同的角度,用于加工各种角度槽和斜面。

半圆弧铣刀,如图 6.36(g)和(h)所示,属于成形铣刀,其切削刃呈凸圆弧、凹圆弧等,用于铣削内凹和外凸圆弧表面。

(a)	(b)	(c)	(d)
(e)	(f)	(g)	(h)

图 6.36　带孔铣刀

2) 带柄铣刀

带柄铣刀多用于立式铣床,有时也可用于卧式铣床。

端铣刀(图 6.37)刀齿分布在刀体的端面和圆柱面上。按结构形式分为整体和镶齿端铣刀两种。端铣刀刀杆伸出长度短、刚性好,铣削较平稳,加工面的粗糙度小。其中硬质合金镶齿铣刀在钢制刀盘上镶有多片硬质合金刀齿,用于铣削较大的平面,可实现高速切削,故得到广泛的应用。

立铣刀,如图 6.38(a)所示,刀齿分布在圆柱面和端面上,它很像带柄的端铣刀,端部有三个以上的刀刃,主要用于铣削直槽、小平面、台阶平面和内凹平面等。

键槽铣刀,如图 6.38(b)所示,其端部只有两个刀刃,专门用于铣削轴上封闭式键槽。

T 形槽铣刀,如图 6.38(c)所示,以及燕尾槽铣刀,如图 6.38(d)所示,分别用于铣削 T 形槽和燕尾槽。

图 6.37　端铣刀　　　　　　　　　图 6.38　带柄铣刀
(a) 整体式;(b) 镶齿式

2. 铣削加工方法

(1) 铣平面

根据具体情况,铣平面可以用端铣刀(图 6.39(a)、(b))、圆柱形铣刀(图 6.39(c))、套式立铣刀(图 6.39(d)~(f))、三面刃铣刀(图 6.39(g))和立铣刀(图 6.39(h)、(i))来加工。其中铣平面优先选择端铣,因为用端铣刀铣平面生产效率较高,加工表面质量也较好。

(2) 铣斜面

铣斜面常用的方法(图 6.40)有使用斜垫铁铣斜面,利用分度头铣斜面、旋转立铣头铣斜面和利用角铣刀铣斜面。

(3) 铣沟槽

铣沟槽时,根据沟槽形状可分别在卧式铣床或立式铣床上用相应的沟槽铣刀进行铣削(图 6.41)。在铣燕尾槽和 T 形槽之前,应先铣出宽度合适的直槽。

(4) 铣齿轮

齿轮的铣削加工属于成形法加工,它只用于单件小批量生产。低精度齿轮的齿铣削时,工件装夹在分度头上,根据齿轮的模数和齿数的不同选择相应的齿轮铣刀来加工。每铣完一个齿槽之后再铣另一个齿槽,直到铣完为止。

3. 铣削的工艺特点

(1) 生产效率高。铣刀是多刀齿刀具,铣削时有较多的刀齿参加切削,参与切削的切削刃较长,总的切削面积较刨削时大,而且主运动是连续的旋转运动,有利于采用高速切削,因此铣平面比刨平面有较高的生产效率。

(2) 铣刀刀齿散热条件好。铣刀刀齿在切离工件的一段时间内,可以得到一定的冷却,

(a)　　　　　　　(b)　　　　　　　(c)

(d)　　　　　　　(e)　　　　　　　(f)

(g)　　　　　　　(h)　　　　　　　(i)

图 6.39　铣平面

工件

60°

垫铁

铣刀

(a)　　　　　　　(b)　　　　　　　(c)

图 6.40　铣斜面

(a) 使用斜垫铁铣斜面；(b) 偏转铣刀铣斜面；(c) 用角度铣刀铣斜面

散热条件好。

　　（3）铣削过程不平稳。铣削过程中，铣刀的刀齿切入和切出时产生冲击，同时参加工作的刀齿数的增减以及每个刀齿的切削厚度的变化，都将引起切削面积和切削力的变化，从而

图 6.41　铣沟槽

（a）立铣刀铣直槽；（b）三面刃铣刀铣直槽；（c）键槽铣刀铣键槽；（d）铣角度槽；

（e）铣燕尾槽；（f）铣 T 形槽；（g）在圆形工作台上立铣刀铣圆弧槽；（h）指状铣刀铣齿槽

使得铣削过程不平稳。铣削过程的不平稳，限制了铣削加工质量和生产效率的进一步提高。

（4）铣床加工范围广，可加工各种平面、沟槽和成形面。

6.2.3　刨削加工制造技术

在刨床上用刨刀加工工件的过程称为刨削。

1. 刨削加工的基本工艺

刨削主要用来加工平面（包括水平面、垂直面和斜面），也广泛地用于加工直槽、燕尾槽和 T 形槽等。如果进行适当地调整和增加某些附件，还可以用来加工齿条、齿轮、花键和母线为直线的成形面等。刨削的主要工艺如图 6.42 所示。

2. 刨削加工的特点

（1）成本低。刨床结构简单，调整操作方便。刨刀为单刃刀具，制造方便，容易刃磨，价格低。

（2）适应性广。刨削可以适应多种表面的加工，如平面、V 形槽、燕尾槽、T 形槽及成形表面等。在刨床上加工床身、箱体等平面，易于保证各表面之间的位置精度。

（3）生产效率较低。因为刨削的主运动是往复直线运动，回程时不切削，加工是不连续的，增加了辅助时间。同时采用单刃刨刀进行加工时，刨刀在切入、切出时产生较大的冲击、振动，限制了切削用量的提高。因此刨削生产效率低于铣削，一般用在单件小批量或修配生产中。但是当加工狭长平面如导轨、长直槽时，由于减少了进给次数，或在龙门刨床上采用多工件、多刨刀刨削时，刨削生产效率可能高于铣削。

（4）加工质量较低。精刨平面的尺寸公差等级一般可达 IT9～IT8 级，表面粗糙度 Ra 为 6.3～1.6 μm，刨削的直线度较高，可达 0.04～0.08 mm/m。

图 6.42　刨削的主要工艺

（a）刨平面；（b）刨垂直面；（c）刨台阶；（d）刨垂直沟槽；（e）刨斜面；（f）刨燕尾槽；
（g）刨 T 形槽；（h）刨 V 形槽；（i）刨曲面；（j）刨内孔键槽；（k）刨齿条；（l）刨复合面；（m）刨成形面

6.2.4　拉削加工制造技术

拉削加工是在拉床上用拉刀加工工件的内表面或外表面的工艺方法。拉削时,拉刀的直线移动是主运动。拉削无进给运动,其进给运动是靠拉刀的每齿升高来实现的,所以拉削可以看作按高低顺序排列的多把刨刀来进行的刨削过程。

拉削可视为刨削的发展。拉削时,拉刀只进行纵向运动,由于拉刀的后一个刀齿较前一个刀齿高一个 S_z（齿升量）,所以拉削实现了连续切削。拉刀每一刀齿切去薄薄的一层金属,一次行程即可切去全部加工余量（图 6.43）。

图 6.43　平面拉削

拉削加工的工艺特点如下。

（1）生产效率高。拉刀同时工作的刀齿多,而且一次行程能够完成粗、精加工,尤其是加工形状特殊的内外表面时,效果更显著。

（2）拉刀耐用度高。拉削速度低,每齿切削厚度很小,切削力小,切削热也少,刀具磨损慢,耐用度高。

（3）加工精度高。拉削的尺寸公差等级一般可达 IT8～IT7，表面粗糙度 Ra 为 0.8～0.4 μm。

（4）拉床只有一个主运动（直线运动），结构简单，操作方便。

（5）加工范围广。拉削可以加工圆形及其他形状复杂的通孔、平面及其他没有障碍的外表面，但不能加工台阶孔、不通孔和薄壁孔，如图 6.44 所示。

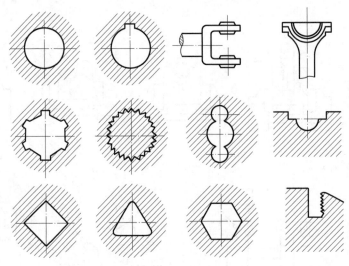

图 6.44　拉削加工表面

（6）拉刀成本高，刃磨复杂，而且一把拉刀只适宜加工一种规格尺寸的孔或键槽，因此除标准化和规格化的零件，在单件小批量生产中很少应用。

6.2.5　镗削加工制造技术

镗削是在大型工件或形状复杂的工件上加工孔及孔系的基本方法。对于直径较大的孔、内成形面或孔内环槽等，镗削是唯一合适的加工方法。其优点是能加工大直径的孔，而且能修正上一道工序形成的轴线歪斜的缺陷。

6.3　材料新型加工制造技术

材料新型制造技术主要利用电能、化学能、光能、声能、热能等能量去除金属材料，加工过程中工具和工件之间不存在显著的机械切削力。特种加工可以加工任何硬度、强度、韧性和脆性的金属或非金属材料，尤其是加工复杂表面、微细表面和低刚度零件。常用特种加工方法分类见表 6.3。

表 6.3　常用新型加工制造技术分类

新型加工制造技术		能量来源及形式	作用原理	英文缩写
电火花加工	电火花成形加工	电能、热能	熔化、汽化	EDM
	电火花线切割加工	电能、热能	熔化、汽化	WEDM

续表

新型加工制造技术		能量来源及形式	作 用 原 理	英 文 缩 写
电化学加工	电解加工	电化学能	金属离子阳极溶解	ECM(ELM)
	电解磨削	电化学、机械能	阳极溶解、磨削	ECM(ECG)
	电解研磨	电化学、机械能	阳极溶解、研磨	ECH
	电铸	电化学能	金属离子阳极沉积	EFM
	涂镀	电化学能	金属离子阴极沉积	EPM
激光加工	激光切割、打孔	光能、热能	熔化、汽化	LBM
	激光打标记	光能、热能	熔化、汽化	LBM
	激光处理、表面改性	光能、热能	熔化、相变	LBT
电子束加工	切割、打孔、焊接	电能、热能	熔化、汽化	EBM
离子束加工	蚀刻、镀覆、注入	电能、热能	原子撞击	IBM
等离子弧加工	切割(喷镀)	电能、热能	熔化、汽化(涂覆)	PAM
超声加工	切割、打孔、雕刻	声能、机械能	磨料高频撞击	USM
化学加工	化学铣削	化学能	腐蚀	CHM
	化学抛光	化学能	腐蚀	CHP
	光刻	光能、化学能	光化学腐蚀	PCM
快速成形	液相固化法	光能、化学能	增材法加工	SL
	粉末烧结法			SLS
	纸片叠层法	光能、机械能		LOM
	熔丝堆积法	电能、热能、机械能		FDM

生产中应用最多的是电火花加工、电解加工、超声波加工和高能束加工。

6.3.1 电火花加工制造技术

电火花加工又称为放电加工(electrical discharge machining,EDM),在20世纪50年代开始研究并逐步应用于生产。

1. 电火花加工的原理及特点

1) 电火花加工原理

电火花加工是一种利用工具和工件两极间脉冲放电时局部瞬时产生的高温把金属腐蚀去除,达到对工件进行加工的方法。当脉冲电流作用在工件表面上时,工件表面上导电部位立即熔化。熔化的金属因剧烈飞溅而抛离电极表面,使材料表面形成电腐蚀的坑穴。在这一加工过程中我们可以看到放电过程中伴有火花,因此将这一加工方法称为电火花加工。如适当控制这一过程,就能准确地加工出所需的工件形状。

电火花加工装置原理如图6.45所示。脉冲电源2的两极分别接在工具电极4与零件1上,当两极在工作液5中靠近时,极间电压击穿间隙而产生火花放电,在放电通道中瞬时产生大量的热,达到很高的温度(10000 ℃以上),使零件和工具表面局部材料熔化甚至汽化而被蚀除下来,形成微小的凹坑。电极不断下降,工具电极的轮廓形状便复制到零件上,这样就完成了零件的加工。

进行电火花加工应具备如下条件:

(1) 工具和工件被加工面的两极之间要保持一定的放电间隙,通常为几微米到几百微

1—工件；2—脉冲电源；3—自动进给装置；　　　1—凹坑；2—凸边。
4—工具；5—工作液；6—过滤器；7—工作液蹦。

图 6.45　电火花加工原理图

(a) 电火花加工原理示意图；(b) 电火花加工表面示意图

米。如果间隙过大,工作电压击不穿,电流接近于零;如果间隙过小,形成短路接触,极间电压接近于零,这两种情况下电极间均没有功率输出。为此,在电火花加工过程中必须安装电极工具的自动进给和调节装置。

图 6.46　脉冲电源电压波形

（2）必须采用脉冲电源。火花放电必须是瞬时的脉冲放电,由于放电的时间短,放电产生的热来不及传导扩散开去,从而把放电蚀除点局限在很小的范围内。电火花加工采用的脉冲电源如图 6-46 所示。

（3）火花放电必须在一定绝缘性能的液体介质中进行。没有一定的绝缘性能的介质,就不能击穿放电形成火花通道。使用液体介质,一方面是为了把电火花加工后的金属屑等电蚀产物从放电间隙中悬浮排除出去,另一方面液体对电极表面有较好的冷却作用。

　2）电火花加工的特点

（1）可加工高强度、高硬度、高韧性和高熔点的难切削加工的导电材料,如淬火钢、硬质合金、导电陶瓷、立方氮化硼等。在一定条件下,还可加工半导体材料和非导体材料。

（2）电火花加工时工具硬度可以低于被加工材料的硬度。

（3）加工过程中工具与工件之间不存在显著的机械力,有利于小孔、窄槽、曲线孔及薄壁零件加工。

（4）脉冲参数可任意调节。加工中只需更换工具电极或采用阶梯形工具电极就可以在同一机床上连续进行粗加工、半精加工和精加工。

（5）电火花加工效率低于切削加工。生产中可以先用切削加工作为粗加工,再用电火花加工进行精加工。

（6）放电过程中有一部分能量消耗于工具电极导致电极消耗,对成形精度有一定影响。

2．电火花加工的基本工艺规律

1）加工速度和工具损耗速度

（1）加工速度

单位时间内工件的电蚀量称为加工速度，一般采用体积加工速度 v_W 表示

$$v_W = V/t \tag{6.6}$$

式中，V 为被加工掉的体积（mm^3），t 为加工时间（min）。

有时为了测量方便，也采用质量加工速度 v_m（g/min）表示。

在电火花加工过程中，无论正极或负极都存在单个脉冲的蚀除量与单个脉冲能量在一定范围内成正比的关系。某一段时间内的总蚀除量约等于这段时间内各单个有效脉冲蚀除量的总和，所以正、负极的蚀除速度与单个脉冲能量、脉冲频率成正比。

$$q_p = k_p W_M f \varphi t \tag{6.7}$$

$$v = q_p/t = K_p W_M f \varphi \tag{6.8}$$

式中，q_p 为 t 时间内的总蚀除量（g 或 mm^3）；v 为蚀除速度（g/min 或 mm^3/min），亦即工件生产效率或工具损耗速度；W_M 为单个脉冲能量；f 为脉冲频率；φ 为有效脉冲利用率；t 为加工时间（s）；k_p 为与电极材料、脉冲参数、工作液等有关的工艺参数。

提高加工速度的途径在于提高脉冲频率 f、增加单个脉冲能量、提高工艺参数 k_p 及正确选择工件的极性，还要考虑各因素间的相互制约关系。

① 提高脉冲频率 f。提高脉冲频率一方面靠缩小脉冲停歇时间，另一方面靠压缩脉冲宽度，这是提高加工速度的有效途径。但是如果脉冲停歇时间过短，会使加工区工作液来不及消电离、排除电蚀产物及气泡来恢复其介电性能，导致形成破坏性的稳定电弧放电，使电火花加工过程不能正常进行。

② 增加单个脉冲能量。增加单个脉冲能量主要靠加大脉冲电流和增加脉冲宽度。单个脉冲能量的增加可以提高加工速度，但同时又会使表面粗糙度变坏并降低加工精度，因此一般只用于粗加工和半精加工的场合。

③ 提高工艺参数 k_p。合理选用电极材料、电参数和工作液以及改善工作液的循环过滤方式可以提高有效脉冲利用率，提高加工速度。

④ 正确选择工件的极性。正、负极在加工中都要不同程度地受到电热蚀除。当采用窄脉冲、精加工时应选用正极性加工；当采用长脉冲、粗加工时应采用负极性加工。

（2）工具的相对损耗

加工中的工具相对损耗是产生加工误差的主要原因之一。工具相对损耗是指单位时间内工具的电蚀量。在生产实际中用来衡量工具的损耗程度时不但要考虑工具损耗速度而且要考虑加工速度。一般采用相对损耗或损耗比来衡量工具电极的损耗程度。

$$\theta = (v_E/v_W) \times 100\% \tag{6.9}$$

式中，θ 为体积相对损耗，v_E 为工具损耗速度（m^3/min），v_W 为加工速度（mm^3/min）。

如加工速度 v_W 以 g/min 为单位计算，θ 即质量相对损耗。

为了降低工具电极的相对损耗，生产中要正确处理好电火花加工过程中的各种效应。

① 极性效应

在电火花放电加工过程中，无论是正极还是负极都会受到不同程度的电蚀。这种单纯

由于正、负极性不同而彼此电蚀量不一样的现象叫作极性效应。

产生极性效应的原因很复杂,一般认为在火花放电过程中,正、负电极表面分别受到负电子和正离子的轰击和瞬时热源的作用,在两极表面所分配到的能量不一样,因而熔化、汽化抛出的电蚀量也不一样。

极性效应对工具相对损耗的试验曲线如图 6.47 所示。试验用的工具电极为 $\Phi6$ mm 的纯铜,加工工件为钢,工作液为煤油,矩形波脉冲电源,加工电流幅值为 10 A。可知,不论是正极性加工还是负极性加工,当峰值电流一定时,随着脉冲宽度的增加电极相对损耗都在下降。采用负极性加工时,纯铜电极的相对损耗随脉冲宽度的增加而减少,当脉冲宽度大于 120 μs 后,电极相对损耗将小于 1%,可以实现低耗加工。如果采用正极性加工,不论采用哪一档脉冲宽度,电极的相对损耗都难低于 10%。然而在脉宽小于 15 μs 的窄脉宽范围内,正极性加工的工具电极相对损耗比负极性加工小。

1—正极性加工;2—负极性加工。

图 6.47　电极相对损耗与极性、脉宽的关系

② 覆盖效应

当采用煤油等碳氢化合物作工作液,电极表面瞬时温度在 400 ℃左右并持续一定时间时,就会形成一定强度和厚度的化学吸附碳层,一般称为"炭黑膜"。由于碳的熔点和汽化点很高,炭黑膜可对电极起到保护和补偿作用而实现"低损耗"加工。

由于炭黑膜只能在正极表面形成,因此若要利用炭黑膜的补偿作用来实现电极的低损耗,必须采用负极性加工。实验表明,当峰值电流、脉冲间隔一定时,炭黑膜厚度随脉宽的增加而增厚。当脉冲宽度和峰值电流一定时,炭黑膜厚度随脉冲间隔的增大而减薄。随着脉冲间隔的减小,电极损耗随之降低。但过小的脉冲间隔将使放电间隙来不及消电离和使电蚀产物扩散,因而造成拉弧烧伤。

③ 传热效应

从电极表面的温度场分布来看,电极表面放电点的瞬时温度与瞬时放电的总热量、放电通道的截面积和电极材料的导热性能有关。在放电初期限制脉冲电流的增长率将有利于降低电极损耗,由于电流密度不太高,电极表面温度不会过高而遭受较大的损耗。又由于一般采用的工具电极的导热性能比工件好,如果采用较大的脉冲宽度和较小的脉冲电流进行加工,导热作用会使工具电极表面温度较低而减少损耗,但工件表面温度仍比较高而得到蚀除。

④ 沉积效应

当选用水或水溶液为工作液时(乳化液、自来水),因水本身为弱电解质,放电加工过程将产生电化学反应导致阳极溶解和阴极沉积,从而保护阴极减少损耗。所以采用水基工作液时,应采用正极性加工。

⑤ 选择合适的工具电极材料

在电火花的加工过程中,为了减小工具电极的损耗,必须正确选用工具材料。钨、钼的熔点和沸点较高,损耗小,但机械加工性能不好,价格又贵,所以除线切割外很少采用。铜的熔点虽低,但其导热性好,损耗小,同时又能制成各种精密、复杂的电极,所以常用来制造对中、小型腔加工用的工具电极。石墨电极不仅热学性能好,而且在长脉冲粗加工时能吸附游离的碳来补偿电极的损耗,所以相对损耗很低,目前已广泛用于型腔加工的电极。铜碳、铜钨、银钨合金等复合材料不仅导热性好,而且熔点高,电极损耗小,但由于其价格较贵,制造成型比较困难,因而一般只在精密电火花加工时用来制作工具电极。

2) 影响加工精度的主要因素

电火花加工中影响加工精度的因素除工件安装误差、机床几何精度和工具误差,主要还有放电间隙的大小及其一致性、工具电极的损耗及加工过程中的“二次放电”等因素。

(1) 放电间隙的大小及一致性

电火花加工中,工具与工件间存在着放电间隙。放电间隙是随电参数、电极材料、工作液的绝缘性能变化而变化的,从而影响加工精度。同时,间隙大小对加工尺寸精度也有影响,尤其是对复杂形状的加工表面,棱角部位电场强度分布不均,间隙越大影响越严重。因此,为了减小加工尺寸误差,应该采用较弱小的加工规准,缩小放电间隙,另外还应尽可能使加工过程稳定。

(2) 工具电极的损耗及“二次放电”

工具电极的损耗对尺寸精度和形状精度都有影响。精密加工时,工具的尺寸精度一般要求在 ± 0.5 μm 范围内,表面粗糙度 $Ra < 0.63$ μm。电火花穿孔加工时,工具电极可以贯穿工件型孔而补偿它的损耗。但型腔加工时,因为型腔本身是有底的凹穴,无法补偿电极的损耗,故精密型腔加工时常采用更换电极等方法解决电极损耗问题。

影响电火花加工形状精度的因素还有“二次放电”。二次放电是指已加工表面上由于电蚀产物等的介入再次进行的非正常放电。二次放电主要是在加工深度方向的侧面产生斜度和使加工棱角边变钝,如图 6.48 所示。由于工具电极下端部加工时间长,绝对损耗大,而电极入口处的放电间隙则由于电蚀产物的存在,二次放电的概率大而间隙逐渐扩大,因而产生了加工斜度。此外成型加工时工具电极的振动及线切割加工时电极丝抖动,也会使侧面放电次数增多而产生工件的形状误差。

另外,工具的尖角或凹角很难精确地复制在工件的表面上,如图 6.49 所示。其原因是除了工具电极的损耗,还有放电间隙的等距离性的影响。当工具为尖角时,由于尖角处放电等距性必然使工件成为圆角;当工具为凹角时,凹角尖点又根本不起放电作用,同时由于积屑也会使工件尖端倒圆。因此如果进行倒圆半径很小的加工,必须缩小放电间隙,采用高频窄脉宽精加工,这样可能提高仿形精度,获得圆角半径小于 0.01 mm 的尖棱。

1—电极无损耗时工具轮廓线；2—电极有损耗。

图 6.48　电火花加工时的加工斜度

1—工具；2—工件。

图 6.49　电火花加工时的尖角变圆

3）影响表面质量的因素

电火花加工的表面质量主要包括表面粗糙度、表面变质层和表面力学性能。

（1）电火花加工对表面粗糙度的影响

影响电火花加工表面粗糙度的主要因素是单个脉冲放电能量。单个脉冲能量越大，脉冲放电的蚀除量越大，越易产生大的放电凹坑。在一定的脉冲能量下，不同的工件电极材料表面粗糙度大小不同，熔点高的材料表面粗糙度要比熔点低的材料小。

工具电极表面的粗糙度大小也影响工件的加工表面粗糙度。例如，石墨电极表面比较粗糙，因此它加工出的工件表面粗糙度也大。减少脉冲宽度和峰值电流能使粗糙度下降，但又会导致生产效率有很大程度的下降。例如，使表面粗糙度从 $Ra2.5$ μm 降到 $Ra1.25$ μm，加工生产效率要下降 10 多倍。除电参数和电极材料对表面粗糙度的影响，成型电极和电极丝的抖动，电极丝的入口和出口处因工作液的供应、冷却情况、排屑情况的不同，进给速度的忽快忽慢等，都会对表面粗糙度有很大影响。

1—无变化区；2—热影响层；3—翻边凸起；
4—放电通道；5—汽化区；6—熔化区；
7—熔化凝固层。

图 6.50　单个脉冲放电痕剖面
放大示意图

（2）电火花加工对表面变质层的影响

在电火花加工过程中，由于放电瞬时的高温和工作液迅速冷却的作用，表面层产生了熔化层和热影响层，导致氧化、烧伤、热应力和显微裂纹，如图 6.50 所示。

熔化层位于电火花加工后工件表面的最上层，它被电火花脉冲放电产生的瞬时高温熔化，又受到周围工作液介质的快速冷却作用而凝固。对于碳钢来说，熔化层由马氏体、晶粒极细的残余奥氏体和某些碳化物组成。熔化层厚度一般为 $0.01\sim0.1$ mm，脉冲量越大，熔化层也越厚。

热影响层位于熔化层和基体之间，热影响层的金属受热的影响而发生金相组织变化。由于加工材料和加工前热处理状态及加工脉冲参数的不同，热影响层的变化也不同。对淬火钢将产生二次淬火区、高温回火区和低温回火区；对未淬火钢而言主要是产生淬火区；对耐热合金钢而言，它的影响层与基体差异不大。

电火花加工中，加工表面层受到高温作用后又迅速冷却而产生残余拉应力。在脉冲能量较大时，表面层甚至出现细微裂纹。裂纹主要产生在熔化层，只有脉冲能量很大时才扩展到热影响层。不同材料对裂纹的敏感性不同,硬脆材料容易产生裂纹。脉冲能量较大时,显微裂纹宽且深。脉冲能量很小时,一般不会出现显微裂纹。

（3）电火花加工对表面力学性能的影响

① 电火花加工对显微硬度及耐磨性的影响

工件在加工前由于热处理状态及加工中脉冲参数不同,加工后的表面层显微硬度变化也不同。加工后表面层的显微硬度一般会提高,但由于加工电参数、冷却条件及工件材料热处理状况不同,有时显微硬度也会降低。一般来说,电火花加工表面最外层的硬度比较高,耐磨性好。但对于滚动摩擦,因熔化层和基体的结合不牢固,容易剥落而磨损。因此,有些要求比较高的模具加工时需要通过研磨把电火花加工后的表面变质层去掉。

② 电火花加工对残余应力的影响

电火花加工件表面存在着由于瞬时先热后冷作用而形成的残余应力,而且大部分表现为拉应力。残余应力大小和分布主要与材料在加工前热处理的状态及加工时的脉冲能量有关。因此对表面层要求质量较高的工件,应尽量避免使用较大的加工规准,同时在加工中一定要注意工件热处理的质量,以减小工件表面的残余应力。

③ 电火花加工对耐疲劳性能的影响

电火花加工后,工件表面变化层的金相组织的变化会使耐疲劳性能大大降低。采用回火处理、喷丸处理甚至去掉表面变化层将有助于降低残余应力或使残余拉应力转变为压应力,从而提高其耐疲劳性能。采用小的加工规准是减小残余拉应力的有效措施。

3. 电火花加工的应用范围

电火花加工按加工特点分为电火花成型加工与电火花线切割加工。电火花加工具有许多传统切削加工所无法比拟的优点,主要用于难加工材料及复杂形状零件的加工。

1）穿孔加工

电火花穿孔成型加工主要是用于冲模（包括凸凹模及卸料板、固定板）、粉末冶金模、挤压模和型孔零件的加工,如图 6.51 和图 6.52 所示。

图 6.51　凹模的电火花加工

图 6.52　异型孔的电火花加工

穿孔加工的尺寸精度主要取决于工具电极的尺寸和放电间隙。工具电极的尺寸精度和表面粗糙度比工件高一级,一般精度不低于 IT7。工具电极要具有足够的长度。若加工硬质合金时,由于电极损耗较大,电极还应适当加长。工具电极的截面轮廓尺寸除考虑配合间隙,还要比预定加工的型孔尺寸均匀地缩小一个加工时火花放电的间隙。

对于硬质合金、耐热合金等特殊材料的小孔加工,采用电火花加工是首选的办法。小孔电火花加工适用于深径比(小孔深度与直径的比)小于 20、直径大于 0.01 mm 的小孔。电火花加工还适用于精密零件上的各种型孔(包括异型孔)的单件和小批量生产。

小孔加工由于工具电极截面积小,容易变形,加工时不易散热,排屑困难,电极损耗大。因此小孔电火花加工的电极材料应选择消耗小、杂质少、刚性好、容易矫直和加工稳定的金属丝。

近年来,在电火花穿孔加工中发展了高速小孔加工。加工时,一般采用管状电极,电极内通以高压工作液。工具电极在回转的同时作轴向进给运动(图 6.53)。这种方式适合 0.3～3 mm 的小孔的加工。高速小孔加工的加工速度可远远高于小直径麻花钻头钻孔,而且避免了小直径钻头容易折断的问题。利用这种方法还可以在斜面和曲面上打孔,且孔的尺寸精度和形状精度较高。

2) 型腔加工

电火花型腔加工主要用于加工各类热锻模、压铸模、挤压模、塑料模和胶木模的型腔。这类型腔多为盲孔,形状复杂。加工中为了便于排除加工产物和进行冷却,以提高加工的稳定性,有时在工具电极中间开有冲油口,如图 6.54 所示。

1—管电极;2—导向器;3—工件。

图 6.53　电火花高速小孔加工示意图

图 6.54　电火花型腔加工

(a)普通工具电极;(b)工具电极开有冲油口

3) 电火花线切割加工

电火花线切割加工(WEDM)是在电火花加工的基础上于 20 世纪 50 年代末发展起来的一种新的加工方法。

电火花线切割加工的基本原理是利用移动的细金属导线(铜丝或钼丝)做电极,对工件进行脉冲火花放电、切割成形。根据电极丝的运行速度,电火花切割机床分为两大类:一类是高速走丝电火花线切割机床,这类机床的电极丝作高速往复运动,一般走丝速度为 8～10 m/s,是我国生产和使用的主要机种,也是我国独创的线切割加工模式;另一类是低速走丝(慢速走丝)线切割机床,这类机床作低速单向运动,速度低于 0.2 m/s,是国外生产和使用的主要机种。

图 6.55 为高速走丝电火花线切割工艺及装置示意图。利用钼丝(4)作为工具电极对工件进行切割加工,贮丝桶(7)带动钼丝作正反向交替移动,加工能源由脉冲电源(3)供给。在

电极丝和工件间浇注工作液介质,工作台在水平面两个坐标方向各自按预定的控制程序,根据火花间隙状态作伺服进给运动,合成各种曲线轨迹,将工件切割成形。

1—绝缘底板;2—工件;3—脉冲电源;4—钼丝;5—导向轮;6—支架;7—贮丝筒。

图 6.55 电火花线切割原理

(1) 电火花线切割加工与电火花成形加工的共性

① 电火花线切割加工的电压、电流波形与电火花成形加工基本相似。

② 电火花线切割加工的加工机理、生产效率、表面粗糙度等工艺规律,材料的可加工性等也都与电火花成形加工基本相似,可以加工硬质合金等一切导电材料。

(2) 线切割加工与电火花成形加工的不同点

① 电火花线切割加工电极丝直径小,脉冲电源的加工电流较小,脉宽较窄,属于中、精正极性电火花加工。

② 电火花线切割加工采用水或水基工作液,很少使用煤油,不易引燃起火,容易实现安全无人操作运行。

③ 电火花线切割加工一般没有稳定的电弧放电状态,因为电极丝与工件始终存在相对运动。

④ 电火花线切割加工电极与工件之间存在着"疏松接触"式轻压放电现象。

⑤ 电火花线切割加工省掉了成形的工具电极,大大降低了成形工具的设计和制造费用。

⑥ 电火花线切割加工由于电极丝比较细,可以加工微细异形孔、窄缝和复杂形状的工件。

⑦ 电火花线切割加工由于采用移动的长电极丝进行加工,单位长度电极丝的损耗较少,从而对加工精度的影响比较小。

(3) 电火花线切割加工的特点

① 电火花线切割加工可以加工具有薄壁、窄槽、异形孔等复杂结构的零件。

② 电火花线切割加工可以加工由直线和圆弧组成的二维曲面图形,还可以加工一些由直线组成的三维直纹曲面,如阿基米德螺旋线、抛物线、双曲线等特殊曲线的图形。

③ 电火花线切割加工可以加工形状大小和材料厚度差异大的零件。

利用电火花线切割加工异形孔喷丝板、异形孔拉丝模及异形整体电极都可以获得较好的工艺效果。电火花线切割加工已广泛用于国防和民用的生产和科研工作中,用于各种难加工材料、复杂表面和有特殊要求的零件、刀具和模具的加工。通过线切割加工还可制作精美的工艺美术制品。

6.3.2 电解加工制造技术

电解加工是继电火花加工之后发展起来的一种适用于加工难切削材料和复杂形状的零件的特种加工方法。

1. 电解加工基本原理及特点

电解加工是利用金属在电解液中发生阳极溶解的电化学原理,将金属工件加工成形的一种方法。

1) 电解加工的原理

电解加工加工过程如图6.56所示。加工时,工件阳极与工具阴极通以5～24 V低电压的连续或脉冲直流电。工具向工件缓慢进给,两极间保持很小的加工间隙(0.1～1 mm),通过两极间加工间隙的电流密度高达$10～10^2$ A/cm^{2}数量级。具有一定压力(0.5～2 MPa)的电解液从间隙中不断高速(6～30 m/s)流过,以带走工件阳极的溶解产物和电解电流通过电解液时所产生的热量,并去除极化。

图6.56 电解加工示意图

电解加工成形原理如图6.57所示。加工开始时,成形的阴极与阳极工件距离较近的地方电流密度较大,电解液流速较快,阳极溶解速度也就较快,如图6.57(a)所示。由于工具相对工件不断进给,工件表面就不断被电解,电解产物不断被电解液冲走,直至工件表面形成与阴极表面基本相似的形状为止,如图6.57(b)所示。

图6.57 电解加工成形原理
(a) 加工开始;(b) 加工终止

电解加工钢件时,常用的电解液为质量分数为14%～18%的NaCl溶液。在电解液中存在着H^+、OH^-、Na^+、Cl^-四种离子。因此在阳极上可能参与电极反应的物质有Cl^-、OH^-和Fe;在阴极上可能参与电极反应的物质有Na^+和H^+。

在阳极就反应发生的可能性而言,其反应方程如下,据能斯特公式计算出电极电位 E,作为分析时的参考。

$$Fe - 2e \longrightarrow Fe^{2+} \qquad E = -0.59 \text{ V} \qquad (6.10)$$

$$Fe - 3e \longrightarrow Fe^{3+} \qquad E = -0.323 \text{ V} \qquad (6.11)$$

$$2Cl^- - 2e \longleftrightarrow Cl_2 \uparrow \qquad E = +1.334 \text{ V} \qquad (6.12)$$

$$4OH^- - 4e \longrightarrow O_2 \uparrow \qquad E = +0.8671 \text{ V} \qquad (6.13)$$

按照电极反应过程基本原理,电极电位负值最大的物质首先在阳极反应。在阳极首先是铁失去电子变成二价铁离子 Fe^{2+} 被溶解。溶入电解液中的 Fe^{2+} 又与 OH^- 离子化合,生成 $Fe(OH)_2$,由于其在水中的溶解度很小,故生成沉淀离开反应系统。

$$Fe^{2+} + 2OH^- \longrightarrow Fe(OH)_2 \downarrow \qquad (6.14)$$

$Fe(OH)_2$ 为墨绿色絮状物,随着电解液的流动而被带走。$Fe(OH)_2$ 又逐渐被电解液中及空气中的氧气氧化为黄褐色沉淀 $Fe(OH)_3$。

$$4Fe(OH)_2 + 2H_2O + O_2 \longrightarrow 4Fe(OH)_3 \downarrow \qquad (6.15)$$

同理在阴极按照电极反应基本规律,电极电位最高的离子首先在阴极反应。

$$Na^+ + e \longleftrightarrow Na \qquad E = -2.69 \text{ V} \qquad (6.16)$$

$$2H^+ + 2e \longleftrightarrow H_2 \uparrow \qquad E = -0.42 \text{ V} \qquad (6.17)$$

因此,阴极只有氢气溢出而不会发生钠沉积的电极反应。

由此可见,电解加工过程中,理想情况是阳极铁不断被以 Fe^{2+} 的形式被溶解,水被分解消耗,因而电解液浓度逐渐增大。电解液中氯离子和钠离子起导电作用,本身不消耗。所以 NaCl 电解液的使用寿命长,只要过滤干净并添加水分,就可长期使用。

电解加工的工件材料如果是合金钢,且钢中各合金元素的平衡电极电位相差较大,则电解加工后的表面粗糙度将变大。就碳钢而言,由于钢中存在 Fe_3C 相,其电极电位约为 $+0.37$ V 而很难电解,因此高碳钢、铸铁和经过表面渗碳处理的零件不适于电解加工。

2) 电解加工的特点

(1) 加工范围广,可成形范围广。电解加工不受材料本身硬度和强度的限制,可以加工硬质合金、淬火钢、不锈钢、耐热合金等高硬度、高强度及韧性金属材料。从简单的圆孔、型孔到如叶片、锻模等复杂型面和型腔都可以加工。

(2) 生产效率高。在加工难切削材料和复杂形状的工件时,加工效率比传统切削加工高。电解加工特别适合于对难切削材料和复杂形状工件的批量加工。

(3) 由于加工过程中不存在机械切削力,所以不会产生切削力所引起的残余应力和变形。电解加工表面光整、无加工纹路、无毛刺,可以达到较好的表面粗糙度($Ra0.2\sim1.25$ μm)和 ±0.1 mm 左右的平均加工精度。

(4) 工具无损耗。由于工具阴极上的电化学反应只是析氢而无溶解,且不与工件接触,正常加工时工具阴极不会发生损耗,可长期使用。

(5) 电解液对机床有腐蚀作用,电解产物的处理回收困难。

2. 电解加工的基本工艺规律

1) 生产效率及其影响因素

电解加工的生产效率是以单位时间内被电解蚀除的金属量衡量的,用 mm^3/min 或

g/min 表示。影响生产效率的因素有工件材料的电化学当量、电流密度、电解液及电极间隙等。

（1）电化学当量对生产效率的影响

电解时电极上溶解或析出物质的量（质量 m 或体积 V）与电解电流 I 和电解时间 t 成正比，即与电荷量（$Q = I \cdot t$）成正比，其比例系数称为电化学当量。这一规律即法拉第电解定律，用下式表示

$$\begin{cases} m = KIt \\ V = \omega It \end{cases} \tag{6.18}$$

式中，m 为电极上溶解或析出物质的质量（g），V 为电极上溶解或析出物质的体积（mm^3），K 为被电解物质的质量电化学当量（$g/(A \cdot h)$），ω 为被电解物质的体积电化学当量（$mm^3/(A \cdot h)$），I 为电解电流（A），t 为电解时间（h）。

在实际电解加工时，在阳极上还可能出现其他反应，如氧气或氯气的析出或有部分金属以高价离子溶解，从而额外地多消耗一些电荷量，所以被电解掉的金属会小于所计算的理论值。为此引入电流效率 η

$$\eta = \frac{实际金属蚀除量}{理论计算蚀除} \times 100\% \tag{6.19}$$

实际蚀除量为

$$m = \eta KIt \tag{6.20}$$
$$V = \eta \omega It \tag{6.21}$$

正常电解时，对于 NaCl 电解液，阳极上析出气体的可能性不大，所以 η 常接近 100%。但有时 η 会大于 100%，这是由于被电解的金属材料中含有 C、Fe_3C 等难电解的微粒产生了晶间腐蚀，在合金晶粒边缘先电解，高速流动的电解液把这些微粒成块冲刷脱落下来，从而节省了一部分电解电荷量。

（2）电流密度对生产效率的影响

在实际生产时通常用电解加工速度或电解加工蚀除速度来衡量生产效率。当在 NaCl 电解液中进行电解加工时，蚀除速度与该处的电流密度成正比，电流密度越高，生产效率也越高。电解加工时的平均电流密度为 $10 \sim 100$ A/cm^2，电解液压力和流速较高时可以选用较高的电流密度。但电流密度过高，将会出现火花放电，析出氯气、氧气，并使电解液温度过高，甚至在间隙内造成沸腾汽化引起局部短路。

实际电流密度取决于电压、电极间隙的大小以及电解液的导电率。因此要定量计算蚀除速度，必须推导出蚀除速度与电极间隙大小、电压等的关系。

（3）电极间隙对生产效率的影响

实际加工中，电极间隙越小，电解液的电阻越小，电流密度会越大，加工速度就越高。但间隙过小将引起火花放电或电解产物特别是氢气排除不畅，反而降低蚀除速度或间隙被杂质堵塞引起短路。

2）提高电解加工精度的途径

（1）脉冲电流电解加工

采用脉冲电流电解加工是近年来发展起来的新方法，可以明显地提高加工精度、表面质

量和加工稳定性,在生产中的应用越来越多。采用脉冲电流电解加工能够提高加工精度的原因是能消除加工间隙内电解液电导率的不均匀化,同时脉冲电流电解加工使阴极在电化学反应中析出的断续的、呈脉冲状的氢气可以对电解液起搅拌作用,有利于电解产物的去除,提高电解加工精度。

（2）小间隙加工

工件材料的蚀除速度 v_a 与加工间隙 Δ 成反比,C 为常数(此时工件材料、电解液参数、电压均保持稳定)。

实际加工中由于余量分布不均,以及加工前零件表面不平度的影响,在加工时零件的加工间隙是不均匀的。以图 6.58 中用平面阴极加工平面为例来分析。设工件最大的平直度为 δ,则凸出部位的加工间隙为 Δ,设其蚀除速度为 v_a,低凹部位的加工间隙为 $\Delta+\delta$,设其蚀除速度为 v_a',则

1—阴极加工平面；2—零件。

图 6.58　余量不均匀时电解
加工示意图

$$v_a = \frac{C}{\Delta}, \quad v_a' = \frac{C}{\Delta+\delta} \tag{6.22}$$

两处蚀除速度之比为

$$\frac{v_a}{v_a'} = \frac{\dfrac{C}{\Delta}}{\dfrac{C}{\Delta+\delta}} = \frac{\Delta+\delta}{\Delta} = 1 + \frac{\Delta}{\delta} \tag{6.23}$$

如果加工间隙 Δ 小,则 $\dfrac{\Delta}{\delta}$ 的比值增大,凸出部位的蚀除速度将大大高于低凹处,提高整平效果。由此可见,加工间隙越小,越能提高加工精度。对侧面间隙的分析也可得出相同结论,由 $\Delta_s = \sqrt{2h\Delta_b + \Delta_b^2}$ 可知,侧面间隙 Δ_s 随加工深度 h 的变化而变化,间隙 Δ_b 越小,侧面间隙 Δ_s 的变化也越小,孔的成型精度也越高。

可见,采用小间隙加工,对提高加工精度、提高生产效率是有利的。但间隙越小,对液流的阻力越大。电流密度大,间隙内电解液温升快、温度高,需要高的电解液的压力。同时,间隙过小容易引起短路。因此小间隙电解加工的应用受到机床刚度、传动精度、电解液系统所能提供的压力、流速以及过滤情况的限制。

（3）改进电解液

除了采用钝化性电解液如 $NaNO_3$、$NaClO_3$,还可以采用复合电解液。复合电解液主要是在 NaCl 电解液中添加其他成分,可以保持 NaCl 电解液的高效率,同时提高加工精度。

采用低浓度电解液,加工精度可显著提高。例如,采用 $NaNO_3$ 4% 的低质量分数电解液来加工压铸模,加工表面质量良好,间隙均匀,复制精度高,棱角很清晰,侧壁基本垂直,垂直面加工后的斜度小于 1°。采用低质量分数电解液的缺点是效率较低,加工速度不能很快。

（4）混气电解加工

混气电解加工是将一定压力的气体(一般是压缩空气,也可采用二氧化碳或氮气等),经气道进入气液混合腔(又叫作雾化器)内,与电解液混合,使电解液成为含有无数气泡的气液

混合物，并进入加工间隙进行电解加工。

电解液中混入气体增加了电解液的电阻率，减少杂散腐蚀，使电解液向非线性方向转化。同时减小了电解液的密度和黏度，增加了流速，消除死水区，使流场均匀。高速流动的微细气泡起搅拌作用，有效减小浓差极化，保证加工间隙内电流密度分布趋于均匀。

3）表面质量及其影响因素

电解加工的表面质量，包括表面粗糙度和表面物理化学性质的改变两方面。正常的电解加工能达到 $Ra1.25\sim0.16\ \mu m$ 的表面粗糙度，由于靠电化学阳极溶解去除金属，所以没有切削力和切削热的影响，不会在加工表面发生塑性变形，不存在残余应力、冷作硬化或烧伤退火层等缺陷。但加工中如加工艺掌握不好可能会出现晶间腐蚀、流纹、麻点，工件表面有黑膜，甚至短路烧伤等疵病。影响表面质量的因素主要有如下几点：

（1）工件材料的合金成分、金相组织及热处理状态对粗糙度的影响。合金成分多、杂质多、金相组织不均匀、结晶粗大都会造成溶解速度的差别，从而影响表面粗糙度。例如，铸铁、高碳钢的表面粗糙度就较差。采用适当的热处理，如高温均匀化退火、球化退火，使组织均匀及晶粒细化可提高加工后的表面质量。

（2）工艺参数对表面质量的影响。一般来说，电流密度高有利于阳极的均匀溶解。电解液的流速过低，会导致电解产物排出不及时、氢气泡的分布不均匀，或由于加工间隙内电解液的局部沸腾汽化造成表面缺陷；电解液流速过高，有可能引起流场不均，局部形成真空而影响表面质量。电解液的温度过高会引起阳极表面的局部剥落；温度过低，钝化比较严重，会引起阳极表面不均匀溶解或形成黑膜。

（3）对阴极表面质量的影响。工具阴极上的表面条纹、刻痕会相应地复印到工件表面，所以阴极表面要注意其加工质量。阴极上喷液口如果设计不合理，流场不均，就可能使局部电解液供应不足而引起短路造成统纹等缺陷。阴极进给不匀会引起横向条纹。

此外，加工时工件表面必须除油去锈，电解液必须沉淀过滤，不含固体颗粒杂质。

3. 电解加工的应用

国内自20世纪中期将电解加工成功地应用在膛线加工以来，现在电解加工工艺在花键孔、深孔、内齿轮、链轮、叶片、异形零件及模具加工等方面获得了广泛的应用。

1）型腔加工

目前对锻模、辊锻模等型腔模大多采用电火花加工。电火花加工的加工精度比较容易控制，但生产效率较低，对模具消耗量较大。近年来精度要求一般的矿山机械、汽车、拖拉机等零件的型腔的加工逐渐采用电解加工。

2）叶片加工

叶片是发动机的重要零件。叶片型面形状比较复杂，精度要求较高，加工批量大，在发动机和汽轮机制造中占有相当大的比重。采用电解加工在一次行程中可加工出复杂的叶片型面，生产效率高，表面粗糙度低。

叶片加工的方式有单面加工和双面加工两种。机床也有立式和卧式两种，立式大多用于单面加工，卧式大多用于双面加工。电解加工整体叶轮在我国已得到普遍应用，如图6.59所示。叶轮上的叶片是逐个加工的，加工完一个叶片，退出阴极，分度后再加工下一个叶片。电解加工整体叶轮只要把叶轮毛坯加工好后，直接在轮坯上加工叶片，加工周期大大缩短，叶轮强度高、质量好。

3) 电解去毛刺

机械加工中去毛刺的工作量很大,尤其是去除硬而韧的金属毛刺需要占用很多人力。电解倒棱去毛刺可以大大提高工效和节省费用,图 6.60 是齿轮的电解去毛刺示意图。工件齿轮套在绝缘柱上,环形电极工具也靠绝缘柱定位安放在齿轮上。保持 3~5 mm 间隙(根据毛刺大小而定),电解液在阴极端部和齿轮的端面齿面间流过,阴极和工件间通 20 V 以上的电压,约 1 min 就可去除毛刺。

图 6.59 整体叶轮电解加工示意图　　　图 6.60 电解去毛刺示意图

6.3.3 超声波加工制造技术

1. 超声波加工的原理和特点

1) 超声波加工的原理

超声波加工是利用工具端面作超声频振动,通过悬浮磨料对零件表面撞击抛磨实现加工脆硬材料的一种方法。

超声波加工的高频振动的工具头振幅不大,一般在 0.01~0.1 mm。加工时在切削区域中加入液体与磨料混合的悬浮液,并在工具头振动方向加上一个不大的压力,如图 6.61所示。

1—工具;2—工件;3—磨料悬浮液;4、5—变幅杆;6—换能器;7—超声波发生器。

图 6.61 超声波加工原理

当工件、悬浮液和工具头紧密相靠时,悬浮液中的悬浮磨粒将在工具头的超声振动作用下以很大的速度不断冲击琢磨工件表面,局部产生很大的压力,使工件材料发生破坏,形成粉末被打击下来。与此同时,悬浮液受工具端部的超声振动作用而产生液压冲击和空化现象,促使液体钻入被加工材料的隙裂处,加速机械破坏作用的效果。由于空化现象,在工件表面形成的液体空腔,在闭合时所引起的极强的液压冲击,加速了工件表面的破坏,也促使悬浮液循环,使变钝了的磨粒及时得到更换。由此可知,超声波加工是磨粒在超声振动作用下的机械撞击和抛磨作用与超声波空化作用的综合结果,其中磨粒的连续冲击作用是主要的。

2)超声波加工的特点

(1)由于去除工件上的被加工材料是靠磨粒和液体分子的连续冲击、抛磨和空化作用,所以超声波加工能加工各种硬脆材料,特别是一些电火花加工等方法无法加工的不导电材料,如宝石、陶瓷、玻璃及各种半导体材料等。

(2)超声波加工在利用磨粒切除被加工材料时,工件只受到瞬时的局部撞击压力,而不存在横向摩擦力,所以受力很小。

(3)由于除去加工材料是靠极小磨粒的抛磨作用,所以超声波加工可获得较高的加工精度和低的表面粗糙度,被加工表面也无残余应力、烧伤等现象。

(4)只要将工具头做成一定的形状和尺寸就可以加工出各种孔型,如六角形、正方形、非圆形。

(5)由于工具可用较软的材料做成较复杂的形状,工具和工件运动简单,加工机床结构简单,操作维修方便。

2. 超声波加工的基本工艺规律

加工速度是指单位时间内去除材料的多少,以 g/min 或 mm^3/min 为单位。影响加工速度的因素有工具振动频率和振幅、进给压力、磨料种类及粒度、被加工材料和磨料悬浮液的浓度。

(1)工具的振幅和频率的影响

过大的振幅和过高的频率会使工具和变幅杆承受很大的内应力,可能超过它的疲劳强度而降低使用寿命,而且在联结处的损耗也增大。实际加工中应调至共振频率,以获得最大振幅。

(2)进给压力的影响

压力过小,工具末端与工件加工表面间的间隙增大,会减弱磨料对工件的撞击力和打击深度;压力过大,会使工具和工件间隙减小,磨料和工作液不能顺利循环更新,降低生产效率。

(3)磨料的种类和粒度的影响

磨料硬度越高,加工速度越快。加工金刚石和宝石等超硬材料时必须用金刚石磨料;加工硬质合金、淬火钢等高硬脆性材料时,采用硬度较高的碳化硼磨料;加工硬度不太高的脆硬材料时,可采用碳化硅磨料;而加工玻璃、半导体等材料时,采用刚玉之类的氧化铝磨料。

磨料粒度越粗,加工速度越快,精度和表面粗糙度越差。

(4)被加工材料的影响

被加工材料越脆,越容易被加工去除。韧性好的材料不易利用超声波加工。

（5）磨料悬浮液浓度的影响

磨料悬浮液浓度低，加工间隙内磨粒少，特别是加工面积和深度较大时，可能造成加工区无磨料现象，使加工速度大大降低。随着悬浮液中磨料浓度的增加，加工速度也增加。但浓度太高时，磨粒在加工区域的循环和对工件的冲击都受到影响，也会导致加工速度降低。通常采用的浓度为磨料对水的重量比为 $0.5\sim1$。

3. 超声波加工的应用

超声波加工广泛用于加工半导体和非导体的脆硬材料。由于加工精度和表面粗糙度优于电火花加工和电解加工，因此电火花加工后的一些淬火件和硬质合金零件还常用超声抛磨进行光整加工。此外，超声波加工还可以用于清洗、焊接和探伤等。

（1）型孔、型腔加工

超声加工目前主要用于对脆硬材料的圆孔、型腔、异形孔、套料、微细孔的加工等，如图 6.62 所示。

图 6.62 超声型孔、型腔加工

(a)加工圆孔；(b)加工型腔；(c)加工异形孔；(d)加工套料；(e)加工微细孔

（2）切割加工

采用超声波切割可以加工普通机械加工难加工的脆硬的半导体材料，如图 6.63 所示。

(a)　　　　　　　　(b)

1—变幅杆；2—工具（薄钢片）；　　　1—变幅杆；2—焊缝；3—铆钉；
3—磨料液；4—工件（单晶硅）。　　　4—导向片；5—软钢刀片。

图 6.63 超声切割

（3）超声清洗

超声清洗的原理主要是利用超声振动在液体中产生的交变冲击波和空化作用进行的。空化效应产生的强烈冲击波，直接作用到被清洗部位的污物等，并使之脱落下来；空化作用产生的空化气泡渗透到污物与被清洗部位表面之间，促使污物脱落；在污物被清洗液溶解的情况下，空化效应可加速溶解过程。

超声清洗主要用于几何形状复杂、清洗质量要求高的中、小精密零件，特别是工件上的深小孔、微孔、弯孔、盲孔、沟槽、窄缝等部位的精清洗，清洗效果好，生产效率高。目前在半导体和集成电路元件、仪表仪器零件、电真空器件、光学零件、精密机械零件、医疗器械、放射性污染等的清洗中应用。

超声清洗时，应合理选择工作频率和声压强度以产生良好的空化效应，提高清洗效果。此外，清洗液的温度不可过高，以防空化效应的减弱，影响清洗效果。

（4）超声焊接

超声焊接是利用超声频振动作用，去除工件表面的氧化膜，使新的本体表面显露出来，并在两个被焊工件表面分子的高速振动撞击下，摩擦发热粘接在一起。超声焊接可以焊接尼龙、塑料及表面易生成氧化膜的铝制品，还可以在陶瓷等非金属表面挂锡、挂银、涂覆熔化的金属薄层。

（5）复合加工

近年来超声波加工与其他加工方法相结合进行的复合加工发展迅速，如超声振动切削加工、超声电火花加工、超声电解加工、超声调制激光打孔等。这些复合加工方法由于把两种甚至多种加工方法结合在一起，起到取长补短的作用，使加工效率、加工精度及加工表面质量显著提高，因此越来越受到人们的重视。

6.3.4 高能束加工制造技术

1. 激光加工

1）激光加工的原理和特点

激光加工是利用高强度、高亮度、方向性好、单色性好的相干光通过一系列的光学系统聚焦成平行度很高的微细光束（直径几微米至几十微米），获得极高的能量密度和10000 ℃以上的高温，使材料在极短的时间（千分之几秒甚至更短）内熔化甚至汽化，以达到去除材料的目的。

（1）激光加工的基本原理

激光加工是以激光为热源对工件材料进行热加工。其加工过程大体分为激光束照射工件材料、工件材料吸收光能、光能转变为热能使工件材料加热、工件材料被熔化、蒸发、汽化并溅出去除、加工区冷凝几个阶段。

① 光能的吸收及其能量转化

激光束照射工件材料表面时，光的辐射能一部分被反射，一部分被吸收并对材料加热，还有一部分因热传导而损失。这几部分能量消耗的相对值取决于激光的特性和激光束持续照射时间及工件材料的性能。

② 工件材料的加热

光能转换成热能的结果就是工件材料的加热。激光束在很薄的金属表层内被吸收，使金属中自由电子的热运动能增加,并在与晶格碰撞的极短时间内将电子的能量转化为晶格的热振动能,引起工件材料温度的升高。同时按热传导规律向周围或内部传播,改变工件材料表面或内部各加热点的温度。

对于非金属材料,一般导热性很小。在激光照射下,当激光波较长时,光能可直接被材料的晶格吸收而加剧热振荡;当激光波较短时,光能激励原子壳层上的电子。这种激励通过碰撞而传播到晶格上,使光能转换为热能。

③ 工件材料的熔化、汽化及去除

在足够的功率密度的激光束照射下,工件材料表面才能达到熔化、汽化的温度,从而使工件材料汽化蒸发或熔融溅出,达到去除的目的。当激光功率密度过高时,仅在工件材料的表面汽化,不在深处熔化;当激光功率密度过低,能量就会扩散分布使加热面积较大,导致焦点处熔化深度很小。因此,要满足不同激光束加工的要求,必须合理选择相应的激光功率密度和作用时间。

④ 工件加工区的冷凝

激光辐射作用停止后,工件加工区材料便开始冷凝,其表层将发生一系列变化,形成特殊性能的新表面层。新表面层的性能取决于加工要求、工件材料、激光性能等复杂因素。一般激光束加工工件表面所受的热影响区很小。

（2）激光加工的特点

① 激光加工的功率密度高达 $10^8 \sim 10^{10}$ W/cm^2,几乎可熔化、汽化任何材料。

② 激光光斑大小可以聚焦到微米级,功率可调,因此激光加工可用于精密微细加工。

③ 由于加工工具是激光束,属于非接触式加工,无明显机械力,没有工具损耗。加工速度快、热影响区小,易实现自动化,能通过透明体加工。

④ 激光加工和电子束加工相比,加工装置比较简单,不需复杂的抽真空装置。

⑤ 激光加工由于光的反射作用,在加工表面光泽或透明材料时,要进行色化或打毛处理。

2）激光加工的应用

（1）激光打孔

目前激光打孔技术已广泛用于火箭发动机和柴油机的燃料喷嘴、宝石轴承、金刚石拉丝模、化纤喷丝头等微小孔的加工。

（2）激光切割

激光切割是一种应用最为广泛的激光加工技术。激光切割可用于各种材料的切割,如可切割金属、玻璃、陶瓷、皮革等各种材料。图 6.64 为激光切割原理示意图。

（3）激光焊接

激光焊接是利用激光束聚焦到工件表面,使辐射作用区表面的金属"烧熔"黏合而形成焊接接头。激光束焊接所需要的能量密度较低(一般为 $10^4 \sim 10^6$ W/cm^2),通常可采用减小激光输出功率来实现。如果加工区域不需限制在微米级的小范围内,也可通过调节焦点位置来减小工件被加工点的能量密度。

图 6.64 激光切割原理示意图

激光焊接已经成功地应用于微电子器件等小型精密零部件的焊接以及深熔焊接等。

(4) 激光表面热处理

激光表面热处理是利用激光束快速扫描工件，使其表层温度急剧上升。由于热传导的作用，工件表面的热量迅速传到工件其他部位，在瞬间可进行自冷淬火，实现工件表面相变硬化。

激光表面处理工艺还包括涂敷、熔凝、刻网纹、化学气相沉积、物理气相沉积、增强电镀等。

2. 电子束加工

1) 电子束加工的原理

电子束加工是利用高速电子的冲击动能来加工工件的，如图 6.65 所示。在真空条件下，将具有很高速度和能量的电子束聚焦到被加工材料上，电子的动能绝大部分转变为热能，使材料局部瞬时熔融、汽化蒸发而去除。

1—工件；2—电子束；
3—偏转线圈；4—电磁透镜。

图 6.65　电子束加工原理

控制电子束能量密度的大小和能量注入时间，就可以达到不同的加工目的。

2) 电子束加工特点

(1) 电子束能够极其微细地聚焦，甚至能聚焦到 0.1 μm，可进行微细加工。

(2) 电子束能量密度高，去除材料靠瞬时蒸发，是非接触式加工，工件不受机械力的作用，加工材料的范围广。

(3) 电子束的能量密度高，加工效率高。

(4) 可以通过磁场或电场对电子束的强度、位置、聚焦等进行控制，加工过程便于实现自动化。

(5) 电子束加工在真空中进行，污染少，加工表面不易被氧化。

(6) 电子束加工需要整套的专用设备和真空系统，价格较贵。

3) 电子束加工的应用范围

电子束加工方法有热型和非热型两种。热型加工方法是利用电子束将材料的局部加热至熔化或汽化点进行加工的。比较适合打孔、切割槽缝、焊接及其他深结构的微细加工。非热型加工方法是利用电子束的化学效应进行刻蚀等微细加工。

(1) 电子束打孔

近年来，电子束打孔已实际应用于加工不锈钢、耐热钢、合金钢、陶瓷、玻璃和宝石等的锥孔以及喷丝板的异形孔，如图 6.66 所示。最小孔径或缝宽可达 0.003~0.02 mm。例如，喷气发动机套上的冷却孔多达数十万至数百万个，孔径范围在数十微米至数百微米，多处于难加工部位。用电子束加工速度快，效率高。

目前电子束打孔的最小直径可达 $\phi 0.003$ mm 左右，可在工件运动中进行。在人造革、塑料上用电子束打大量微孔，可使其具有如真皮革那样的透气性。电子束加工玻璃、陶瓷等脆性材料时，由于加工产生很大温差，容易引起变形甚至破裂，需对材料进行预热。

电子束不仅可以加工各种直的型孔，利用电子束在磁场中偏转的原理，还可使电子束在工件内偏转可加工弯孔，如图 6.67 所示。

0.03~0.07 mm

图 6.66　电子束加工的喷丝头异形孔　　　图 6.67　电子束加工内部曲面和弯孔

（2）电子束切割

利用电子束可对各种材料进行切割，切口宽度仅有 3～6 μm。利用电子束再配合工件的相对运动，可加工所需要的曲面。

（3）光刻

当使用低能量密度的电子束照射高分子材料时，将使材料分子链被切断或重新组合，引起分子量的变化，产生潜像，再将其浸入溶剂将潜像显影出来。将这种方法与其他处理工艺结合使用，可实现在金属掩膜或材料上刻槽。

3．离子束加工

1）离子束加工的原理

离子束加工原理与电子束加工原理基本类似，也是在真空条件下，将离子源产生的离子束经过加速、聚焦后投射到工件表面的加工部位以实现加工的。所不同的是，离子带正电荷，其质量比电子大数千倍乃至数万倍，离子束加工是靠离子束溅射到材料表面时所发生的撞击效应、溅射效应进行加工的。

2）离子束加工的特点

（1）离子束加工是目前特种加工中最精密、最微细的加工。

（2）离子束加工在高真空中进行，污染小，特别适宜于易氧化的金属、合金和半导体材料的加工。

（3）离子束加工是一种微观层面的加工，加工应力和变形极小，适宜于对各种材料进行加工。

（4）离子束加工设备费用昂贵、成本高，加工效率低，应用受限制。

3）离子束加工的应用范围

（1）刻蚀加工

离子刻蚀是利用离子束轰击工件，入射离子的动量传递到工件表面的原子，当传递能量超过原子间的键合力时，原子就从工件表面撞击溅射出来，达到刻蚀的目的，如图 6.68（a）所示。

离子束加工中为避免化学反应必须用惰性元素的离子，常用氩离子。

（2）离子溅射沉积

用能量为 0.1～0.5 keV 的氩离子轰击某种材料制成的靶材,将靶材原子击出并令其沉积到工件表面形成一层薄膜的工艺称为离子溅射沉积,如图 6.68(b)所示。

（3）离子镀膜

离子镀膜是一方面把靶材射出的原子向工件表面沉积,另一方面还有高速中性粒子打击工件表面以增强镀层与基材的结合力形成镀膜的工艺,如图 6.68(c)所示。离子镀膜的可镀材料广泛。离子镀膜技术应用于镀制润滑膜、耐热膜、耐蚀膜、装饰膜、电气膜等。

（4）离子注入

离子注入是向工件表面直接注入离子。离子注入不受热力学限制,可以注入任何离子,且注入量可以精确控制。注入离子固溶到材料中,含量可达 $10\%～40\%$,深度可达 1 μm,原理如图 6.68(d)所示。离子注入主要应用在半导体材料加工上。

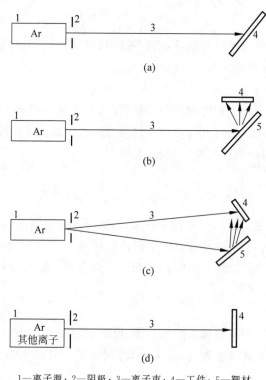

1—离子源；2—阴极；3—离子束；4—工件；5—靶材。

图 6.68　离子束加工的应用

思考题与习题

6.1　刀具材料应具备哪些性能?

6.2　常用的刀具材料有哪些?试比较高速钢和硬质合金刀具材料的力学性能与应用范围。

6.3　根据下列切削条件,选择合适的刀具材料。

切削条件	刀具材料
(1) 高速精镗铝合金缸套	$W_{18}Cr_4V$
(2) 加工麻花钻螺旋槽用成形铣刀	YG_3X
(3) 45钢锻件粗车	YG_8
(4) 高速精车合金钢工件端面	YT_5
(5) 粗铣铸铁箱体平面	YT_{30}

6.4 金属切削变形区是怎样划分的？各有何变形特点？

6.5 衡量切削变形程度的方法有哪几种？它们之间有何联系？

6.6 何谓积屑瘤现象？它对切削过程有何影响？如何对其进行控制？

6.7 切屑的形态有哪几种？如何控制切屑的形态？

6.8 试分析各因素对切屑变形的影响。

6.9 切削合力可分为哪几个分力？各分力有何作用？

6.10 根据切削力的理论公式,你能发现哪些规律？

6.11 切削用量三要素和刀具几何参数是如何影响切削力的？

6.12 切削热是怎样产生和传出的？

6.13 影响切削温度的因素有哪些？它们是怎样影响的？

6.14 试述刀具磨损的形态、原因、磨损过程及其特点。

6.15 何为工件材料的切削加工性？什么是相对加工性？怎样衡量工件材料的切削加工性？

6.16 影响工件材料切削加工性的因素有哪些？如何改善工件材料的切削加工性？

6.17 切削加工中常用的切削液有哪几类？它的主要作用是什么？

6.18 电火花加工的工作原理及应用范围是什么？影响电火花加工生产效率的因素有哪些？

6.19 电火花成型加工和电火花线切割加工有何异同？

6.20 电解加工的工作原理、特点和应用范围是什么？

6.21 超声波加工的特点和应用范围。

6.22 简述激光加工的特点和应用范围。

6.23 高能束加工包含哪几种类型？

第7章

金属材料

金属材料是目前应用最广泛的工程材料,尤其是钢铁材料、有色金属及其合金中的铝及铝合金、铜及铜合金和轴承合金的应用更为重要。

7.1 工业用钢

工业用钢按化学成分可分为碳素钢(plain carbon steels)和合金钢(alloy steels)两大类。碳素钢(简称碳钢)除铁、碳元素,还含有少量的锰、硅、硫、磷等杂质元素。由于碳钢具有较好的力学性能和工艺性能,并且产量大,价格较低,已成为工程上应用最广泛的金属材料。合金钢是为了改善和提高钢的性能或使之获得某些特殊性能,在碳钢的基础上,特意加入某些合金元素而得到的钢种。由于合金钢具有比碳钢更优良的特性,因而合金钢的用量正在逐年增大。

7.1.1 钢的分类与牌号

1. 钢的分类

钢的分类方法很多,最常用的是按照图 7.1,用钢的化学成分、用途、质量或热处理金相组织等进行分类。除此之外,还可以按钢的冶炼方法分为平炉钢、转炉钢、电炉钢;按钢的脱氧程度分为沸腾钢、镇静钢、半镇静钢。

2. 钢的牌号

我国钢材的编号是按含碳量、合金元素的种类和数量以及质量级别来编号的。依据国家标准规定,钢号中的化学元素采用国际化学元素符号表示,如 Si、Mn、Cr(稀土元素用RE)。产品名称、用途、冶炼和浇注方法等则采用汉语拼音字母表示。表 7.1 是部分钢的名称、用途、冶炼方法及浇注方法用汉字或汉语拼音字母表示的代号。

图 7.1　钢的常用分类方法

（a）按化学成分分；（b）按用途分；（c）按质量分；（d）按热处理金相组织分

表 7.1　部分钢的名称、用途、冶炼方法及浇注方法代号

名　　称	牌号表示		名　　称	牌号表示	
	汉字	汉语拼音字母		汉字	汉语拼音字母
平炉	平	P	高温合金	高温	GH
酸性转炉	酸	S	磁钢	磁	C
碱性侧吹转炉	碱	J	容器用钢	容	R
顶吹转炉	顶	D	船用钢	船	C
氧气转炉	氧	Y	矿用钢	矿	K
沸腾钢	沸	F	桥梁钢	桥	q
半镇静钢	半	B	锅炉钢	锅	g
碳素工具钢	碳	T	钢轨钢	轨	U
滚动轴承钢	滚	G	焊条用钢	焊	H
高级优质钢	高	A	电工用纯铁	电铁	DT
易切钢	易	Y	铆螺钢	铆螺	ML
铸钢	铸钢	ZG			

(1) 普通碳素结构钢

这类钢用代表屈服强度的字母 Q、屈服强度、质量等级符号（A、B、C、D）以及脱氧方法符号（F、b、Z、TZ）等四部分按顺序组成。如 Q235-A、F，表示屈服强度为 235 MPa 的 A 级沸腾钢。质量等级符号反映碳素结构钢中硫、磷含量的多少，A、B、C、D 质量依次增高。

(2) 优质碳素结构钢

这类钢的钢号用钢中平均含碳量的两位数字表示，单位为万分之一。如钢号 45，表示平均含碳量为 0.45% 的钢。

对于含碳量大于 0.6%，锰的质量分数在 0.9%~1.2% 及含碳量小于 0.6%，锰的质量分数为 0.7%~1.0% 的钢，数字后面附加化学元素符号 "Mn"。如钢号 25Mn，表示平均含碳量为 0.25%，锰的质量分数为 0.7%~1.0% 的钢。

沸腾钢、半镇静钢以及专门用途的优质碳素结构钢，应在钢号后特别标出，如 15g 即平均含碳量为 0.15% 的锅炉用钢。

(3) 碳素工具钢

碳素工具钢在钢号前加 "T" 表示，其后跟以表示钢中平均含碳量的千分之几的数字。如平均含碳量为 0.8 的碳素工具钢记为 "T8"。高级优质钢则在钢号末端加 "A"，如 "T10A"。

(4) 合金结构钢

该类钢的钢号由 "数字＋元素＋数字" 三部分组成。前两位数字表示钢中平均含碳量的万分之几；合金元素用化学元素符号表示，元素符号后面的数字表示该元素平均质量分数。当其平均质量分数小于 1.5% 时，一般只标出元素符号而不标数字，当其质量分数大于等于 1.5%，2.5%，3.5%，… 时，则在元素符号后相应地标出 2，3，4，…。虽然这类钢中的钒、钛、铝、硼、稀土（Re）等合金元素质量分数很低，但仍应在钢中标出元素符号。高级优质钢在钢号后应加字母 "A"。

(5) 合金工具钢

该类钢编号前用一位数字表示平均含碳量的千分数，如 9CrSi 钢，表示平均含碳量为 0.9%（当平均含碳量大于等于 1% 时，不标出其含碳量），合金元素 Cr、Si 的平均质量分数都小于 1.5% 的合金工具钢；Cr12MoV 钢表示平均碳质量分数大于 1%，铬的质量分数约为 12%，钼、钒质量分数都小于 1.5% 的合金工具钢。

高速钢的钢号中一般不标出含碳量，仅标出合金元素的平均质量分数的百分数，如 W6Mo5Cr4V2。

(6) 滚动轴承钢

高碳铬轴承钢属于专用钢，该类钢在钢号前冠以 "G"，其后以 "Cr＋数字" 来表示，数字表示铬质量分数的千分之几。如 GCr15 钢，表示平均质量分数铬为 1.5% 的滚动轴承钢。

(7) 特殊性能钢

特殊性能钢的含碳量也以千分之几表示。如 "9Cr18" 表示该钢平均含碳量为 0.9%。但当钢的含碳量小于等于 0.03% 及小于等于 0.08% 时，钢号前应分别冠以 00 及 0 表示，如 00Cr18Ni10、0Cr19Ni9 等。

(8) 铸钢

铸钢的牌号由字母 "ZG" 后面加两组数字组成，第一组数字代表屈服强度，第二组数字代表抗拉强度。如 ZG270-500 表示屈服强度为 270 MPa、抗拉强度为 500 MPa 的铸钢。

7.1.2　钢中的杂质及合金元素

1. 杂质元素对钢性能的影响

钢中除铁与碳两种元素,还含有少量锰、硅、硫、磷、氧、氮、氢等非特意加入的杂质元素。它们对钢的性能有一定影响。

（1）锰

锰是炼钢时用锰铁脱氧而残留在钢中的。锰的脱氧能力较好,能清除钢中的 FeO,降低钢的脆性。锰与硫化合成 MnS 可以减轻硫的有害作用,改善钢的热加工性能。锰大部分溶于铁素体中,形成置换固溶体,发生强化作用。锰对钢的性能有良好的影响,是一种有益的元素。

（2）硅

硅是炼钢时用硅铁脱氧而残留在钢中的。硅的脱氧能力比锰强,能有效地消除钢中的 FeO,改善钢的品质。大部分硅溶于铁素体中,使钢的强度有所提高。

（3）硫和磷

硫是在炼钢时由矿石和燃料带来的。在钢中一般是有害杂质,硫在 α-Fe 中溶解度极小,以 FeS 的形式存在。FeS 与 Fe 形成低熔点共晶体（FeS+Fe）,熔点为 985 ℃,低于钢材热加工的开始温度（1150～1250 ℃）。因此在热加工时,分布在晶界上的共晶体处于熔化状态而导致钢的开裂,这种现象称为热脆。因为 Mn 与 S 能形成熔点高的 MnS（熔点为 1620 ℃）,所以增加钢中锰的含量,可消除硫的有害作用。硫化锰在铸态下呈点状分布于钢中,高温时塑性好,热轧时易被拉成长条,使钢产生纤维组织。钢中硫的含量必须严格控制。

磷也是有害元素。它能全部溶入铁素体中,使钢在常温下硬度提高,塑性、韧性急剧下降,称冷脆性。P 一般控制在 0.045% 以下。

（4）气体元素

室温下氮在铁素体中溶解度很低,钢中过饱和氮在常温放置过程中以 FeN、Fe_4N 形式析出使钢变脆,称为时效脆化。加 Ti、V、Al 等元素可使 N 固定,消除时效倾向。氧在钢中以氧化物的形式存在,其与基体结合力弱,不易变形,易成为疲劳裂纹源。常温下氢在钢中的溶解度也很低。当氢在钢中以原子态溶解时,降低韧性,引起氢脆。当氢在缺陷处以分子态析出时,会产生很高的内压,形成微裂纹,其内壁为白色,称为白点或发裂。

2. 合金元素在钢中的作用

合金元素在钢中的作用是极为复杂的,当钢中含有多种合金元素时更是如此。下面简要叙述合金元素在钢中的几个最基本的作用。

1）合金元素对钢中基本相的影响

铁素体和渗碳体是碳钢中的两个基本相,合金元素加入钢中,可以溶于铁素体内,也可以溶于渗碳体内。与碳亲和力弱的非碳化物形成元素,如镍、硅、铝、钴等,主要溶于铁素体中形成合金铁素体。而与碳亲和力强的碳化物形成元素,如锰、铬、钼、钨、钒、铌、锆、钛等,则主要与碳结合形成合金渗碳体或碳化物。

（1）强化铁素体

大多数合金元素能溶于铁素体,由于其与铁的晶格类型和原子半径有差异,必然引起铁素体晶格畸变,产生固溶强化作用,使其强度、硬度升高,塑性和冲击韧性下降。图7.2和图7.3为几种合金元素含量对铁素体硬度和冲击韧性的影响。由图可见,锰、硅能显著提高铁素体的硬度,但当 $w_{Mn}>1.5\%$、$w_{Si}>0.6\%$ 时,将强烈地降低其韧性。只有铬和镍比较特殊,在适当的含量范围内($w_{Cr}\leqslant2\%$、$w_{Ni}\leqslant5\%$),不仅能提高铁素体的硬度,而且能提高其韧性。

图7.2　合金元素对铁素体硬度的影响　　　图7.3　合金元素对铁素体冲击韧性的影响

（2）形成合金碳化物

碳化物是钢中的重要组成相之一,碳化物的类型、数量、大小、形状及分布对钢的性能有很重要的影响。在碳钢中,在平衡状态下,可以按碳含量不同,分为亚共析钢、共析钢、过共析钢。通过热处理又可改变珠光体中 Fe_3C 片的大小,从而获得珠光体、索氏体、屈氏体等。在合金钢中,碳化物的状况显得更重要。作为碳化物形成元素,在元素周期表中都是位于铁以左的过渡族金属,越靠左,d层电子数越少,形成碳化物的倾向越强。

合金元素按其与钢中碳亲和力的大小可分为非碳化物形成元素和碳化物形成元素两大类。常见的非碳化物形成元素有镍、钴、铜、硅、铝、氮、硼等;常见的碳化物形成元素按照与碳亲和力由弱到强的排列是铁、锰、铬、钼、钨、钒、铌、锆、钛等。钢中形成的合金碳化物主要有以下两类。

① 合金渗碳体　弱或中强碳化物形成元素,由于其与碳的亲和力比铁强,通过置换渗碳体中的铁原子溶于渗碳体中,从而形成合金渗碳体,如 $(FeMn)_3C$、$(FeCr)_3C$ 等。合金渗碳体与 Fe_3C 的晶体结构相同,但比 Fe_3C 略稳定,硬度也略高,是一般低合金钢中碳化物的主要存在形式。这种碳化物的熔点较低、硬度较低、稳定性较差。

② 特殊碳化物　中强或强碳化物形成元素与碳形成的化合物,其晶格类型与渗碳体完全不同。根据碳原子半径 r_C 与金属原子半径 r_M 的比值,可将碳化物分成两种:

当 $r_C/r_M>0.59$ 时,形成具有简单晶格的间隙化合物,如 $Cr_{23}C_6$、Fe_3W_3C、Cr_7C_3 等。

当 $r_C/r_M<0.59$ 时,形成具有复杂晶格的间隙相,或称为特殊碳化物,如 WC、VC、TiC、Mo_2C 等。与间隙化合物相比,它们的熔点、硬度与耐磨性高,也更稳定,不易分解。

其中,中强碳化物形成元素如铬、钼、钨,既能形成合金渗碳体,如 $(FeCr)_3C$ 等,又能形成各自的特殊碳化物,如 Cr_7C_3、$Cr_{23}C_6$、MoC、WC 等。这些碳化物的熔点、硬度、耐磨性以及稳定性都比较高。

铌、锆、钛是强碳化物形成元素,它们在钢中优先形成特殊碳化物,如 VC、NbC、TiC 等。它们的稳定性最高,熔点、硬度和耐磨性也最高。

2) 合金元素对热处理和力学性能的影响

合金钢一般都是经过热处理后使用的,主要是通过热处理改变钢的组织来显示合金元素的作用。

(1) 改变奥氏体区域

扩大奥氏体区域的元素有镍、锰、碳、氮等,这些元素使 A_1 和 A_3 温度降低,使 S 点、E 点向左下方移动,从而使奥氏体区域扩大。图 7.4 表示锰对奥氏体区域位置的影响。

Mn%>13%或 Ni%>9%的钢,其 S 点就降到零点以下,在常温下仍能保持奥氏体状态成为奥氏体钢。A_1 和 A_3 温度降低,直接影响热处理加热的温度,所以锰钢、镍钢的淬火温度低于碳钢。又由于 S 点的左移,共析成分降低,与同样含碳量的亚共析碳钢相比,组织中的珠光体数量增加,而使钢得到强化。由于 E 点的左移,发生共晶转变的含碳量降低,在 C%较低时,钢具有莱氏体组织。如在高速钢中,虽然含碳量只有 $0.7\%\sim0.8\%$,但是由于 E 点左移,在铸态下会得到莱氏体组织,成为莱氏体钢。

缩小奥氏体区域的元素有铬、钼、硅、钨等,使 A_1 和 A_3 温度升高,S 点、E 点向左上方移动,从而使奥氏体的淬火温度也相应地提高。图 7.5 是铬对奥氏体区域位置的影响。当 Cr%>13%(含碳量趋于零)时,奥氏体区域消失,在室温下得到单相铁素体,称为铁素体钢。

图 7.4　合金元素锰对γ区域的影响

图 7.5　合金元素铬对γ区域的影响

(2) 对奥氏体化的影响

大多数合金元素(除镍、钴)减缓奥氏体化过程。合金钢在加热时,奥氏体化的过程基本上与碳钢相同,即包括奥氏体的形核与长大、碳化物的溶解以及奥氏体均匀化这三个阶段,它是扩散型相变。钢中加入碳化物形成元素后,这一转变会减。一般合金钢,特别是含有强碳化物形成元素的钢,为了得到较均匀的、含有足够数量的合金元素的奥氏体,充分发挥合金元素的有益作用,就需要更高的加热温度与较长的保温时间。

(3) 细化晶粒

几乎所有的合金元素(锰除外)都能阻碍钢在加热时奥氏体晶粒长大,但影响程度不同。

碳化物形成元素(如钒、钛、铌、铬等)容易形成稳定的碳化物,铝形成稳定的化合物 AlN、Al_2O_3,它们都以弥散质点的形式分布在奥氏体晶界上,对奥氏体晶粒长大起机械阻碍作用。因此,除锰钢,合金钢在加热时不易过热。这样有利于在淬火后获得细马氏体;有利于适当提高加热温度,使奥氏体中溶入更多的合金元素,以增加淬透性及钢的机械性能;同时也可减小淬火时变形与开裂的倾向。对渗碳零件,使用合金钢渗碳后,可直接淬火,以提高生产效率。因此,合金钢不易过热是它的一个重要优点。

(4) 对 C 曲线和淬透性的影响

大多数合金元素(钴除外)溶入奥氏体后,都能降低原子扩散速度,增加过冷奥氏体的稳定性,均会使曲线位置向右下方移动(图 7.6),临界冷却速度减小,从而提高钢的淬透性。通常对于合金钢可以采用冷却能力较低的淬火剂淬火,即采用油淬火,以减小零件的淬火变形和开裂倾向。

图 7.6 合金元素对 C 曲线的影响
(a) 非碳化物形成元素;(b) 碳化物形成元素

合金元素不仅使 C 曲线位置右移,而且对 C 曲线的形状也有影响。非碳化物形成元素和弱碳化物形成元素,如镍、锰、硅等,仅使 C 曲线右移,如图 7.6(a)所示。而对于中强碳化物和强碳化物形成元素,如铬、钨、钼、钒等,溶于奥氏体后,不仅使 C 曲线右移,提高钢的淬透性,而且能改变 C 曲线的形状,将珠光体转变与贝氏体转变明显地分为两个独立的区域,如图 7.6(b)所示。

合金元素对钢的淬透性的影响,由强到弱可排成下列次序:钼、锰、钨、铬、镍、硅、钒。能显著提高钢淬透性的元素有钼、锰、铬、镍等,微量的硼($w_B < 0.005\%$)也可显著提高钢的淬透性。多种元素同时加入要比各元素单独加入更为有效,所以淬透性好的钢多采用“多元少量”的合金化原则。

(5) 提高回火稳定性

淬火钢在回火时抵抗硬度下降(软化)的能力称为回火稳定性。回火是靠固态下的原子扩散完成的,由于合金元素溶入马氏体,原子扩散速度减慢,因而在回火过程中,马氏体不易分解,碳化物也不易析出聚集长大,因而提高了钢的回火稳定性。高的回火稳定性可以使钢在较高温度下仍能保持高的硬度和耐磨性。由于合金钢的回火稳定性比碳钢高,若要求得到同样的回火硬度,则合金钢的回火温度应比碳钢高,回火时间也应延长,因而内应力消除得好,钢的韧性和塑性指标就高。而当回火温度相同时,合金钢的强度、硬度就比碳钢高。

钢在高温(>500 ℃)下保持高硬度(≥60 HRC)的能力叫作热硬性。这种性能对切削工具钢具有重要的意义。

碳化物形成元素如铬、钨、钼、钒等,在回火过程中有二次硬化作用,即回火时出现硬度回升的现象。二次硬化实际上是一种弥散强化。二次硬化现象对需要较高红硬性的工具钢来说具有重要意义。

7.1.3 结构钢

结构钢包括工程用钢和机器用钢两大类。工程用钢主要用于各种工程结构,它们大多是用普通碳素钢和普通低合金钢制造的。这类钢具有冶炼简便、成本低、用量大的特点,使用时一般不进行热处理。而机器用钢一般经过热处理后使用,主要用于制造机器零件,它们大多是用优质碳素钢和合金结构钢制造的。

7.1.3.1 普通结构钢

1. 普通碳素结构钢

(1)用途

适用于一般工程用热轧钢板、钢带、型钢、棒钢等,可供焊接、铆接、栓接构件使用。

(2)成分特点和钢种

普通碳素结构钢平均含碳量为 $0.06\%\sim0.38\%$,并含有较多的有害杂质和非金属夹杂物,但能满足一般工程结构及普通零件的性能要求,因而应用较广。表 7.2 为其牌号、化学成分与力学性能及用途。

表 7.2 普通碳素结构钢的牌号、化学成分、力学性能及用途

牌号	等级	化学成分/%			力学性能			用 途
		w_C	$w_S<$	$w_P<$	σ_s/MPa	σ_b/MPa	$\delta_5 \geqslant$/%	
Q195	—	0.06~0.12	0.050	0.045	195	315~390	33	塑性好,有一定的强度,用于制造受力不大的零件,如螺钉、螺母、垫圈等,焊接件、冲压件及桥梁建设等金属结构件
Q215	A	0.09~0.15	0.050	0.045	215	335~410	31	
	B		0.045	0.045				
Q235	A	0.14~0.22	0.050	0.045	235	375~460	26	
	B	0.12~0.20	0.045					
	C	≤0.18	0.040	0.045				
	D	≤0.17	0.035	0.035				
Q255	A	0.18~0.28	0.050	0.045	255	410~510	24	强度较高,用于制造承受中等载荷的零件,如小轴、销子、连杆等
	B		0.045					
Q275	—	0.28~0.38	0.050	0.045	275	490~610	20	

碳素结构钢一般以热轧空冷状态供应。Q195 与 Q275 牌号的钢是不分质量等级的,出厂时同时保证力学性能和化学成分。

Q195 钢碳含量很低、塑性好,常作铁钉、铁丝及各种薄板等。Q275 钢居中碳钢,强度较高,能代替 30 钢、40 钢制造稍重要的零件。Q215、Q235、Q255 等钢,当质量等级为 A 级时,出厂时保证力学性能及硅、磷、硫等成分,其他成分不保证。若为其他等级的钢,其力学性能及化学成分均保证。

2. 普通低合金结构钢

（1）用途

该类钢有高的屈服强度，良好的塑性、焊接性能及较好的耐蚀性。可满足工程上各种结构的承载大、自重轻的要求，如建筑结构、桥梁、车辆等。

（2）成分特点和钢种

低合金结构钢在碳素结构钢的基础上加入少量（不大于 3％）合金元素而制成，产品同时保证力学性能与化学成分。它含碳量（0.1％～0.2％）较低，以少量锰（0.8％～1.8％）为主加元素，含硅量较碳素结构钢高，并辅加某些其他合金元素（铜、钛、钒、稀土等）。

（3）热处理特点

该类钢多在热轧、正火状态下使用，组织为"铁素体＋珠光体"，也在淬火成低碳马氏体或热轧空冷后获得贝氏体组织状态下使用。

（4）钢种和牌号

常用普通低合金钢的牌号、主要成分、力学性能及用途见表 7.3。

表 7.3 常用普通低合金钢的牌号、主要成分、力学性能及用途

牌　号	钢材厚度和直径/mm	力学性能			使用状态	用　途
		σ_s/MPa	$\sigma_b \geqslant$/MPa	$\delta_5 \geqslant$/%		
09MnV	≤16	430～580	295	23	热轧或正火	车辆部门的冲压件、建筑金属构件、冷弯型钢
	>16～25		275	22		
09Mn2	≤16	440～590	295	22	热轧或正火	低压锅炉、中低压化工容器、输油管道、储油罐等
	>16～30	420～570	275	22		
16Mn	≤16	510～660	345	21	热轧或正火	各种大型钢结构、桥梁、船舶、锅炉、压力容器、电站设备等
	>16～25	490～640	325	18		
15MnV	≤4～16	530～680	390	18	热轧或正火	中高压锅炉、中高压石油化工容器、车辆等焊接构件
	>16～25	510～660	375	20		
16MnNb	≤16	530～680	390	19	热轧	大型焊接结构，如容器、管道及重型机械设备、桥梁等
	>16～20	510～660	375	19		
14MnVTiRE	≤12	550～700	440	19	热轧或正火	大型船舶、桥梁、高压容器、重型机械设备等焊接构件
	>12～20	530～680	410	19		

16Mn 是这类钢的典型钢号，它发展最早、用得最多、产量最大，各种性能匹配较好，屈服强度达 350 MPa，它比 Q235 钢的屈服强度高 20％～30％，故应用最广。

7.1.3.2 优质结构钢

这类钢主要用于制造各种机器零件，如轴类、齿轮、弹簧和轴承等所用的钢种，也称为机器制造用钢。这类钢根据化学成分分为优质碳素结构钢与合金结构钢。

1. 优质碳素结构钢

（1）用途

优质碳素结构钢主要用来制造各种机器零件。

（2）成分特点

优质碳素结构钢中磷、硫含量均小于 0.035％，非金属夹杂物也较少。根据含锰量不

同,分为普通含锰量(0.25%~0.8%)及较高含锰量(0.7%~1.2%)。这类钢的纯度和均匀度较好,因而其综合力学性能比普通碳素结构钢优良。

(3) 钢种和牌号

常用优质碳素结构钢的牌号、主要成分和力学性能及用途见表7.4。

表 7.4 常用优质碳素结构钢的牌号、主要成分、力学性能及用途

牌号	主要成分/%			力学性能(不小于)			用 途
	w_C	w_{Si}	w_{Mn}	σ_s/MPa	σ_b/MPa	δ_5/%	
08F	0.05~0.11	≤0.03	0.25~0.50	295	175	35	受力不大但要求高韧性的冲压件、焊接件、紧固件等,渗碳淬火后可制造要求强度不高的耐磨零件,如凸轮、滑块、活塞销等
08	0.05~0.12	0.17~0.37	0.35~0.65	325	195	33	
10	0.07~0.14	0.17~0.37	0.35~0.65	335	205	31	
15	0.12~0.19	0.17~0.37	0.35~0.65	375	225	27	
20	0.17~0.24	0.17~0.37	0.35~0.65	410	245	25	
30	0.27~0.35	0.17~0.37	0.50~0.80	490	295	21	负荷较大的零件,如连杆、曲轴、主轴、活塞销、表面淬火齿轮、凸轮等
35	0.32~0.40	0.17~0.37	0.50~0.80	530	315	20	
40	0.37~0.45	0.17~0.37	0.50~0.80	570	335	19	
45	0.42~0.50	0.17~0.37	0.50~0.80	600	355	16	
50	0.47~0.55	0.17~0.37	0.50~0.80	630	375	14	
55	0.52~0.60	0.17~0.37	0.50~0.80	645	380	13	
65	0.62~0.70	0.17~0.37	0.50~0.80	695	410	10	要求弹性极限或强度较高的零件,如轧辊、弹簧、钢丝绳、偏心轮等
65Mn	0.62~0.70	0.17~0.37	0.90~1.20	735	430	9	
70	0.67~0.75	0.17~0.37	0.50~0.80	715	420	9	
75	0.72~0.80	0.17~0.37	0.50~0.80	1080	880	7	

08F 塑性好,可制造冷冲压零件。10、20 冷冲压性能与焊接性能良好,可作冲压件及焊接件,经过适当热处理(如渗碳)后也可制作轴、销等零件;35、40、45、50 经热处理后,可获得良好的综合力学性能,可用来制造齿轮、轴类、套筒等零件;60、65 主要用来制造弹簧。

优质碳素结构钢使用前一般要进行热处理。

2. 合金结构钢

合金结构钢是机械制造、交通运输、石油化工及工程机械等方面应用最广、用量最大的一类合金钢。合金结构钢常在优质碳素结构钢的基础上加入一些合金元素而形成。合金元素加入量不大,属于中、低合金钢。

1) 渗碳钢

(1) 用途

渗碳钢主要用于制造汽车、拖拉机中的变速齿轮,内燃机上的凸轮轴、活塞销等机器零件。工作中它们遭受强烈的摩擦和磨损,同时承受较高的交变载荷特别是冲击载荷。所以这类钢经渗碳处理后,具有表面耐磨和心部抗冲击的特点。

(2) 性能要求

根据使用特点,渗碳钢应具有以下性能:

① 渗碳层硬度高,并具有优异的耐磨性和接触疲劳抗力,同时要有适当的塑性和韧性。

② 渗碳件心部有高的韧性和足够高的强度,心部韧性不足时,在冲击载荷或过载荷作

用下容易断裂；强度不足时，硬脆的渗碳层缺乏足够的支撑，容易碎裂、剥落。

③ 有良好的热处理工艺性能，在高的渗碳温度（900～950 ℃）下奥氏体晶粒不易长大，并且具有良好的淬透性。

（3）成分特点

根据性能要求，渗碳钢的化学成分需考虑如下几点。

① 含碳量一般较低，在 0.10%～0.25%，是为了保证零件心部有足够的塑性和韧性。

② 加入提高淬透性的合金元素，以保证经热处理后心部强化并提高韧性。常加入的元素有 Cr（<2%）、Ni（4%）、Mn（2%）等。铬还能细化碳化物，提高渗碳层的耐磨性，镍则对渗碳层和心部的韧性非常有利。另外，微量硼能显著提高淬透性。

③ 加入少量阻碍奥氏体晶粒长大的合金元素，主要加入少量强碳化物形成元素 V（<0.4%）、Ti（<0.1%）、Mo（<0.6%）、W（<1.2%）等。形成的稳定合金碳化物，除了能防止渗碳时晶粒长大，还能增加渗碳层硬度，提高耐磨性。

（4）热处理特点

以 20CrMnTi 制造的汽车变速齿轮为例。其工艺路线为：下料→锻造→正火→加工齿形→渗碳（930 ℃）→预冷淬火（830 ℃）→低温回火（200 ℃）→磨齿。正火的目的在于改善锻造组织，保持合适的加工硬度（HB170～210），其组织为索氏体＋铁素体。齿轮在使用状态下的组织由表面往心部为回火马氏体＋碳化物颗粒＋残余奥氏体→回火马氏体＋残余奥氏体→……，而心部的组织分两种情况，在淬透时为低碳马氏体＋铁素体。

（5）钢种及牌号

常用合金渗碳钢的牌号、热处理工艺规范、力学性能及用途见表 7.5。

表 7.5 常用合金渗碳钢的牌号、热处理、力学性能及用途

牌　　号	试样尺寸/mm	热处理温度				力学性能（不小于）					用　　途
		渗碳	第一次淬火	第二次淬火	回火	σ_s/MPa	σ_b/MPa	δ_5/%	ψ/%	α_k/(J/cm^2)	
20Cr	15	930	880 水油	780 水～820 油	200	835	540	10	40	60	30 mm 以下受力不大的渗碳件
20CrMnTi	15	930	880 油	870 油	200	1080	853	10	45	70	30 mm 以下承受高速中载荷的渗碳件
20SiMnVB	15	930	850～880 油	780～800 油	200	1175	980	10	45	70	代替 20CrMnTi
20Cr2Ni4	15	930	880 油	780 油	200	1175	1080	10	45	80	承受高载荷的重要渗碳件如大型齿轮

碳素渗碳钢，多用 15 钢、20 钢。这类钢价格便宜，但淬透性低，导致渗碳、淬回火后心部强度、表层耐磨性均不够高。主要用于尺寸小、载荷轻、要求耐磨的零件。

合金渗碳钢常按淬透性大小分为三类。

低淬透性渗碳钢，水淬临界淬透直径为 20～35 mm。典型钢种为 20Mn2、20Cr、20MnV 等，用于制造受力不太大，要求耐磨并承受冲击的小型零件。

中淬透性渗碳钢,油淬临界淬透直径为 25~60 mm。典型钢种有 20CrMnTi、12CrNi3、20MnVB 等,用于制造尺寸较大、承受中等载荷、重要的耐磨零件,如汽车中齿轮。

高淬透性渗碳钢,油淬临界淬透直径约为 100 mm 以上,属于空冷也能淬成马氏体的马氏体钢。典型钢种有 12Cr2Ni4、20Cr2Ni4、18Cr2Ni4WA 等,用于制造承受重载与强烈磨损的极为重要的大型零件,如航空发动机及坦克齿轮。

2)调质钢

(1)用途

调质钢经热处理后具有高的强度和良好的塑性、韧性,即良好的综合力学性能。广泛用于制造汽车、拖拉机、机床和其他机器上的各种重要零件,如齿轮、轴类件、连杆、高强螺栓等。

(2)性能要求

调质钢件大多承受多种和较复杂的工作载荷,要求具有高水平的综合力学性能,但不同零件受力状况不同,其性能要求有所差别。截面受力均匀的零件如连杆,要求整个截面都有较高的强韧性。受力不均匀的零件,如承受扭转或弯曲应力的传动轴,主要要求受力较大的表面区有较好的性能,心部要求可低些。

(3)成分特点

为了达到强度和韧性的良好配合,合金调质钢的成分设计如下。

① 中碳

含碳量一般在 0.25%~0.50%,以 0.40%居多。碳量过低,不易淬硬,回火后强度不足;碳量过高,则韧性不够。

② 加入提高淬透性的合金元素 Cr、Mn、Si、Ni、B 等

调质件的性能水平与钢的淬透性密切有关。尺寸较小时,碳素调质钢与合金调质钢的性能差不多,但当零件截面尺寸较大而不能淬透时,其性能与合金钢相比就差得很远了。45 钢和 40Cr 钢相比,40Cr 的强度要比 45 钢的高许多,同时具备良好的塑性和韧性。

③ 加入 Mo、W 消除回火脆性

含 Ni、Cr、Mn 的合金调质钢,高温回火慢冷时容易产生第二类回火脆性。合金调质钢一般用于制造大截面零件,由快冷来抑制这类回火脆性往往有困难。因此常加入 Mo、W 来防止回火脆性,其适宜含量为 0.15%~0.30%Mo 或 0.8%~1.2%W。

(4)热处理特点

以东方红 75 拖拉机的连杆螺栓为例,材质为 40Cr,工艺路线为:下料→锻造→退火→粗机加工→调质→精机加工→装配。在工艺路线中,预备热处理采用退火(或正火),其目的是改善锻造组织、消除缺陷、细化晶粒;调整硬度,便于切割加工;为淬火做好组织准备。

调质工艺采用 830 ℃加热、油淬得到马氏体组织,然后在 525 ℃回火。为防止第二类回火脆性,在回火的冷却过程中采用水冷,最终使用状态下的组织为回火索氏体。

对于调质钢,有时除要求综合力学性能高,还要求表面耐磨,则在调质后可进行表面淬火或氮化处理。这样在得到表面硬化层的同时,心部仍保持综合力学性能高的回火索氏体组织。

(5)钢种及牌号

常用调质钢的牌号、成分、热处理、力学性能与用途见表 7.6。它在机械制造业中应用相当广泛,按其淬透性的高低可分为三类。

表 7.6 常用调质钢的牌号、成分、热处理、力学性能与用途

牌 号	主要成分/%			热处理温度/℃		力学性能(不小于)			用 途
	w_C	$w_{Si,Cr}$	w_{Mn}	淬火	回火	σ_s/ MPa	σ_b/ MPa	α_k/ (kJ/m^2)	
40Cr	0.37～ 0.45	Cr 0.8～ 1.10	0.50～ 0.80	850 油	500 水油	980	785	47	重要调质件，如轴类、连杆螺栓、汽车转向节、齿轮等
40MnB	0.37～ 0.44	0.20～ 0.40	1.10～ 1.40	850 油	500 水油	980	785	47	代替 40Cr
35CrMo	0.32～ 0.40	Cr 0.8～ 1.10	0.40～ 0.70	850 油	550 水油	980	835	63	重要的调质件，如锤杆、轧钢曲轴，是 40CrNi 的代用钢
38CrMoAlA	0.35～ 0.42	Cr 1.35～ 1.65	Al 0.7～ 1.1	940 水油	640 水油	980	835	71	需氮化的零件，如镗杆、磨床主轴、精密丝杆、量规等
40CrMnMo	0.37～ 0.45	Cr 0.9～ 1.20	0.90～ 1.20	850 油	600 水油	980	785	63	受冲击载荷的高强度件，是 40CrNiMn 钢的代用钢

① 低淬透性调质钢

这类钢的油淬临界直径最大为 30～40 mm，最典型的钢种是 40Cr，广泛用于制造一般尺寸的重要零件。40MnB、40MnVB 钢是为节省铬而发展的代用钢，40MnB 的淬透性稳定较差，切削加工性能也差一些。

② 中淬透性调质钢

这类钢的油淬临界直径最大为 40～60 mm，含有较多合金元素。典型牌号有 35CrMo 等，用于制造截面较大的零件，如曲轴、连杆等。加入钼不仅使淬透性显著提高，而且可以防止回火脆性。

③ 高淬透性调质钢

这类钢的油淬临界直径为 60～160 mm，多半是铬镍钢。铬、镍的适当配合，可大大提高淬透性，并获得优良的机械性能，如 37CrNi3，但对回火脆性十分敏感，因此不宜于作大截面零件。铬镍钢中加入适当的钼，如 40CrNiMo 钢，不仅具有最好的淬透性和冲击韧性，还可消除回火脆性，用于制造大截面、重载荷的重要零件，如汽轮机土轴、叶轮、航空发动机轴等。

3）弹簧钢

（1）用途

弹簧钢是一种专用结构钢，主要用于制造各种弹簧和弹性元件。

（2）性能要求

弹簧是利用弹性变形吸收能量以缓和震动和冲击，或依靠弹性储能来起驱动作用。根据工作要求，弹簧钢应有以下性能。

① 高的弹性权限 σ_e。以保证弹簧具有高的弹性变形能力和弹性承载能力，为此应具有高的屈强强度 σ_s 或屈强比 σ_s/σ_b。

② 高的疲劳极限 σ_r。因弹簧一般在交变载荷下工作。σ_b 越高，σ_r 也相应越高。另外，表面质量对 σ_r 影响很大，弹簧钢表面不应有脱碳、裂纹、折叠、斑疤和夹杂等缺陷。

③ 足够的塑性和韧性，以免受冲击时发生脆断。此外，弹簧钢还应有较好的淬透性，不易脱碳和过热，容易绕卷成形等。

（3）成分特点

弹簧钢的化学成分有以下特点。

① 中、高碳

为了保证高的弹性极限和疲劳极限，因而具有高的强度。弹簧钢的含碳量应比调质钢高，合金弹簧钢含碳量一般为 $0.45\%\sim0.70\%$，碳素弹簧钢含碳量一般为 $0.6\%\sim0.9\%$。

② 加入以 Si 和 Mn 为主的提高淬透性的元素

Si 和 Mn 主要是提高淬透性，同时也提高屈强比，以 Si 的作用最突出。但它热处理时促进表面脱碳，Mn 则使钢易于过热。因此重要用途的弹簧钢，必须加入 Cr、V、W 等元素，例如，Si-Cr 弹簧钢表面不易脱碳；Cr-V 弹簧钢晶粒细不易过热，耐冲击性能好，高温强度也较高。

（4）热处理特点

按弹簧的加工工艺不同，可分为冷成型弹簧和热成型弹簧两种。

① 热成型弹簧

用热轧钢丝或钢板成形，然后淬火加中温（450～550 ℃）回火，获得回火屈氏体组织，具有很高的屈服强度特别是弹性极限，并有一定的塑性和韧性。这类弹簧一般是较大型的弹簧。

② 冷成型弹簧

小尺寸弹簧一般用冷拔弹簧钢丝（片）卷成，有三种制造方法。

a. 冷拔前进行"淬铅"处理，即加热到 Ac_3 以上，然后在 450～550 ℃ 的熔铅中等温淬火。淬铅钢丝强度高，塑性好，具有适于冷拔的索氏体组织。经冷拔后弹簧钢丝的屈服强度可达 $1600\ MN/m^2$ 以上。弹簧绕卷成形后不再淬火，只进行消除应力的低温（200～300 ℃）退火，并使弹簧定形。

b. 冷拔至要求尺寸后，利用淬火（油淬）加回火来进行强化，再冷绕成弹簧，并进行去应力回火，之后不再热处理。

c. 冷拔钢丝退火后，冷绕成弹簧，再进行淬火和回火强化处理。汽车板簧经喷丸处理后，使用寿命可提高几倍。

（5）钢种和牌号

常用弹簧钢的牌号、成分、热处理及用途见表 7.7。

表 7.7　常用弹簧钢的牌号、成分、热处理及用途

牌　号	主要成分/%			热处理温度/℃		力学性能（不小于）			用　途
	w_C	w_{Mn}	$w_{Si,Cr}$	淬火	回火	$\sigma_b/$ MPa	$\sigma_s/$ MPa	$\alpha_k/$ (kJ/m^2)	
65	0.37~ 0.45	0.50~ 0.80	0.17~ 0.37	840 油	500	1000	800	450	工作温度低于 200 ℃，ϕ20~ϕ30 mm 的减振弹簧、螺旋弹簧
85	0.37~ 0.44	0.50~ 0.80	0.17~ 0.37	820 油	480	1150	1000	600	工作温度低于 200 ℃，ϕ30~ϕ50 mm 的减振弹簧、螺旋弹簧
65Mn	0.32~ 0.40	0.90~ 1.20	0.17~ 0.37	830 油	540	1000	800	800	工作温度低于 200 ℃，ϕ30~ϕ50 mm 的板簧、螺旋弹簧
60Si2Mn	0.35~ 0.42	0.60~ 0.90	1.50~ 2.00	870 油	480	1300	1200	800	工作温度低于 250 ℃，ϕ<50 mm 的重型板簧和螺旋弹簧
50CrVA	0.37~ 0.45	0.50~ 0.80	Cr 0.8~ 1.10	850 油	500	1300	1150	800	工作温度低于 400 ℃，ϕ30~ϕ50 mm 的板簧、弹簧

碳素弹簧钢包括 65、85、65Mn 等。这类钢经热处理后具有一定的强度和适当的韧性，且价格较合金弹簧钢便宜，但淬透性差。

合金弹簧钢中常见的是 60Si2Mn。它有较高的淬透性，油淬临界直径为 20~30 mm。50CrVA 钢不仅有良好的回火稳定性，且淬透性更高，油淬临界值达 30~50 mm。

4）滚动轴承钢

（1）用途

轴承钢主要用来制造滚动轴承的滚动体（滚珠、滚柱、滚针）、内外套圈等，属专用结构钢。从化学成分上看它属于工具钢，所以也用于制造精密量具、冷冲模、机床丝杠等耐磨件。

（2）性能要求

轴承元件的工况复杂而苛刻，因此对轴承钢的性能要求很严，主要分为三方面。

① 高的接触疲劳强度。轴承元件的压应力高达 1500~5000 MPa；应力交变次数每分钟达几万次甚至更多，往往造成接触疲劳破坏，产生麻点或剥落。

② 高的硬度和耐磨性。滚动体和套圈之间不但有滚动摩擦，而且有滑动摩擦，轴承也常常因过度磨损而破坏，因此具有高而均匀的硬度。硬度一般为 62~64 HRC。

③ 足够的韧性和淬透性。

（3）成分特点

① 高碳

为了保证轴承钢的高硬度、高耐磨性和高强度，碳含量应较高，一般为 0.95%~1.1%。

② 铬为基本合金元素

铬能提高淬透性。它的渗碳体$(FeCr)_3C$呈细密,均匀分布,能提高钢的耐磨性特别是接触疲劳强度。但Cr含量过高会增大残余奥氏体量和碳化物分布的不均匀性,使钢的硬度和疲劳强度反而降低。适宜含量为$0.4\%\sim1.65\%$。

③ 加入硅、锰、钒等

Si、Mn进一步提高淬透性,便于制造大型轴承。V部分溶于奥氏体中,部分形成碳化物(VC),提高钢的耐磨性并防止过热。无Cr钢中皆含有V。

④ 纯度要求极高

规定$w_S<0.02\%$,$w_P<0.027\%$。非金属夹杂对轴承钢的性能尤其是接触疲劳性能影响很大,因此轴承钢一般采用电冶炼,为了提高纯度并采用真空脱氧等冶炼技术。

(4) 热处理特点

① 球化退火

目的不仅是降低钢的硬度,便于切削加工,更重要的是获得细的球状珠光体和均匀分布的过剩的细粒状碳化物,为零件的最终热处理做组织准备。

② 淬火和低温回火

淬火温度要求十分严格,温度过高会过热、晶粒长大,使韧性和疲劳强度下降,且易淬裂和变形;温度过低,则奥氏体中溶解的铬量和碳量不够,钢淬火后硬度不足。GCr15钢的淬火温度应严格控制在$820\sim840$ ℃,回火温度一般为$150\sim160$ ℃。

精密轴承必须保证在长期存放和使用中不变形。引起尺寸变化的原因主要是有内应力和残余奥氏体发生转变。为了稳定尺寸,淬火后可立即进行"冷处理"($-60\sim-80$ ℃),并在回火和磨削加工后进行低温时效处理(于$120\sim130$ ℃保温$5\sim10$ h)。

(5) 钢种和牌号

常用滚动轴承钢的牌号、主要成分、热处理和用途见表7.8。

表 7.8　常用滚动轴承钢的牌号、主要成分、热处理和用途

牌　号	主要成分/%				热处理温度/℃		硬度/HRC	用　途
	w_C	w_{Cr}	w_{Si}	w_{Mn}	淬火	回火		
GCr9	$1.00\sim$ 1.10	$0.90\sim$ 1.20	$0.15\sim$ 0.35	$0.25\sim$ 0.45	$810\sim820$ 水油	$150\sim170$	$62\sim66$	直径小于20 mm的滚动体及轴承内、外圈
GCr9SiMn	$1.00\sim$ 1.10	$0.90\sim$ 1.25	$0.45\sim$ 0.75	$0.95\sim$ 1.25	$810\sim830$ 水油	$150\sim160$	$62\sim64$	直径小于25 mm的滚柱,壁厚小于14 mm、外径小于250 mm的套圈
GCr15	$0.95\sim$ 1.05	$1.40\sim$ 1.65	$0.15\sim$ 0.35	$0.25\sim$ 0.45	$820\sim840$ 水油	$150\sim160$	$62\sim64$	同GCr9SiMn
GCr15SiMn	$0.95\sim$ 1.05	$1.40\sim$ 1.65	$0.45\sim$ 0.75	$0.95\sim$ 1.25	$810\sim830$ 油	$160\sim200$	$61\sim65$	直径大于50 mm的滚柱,壁厚大于14 mm、外径大于250 mm的套圈,ϕ25 mm以上的滚柱
GMnMoVRE	$0.95\sim$ 1.05		$0.15\sim$ 0.40	$1.10\sim$ 1.40	$770\sim810$ 油	170 ± 5	$\geqslant62$	代替GCr15钢用于军工和民用方面的轴承

我国轴承钢分两类,即铬轴承钢和添加 Mn、Si、Mo、V 的轴承钢。

① 铬轴承钢

最有代表性的是 GCr15,使用量占轴承钢的绝大部分。由于淬透性不很高,多用于制造中、小型轴承,也常用来制造冷冲模、量具、丝锥等。

② 添加 Mn、Si、Mo、V 的轴承钢

在铬轴承钢中加入 Si、Mn 可提高淬透性,如 GCr15SiMn 钢等,用于制造大型轴承。为了节省铬,加入 Mo、V 可得到无铬轴承钢,如 GSiMoV、GSiMnMoVRE 等,其性能与 GCr15 相近。

7.1.4　工具钢

工具钢是用来制造刀具、模具和量具的钢。按化学成分分为碳素工具钢、低合金工具钢、高合金工具钢等。按用途分为刃具钢、模具钢、量具钢。

7.1.4.1　刃具钢

1. 碳素刃具钢

1) 用途

主要用于制造车刀、铣刀、钻头等金属切削刀具。

2) 性能要求

刃具切削时受工件的压力,刃部与切屑之间发生强烈的摩擦。由于切削发热,刃部温度可达 $500\sim600$ ℃。此外,其还承受一定的冲击和震动。因此对刃具钢提出如下基本性能要求。

(1) 高硬度

切削金属材料所用刀具的硬度一般在 HRC60 以上。

(2) 高耐磨性

耐磨性直接影响刀具的使用寿命和加工效率。高的耐磨性取决于钢的高硬度和其中碳化物的性质、数量、大小及分布。

(3) 高热硬性

刀具切削时必须保证刃部硬度不随温度的升高而明显降低。钢在高温下保持高硬度的能力称为热硬性或红硬性。热硬性与钢的回火稳定性和特殊碳化物的弥散析出有关。

碳素工具钢是含碳量为 $0.65\%\sim1.35\%$ 的高碳钢。该钢的碳含量范围可保证淬火后有足够高的硬度。虽然该类钢淬火后硬度相近,但随碳含量增加,未溶渗碳体增多,使钢耐磨性增加,而韧性下降。故不同牌号的该类钢所承制的刃具亦不同。高级优质碳素工具钢淬裂倾向较小,宜制造形状复杂的刃具。

3) 热处理特点

碳素工具钢的预备热处理为球化退火,在锻、轧后进行,目的是降低硬度、改善切削加工性能,并为淬火做组织准备。最终热处理是淬火+低温回火。淬火温度为 780 ℃,回火温度为 180 ℃,组织为回火马氏体+粒状渗碳体+少量残余奥氏体。

碳素工具钢的缺点是淬透性低,截面大于 $10\sim12$ mm 的刃具仅表面被淬硬;其红硬性也低。温度升达 200 ℃后硬度明显降低,丧失切削能力;且淬火加热易过热,致使钢的强

度、塑性、韧性降低。因此该类钢仅用来制造截面较小、形状简单、切削速度较低的刃具,用来加工低硬度材料。

4) 钢种和牌号

碳素工具钢的牌号、主要成分、硬度及用途见表7.9。

表7.9 碳素工具钢的牌号、主要成分、硬度及用途

牌 号	主要成分/%			硬度/HRC		用 途
	w_C	$w_{Si} \leqslant$	$w_{Mn} \leqslant$	退火后$\leqslant$	淬火后$\geqslant$	
T7(A)	0.65~0.74	0.40	0.35	187	62	受冲击的工具,如手锤、旋具等
T8(A)	0.75~0.84	0.40	0.35	187	62	低速切削刀具,如锯条、木工刀具、
T9(A)	0.85~0.90	0.40	0.35	192	62	虎钳钳口、饲料机刀片等
T10(A)	0.95~1.04	0.40	0.35	197	62	低速切削刀具、小型冷冲模、形状
T11(A)	1.05~1.14	0.40	0.35	207	62	简单的量具
T12(A)	1.15~1.24	0.40	0.35	207	62	不受冲击,但要求硬、耐磨的工具,
T13(A)	1.25~1.35	0.40	0.35	217	62	如锉刀、丝锥、板牙等

2. 低合金刃具钢

1) 成分特点

(1) 高碳

保证刃具有高的硬度和耐磨性,碳含量为0.9%~1.1%。

(2) 加入Cr、Mn、Si、W、V等合金元素

Cr、Mn、Si主要是提高钢的淬透性,Si还能提高回火稳定性;W、V能提高硬度和耐磨性,并防止加热时过热,保持晶粒细小。

2) 热处理特点

预备热处理为锻造后进行球化退火。最终热处理为淬火+低温回火,其组织为回火马氏体+未溶碳化物+残余奥氏体。

与碳素工具钢相比,由于合金元素的加入,淬透性提高了,因此可采用油淬火,淬火变形和开裂倾向小。

3) 钢种和牌号

常用低合金刃具钢的牌号、主要成分、热处理和用途见表7.10。

表7.10 常用低合金刃具钢的牌号、主要成分、热处理和用途

牌 号	主要成分/%				热处理温度/℃		硬度/HRC	用 途
	w_C	w_{Si}	w_{Mn}	w_{Cr}	淬火	回火		
9Mn2V	0.85~0.95	$\leqslant 0.40$	1.70~2.00		780~810 油	150~200	60~62	丝锥、板牙、铰刀、量规、块规、精密丝杆
9CrSi	0.85~0.95	1.20~1.60	0.30~0.60	0.95~1.25	820~860 油	180~200	60~63	耐磨性高、切削不剧烈的刀具,如板牙、齿轮铣刀等
CrWMn	0.90~1.05	$\leqslant 0.40$	0.80~1.10	0.90~1.20	800~830 油	140~160	62~65	要求淬火变形小的刀具,如拉刀、长丝锥、量规等

续表

牌 号	主要成分/%				热处理温度/℃		硬度/HRC	用 途
	w_C	w_{Si}	w_{Mn}	w_{Cr}	淬火	回火		
Cr2	0.95~1.10	≤0.40	≤0.40	1.30~1.65	830~860 油	150~170	60~62	低速、切削量小、加工材料不很硬的刀具、测量工具，如样板
CrW5	1.25~1.50	≤0.30	≤0.30	0.40~0.70	800~820 水	150~160	64~65	低速切削硬金属用的刀具，如车刀、铣刀、刨刀
9Cr2	0.85~0.95	≤0.40	≤0.40	1.30~1.70	820~850 油			主要作冷轧辊、钢引冲孔凿、尺寸较大的铰刀

Cr2 钢含碳量高,加入 Cr 后显著提高淬透性,减小变形与开裂倾向,碳化物细小均匀,使钢的强度和耐磨性提高。可制造截面较大(20~30mm)、形状较复杂的刀具,如车刀、铣刀、刨刀等。

9SiCr 钢有更高的淬透性和回火稳定性。其工作温度可达 250~300 ℃。适宜制造形状复杂、变形小的刀具,特别是薄刃者,如板牙、丝锥、钻头等。但该钢脱碳倾向大,退火硬度较高,切削性能较差。

3. 高合金刃具钢(高速钢,也称为风钢)

高速钢就是高合金刃具钢,具有很高的热硬性,在高速切削的刃部温度达 600 ℃时,硬度无明显下降。

1) 成分特点

(1) 高碳

碳含量在 0.70% 以上,最高可达 1.5% 左右,它一方面要保证能与 W、Cr、V 等形成足够数量的碳化物;另一方面还要有一定数量的碳溶于奥氏体中,以保证马氏体的高硬度。

(2) 加入铬提高淬透性

几乎所有高速钢的含铬量均为 4% 左右。铬的碳化物($Cr_{23}C_6$)在淬火加热时几乎全部溶于奥氏体中,增加过冷奥氏体的稳定性,大大提高钢的淬透性。铬还提高钢的抗氧化、脱碳能力。

(3) 加入钨

钨的加入能保证钢高的热硬性。退火状态下 W 或 Mo 主要以 M_6C 型的碳化物形式存在。淬火加热时,一部分$(Fe,W)_6C$ 等碳化物溶于奥氏体中,淬火后存在于马氏体中。在 560 ℃左右回火时,碳化物以 W_2C 或 Mo_2C 形式弥散析出,造成二次硬化。这种碳化物在 500~600 ℃非常稳定,不易聚集长大,从而使钢产生良好的热硬性。淬火加热时,未溶的碳化物能起阻止奥氏体晶粒长大及提高耐磨性的作用。

(4) 加入钒提高耐磨性

V 形成的碳化物 VC(或 V_4C_3)非常稳定,极难溶解,硬度较高(大大超过 W_2C 的硬度),且颗粒细小,分布均匀,因此对提高钢的硬度和耐磨性有很大作用。钒也产生二次硬化,但因总含量不高,对提高热硬性的作用不大。

2) 热处理特点

现以应用较广泛的 W18Cr4V 钢为例,说明高速钢的加工及热处理特点。

W18Cr4V 钢在工厂中得到了广泛应用,适于制造一般高速切削用车刀、刨刀、钻头、铣刀等。下面就以 W18Cr4V 钢制造的盘形齿轮钎刀为例,说明其热处理工艺方法的选定和工艺路线的安排。

盘形齿轮铣刀的主要用途是铣制齿轮。在工作过程中,齿轮铣刀往往会磨损变钝而失去切削能力,因此要求齿轮铣刀经淬火回火后,保证具有高硬度(刃部硬度要求为 HRC63～65)、高耐磨性及热硬性。为了满足上述性能要求,根据盘形齿轮铣刀的规格(模数 $m=3$)和W18Cr4V 钢成分的特点来选定热处理工艺方法,安排工艺路线。

盘形齿轮铣刀生产过程的工艺路线如下:下料→锻造→退火→机械加工→淬火＋回火→喷砂→磨加工→成品。高速钢的铸态组织中具有鱼骨骼状碳化物,如图 7.7 所示。这些粗大的碳化物不能用热处理的方法来消除,只能用锻造的方法将其击碎,并使它分布均匀。

锻造退火后的显微组织由索氏体和分布均匀的碳化物组成,如图 7.8 所示。如果碳化物分布不均匀,将使刀具的强度、硬度、耐磨性、韧性和热硬性均降低,从而使刀具在使用过程中容易崩刃和磨损变钝,导致早期失效。据某厂统计,在数百件崩齿、落齿的刀具中,98％以上都是由于碳化物不均匀造成。可见高速钢坯料的锻造,不仅是为了成型,而且是为了击碎粗大碳化物,使碳化物分布均匀。

图 7.7　W18Cr4V 钢的铸态组织(500×)

图 7.8　W18Cr4V 钢的锻造退火后的组织(500×)

对齿轮铣刀锻坯碳化物不均匀性要求小于等于 4 级。为了达到上述要求,高速钢锻造反复镦粗、拔长多次,绝不应一次成形。由于高速钢的塑性和导热性均较差,而且具有很高的淬透性,在空气中冷却即得到马氏体淬火组织。因此,高速钢坯料锻造后应予缓慢冷却,通常采用砂中缓冷,以免产生裂纹。这种裂纹在热处理时会进一步扩张,导致整个刀具开裂报废。锻造时如果停锻温度过高(>1000 ℃)或变形度不大,会造成晶粒的不正常长大。

锻造后必须经过退火,以降低硬度(退火后硬度为 HB207～255),消除应力,并为随后淬火回火热处理做好组织准备。

为了缩短时间,一般采用等温退火。W18Cr4V 钢的等温退火工艺,为了使齿轮铣刀在铣削后齿面有较高的光洁度,在铣削前需增加调质处理。即在 900～920 ℃加热,油中冷却,然后在 700～720 ℃回火 1～3 h。调质后的组织为回火索氏体＋碳化物,其硬度为 HRC26～32。若硬度低,则光洁度达不到要求。

W18Cr4V 钢制盘形齿轮铣刀的淬火回火工艺如图 7.9 所示。由图 7.9 可见,W18Cr4V钢制盘形齿轮铣刀在淬火之前先要进行一次预热(800～840 ℃)。由于高速钢导热性差、塑性低,而淬火温度又很高,假如直接加热到淬火温度很容易产生变形与裂纹,所以必须预热。对于大型或形状复杂的工具,还要采用两次预热。

图 7.9　W18Cr4V 钢制盘形齿轮铣刀淬火回火工艺

　　高速钢的热硬性主要取决于马氏体中合金元素的含量,即加热时溶于奥氏体中合金元素的量。淬火温度对奥氏体成分的影响很大,如图 7.10 所示。

　　由图 7.10 可知,对高速钢热硬性影响最大的两种元素为 W 和 V,在奥氏体中的溶解度只有在 1000 ℃以上时才有明显的增加,在 1270～1280 ℃时,奥氏体中含有 7％～8％的钨、4％的铬、10％的钒。温度再高,奥氏体晶粒就会迅速长大变粗,淬火状态残余奥氏体也会迅速增多,从而降低高速钢性能。这就是淬火温度一般定为 1270～1280 ℃的主要原因。高速钢刀具淬火加热时间一般按 8～15 s/mm(厚度)计算。

　　淬火方法应根据具体情况确定,本例的铣刀采用 580～620 ℃在中性盐中进行一次分级淬火。分级淬火可以减小变形与开裂。对于小型或形状简单的刀具也可采用油淬等。

　　W18Cr4V 钢硬度与回火温度的关系,如图 7.11 所示。由图 7.11 可知,在 550～570 ℃回火时硬度最高,其原因有两点。

　　① 在此温度范围内,钨及钒的碳化物(W_2C、VC)呈细小分散状从马氏体中沉淀析出(弥散沉淀析出),这些碳化物很稳定,难以聚集长大,从而提高了钢的硬度,这就是所谓"弥散硬化"。

图 7.10　W18Cr4V 钢淬火温度
对奥氏体成分的影响

图 7.11　W18Cr4V 钢硬度与
回火温度的关系

② 在此温度范围内,一部分碳及合金元素也从残余奥氏体中析出,从而降低了残余奥氏体中碳及合金元素含量,提高了马氏体转变温度。当随后冷却时,就会有部分残余奥氏体转变为马氏体,使钢的硬度得到提高。由于以上原因,在回火时便出现了硬度回升的"二次硬化"现象。

为什么要进行三次回火呢?因为 W18Cr4V 钢在淬火状态有 20%～25%的残余奥氏体,一次回火难以全部消除,经三次回火即可使残余奥氏体减至最低量(一次回火后约剩15%,二次回火后剩 3%～5%,三次回火后剩 1%～2%)。后一次回火还可以消除前一次回火由于奥氏体转变为马氏体所产生的内应力。它由回火马氏体+少量残余奥氏体+碳化物组成。常用高速钢的牌号、主要化学成分、热处理及性能见表 7.11。

表 7.11　常用高速钢的牌号、主要化学成分、热处理及性能

钢　号	主要化学成分/%					热处理及性能		
	w_C	w_W	w_V	w_{Cr}	w_{Mo}	淬火/℃	回火/℃	回火后硬度≥/HRC
W18Cr4V	0.70～0.80	17.5～19.0	1.00～1.40	3.80～4.40		1270～1285 油	550～570 三次	63
W6Mo5Cr4V2	0.80～0.90	5.50～6.75	1.75～2.20	3.80～4.40	4.75～5.50	1210～1230 油	540～560 三次	63

7.1.4.2　模具钢

模具钢一般分为冷作模具钢和热作模具钢两大类。由于冷作模具钢和热作模具钢的工作条件不同,因而对模具钢性能要求有所区别。为了满足其性能要求,必须合理选用钢材,正确选定热处理工艺方法,妥善安排工艺路线。

1. 冷作模具钢

1) 用途

冷作模具钢用于制造各种冷冲模、冷镦模、冷挤压模及拉丝模等。工作温度不超过200～300 ℃。

2) 性能要求

冷作模具钢工作时承受很大的压力、弯曲力、冲击载荷和摩擦,主要损坏形式是磨损,也常出现崩刃、断裂和变形等失效现象。因此冷作模具钢应具有以下基本性能。

(1) 高硬度,一般为 HRC58～62;

(2) 高耐磨性;

(3) 足够的韧性与疲劳抗力;

(4) 热处理变形小。

3) 成分特点

(1) 高碳

多在 1.0%以上,有时达 2%,以保证获得高硬度和高耐磨性。

(2) 加入 Cr、Mo、W、V 等合金元素

加入这些合金元素后,形成难溶碳化物,提高耐磨性。尤其是加 Cr,典型的 Cr12 型钢,铬含量高达 12%。铬与碳形成 M_7C_3 型碳化物,能极大地提高钢的耐磨性。铬还显著提高

淬透性。

4）热处理特点

高碳高铬冷模具钢的热处理方案有两种。

（1）一次硬化法

在较低温度（950～1000 ℃）下淬火，然后低温（150～180 ℃）回火，硬度可达 HRC61～64，使钢具有较好的耐磨性和韧性，适用于重载模具。

（2）二次硬化法

在较高温度（1100～1150 ℃）下淬火，然后于 510～520 ℃多次（一般为三次）回火，产生二次硬化，使硬度达 HRC60～62，红硬性和耐磨性较高（但韧性较差）。适用于在 400～450 ℃温度下工作的模具。Cr12 型钢热处理后组织为回火马氏体、碳化物和残余奥氏体。

Cr12 型钢属莱氏体钢，网状共晶碳化物和碳化物的不均匀分布使材料变脆，以致发生崩刃现象，所以要反复锻造来改善其分布状态。

5）钢种和牌号

冷作模具钢的牌号、主要成分、热处理、性能及用途见表 7.12。

2. 热作模具钢

1）用途

用于制造各种热锻模、热压模、热挤压模和铸模等，工作时型腔表面温度可达 600 ℃以上。

2）性能要求

热作模具钢工作中承受很大的冲压载荷、强烈的塑性摩擦、剧烈的冷热循环所引起的不均匀热应变和热应力以及高温氧化，常出现崩裂、塌陷、磨损、龟裂等失效现象。因此热作模具钢的主要性能要求是：

（1）高的热硬性和高温耐磨性；

（2）高的抗氧化能力；

（3）高的热强性和足够高的韧性，尤其是承受冲击较大的热锻模钢；

（4）高的热疲劳抗力，以防止龟裂破坏。此外由于热作模具一般较大，还要求有高的淬透性和导热性。

3）成分特点

（1）中碳。碳含量一般为 0.3%～0.6%，以保证高强度、高韧性，较高的硬度（HRC35～52）和较高的热疲劳抗力。

（2）加入较多的提高淬透性的元素 Cr、Ni、Mn、Si 等。Cr 是提高淬透性的主要元素，同时和 Ni 一起提高钢的回火稳定性。Ni 在强化铁素体的同时还增加钢的韧性，并与 Cr、Mo 一起提高钢的淬透性和耐热疲劳性能。

（3）加入产生二次硬化的 Mo、W、V 等元素，Mo 还能防止第二类回火脆性，提高高温强度和回火稳定性。

4）热处理特点

对于热模钢，要反复锻造，其目的是使碳化物均匀分布。锻造后要退火，其目的是消除锻造应力、降低硬度（HB197～241），以便于切削加工。最后通过淬火＋高温回火（调质处理），得回火索氏体，以获得良好的综合力学性能来满足使用要求。

5）钢种和牌号

对于中小尺寸(截面尺寸小于 300 mm 的模具,一般采用 5CrMnMo；对于大尺寸(截面尺寸大于 400 mm)的模具,一般采用 5CrNiMo。

各类常用模具钢的牌号、主要成分、热处理、性能及用途见表 7.12。

表 7.12 各类常用模具钢的牌号、主要成分、热处理、性能及用途

类别	牌 号	主要成分/%				热处理温度				用 途
		w_C	w_{Mn}	w_{Si}	w_{Cr}	淬火/℃	硬度/HRC	回火/℃	硬度/HRC	
冷作模具钢	Cr12	2.00～2.30	≤0.35	≤0.40	11.5～13.0	980 油	62～65	180～220	60～62	冷冲模、冲头、冷切剪刀
						1080 油	45～50	520(三次)	59～60	
	Cr12MoV	1.45～1.70	≤0.35	≤0.40	11.0～12.5	1030 油	62～63	180～200	61～62	冷切剪刀、冷丝模
						1120 油	41～50	510(三次)	60～61	
热作模具钢	5CrNiMo	0.50～0.60	0.50～0.80	≤0.35	0.50～0.80	830～860 油	≤47	530～550	364～402 HBW	大型锻模
	5CrMnMo	0.50～0.60	1.20～1.60	0.25～0.60	0.60～0.90	820～850 油	≥50	560～580	324～364 HBW	中型锻模
	6SiMnV	0.55～0.65	0.90～1.20	0.80～1.10		820～860 油	≥56	490～510	374～444 HBW	中小型锻模
	3Cr2W8V	0.30～0.40	0.20～0.40	≤0.35	2.20～2.70	1050～1100 油	>50	560～580 (三次)	44～48	螺钉或铆钉热轧模、热切剪刀

7.1.4.3 量具钢

(1)用途

量具钢用于制造各种测量工具,如卡尺、千分尺、螺旋测微仪、块规、塞规等。

(2)性能要求

对量具的基本要求是在长期存放与使用中要保证其尺寸精度,即形状尺寸不变。通常引起量具在使用或存放中发生尺寸精度降低的原因主要有磨损和时效效应。量具在多次使用中会与工件表面之间有摩擦作用,会使量具磨损并改变其尺寸精度。实践还表明,组织相应力上的原因也会引起量具在长期使用或存放中尺寸精度的变化,这种现象称为时效效应。在淬火和低温回火状态下,钢中存在以下三种导致尺寸变化的因素:残余奥氏体转变成马氏体,引起体积膨胀;马氏体分解,正方度下降,使体积收缩;残余应力的变化和重新分布,使弹性变形部分转变为塑性变形引起尺寸变化。

所以对量具钢的性能要求是:高的硬度和耐磨性;高的尺寸稳定性,热处理变形要小,存放和使用过程中,尺寸不发生变化。

(3)成分特点

量具钢的成分与低合金刃具钢相同,为高碳(0.9%～1.5%)和加入提高淬透性的元素(Cr、W、Mn 等)。

(4)热处理特点

为保证量具的高硬度和耐磨性应选择的热处理工艺为淬火和低温回火。为了量具的尺

寸稳定、减小时效效应,通常需要三个附加的热处理工序:淬火之前的调质处理,常规淬火之后的冷处理,常规热处理后的时效处理。

调质处理的目的是获得回火索氏体组织。因为回火索氏体组织与马氏体的体积差别较小,能使淬火应力和变形减小,从而有利于降低量具的时效效应。

冷处理的目的是使残余奥氏体转变为马氏体,减少残余奥氏体量,从而增加量具的尺寸稳定性。冷处理应在淬火后立即进行。

时效处理通常在磨削后进行。量具磨削后在表面有层很薄的二次淬火层,为使这部分组织稳定,需在 110～150 ℃经过 6～36 h 的人工时效处理,以使组织稳定。

常用的量具用钢选用见表 7.13。

表 7.13　量具用钢的选用举例

量　　具	钢　　号
平样板或卡板	10、20 或 50、55、60、60Mn、65Mn
一般量规与块规	T10A、T12A、9CrSi
高精度量规与块规	Cr 钢、CrMn 钢、GCr15
高精度且形状复杂的量规与块规	CrWMn(低变形钢)
抗蚀量具	4Cr13、9Cr18(不锈钢)

7.1.5　特殊性能钢

用于制造在特殊工作条件或特殊环境(腐蚀介质、高温等)下具有特殊性能要求的构件和零件的钢材,称为特殊性能钢。特殊性能钢一般包括不锈钢、耐热钢、耐磨钢、磁钢等。这些钢在机械制造,特别是在化工、石油、电机、仪表和国防工业等部门都有广泛、重要的用途。

7.1.5.1　不锈钢

在化工、石油等工业部门中,许多机件与酸、碱、盐及含腐蚀性气体和水蒸气直接接触,使机械产生腐蚀。因此,用于制造这些机件的钢除应有一定的力学性能及工艺性能,还必须具有良好的抗腐蚀性能。所以,如何获得良好的抗腐蚀性能是这类钢合金化和热处理的基本出发点。

不锈钢是在大气和弱腐蚀介质中耐蚀的钢。而在各种强腐蚀介质(酸)中耐腐蚀的钢,则称为耐酸钢。

为了了解这类钢是如何通过合金化及热处理来实现钢的耐蚀性能,首先要了解钢的腐蚀过程及失效形式。

1. 金属腐蚀的概念

腐蚀是由外部介质引起金属破坏的过程。自然界中金属腐蚀(metallic corrosion)的形式很多,但就其本质而言,可分为两大类:化学腐蚀(chemical corrosion)和电化学腐蚀(electrochemical corrosion)。

化学腐蚀是指金属直接与介质发生化学反应。例如,钢的高温氧化、脱碳,在石油、燃气中的腐蚀等。腐蚀过程是铁与氧、水蒸气等直接接触,发生氧化反应。

$$4Fe + 3O_2 \longrightarrow 2Fe_2O_3$$

$$Fe + 2H_2O \longrightarrow Fe(OH)_2 + H_2\uparrow$$

这些化学反应的结果使金属逐渐发生破坏。但是如果化学腐蚀的产物与基体结合得很牢固且很致密,这时使腐蚀的介质与基体金属隔离,会阻碍腐蚀继续进行。因此,防止金属产生化学腐蚀的主要措施之一是加入 Si、Cr、Al 等能形成保护膜的合金元素进行合金化。

电化学腐蚀是指金属在电解质溶液里因原电池作用产生电流而引起腐蚀。根据原电池原理,产生电化学腐蚀的条件是必须由两个电位不同的电极、电解质溶液、两电极构成电路。

那么工程上服役的构件及零件是怎样满足上述电化学腐蚀条件的呢?

一般钢的腐蚀是由电化学腐蚀引起的,但又与一般化学书中介绍的原电池有所不同。在一般原电池中需要有两块电极电位不同的金属极板,而实际钢铁材料是在同一块材料上发生电化学腐蚀,称为微电池现象。在碳钢的平衡组织中,除了有铁素体,还有碳化物。这两个相的电极电位不同。铁素体的电位低(阳极),渗碳体电位高(阴极),这两者就构成了一对电极。加之钢材在大气中放置时表面会吸附水蒸气形成水溶液膜,于是就构成了一个完整的微电池,产生了电化学腐蚀。

根据电化学腐蚀产生的位置及条件,常常出现各种不同类型的腐蚀形式,如晶间腐蚀、应力腐蚀、疲劳腐蚀等。由上述电池过程可知,为了提高金属的耐腐蚀能力,可以采用以下三种方法:

① 减少原电池形成的可能性,使金属具有均匀的单相组织,并尽可能提高金属的电极电位;

② 形成原电池时,尽可能减小两极的电极电位差,并提高阳极的电极电位;

③ 减小甚至阻断腐蚀电流,使金属"钝化",即在表面形成致密的、稳定的保护膜,将介质与金属隔离,这是提高金属耐腐蚀性非常有效的方法。

2. 用途及性能要求

不锈钢在石油、化工、原子能、宇航、海洋开发、国防工业和一些尖端科学技术及日常生活中都得到广泛应用。主要用来制造服役于各种腐蚀介质中且具有较高腐蚀能力的零件或结构,如化工装置中的各种管道、阀门和泵、热裂设备零件、医疗手术器械、防锈刃具和量具等。

对不锈钢的性能要求最主要的是抗蚀性。此外,制作工具的不锈钢,还要求有高硬度、高耐磨性;制作重要结构零件时,要求有高强度;某些不锈钢则要求有较好的加工性能,等等。

3. 合金化特点

(1) 碳含量

耐蚀性要求越高,碳含量应越低,因为它增加阴极相(碳化物)。特别是它与铬能形成碳化物(多为 $(Cr,Fe)_{23}C_6$),故晶界析出,使晶界周围基体严重贫铬。当铬贫化到耐蚀所必需的最低含量(约12%)以下时,贫铬区迅速被腐蚀,造成沿晶界发展的晶间腐蚀,使金属产生沿晶脆断的危险。大多数不锈钢的碳含量为 0.1%~0.2%,但用于制造刃具和滚动轴承等的不锈钢,碳含量应较高(可达 0.85%~0.95%),此时必须相应地提高铬含量。

(2) 加入最主要的合金元素铬

铬能提高基体的电极电位。铬加入后,铁素体的电极电位的变化随着含铬量的增加不是渐变的,而是突变式的,即含 Cr 量为 12.5%、25%、37.5%(原子比)时,电极电位才能显著地提高。Cr 是缩小 γ 区的元素,当铬含量很高时能得到单一的铁素体组织。另外,Cr 在氧化性介质(如水蒸气、大气、海水、氧化性酸等)中极易钝化,生成致密的氧化膜,使钢的耐蚀性大大提高。

(3) 同时加入镍

可获得单相奥氏体组织,显著提高耐蚀性。但这时钢的强度不高,如果要获得适度的强度和高耐蚀性,必须把镍和铬同时加入钢中才能达到构件及零件的性能要求。

(4) 加入钼、铜等

Cr 在非氧化性酸(如盐酸、稀硫酸和碱溶液等)中的钝化能力差。加入 Mo、Cu 等元素,可提高钢在非氧化性酸中的耐蚀能力。

(5) 加入钛、铌等

Ti、Nb 能优先同碳形成稳定的碳化物,使 Cr 保留在基体中,避免晶界贫铬,从而减轻钢的晶界腐蚀倾向。

(6) 加入锰、氮等

锰对奥氏体的作用与镍相似,增加奥氏体的稳定性,抑制奥氏体的分解,但在提高钢的耐蚀性方面作用不大。氮是奥氏体稳定元素,可提高钢的强度,增加耐蚀性。以锰代替部分镍或采用氮和锰的复合合金代替昂贵的镍(还有提高氮溶解度的优点),具有更高的强度和耐蚀性。

4. 常用不锈钢

根据成分与组织的特点,不锈钢可分为以下几种类型。

(1) 奥氏体型

这是应用最广泛的一类不锈钢。由于通常含有 18% 左右的 Cr 和 8% 以上的 Ni,因此也常被称为 18-8 型不锈钢。这类钢具有很高的耐蚀性,并具有优良的塑性、韧性和焊接性。虽然强度不高,但可通过冷变形强化。这类钢在 450~800 ℃ 加热时,晶界附近易出现贫铬区,往往会产生晶间腐蚀。为此常采取加入 Ti 或 Nb 以及发展超低碳不锈钢(含碳量小于0.03%)等预防措施。此外,这类钢应进行固溶处理(950~1100 ℃ 加热,然后用水迅速冷却至室温),以获得单相奥氏体。

(2) 铁素体型

这类钢含铬 17%~30%,含碳小于 0.15%,加热至高温也不发生相变,不能通过热处理来改变组织和性能,通常是在退火或正火状态使用。这类钢具有较好的塑性,但强度不高,对硝酸、磷酸有较高的耐蚀性。

(3) 马氏体型

这类钢含铬 12%~14%,含碳 0.1%~0.4%,正火组织为马氏体。马氏体不锈钢具有较好的力学性能,有很高的淬透性,直径不超过 100mm 即可在空气中淬透。

(4) 沉淀硬化型

这类型的成分与 18-8 型不锈钢相近,但含 Ni 量略低,并加入少量 Al、Ti、Cu 等强化元素。从高温快冷至室温时,得到不稳定的奥氏体或马氏体。在 500 ℃ 左右时效,可析出大量细小弥散的碳化物,使钢在保持相当的耐蚀性的同时具有很高的强度。这类钢还具有优良的工艺性能。

各种类型不锈钢的牌号、主要成分、力学性能和用途见表7.14。

表 7.14　各种类型不锈钢的牌号、主要成分、力学性能和用途

类别	牌号	主要成分/%			热处理温度	力学性能			用途
		w_C	w_{Cr}	w_{Ni}	淬火/℃	$\sigma_b \geqslant$/ MPa	$\sigma_s \geqslant$/ MPa	$\delta \geqslant$/ %	
奥氏体不锈钢	0Cr18Ni9	≤0.08	17~19	8~12	1050~1100 水	490	180	40	化工行业良好的耐蚀材料
	1Cr18Ni9	≤0.12	17~19	8~12	1100~1150 水	550	200	45	制作耐硝酸、冷磷酸、有机酸及盐、碱溶液腐蚀的设备零件
	1Cr18Ni9Ti	≤0.12	17~19	8~11	1100~1150 水	550	200	40	耐酸容器及设备衬里,输送管道等设备和零件,抗磁仪表、医疗器械
马氏体不锈钢	1Cr13	0.08~0.15	12~14		1000~1050 水油, 700~790 回火	600	420	20	制作能抗弱腐蚀性介质、承受冲击负荷的零件,如汽轮机叶片、水压机阀、结构架、螺栓、螺帽等
	2Cr13	0.16~0.24	12~14		1000~1050 水油, 700~790 回火	660	450	16	
	3Cr13	0.25~0.34	12~14		1000~1050 油, 200~300 回火				制作具有高硬度和耐磨性的医疗工具、量具、滚珠轴承等
	4Cr13	0.35~0.45	12~14		1000~1050 油, 200~300 回火				制作具有高硬度和耐磨性的医疗工具、量具、滚珠轴承等
铁素体不锈钢	1Cr17	≤0.12	16~18		750~800 空冷	400	250	20	制作硝酸工厂设备,如吸收塔、热交换器、酸槽、输送管道及食品工厂设备等
	Cr25Ti	≤0.12	25~27		700~800 空冷	450	300	20	生产硝酸及磷酸的设备

7.1.5.2　耐热钢

耐热钢是具有高温抗氧化性和一定高温强度等优良性能的特殊钢。高温抗氧化性是金属材料在高温下对氧化作用的抗力,而高温强度是金属材料在高温下对机械负荷作用具有较高抗力的钢。

1. 耐热钢的抗氧化性及高温强度

（1）金属的抗氧化性

金属的抗氧化性(resistanceto oxidation)是保证零件在高温下能持久工作的重要条件,抗氧化能力的高低主要由材料的成分来决定。钢中加入足够的 Cr、Si、Al 等元素,使钢在高温下与氧接触时,表面能生成致密的高熔点氧化膜。它严密地覆盖住钢的表面,可以保护钢免于高温气体的继续腐蚀。例如,钢中含有 15％Cr 时,其抗氧化度可达 900 ℃；若含 20％～

25％Cr,则抗氧化度可达 1100 ℃。

（2）金属的高温强度

金属在高温下所表现的机械性能与室温下是大不相同的。当温度超过再结晶温度时,除受机械力的作用产生塑性变形和加工硬化,同时还可发生再结晶和软化过程。当工作温度高于金属的再结晶温度,工作应力超过金属在该温度下的弹性极限时,随着时间的延长,金属发生极其缓慢的变形,这种现象称为"蠕变"(creep)。金属对蠕变抗力越大,即表示金属高温强度越高。通常加入能升高钢的再结晶温度的合金元素来提高钢的高温强度。

金属的蠕变过程是塑性变形引起金属的强化过程在高温下通过原子扩散使其迅速消除。因此,在蠕变过程中,两个相互矛盾的过程同时进行,即塑性变形使金属强化和由温度的作用而消除强化。蠕变现象产生的条件为材料的工作温度高于再结晶温度,工作应力高于弹性极限。

因此要想完全消除蠕变现象,必须使金属的再结晶温度高于材料的工作温度,或者增加弹性极限使其在该温度下高于工作应力。

对高温工作的零件不允许产生过大的蠕变变形,应严格限制其在使用期间的变形量。如汽轮机叶片,由于蠕变而使叶片末端与气缸之间的间隙逐渐消失,最终会导致叶片及气缸碰坏,造成重大事故。因此对这类在高温下工作,精度要求又高的零件用钢的热强性,通常用蠕变极限(creep limit)来评定。

蠕变极限,即在一定温度下引起一定变形速度的应力。通常用 $\delta_{\varepsilon\%/h}^{T℃}$ 表示,如 $\delta_{1\times10^{-5}\%/h}^{580℃}=95$ MPa,表示材料在 580 ℃下蠕变速度为 $1\times10^{-5}\%/h$ 的蠕变极限为 95 MPa。

对一些在高温下工作时间较短,不允许发生断裂的工作,如宇宙火箭工作的时间是几十分钟,而送入轨道的一级或二级运载火箭的工作时间仅是几秒钟。在这种情况下,要求构件不会发生断裂,便不能用蠕变极限来评定,而应用持久强度来评定。

持久强度(endurance strength)是在一定温度下,经过一定时间引起断裂的应力,通常用 $\sigma_\tau^{T℃}$ 表示。其中 $T℃$ 为试验温度,τ 为断裂时间。如果取时间等于 100 h,则在这段时间内引起断裂的应力就是 100 h 的持久强度。经 300 h 引起断裂的应力显然比经 100 h 引起断裂的应力要小。

材料的蠕变极限和持久强度越高,材料的热强性也越高。

不同类型的耐热钢使用于不同的温度。一般来说,马氏体耐热钢在 300～600 ℃使用,铁素体、奥氏体耐热钢用于 600～800 ℃,800～1000 ℃则常用镍基高温合金。

2. 常用耐热钢

1）抗氧化钢

在高温下有较好的抗氧化性并有一定强度的钢种称为抗氧化钢,又叫作不起皮钢。它多用来制造炉用零件和热交换器,如燃气轮机燃烧空、锅炉吊钩、加热炉底板和辊道以及炉管等。高温炉用零件的氧化剥落是零件损坏的主要原因。锅炉过热器等受力器件的氧化还会削弱零件的结构强度,因此在设计时要增加氧化余量。高温螺栓氧化会造成螺纹咬合,这些零件都要求高的抗氧化性。

抗氧化性取决于表面氧化皮稳定性、致密性及其与基体金属的黏附能力,其主要影响因素是化学成分。

（1）铬

铬是一种钝化元素,含铬钢能在表面形成一层致密的 Cr_2O_3 氧化膜,有效地阻挡外界的氧原子继续往里扩散。较高温度使用的钢和合金,含铬量常大于 20%。如含铬 22% 在 100 ℃ 以下是稳定的,可以形成连续而又致密的氧化膜。

（2）硅

含硅钢在高温时其表面可形成一层 SiO_2 薄膜,能提高抗氧化性。但过量的硅会恶化钢的热加工工艺性能。

（3）铝

铝和硅都是比较经济的提高抗氧化性的元素。含铝钢在表面形成 Al_2O_3 薄膜,与 Cr_2O_3 相似,能起很好的保护作用。含铝 6% 可使钢在 980 ℃ 时具有较好的抗氧化性。含铝 5% 的铁锰铝奥氏体钢可在 800 ℃ 长期使用。过高的铝量会使钢的冲击性能和焊接性能变坏。

（4）稀土元素

曾研究过稀土元素对 Cr28 钢抗氧化的影响,指出镧等稀土元素可进一步提高含铬钢的抗氧化性。认为它们会降低 Cr_2O_3 的挥发性,改善氧化膜组成,使其变为更加稳定的(Cr, La)O$_3$;又认为它们可促进铬扩散,有助于形成 Cr_2O_3。镧抑制在 1100～1200 ℃ 范围内形成容易分解的 NiO。

实际上应用的抗氧化钢大多是铬钢,是在铬镍钢或铬锰氮钢基础上添加硅或铝而配制成的。单纯的硅钢或铝钢因其机械性能和工艺性能欠佳而很少应用。

抗氧化性常用钢种有 3Cr18Mn12Si2N、2Cr20Mn9Ni2Si2N 等。它们的抗氧化性能很好,最高工作温度可达约 1000 ℃,多用于制造加热炉的变热构件、锅炉中的吊钩等。它们常以铸件的形式使用,主要热处理是固溶处理,以获得均匀的奥氏体组织。

2）热强钢

高温下有一定抗氧化能力和较高强度以及良好组织稳定性的钢种称为热强钢。汽轮机、燃气轮机的转子和叶片、锅炉过热器、高温工作的螺栓和弹簧、内燃机进排气阀等用钢均属此类。

（1）铁素体基耐热钢

这类钢的工作温度在 450～600 ℃,合金化是:

① 低碳　碳含量一般为 0.1%～0.2%。碳含量越高,组织越不稳定,碳化物越容易聚集长大,甚至发生石墨化,使热强度大大降低。

② 加入铬　改善钢的抗氧化性,提高钢的再结晶温度以增加高温强度。钢的耐蚀性和热强性要求越高,铬含量也应越高,可从 1% 到 3%。

③ 加入钼、钒　提高钢的再结晶温度,同时形成稳定的弥散碳化物来保持高的热强性。

（2）奥氏体基耐热钢

工作温度可达 600～700 ℃,合金化是:

① 低碳　多在 0.1% 以上,可达 0.4%。要利用碳形成碳化物起第二相强化作用。

② 加入大量铬、镍　总量一般在 25% 以上。Cr 主要提高热化学稳定性和热强性,Ni 保证获得稳定奥氏体。

③ 加入钨、钼等　提高再结晶温度,并析出较稳定的碳化物提高热强性。

④ 加入钒、钛、铝等　形成稳定的第二相提高热强性。第二相有碳化物(如 VC 等)和金属间化合物(如 Ni(Ti,Al)等)两类,后者强化效果较好。

3）马氏体型热强钢

常用钢种为 Cr12 型（1Cr11MoV、1Cr12WMoV）、铬硅钢（4Cr9Si2、4Cr10Si2M）等。

1Cr11MoV 钢和 1Cr12WMoV 钢具有较好的热强性、组织稳定性及工艺性。1Cr11MoV 钢适宜于制造 540 ℃ 以下汽轮机叶片、燃气轮机叶片、增压器叶片；1Cr12MoV 钢适宜于制造 580 ℃ 以下汽轮机叶片、燃气轮机叶片。这两种钢大多在调质状态下使用。1Cr11MoV 马氏体热强钢的调质热处理工艺为：1050～1000 ℃ 空冷，720～740 ℃ 高温回火（空冷）。

4Cr9Si2、4Cr10Si2Mo 等铬硅钢是另一类马氏体热强钢，属于中碳高合金钢。钢中含碳量提高到约 0.40%，主要是为了获得高的耐磨性；钢中加入少量的钼，有利于减小钢的回火脆性并提高热强性。这两种钢经适当的调质处理后，具有高的热强性、组织稳定性和耐磨性。4Cr9Si2 钢主要用来制造工作温度在 650 ℃ 以下的内燃机排气阀，也可用来制造工作温度在 800 ℃ 以下，受力较小的构件，如过热器吊架等。4Cr10Si2Mo 钢比 4Cr9Si2 钢含有更多的铬和钼，因此它的性能比较好，而且使回火脆性倾向减弱。该钢常用来制造某些航空发动机的排气阀，亦可用来制造加热炉构件。

4）奥氏体型热强钢

这类热强钢在 600～800 ℃ 温度范围内使用。它们含大量合金元素，尤其是含有较多的 Cr 和 Ni，其总量大大超过 10%。这类钢用于制造汽轮机、燃气轮机、舰艇、火箭、电炉等的部件，即广泛应用于航空、航海、石油及化工等工业部门。常用钢种有 4Cr14Ni14W2Mo、0Cr18Ni11Ti 等。这类钢一般进行固溶处理或固溶-时效处理。

4Cr14Ni14W2Mo 是 14-14-2 型奥氏体钢。由于钢中合金元素的综合影响，其热强性、组织稳定性及抗氧化性均比上述 4Cr9Si2 和 4Cr10Si2Mo 等马氏体热强钢高。

7.1.5.3　耐磨钢

某些机械零件，如挖掘机、拖拉机、坦克的履带板、球磨机的衬板等，在工作时会受到严重磨损及强烈撞击。因而制造这些零件的钢除了应有良好的韧性，还应具有良好的耐磨性。

在生产中应用最普遍的是高锰钢。

高锰钢铸件适用于承受冲击载荷和耐磨损的零件，但它几乎不能加工，且焊接性差，因而基本上都是铸造成型的，故其钢号写成 ZGMn13-1、ZGMn13-2 等。

高锰钢铸件的性质硬而脆，耐磨性也差，不能实际应用。其原因是在铸态组织中存在碳化物。实践证明，高锰钢只有在全部获得奥氏体组织时才呈现出最为良好的韧性和耐磨性。

为了使高锰钢全部获得奥氏体组织，需进行"水韧处理"。水韧处理是一种淬火处理的操作，其方法是钢加热至临界点温度以上（在 1060～1100 ℃）并保温一段时间，使钢中碳化物全部溶解到奥氏体中，然后迅速浸淬于水中冷却。由于冷却速度非常快，碳化物来不及从奥氏体中析出，因而保持了均匀的奥氏体状态。水韧处理后，高锰钢组织全是单一的奥氏体，它的硬度并不高，在 HB180～220。当它受到剧烈冲击或较大压力作用时，表面层奥氏体将迅速产生加工硬化，并有马氏体及 ε 碳化物沿滑移面形成，从而使表面层硬度提高到 HB450～550，获得高的耐磨性，其心部则仍维持原来状态。

高锰钢制件在使用时必须伴随外来的压力和冲击作用，不然高锰钢是不耐磨的，其耐磨性并不比硬度相同的其他钢种好。如喷砂机的喷嘴，选用高锰钢或碳素钢来制造，它们的使用寿命几乎是相同的。这是因为喷砂机的喷嘴所通过的小砂粒不能引起高锰钢硬化所致。因此喷砂机喷嘴的材料就用不着选择高锰钢，一般选用淬火回火的碳素钢即可。

水韧处理后的高锰钢加热到 250 ℃以上是不合适的。这是因为加热超过 300 ℃时,在极短时间内即开始析出碳化物,使性能变坏。高锰钢铸件水韧处理后一般不做回火。为了防止产生淬火裂纹,可考虑改进铸件设计。

高锰钢广泛应用于既耐磨损又耐冲击的一些零件。在铁路交通方面,高锰钢用于铁道上的辙岔、辙尖、转辙器从小半径转弯处的轨条等。高锰钢用于这些零件,不仅由于它具有良好的耐磨性,而且由于它材质坚韧,不容易突然折断。即使有裂纹开始发生,由于加工硬化作用,也会抵抗裂纹的继续扩展,使裂纹扩展缓慢易被发觉。另外,高锰钢在寒冷气候条件下仍有良好的机械性能,不会冷脆。高锰钢在受力变形时,能吸收大量的能量,受到弹丸射击时也不易穿透,因此高锰钢也用于制造防弹板及保险箱钢板等。高锰钢还大量用于挖掘机、拖拉机、坦克等的履带板、主动轮、从动轮和履带支承滚轮等。由于高锰钢是非磁性的,也可用于既耐磨损又抗磁化的零件,如吸料器的电磁铁罩。

7.2　铸铁

铸铁是工业上应用最广泛的材料之一。它的使用价值与铸铁中碳的存在形式密切相关。一般说来,铸铁中的碳主要以石墨形式存在时才能被广泛地应用。

7.2.1　概述

从铁碳合金相图可知,铸铁是含碳量大于 2.11% 的铁碳合金。工业上常用铸铁的成分范围是:2.5%~4.0%C,1.0%~3.0%Si,0.5%~1.4%Mn,0.01%~0.50%P,0.02%~0.20%S。除此之外,为了提高铸铁的机械性能,还可加入一定量的合金元素,如 Cr、Mo、V、Cu、Al 等,组成合金铸铁。可见在成分上铸铁与钢的主要不同之处在于铸铁含碳和含硅量较高,杂质元素硫、磷较多。

同钢相比,铸铁生产设备和工艺简单、成本低廉,虽然强度、塑性和韧性较差,不能进行锻造,但是它却具有一系列优良的性能,如良好的铸造性、减摩性和耐磨性、良好的消震性和切削加工性以及缺口敏感性低等。因此,铸铁广泛应用于机械制造、冶金、石油化工、交通、建筑和国防等工业部门。特别是近年来由于稀土镁球墨铸铁的发展,更进一步打破了钢与铸铁的使用界限,不少过去使用碳钢和合金钢制造的重要零件,如曲轴、连杆、齿轮等,如今已可采用球墨铸铁来制造,“以铁代钢”“以铸代锻”。这不仅为国家和企业节约了大量的优质钢材,而且大大减少了机械加工的工时,降低了产品的成本。

铸铁之所以具有一系列优良的性能,除了因为它的含碳量较高,接近共晶合金成分,使得它的熔点低、流动性好,还因为它的含碳和含硅量较高,使得它的碳大部分不再以化合状态(Fe_3C)而以游离的石墨状态存在。铸铁组织的一个特点就是其中含有石墨,而石墨本身具有润滑作用,因而铸铁具有良好的减摩性和切削加工性。

7.2.1.1　铸铁的石墨化过程

铸铁组织中石墨的结晶形成过程叫作“石墨化”(graphitizing)过程。

在铁碳合金中,碳可能以两种形式存在,即化合状态的渗碳体(Fe_3C)和游离状态的石墨(常用 G 来表示)。其中渗碳体的晶体结构见第 2 章。石墨是碳的一种结晶形态,$w_C=$

100%,具有简单六方晶格,原子呈层状排列(图 7.12)。同一层晶面上碳原子间距为 0.142 nm,相互呈共价键结合;层与层之间的距离为 0.34 nm,原子间呈分子键结合。因其面间距较大,结合力弱,故其结晶形态常易发展成片状,且石墨本身的强度、塑性和韧性非常低,接近于零。

在铁碳合金中,已形成渗碳体的铸铁在高温下进行长时间退火,其中的渗碳体便会分解为铁和石墨,即 $Fe_3C \rightarrow 3Fe + C$(石墨)。可见,碳呈化合状态存在的渗碳体并不是一种稳定的相,不过是一种亚稳定的状态;而碳呈游离状态存在的石墨则是一种稳定的相。通常在铁碳合金的结晶过程中,之所以自其液体或奥氏体中析出的是渗碳体而不是石墨(如第 1 章所述),这主要是因为渗碳体的含碳量(6.69%)比石墨的含碳量(≈100%)更接近合金成分的含碳量(2.5%~4.0%),析出渗碳体时所需的原子扩散量较小,渗碳体的晶核形成较容易。但在冷却极其缓慢(提供足够的扩散时间)的条件下,或在合金中含有可促进石墨形成的元素(如 Si 等)时,在铁碳合金的结晶过程中,可直接自液体或奥氏体中析出稳定的石墨相,而不再析出渗碳体。因此对铁碳合金的结晶过程和组织形成规律来说,根据冷却速度和成分不同,实际上存在两种相图,可用 Fe-Fe₃C 相图和 Fe-G(石墨)相图叠合在一起形成的铁碳双重相图来描述(图 7.13)。图 7.13 中实线部分即前面所讨论的亚稳定的 Fe-Fe₃C 相图,虚线部分则是稳定的 Fe-G 相图。虚线与实线重合的线条用实线表示。由图 7.13 可见,虚线在实线的上方或左上,表明 Fe-G(石墨)系较 Fe-Fe₃C 系更为稳定。视具体合金的结晶条件不同,铁碳合金可全部或部分地按照其中的一种或另一种相图进行结晶。

图 7.12 石墨的晶体结构

图 7.13 Fe-Fe₃C 与 Fe-G 双重相图

根据 Fe-G(石墨)系相图,在极缓慢冷却条件下,铸铁石墨化过程可分成三个阶段:

第一阶段,也叫作高温石墨化阶段,即由液体中直接结晶出初生相石墨,或在 1154 ℃时通过共晶转变形成石墨,即 $L_{C'} \rightarrow A_{E'} + G$。

第二阶段,也叫作石墨化过程阶段,即在 $1154 \sim 738$ ℃ 的冷却过程中,自奥氏体中析出二次石墨。

第三阶段,也叫作低温石墨化阶段,即在 738 ℃ 时通过共析转变形成石墨,即 $A_{S'} \rightarrow F_{P'} + G$。

铸铁的组织与石墨化过程及其进行的程度密切相关。由于高温下具有较高的扩散能力,所以第一、第二阶段的石墨化比较容易进行,即通常都按照 Fe-G 相图进行结晶;而第三阶段的石墨化温度较低,扩散能力低,且常因铸铁的成分和冷却速度等条件的不同,被全部或部分抑制,从而得到三种不同的组织,即铁素体 F+石墨 P、铁素体 F+珠光体 P+石墨 G、珠光体 P+石墨 G。铸铁的一次结晶过程决定了石墨的形态,而二次结晶过程决定了基体组织。下面以共晶成分的铸铁为例,简要描述其石墨化过程(图 7.13 和图 7.14)。

图 7.14 共晶合金石墨化过程

共晶成分铁液从高温一直缓冷至 1154 ℃ 开始凝固,形成奥氏体加石墨的共晶体。此时奥氏体的饱和碳含量为 $w_C = 2.08\%$。随着温度下降,奥氏体的溶碳量下降,其溶解度按 $E'S'$ 线变化,过饱和碳从奥氏体中析出二次石墨。当温度降至 738 ℃ 时,奥氏体含碳量达到 $w_C = 0.68\%$,发生共析转变,奥氏体形成铁素体加石墨共析体。此时铁素体的固溶度为 $w_C = 0.0206\%$。温度再继续下降,铁素体中固溶碳量减少,其溶解度沿 $P'Q$ 线变化,冷至室温时,铁素体含碳量远小于 $w_C = 0.006\%$。从铁素体中析出的三次石墨量很少。

7.2.1.2 铸铁的分类及牌号

1. 铸铁的分类

根据铸铁在结晶过程中的石墨化程度不同,也就是碳在铸铁中的存在形式,铸铁可分为如下三类。

(1) 白口铸铁

即第一、第二和第三阶段的石墨化全部被抑制,完全按照 $Fe-Fe_3C$ 相图进行结晶而得到的铸铁。这类铸铁组织中的碳全部呈化合碳的状态,形成渗碳体,并具有莱氏体的组织,其断裂时断口呈白亮颜色,故称为白口铸铁。其性能硬脆,故在工业上很少应用,主要用作炼钢原料。

(2) 灰口铸铁

即在第一和第二阶段石墨化的过程中都得到了充分石墨化的铸铁,碳大部分或全部以游离的石墨形式存在,因断裂时断口呈暗灰色,故称为灰口铸铁。工业上所用的铸铁几乎全部属于这类铸铁。这类铸铁根据第三阶段石墨化程度的不同,又可分为三种不同基体组织的灰口铸铁,即铁素体灰口铸铁、铁素体加珠光体灰口铸铁和珠光体灰口铸铁。

（3）麻口铸铁

即在第一阶段的石墨化过程中未得到充分石墨化的铸铁。碳一部分以渗碳体形式存在，另一部分以游离态石墨形式存在，断口上呈黑白相间的麻点。其组织介于白口与灰口之间，含有不同程度的莱氏体，也具有较大的硬脆性，工业上很少应用。

根据铸铁中石墨结晶形态的不同，铸铁又可分为如下三类：

（1）灰口铸铁

铸铁组织中的石墨形态呈片层状结晶，这类铸铁的机械性能不太高，但生产工艺简单，价格低廉，故在工业上应用最为广泛。

（2）可锻铸铁

铸铁组织中的石墨形态呈团絮状，其机械性能（特别是冲击韧性）比普通灰口铸铁要好，但其生产工艺冗长，成本高，故只用来制造一些重要的小型铸件。

（3）球墨铸铁

铸铁组织中的石墨形态呈球状，这种铸铁不仅机械性能较高，生产工艺远比可锻铸铁简单，并且可通过热处理进一步显著提高强度，故近年来日益得到广泛的应用，在一定条件下可代替某些碳钢和合金钢制造各种重要的铸件，如曲轴、齿轮。

2. 铸铁的牌号

铸铁的牌号由铸铁代号、合金元素符号及质量分数、力学性能组成。牌号中第一位是铸铁的代号，其后为合金元素的符号及其质量分数，最后为铸铁的力学性能。常规元素碳、硅、锰、硫一般不标注。其他合金元素的质量分数大于或等于 1% 时，用整数表示；小于 1% 时，一般不标注，只有对该合金特性有较大影响时，才予以标注。当铸铁中有几种合金化元素时，按其质量分数递减的顺序排列，质量分数相同时分数按元素符号的字母顺序排列。力学性能标注部分为一组数据时表示其抗拉强度；为两组数据时，第一组表示抗拉强度，第二组表示伸长率，两组数字之间用"-"隔开。常见铸铁名称、代号及牌号表示方法见表 7.15。

表 7.15　常见铸铁名称、代号及牌号表示方法

铸 铁 名 称	代　　号	牌号表示方法实例
灰铸铁	HT	HT100
蠕墨铸铁	RuT	RuT400
球墨铸铁	QT	QT400-17
黑心可锻铸铁	KTH	KTH300-06
白心可锻铸铁	KTB	KTB350-04
珠光体可锻铸铁	KTZ	KTZ450-06
耐磨铸铁	MT	MTCu1PTi-150
抗磨白口铁	KmTB	KmTBMn5Mo2Cu
抗磨球墨铸铁	KmTQ	KmTQMn6
冷硬铸铁	LT	LTCrMoR6（R 表示稀土元素）
耐蚀铸铁	ST	STSi5R
耐蚀球磨铸铁	STQ	STQA15Si5
耐热铸铁	RT	RTCr2
耐热球磨铸铁	RTQ	RTQAl6

7.2.2 常用铸铁

7.2.2.1 灰口铸铁

1. 灰口铸铁的化学成分、组织与性能

灰口铸铁(gray cast-iron)的成分范围是 2.5%～4.0%C,1.0%～3.0%Si,0.5%～1.4%Mn,0.01%～0.20%P,0.02%～0.20%S,其中 C、Si、Mn 是调节组织的元素,P 是控制使用的元素,S 是应该限制的元素。究竟选用何种成分,应根据铸件基体组织及尺寸大小来决定。

灰口铸铁的第一、第二阶段石墨化过程均能充分进行,其组织类型主要取决于第三阶段的石墨化程度。根据第三阶段石墨化程度的不同,可分别获得如下三种不同基体组织的灰口铸铁。

(1) 铁素体灰口铸铁

若第三阶段石墨化过程得到充分进行,最终得到的组织是铁素体基体上分布着片状石墨,如图 7.15(a)所示。

(2) 铁素体+珠光体灰口铸铁

若第三阶段即共析阶段的石墨化过程仅部分进行,获得的组织是铁素体+珠光体基体上分布着片状石墨,如图 7.15(b)所示。

(3) 珠光体灰口铸铁

若第三阶段石墨化过程完全被抑制,获得的组织是珠光体基体上分布片状石墨,如图 7.15(c)所示。

| (a) | (b) | (c) |

图 7.15 不同基体组织的灰口铸铁

(a) 铁素体基(200×);(b) 铁素体基+珠光体基(500×);(c) 珠光体基(500×)

实际铸件能否得到灰口组织和得到何种基体组织,主要取决于其结晶过程中的石墨化程度。而铸铁的石墨化程度受许多因素影响,但实验表明,铸铁的化学成分和结晶过程中的冷却速度是影响石墨化的主要因素。

(1) 铸铁化学成分的影响

实践表明,铸铁中的 C 和 Si 是影响石墨化过程的主要元素,它们有效地促进石墨化进程,铸铁中碳和硅的含量越高,则石墨化越充分。故生产中为了使铸件在浇铸后避免产生白口或麻口而得到灰口,且不至于含有过多和粗大的片状石墨,通常必须在铸铁中加入足够的 C、Si 促进石墨化,一般其成分控制在 2.5～4.0%C 及 1.0～2.5%Si。除了碳和硅,铸铁中的 Al、Ti、Ni、Cu、P、Co 等元素也是促进石墨化的元素,而 S、Mn、Mo、Cr、V、W、Mg、Ce 等碳化物形成元素则阻止石墨化。Cu 和 Ni 既促进共晶时的石墨化又能阻碍共析时的石墨化。S 不仅强烈地阻止石墨化,还会降低铸铁的机械性能和流动性,容易产生裂纹等,故其含量应尽量低,一般应在 0.1%~0.15% 以下。而锰因可与硫形成 MnS,可减弱硫的有害作用。锰既可以溶解在基体中,也可溶解在渗碳体中形成 $(Fe,Mn)_3C$,溶解在渗碳体中的锰可增强铁与碳的结合力,阻碍石墨化过程,增加铸铁白口深度。所以铸铁中含锰质量分数控制在 0.5%~1.4%。磷是微弱促进石墨化的元素,但当磷的质量分数超过 0.3% 时,灰口铸铁中会出现低熔点的二元或三元磷共晶存在于晶界,增加铸铁的冷脆倾向,所以磷的质量分数一般小于 0.20%。

(2) 铸铁冷却速度的影响

对于同一成分的铁碳合金,在熔炼条件等完全相同的情况下,石墨化过程主要取决于冷却条件。铸件的冷却速度对石墨化的影响很大,即冷却越慢,越有利于扩散,对石墨化便越有利,而快冷则阻止石墨化。当铁液或奥氏体以极缓慢速度冷却(过冷度很小)至图 7.13 中的 $S'E'C'$ 和 SEC 之间温度范围时,通常按 Fe-G(石墨)系结晶,石墨化过程能较充分地进行。如果冷速较快,过冷度较大,通过 $S'E'C'$ 和 SEC 范围共晶石墨或二次石墨来不及析出,而过冷到实线以下的温度时,将析出 Fe_3C。在铸造时,除了造型材料和铸造工艺会影响冷却速度,铸件的壁厚不同,也会具有不同的冷却速度,得到不同的组织。如图 7.16 所示为在一般砂型铸造条件下,铸件的壁厚和铸铁中碳和硅的含量对其组织(石墨化程度)的影响。实际生产中,在其他条件一定的情况下,铸铁的冷却速度取决于铸件的壁厚。铸件越厚,冷却速度越小,铸铁的石墨化程度越充分。对于不同壁厚的铸件,也常根据这一关系调整铸铁中的碳和硅的含量,以保证得到所需要的灰口组织。这一点与铸钢件是截然不同的。

图 7.16   铸铁成分(C+Si)% 和铸件壁厚对石墨化(组织)的影响

灰口铸铁的基体组织对性能有着很大的影响。铁素体灰口铸铁的强度、硬度和耐磨性都比较低,但塑性较高。铁素体灰口铸铁多用于制造负荷不太大的零件。珠光体特别是细小粒状珠光体灰口铸铁强度和硬度高、耐磨性好,但塑性比铁素体灰口铸铁低,多用于受力较大、耐磨性要求高的重要铸件,如气缸套、活塞、轴承座等。在实际生产过程中,难以获得基体全部为珠光体的铸态组织,常见的是铁素体和珠光体组织,其性能也介于铁素体灰口铸铁和珠光体灰口铸铁之间。

灰口铸铁的抗拉强度、塑性及韧性均比同基体的钢低。这是由于石墨的强度、塑性、韧性极低,它的存在不仅割裂了金属基体的连续性,缩小了承受载荷的有效面积,而且在石墨片的尖端处导致应力集中,使铸铁发生过早断裂。随着石墨片的数量、尺寸、分布不均匀性的增加,灰口铸铁的抗拉强度、塑性、韧性进一步降低。

灰口铸铁的硬度和抗压强度取决于基体组织,石墨对其影响不大。因此,灰口铸铁的硬度和抗压强度与同基体的钢相差不多。灰口铸铁的抗压强度为其抗拉强度的 3～4 倍,因而广泛用作受压零构件如机座、轴承座等。此外,灰口铸铁还具有较好的铸造性能、切削加工性能、减摩性、减振性以及较低的缺口敏感性。

2. 灰口铸铁的牌号

我国国家标准对灰口铸铁的牌号、机械性能及其他技术要求均有新的规定。

按规定,灰口铸铁有 6 个牌号:HT100(铁素体灰口铸铁)、HT150(铁素体珠光体灰口铸铁)、HT200 和 HT250(珠光体灰口铸铁)、HT300 和 HT350(孕育铸铁)。"HT"为"灰铁"二字汉语拼音的字首,后续的三位数字表示直径为 30 mm 铸件试样的最低抗拉强度 σ_b(MPa)。如灰口铸铁 HT200,表示最低抗拉强度为 200 MPa。灰口铸铁的分类、牌号及显微组织见表 7.16。

表 7.16 灰口铸铁的分类、牌号及显微组织

分 类	牌 号	显 微 组 织	
		基 体	石 墨
普通灰铸铁	HT100	F+少量 P	粗片
	HT150	F+P	较粗片
	HT200	P	中等片
孕育铸铁	HT250	细 P	较细片
	HT300	S 或 T	细片
	HT350		

3. 灰口铸铁的孕育处理

改善灰口铸铁机械性能的关键,是改善铸铁中石墨片的形状、数量、大小和分布情况。于是生产上常进行孕育处理。孕育处理就是在浇注前向铁水中加入少量(铁水总重量的 4%左右)的孕育剂(如硅铁、硅钙合金)进行孕育(变质)处理,使铸铁在凝固过程中产生大量的人工晶核,以促进石墨的形核和结晶,从而获得细小珠光体基体上分布的少量细小、均匀的石墨片组织。孕育处理后的铸铁称为孕育铸铁或变质铸铁。由于其强度、塑性、韧性比普通灰铸铁高,因此常用作气缸、曲轴、凸轮轴等较重要的零件。

4. 灰口铸铁的热处理

虽然通过热处理只能改变铸铁的基体组织,而不能改变片状石墨的形状和分布状态,但可以消除铸件的内应力,消除白口组织,提高铸件表面的耐磨性。

(1) 去应力退火

在铸造过程中,由于各部分的收缩和组织转变的速度不同,铸件内部会产生不同程度的内应力。这样不仅降低铸件强度,而且使铸件产生翘曲、变形,甚至开裂。因此,铸件在切削加工前通常要进行去应力退火,又称为人工时效处理。其典型时效热处理工艺曲线如图 7.17 所示。即将铸件缓慢加热到 500～560 ℃并适当保温(每 100 mm 截面保温 2 h)后,随炉缓冷至 150～200 ℃出炉空冷,此时内应力可被消除 90%。去应力退火加热温度一般不超过 560 ℃,以免共析渗碳体分解、球化,降低铸件强度、硬度和耐磨性。

(2) 消除白口,改善切削加工性能的高温退火

铸件冷却时,表层及截面较薄处由于冷却速度快,易出现白口组织使硬度升高,难以切

削加工。为了消除自由渗碳体,降低硬度,改善铸件的切削加工性能和力学性能,可对铸件进行高温退火处理,使渗碳体在高温下分解成铁和石墨。图 7.18 是高温石墨化退火热处理曲线。即将铸件加热至 850~950 ℃保温 1~4 h,使部分渗碳体分解为石墨,然后随炉缓冷至 400~500 ℃,再置于空气中冷却,最终得到铁素体基体或铁素体加珠光体基灰铸铁,从而消除白口,降低硬度,改善切削加工性。

图 7.17　典型时效热处理工艺曲线

图 7.18　高温石墨化热处理工艺曲线

（3）表面淬火

某些大型铸件的工作表面需要有较高的硬度和耐磨性,如机床导轨的表面及内燃机气缸套的内壁等,在机加工后可用快速加热的方法对铸铁表面进行淬火热处理。淬火后铸铁表面为马氏体+石墨的组织。珠光体基体铸铁淬火后的表面硬度可达到约 50 HRC。

7.2.2.2　可锻铸铁

可锻铸铁(malleable cast-iron)是由白口铸铁通过高温石墨化退火或氧化脱碳热处理,改变其金相组织或成分而获得的具有较高韧性的铸铁。由于铸铁中石墨呈团絮状分布,故大大削弱了石墨对基体的割裂作用。与灰口铸铁相比,可锻铸铁具有较高的强度和一定的塑性和韧性。可锻铸铁又称为展性铸铁或玛钢,但实际上可锻铸铁并不能锻造。

1. 可锻铸铁的类型

可锻铸铁按化学成分、石墨化退火条件和热处理工艺不同,可分为黑心可锻铸铁(包括珠光体可锻铸铁)、白心可锻铸铁两类。当前广泛采用的是黑心可锻铸铁。

将白口铸件毛坯在中性介质中经高温石墨化退火而获得的铸铁件,若金相组织为铁素体基体上分布着团絮状石墨,其断口由于石墨大量析出而使心部颜色为暗黑色,表层因部分脱碳而呈白亮色的,称为黑心可锻铸铁。若金相组织为珠光体基体上分布团絮状石墨,则称为珠光体可锻铸铁。因其断口呈灰色,习惯上也将其称为黑心可锻铸铁。

白心可锻铸铁是将白口铸件毛坯放在氧化介质中经石墨化退火及氧化脱碳得到的。表层由于完全脱碳形成单一的铁素体组织,其断口为灰色。根据铸件断面大小不同,心部组织可以是珠光体+铁素体+退火碳(退火过程中由渗碳体分解形成的石墨)或珠光体+退火碳。心部断口为灰白色,故称之为白心可锻铸铁。

2. 可锻铸铁的化学成分特点及可锻化(石墨化)退火

1) 成分范围

为使铸铁凝固获得全部白口组织,同时使随后的石墨化退火周期尽量短,并有利于提高铸铁的机械性能,可锻铸铁的化学成分应控制在 $2.4\%\sim2.7\%C$,$1.4\%\sim18\%Si$,$0.5\%\sim$

0.7%Mn，＜0.8%P，＜0.25%S，＜0.06%Cr。

2）黑心可锻铸铁石墨化退火工艺

黑心可锻铸铁的石墨化退火工艺如图7.19所示。将浇铸成的白口铸铁加热到900～980 ℃保温约15 h，使渗碳体分解为奥氏体加石墨。由于固态下石墨在各个方向上的长大速度相差不多，故石墨呈团絮状。在随后的缓慢冷却过程中，奥氏体将沿早已形成的团絮状石墨表面析出二次石墨，至共析转变温度范围（720～750 ℃）时，奥氏体分解为铁素体加石墨。结果得到铁素体可锻铸铁，其退火工艺曲线如图7.19中①所示。如果通过共析转变温度时的冷却速度较快，则将得到珠光体可锻铸铁，其退火工艺曲线如图7.19中②所示。按上述工艺获得的可锻铸铁的显微组织如图7.20所示。可锻铸铁的退火周期较长，约70 h。为了缩短退火周期，常采用如下方法。

（1）孕育处理

用硼铋等复合孕育剂，在铁水凝固时阻止石墨化，在退火时促进石墨化过程，使石墨化退火周期缩短一半左右。

（2）低温时效

退火前将白口铸铁在300～400 ℃进行3～6 h的时效，使碳原子在时效过程中发生偏析，从而使随后的高温石墨化阶段的石墨核心有所增加。实践证明，经时效后可显著缩短退火周期。

图7.19　可锻铸铁的石墨化退火工艺曲线

(a)　　　　　　　　　　(b)

图7.20　可锻铸铁的显微组织

(a) 铁素体可锻铸铁(200×)；(b) 珠光体可锻铸铁(200×)

3. 可锻铸铁的牌号、性能、用途

可锻铸铁的牌号（表7.17）中"KT"是"可铁"二字汉语拼音的第一个大写字母，表示可锻铸铁。其后加汉语拼音字母"H"则表示黑心可锻铸铁（如KTH330-08），加"Z"表示珠光体基可锻铸铁(如 KTZ550-04),加"B"表示白心可锻铸铁(如 KTB380-12)。随后两组数字分别表示最低抗拉强度(MPa)和最低延伸率 δ(%)。

表 7.17 可锻铸铁的分类、牌号及力学性能

分　类	牌　号	壁厚/mm	力 学 性 能		
			σ_b/MPa	δ_3/%	硬度/HBS
黑心可锻铸铁	KTH300-6	>12	300	6	120～163
	KTH330-8	>12	330	8	120～163
	KTH350-10	>12	350	10	120～163
	KT370-12	>12	370	12	120～163
珠光体基可锻铸铁	KTZ450-5		450	5	152～219
	KTZ500-4		500	4	179～241
	KTZ600-3		600	3	201～269
	KTZ700-2		700	2	240～270
白心可锻铸铁	KTB350-4		350	4	230
	KTB380-12		380	12	200
	KTB400-5		400	5	220
	KTB450-7		450	7	220

注:试棒直径 16 mm。

普通黑心可锻铸铁具有一定的强度和较高的塑性与韧性,常用作汽车、拖拉机后桥外壳、低压阀门及各种承受冲击和振动的农机具。珠光体可锻铸铁具有优良的耐磨性、切削加工性和极好的表面硬化能力,常用作曲轴、凸轮轴、连杆、齿轮等承受较高载荷、耐磨损的重要零件。白心可锻铸铁在机械工业中应用很少。

7.2.2.3 球墨铸铁

在浇铸前向铁水中加入少量的球化剂(镁或稀土镁)和孕育剂(75%Si 的硅铁),获得具有球状石墨的铸铁,称为球墨铸铁(nodular cast iron,spheroidal graphite cast iron)。由于它具有优良的机械性能、加工性能、铸造性能、生产工艺简单、成本低廉,故得到了越来越广泛的应用。

1. 球墨铸铁的成分、组织、性能

球墨铸铁的成分范围一般为 3.5%～3.9%C,2.0%～2.6%Si,0.6%～1.0%Mn,<0.06%S,<0.1%P,0.03%～0.06%Mg,0.02%～0.06%RE。与灰口铸铁相比,球墨铸铁的碳、硅含量较高,含锰较低,对磷、硫限制较严。碳当量($w_E=4.5\%\sim4.7\%$)高是为了获得共晶成分的铸铁(共晶点为 4.6%～4.7%),使之具有良好的铸造性能。低硫是因为硫与镁、稀土具有很强的亲和力,从而消耗球化剂,造成球化不良。对镁和稀土残留量有一定要求,是因为适量的球化剂才能使石墨完全呈球状析出。由于镁和稀土是阻止石墨化的元素,所以在球化处理的同时,必须加入适量的硅铁进行孕育处理,以防止白口出现。

球墨铸铁的组织特征为钢的基体加球状石墨。常见的球墨铸铁组织如图 7.21 所示。

球墨铸铁的性能与其组织特征有关。由于石墨呈球状分布时,不仅造成的应力集中小,而且对基体的割裂作用也最小,因此球墨铸铁的基体强度利用率可达 70%～90%,而灰口铸铁的基体强度利用率仅为 30%～50%,所以球墨铸铁的抗拉强度、塑性、韧性不仅高于其

图 7.21　不同基体的球墨铸铁

(a) 铁素体基(100×)；(b) 铁素体-珠光体基(100×)；(c) 珠光体基(200×)；(d) 贝氏体基(500×)

他铸铁,而且可与相应组织的铸钢相当。特别是球墨铸铁的屈强比(σ_s/σ_b)为 0.7~0.8,几乎比钢高一倍。这一性能特点有很大的实际意义。因为在机械设计中,材料的许可应力是按屈服强度来确定的,因此对于承受静载荷的零件,用球墨铸铁代替铸钢,可以减轻机器重量。

球墨铸铁不仅具有良好的机械性能,同时也保留灰口铸铁具有的一系列优点,特别是通过热处理可使其机械性能达到更高水平,从而扩大了球墨铸铁的使用范围。

2. 球墨铸铁的牌号及用途

表 7.18 为球墨铸铁的牌号、基体组织和性能。牌号中"QT"是"球铁"二字汉语拼音的第一个大写字母,表示球墨铸铁的代号,后面两组数字分别表示最低抗拉强度(MPa)和最小延伸率δ(%)。

表 7.18　球墨铸铁的牌号、基体组织和性能

牌　号	基体组织	力学性能≥				
		σ_b/MPa	$\sigma_{0.2}$/MPa	δ_5/%	α_k/(kJ/m²)	硬度/HBS
QT400-17	F	400	250	17	600	≤179
QT420-10	F	420	270	10	300	≤207
QT500-5	F+P	500	350	5	—	147~241
QT600-2	P	600	420	2	—	229~302
QT700-2	P	700	490	2	—	229~302
QT800-2	P	800	560	2	—	241~321
QT1200-1	下 B	1200	840	1	300	≥38 HRC

铁素体基体球墨铸铁具有较高的塑性和韧性,常用来制造变压阀门、汽车后桥壳、机器底座。珠光体基球墨铸铁具有中高强度和较高的耐磨性,常用作拖拉机或柴油机的曲轴、油轮轴,部分机床上的主轴、轧辊等。贝氏体基球墨铸铁具有高的强度和耐磨性,常用于汽车

上的齿轮、传动轴及内燃机曲轴、凸轮轴等。

3. 球墨铸铁的热处理

1）球墨铸铁热处理的特点

球墨铸铁的热处理工艺性较好，因此凡能改变和强化基体的各种热处理方法均适用于球墨铸铁。球墨铸铁在热处理过程中的转变机理与钢大致相同，但由于球墨铸铁中有石墨存在且含有较高的硅及其他元素，因而球墨铸铁热处理有如下特点。

（1）硅有提高共析转变温度且降低马氏体临界冷却速度的作用，所以铸铁淬火时它的加热温度比钢高，淬火冷却速度可以相应缓慢。

（2）铸铁中由于石墨起着碳的"储备库"作用，因而通过控制加热温度和保温时间可调整奥氏体的含碳量，以改变铸铁热处理后的基体组织和性能。但由于石墨溶入奥氏体的速度十分缓慢，故保温时间要比钢长。

（3）成分相同的球墨铸铁，因结晶过程中的石墨化程度不同，可获得不同的原始组织，故其热处理方法也各不相同。

2）球墨铸铁常用的热处理方法

（1）退火

球墨铸铁在浇铸后，其铸态组织常会出现不同程度的珠光体和自由渗碳体。这不仅使铸铁的机械性能降低，且难以切削加工。为提高铸态球铁的塑性和韧性，改善切削加工性能，以消除铸造内应力，必须进行退火，使其中珠光体和渗碳体得以分解，获得铁素体基球墨铸铁。根据铸态组织不同，退火工艺有两种。

① 高温退火　当铸态组织中不仅有珠光体而且有自由渗碳体时，应进行高温退火。其工艺曲线如图 7.22 所示。

② 低温退火　当铸态组织仅为铁素体加珠光体基体，而没有自由渗碳体存在时，为获得铁素体基体，只需进行低温退火，其工艺曲线如图 7.23 所示。

图 7.22　球墨铸铁高温退火工艺曲线

图 7.23　球墨铸铁低温退火工艺曲线

（2）正火

球墨铸铁进行正火的目的，是使铸态下基体的混合组织全部或大部分变为珠光体，从而提高其强度和耐磨性。

① 高温正火　将铸件加热到共析温度以上，使基体组织全部奥氏体化，然后空冷（含硅量高的厚壁件，可采用风冷、喷雾冷却），使其获得珠光体球墨铸铁。

正火后,为消除内应力,可增加一次消除内应力的退火(或回火),其工艺曲线如图 7.24 所示。

② 低温正火 将铸件加热到共析温度范围内,使基体组织部分奥氏体化,然后出炉空冷,可获得珠光体加铁素体基的球墨铸铁。其塑性、韧性比高温正火高,但强度略低。其工艺曲线如图 7.25 所示。

图 7.24 球墨铸铁高温正火工艺曲线

图 7.25 球墨铸铁低温正火工艺曲线

(3) 调质处理

对于受力复杂、截面大、综合机械性能要求较高的重要铸件,可采用调质处理。其工艺曲线如图 7.26 所示。

调质处理后得到回火索氏体加球状石墨,硬度为 245~335 HB,具有良好的综合机械性能。柴油机曲轴等重要的零件常采用此种处理方法。球墨铸铁淬火后,也可采用中温或低温回火,获得贝氏体或回火马氏体基组织,使其具有更高的硬度和耐磨性。

(4) 等温淬火

对于一些形状复杂,要求综合机械性能较高,热处理易变形与开裂的零件,常采用等温淬火。

将零件加热到 860~920 ℃,保温时间比钢长 1 倍,保温后,迅速放入温度为 250~300 ℃的等温盐浴中,进行 0.5~1.5 h 的等温处理,然后取出空冷,获得下贝氏体加球状石墨为主的组织。其工艺曲线如图 7.27 所示。

图 7.26 球墨铸铁调质处理工艺曲线

图 7.27 球墨铸铁高温淬火工艺曲线

7.2.2.4 蠕墨铸铁

在钢的基体上分布着蠕虫状石墨的铸铁,称为蠕墨铸铁(vermicular cast-iron)。蠕虫状石墨的形状介于片状石墨和球状石墨之间,也称为厚片状石墨。

1. 蠕墨铸铁的获得及蠕化处理

在浇铸前用蠕化剂处理铁水,从而获得蠕虫状石墨的过程称为蠕化处理。常用的蠕化剂有稀土硅钙、稀土硅铁和镁钛稀土硅铁合金。这些蠕化剂除了能使石墨成为厚片状,均容易造成铸铁的白口倾向增加,因此在进行蠕化处理的同时,必须向铁水中加入一定量的硅铁或硅钙进行孕育处理,以防止白口倾向,并保证石墨细小均匀分布。

如果铸铁结晶时间过长,已加入的足够量的蠕化剂作用会消退,从而形成片状石墨,使蠕墨铸铁衰退为灰口铸铁。这种情况称为蠕化衰退。厚大的铸件由于冷速慢容易造成蠕化衰退。

铸铁金相组织中蠕虫状石墨在全部石墨中所占的比例称为蠕化率。厚大铸件由于蠕化衰退而易得到片状石墨,薄壁铸件则由于冷速快而易使球状石墨比例增加,二者都会导致蠕化率降低。合格的蠕墨铸铁的蠕化率不得低于 50%。

2. 蠕墨铸铁的牌号、性能及用途

蠕墨铸铁的牌号是以"蠕""铁"汉字拼音的大小写字母"RuT"作为代号,后面的一组数字表示最低抗拉强度(MPa)。表 7.19 为蠕墨铸铁的牌号、基体组织和机械性能。

表 7.19 蠕墨铸铁的牌号、基体组织和机械性能

牌　　号	基 体 组 织	机械性能≥			
		σ_b/MPa	$\sigma_{0.2}$/MPa	δ_5/%	硬度/HBS
RuT420	P	420	335	0.75	200~280
RuT380	P	380	300	0.75	193~274
RuT340	P+F	340	270	1.0	170~249
RuT300	F+P	300	240	1.5	140~217
RuT260	F	260	195	3	121~197

蠕墨铸铁的机械性能优于灰口铸铁,低于球墨铸铁。但其导热性、抗热疲劳性和铸造性能均比球墨铸铁好,易于得到致密的铸件。因此蠕墨铸铁也称为"紧密石墨铸铁",应用于铸造内燃机缸盖、钢锭模、阀体、泵体等。

7.2.3 合金铸铁

随着工业的发展,对铸铁性能的要求越来越高,即不但要求它具有更高的机械性能,有时还要求它具有某些特殊的性能,如高耐磨性、耐热及耐蚀等。为此向铸铁(灰口铸铁或球墨铸铁)铁液中加入一些合金元素,可获得具有某些特殊性能的合金铸铁。合金铸铁与相似条件下使用的合金钢相比,熔炼简便、成本低廉,具有良好的使用性能。但它们大多具有较大的脆性,机械性能较差。

7.2.3.1 耐磨铸铁

耐磨铸铁(wear resisting casting-iron)按其工作条件可分为两种类型:一种是在润滑条件下工作的,如机床导轨、气缸套、活塞环和轴承等;另一种是在无润滑的干摩擦条件下工作的,如犁铧、轧辊及球磨机零件等。

在干摩擦条件下工作的耐磨铸铁,应具有均匀的高硬度组织,如白口铸铁、冷硬铸铁都是较好的耐磨材料。为进一步提高铸铁的耐磨性和其他机械性能,常加入 Cr、Mn、Mo、V、

Ti、P、B 等合金元素,形成耐磨性更高的合金铸铁,如犁铧、轧辊及球磨机零件等。

在润滑条件下工作的耐磨铸铁,其组织应为软基体上分布有硬的组织组成物,以便在磨后使软基体有所磨损,形成沟槽,保持油膜。普通的珠光体基体的铸铁基本上符合这一要求,其中的铁素体为软基体,渗碳体层片为硬组分,而石墨同时起储油和润滑作用。为了进一步改善珠光体灰口铸铁的耐磨性,通常将铸铁中的含磷量提高到 $0.4\% \sim 0.7\%$,即形成高磷铸铁。其中磷形成 Fe_3P,并与铁素体或珠光体组成磷共晶,呈断续的网状分布在珠光体基体上,形成坚硬的骨架,使铸铁的耐磨性显著提高。在普通高磷铸铁的基础上,再加入 Cr、Mn、Cu、M、V、Ti、W 等合金元素,就构成了高磷合金铸铁。这样不仅细化和强化了基体组织,也进一步提高了铸铁的机械性能和耐磨性。生产上常用其制造机床导轨、汽车发动机缸套等零件。

此外,我国还发展了钒钛铸铁、铬钼铜合金铸铁、锰硼铸铁及中锰球墨铸铁等耐磨铸铁,它们均具有优良的耐磨性。

7.2.3.2 耐热铸铁

耐热铸铁(heat resisting cast-iron)具有良好的耐热性,可代替耐热钢用作加热炉炉底版、马弗罐、坩埚、废气管道、换热器及钢锭模等。

普通灰口铸铁在高温下除了会发生表面氧化,还会发生“热生长”现象。这是由于氧化性气体容易通过在高温下工作的铸件的微孔、裂纹或沿石墨边界渗入铸件的内部,生成密度小的氧化物,以及因渗碳体的分解发生石墨化,最终引起体积增大。经过反复的受热,铸铁的体积会产生不可逆的膨胀,这种现象叫作铸铁的热生长。铸铁抗氧化与抗生长的性能称为耐热性。具备良好耐热性的铸铁叫作耐热铸铁。为了提高铸铁的耐热性,一种方法是在铸铁中加入 Si、Al、Cr 等合金元素,使铸件表面形成一层致密的 SiO_2、Al_2O_3、Cr_2O_3 氧化膜,保护内层组织不被继续氧化。另一种方法是提高铸铁的相变点,使基体组织为单相铁素体,不发生石墨化过程,从而提高铸铁的耐热性。

常用耐热铸铁的化学成分和力学性能见表 7.20。

表 7.20 常用耐热铸铁的化学成分和力学性能

铸铁牌号	化学成分/%							抗拉强度/MPa	硬度/HBS
	w_C	w_{Si}	w_{Mn}	w_P	w_S	w_{Cr}	w_{Al}		
			不小于						
RTCr2	3.0~3.8	2.0~3.0	1.0	0.20	0.12	1.0~2.0	—	150	207~288
RTCr16	1.6~2.4	1.5~2.2	1.0	0.10	0.05	15.0~17.0	—	340	400~450
RTSi5	2.4~3.2	4.5~5.5	0.8	0.20	0.12	0.5~1.0	—	140	160~270
RQTSi4Mo	2.7~3.5	3.5~4.5	0.5	0.10	0.03	w_{Mo}0.3~0.7	—	540	197~280
RQTAl4Si4	2.5~3.0	3.5~4.5	0.5	0.10	0.02	—	4.0~5.0	250	285~341
RQTAl5Si5	2.3~2.8	4.5~5.2	0.5	0.10	0.02	—	>5.0~5.8	200	302~363

7.2.3.3 耐蚀铸铁

耐蚀铸铁(corrosion resisting cast-iron)主要应用于化工部门,制作管道、阀门、泵类等零件。为提高其耐磨性,常加入 Si、Al、Cr、Ni 等元素,使铸件表面形成牢固、致密的保护膜;使铸铁组织成为单相基体上分布着数量较少且彼此孤立的球状石墨,并提高铸铁基体的电极电位。

耐蚀铸铁的种类很多,有高硅耐蚀铸铁、高铝耐蚀铸铁、高铬耐蚀铸铁等。其中应用最广泛的是高硅耐蚀铸铁,碳含量小于12%,硅含量为10%~18%。这种铸铁在含氧酸(如硝酸、硫酸)中的耐蚀性不亚于1Cr18Ni9Ti。但在碱性介质和盐酸、氢氟酸中,由于铸铁表面的SiO_2保护膜被破坏,其耐蚀性下降。为改善其在碱性介质中的耐蚀性,可向铸铁中加入6.5%~7.5%的Cu;为改善在盐酸中的耐蚀性,可向铸铁中加入2.5%~4.0%的Mn。为进一步提高耐蚀性,还可向铸铁中加入微量的硼和稀土镁合金进行球化处理。

7.3 有色金属及其合金

通常把除铁、铬、锰之外的金属称为有色金属(nonferrous metal)。我国有色金属矿产资源十分丰富,钨、锡、钼、锑、汞、铅、锌的储量居世界前列,稀土金属以及钛、铜、铝、锰的储量也很丰富。与黑色金属相比,有色金属具有许多优良的特性,从而决定了其在国民经济中占有十分重要的地位。例如,铝、镁、钛等金属及其合金,具有相对密度小、比强度高的特点,在飞机制造、汽车制造、船舶制造等工业上应用十分广泛。又如银、铜、铝等有色金属导电性和导热性能优良,在电气工业和仪表工业上应用十分广泛。再如钨、钼、钽、铌及其合金是制造在1300℃以上使用的高温零件及电真空材料的理想材料。虽然有色金属的年消耗量目前仅占金属材料年消耗量的5%,但任何工业部门都离不开有色金属材料,在空间技术、原子能、计算机、电子等新型工业部门,有色金属材料都具有极其重要和关键的地位。一般地,有色金属的分类如下:

(1) 有色纯金属分为重金属、轻金属、贵金属、半金属和稀有金属五类;

(2) 有色合金按合金系统分为重有色金属合金、轻有色金属合金、贵金属合金和稀有金属合金等;

(3) 按合金用途可分为变形(压力加工用合金)、铸造合金、轴承合金、印刷合金、硬质合金、焊料、中间合金和金属粉末等。

7.3.1 铝及铝合金

纯铝是元素周期表中的ⅢA族元素,其电子层结构为$1s^2 2s^2 2p^6 3s^2 3p^1$。纯铝是一种具有银白色金属光泽的金属。其一般物理性能见表7.21。

表 7.21 铝的物理性质

名 称	单 位	高纯铝(99.996%)	工业纯铝(99.0%)
熔点	℃	660.24	655
熔化潜热	cal/g	94.6	93
沸点	℃	2467	—
蒸发潜热	cal/g	2000	
比热(20℃)	cal/(g·℃)	—	0.2473
密度(25℃)	10^3 g/cm³	2.6989	2.728
线膨胀系数(20~100℃)	10^{-6}/℃	—	23.8
晶格常数(25℃)	nm	0.4049	

　　纯铝是一种具有面心立方晶格的金属,无同素异构转变。由于铝的化学性质活泼,在大气中极易与氧作用生成一层牢固致密的氧化膜,防止了氧与内部金属基体的作用,所以纯铝在大气和淡水中具有良好的耐蚀性,但在碱和盐的水溶液中,表面的氧化膜易破坏,使铝很快被腐蚀。纯铝具有很好的低温性能,在 0~253 ℃塑性和冲击韧性不降低。纯铝具有一系列优良的工艺性能,易于铸造,易于切削,也易于通过压力加工制成各种规格的半成品。

　　工业纯铝是含有少量杂质的纯铝,主要杂质为铁和硅,此外还有铜、锌、镁、锰和钛等。杂质的性质和含量对铝的物理性能、化学性能、机械性能乃至工艺性能均有影响。一般地,随着主要杂质含量的增高,纯铝的导电性能和耐蚀性能均降低,其机械性能表现为强度升高,塑性降低。

图 7.28　铝合金近铝端相图

　　工业纯铝的强度很低,抗拉强度仅为 50 MPa,虽然可通过冷作硬化的方式强化,但也不能直接用于制作结构材料。只有通过合金化及时效强化的铝合金,具有 400~700 MPa 的抗拉强度,才能成为飞机的主要结构材料。

　　目前,用于制造铝合金的合金元素大致分为主加元素(硅、铜、镁、锰、锌、锂)和辅加元素(铬、钛、锆、稀土、钙、镍、硼等)两类。铝与主加元素的二元相图的近铝端一般具有如图 7.28 所示的形式。根据该相图可以把铝合金分为变形铝合金和铸造铝合金。相图上最大饱和溶解度 D 是这两类合金的理论分界线。

1. 变形铝合金

　　变形铝合金(wrought aluminium alloy)通过熔炼铸成锭子后,要经过加工制成板材、带材、管材、棒材、线材等半成品,故要求合金有良好的塑性变形能力。合金成分小于 D 点的合金,其组织主要为固溶体,在加热至固溶线以上温度时,甚至可得到均匀的单相固溶体,其塑性变形能力很好,适于锻造、轧制和挤压。为了提高合金强度,合金中可包含一定数量的第二相,很多合金中第二组元的含量超过了极限溶解度 D。但当第二相是硬脆相时,第二组元的含量只允许少量超过 D 点。

　　变形铝合金分为两大类,一类是成分在 F 点以左的合金,其固溶体成分不随温度而变化,不能通过时效处理强化合金,故称为不能热处理强化的铝合金。另一类是成分在 F、D 之间的合金,其固溶体的成分将随温度而变化,可以进行时效处理强化,称为能热处理强化的铝合金。非热处理强化铝合金是防锈铝合金,耐腐蚀,易加工成形和易于焊接,强度较低,适宜制作耐腐蚀和受力不大的零部件及装饰材料,这类合金牌号用 LF 加序号表示,如 LF21、LF3 等。热处理强化铝合金通过固溶处理和时效处理,大体可分为三种:第一种是硬铝,以 Al-Cu-Mg 合金为主,应用广泛,有强烈的时效强化能力,可制作飞机受力构件,牌号用 LY 加序号表示,如 LY12、LY6 等;第二种是锻铝,以 Al-Mg-Si 合金为主,冷热加工性好,耐腐蚀,低温性能好,适合制作飞机上的锻件,其牌号用 LD 加序号表示,如 LD2、LD6 等;第三种是超硬铝,以 Al-Zn-Mg-Cu 合金为主,是强度最高的铝合金,其牌号用 LC 加序号表示,如 LC4、LC6 等。此外,还有新发展的铝合金,如铝锂合金、快速凝固铝合金等。下面主要讨论变形铝合金的两种处理方式:变质处理和时效处理。

1) 变形铝合金的变质处理

近 20 年来,在各类变形铝合金的半连续铸造中,已经广泛采用变质处理方法,以细化基体铝的晶粒。

许多元素或化合物都可以用来细化铝晶粒,以过渡族元素的效果最佳,细化作用由强到弱顺序排列如下:

对纯铝 Ti、Zr、V、Nb、Mo、W、B、Ta

对铝硅合金 Ti、Zr、Nb、Mo、W、B

对铝铜合金 Ti、Zr、Nb、B

进一步研究和实际生产应用表明,以钛和硼同时加入的添加剂,为变质效果最有效的变质剂。其中钛的适宜加入量范围为 $0.0025\% \sim 0.05\%$,硼的适宜加入量范围为 $0.0006\% \sim 0.01\%$。自 20 世纪 60 年代以来铝工业界优先采用 AlTiB 作为晶粒细化剂。当钛与硼同

图 7.29   AlTiB 中间合金的扫描
电子照片(500×)

时加入铝或铝合金熔液中后,会在熔液中生成 TiB_2 和 $TiAl_3$ 的质点,由于 TiB_2 和 $TiAl_3$ 化合物在结构与尺寸上与铝相近(两者接触面间晶格常数的差值小于 $12\% \sim 15\%$),且 TiB_2 和 $TiAl_3$ 化合物与铝液有良好湿润性,因而 TiB_2 和 $TiAl_3$ 化合物质点可以有效地成为基体铝结晶的外来核心,从而细化铝的晶粒。图 7.29 为 AlTiB 中间合金的扫描电子照片,图中块状物为 Al_3Ti,颗粒状物为 TiB_2 粒子。

中间合金可以制成 $1 \sim 2$ kg 方锭或合金线材。目前,使用线材的方式日益增多,因为采用合金线材能防止 TiB_2 的沉淀对炉子的损害,更能准确地控制加入量。另外,与其他加入方式相比,通过线材形式添加,细化晶粒效果更好。

采用不同加入方式,产生最佳细化效果的时间也不同。采用合金线材时,最佳时间为 $1 \sim 5$ min;采用合金锭时,最佳时间为 $5 \sim 10$ min。超过 10 min,细化效果开始降低,1 h 后,实际上已不存在细化功效了。

随着钛加入量的增多,晶粒细化效果增加,当达到一定量后,细化效果已十分明显,如图 7.30 所示。加入量超过 0.005% 后,对于工业纯铝来说,细化效果继续增加,当加入量过多时,细化效果不再明显。铝合金也有类似的情形。

(a)   (b)

图 7.30   添加钛细化剂的纯铝金相组织

(a) 不添加细化剂;(b) 添加约 0.006% Ti

AlTiB 系合金细化剂仍存在一定固有的缺陷,主要表现在:TiB_2 化合物易聚集成团;铝材轧制时,易在轧辊上产生划痕,降低轧辊的使用寿命;细化行为随保温时间而变化,抗衰减性能较差;微量的 Zr、Cr 及 Mn 等元素对硼化物粒子有"毒化"作用。

于是,近年来人们努力寻找一种比 AlTiB 系合金更合适的细化剂。早在 1949 年 Cibula 便发现了碳在 AlTi 二元合金中生成的 TiC 具有晶粒细化作用,并建立了碳化物理论。钛与搅进铝熔体中的碳反应生成 TiC,后者在铝熔体凝固期间钛浓度大大低于包晶成分(0.15%Ti)下使 α-Al 成核,导致晶粒细化。几十年来,人们一直在寻求生产含有 TiC 粒子的铝合金细化剂的方法,但一直未取得实质性进展。直至 20 世纪 80 年代末,AlTiC 合金细化剂才在实验室中试制成功。最近,AlTiC 合金细化剂的生产不仅在实验室,而且在工业生产上也成为可能。其晶粒细化效果与目前工业上最常用的 AlTiB 合金细化剂相当,在某些情况下甚至比后者更有效。已经证明,在与 TiB_2 相关的缺陷中含 TiC 的晶粒细化剂存在较少,TiC 粒子聚集倾向小,有避免对 Zr 或 Cr 毒化的免疫作用。AlTiC 是最有潜力的铝用晶粒细化剂。现在工业用的 AlTiC 合金细化剂已开发出来,并获得应用。例如,美国 SMC 公司生产的一种 AlTi3C0.15 晶粒细化剂已在美国铝业公司(Alcoa)使用数年,获得了满意的效果。实际 AlTiC 合金细化剂的显微组织为在铝基体上分布着棒状 Al_3Ti 及颗粒状粒子。这种粒子优先在晶界及枝晶间析出,电镜研究结果已证实这种粒子为 TiC。

近 20 年来,稀土的应用已得到人们的广泛重视,人们逐渐发现稀土元素加入铝及其合金中,同样可以细化晶粒、防止偏析、去气除杂、净化金属以及改善金相组织等,从而达到提高机械性能、改善物理性能和加工工艺性能的目的,而且减少在 AlTiB 合金作为细化剂所产生的缺陷。实验表明,铝合金中添加稀土,夹杂物的数量可明显降低,尺寸减小,形状也趋近于圆球状;并可细化铸态晶粒,当稀土数量适当时,也可明显细化枝晶组织;稀土还可改善铝合金的流动性,消除针孔、气孔、疏松和偏析等缺陷。变形铝合金添加稀土不仅可以提高强度、硬度和延伸率,还可改善深冲、冷拉或挤压加工等工艺性能,明显提高成品率。

2)变形铝合金的时效处理

(1)铝合金的时效硬化现象及硬铝的时效曲线

铝合金的时效硬化现象是在 20 世纪初由德国 A. 维尔姆首先在 Al-3.5%Cu-0.5%Mg 合金中发现的。铝合金就是利用时效硬化现象进行强化的。

通过研究和实践发现,硬铝合金在刚淬火后,强度和硬度并不升高,但放置一段时间(6~7 d)后,硬度和强度显著升高,人们把淬火后铝合金的强度和硬度随时间发生显著提高的现象称为时效,又称为时效硬化现象。

硬铝(LY12)合金在时效初期的短暂时间(几小时)内,强度不发生变化或变化很小,这一时期称为"孕育期"。在这一时期内,合金塑性很高,极容易进行铆接、弯曲和矫直等操作,这在铝合金生产中是有实际意义的。时效进行到 5~15 h,其强化速度最大,时效时间超过 4~5 d 后,强度达到最大值,但强化作用也几乎停止,强度不再发生变化。

时效温度和时效速度有密切关系,升高时效温度,可使时效速度加快,但时效温度越高,所获得的最大强度越低。当时效温度超过 150 ℃,保温一定时间后,合金即开始软化,或称为"过时效"。时效温度越高,开始软化的时间越早,软化速度也越快。

在 −5 ℃进行时效时,时效强化进行得很缓慢,在 −50 ℃及其以下进行时效时,时效过程基本停止,各种性能亦无明显变化。因此,降低温度是抑制时效的有效方法。

(2)过饱和固溶体的性质

因为 Al-Cu 合金的时效强化研究得最为详细,故下面结合 Al-Cu 合金进行讨论。

图 7.31 为 Al-Cu 二元相图的铝端部分。由图 7.31 可以看出,铜在铝中溶解度随温度的下降而减少,在共晶温度(548 ℃)时的最大溶解度为 5.65%,在室温下的溶解度降至 0.5%。Al-Cu 状态图中的 θ 相,其名义成分为 $CuAl_2$,属于正方晶格。

图 7.31 Al-Cu 二元相图的铝端部分

含铜量在 0.5%~5.7%的铝铜合金,在室温时的平衡组织为"$\alpha+\theta$",当把这种成分的合金加热到固溶线温度以上时,随着 $CuAl_2$ 相的不断溶解,合金变为单相 α 组织。自此温度将合金进行快速冷却(固溶处理)时,由于 θ 相来不及从合金中析出,可以把原有固溶体的化学成分固定下来,使它保留到室温,得到过饱和固溶体。

研究证明,这种在快速冷却条件下获得的固溶体,不仅对溶质(铜)原子是过饱和的,而且对空位(晶体点缺陷)也是过饱和的,即处于双重过饱和状态。

以 Al-4%Cu 合金为例,合金在固溶处理后,过饱和 α 固溶体的化学成分就是合金的化学成分,即固溶体中含铜量为 4%。而在室温下平衡状态时,α 固溶体的含铜量仅为 0.5%,因此有 3.5%Cu 是以过饱和形式存在于 α 固溶体中的。

纯铝淬火后具有过饱和的空位浓度,但是极不稳定,容易向晶界或其他缺陷地带迁移,或者空位相互之间产生聚集,形成新的晶体缺陷,如位错环或空位螺旋线等。

铝铜合金淬火后,虽然对铜原子和空位都成过饱和状态,在热力学上同样不稳定,有自发脱溶趋势,但是铜原子与空位结合在一起,使空位能够比较稳定地处于固溶体中,不易向缺陷地带迁移。这种携带有空位的铜原子形成新相的扩散过程,要比没有空位时容易得多。经过计算,铝铜合金淬火后,携有大量空位的铜原子将以极高的速度(约为正常晶体中铜原子扩散速度的 10^{10} 倍)聚集,这种现象叫作丛聚或偏聚。温度越高,铜原子可得到越多的热能,偏聚的速度也越快。如果将合金在干冰内淬火并放置,因其温度很低,偏聚进行缓慢,可以长期保持过饱和状态。

由上所述,铝合金固溶处理温度越高,固溶后的过饱和程度(包括溶质原子和空位的双重过饱和)越大,经时效后产生的时效强化效果也越大。因此铝合金固溶处理的温度选取原则应是:在保证不过烧的前提下,尽可能选取较高的固溶处理温度。

（3）铝合金的时效序列

时效序列（以铝铜合金为例）：将固溶处理状态的铝铜合金在室温或某一温度下放置时，会发生时效过程。时效过程实质上是第二相（如 Al_2Cu）从过饱和固溶体中沉淀的过程，是通过成核和长大方式进行的。这是一种固态相变，也是一种扩散型相变。但是携带空位的铜原子进行扩散，发生偏聚现象，并不能立即形成稳定的 θ 相（Al_2Cu），而是按一定的时效序列进行转变。Al-4％Cu 合金的时效序列已经研究得比较充分，概括起来为

$$\alpha_{过} \to G.P. 区 \to \theta'' 相 \to \theta' 相 \to \theta 相$$

Al-Cu 合金各时效组织的特征描述如下。

G.P. 区：G.P. 区就是指富含溶质原子区，对于 Al-Cu 合金来说，就是富铜区。由于携带空位的铜原子即使在室温下也能以很高的速度聚集，故 G.P. 区在室温下即可生成。铝铜合金的 G.P. 区是铜原子在{100}晶面上偏聚或丛聚而形成的，呈圆片状。它没有完整的晶体结构，完全保持母相的晶格，并与母相共格。铝铜合金的 G.P. 区尺寸随时效温度高低而不同。在室温时效的 G.P. 区很小，直径约 50 Å，密度为 $10^{14} \sim 10^{15}/mm^2$，G.P. 区之间的距离为 20～40 Å。130 ℃时效 15 h 后，G.P. 区直径长大到 90 Å，厚 4～6 Å。温度再高，G.P. 区数目开始减少，200 ℃即不再生成 G.P. 区。由于 G.P. 区尺寸很小，且无独立结构，在一般光学显微镜下无法分辨出 G.P. 区，所观察到的仍为单相 α 组织。在透射电子显微镜下观察，由于在界面处铜原子与铝原子半径不同，引起弹性应变，因弹性应变引起反差效应，在暗场照明下，所观察到的发亮部分即 G.P. 区。

θ'' 过渡相：随着时效温度的升高或时效时间的延长，G.P. 区的直径急剧变大，而且铜原子与铝原子逐渐形成规则的排列，构成正方有序化结构。这种结构在 x 轴和 y 轴上的点阵常数相等，即 $a=b=4.04$ Å，在 z 轴上的点阵常数为 7.68 Å，一般称为 θ'' 过渡相。θ'' 过渡相是在基体的{100}面上形成圆片状组织，其厚度为 8～20 Å，直径为 150～400 Å。θ'' 相与基体完全共格，但在 z 轴方向，由于点阵常数（7.68 Å）比基体铝的点阵常数的两倍（7.08 Å）要小些，故产生约 4％的错配。因此在 θ'' 过渡相附近造成了弹性共格应变场或点阵畸变区。由于 θ'' 过渡相所产生的应变场大于 G.P. 区所产生的应变场，因而 θ'' 过渡相所引起的时效强化效果大于 G.P. 区的强化作用。

θ' 相：当继续增加时效时间或提高时效温度时，例如 Al-4％Cu 合金时效温度提高到 200 ℃、时效 12 h 后，θ'' 过渡相即转变为 θ' 相。θ' 相属于正方点阵，其中 $a=b=4.04$ Å，$c=5.08$ Å，名义成分为 Al_2Cu。θ' 相在(001)面上与基体铝共格，在 z 轴方向由于错配度过大，在(010)和(100)面上共格关系遭到部分破坏。θ' 相的尺寸大小与时效温度和时效时间有关。一般说来，直径为 100～6000 Å，厚度为 100～150 Å，密度为 $10^8/mm^2$。由于 θ' 相与铝基体呈部分共格，因而引起的弹性应变场减小，在金相组织上无明显反差效应。在机械性能上表现为硬度和强度开始下降，表明开始进入过时效阶段。

θ 相：进一步提高时效温度和延长时效时间，过渡相 θ' 继续长大，达到一定程度后，共格被破坏，过渡相 θ' 转变为平衡相 θ。θ 相的成分为 Al_2Cu，晶体结构为体心正方有序化结构。由于 θ 相完全脱离了母相，完全丧失了与基体的共格关系，引起的应力场显著减弱，故 θ 相的出现，意味着合金的硬度和强度显著下降。

（4）影响时效强化效果的因素

时效温度的影响：固定时效时间，对同一成分的合金而言，时效温度与时效强化效果

（硬度）之间有如图 7.32 所示的关系，即在某一时效温度时，能获得最大的强化效果，这个温度称为最佳时效温度。不同成分的合金获得最大时效强化效果的时效温度是不同的。统计表明，$T_a = (0.5 \sim 0.6) T_{熔}$，$T_a$ 为最佳时效温度，$T_{熔}$ 为合金的熔点。

时效时间的影响：图 7.33 为 Al-4%Cu 合金在 130 ℃时效时硬度和时效时间的关系曲线。由图 7.33 可以看出，硬度和强度峰值出现在 θ'' 相的末期和 θ' 过渡相的初期，θ' 相后期已过时效，开始软化。当大量出现 θ 相时，软化已非常严重。故在一定时效温度下，为获得最大时效强化效果，对应有一最佳时效时间。

图 7.32　时效温度与硬度关系曲线

图 7.33　在 130 ℃时效时铝铜合金的硬度与时效时间的关系

淬火温度、淬火冷却速度和淬火转移时间的影响：实践表明，淬火温度越高，淬火冷却速度越快，淬火中间转移时间越短，所获得的固溶体过饱和程度越大，时效后时效强化效果也越明显。

（5）单级时效与分级时效

单级时效：这是一种最简单的也是最普及的时效工艺制度，包括自然时效和人工时效两种工艺制度。在室温或低于 100 ℃温度下进行的时效过程，称为自然时效。在某一人工加热温度下所进行的时效过程叫作人工时效。单级时效的优点是工艺简单，缺点是组织均匀性差，抗拉强度、条件屈服极限、断裂韧性、应力腐蚀抗力等性能难以得到良好配合。

图 7.34　超硬铝合金分级时效工艺曲线

分级时效：分级时效就是在不同温度下进行两次时效或多次时效处理。图 7.34 为超硬铝合金（模锻件）所采用的分级时效工艺曲线。图 7.34 中 T_s 为固溶处理温度，T_1 为预时效温度，T_2 为最终时效温度，T_c 为固溶临界温度。进行预时效的目的是在合金中获得高密度的 G.P. 区，由于 G.P. 区通常是均匀成核的，当其达到一定尺寸后，就可以成为随后沉淀相的核心，从而大大提高了组织的均匀性。由于最终时效温度超过 T_c，合金已进入过时效阶段，因此所获得的强度比单级时效（140 ℃，12～14 h）略低，但经这种分级时效处理后的合金，其断裂韧性（K_{Ic}）较高，并改善了合金的抗蚀性，提高了应力腐蚀抗力。

2. 铸造铝合金

用于直接铸成各种形状复杂的甚至是薄壁的成形件。浇注后，只需进行切削加工即可成为零件或成品,故要求合金具有良好的流动性。凡成分大于 D 点的合金,由于有共晶组织存在,其流动性较好,且高温强度也比较高,可以防止热裂现象,故适于铸造。因此,大多数铸造铝合金中合金元素的含量大于极限溶解度 D。当然,实际上当合金元素小于极限溶解度 D,也是可以进行成形铸造的。

铸造铝合金(cast aluminum alloy)应具有高的流动性,较小的收缩性、热裂、缩孔和疏松倾向小等良好的铸造性能。共晶合金或合金中有一定量共晶组织就具有优良的铸造性能。为了综合运用热处理强化和过剩相强化,铸造铝合金的成分都比较复杂,合金元素的种类和数量相对较多,以所含主要合金组元为标志,常用的铸造铝合金有铝硅系、铝铜系、铝镁系、铝稀土系和铝锌系等。主要铸造铝合金的牌号和化学成分见表 7.22。

表 7.22　主要铸造铝合金的牌号和化学成分

合金系	牌号	$w_{Si}/\%$	$w_{Cu}/\%$	$w_{Mg}/\%$	$w_{Mn}/\%$	$w_{Zn}/\%$	$w_{Ni}/\%$	$w_{Ti}/\%$	$w_{Zr}/\%$
Al-Si	ZL102	10.0~13.0	<0.6	<0.05	<0.5	<0.3			
	ZL104	7.0~10.5	<0.3	0.17~0.30	0.2~0.5	<0.3			
	ZL105	4.5~5.5	1.0~1.5	0.35~0.60	<0.5	<0.2			
	ZL111	7.0~10.0	1.3~1.8	0.4~0.6	0.1~0.35	<0.1		0.1~0.35	
Al-Cu	ZL201	<0.3	4.5~5.3	<0.05	0.6~1.0	<0.1	<0.1	0.15~0.35	<0.2
	ZL203	<1.5	4.5~5.0	<0.03	<0.1	<0.1		<0.07	
Al-Mg	ZL301	<0.3	<0.1	9.5~11.5	<0.1	<0.1		<0.07	
	ZL303	0.8~1.3	<0.1	4.5~5.5	0.1~0.4	<0.2		<0.2	

1) 铝硅及铝硅镁合金

铝硅(aluminum silicon)系铸造合金用途很广,其最基本的合金为 ZLl02 二元铸造合金,具有共晶组织。含硅的共晶能提高强度和耐磨性,液态有良好的流动性,是铸造铝合金中流动性最好的。由于其共晶中硅晶体含量不高,不会使塑性降低太多。这种合金的比重轻,焊接性良好。共晶组织中硅晶体呈粗针状或片状,过共晶合金中还有少量初生硅,呈块状。这种共晶组织塑性较低,达不到实用要求,需要细化组织。

铸造铝硅合金一般需要采用变质处理,以改变共晶硅的形态,使硅晶体细化和颗粒化,组织由共晶或过共晶变为亚共晶。常用的变质剂为钠盐,加入 $1w\%\sim3w\%$ 的钠盐混合物(2/3NaF+1/3NaCl)或三元钠盐(25%NaF+62%NaCl+13%KCl)。钠盐的缺点是变质处理有效时间短,加入后要在 30min 内浇完。而锶和稀土金属都可作为长效变质剂。

这种变质作用一般认为是由于吸附作用。通常铝硅共晶结晶时,硅晶体形成时易产生孪晶,使其沿孪晶方向(211)长成粗片状,在加入变质剂后,钠原子在结晶硅的表面有强烈偏聚,降低硅的生长速度并促使其发生分枝或细化。

另外,加入变质剂也使铝硅合金变为亚共晶组织。加入变质剂后改变了铝硅二元相图,共晶温度由 578℃降为 564℃,共晶成分 $w_{Si}=11.7\%$ 增加到 14%,因而 $w_{Si}=10.0\%\sim13.0\%$ 的铝硅合金成为亚共晶组织,由初始 α 固溶体和细小的共晶组织组成。这样,合金的强度和塑性都提高了。变质前其 $\sigma_b=147$ MPa,$\delta=2\%\sim3\%$;变质后 $\sigma_b=166$ MPa,$\delta=6\%\sim10\%$。ZL102 合金的强度不算高,但流动性好,可生产形状复杂薄壁和受力不大的精密铸件。

为提高铝硅共晶合金的强度而加入镁,形成强化相 Mg_2Si,并采用时效热处理以提高合金的强度。ZL104 合金 $w_{Si}=8\%\sim10.5\%$,$w_{Mg}=0.17\%\sim0.30\%$,$w_{Mn}=0.2\%\sim0.5\%$。镁在铝硅合金的 α 相中,其极限溶解度 w_{Mg} 为 $0.5\%\sim0.6\%$,在 ZL104 合金中,w_{Mg} 不超过 0.3%,可保证有足够的 Mg_2Si 相产生沉淀强化。ZL104 合金在铝硅铸造合金中是强度最高的,经过金属铸造,(535 ± 5) ℃固溶 $3\sim5$ h 水冷,$(175+5)$ ℃人工时效 $5\sim10$ h,其力学性能为 $\sigma_b=235$ MPa,$\delta=2\%$。它可以制造高负荷复杂形状零件,工作温度低于 200 ℃,如发动机气缸体、发动机机匣等。若适当减少硅含量而加入铜和镁,可改善合金的强度和耐热性,得到铝硅铜镁系铸造合金,其强化相有 $CuAl_2$ 相、Mg_2Si 相及 Al_2CuMg 相。ZL105 经 (525 ± 5) ℃固溶 $3\sim5$ h,在 $60\sim100$ ℃水中冷却,再经 175 ℃时效 $5\sim10$ h 后空冷,其 $\sigma_b=225$ MPa,$\delta=0.5\%$,在 200 ℃的持久强度 $\sigma_{100}=88$ MPa,250 ℃的持久强度 $\sigma_{100}=58$ MPa。ZL105 可制作在 250 ℃以下工作的耐热零件。ZL111 可铸造形状复杂的内燃机气缸等。

2) 铝铜铸造合金

铝铜铸造合金(aluminum-copper casting alloy)的主要强化相是 $CuAl_2$,所以有较高的强度和热稳定性,适于铸造耐热铸件。但铜含量过高合金的质量密度会增大,耐蚀性降低,铸造性能变差。

ZL203 合金的热处理强化效果最大,是常用的铝铜铸造合金,为了改善其铸造性能,提高流动性,减小铸后热裂倾向,需要加入一定量硅以形成一定量的三元共晶组织($\alpha+Si+CuAl_2$)。一般用金属模铸时,加入 $w_{Si}=3\%$ 的硅,砂模铸时加 $w_{Si}=1\%$ 的硅。加硅后有损于室温性能和高温性能。ZL203 铸造合金固溶处理为 (515 ± 5) ℃,保温 $10\sim15$ h,在 $80\sim100$ ℃水中冷却,采用自然时效,强度虽稍低,但有较高塑性。其 $\sigma_b=210$ MPa,$\sigma_{0.2}=106$ MPa,$\delta=8\%$,若采用不完全人工时效,在 150 ℃,保温 $2\sim4$ h,则强度较高,塑性稍低,其 $\sigma_b=240$ MPa,$\sigma_{0.2}=144$ MPa,$\delta=5\%$,ZL203 铸造合金用于制作低于 200 ℃、受中等负荷的零件。

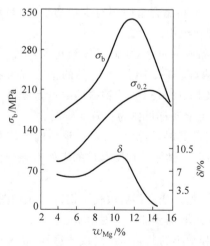

图 7.35　铝镁合金在淬火自然时效状态下性能与成分的关系

3) 铝镁铸造合金

铝镁铸造合金(aluminum-magnesium casting alloy)的优点是比重轻,强度和韧性较高,并具有优良的耐蚀性、切削性和抛光性。

铝镁二元合金的性能与成分关系如图 7.35 所示,其强度和塑性综合性能最佳的镁含量为 $w_{Mg}=9.5\%\sim11.5\%$。这就是常用的 ZL301 合金的镁含量。再高的镁含量也会因 β-Al_8Mg_5 相难以完全固溶而使合金性能下降。ZL301 合金铸态组织中除 α 固溶体,还有部分 Al_8Mg_5 离异共晶存在于树枝晶边界。这种 Al_8Mg_5 相性脆,使合金强度和塑性降低。只有在固溶温度保温较长时间才能将树枝晶界的 Al_8Mg_5 相溶解。淬火后得到过饱和固溶体,提高了强度和塑性。固溶温度为 (430 ± 5) ℃,保温 $12\sim20$ h 油冷,经自然时效后,$\sigma_b=343$ MPa,$\sigma_{0.2}=167$ MPa,$\delta=10\%$,HB 为 80。

为了改善铝镁铸造合金的铸造性能,加入 $w_{Si}=0.8\%\sim1.2\%$ 及微量钛。其中钛形成

细小的 Al_3Ti,起细化晶粒作用。

7.3.2 镁及镁合金

镁合金(magnesium alloy)是实际应用中最轻的金属结构材料,具有密度小,比强度和比模量高,阻尼性、导热性、切削加工性、铸造性好,电磁屏蔽能力强,尺寸稳定,资源丰富,容易回收等一系列优点,因此在汽车工业、通信电子业和航空航天业等领域得到日益广泛的应用。近年来镁合金产量在全球的年增长率高达 20%,显示出极大的应用前景。

与铝合金相比,镁合金的研究和应用还很不充分,目前镁合金的产量只有铝合金的 1%。镁合金作为结构件应用最多的是铸件,其中 90% 以上的是压铸件。限制镁合金广泛应用的主要问题是镁合金在熔炼加工过程中极易氧化燃烧,因此镁合金的生产难度很大;镁合金生产技术还不成熟和完善,特别是镁合金成形技术更待进一步发展;镁合金的耐蚀性较差;现有工业镁合金的高温强度蠕变性能较低,限制了镁合金在高温(150~350 ℃)场合的应用。

镁在地壳中储量为 2.77%,仅次于铝和铁。我国具有丰富的镁资源,菱镁矿储量居世界首位。2001 年我国镁的生产能力为 25 万吨,产量为 18 万吨,产量占全球 40%,其中出口 16 万吨。但是由于镁合金锭的质量问题,只能廉价出口。国内镁合金在汽车上已应用在上海大众桑塔纳轿车的手动变速壳体,一汽集团将在轿车上应用镁合金,东风集团也准备生产镁合金汽车铸件。镁合金在通信电子器材的应用中还处于起步阶段。因此如何将镁合金的资源优势转变为技术和经济优势,促进国民经济的发展,增强我国在镁行业的国际竞争力,是摆在我们面前的迫切任务。

镁合金可以分为变形镁合金(wrought magnesium alloys)和铸造镁合金(cast magnesium alloy)两类。

1) 变形镁合金

按化学成分可分为三类:

(1) 镁-锰系合金 代表合金有 MB1。可进行各种压力加工而制成棒、板、型材和锻件,主要用作航空、航天器的结构材料。

(2) 镁-铝-锌系合金 代表合金有 MB2、MB3,均为高塑性锻造镁合金,MB3 为中等强度的板带材合金。

(3) 镁-锌-锆系合金 属于高强镁合金,主要代表有 MB15 等。由于塑性较差,不易焊接,主要生产挤压制品和锻件。

2) 铸造镁合金

与变形镁合金相比,铸造镁合金在应用方面占统治地位。铸造镁合金主要分为无锆镁合金和含锆镁合金两类。

7.3.3 铜及铜合金

1. 纯铜

纯铜呈紫红色,又称紫铜,比重为 7.9,熔点为 1083 ℃。它分为两大类,一类为含氧铜,另一类为无氧铜。由于有良好的导电性、导热件和塑性,并兼有耐蚀性和可焊接性,它是化工、船舶和机械工业中的重要材料。

工业纯铜的导电性和导热性在 64 种金属中仅次于银。冷变形后,纯铜的导电率变化小。形变 80% 后导电率下降不到 3%,故可在冷加工状态用作导电材料。杂质元素会降低其导电性和导热性,尤以磷、硅、铁、钛、铍、铅、锰、砷、锑等影响最大;形成非金属夹杂物的硫化物、氧化物、硅酸盐等影响小,不溶的铅、铋等金属夹杂物影响也不大。

与标准电极相比,铜的电极电位较正,在许多介质中都耐蚀,可在大气、淡水、水蒸气及低速海水等介质中工作,铜与其他金属接触时成为阴极,而其他金属及合金多为阳极,并发生阳极腐蚀,为此需要镀锌保护。

铜的另一个特性是无磁性,常用来制造不受磁场干扰的磁学仪器。

铜有极高的塑性,能承受很大的变形量而不发生破裂。

铋或铅与铜形成富铋或铅的低熔点共晶,其共晶温度相应为 270 ℃ 和 326 ℃,共晶含 $w_{Bi} = 99.8\%$ 或 $w_{Pb} = 99.94\%$,在晶界形成液膜,造成铜的热脆。

铋和锑等元素与铜的原子尺寸差别大,含微量铋或锑的稀固溶体即引起点阵畸变大,驱使铋和锑在铜晶界产生强烈的晶界偏聚。铋在铜晶界的富集系数 $\beta_{Bi} \approx 4 \times 10^4$。锑在铜晶界的富集系数 $\beta_{Sb} \approx 6 \times 10^2$。铋和锑的晶界偏聚降低铜的晶界能,使晶界原子结合弱化,产生强烈的晶界脆化倾向。

含氧铜在还原性气氛中退火,氢渗入与氧作用生成水蒸气,这会造成很高的内压力,引起微裂纹,在加工或服役中发生破裂。故对无氧铜要求 w_O 低于 0.003%。

工业纯铜的氧含量 w_O 低于 0.01% 的称为无氧铜,以 TU1 和 TU2 表示,用作电真空器件。TUP 为磷脱氧铜,用作焊接钢材,制作热交换器、排水管、冷凝管等。TUMn 为锰脱氧铜,用于电真空器件。T1~T4 为纯铜,含有一定氧;T1 和 T2 的氧含量较低,用于导电合金;T3 和 T4 含氧较高,$w_O < 0.1\%$,一般用作铜材。

2. 铜合金的分类及编号

按照化学成分,铜合金可分为黄铜、白铜及青铜三大类。

黄铜(brass)　以锌为主要元素的铜合金,称为黄铜。按其余合金元素种类可分为普通黄铜和特殊黄铜,按生产方法可分为压力加工产品和铸造产品两类。压力加工黄铜的编号方法举例如下:H62 表示含 62%Cu 和 38%Zn 的普通黄铜;HMn58-2 表示含 80%Cu 和 2%Mn 的特殊黄铜,称为锰黄铜。铸造黄铜的编号方法举例如下:ZHSi80-3 表示含 80%Cu 和 3%Si 的铸造硅黄铜;ZHAl66-6-3-2 表示含 66%Cu、6%Al、3%Fe 和 2%Mn 的铸造铝黄铜。

白铜(paktong,copper-nickel,white copper)　以镍为主要元素的铜合金,称为白铜。白铜分为结构白铜和电工白铜两类。其牌号表示方法举例如下:B30 表示含 30%Ni 的简单白铜;BMn40-1.5 表示含 40%Ni 和 1.5%Mn 的复杂白铜,又可称为锰白铜,俗称"康铜"。

青铜(bronze)　除锌和镍以外的其他元素作为主要合金元素称为青铜。按所含主要元素的种类分为锡青铜、铝青铜、铅青铜、硅青铜、铍青铜、钛青铜、铬青铜等。青铜的牌号表示方法举例如下:QBe2 表示含 2%Be 的压力加工铍青铜;QAl9-2 表示含 9%Al 和 2%Mn 的压力加工铝青铜;ZQPb30 表示含 30% 的 Pb 的铸造铅青铜;ZQSn6-6-3 表示含 6%Sn、6%Zn 和 3%Pb 的铸造锡青铜。

1)黄铜

黄铜是指以 Cu-Zn 为基的合金。常用黄铜中含锌量在 0~50%,含锌量过高,会因性能很脆而不宜使用。黄铜具有良好的机械性能,易加工成形,并且对大气、海水有相当好的抗蚀能力。另外,黄铜还具有价格低廉、色泽美丽等优点,是用途最广的重要有色金属材料。黄铜分普通黄铜和特殊黄铜两类。

(1) 普通黄铜

普通黄铜是指铜与锌的二元合金。图 7.36 为 Cu-Zn 二元合金的状态图。该图是由五个包晶反应、一个共析反应和六种相(α、β、γ、δ、ϵ 和 η)组成的。α 相是锌溶解于铜中的固溶体,晶格结构与纯铜相同,为面心立方晶格。α 相的抗蚀性、塑性均与纯铜相近。β 相是以 CuZn(电子化合物)为基的固溶体,电子浓度为 3/2,呈体心立方晶格。高温下的 β 相为无序固溶体,塑性极高,适于热压力加工。低温下的 β 相为有序固溶体,又称 β' 相,塑性差、脆性大,冷加工困难。γ 相是以 Cu_5Zn_8 为基的固溶体,电子浓度为 21/13,呈复杂立方晶格,在 270 ℃ 以下为有序固溶体,以 γ' 表示。γ 相性硬且脆,不能进行压力加工,普通黄铜中一般不出现 δ、ϵ 和 η 相。

黄铜按组织可分为 α 单相黄铜、$\alpha+\beta$ 两相黄铜和 β' 单相黄铜。$w_{Zn}<32\%$ 时为 α 单相组织,$w_{Zn}>45\%$ 时为 β' 单相组织。w_{Zn} 为 $32\%\sim45\%$ 时,为 $\alpha+\beta$ 两相黄铜。其机械性能与含锌量的关系如图 7.37 所示。

图 7.36 Cu-Zn 二元合金的状态图

图 7.37 黄铜机械性能与含锌量的关系

α 单相黄铜的抗蚀性比($\alpha+\beta$)黄铜和 β' 黄铜好,室温下的塑性也较后两者好,但强度低。α 黄铜适于冷压力加工。若进行热压力加工,热压力加工温度应超过 700 ℃。$\alpha+\beta$ 两相黄铜和 β' 单相黄铜适于热压力加工,热加工温度应选择在该合金所处的 β 相区。

含锌量大于 7%(尤其大于 20%)的经冷加工的黄铜,在潮湿的大气中,特别是在含有氢的情况下,易产生晶间腐蚀以致使黄铜破裂,这种现象叫作应力破裂。防止应力破裂的方法是在 260~300 ℃ 的低温下,进行 1~3 h 的退火,以降低或消除内应力。

H68 强度较高,塑性特别好,适于冷冲压或深冲拉伸制造各种形状复杂的零件。大量用作枪弹壳和炮弹筒,素有"弹壳黄铜"之称。

H62 为两相黄铜,强度高,塑性也比较好,可用作水管、油管等,是应用很广的合金,素有"商业黄铜"之称。

(2) 特殊黄铜

在普通黄铜的基础上,加入铝、锰、硅、铅等元素的黄铜,称为特殊黄铜。

这些合金元素加入量较少时,除了铁和铅,其他元素均不与铜形成新的组织,而是如同锌的作用一样,只影响 α 相和 β 相的量比,即相当于一部分锌的作用。铁和铅由于在铜中溶解度极小,因而常呈铁相和铅粒独立存在于黄铜的显微组织中。

这些合金元素加入主要是为了提高黄铜的某些性能,如机械性能、抗蚀性能、抗磨性等。

铝黄铜:铝的加入,主要是为了提高黄铜的强度和耐蚀性。

锡黄铜:锡的加入,主要是为了提高其耐蚀性,广泛用于船舶零件。

锰黄铜:锰的加入,主要是为了提高黄铜的机械性能和耐热性能,同时也可提高在海水、氯化物和过热蒸汽中的耐蚀性。

硅黄铜:硅的加入,主要是为了提高机械性能和耐磨性,同时也可提高铸造流动性和抗蚀性。

铅黄铜:铅在黄铜中不溶解,而呈独立相存在于组织中,因而可提高耐磨性和切削加工性。

镍黄铜:镍的加入,主要是为了提高机械性能和耐蚀性。

铁黄铜:铁的加入,主要是为了细化晶粒和提高机械性能,常与锰同时加入。

2) 白铜

以镍为主要合金元素的铜基合金,称为白铜。

铜与镍都是面心立方晶格金属,其电化学性质和原子半径也相差不大,故铜与镍的二元合金状态图为匀晶型,如图 7.38 所示。由于铜与镍可无限互溶,所以各种铜镍合金均为单相组织。因此,这类合金不能进行热处理强化,主要是通过固溶强化和加工硬化来提高机械性能。

图 7.38　铜镍二元合金相

铜镍二元合金称为简单白铜。简单白铜具有高的抗腐蚀疲劳性,也有高的抗海水冲蚀性和抗有机酸的腐蚀性。另外,它还具有优良的冷、热加工工艺性。常用的简单白铜有 B5、B19 和 B30 等牌号。简单白铜广泛地用来制造在蒸汽、淡水和海水中工作的精密仪器、仪表零件和冷凝器、蒸馏器以及热交换管等。

在铜镍二元合金的基础上加入其他合金元素的铜基合金,称为特殊白铜。因加入合金元素种类的不同,可分为锰白铜、锌白铜、铝白铜等。特殊白铜牌号表示方法如下:以"B"字打头,后跟特殊合金元素的化学元素符号,符号后的数字分别表示镍和特殊合金元素的百分含量。例如,BMn3-12 表示含镍 3% 和含锰 12% 的锰白铜,BZn15-20 表示含镍 15% 和含锌

20%的锌白铜。

锌白铜：锌在铜镍合金中起固溶强化作用，还能提高耐蚀性。含锌量可在13%～45%范围。其中以含锌20%的BZn15-20应用最广，其有相当好的耐蚀性和机械性能，另外成本也较低且呈美丽的银白色。

锰白铜：锰白铜组织为单相固溶体，塑性高，容易进行冷、热压力加工。锰白铜具有高的电阻和低的电阻温度系数。

BMn40-1.5锰白铜又名康铜，具有电阻高和电阻温度系数小的特点，是制造精密仪器的优良材料。另外，康铜有足够的耐热性和耐蚀性，与铜、铁、银配对时有高的热电势，是制造热电偶（低于500～600 ℃）和工作温度低于500 ℃的变阻器及加热器的材料。

BMn43-0.5锰白铜又名考铜，具有高的电阻和低的电阻温度系数。与康铜一样，考铜适于作温度不高的变阻器、热电偶（与铁或镍铬合金配对）和补偿导线。

3) 青铜

人们把除镍和锌之外的其他合金元素为主要添加元素的铜合金，统称为青铜，并分别命名为锡青铜（tin bronze）、铝青铜（aluminium bronze）、铍青铜（beryllium bronze）等。

(1) 锡青铜

首先研究Cu-Sn相图（图7.39）。Cu-Sn状态图看起来很复杂，实际上是由三个包晶反应、四个共析反应、两个包析反应、一个共晶反应和八个相组成的。常用的锡青铜中含锡量小于等于10%。故这里仅说明状态图的左端部分。

图 7.39　Cu-Sn 二元合金相图

α相是锡溶解于铜中形成的固溶体，呈面心立方晶格，具有良好的冷、热变形性能。

β相是以电子化合物Cu₅Sn（电子浓度为3/2）为基的固溶体，呈体心立方晶格。β相抗张力较大，高温下塑性尚好，降低温度时迅速发生共析分解，在常温下变为硬脆组织。

γ 相和 δ 相都是以电子化合物 $Cu_{31}Sn_8$（电子浓度为 21/31）为基的固溶体，呈复杂立方晶格。性硬脆，不能进行塑性变形。γ 相和 δ 相分别在 520 ℃ 和 350 ℃ 发生如下共析反应。

γ 共析反应不易抑制，而 δ 共析则是缓慢和不易全部完成的，因为在这一较低温度下，

$$\gamma \xrightarrow{520\ ℃} \alpha + \delta$$

$$\delta \xrightarrow{350\ ℃} \alpha + \varepsilon$$

原子活动能力较差，需要成分的变化也较大。因此，含锡量在 7%～30% 的铸造锡青铜的组织不是 $\alpha+(\alpha+\varepsilon)_{共析体}$，而是 $\alpha+(\alpha+\delta)_{共析体}$。

ε 相是以电子化合物 Cu_3Sn（电子浓度 21/12）为基的固溶体，呈密排六方晶格，性硬脆，无实际用途。

锡青铜的耐蚀性比纯铜和黄铜都高，不论在湿气中、蒸汽中还是海水、淡水中都具有良好的抗蚀性。

锡青铜中还可以加入其他合金元素以改善性能。例如，加入锌，可提高流动性，并可通过固溶强化作用提高合金的强度。又如，加入铅可以使合金的组织中存在软而细小的黑灰色铅夹杂物，提高锡青铜的耐磨性和切削加工性。再如，加入磷可以提高合金的流动性，当含磷量大于 0.2% 时，还会生成 Cu_3P 硬质点，提高合金的耐磨性。

图 7.40　富铜部分的 Cu-Al 合金状态图

（2）铝青铜

Cu-Al 状态图的富铜部分（图 7.40）由共晶反应、包晶反应和共析反应组成。其中 α 相是铝溶解于铜中所形成的固溶体，呈面心立方晶格，可以进行冷、热压加工。β 相是以电子化合物 Cu_3Al 为基的固溶体，电子浓度为 3/2，呈体心立方晶格。β 相在 565 ℃ 时发生 $\beta \rightarrow \alpha + \gamma_2$ 的共析转变，但这一转变只有在充分缓冷条件下才能进行。当快冷（>5～6 ℃/min）时，共析转变即被抑制。由 β 相区进行淬火，可获得与钢的马氏体相似的介稳组织 β'。

实验证明，当合金中含铝量较高时，由 β 转变成 β'，需要经过一个中间过渡阶段，即按如下过程进行转变：

$$\beta \xrightarrow{有序化} \beta_1 \xrightarrow{无扩散相变} \beta'（或\ \gamma'）$$

β 相为体心立方晶格的无序固溶体；β_1 为体心立方晶格的有序固溶体；$\beta'(\gamma')$ 为含铝量不同的马氏体，二者均具有近似的密排六方晶格，呈针状组织，硬度和强度较高，但塑性较低。当 $\beta'(\gamma')$ 数量适当时，可使合金强度提高，但当 $\beta'(\gamma')$ 数量太多时，合金显示脆性。

状态图中 γ_2 相是以 Cu_9Al_4 电子化合物为基的固溶体，电子浓度为 21/13，呈复杂立方晶格。该相硬度高，脆性大，但一定数量 γ_2 相的存在，可提高合金的耐磨性。

含铝量为 5%～8% 的铝青铜，具有 α 单相组织，塑性优良，适于冷、热压力加工，故常用于压力加工产品。含铝量为 9%～11% 的铝青铜，为 $\alpha+(\alpha+\gamma_2)_{共析体}$ 组织，强度较高，不能进行冷加工，只能进行热压力加工（主要用于热挤压），热加工的温度应加热在 α+β 两相区。

另外,铝青铜自液态结晶时,由于它的液相线和固相线间隔很小,故不易发生像锡青铜那样的化学成分偏析,而且流动性好,缩孔集中,易获得致密的铸件。

铝青铜在大气、海水、碳酸以及大多数有机酸溶液中有比黄铜和锡青铜还高的抗蚀性。

（3）铍青铜

铍青铜是一种可时效硬化的合金,经淬火及时效处理后具有很高的强度、硬度、疲劳极限和弹性极限。铍青铜之所以能够进行时效强化,是因为它符合可时效硬化合金条件。首先,从 Cu-Be 相图(图 7.41)可知,铍在铜中的固溶度是随着温度的下降而急剧降低的。铍在 864 ℃时的极限溶解度为 2.7%,在 300 ℃时已降至 0.2%。虽然该合金在 605 ℃发生共析反应 $\beta \rightarrow \alpha + \gamma$,但是它只在缓慢冷却条件下才进行,故对时效过程并不重要。

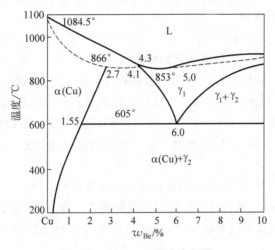

图 7.41　Cu-Be 二元合金相图

含铍 1.9%的合金,自 780～790 ℃保温一定时间后在水中淬火,可得到过饱和固溶体 α,这种过饱和固溶体是很软的。并且在室温下放置时,不会像 Al-Cu 合金或硬铝合金那样发生自然时效过程,因此可以方便地进行拉拔、轧制等冷加工。

Cu-Be 合金的时效过程也是过饱和固溶体的脱溶沉淀过程,其时效序列为

$$\alpha_{过} \rightarrow \text{G. P. 区}(\gamma'') \rightarrow \gamma' \rightarrow \gamma$$

Cu-Be 合金中 G. P. 区已经不只是富铍的偏聚区,而是一种与母相共格的片状沉淀物,故可称为 γ''过渡相。γ''过渡相密度极高,大于 $10^{18}/\text{cm}^3$。γ'相是一个与母相半共格的中间过渡相,在 315 ℃时效 3h 后,即有 γ'相析出。时效温度升高,或时效时间延长,γ'相转变为平衡相 γ。

Cu-Be 合金时效时最高机械强度是在 γ''向中间过渡相(γ')转变阶段获得的。这是因为 G. P. 区(γ'')高度弥散,且与母相比容差别大,致使其周围应力场很大,对位错的运动阻力大。

铍青铜不仅具有高的强度和弹性,而且耐蚀、耐磨、耐寒,无磁性;另外,导电导热性也好,受冲击不起火花。因此铍青铜是优良的弹性材料,可用于制造高级精密的弹簧、膜片、膜盒等弹性元件,还可以制造高速、高温、高压下工作的轴承、衬套、齿轮等耐磨零件,也可以用来制造换向开关、电接触器以及矿山、炼油厂要求不产生火花的工具。

7.3.4 滑动轴承合金

轴承可定义为一种在其中有另外一种元件(如轴颈或杆)旋转或滑动的机械零件。依据轴承工作时摩擦的形式,又分为滚动轴承与滑动轴承。滑动轴承中自身具有自润滑性的轴承叫作含油轴承或自润滑轴承。滑动轴承是指支承轴颈和其他转动或摆动零件的支承件。它是由轴承体和轴瓦两部分构成的。轴瓦可以直接由耐磨合金制成,也可在钢背上浇铸(或轧制)一层耐磨合金内衬。用来制造轴瓦及其内衬的合金,称为轴承合金。

当机器不运转时,轴停放在轴承上,对轴承施以压力。当轴高速旋转运动时,轴对轴承施以周期性交变载荷,有时还伴有冲击。滑动轴承的基本作用就是将轴准确定位,并在载荷作用下支撑轴颈而不破坏。

当滑动轴承工作时,轴和轴承不可避免地会产生摩擦。为此,常在轴承上注入润滑油,以便在轴颈和轴承之间有一层润滑油膜相隔,进行理想的液体摩擦。实际上,在低速和重荷的情况下,润滑并不那么起作用,这时处于边界润滑状态。边界润滑意味着金属和金属直接接触的可能性存在,它会使磨损增加。当机器在启动、停车、空转和载荷变动时,也常出现这种边界润滑或半干摩擦甚至干摩擦状态。只有在轴转动速度逐渐增加,润滑油膜建立起来之后,摩擦系数才逐渐下降,最后达到最小值。如果轴转动速度进一步增加,摩擦系数又重新增大。

根据轴承的工作条件,轴承合金应具备如下一些性能:

(1) 在工作温度下,应具备足够的抗压强度和疲劳强度,以承受轴颈所施加的载荷;

(2) 应具有良好的减摩性和耐磨性,即轴承合金的摩擦系数要小,对轴颈的磨损要小,使用寿命要长;

(3) 应具有一定的塑性和韧性,以承受冲击;

(4) 应具有小的膨胀系数和良好的导热性,以便在干摩擦或半干摩擦条件下工作时,若发生瞬间热接触,不致咬合;

(5) 应具有良好的磨合性,即在轴承开始工作不太长的时间内,轴承上的突出点就会在滑动接触时被去除掉,而不致损坏配对表面;

(6) 应具有良好的嵌镶性,以便使润滑油中的杂质和金属碎片能够嵌入合金中而不致划伤轴颈的表面;

(7) 轴承的制造要容易,成本要低廉,因为轴是机器上的重要零件,价格较贵,因而在磨损不可避免时,应确保轴的长期使用。

此外,还要求轴承具有良好的顺应性、抗蚀性以及能够与钢背牢固相结合的有关工艺性能。

显然,要同时满足上述多方面性能要求是很困难的。选材时,应具备各种机械的具体工作条件,以满足其性能要求为原则。

常用轴承合金按其主要化学成分可分为铅基、锡基、铝基、铜基和铁基,本节着重介绍前四种轴承合金。

1. 铅基轴承合金

铅基轴承合金(lead-based bearing alloy)是在铅锑合金的基础上加入锡、铜等元素形成的合金,又称为铅基巴氏合金。我国铅基轴承合金的牌号、成分、机械性能见表7.23。

表 7.23   铅基轴承合金的牌号、成分、机械性能

牌　号	化 学 成 分/%				机 械 性 能		
	w_{Sn}	w_{Sb}	w_{Pb}	w_{Cu}	σ_b/MPa	δ	HBS
ZChPb16-16-2	15.0~17.0	15.0~17.0	余量	1.5~2.0	78	0.2	30
ZChPb15-5-3	5.0~6.0	14.0~16.0	余量	2.5~3.0	—	—	32

铅基轴承合金是以铅锑为主的合金,但铅锑二元合金有比重偏析,同时锑颗粒太硬,基体又太软,性能并不好,通常还加入其他合金元素,如锡、铜、镉、砷等。加入锡是为了生成 SbSn 化合物,提高其耐磨性。加入铜是为了阻止比重偏析。加入砷和镉可以形成砷镉化合物,从而降低脆性锑的含量。图 7.42 为铅锑合金的显微组织。它是以 $\alpha+\beta$ 共晶体作为软的基体(图中暗黑色部分),以初生的 β 相(白色块状)和化合物(白色针状)为硬质点形成的一种软基体硬质点轴承合金。

图 7.42   铅锑合金的显微组织

铅基轴承合金的突出优点是成本低,高温强度好,亲油性好,有自润滑性,适用于润滑较差的场合。但耐蚀性和导热性不如锡基轴承合金,对钢背的附着力也较差。

2. 锡基轴承合金

锡基轴承合金(tin-based bearing alloy)是以锡为主,并加入少量锑和铜的合金。我国锡基轴承合金的牌号、成分、机械性能见表7.24。合金牌号中的 Ch 表示"轴承"中"承"字的汉语拼音字头,Ch 的后边为基本元素锡和主要添加元素锑的化学元素符号,最后为添加元素的含量。

表 7.24   锡基轴承合金的牌号、成分、机械性能

牌　号	化 学 成 分			机 械 性 能		
	w_{Sn}	w_{Sb}	w_{Pb}	σ_b/MPa	δ	HBS
ZChSnSb11-6	余量	10~12	5.5~6.5	90	6	30
ZChSnSb8-4	余量	7.0~7.8	4.0~3.6	80	10.6	24

锑在锡中室温下的溶解度约为 7%。当锑量超过 7.5% 时,组织中易出现立方晶格的 SbSn 脆性化合物,构成了软基体嵌镶硬颗粒的典型组织。加入铜的目的是自液态首先生成 Cu_3Sn 化合物的针状格架,以防止 SbSn 相的上浮,同时 Cu_3Sn 也起着硬质点的作用。

锡基轴承合金的主要特点是摩擦系数小,对轴颈的磨损小,基体是塑性好的锑在锡中的固溶体,硬度低、顺应性和嵌镶性好,抗腐蚀性高,对钢背的黏着性好。它的主要缺点是抗疲劳强度较差,且随着温度升高机械强度急剧下降,最高运转温度一般应小于 110 ℃。

3. 铝基轴承合金

铝基轴承合金(aluminum-based bearing alloy)密度小,导热性好,疲劳强度高,价格低廉,广泛用于高速高负荷下工作的轴承。

铝基轴承合金按成分可分为铝锡系、铝锑系、铝石墨系三类。

（1）铝锡系铝基轴承合金（aluminum-based bearing alloy in aluminum-tin system）　它是以铝（60%～95%）和锡（5%～40%）为主要成分的合金，其中以 Al-20Sn-1Cu 合金最为常用。这种合金的组织为在硬基体（Al）上分布着软质点（Sn）。硬的铝基体可承受较大的负荷，且表面易形成稳定的氧化膜，既有利于防止腐蚀，又可起减摩作用。低熔点锡在摩擦过程中易熔化并覆盖在摩擦表面，起到减少摩擦与磨损的作用。铝锡系铝基轴承合金具有疲劳强度高，耐热性、耐磨性和耐蚀性均良好等优点，因此被世界各国广泛采用，尤其适用于高速、重载条件下工作的轴承。

（2）铝锑系铝基轴承合金（aluminum-based bearing alloy in aluminum-antimony system）其化学成分为 4%Sb，0.3%～0.7%Mg，其余为 Al。组织为软基体（Al）上分布着硬质点（AlSb），加入镁可提高合金的疲劳强度和韧性，并可使针状 AlSb 变为片状。这种合金适用于载荷不超过 20 MPa，滑动线速度不大于 10m/s 的工作条件，与 08 钢板热轧成双金属轴承使用。

（3）铝-石墨系铝基轴承合金（aluminum-based bearing alloy in aluminum-graphite system）铝-石墨减摩材料是近些年发展起来的一种新型材料。为了提高基体的机械性能，基体可选用铝硅合金（含硅量 6%～8%）。由于石墨在铝中的溶解度很小，且在铸造时易产生偏析，故需采用特殊铸造办法制造或以镍包石墨粉或铜包石墨粉的形式加入到合金中，合金中适宜的石墨含量为 3%～6%。铝石墨减摩材料的摩擦系数与铝锡系轴承合金相近，由于石墨具有优良的自润滑作用和减振作用以及耐高温性能，故该种减摩材料在干摩擦时，具有自润滑的性能，特别是在高温恶劣条件下（工作温度达 250 ℃），仍具有良好的性能。因此，铝-石墨系减摩材料可用来制造活塞和机床主轴的轴瓦。

4. 铜基轴承合金

铜基轴承合金（copper-based bearing alloy）的牌号、成分及机械性能见表 7.25。

表 7.25　铜基轴承合金的牌号、成分及机械性能

名　称	牌　号	化学成分/%				机械性能		
		w_{Pb}	w_{Sn}	其他	w_{Cu}	σ_b/MPa	δ/%	HB
铅青铜	ZQPb30	27.0～33.0	—	—	余量	60	4	25
	ZQPb25-5	23.0～27.0	4.0～6.0	—	余量	140	6	50
	ZQPb12-8	11.0～13.0	7.0～9.0	—	余量	120～200	3～8	80～120
锡青铜	ZQSn10-1	—	9.0～1.0	P0.6～1.2	余量	250	5	90
	ZQSn6-6-3	2.0～4.0	5.0～7.0	Zn5.0～7.0	余量	200	10	65

1）铅青铜

铅青铜（lead bronze）是硬基体软质点类型的轴承合金。

铜和铅在固态时互不溶解，室温显微组织为 Cu+Pb，Cu 为硬基体，粒状 Pb 为软质点。

同巴氏合金相比，其具有高的疲劳强度和承载能力，优良的耐磨性、导热性和低的摩擦系数，能在较高温度（250 ℃）下正常工作。

铅青铜适于制造大载荷、高速度的重要轴承，如航空发动机、高速柴油机的轴承等。

2）锡青铜

锡青铜（tin bronze）的显微组织为 $\alpha+\delta+Cu_3P$，α 固溶体为软基体，δ 相和 Cu_3P 为硬质点。

锡基、铅基轴承合金及不含锡的铅青铜的强度比较低，承受不了大的压力，所以使用时必须将其镶铸在钢的轴瓦上，形成一层薄而均匀的内衬，做成双金属轴承。含锡的铅青铜，由于锡溶于铜中使合金强化，获得高的强度，不必做成双金属，可直接做成轴承或轴套使用。由于高的强度，也适于制造高速度、高载荷的柴油机轴承。

7.3.5 钛及钛合金

钛（titanium）合金是近年来快速发展的材料。钛及钛合金密度小（$4.5\ g/cm^3$），比强度大大高于钢，比强度和比模量性能突出。波音 777 的起落架采用钛合金制造，大大减轻了质量，经济效益极为显著。钛的耐腐蚀性能优异，是目前耐海水腐蚀的最好材料。钛是制造工作温度 500 ℃以下如火箭低温液氮燃料箱、导弹燃料罐、核潜艇船壳、化工厂反应釜等构件的重要材料。我国钛产量居世界第一，TO_2 储量约 8 亿吨，特别是在攀枝花、海南岛资源非常丰富。

钛合金高温强度差，不宜在高温中使用。尽管钛的熔点为 1675 ℃，比镍等金属材料高好几百摄氏度，但其使用温度较低，最高的工作温度只有 600 ℃。如当前使用的飞机涡轮叶片材料是镍铝高温合金。若能采用耐高温钛合金，材料的比强度、耐蚀性和寿命将大大提高。为解决钛合金的高温强度，世界各国正积极研究采用中间化合物即金属和金属之间的化合物作为高温材料。中间化合物熔点较高、结合力强，特别是钛铝合金，密度又小，作为航空的高温材料有较大的优越性和发展前途。目前研制的有序化中间化合物使钛合金使用温度达到 600 ℃以上，Ti_3Al 达到 750 ℃，$TiAl$ 达到 800 ℃，21 世纪初有望提高到 900 ℃以上。α 型钛合金 TA 7 具有良好的超低温性能，在航空工业中用于制造机匣、压气机内环等。α 型钛合金不能热处理强化，必要时可进行退火处理，以消除残余应力。$\alpha+\beta$ 型钛合金 TC4 可热处理强化，淬火-时效处理态的 σ_b 比退火态高 180 MPa。TC4 合金综合性能良好，焊接性也令人满意，因此在航空航天工业中应用的钛合金多为该合金。其主要缺点是淬透性较差，不超过 25 mm，为此发展了高淬透性且强度略高于 TC4 的 TC10 合金。

由于钛合金的比强度大，又具有较好的韧性和焊接性，钛合金在航空工业中得到广泛应用，目前近一半的钛合金用于该领域。主要用于制造质量轻、可靠性强的结构，如中央翼盒、机翼转轴、进气道框架、机身桁条、发动机支架、发动机机匣、压气机盘、叶片、外涵道等。民用飞机中钛结构的质量已占 5%，军用飞机则达 25%以上，钛合金的质量若由 8%增加到 25%，发动机的推力/质量的比值可增加一倍左右。在航天工程中，比强度更为重要，钛合金主要用来制造压力容器、贮箱、发动机壳体、卫星蒙皮、构架、发动机喷管延伸段、航天飞机机身、机翼上表面、层翼、梁、肋等。阿波罗（Apollo）登月飞机上的压力容器，70%以上是用钛合金制造的。

思考题与习题

7.1　合金钢中经常加入哪些合金元素? 如何分类?

7.2　合金元素 Mn、Cr、W、Mo、V、Ti 对过冷奥氏体的转变有哪些影响?

7.3　合金元素对钢中基本相有何影响? 对钢的回火转变有什么影响?

7.4　区别下列名词的基本概念:

(1) 奥氏体,合金奥氏体,奥氏体钢;

(2) 铁素体,合金铁素体,铁素体钢;

(3) 渗碳体,合金渗碳体,特殊碳化物。

7.5　解释下列现象:

(1) 在含碳量相同的情况下,除了含 Ni 和 Mn 的合金钢,大多数合金钢的热处理加热温度都比碳钢高;

(2) 在含碳量相同的情况下,含碳化物形成元素的合金钢比碳钢具有较高的回火稳定性;

(3) 含碳量≥0.40%,含铬量为 12% 的钢属于过共析钢,而含碳量 1.5%,含铬量 12% 的钢属于莱氏体钢;

(4) 高速钢在热锻或热轧后,经空冷获得马氏体组织。

7.6　何谓渗碳钢? 为什么渗碳钢的含碳量均为低碳? 合金渗碳钢中常加入哪些合金元素? 它们在钢中起什么作用?

7.7　何谓调质钢? 为什么调质钢的含碳量均为中碳? 合金调质钢中常加入哪些合金元素? 它们在钢中起什么作用?

7.8　弹簧钢的含碳量应如何确定? 合金弹簧钢中常加入哪些合金元素? 最终热处理工艺如何确定?

7.9　滚动轴承钢的含碳量如何确定? 钢中常加入的合金元素有哪些? 其作用如何?

7.10　现有 $\phi 35 \times 20$ mm 的两根轴。一根为 20 钢,经 920 ℃ 渗碳后直接淬火(水冷)及 180 ℃ 回火,表层硬度为 HRC58~62;另一根为 20CrMnTi 钢,经 920 ℃ 渗碳后直接淬火(油冷),-80 ℃ 冷处理及 180 ℃ 回火后表层硬度为 60~64 HRC。问这两根轴的表层和心部的组织(包括晶粒粗细)与性能有何区别? 为什么?

7.11　用 9SiCr 制造的圆板牙要求具有高硬度、高的耐磨性、一定的韧性,并且要求热处理变形小。试编写加工制造的简明工艺路线,说明各热处理工序的作用及板牙在使用状态下的组织及大致硬度。

7.12　何谓热硬性(红硬性)? 为什么 W18Cr4V 钢在回火时会出现"二次强化"现象? 65 钢淬火后硬度可达 HRC 60~62,为什么不能制造车刀等要求耐磨的工具?

7.13　W18Cr4V 钢的淬火加热温度应如何确定(Ac_1 约为 820 ℃)? 若按常规方法进行淬火加热能否达到性能要求? 为什么? 淬火后为什么进行 560 ℃ 的三次回火?

7.14　试述用 CrWMn 钢制造精密量具(块规)所需的热处理工艺。

7.15　用 Cr12MoV 钢制造冷作模具时,应如何进行热处理?

7.16 与马氏体不锈钢相比,奥氏体不锈钢有何特点?为提高其耐蚀性可采取什么工艺?

7.17 常用的耐热钢有哪几种?合金元素在钢中起什么作用?用途如何?

7.18 指出下列合金钢的类别、用途、碳及合金元素的主要作用以及热处理特点: 20CrMnTi2、40MnVB3、60Si2Mn4、9Mn2V5、Cr12MoV6、5CrNiMo7、1Crl8Ni9Ti9、ZGMn13

7.19 铸铁的石墨化过程是如何进行的?影响石墨化的主要因素有哪些?

7.20 试述石墨形态对铸铁性能的影响。

7.21 比较各类铸铁的性能特点,与钢相比铸铁在性能(包括工艺性能)上有何优缺点?

7.22 试从下列几个方面来比较 HT150 铸铁和退火状态 20 钢:

(1)成分,(2)组织,(3)抗拉强度,(4)抗压强度,(5)硬度,(6)减摩性,(7)铸造性能, (8)锻造性能,(9)可焊性,(10)切削加工性。

7.23 现有铸态下球墨铸铁曲轴一根,按技术要求,其基体应为珠光体组织,轴颈表层硬度为 HRC50~55。试确定热处理方法。

7.24 如何获得高强度球墨铸铁?

7.25 指出下列合金的代号意义及主要用途:

(1) ZL102、ZL201、ZL302、ZL401;

(2) LF21、LY12、LC4、LD7;

(3) H70、ZH59、ZHSi80-3;

(4) ZQSn6-6-3、ZQA19-4、ZQPb30、QBe2;

(5) ZChSnSb11-6、ZChPbSb16-16-2。

7.26 变形铝合金和铸造铝合金是怎样区分的?能热处理强化的铝合金和不能热处理强化的铝合金是根据什么确定的?

7.27 简述固溶强化、弥散硬化、时效硬化产生的原因及它们之间的区别。

7.28 简述下列零件进行时效处理的意义与作用:

(1) 形状复杂的大型铸铁件在 500~600 ℃进行时效处理;

(2) 铝合金件淬火后于 140 ℃进行时效处理;

(3) T10A 钢制造的高精度丝杠于 150 ℃进行时效处理。

7.29 为什么铝硅合金具有良好的铸造性能?在变质处理前后其组织及性能有何变化?它主要用在何处?

7.30 何谓黄铜?分哪几类?为什么 H62 黄铜的强度高而塑性较低,而 H70 黄铜的塑性却比 H62 黄铜好?

7.31 选择合适的铜合金制造下列零件:

(1)发动机轴承,(2)弹壳,(3)钟表齿轮,(4)高级精密弹簧。

7.32 常用的轴承合金有哪几大类?各类合金的主要特点是什么?

第8章

高分子材料成形技术与工程应用

8.1 概述

由于高分子材料原料来源丰富,制造方便,品种众多,因此是材料领域的重要组成部分。高分子材料为发展高新技术提供了更多更有效的高性能结构材料、高功能材料以及满足各种特殊用途的专用材料。如在机械和纺织工业,由于采用塑料轴承和塑料齿轮来代替相应的金属零件,车床和织布机运转时的噪声大大降低,改善了工人的劳动条件;塑料同玻璃纤维制成的复合材料——玻璃钢,由于比钢铁更加坚固,被用来代替钢铁制备船舶的螺旋桨和汽车的车架、车身等。高分子材料的发展也促进了医学的进步,如用高分子材料制成的人工脏器、人工肾和人工角膜等使一些器官性疾病不再是不治之症。总之,目前高分子材料在尖端技术、国防、国民经济以及社会生活的各方面都得到了广泛的应用。

高分子材料(polymer)也叫作聚合物材料(polymeric material),主要是指以有机高分子化合物(不包括无机高分子化合物)为主体组成的或加工而成的具有实用性能的材料。

按照高分子材料来源,高分子材料分为天然高分子材料和合成高分子材料两大类。天然高分子材料主要有天然橡胶、纤维素、淀粉、蚕丝等。合成高分子材料的种类繁多,如合成塑料、合成橡胶、合成纤维等。

按照用途,高分子材料主要分为塑料、橡胶、化学纤维、胶黏剂和涂料等几类,其中塑料、合成纤维和合成橡胶的产量最大,品种最多,统称为三大合成材料。

按照材料学观点,高分子材料分为结构高分子材料和功能高分子材料,前者主要利用它的强度、弹性等力学性能,后者主要利用它的声、光、电、磁和生物等功能。

8.2 高分子材料的结构

高分子合成材料是分子量很大的材料,是由许多单体(低分子)用共价键连接(聚合)起来的大分子化合物。所以高分子又称为大分子,高分子化合物又称为高聚物或聚合物,例如聚氯乙烯就是由氯乙烯聚合而成。把彼此能相互连接起来而形成高分子化合物的低分子化合物（如氯乙烯）称为单体（monomer），所得到的高分子化合物（如聚氯乙烯）就是高聚物。组成高聚物的基本单元称为链节（mer）。若用 n 表示链节的数目，n 越大，高分子化合物的分子量 M 也越大，即 $M=n\times m$。式中 m 为链节的分子量，通常称 n 为聚合度（degree of polymerization）。整个高分子链就相当于几个链节按一定方式重复连接起来，成为一条细长链条。高分子合成材料大多数是以碳和碳结合为分子主链，即分子主干由众多的碳原子相互排列成长长的碳链，两旁再配以氢、氯、氟或其他分子团，或配以另一较短的支链，使分子呈交叉状态。分子链和分子链之间还依赖分子间作用力连接。

从分子结构式中可以发现高分子化合物的化学结构有以下三个特点。

（1）高分子化合物的分子量虽然十分巨大，但它们的化学组成一般比较简单，和有机化合物一样，仅由几种元素组成。

（2）高分子化合物的结构像一条长链，在这个长链中含有许多个结构相同的重复单元，这种重复单元叫作"链节"。这就是说，高分子化合物的分子由许许多多结构相同的链节组成。

（3）高分子化合物的链节与链节之间，和链节内各原子之间一样，也是由共价键结合的，即组成高分子链的所有原子之间的结合键都属共价键。

低分子化合物按其分子式，都有确定的分子量，而且每个分子都一样。高分子化合物则不然，一般所得聚合物总是含有各种大小不同（链长不同、分子量不同）的分子。换句话说，聚合物是同一化学组成、聚合度不等的同系混合物，所以高分子化合物的分子量实际上是一个平均值。

8.2.1　高聚物的结构

高聚物的结构可分为两种类型：均聚物（homopolymer）和共聚物（copolymer）。

（1）均聚物

只含有一种单链节，若干个链节用共价键按一定方式重复连接起来，像一根又细又长的链子。这种高聚物结构在拉伸状态或在低温下易呈直线形状（图 8.1(a)），而在较高温度或稀溶液中，则易呈蜷曲状。这种高聚物的特点是可溶，即它可以溶解在一定的溶液之中，加热时可以熔化。基于这一特点，线性高聚物结构的聚合物易于加工，可以反复应用。一些合成纤维、热塑性塑料（如聚氯乙烯、聚苯乙烯等）就属于这类。

支链型高聚物结构好像一根"节上小枝"的枝干（图 8.1(b)），主链较长，支链较短，其性质和线性高聚物结构基本相同。

　　　　　(a)　　　　　　　　　　(b)　　　　　　　　　　(c)

图 8.1　均聚合物结构示意图

(a) 线型结构；(b) 支链型结构；(c) 网状结构

网状高聚物是在一根根长链之间由若干个支链把它们交联起来,构成一种网状形状。如果这种网状的支链向空间发展,便得到网状高聚物结构(图8.1(c))。这种高聚物结构的特点是在任何情况下都不熔化,也不溶解。成形加工只能在形成网状结构之前进行,一经形成网状结构,就不能再改变其形状。这种高聚物在保持形状稳定、耐热及耐溶剂作用方面有其优越性。热固性塑料(如酚醛、脲醛等塑料)就属于这一类。

(2) 共聚物

共聚物是由两种以上不同的单体链节聚合而成的。由于各种单体的成分不同,共聚物的高分子排列形式也多种多样,可归纳为无规则型、交替型、嵌段型、接枝型。例如,将 M_1 和 M_2 两种不同结构的单体分别以有斜线的圆圈和空白圆圈表示。共聚物高分子结构可以用图8.2表示。

无规则型

交替型

嵌段型

接枝型

图8.2 共聚物结构示意图

无规则型是 M_1、M_2 两种不同单体在高分子长链中呈无规则排列;交替型是 M_1、M_2 单体有规则地交替排列在高分子长链中;嵌段型是 M_1 聚合片段和 M_2 聚合片段彼此交替连接;接枝型是 M_1 单体连接成主链,又连接了不少 M_2 单体组成的支链。

共聚物在实际应用中具有十分重要的意义。因为共聚物能把两种或多种自聚的特性综合到一种聚合物中。因此有人把共聚物称为非金属的"合金",这是一个很恰当的比喻。例如,ABS树脂是丙烯腈、丁二烯和苯乙烯三元共聚物,具有较好的耐冲击、耐热、耐油、耐腐蚀及易加工等综合性能。

8.2.2 高聚物的聚集态结构

高聚物的聚集态结构,是指高聚物材料本体内部高分子链之间的几何排列和堆砌结构,也称为超分子结构。实际应用的高聚物材料或制品,都是许多大分子链聚集在一起的,所以高聚物材料的性能不仅与高分子的分子量和大分子链结构有关,而且和高聚物的聚集状态有直接关系。

高聚物按照大分子排列是否有序,可分为结晶态和非结晶态两类。结晶态聚合物分子排列规则、有序,非结晶态聚合物分子排列杂乱、不规则。

结晶态聚合物由晶区(分子有规则紧密排列的区域)和非晶区(分子处于无序状态的区域)组成,如图8.3所示。

高聚物部分结晶的区域称为微晶,微晶的多少称为结晶度。一般结晶态高聚物的结晶度有50%~80%。

非晶态聚合物的结构,过去一直认为其大分子排列是杂乱无章的,相互穿插交缠。近来研究发现,非晶态聚合物的结构只是大距离范围的无序,小距离范围内是有序的,即远程无序。

晶态与非晶态影响高聚物的性能。结晶使分子排

非晶区

晶区

图8.3 高聚物的晶区与
非晶区示意图

列紧密,分子间作用力增大,所以使高聚物的密度、强度、硬度、刚度、熔点、耐热性、耐化学性、抗液体及气体透过性等性能有所提高;而依赖链运动的有关性能,如弹性、塑性和韧性较低。

8.3　高聚物的力学状态

当温度在一定范围内变化时,高聚物可经历不同的力学状态,它反映了大分子运动的不同形式。在恒定应力下高聚物的温度-形变之间的关系可反映出分子运动与温度变化的关系。对于不同的聚合物,其温度-形变曲线也不相同。下面就几种不同类型的聚合物分别给予介绍。

1. 非态高聚物的力学状态

当温度变化时,非晶聚合物存在三种不同的力学状态,即玻璃态、高弹态和黏流态。

高聚物出现的这三种力学状态是由高分子链的结构特点及其运动特点决定的。高分子链是由许多具有独立活动能力的链段组成的,因此一个高分子链具有两种运动单元:整个大分子的运动和大分子中各个链段的运动。正是高聚物分子链运动的二重性决定了非晶态高聚物的三种力学状态。

当温度很低时,分子间的作用能大于分子的热运动能,此时不但整个大分子的运动被冻结,甚至链段的运动也被冻结(分子的内旋被冻结),即分子之间和链段之间的相对位置都被固定着,只有分子中的原子在其固定位置进行着振动运动。与之对应的高聚物则处于坚硬的固体状态,即玻璃态。玻璃态的力学行为是:当施加外力后只能引起原子间键长和键角的微小变化,因此高聚物形变很小。当外力消除后,高聚物立即恢复原状,即形变是可逆的,这种形变称为普弹形变,它的特点是形变量小、瞬时完成和可逆性。

若温度逐渐升高,分子的热运动能逐渐增加,当达到某一温度范围,虽然热运动能还不能使整个分子链发生相对移动,但却足够使分子中的链段运动起来,此时的高聚物即处于高弹态,发生的形变为高弹形变。高弹态的力学行为是:当施加外力后,分子链在外力作用下由原来的卷曲状态变成了伸展状态,使高聚物产生很大的形变,当外力消除后,被拉伸的链又会逐渐再卷曲起来(链段运动的结果),恢复原状,因而也是可逆形变。高弹形变的特点是形变量很大、具有可逆性和需要松弛时间(即完成加工形变和恢复原状都需要一定的时间)。

若温度继续上升,热运动能继续增加,当达到某一温度后,不但分子链的链段可以自由运动,而且整个分子链之间也可以产生相对移动,此时高聚物就处于黏流态了。黏流态的力学行为是:当施加外力后,高聚物会产生无休止的永久形变,即当外力消除后形变也不会恢复原状的不可逆形变。

高聚物的上述三种力学状态可以用高聚物的温度-形变曲线表现出来,如图 8.4 所示。温度-形变曲线是在恒定应力下,对高聚物样品进行连续升温,观测在不同温度下样品的形变。由图 8.4 可见,在恒定应力下,这三种不同力学状态下高聚物的形变是有明显差别的。但是由于三种力学状态的转变并不是相变,因此形变在转变点并没有发生突变,即没有发生间断点,而是连续性的转变。这些转变点的温度,由高弹态到玻璃态的转变温度,叫作玻璃化温度,以 T_g 表示;由高弹态到黏流态的转变温度,叫作黏流温度,以 T_m 表示。高聚物的温度-形变曲线的形状同高聚物的分子量大小、分子结构等有很大关系。当分子量小时,将不出现高弹态平台,只有当聚合物的分子量达到一定程度时,才出现高弹态,这也是橡胶具有很高分子量的原因。

2. 结晶高聚物的温度-形变曲线

凡在一定条件下能够结晶的高聚物称为结晶高聚物。结晶高聚物的结晶度不同,分子量不同,其温度-形变曲线也不相同。当结晶度高于40%时,微晶贯穿整个材料,非晶区 T_g 将不能明显出现,只有当温度升高到熔化温度 T_m 时,晶区才能熔融,高分子链热运动加剧。如果聚合物的分子量不太大,体系进入黏流态(此时熔化温度 T_m 与转变温度相等,即 $T_m = T_t$);如果聚合物分子量很高,$T_t > T_m$,则在 T_m 之后仍会出现高弹态。如果聚合物的结晶度不高,则也会出现玻璃化转变的形变,但 T_g 以后,链段有可能按照结晶结构的要求重新排列成规则的晶体结构。图8.5为分子量不同的结晶高聚物的温度-形变曲线。由图可以看出,高弹态与黏流态的过渡区随分子量 M 的增大而增大。

图8.4　非晶态高聚物的温度-形变曲线

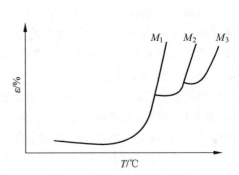

图8.5　结晶高聚物的温度-形变曲线

（$M_3 > M_2 > M_1$）

3. 交联高聚物的力学状态

交联使高分子链之间以化学键相结合,若不破坏化学键,分子键之间就不能产生相对位移,随着交联度的提高,不仅形变能力变差,而且不存在黏流态。既不能溶解,也不能熔融,当交联度增加到一定数值之后,聚合物不会随温度升高而出现高弹态。

4. 多相聚合物的力学状态

对于共混或接枝、嵌段共聚物,多数是处于微观或亚微观相分离的多相体系。在该种体系中各组分可能出现两个以上玻璃化转化区,每个转化区表示一种均聚物的特性。对于某些嵌段和共聚混合物材料,在外力的作用下会出现应变,诱发塑料-橡胶转变。

8.4　工程塑料及其成形技术

塑料(plastomer)按其应用可分为通用塑料、工程塑料和特种塑料。工程塑料是指可以作为工程材料或结构材料,能在较广的温度范围内,在承受机械应力和较为苛刻的化学物理环境中使用的塑料材料。与通用塑料相比,工程塑料产量较低,价格较高,但具有优异的机械性能、化学性能、电性能以及耐热性、耐磨性和尺寸稳定性等,在电子、电器、机械、交通、航空航天等领域获得了广泛应用。

8.4.1　工程塑料的组成

工程塑料是以高分子化合物为主要成分,添加各种添加剂组成的多组分材料。根据作用不同,添加剂可分为固化剂(solidified agent)、增塑剂(plasticizing agent)、稳定剂(stabilizing agent)、增强剂(reinforcing agent)、润滑剂、着色剂等,现主要介绍以下几种。

（1）固化剂

其作用是通过交联使树脂具有体型网状结构,成为较坚硬和稳定的塑料制品。如在酚醛树脂中加入六亚甲基四胺,在环氧树脂中加入乙二胺等。

（2）增塑剂

其作用主要是提高塑料在成形加工过程中的流动性,改善制品的柔顺性。常用的为液态或低熔点的固体化合物。例如,在聚氯乙烯中加入邻苯二甲酸二丁酯,可变为像橡胶一样的软塑料。

（3）稳定剂

其作用是防止塑料在加工或使用过程中因热、氧、光等因素的作用而产生降解或交联导致制品性能变差。根据作用机理不同可分为热稳定剂(如金属皂类)、抗氧剂(如胺类)、光稳定剂(如苯甲酸酯类)等。

（4）增强剂

其作用是提高塑料的物理性能和力学性能。例如,加入石墨、石棉纤维或玻璃纤维等,可以改善塑料的力学性能。

8.4.2　工程塑料的分类

1) 按化学组成分类

工程塑料可分为聚酰胺类(尼龙)、聚酯类(聚碳酸酯、聚对苯二甲酸丁二醇酯、聚对苯二甲酸乙二醇酯、聚芳酯、聚苯酯等)、聚醚类(聚甲醛、聚苯醚、聚苯硫醚、聚醚醚酮等)、芳杂环聚合物类(聚酰亚胺、聚醚亚胺、聚苯并咪唑)以及含氟聚合物(聚四氟乙烯、聚三氟氯乙烯、聚偏氟乙烯、聚氟乙烯等)等。

2) 按聚合物的物理状态分类

工程塑料可分为结晶型和无定型两大类。聚合物的结晶能力与分子结构规整性、分子间力、分子链柔顺性能等有关,结晶程度还受拉力、温度等外界条件的影响。这种物理状态部分地表征了聚合物的结构和共同的特性。结晶型工程塑料有聚酰胺、聚甲醛、聚对苯二甲酸丁二醇酯、聚对苯二甲酸乙二醇酯、聚苯硫醚、聚苯酯、聚醚醚酮、氟树脂、间规聚苯乙烯等;无定型工程塑料有聚碳胺酯、聚苯醚、聚芳酯等。

3) 按成形加工后制品的种类分类

工程塑料按应用零件的功能可以分为:一般结构零件,如罩壳、盖板、框架和手轮、手柄等;传动结构零件,如齿轮、螺母、联轴器以及其他一些受连续反复载荷的零部件;摩擦零件,如轴承、衬套、活塞环、密封圈以及其他一些承受滑动摩擦的零件;电气绝缘零件,如各种高低压开关、接触器、继电器等;耐腐蚀零部件,如化工容器、管道、阀门和测量仪表等零件;高强度、高模量结构零件,如高速风扇叶片、泵叶轮、螺旋推进器叶片等。

4) 按热行为分类

塑料按热行为可分为热塑性塑料(thermoplastic plastics)和热固性塑料(thermosetting plastics)。

(1) 热塑性塑料

在特定温度范围内受热软化(或熔化)冷却后硬化,并能多次反复,其性能也不发生显著变化的塑料。热塑性塑料在加热软化时具有可塑性,可以采用多种方法成形加工,成形后的机械性能较好,但耐热性和刚性较差。常见的热塑性塑料有聚乙烯、聚丙烯、聚氯乙烯、ABS、聚碳酸酯、聚酰胺等。

(2) 热固性塑料

在一定温度压力下或固化剂、紫外光等条件作用下固化生成不熔性能的塑料。热固性塑料在固化后不再具有可塑性,刚度大,硬度高,尺寸稳定,具有较高的耐热性。温度过高时,则会被分解破坏。常见的热固性塑料有酚醛塑料、环氧塑料、氨基树脂、有机硅塑料等。

5) 按通用性分类

工程塑料可以分为通用工程塑料和特殊工程塑料两类(图 8.6)。

图 8.6 工程塑料的分类

所谓通用工程塑料指热塑性塑料聚酰胺、聚甲醛、聚碳酸酯、改性聚苯醚、聚酯等五种。特殊工程塑料常指除以上五种以外的性能更优异的工程塑料。按照使用温度分,一般使用温度在 150 ℃以下为通用工程塑料(一般为 100~150 ℃),超过 150 ℃为特殊工程塑料,特殊工程塑料又分为 150~250 ℃类和 250 ℃以上类。使用温度越高,价格也越提高。

8.4.3　常用工程塑料与应用

1. 聚酰胺

聚酰胺(polyamide)简称 PA,俗称尼龙(nylon),是指分子主链上含有酰胺基团(—NHCO—)的高分子化合物。

聚酰胺是以内酰胺、脂肪羟酸、脂肪胺或芳香族二元酸、芳香族二元胺为原料合成的,采用不同的原料可合成聚酰胺系列产品。聚酰胺的命名是由二元胺和二元酸的碳原子数决定的。例如,己二胺和己二酸反应得到的缩聚物称为聚酰胺 66(尼龙 66),其中第一个 6 表示己二胺的碳原子数,第二个 6 表示己二酸的碳原子数;由 ω-胺基己酸或己内酰胺聚合得到的产物称为聚酰胺 6。

聚酰胺分子链段中重复出现的酰胺基是一个带极性的基团,这个基团上的氢能够与另一个分子的酰胺基团链段上的羟基上的氧结合成强大的氢键。氢键的形成使得聚酰胺的结构易发生结晶化。而且由于分子间的作用力较大,聚酰胺有较高的力学强度和高的熔点。另外,在聚酰胺分子中由于亚甲基(—CH$_2$—)的存在使得分子链比较柔顺,因而具有较高的韧性。此外,聚酰胺还有很好的耐磨耗性能、耐冲击性能、电性能和耐化学药品性能。主要缺点是亲水性强,吸水后尺寸稳定性差。表 8.1 列出了几种主要聚酰胺的性能。

表 8.1　几种聚酰胺的性能

性　　能	PA6	PA66	PA610	PA1010	PA11
拉伸强度/MPa	54~78	57~83	47~60	52~55	47~58
弯曲强度/MPa	100	100~110	70~100	82~89	76
冲击强度/(kJ/m^2)	3.1	3.9	3.5~5.5	4~5	3.5~4.8
压缩强度/MPa	90	120	90	79	80~100
伸长率/%	150	60	85	100~250	60~230
熔点/℃	215	250~265	210~220	200~210	
热变形温度/℃	55~58	66~68	51~56		55
介电常数(60 Hz)	4.1	4.0	3.9	2.5~3.6	3.7
介电损耗(60 Hz)	0.01	0.014	0.04	0.020~0.026	0.06

聚酰胺广泛地用作机械、化学及电气零件,如轴承、齿轮、高压密封圈、输油管等。用玻璃纤维增强的聚酰胺 6 聚酰胺 66,可用于汽车发动机部件,如气缸盖等。

近些年来,聚酰胺的改性和新型品种不断涌现,其中的新品种主要是透明聚酰胺、芳香族聚酰胺、高冲击聚酰胺等。可以利用玻璃纤维、碳纤维和 Kevlar 纤维对聚酰胺改性,例如,用 30%的玻璃纤维增强聚酰胺,其拉伸强度、弹性模量、冲击强度、热变形温度都有显著提高。此外,单体浇注聚酰胺、反应注射成形聚酰胺、增强反应注射成形聚酰胺等技术层出不穷。

2. 聚碳酸酯

聚碳酸酯简称 PC,是一类分子链中含有通式为 $\left[-O-R-O-\overset{\displaystyle O}{\overset{\|}{C}}- \right]$ 的高分子化合物及以

它为基质制得的各种材料的总称。根据链节中 R 基团的不同,聚碳酸酯可分为脂肪族、脂环族、芳香族和脂肪-芳香族等几大类型。目前最具工业价值的是芳香族聚碳酸酯,其中尤以双酚 A 型聚碳酸酯最为重要,在没有特别加以说明的情况下,通常所说的聚碳酸酯几乎都指的是双酚 A 型聚碳酸酯及其改性品种。

目前对聚碳酸酯最新的改性有:①对透明性的 PC 赋予新的机能;②PC 合金化的高性能/高功能化及新 PC 合金化;③适应环境的新难燃 PC 材料。通过对 PC 改性,进一步扩大用途。

聚碳酸酯的分子主链是由柔顺的碳酸酯链与刚性的苯环相连接,从而赋予聚碳酸酯许多优异的性能,其中特别突出的是抗冲击性、透明性和尺寸稳定性,优良的机械强度和电绝缘性,较宽的温度使用范围($-100 \sim 130 \ ℃$)等。

在机械工业方面,由于聚碳酸酯强度高、刚性好、耐冲击、尺寸稳定性好,可作轴承、齿轮、齿条等传动零件的材料。在电气方面,由于其具有较高的击穿电压强度,因此可制造要求耐高击穿电压和高绝缘零件,如垫圈、垫片、电容器等仪表电器标准件。此外聚碳酸酯在航空、医疗器材等方面也得到了广泛应用。

3. 聚甲醛

聚甲醛是分子链中含有 $-(CH_2-O)_n$ 的高聚物,由甲醛或三聚甲醛聚合而成。按聚合方法不同,可分为均聚甲醛和共聚甲醛两类。均聚甲醛,是两端均为乙酰基,主链由甲醛单元构成的大分子,示性式为 $CH_3OO-(CH_2O)_n-COCH_3$。共聚甲醛主链是以链节—(CH_2)—为主,其间杂以少量—(CH_2CH_2O)—或—(C_4H_8O)—链节,端基为甲氧基醚或羟基乙基醚结构的大分子。

聚甲醛具有优异的综合性能,如较高的强度、模量、耐疲劳性、耐蠕变性、较高的热变形温度,优良的电绝缘性能和耐化学药品性,见表 8.2。

表 8.2　聚甲醛的综合性能

性　　能	均聚甲醛	共聚甲醛
密度/(g/cm^3)	1.43	1.41
拉伸强度/MPa	70	62
拉伸弹性模量/MPa	3160	2830
压缩强度/MPa	127	113
压缩弹性模量/MPa	2900	3200
弯曲强度/MPa	98	91
弯曲弹性模量/MPa	2900	2600
冲击强度(无缺口)/(kJ/m^2)	108	95
介电常数/$\times 10^6$ Hz	3.7	3.8
介电损耗/$\times 10^6$ Hz	0.004	0.005
热变形温度/℃	124	110
线胀系数/$\times 10^{-5}$ K^{-1}	8.1	11
成形收缩率/%	$2.0 \sim 2.5$	$2.5 \sim 3.0$
吸水率(24 h)/%	0.25	0.22

聚甲醛是一种无侧链、高密度、高结晶度的线性聚合物,其外观为白色粉末或粒料,硬而致密,表面光滑且有光泽,着色性好。其产量仅次于聚酰胺和聚碳酸酯,为第三大通用工程塑料。

聚甲醛的比强度和刚度与金属相近,可替代有色金属制作各种结构零部件,并且特别适合制造耐摩擦、磨损及承受高载荷的零件,如齿轮、轴承、凸轮等。在电子、电器工业方面,由于聚甲醛介电损耗小、介电强度高、耐电弧性能优良的特点,可被用来制作继电器、电动工具外壳、线圈骨架等,在建筑器材、食品工业等领域也有广泛的应用。

4. 聚苯醚

聚苯醚(PPO)又称为聚亚苯基氧,是芳香族聚醚的一种,其分子主链中含有

链节。它由 2,6-二甲基苯酚以铜-胺络合物为催化剂,在氧气中缩聚反应而成。苯醚分子链中含有大量的酚基芳香环,使其分子链段内旋转困难,从而使得聚苯醚的熔点升高,熔体黏度增加,熔体流动性大,加工困难;分子链中的两个甲基封闭了酚基两个邻位的活性点,可使聚苯醚的刚性增加、稳定性增强、耐热性和耐化学腐蚀性提高。其分子链中无可水解的基团,因此其耐水性好、吸湿性低(室温下饱和吸水率<0.1%)、尺寸稳定性好、电绝缘性好。

聚苯醚虽有许多优点,但也存在缺陷,主要表现在熔融温度高,熔体黏度大,热塑成形性差等方面,限制了它的应用,目前工业上应用的主要是改性聚苯醚。改性聚苯醚主要有两种方法:一种是用聚苯醚与聚苯乙烯和弹性体改性剂进行共混,另一种是聚苯醚的苯乙烯接枝共聚物。

(1)共混法

PPO 与聚苯乙烯(PS)、高抗冲聚苯乙烯(HIPS)、尼龙、聚烯烃等聚合物的共混相容性较好,将 40%左右含橡胶的聚苯乙烯与 60%左右的聚苯醚在螺杆挤出机上共混挤出制得。改性 PPO 仍保留了 PPO 诸如水解稳定性和电绝缘性好等优点,虽然共混后热变形温度有所下降,但大部分仍高于实际应用所要求的温度,另外共混改性显著改变了 PPO 的加工性能,使其成本大幅度下降。

(2)接枝共聚法

首先由 2,6-二甲酚氧化偶合生成聚苯醚,再与苯乙烯反应,得到化学改性的苯乙烯接枝的聚苯醚。根据需要它可再与弹性体共混形成抗冲击的改性聚苯醚。

目前,发展了高冲击 PS 改性、ABS 改性、低发泡改性、电镀改性及 PPO/PA 合金、PPO/PBT 合金、PPO/SBS 合金、PPO/PPS 合金、PPO/PTFE 合金等品种,其中大部分已实现工业化。

改性聚苯醚广泛应用于电子电器、机电工业、汽车工业、纺织工业、化工设备、医用设备等领域。如在电子电器领域,由于改性聚苯醚电性能良好,可制作电视机的调谐片、微波绝缘、线圈芯、机壳等元件,还可用作手机、摄像机等的包装材料。在汽车工业,可用作汽车的仪表盘、防护杠和各种耐冲击的外装部件等。

5. 热塑性聚酯

热塑性聚酯是指由饱和二元酸和饱和二元醇缩聚得到的线性高聚物。热塑性聚酯包括的品种很多,但目前最常用的是聚对苯二甲酸乙二醇酯(PET)和聚对苯二甲酸丁二醇酯(PBT)。

(1) PET

PET 是热塑性聚酯中产量最大、价格最低廉的品种,其制备方法有直接酯化法和酯交换法。只有高纯度的对苯二甲酸,才能与乙二醇直接酯化缩聚制得。其分子式为

$$\left[-OCH_2CH_2O-\overset{O}{\overset{\|}{C}}-\langle\bigcirc\rangle-\overset{O}{\overset{\|}{C}}-\right]_n$$

PET 耐热性比较高,熔点与尼龙 66 相当,但吸水率为 0.1%~0.27%,低于尼龙的,制品尺寸稳定,机械强度、模量、自润滑性能与聚甲醛相当,阻燃性和热稳定性比聚甲醛好。PET 与玻璃纤维复合,增强效果大,在较广的范围内都具有优良的电绝缘性能。PET 能耐弱酸及非极性有机溶剂,在室温下耐极性有机溶剂,不耐强碱和强酸以及苯酚类化学药品。

但 PET 结晶速度慢,导致加工性能差,使得 PET 在工程塑料上的应用受到限制。目前改性重点主要在以下几个方面。

改善成形性。通过筛选各种成核剂和结晶促进剂以加快 PET 的结晶速度,选择相容性好的共混组分降低玻璃化转变温度,使得 PET 工程塑料可能在较低温度下快速结晶。

改善耐冲击性。PET 分子链较高的刚性使得其冲击韧性差。聚合物合金技术或与弹性体共混是改善 PET 工程塑料韧性的常用方法。

耐水解改性。由于 PET 分子中的酯键含量相对较高而导致耐水解性差,加工前必须干燥,使得制品在湿热条件下的应用受到限制。由于氢离子对酯键的水解起催化作用,因此降低 PET 端羧基含量是改善耐水解性的重要方法。

此外,根据需要提高刚性和阻燃性也是 PET 工程塑料的重要改性方向。为了适应多种用途,目前已开发出数十种 PET 工程塑料的改性品种。

PET 工程塑料在电子、电气、家电及办公机器、汽车等领域得到了广泛应用。PET 塑料是常使用的密封用热塑性塑料品种,如杜邦的 Rynite 415HP(绝缘 F 级)。由于 PET 工程塑料优秀的尺寸稳定性、抗蠕变性、耐热性、不变色性、良好的电气绝缘性和表面光滑性,已被佳能公司广泛用于激光打印机。PET 工程塑料较高的耐热性使其在家电中获得广泛应用。价格低廉、性能优越的 PET 工程塑料在汽车领域的应用得到了快速增长,用途包括吸排气控制阀、风门挡板等。

(2) PBT

PBT 是对苯二甲酸和丁二醇缩聚的产物。其制法与 PET 相似,只是用 1,4-丁二醇代替乙二醇,目前主要以酯交换法为主。其分子式为

$$\left[-O(CH_2)_4O-\overset{O}{\overset{\|}{C}}-\langle\bigcirc\rangle-\overset{O}{\overset{\|}{C}}-\right]_n$$

PBT 与其他通用的工程塑料相比有以下特点:①优良的电绝缘性能,在高温、高湿条件下仍保持良好的电绝缘性能;②抗化学性及耐油性好;③耐热性好,玻纤产品连续使用温度达到 120~150 ℃;④可以制备成阻燃塑料,另外可以快速成形。

目前国内 PBT 应用主要集中在以下几个方面:电子、电气工业,用于生产接插件、变压器、熔断器外壳、开关、线圈骨架、电机外壳、电熨斗部件等;在汽车工业用于继电器、电子点火系列、把手、灯座等;在其他方面用于计算机键盘、色母料、光纤护套等。

6. 聚四氟乙烯

（1）聚四氟乙烯及性质

聚四氟乙烯,俗称"塑料王",是由四氟乙烯经聚合而成的高分子化合物。聚四氟乙烯相对分子质量较大,低的为数十万,高的达一千万以上,一般为数百万（聚合度在 10^4 数量级,而聚乙烯仅在 10^3）。一般结晶度为 $90\%\sim95\%$,熔融温度为 $327\sim342\ ℃$。聚四氟乙烯分子中 CF_2 单元按锯齿形状排列,由于氟原子半径较氢稍大,所以相邻的 CF_2 单元不能完全按反式交叉取向,而是形成一个螺旋状的扭曲链,氟原子几乎覆盖了整个高分子链的表面。这种分子结构解释了聚四氟乙烯的各种性能。温度低于 $19\ ℃$ 时,形成 13/6 螺旋;在 $19\ ℃$ 发生相变,分子稍微解开,形成 15/7 螺旋。虽然在全氟碳化合物中碳—碳键和碳—氟键的断裂分别需要吸收能量 346.94 kJ/mol 和 484.88 kJ/mol,但聚四氟乙烯解聚生成 1 mol 四氟乙烯仅需能量 171.38 kJ。所以在高温裂解时,聚四氟乙烯主要解聚为四氟乙烯。聚四氟乙烯在 $260\ ℃$、$370\ ℃$ 和 $420\ ℃$ 时的失重速率（%）每小时分别为 1×10^{-4}、4×10^{-3} 和 9×10^{-2}。可见,聚四氟乙烯可在 $260\ ℃$ 长期使用。由于高温裂解时还产生剧毒的副产物氟光气和全氟异丁烯等,所以要特别注意安全防护并防止聚四氟乙烯接触明火。

（2）聚四氟乙烯的制备及加工成形

氟树脂之父罗伊·普朗克特于 1936 年开始在美国杜邦公司研究氟利昂的代用品,他们收集了部分四氟乙烯存储于钢瓶中,准备第二天进行下一步试验,可是当第二天打开钢瓶减压阀后,却没有气体溢出,他们以为是漏气,可是将钢瓶称量时,发现钢瓶并没有减重。他们锯开了钢瓶,发现了大量的白色粉末,这就是聚四氟乙烯。

聚四氟乙烯可采用压缩或挤出加工成形;也可制成水分散液,用于涂层、浸渍或制成纤维。聚四氟乙烯管材选用悬浮聚合聚四氟乙烯树脂经柱塞挤压加工制成。在已知塑料中聚四氟乙烯具有最好的耐化学腐蚀性能及介电性能。聚四氟乙烯编织盘根是一种良好的动密封材料,是由膨体聚四氯乙烯带条编织而成,具有低摩擦系数、耐磨、耐化学腐蚀、密封性良好、不水解、不变硬等优良性能。其可用于各种介质中工作的衬垫密封件和润滑材料,以及在各种频率下使用的电绝缘件、电容器介质、导线绝缘、电器仪表绝缘等。聚四氟乙烯薄膜适用于作电容器介质、特种电缆的绝缘层、导线绝缘、电器仪表绝缘及密封衬垫,还可作不粘带、密封带、脱模。此外,生活中用的不粘锅的内衬也是聚四氟乙烯制作的,就是利用了聚四氟乙烯耐高温、不粘的特点。

（3）聚四氟乙烯的优点及优良性能

聚四氟乙烯的优点:耐高温,使用工作温度达 $250\ ℃$;耐低温,具有良好的机械韧性,即使温度下降到 $-196\ ℃$,也可保持 5% 的伸长率;耐腐蚀,对大多数化学药品和溶剂,表现出惰性,能耐强酸强碱、水和各种有机溶剂;耐气候,有塑料中最佳的老化寿命;高润滑,是固体材料中摩擦系数最低的;不黏附,有固体材料中最小的表面张力,不黏附任何物质;无毒害,具有生理惰性,作为人工血管和脏器长期植入体内无不良反应。

聚四氟乙烯具有杰出的优良综合性能,耐高温、耐腐蚀、不粘、自润滑、优良的介电性能、很低的摩擦系数。用作工程塑料,可制成聚四氟乙烯管、棒、带、板、薄膜等,一般应用于性能要求较高的耐腐蚀的管道、容器、泵、阀以及制雷达、高频通信器材、无线电器材等。在 PTFE 中加入任何可以承受 PTFE 烧结温度的填充剂,机械性能可获得极大的改善,同时保持 PTFE 其他优良性能。填充的品种有玻璃纤维、金属、金属氧化物、石墨、二硫化钼、碳纤纤、聚酰亚胺、EKONOL 等，耐磨耗、极限 PV 可提高 1000 倍。

（4）聚四氟乙烯的应用

研究发现聚四氟乙烯性质优良，可以用于原子弹、炮弹等的防熔密封垫圈，因此美国军方将该技术在第二次世界大战期间一直保密。直到战争结束后才解密，并于 1946 年实现工业化生产聚四氟乙烯。聚四氟乙烯是塑料的一个重要品类。自合成出聚四氟乙烯以来，氟塑料的研制和应用得到了很大发展。目前已被广泛地应用于航空、航天、原子能、电子、电器、化工、机械、建筑、轻纺、医药等工业部门，并日益深入日常生活中。特别是聚四氟乙烯材料在防腐方面的工业应用，极大地促进了化工业发展。聚四氟乙烯热交换器具有优良的传热性能，耐腐蚀性好，耐污性好，体积小，质量轻，聚四氟乙烯充分发挥了其耐腐、耐化学试剂、耐磨、韧性和强度高的性能。

（5）聚四氟乙烯的发展

随着科技进步，传统耐蚀非金属材料制防腐蚀设备发展日益完善，新型耐蚀非金属材料制品不断涌现。在采用新技术、新材料开发防腐蚀新产品的浪潮中，聚四氟乙烯防腐蚀产品一枝独秀，迅速发展。聚四氟乙烯具有高度化学稳定性，它能耐几乎所有的常用强腐蚀、氢氧化物化学品，同时还具有耐高温的特点，所以它是一种理想的防腐蚀材料。聚四氟乙烯防腐蚀产品在工业中的应用越来越广泛。聚四氟乙烯防腐蚀产品可以替代大量合金材料制品，增加设备工作能力，减少停工维修，是一种很有开发潜力的耐腐蚀产品。

8.4.4　工程塑料的成形技术

工程塑料的成形加工一般可分为混合与混炼和成形加工工序。

1）混合与混炼

为了提高工程塑料制品的性能，成形加工制品的高分子材料往往由多种工程树脂和各种添加剂组成，要把这些组分混合成为一个均匀度和分散度高的整体，就要通过力场，如搅拌、剪切等来完成，这就是混合与混炼工序的主要目的。

2）成形加工

成形加工是将各种形态的工程塑料（包括粒料、溶液或者分散体）制成所需要形状的制品或坯件的过程，是一切工程塑料制品或型材生产的必经工序。

成形加工方法很多，包括注射成形、挤出成形、中空成形、热成形、压缩模塑、层压与复合、树脂传递模塑成形、挤拉成形等，其中常用的是注射成形、挤出成形、中空成形。

（1）注射成形

注射成形（injection molding）简称注塑，是聚合物成形加工中一种应用十分广泛而又非常重要的方法。目前，注塑制品约占塑料制品总量的 20%～30%，尤其是热塑性塑料制品作为工程结构材料后，注塑制品的用途已从民用扩大到国民经济的各个领域。

注射成形的原理是将坯料或粉状塑料通过注塑机的加料斗送进机筒内，经过加热到塑化的黏流态，由利用注射机的螺杆或柱塞的推动以较高的压力和速度通过机筒端部的喷嘴注入温度较低的预先合模的模腔内，经冷却硬固化后，即可保持模腔所赋予的形状，启开模具，顶出制品。整个成形是一个循环的过程，每一成形周期包括定量加料—熔融塑化—施压注射—充模冷却—启模取件等。注射成形示意图如图 8.7 所示。

注射成形设备由主机和辅助装置两部分组成。主机包括注射成形机、注射模具和模具

图 8.7　注射成形示意图

温度控制装置。辅助装置的作用是干燥、输送、混合、分离、脱模、后加工等。

目前,在普通注射成形技术的基础上又发展了许多新的注射技术,如气体辅助注射成形、电磁动态注射成形、层状注射成形、反应注射成形等。

注射成形方法有以下优点：能一次成形外形复杂、尺寸精确和带嵌件的制品;可极方便地利用一套模具,成批生产尺寸、形状、性能完全相同的产品;生产性能好,成形周期短,一件制件只需 30～60 s 即可成形,而且可实现自动化或半自动化作业,具有较高的生产效率和经济技术指标。

（2）挤出成形

挤出成形(expelling molding)又称为挤塑或挤出模塑,是使高分子材料的熔体(或黏性流体)在挤出机螺杆或柱塞的挤压作用下连续通过挤出模的型孔或一定形状的口模,待冷却成形硬化后得到各种断面形状的连续型材制品,其成形原理如图 8.8 所示。一台挤出机只要更换螺杆和机头,就能加工不同品种塑料和制造各种规格的产品。挤出成形所生产的制品约占所有塑料制品的 1/3 以上,几乎适合所有的热塑性工程塑料,也可用于热固性工程塑料的成形,但仅限于酚醛树脂等少数几种热固性工程塑料。

图 8.8　挤出成形示意图

挤出模的口模截面形状决定了挤出制品的截面形状,但是挤出后的制品由于冷却、受力等各种因素的影响,制品的截面形状和模头的挤出截面形状并不是完全相同的。例如,若制品是正方形型材(图 8.9(a)),则口模形状肯定不是正方形(图 8.9(b));若将口模设计成正方形(图 8.9(c)),则挤出的制品就是方鼓形(图 8.9(d))。

挤出成形可生产的类型很多,除直接成形管材、薄膜、异型材、电线电缆等制品,还可用于混合、塑化、造粒、着色、坯料成形等工艺过程。

挤出成形是塑料加工工业中应用最早、用途最广、适用性最强的成形方法。与其他成形方法相比,挤出成形具有突出的优点：设备成本低,占地面积小,生产环境清洁,劳动条件

图 8.9　挤出模截面的示意图

(a) 制品形状；(b) 口模形状；(c) 制品形状；(d) 口模形状

好；生产效率高；操作简单，工艺过程容易控制，便于实现连续自动化生产；产品质量均匀、致密；可一机多用，进行综合性生产。

（3）中空成形

中空成形(hollow molding)是制造空心塑料制品的方法，借助气体压力使闭合在模具型腔内的处于类橡胶态的型坯吹胀成为中空制品的二次成形技术，也称为中空吹塑。中空吹塑制品的成形可以采用注射-吹塑和挤出-吹塑两种。可用于中空成形的工程塑料种类很多，如聚酰胺、聚碳酸酯等，生产的制品主要用作各种液状货品的包装容器，如各种瓶、桶等。

因工程塑料的成形方法对产品性能有很大影响，关键是根据被加工工程塑料的特点、要求的产品质量和尺寸公差等选择适宜的成形方法。

工程塑料经成形后，还要经过后加工工序才可作为成品出厂。后加工工序主要包括机械加工、修饰、装配等。后加工过程通常需要根据制品的要求来选择，不是每种制品都必须完整地经过这些过程的。

8.5　工业橡胶及成形技术

8.5.1　工业橡胶制品的组成和工业橡胶的分类

橡胶是一种具有极高弹性的高分子材料，具有一定耐磨性，很好的绝缘性和不透气、不透水性，是制造飞机、汽车等所必需的材料。

工业橡胶(industrial rubber)制品的组成：

1）生胶

主要包括天然橡胶和合成橡胶，为橡胶制品的主要部分。

2）橡胶的配合剂

为了改善生胶的性能、降低成本、提高使用价值，需要添加一定的配合剂。有些配合剂在不同的橡胶中起着不同的作用，也可能在同一橡胶中起着多方面的作用。

（1）硫化剂

在一定条件下能使橡胶发生交联的物质称为硫化剂。常用的硫化剂有硫黄、含硫化合物、金属氧化物、过氧化物等。

（2）硫化促进剂

凡是能加快橡胶与硫化剂反应速率，缩短硫化时间，降低硫化温度，减少硫化剂使用量，并能改善硫化胶物理机械性能的物质称为硫化促进剂。常用的有胺类、秋兰姆类等。

（3）补强剂和填充剂

能够提高橡胶物理机械性能的物质称为补强剂。能够在胶料中增加容积的物质称为填充剂。这两者无明显界限，通常一种物质兼有两类的作用，既能补强又能增容，但在分类上以起主导作用为依据。最常用的补强剂是炭黑。

此外，还要加入防老剂、增塑剂、着色剂、软化剂等。

根据来源不同，橡胶可以分为天然橡胶和合成橡胶。合成橡胶是人工合成的高弹性聚合物，以煤、石油、天然气为原料制成。合成橡胶品种很多，并可按工业、公交运输的需要合成各种具有特殊性能（如耐热、耐寒、耐磨、耐油、耐腐蚀等）的橡胶，目前世界上合成橡胶的总产量已远远超过了天然橡胶。合成橡胶的种类很多，目前主要有二烯类橡胶、氯丁橡胶、丁基橡胶、乙丙橡胶等。习惯上按用途将合成橡胶分为通用合成橡胶和特种合成橡胶两大类。

8.5.2　常用合成橡胶与应用

1. 二烯类橡胶

二烯类橡胶包括二烯类均聚橡胶和二烯类共聚橡胶。二烯类均聚橡胶主要包括聚丁二烯橡胶、聚异戊二烯橡胶和聚间戊二烯橡胶等。二烯类共聚橡胶主要包括丁苯橡胶、丁腈橡胶等。

（1）聚丁二烯橡胶

聚丁二烯橡胶是以 1,3-丁二烯为单体聚合而得的一种通用合成橡胶，在世界合成橡胶中，聚丁二烯的产量和消耗量仅次于丁苯橡胶，居第二位。

聚丁二烯橡胶中最重要的品种是溶聚高顺式丁二烯橡胶。其性能特点是：弹性高，是当前橡胶中弹性最高的一种；耐低温性能好，其玻璃化温度为-105 ℃，是通用橡胶中耐低温性能最好的一种；此外，其耐磨性能优异，滞后损失小，生热性低；耐屈挠性好；与其他橡胶的相容性好。

高顺式聚丁二烯橡胶具有优异的高弹性、耐寒性和耐磨耗性能，主要用于制造轮胎、胶鞋、胶带、胶辊等耐磨性制品。其缺点是：抗张强度和抗撕裂强度均低于天然橡胶和丁苯橡胶；工艺加工性能和黏着性能较差，不容易包辊；用于轮胎，对抗湿滑性能不良。为了克服其缺点，又发展了一些新的品种，如中乙烯基丁二烯橡胶、高乙烯基丁二烯橡胶、低反式丁二烯橡胶和超高顺式丁二烯橡胶。

（2）聚异戊二烯橡胶

聚异戊二烯橡胶橡胶简称异戊橡胶，其分子结构和性能与天然橡胶相似，也称作合成天然橡胶。

聚异戊二烯橡胶是一种综合性能最好的通用合成橡胶。具有优良的弹性、耐磨性、耐热性、抗撕裂及低温耐屈挠性。与天然橡胶相比，又具有生热小、抗龟裂的特点，且吸水性小，电性能及耐老化性能好。但其硫化速度较天然橡胶慢，此外炼胶时容易粘辊，成形时黏度大，而且价格较贵。

聚异戊二烯橡胶的用途与天然橡胶大致相同,用于制作轮胎、各种医疗制品、胶管、胶鞋、胶带以及运动器材等。

在此基础上,又发展了其他异戊橡胶,主要包括两种:充油异戊橡胶和反式聚 1,4-异戊二烯橡胶。充油异戊橡胶是填充各种不同分量的油(如环烷油、芳烃油),可改善异戊橡胶的性能,降低成本,充油异戊橡胶流动性好,适用于复杂的模型制品。反式聚 1,4-异戊二烯橡胶,又称为巴拉塔橡胶,常温下是结晶状态,具有较高的拉伸强度和硬度,主要用于制造高尔夫球皮层、海底电缆、电线、医用夹板等。缺点是成本较高,影响了它在实际中的使用。

(3) 丁苯橡胶

丁苯橡胶(SBR)是以丁二烯为主体通过溶液聚合和乳液聚合制得的一系列共聚物,是最早工业化生产的合成橡胶,也是目前产量和消耗量最大的合成橡胶胶种。丁苯橡胶(包括胶乳)约占合成橡胶总产量的 55%。

丁苯橡胶的耐磨、耐热、耐油、耐老化性能比天然橡胶好,硫化曲线平坦,不易焦烧和过硫,与天然橡胶、顺丁橡胶混溶性好。丁苯橡胶成本低廉,当与天然橡胶并用时可改善性能,主要用于制造各种轮胎及其他工业橡胶制品,如乳胶带、胶管、胶鞋等。其缺点是弹性、耐寒性、耐撕裂性和黏着性能均较天然橡胶差,纯胶强度低,滞后损失大,生热高,硫化速度慢。

(4) 丁腈橡胶

丁腈橡胶(NBR)是以丁二烯和丙烯腈为单体,经乳液聚合而制得的高分子弹性体。其分子结构式为

$$[(CH_2-CH=CH-CH_2)_x(CH_2-CH)_y]_n$$
$$\underset{CN}{|}$$

丁腈橡胶的主要特点是具有优良的耐油性和耐非极性溶剂性能,另外其耐热性、耐腐蚀、耐老化性、耐磨性及气密性均优于天然橡胶,但其耐臭氧性、电绝缘性能和耐寒性较差。

丁腈橡胶主要用于各种耐油制品,丙烯腈含量高的丁腈橡胶可用于直接与油接触的制品,如密封垫圈、输油管、化工容器衬里;含量低的丁腈橡胶也适用于低温耐油制品和耐油减振制品。

在此基础上又发展了丁二烯、丙烯腈和丙烯酸类三元共聚,称为羧基丁腈橡胶,该种橡胶的主要特点是具有突出的高强度、良好的黏着性和耐老化性能。由丁二烯、丙烯腈和二乙烯基苯共聚,可制得部分交联和交联型丁腈橡胶,主要用于改善胶料的加工性能。

2. 氯丁橡胶

氯丁橡胶由氯丁二烯聚合而成。其分子结构式为

$$\underset{\underset{Cl}{|}}{(CH_2-C=CH-CH_2)_n}$$

由于在分子结构中含有氯原子,使氯丁橡胶具有许多优良的性能。氯丁橡胶的耐油性、耐磨性、耐热性、耐燃烧性、耐溶剂性、耐老化性均优于天然橡胶,而且氯丁橡胶的机械性能和天然橡胶相似,所以称为"万能橡胶",它既可作为通用橡胶,又可作为特种橡胶。其缺点主要是耐寒性较差(使用温度应高于 $-35\ ℃$),相对密度较大(为 $1.23\ g/cm^3$),生胶稳定性差,成本较高。目前主要用于制造电线、电缆、胶辊和输送带等。

3. 丁基橡胶

丁基橡胶是丁烯和少量异戊二烯的共聚物,为白色或暗灰色的透明弹性体,又称为异丁

橡胶,由于性能好,发展很快,已成为通用橡胶之一,其分子结构式为

$$+\!\!\!\begin{matrix}CH_3\\|\\C\\|\\CH_3\end{matrix}\!\!-CH_2\!\!+_x CH_2\!-C=CH-CH_2\!+\!\!\!\begin{matrix}CH_3\\|\\C\\|\\CH_3\end{matrix}\!\!-CH_2\!\!+_y$$

丁基橡胶是气密性最好的橡胶,其透气率约为天然橡胶的 1/20,顺丁橡胶的 1/30。由于经硫化后几乎不存在双键,所以有高度的饱和度,因此有高耐热性,最好使用温度可达 200 ℃,优异的耐候性,可以长时间地暴露于阳光和空气中而不易损坏;耐臭氧性能是天然橡胶和丁苯橡胶的 10 倍;化学稳定性好,能耐酸、碱和极性溶剂;耐水性能优异,水渗透率极低,另外电绝缘性、减振性能良好。主要缺点是硫化速度较慢,需采用强促进剂和高温、长时间硫化;由于缺乏极性基团,所以自黏性和互黏性差,与其他橡胶相容性差,难以并用,耐油性不好。

丁基橡胶主要用于气体密性制品,如汽车内胎、无内胎轮胎的气密层等,在化工设备衬里、耐热耐水密封垫片、电绝缘材料及防震缓冲器材等也得到了广泛应用。

4. 乙丙橡胶

乙丙橡胶(ERP)主要由二元乙丙橡胶和三元乙丙橡胶构成,二元乙丙橡胶由乙烯、丙烯所生成,三元乙丙橡胶由乙烯、丙烯和少量非共轭双烯为单体组成。二元乙丙橡胶分子结构式为

$$+CH_2\!-CH_2\!+_x CH_2\!-\!\!\!\begin{matrix}CH_3\\|\\CH\end{matrix}\!\!+_y$$

二元乙丙橡胶中不含双键,不能用硫黄硫化,仅能用过氧化物进行交联。于是就使硫化速度变慢并且胶的性能也差,这样引入第三类单体(一般使用量是总单体量的 3%～8%)就得到了三元乙丙橡胶。此类单体主要有双环戊二烯、乙叉降冰片烯、1,4-己二烯,此类单体提供的双键能起交联作用,但一般不进入主链,因进入主链后易使橡胶老化,或在聚合时易引起凝聚和交联。

三元乙丙橡胶基本上是一种饱和橡胶,因而构成了它的独特性能。三元乙丙橡胶虽然引入了少量不饱和基团,但双键处于侧链上,因此基本性质仍保留乙丙橡胶的特点,其耐老化性能是通用橡胶中最好的一种,包括具有突出的耐臭氧性、耐候性,能长期在阳光下曝晒而不开裂;具有较高的弹性,其弹性仅次于天然橡胶和顺丁橡胶;耐热性好,能在 120 ℃下长期使用,最低使用温度也可达－50 ℃;电绝缘性能优良;化学稳定性好,对酸、碱和极性溶剂有较大的抗耐性。其主要缺点是硫化速度慢,不易与不饱和橡胶并用,自黏性和互黏性差,耐燃、耐油性和气密性差。

三元乙丙橡胶主要用于非轮胎方面,如汽车零件、电气制品、建筑材料、橡胶工业制品及家庭用品等。

除了上述介绍的合成橡胶,还有一些品种的合成橡胶,在某一方面性能独特,可满足某些特殊需要,所以尽管产量不大,但在技术上、经济上都具有特殊重要意义。

5. 硅橡胶

硅橡胶是由环状有机硅氧烷开环聚合或以不同硅氧烷进行共聚而制得的弹性共聚物。其分子结构式如下:

$$+\!\!\!\begin{matrix}R\\|\\Si\\|\\R\end{matrix}\!\!-O\!\!+_m\!\!\!\begin{matrix}R_1\\|\\Si\\|\\R_2\end{matrix}\!\!-O\!\!+_n$$

式中，R、R_1、R_2 为甲基、乙烯基、氟基、氰基、苯基等有机基团。

由于硅橡胶由硅原子和氧原子组成，键能比大，所以具有优异的耐高温、低温性能，在所有的橡胶中具有最宽广的工作温度范围（−100～350 ℃）；具有优异的耐热氧老化、耐天候老化及耐臭氧老化性能；极好的疏水性，使之具有优良的电绝缘性能、耐电晕性和耐电弧性。可制造高压电力电气制品，如绝缘子，还可以制成耐高温、低温的橡胶制品，如垫圈、密封件、电缆料等；在食品工业、医疗卫生事业等也得到了广泛应用，如人工肺等。

硅橡胶包含氟硅橡胶、单组分室温硫化硅橡胶、双组分室温硫化硅橡胶、液态硅橡胶等类型，各种不同类型的橡胶有不同的应用，如液态硅橡胶的流动性好、强度高，适宜制作模具和浇注仿古艺术品等。

6. 氟橡胶

氟橡胶是指主链和侧链的碳原子上含有氟原子的一类高分子弹性体，其品种众多，主要分为四大类：含氟烯烃类氟橡胶、亚硝基类氟橡胶、全氟醚类氟橡胶和氟化磷腈类氟橡胶。

氟橡胶中氟原子的存在赋予了它具有优异的耐化学品特性和热稳定性，其耐化学药品性和腐蚀性在所有橡胶中最好，可在 250 ℃下长期使用；氟橡胶具有重要的压缩永久变形、伸长率、热膨胀特性等重要性能，常用来制作密封制品。

7. 丙烯酸酯橡胶

丙烯酸酯橡胶是指丙烯酸酯类与其他不饱和单体共聚而得到的一类弹性体，丙烯酸酯一般采用丙烯酸乙酯和丙烯酸丁酯，含有不同的交联单体的丙烯酸酯橡胶，加工性能和硫化特性也不相同。较早使用的交联单体为 2-氯乙基乙烯醚和丙烯腈。

丙烯酸酯橡胶的分子主链的饱和性以及含有的极性酯基侧链决定了它的主要性能。饱和的分子主链结构使丙烯酸酯橡胶具有良好的耐热氧老化和耐臭氧性能。具有良好的耐热和耐油性能，在低于 150 ℃的油中，丙烯酸酯橡胶具有近似氟橡胶的耐油性能，在更高温的油中，仅次于氟橡胶。

丙烯酸酯橡胶广泛应用于耐高温、耐热油的制品中，尤其是作各类汽车密封配件。此外，在电器工业和航空工业中也有应用。

8.5.3　工业橡胶件的成形技术

橡胶制品的成形技术一般是先准备好生胶、配合剂、纤维材料、金属材料，生胶需经烘胶、切胶、塑炼后与粉碎后配好的配合剂混炼，再与纤维材料或金属材料经压延、挤出、裁剪、成形加工、硫化、修整、成品校验后得到各种橡胶制品。橡胶制品生产工艺流程如图 8.10所示。

1) 塑炼

生胶因黏度过高或均匀性较差等缘故，往往难于加工。将生胶进行一定的加工处理，使其获得必要的加工性能的过程称为塑炼（plasticate）。通常在炼胶机上进行。

塑炼工艺进行之先，往往需要进行烘胶、切胶、选胶、破胶等准备加工处理。

生胶塑炼方法很多，但工业化生产采用的多为机械塑炼法。依据设备的不同分为开炼机塑炼、密炼机塑炼和螺杆塑炼机塑炼三种。

图 8.10　橡胶制品生产工艺流程

（1）开炼机塑炼

让生胶在滚筒内凭借前后辊相对速度不同而引起的剪切力及强烈的挤压和拉撕作用，使橡胶分子链被扯断，从而获得可塑性。

（2）密炼机塑炼

生胶经过烘、洗、切加工后，橡胶块经皮带秤称量通过密炼机投料口进入密炼机密炼室内进行塑炼，当达到给定的功率和时间后，就自动排胶，排下的胶块在开炼机或挤出压片机上捣合，并连续压出胶片，然后胶片被涂上隔离剂，挂片风冷，成片折叠，定量切割，停放待用。

（3）螺杆塑炼机塑炼

首先将生胶切成小块，并 70～80 ℃预热。其次，预热机头、机身与螺杆，使其达到工艺要求的温度。塑炼时，以均匀的速度将胶块填入螺杆机投料口，并逐步加压，这样生胶就由螺杆机机头口型的空隙中不断排出，再用运输带将胶料送至压片冷却停放，以备混炼用。

2）混炼

为提高橡胶制品的性能、改善成形技术和降低成本，通常在生胶中加入各种配合剂，在炼胶机上将各种配合剂加入生胶制成混炼胶的过程称为混炼（mixing）。混炼除了要严格控制温度和时间，还需要注意加料顺序。混炼越均匀，制品质量越好。

（1）混炼准备工艺包括粉碎、干燥、筛选、熔化、过滤和脱水。

（2）混炼方法包括开炼机混炼和密炼机混炼。

3）共混

单一种类橡胶在某些情况下不能满足产品的要求，采用两种或两种以上不同种类橡胶或塑料相互掺和，能获得许多优异性能，从而满足产品的使用性能。采用机械方法将两种或两种以上不同性质的聚合物掺和在一起制成宏观均匀混合物的过程称为共混（co-mixing）。

4）压延

压延(rolling)是橡胶工业的基本工艺之一,是指混炼胶料通过压延机两辊之间,利用辊筒间的压力使胶料产生延展变形,制成胶片或胶布(包括挂胶帘布)半成品的一种工艺过程。它主要包括贴胶、擦胶、压片、贴合和压型等操作。

(1)压延准备工艺

热炼、供胶、纺织物烘干和压延机辊温控制。

(2)压延工艺

① 压片　压片是将已预热好的胶料,用压延机在辊速相等的情况下,压制成一定厚度和宽度胶片的压延工艺。胶片表面应光滑无气泡、不起皱、厚度一致。

② 贴合　贴合是通过压延机将两层薄胶片贴合成一层胶片的作业,通常用于制造较厚、质量要求较高的胶片以及由两种不同胶料组成的胶片、夹布层胶片等。

③ 压型　压型是将胶料压制成一定断面形状的半成品或表面有花纹的胶片,如胶鞋底、车胎胎面等。

④ 纺织物贴胶和擦胶　纺织物贴胶和擦胶是借助于压延机为纺织材料(帘布、帆布、平纹布等)挂上橡胶涂层或使胶料渗入织物结构的作业。贴胶是用辊筒转速相同的压延机在织物表面挂上(或压贴上)胶层;擦胶则是通过辊速不等的辊筒,使胶料渗入纤维组织。贴胶和擦胶可单独使用,也可结合使用。

5）挤出

挤出(expelling)是橡胶工业的基本工艺之一。它是指利用挤出机使胶料在螺杆或柱塞推动下,连续不断地向前进,然后借助口模挤出各种所需形状的半成品,以完成造型或其他作业的工艺过程。

(1)喂料挤出工艺

喂入胶料的温度超过环境温度,达到所需温度的挤出操作。

(2)冷喂料挤出工艺

冷喂料挤出即采用冷喂料挤出机进行的挤出。挤出前胶料不需热炼,可直接供给冷的胶条或黏状胶料进行挤出。

(3)柱塞式挤出机挤出工艺

柱塞式挤出机是最早出现的挤出设备,目前应用范围逐渐缩小。

(4)特殊挤出工艺

其包括剪切机头挤出工艺、取向口型挤出工艺和双辊式机头口型挤出工艺。

6）裁断

裁断(cutting)是橡胶行业的基本工艺之一。轮胎、胶带及其他橡胶制品中,常用纤维帘布、钢丝帘线等骨架材料为骨架,使其制品更为符合使用要求。在橡胶制品的加工中,常将挂胶后的纤维帘布、帆布、细布及钢丝帘布裁成一定宽度和角度,供成形加工使用。

裁断工艺分为纤维帘布裁断和钢丝帘布裁断两大类。

7）硫化

在加热或辐射的条件下,胶料中的生胶与硫化剂发生化学反应,由线性结构的大分子交联成为立体网状结构的大分子,并使胶料的力学性能及其他性能随之发生根本变化,这一工艺过程称为硫化(sulfurization)。

硫化是橡胶加工的主要工艺之一,也是橡胶制品生产过程的最后一道工序,对改善胶料力学性能和其他性能,使制品能更好地适应和满足使用要求至关重要。

硫化方法分为以下几类。

(1) 室温硫化法

适用于在室温和不加压的条件下进行硫化的方法。如供航空和汽车工业应用的一些粘接剂往往要求在现场施工,且要求在室温下快速硫(固)化。

(2) 冷硫化法

即一氯化硫溶液硫化法,将制品渗入 2%~5% 的一氯化硫溶液中经几秒至几分钟的浸渍即可完成硫化。

(3) 热硫化法

热硫化法是橡胶工艺中使用最广泛的硫化方法。加热是增加反应活性、加速交联的一个重要手段。热硫化的方法很多,有的是先成形加工后硫化,有的是成形加工与硫化同时进行(如注压硫化)。

8.6　合成纤维及成形技术

合成纤维(synthetic fibre)是化学纤维的一种,利用石油、天然气、煤及农副产品等为原料,经一系列的化学反应,合成高分子化合物,再经加工而制得的纤维。合成纤维工业是20世纪40年代才发展起来的,由于其具有优良的物理性能、机械性能和化学性能,如强度高、密度小、弹性高、电绝缘性能好等,在生活用品、工农业生产和国防工业、医疗等方面得到了广泛应用,为一种发展迅速的工程材料。

合成纤维的主要品种如下:①按主链结构可分为碳链合成纤维,如聚丙烯纤维(丙纶)、聚对苯二甲酸乙二酯(涤纶)等,杂链合成纤维,如聚酰胺纤维。②按性能功用可分为耐高温纤维(如聚苯咪唑纤维)、耐高温腐蚀纤维(如聚四氟乙烯)、高强度纤维(如聚对苯二甲酰对苯二胺)、耐辐射纤维(如聚酰亚胺纤维),还有阻燃纤维、高分子光导纤维等。

8.6.1　常用合成纤维与应用

合成纤维的发展非常迅速,目前品种众多,但常用合成纤维主要是聚酰胺、聚酯和聚丙烯腈三大类。三者的产量占合成纤维的 90% 以上。

1. 聚酰胺纤维

聚酰胺纤维是指大分子主链中含有酰胺键的一类合成纤维。它是最早投入工业化生产的合成纤维,商品名称为锦纶或尼龙。主要品种有聚酰胺6、聚酰胺66、聚酰胺612、聚酰胺1010等。

由于该纤维长分子链上含有酰胺基,可以通过氢键的作用,加强酰胺基之间的联结,从而使纤维有较高的强度。另外聚酰胺纤维分子链上含有许多亚甲基,使该纤维柔软,富有弹性,同时也具有良好的耐磨性,它的耐磨性是棉花的 10 倍,羊毛的 20 倍。

聚酰胺是制作运动服和休闲服的好材料,在工业上主要用于轮胎帘子线、降落伞、绳索、渔网和工业滤布。

2. 聚酯纤维

聚酯纤维是指大分子主链中含有酯结构的一类聚合物,由二元酰及其衍生物(酰卤、酸酐、酯等)和二元醇经缩聚而得,故称为聚酯纤维。

聚酯纤维的品种众多,主要包括聚对苯二甲酸乙二醇酯、聚对苯二甲酸丙二醇酯(PTT)、对苯二甲酸丁二醇酯等纤维。其中最主要的是聚对苯二甲酸乙二醇酯。聚对苯二甲酸乙二醇酯商品名称为涤纶,俗称的确良,由聚对苯二甲酸乙二醇酯经熔融纺丝制成,相对分子质量为 15000~22000。聚对苯二甲酸乙二醇酯的纺丝温度控制在 275~295 ℃(熔点为 262 ℃,玻璃化转变温度为 80 ℃)。

聚酯纤维的弹性好,弹性接近羊毛,由涤纶纤维制成的纺织品抗皱性和环保性特别好,外形挺括,即使变形也易恢复。强度高,它的强度比棉花高 1 倍,比羊毛高 3 倍。耐冲击强度高,比聚酰胺纤维高 4 倍,比黏胶纤维高 20 倍。耐腐蚀性能好,不发霉,不腐烂,不怕虫蛀。缺点是染色性差,吸水性低。

聚酯纤维主要做成各种混纺或交织产品,是理想的纺织材料。在工业上,广泛用于电绝缘材料、运输带、绳索、渔网、轮胎帘子线等。

3. 聚丙烯腈纤维

聚丙烯腈纤维是由丙烯腈为原料聚合成的合成纤维,商品名为腈纶。聚丙烯腈纤维蓬松柔软,有较好的弹性,被誉为人造羊毛。强度比较高,约为羊毛的 1~2.5 倍。它的耐光性和耐候性能,除聚四氟乙烯纤维,是其他所有天然纤维和化学纤维中最好的。具有较好的耐热性,其软化温度为 190~230 ℃,仅次于聚酯纤维。在化学稳定方面,能耐酸、氧化剂和有机溶剂。

由于聚丙烯腈大分子链上的腈基极性很大,使大分子间作用力很强,分子排列紧密,所以聚丙烯腈纤维吸湿和保水性差。为改善腈纶的吸湿、吸水性,目前采用的主要方法有:①用碱减量法对其表面处理,使纤维表面粗糙化,产生沟槽、凹窝,以增强其吸水效果;②通过氨基酸在不同的反应条件下对其进行改性,使腈基部分转化为羧酸基团。

聚丙烯腈纤维主要用于代替羊毛,制成帐篷、窗帘、毛毯等。目前又发展了抗静电聚丙烯腈纤维、阻燃聚丙烯腈纤维、高收缩丙烯腈纤维、细纤度丙烯腈纤维等不同类型的纤维,该类纤维将得到广泛的应用。

8.6.2　合成纤维的成形技术

合成纤维的成形技术包括单体制备与聚合、纺丝和后加工三个基本环节。

1. 单体制备与聚合

利用石油、天然气、煤等为原料,经分馏、裂化和分离得到有机低分子化合物,如苯、乙烯、丙烯等作为单体,在一定温度、压力和催化剂作用下,聚合而成的高聚物即合成纤维的材料。

2. 纺丝

将所得到的熔体或浓溶液,用纺丝泵连续、定量而均匀地从喷丝头的毛细孔中挤出,使其成为液态细流,再在空气、水或特定的凝固浴中固化成为初生纤维的过程称作"纤维成形"

或"纺丝"。这是合成纤维生产过程中的主要工序。

合成纤维的纺丝方法目前有三种：熔体纺丝、溶液纺丝和电纺丝。

熔体纺丝过程包括四个步骤：纺丝熔体的制备,喷丝板孔眼压出形成熔体细流,熔体细流被拉长变细并冷却凝固(拉伸和热定型),固态纤维上油和卷绕,如图 8.11 所示。

溶液纺丝包括以下四个步骤：纺丝液的制备;丝液经过纺丝泵计量进入喷丝头的毛细孔压出形成原液细流;原液细流中的溶剂向凝固浴扩散,浴中的沉淀剂向细流扩散,聚合物在凝固浴中析出形成初生纤维;纤维拉伸定型和热定型,上油和卷绕,如图 8.12 所示。

图 8.11　熔体纺丝示意图

图 8.12　溶液纺丝示意图

电纺丝(electrospinning)是在电场作用下的纺丝过程或利用高压电场实现的纺丝技术,该技术被认为是制备纳米纤维的一种高效低耗的方法,如图 8.13 所示。

它由纺丝液容器、喷丝口、纤维接收屏和高压发生器等几部分组成。在电纺过程中,将聚合物熔体或溶液加上几千至几万伏的高压静电,从而在毛细管和接地的接收装置间产生一个强大的电场力。当电场力施加于液体的表面时,将在表面产生电流。相同电荷相斥导致电场力与液体表面张力的方向相反。这样,当电场

图 8.13　电纺丝示意图

力施加于液体的表面时,将产生一个向外的力,对于一个半球形状的液滴,这个向外的力就与表面张力相反。如果电场力的大小等于高分子溶液或溶体的表面张力时,带电的液滴就悬挂在毛细管的末端并处于平衡状态。随着电场力的增大,在毛细管末端呈半球状的液滴在电场力的作用下将被拉伸成圆锥状,这就是泰勒(Taylor)锥。当电场力超过一个临界值后,排斥的电场力将克服液滴的表面张力形成射流,而在静电纺丝过程中,液滴通常具有一定的静电压并处于一个电场当中。因此,当射流从毛细管末端向接收装置运动时,都会出现加速现象,这也导致了射流在电场中的拉伸,最终在接收装置上形成无纺布状的纳米纤维。

3. 后加工

纺丝成形后得到的初生纤维必须经过一系列后加工才能用于纺织加工。后加工随合成纤维品种、纺丝方法和产品的不同要求而异,其中主要的工序是拉伸和热定型。拉伸的目的是提高纤维的断裂强度、耐磨性和疲劳强度,降低断裂伸长率。将拉伸后的纤维使用热介质(如热水、蒸汽等)进行定型处理,以消除纤维的内应力,提高纤维的尺寸稳定性,并且进一步改善其物理机械性能。

目前,合成纤维的生产技术向着高速化、自动化、连续化和大型化的方向发展。

高分子材料成形技术工程案例

思考题与习题

8.1 高聚物的结构分为哪几个层次?

8.2 高分子材料非晶聚合物有哪几种力学行为,其出现条件和特点是什么?

8.3 试述工程塑料的种类、性能及其应用。

8.4 工程塑料有哪些成形方法?

8.5 试述合成橡胶的种类、性能及其应用。

8.6 简述合成纤维的主要加工方法及三种主要合成纤维的结构、性能及用途。

8.7 试述胶黏剂的分类及选用原则。

第9章

陶瓷材料成形技术与工程应用

陶瓷材料(ceramic material)种类繁多,具有熔点高、硬度高、化学稳定性高、耐高温、耐磨损、耐氧化和耐腐蚀,以及弹性模量大、强度高等优良性质。因此陶瓷材料能够在各种苛刻的环境(如高温、腐蚀、辐射环境)下工作,成为非常有发展前途的工程结构材料,它的应用前景是非常广阔的。近十几年来,特别是一些陶瓷材料用来制作柴油发动机及燃气轮机上的一些结构零件和刀具,代替了金属材料,使陶瓷材料备受人们的关注。

陶瓷是一种天然或人工合成的粉状化合物,经过成形或高温烧结而成,是由金属和非金属的无机化合物构成的多相多晶态固体物质,它实际上是各种无机非金属材料的统称,是现代工业中很有发展前途的一类材料。

陶瓷是金属(或类金属)和非金属之间形成的化合物,这些化合物之间的结合键是离子键或共价键。例如,Al_2O_3 主要是离子键结合的化合物,SiC 是共价键结合的化合物。这些化合物有些是结晶态,如 MgO、Al_2O_3、ZrO_2、SiC 和 Si_3Ni_4 等;有些则呈非晶态,如玻璃。但是玻璃中也可加入适当的形核催化剂以及一定的热处理,使之变为主要由晶体组成的微晶玻璃或玻璃陶瓷。

9.1　陶瓷材料的组成

组成陶瓷材料的基本相及其结构要比金属复杂得多,在显微镜下观察,可看到陶瓷的显微结构通常由三种不同的相组成,即晶相(crystal phase)、玻璃相(glass phase)和气相(gas phase)(气孔)。

1. 晶相

晶相是陶瓷材料中最主要的组成相。陶瓷是多相多晶体,故晶相可进一步分为主晶相、次晶相、第三晶相等,如普通陶瓷中的主晶相为莫来石($3Al_2O_3 \cdot 2SiO_2$),次晶相为残余石英、长石等。

陶瓷的力学、物理、化学性能主要取决于主晶相。例如,刚玉瓷的主晶相是 α-Al_2O_3,由于结构紧密,因而具有机械强度高、耐高温、耐腐蚀等特性。陶瓷中的晶相主要由硅酸盐、氧化物和非氧化物构成。

1）硅酸盐

硅酸盐是传统陶瓷的主要原料,同时也是陶瓷中重要的晶相。硅酸盐结构属于最复杂的结构之列,它们是由硅氧四面体$[SiO_4]$为基本结构单元的各种硅氧集团组成的。

硅酸盐结构的基本特点如下:

（1）组成各种硅酸盐结构的基本结构单元是硅氧四面体$[SiO_4]$,它们以离子键和共价键的混合键结合在一起,离子键和共价键各占50%,图9.1为$[SiO_4]$结构图;

（2）每个氧最多只能被两个硅氧四面体共有;

（3）硅氧四面体中Si—O—Si的结合键键角一般是145°;

（4）硅氧四面体既可以互相孤立地在结构中存在,也可以通过共用顶点互相连接成链状、平面及三维网状。

2）氧化物

氧化物是大多数典型陶瓷中特别是特种陶瓷中的主要晶相。氧化物结构的特点是较大的氧离子紧密排列成晶体结构,而较小的正离子则填充在它们的空隙内。氧化物结构的结合键以离子键型为主,通常以$A_m X_n$表示其分子式。大多数氧化物中氧离子的半径大于阳离子半径。其结构特点是以大直径离子密堆排列组成面心立方或六方点阵,小直径的离子位于点阵的间隙处,例如NaCl型结构、CaF_2型结构、刚玉结构等。

3）非氧化物

主要指各种碳化物、渗氮物及硼化物等,它们是特种陶瓷（或金属陶瓷）的主要组分和晶相。常见的有VC、WC、TiC、SiC等碳化物以及BN、Si_3N_4、AlN等渗氮物。

陶瓷的性能除了主要取决于晶相的结构,还受到各相形态（大小、形状、分布等）所构成的显微组织（图9.2）的影响,如细化晶粒可提高陶瓷强度和韧性等。

图9.1　硅氧四面体示意图

图9.2　陶瓷显微组织示意图

2. 玻璃相

玻璃相是陶瓷高温烧结时各组成物和杂质产生一系列物理、化学反应后形成的一种非晶态物质。对于不同陶瓷,玻璃相的含量不同,日用瓷及电瓷的玻璃相含量较高,高纯度的氧化物陶瓷（如氧化铝瓷）中玻璃相含量较低。玻璃相的主要作用是充填晶粒间隙,将分散的晶相粘接在一起,填充气孔提高陶瓷材料的致密度、降低烧成温度、改善工艺、抑制晶粒长大等。但玻璃相的强度比晶相低,热稳定性差,在较低温度下便会引起软化。此外,由于玻璃相结构疏松,空隙中常有金属离子填充,因而降低了陶瓷的电绝缘性,增加了介电损耗。

所以工业陶瓷中的玻璃相应控制在一定范围内,一般陶瓷玻璃相为 $20\%\sim40\%$。

3. 气相

陶瓷结构中存在 $5\%\sim10\%$ 体积的气孔,成为组织中的气相。大部分气孔是在工艺过程中形成并保留下来的,有些气孔则通过特殊的工艺方法获得。它常以孤立状态分布在玻璃相中,或以细小气孔存在于晶界或晶内。气相(气孔)在陶瓷材料中占有重要地位。气孔含量(按材料容积)在 $0\%\sim90\%$ 之间变化。气孔包括开口气孔和闭口气孔两种。在烧结前全是开口气孔,烧结过程中一部分开口气孔消失,一部分转变为闭口气孔。陶瓷的许多电性能和热性能随着气孔率、气孔尺寸及分布的不同可在很大范围内变化。气孔使组织致密性下降,产生应力集中,导致力学性能降低,脆性增加,并使介电损耗增大,抗电击穿强度下降。因此,应力求降低气孔的大小和数量,并使气孔均匀分布。若要求陶瓷材料密度小,绝热性好,则需要有一定量气相存在。合理控制陶瓷中气孔数量、形态和分布是非常重要的。

9.2　陶瓷材料的分类

陶瓷材料是一种无机非金属材料,在现代工业中有重要应用,按照不同的标准有不同的分类方法。

1. 按化学成分分类

(1) 氧化物陶瓷:有 Al_2O_3、SiO_2、ZrO_2、MgO、CaO、BeO、Cr_2O_4、CeO_2、ThO_2 等;

(2) 碳化物陶瓷:有 SiC、B_4C、WC、TiC 等;

(3) 渗氮物陶瓷:有 Si_3N_4、AlN、TiN、BN 等;

(4) 硼化物陶瓷:有 TiB_2、ZrB_2 等,应用不广,主要作为其他陶瓷的第二相或添加剂;

(5) 复合瓷、金属陶瓷和纤维增强陶瓷:复合瓷有 $3Al_2O_3 \cdot 2SiO_2$(莫来石)、$MgAl_2O_3$(尖晶石)、$CaSiO_3$、$ZrSiO_4$、$BaTiO_3$、$PbZrTiO_3$、$BaZrO_3$、$CaTiO_3$ 等。

2. 按原料分类

可分为普通陶瓷(硅酸盐材料)和特种陶瓷(人工合成材料)。特种陶瓷按化学成分也分为氧化物陶瓷、碳化物陶瓷、渗氮物陶瓷、硼化物陶瓷、金属陶瓷、纤维增强陶瓷等。

3. 按用途和性能分类

按用途可分为日用陶瓷、结构陶瓷和功能陶瓷。按性能可分为高强度陶瓷、高温陶瓷、耐磨陶瓷、耐酸陶瓷、压电陶瓷、光学陶瓷、半导体陶瓷、磁性陶瓷、生物陶瓷等。

9.3　陶瓷材料的结构

现代陶瓷被看作除金属材料和有机高分子材料以外的所有固体材料,所以陶瓷亦称为无机非金属材料。陶瓷的结合键主要是离子键或共价键,它们可以是结晶型的,如 MgO、Al_2O_3、ZrO_2 等;也可以是非晶型的,如玻璃等。有些陶瓷在一定条件下可由非晶型转变为结晶型,如玻璃陶瓷等。

9.3.1　离子型晶体陶瓷

属于离子型晶体陶瓷(ionic crystal ceramic)的种类很多。主要有 NaCl 结构,具有这类结构的陶瓷有 MgO、NiO、FeO 等;如图 9.3 所示为 CaF_2 结构,具有这类结构的陶瓷有 ZrO_2、VO_2、ThO_2 等;如图 9.4 所示为刚玉型结构,具有这类结构的陶瓷主要有 Al_2O_3、Cr_2O_3 等;如图 9.5 所示为钙钛矿型结构,具有这类结构的陶瓷有 $CaTiO_3$、$BaTiO_3$、$PbTiO_3$ 等。

图 9.3　CaF_2 结构　　　　图 9.4　刚玉型结构　　　　图 9.5　钙钛矿型结构

(a) Al_2O_3 结构; (b) Cr_2O_3 结构

9.3.2　共价型晶体陶瓷

共价型晶体陶瓷(covalent crystal ceramic)多属于金刚石结构,如图 9.6 所示,或者是由其派生出的结构,如 SiC 结构(图 9.7)和 SiO_2 结构(图 9.8)。

图 9.6　金刚石结构

(a) 晶胞; (b) 原子在晶胞底面上的投影

图 9.7　SiC 结构

图 9.8　SiO_2 结构

9.4 陶瓷材料及成形技术

9.4.1 常用陶瓷材料与应用

9.4.1.1 普通陶瓷

利用天然硅酸盐矿物为原料制成的陶瓷为普通陶瓷。普通陶瓷也叫作传统陶瓷,即黏土类陶瓷,是以黏土($Al_2O_3 \cdot 2SiO_2 \cdot 2H_2O$)、长石($K_2O \cdot Al_2O_3 \cdot 6SiO_2$)和钠长石($Na_2O \cdot Al_2O_3 \cdot 6SiO_2$)、石英($SiO_2$)为原料配制成的,产量大,应用广。这类陶瓷的主晶相为莫来石,占 $25\% \sim 30\%$,玻璃相占 $35\% \sim 60\%$,气相占 $1\% \sim 3\%$。通过改变组成物的配比、熔剂、辅料以及原料的细度和致密度,可获得不同特性的陶瓷。

图 9.9 为各种普通陶瓷的组分构成。组分的配比不同,陶瓷的性能会有所差别。例如,黏土或石英含量高时,烧结温度高,使陶瓷的抗电性能差,但有较高的热性能和机械性能;长石含量高时,陶瓷致密,熔化温度低,抗电性能高,但耐热性能及机械性能差。一般地,普通陶瓷坚硬,但脆性较大,绝缘性和耐蚀性极好。由于其制造工艺简单、成本低廉,因而在各种陶瓷中用量最大。

图 9.9 各种普通陶瓷的组分构成图

普通陶瓷质地坚硬,有良好的抗氧化性、耐蚀性和绝缘性,能耐一定高温,成本低、生产工艺简单。但由于含有较多的玻璃相,故结构疏松,强度较低;在一定温度下会软化,耐高温性能不如现代陶瓷,通常最高使用温度为 1200 ℃左右。除日用陶瓷、瓷器,大量用于建筑工业,电器绝缘材料,耐蚀要求不高的化工容器、管道以及力学性能要求不高的耐磨件,如纺织工业中的导纺零件等。

普通陶瓷通常分为日用陶瓷和工业陶瓷两大类。

1. 日用陶瓷

日用陶瓷主要用作日用器皿和瓷器,一般具有良好的光泽度、透明度,热稳定性和机械强度较高。根据瓷质,日用陶瓷通常分为长石质瓷、绢云母质瓷、骨质瓷和日用滑石质瓷四大类(表 9.1)。长石质瓷是国内外常用的日用瓷,也可作一般工业瓷制品;绢云母质瓷是我国的传统日用瓷;骨质瓷近些年来得到广泛应用,主要作高级日用瓷制品;滑石质瓷是我国发展的综合性能较好的新型高质日用瓷。特别指出,最近几年我国研制成功了高石英质日用瓷,石英质量分数在 40% 以上,具有瓷质细腻、色调柔和、透光度好、机械强度和热稳定性好等优点。

表 9.1 各类日用陶瓷的原料配比、性能特点和应用

日用陶瓷类型	原料配比/%	烧结温度/℃	性能特点	主要应用
长石质瓷 $K_2O \cdot Al_2O_3 \cdot 6SiO_2$	长石 20~30 石英 25~35 黏土 40~50	1250~1350	瓷质洁白,半透明,不透气,吸水率低,坚硬度高,化学稳定性好	餐具、茶具、陈设陶瓷器、装饰美术瓷器和一般工业制品
绢云母质瓷 $K_2O \cdot 3Al_2O_3 \cdot 6SiO_2 \cdot 2H_2O$	绢云母 30~50 高岭土 30~50 石英 15~25 其他矿钩 5~10	1250~1450	同长石质瓷,但透明度、外观色调较好	餐具、茶具、工艺美术制品
骨灰质瓷 磷灰石,含大量 $Ca_3(PO_4)_2$	骨灰 20~60 长石 8~22 高岭土 25~45 石英 9~20	1220~1250	白度高,透明度好,瓷质软,光泽柔和,但较脆,热稳定性差	高级餐具、茶具、高级工艺美术瓷器
日用滑石质瓷 $3MgO \cdot 4SiO_2 \cdot H_2O$	滑石约 73 长石约 12 高岭土约 11 黏土约 4	1300~1400	良好的透明度、热稳定性,较高的强度和良好的电性能	高级日用器皿、一般电工陶瓷

2. 工业陶瓷

工业陶瓷按用途可分为建筑卫生瓷、电工瓷、化学化工瓷等。建筑卫生瓷用于装饰板、卫生间装置及器具等,通常尺寸较大,要求强度和热稳定性好;化学化工瓷用于化工、制药、食品等工业及实验室中的管道设备、耐蚀容器及实验器皿等,通常要求耐各种化学介质腐蚀的能力要强;电工瓷主要指电器绝缘用瓷,也叫作高压陶瓷,要求机械性能高、介电性能和热稳定性好。

为改善各种工业陶瓷的特殊性能,生产中通常通过加入 MgO、ZnO、BaO、Cr_2O_3 等氧化物,或者增加莫来石晶体相($3Al_2O_3 \cdot 2SiO_2$)来提高陶瓷的机械强度和耐碱抗力;加入 Al_2O_3、ZrO_2 等可提高强度和热稳定性;加入滑石或镁砂降低热膨胀系数;加入 SiC 提高导热性和强度。表 9.2 列出了几种普通陶瓷的基本性能。

表 9.2 普通陶瓷的基本性能

性 能	日用陶瓷	建筑陶瓷	高压陶瓷	耐酸陶瓷
密度/(g/cm^3)	2.3~2.5	~2.2	2.3~2.4	2.2~2.3
气孔率/%		~5		<6
吸水率/%		3~7		<3
抗拉强度/MPa		10.8~51.9	23~35	8~12
抗压强度/MPa		568.4~803.6		80~120
抗弯强度/MPa	40~65	40~96	70~80	40~60
冲击韧性/(kJ/m^2)	1.8~2.1		1.8~2.2	1~1.5
线膨胀系数/×10^{-6} ℃$^{-1}$	2.5~4.5			4.5~6.0
导热系数/(W/(m·K))		~1.5		0.92~1.04
介电常数			6~7	
损耗角正切			0.02~0.04	
体积电阻率/Ω·m			<10^{11}	
莫氏硬度	7	7		7
热稳定性/℃	220	250	150~200	(2*)

注：* 试样由 220 ℃急冷至 20 ℃的次数。

9.4.1.2 特种陶瓷

人工合成的高纯度原料(如氧化物、氮化物、碳化物、硅化物、硼化物、氟化物等)用传统陶瓷工艺方法制造的新型陶瓷,称为特种陶瓷。特种陶瓷也叫作现代陶瓷、精细陶瓷或高性能陶瓷,按应用可分为特种结构陶瓷和功能陶瓷两大类。结构陶瓷可作工程材料,具有高强度、高硬度、高弹性模量、耐高温、耐磨损、耐腐蚀、抗氧化、抗热振等特性,大致可分为氧化物、非氧化物和结构用的陶瓷基复合材料,如高温陶瓷等。功能陶瓷,具有光、电、磁、超导、生物、化学等特性,且各特性具有相互转化的一类陶瓷,大致可分为电子陶瓷、热学及光学、多孔陶瓷,如压电陶瓷、磁性陶瓷、电容器陶瓷等。特种陶瓷的出现给陶瓷工业带来巨大活力。工程上最重要的是高温陶瓷,高温陶瓷主要包括氧化物陶瓷、硼化物陶瓷、氮化物陶瓷和碳化物陶瓷。

1. 氧化物陶瓷

氧化物陶瓷可以是单一氧化物,也可以是复合氧化物。常用的纯氧化物陶瓷包括 Al_2O_3、ZrO_2、MgO、CaO、BeO、ThO_2 和 UO_2 等,其熔点大多在 2000 ℃以上,烧结温度在 1800 ℃左右。在烧结温度时,氧化物颗粒发生快速烧结,颗粒间出现固体表面反应,从而形成大块陶瓷晶体(是单相多晶体结构),有时有少量气体产生。根据测定,氧化物陶瓷的强度随温度的升高而降低,但在 1000 ℃以下一直保持较高的强度,随温度变化不大。纯氧化物陶瓷都是很好的高耐火性结构材料,因为在任何高温下这些陶瓷都不会氧化。

1) 氧化铝陶瓷

氧化铝陶瓷又叫作高铝陶瓷,主要成分是 Al_2O_3 和 SiO_2。氧化铝的结构是 O^{2-} 排成密排六方结构,Al^{3+} 占据间隙位置。由于化合价的原因,只能由两个 Al^{3+} 对三个 O^{2-},因而有 2/3 的间隙被占据。在自然界中存在含少量 Cr、Fe 和 Ti 的纯氧化铝。根据含杂质的多少,氧化铝可呈红色(如红宝石)或蓝色(如蓝宝石)。Al_2O_3 含量越高则性能越好,但工艺更复杂,成本更高。实际生产中,氧化铝陶瓷按 Al_2O_3 含量可分为 75、95 和 99 等几种瓷。

(1) 氧化铝陶瓷的性能特点

① 强度高于黏土类陶瓷,硬度很高,有很好的耐磨性;

② 耐高温,可在 1600 ℃高温下长期使用;

③ 耐腐蚀性很强;

④ 良好的电绝缘性能,在高频下,电绝缘性能尤为突出,每毫米厚度可耐电压 8000 V 以上;

⑤ 韧性低,抗热振性差,不能承受温度的急剧变化。

氧化铝陶瓷的基本性能见表 9.3。

表 9.3　氧化铝陶瓷的基本性能

名　　称	刚玉-莫来石瓷	刚　玉　瓷	刚　玉　瓷
牌号	75 瓷	95 瓷	99 瓷
Al_2O_3 含量/%	75	95	99
主晶相	α-Al_2O_3 和 $3Al_2O_3 2SiO_2$	α-Al_2O_3	α-Al_2O_3
密度/(g/cm^3)	3.2～3.4	3.5	3.9
抗拉强度/MPa	140	180	250
抗弯强度/MPa	250～300	280～350	370～450
抗压强度/MPa	1200	2000	2500
热膨胀系数/$\times 10^{-6}$	5～5.5	5.5～5.7	6.7
介电系数/(kV/mm)	25～30	15～18	25～30

(2) 氧化铝陶瓷的主要用途

由于氧化铝的熔点高达 2050 ℃,耐高温,能在 1600 ℃左右长期使用,而且抗氧化性好,所以广泛用作耐火材料。较高纯度的氧化铝粉末压制成形、高温烧结后可得到刚玉耐火砖、高压器皿、坩埚、电炉炉管、热电偶套管等。微晶刚玉的硬度极高(仅次于金刚石),并且其红硬性达 1200 ℃,所以微晶刚玉可作要求高的各类工具,如切削淬火钢刀具、金属拔丝模等,其使用性能皆高于其他工具材料。

氧化铝陶瓷具有很高的电阻率和较低的导热率,是很好的电绝缘材料和绝热材料。同时,由于其强度和耐热强度均较高(是普通陶瓷的 5 倍),所以是很好的高温耐火结构材料,如可作内燃机火花塞、空压机泵零件等。

此外,它还具有良好的化学稳定性,能耐各种酸碱的腐蚀,可用于制造化工用泵的密封滑环、轴套、叶轮等。

2) 氧化铍陶瓷

氧化铍(BeO)陶瓷生产中采用优质的人工制备的 BeO,工业生产的 BeO 是一种松散的白色粉末,它们是含铍的矿物原料经化学处理、煅烧而成的。用作制备氧化铍的矿物中最有价值的为绿柱石,它的化学成分为 $3BeO \cdot Al_2O_3 \cdot 6SiO_2$,其中 BeO 的含量为 14.1%,$Al_2O_3$ 的含量为 19%,SiO_2 的含量为 66.9%。矿石中常含有 K_2O、Al_2O_3 等杂质,使 BeO 的含量下降到 10%～12%。

氧化铍晶体属六方晶系,纤锌矿型晶体构造。纯氧化铍的密度为 3.02 g/cm^3,熔点为 (2570 ± 20) ℃,沸点为 4000 ℃,莫氏硬度为 9。

除了具备一般陶瓷的特性,氧化铍陶瓷最大的特点是导热性极好,因而具有很高的热稳定性。虽然其强度性能不高,但抗热冲击性较高。氧化铍制品能很好地经受 1500~1700 ℃高温至室温空气中的急冷处理,也能进行从此高温下水冷的热交换。氧化铍陶瓷比任何一种陶瓷都具备更强的散射中子的能力,因此主要用于核能工业。氧化铍烧结体可用作常温和高温下工作的核反应堆的结构件,包括作为中子的减速剂和反射物。氧化铍陶瓷是核燃料氧化铀的良好模具材料。氧化铍坩埚具有良好的化学稳定性,可用于稀有金属的冶炼,如熔炼铍、钠、钍、铀等金属,熔炼金属时可采用真空感应电炉加热。氧化铍陶瓷有良好的介质性能和真空密度,使之可应用于电子工业中,作为电真空密封陶瓷材料。另外,气体激光管、晶体管散热片和集成电路的基片和外壳等也多用氧化铍陶瓷制造。

3）氧化锆陶瓷

氧化锆(ZrO_2)陶瓷的熔点在 2700 ℃以上,能耐 2300 ℃的高温,其推荐使用温度为 2000~2200 ℃。由于 ZrO_2 固溶体具有离子导电性,故可用作高温下工作的固体电解质,应用于工作温度为 1000~1200 ℃的化学燃料电池,还可用于其他电源,其中包括用于磁流体发动机的电极材料。利用稳定 ZrO_2 的高温导电性,还可将这种材料作为电流加热的光源和电热发热元件。ZrO_2 高温发热元件可在氧化气氛中工作,将窑炉加热到 2200 ℃。

由于氧化锆还能抗熔融金属的侵蚀,所以多用铂、锗等金属的冶炼坩埚和 1800 ℃以上的发热体及炉子、反应堆绝热材料等。特别指出,氧化锆作添加剂可大大提高陶瓷材料的强度和韧性。氧化锆增韧氧化铝陶瓷材料的强度达 1200 MPa,断裂韧性为 15.0,分别比原氧化铝提高了 3 倍和近 3 倍。氧化锆增韧陶瓷可替代金属制造模具、拉丝模、泵叶轮等,还可用于汽车零件制造,如凸轮、推杆、连杆等。增韧氧化锆制成的剪刀既不生锈,也不导电。

4）氧化镁/氧化钙陶瓷

氧化镁/氧化钙(MgO/CaO)陶瓷通常是通过加热白云石(镁或钙的碳酸盐)矿石,除去 CO_2 而制成的,其特点是能抗各种金属碱性渣的作用,因而常用作炉衬的耐火砖。但这种陶瓷的缺点是热稳定性差,MgO 在高温下易挥发,CaO 甚至在空气中易水化。

5）氧化钍/氧化铀陶瓷

氧化钍/氧化铀(ThO_2)陶瓷是具有放射性的一类陶瓷,具有极高的熔点和密度,多用于制造熔化铑、铂、银和其他金属的坩埚及动力反应堆中的放热元件等,ThO_2 陶瓷还可用于制造电炉构件。

2. 碳化物陶瓷

碳化物陶瓷包括碳化硅、碳化硼、碳化铈、碳化钼、碳化铌、碳化钛、碳化钨、碳化钽、碳化钒、碳化锆、碳化铪等。这类陶瓷的突出特点是具有很高的熔点、硬度(近于金刚石)、耐磨性(特别是在侵蚀性介质中)和化学稳定性,缺点是耐高温氧化能力差(约 900~1000 ℃)、脆性极大。

1）碳化硅陶瓷

碳化硅(SiC)陶瓷的制造方法有反应烧结、热压烧结与常压烧结三种。反应烧结是用 α-SiC 粉末和碳混合,成形后放入盛有硅粉的炉子中加热至 1600~1700 ℃,使硅的蒸气渗入坯体与碳反应生成 β-SiC,并将坯体中原有的 α-SiC 紧密结合在一起;热压烧结碳化硅要加入 B_4C、Al_2O_3 等烧结助剂;常压烧结是一种较新的方法,一般要在 SiC 中加入 0.36% 的硼及 0.25% 以上的碳,烧结温度高达 2100 ℃。

（1）性能特点

碳化硅的最大特点是高温强度高，其抗弯强度在 1400 ℃时仍保持在 300～600 MPa，而其他陶瓷在 1200 ℃时抗弯强度已显著下降。此外，它还具有很高的热传导能力，较好的热稳定性、耐磨性、耐蚀性和抗蠕变性。

（2）主要用途

碳化硅陶瓷在碳化物陶瓷中应用最广泛。由于碳化硅具有高温、高强度的特点，因而可用于火箭尾喷管的喷嘴、浇注金属用的喉嘴、热电偶套管、炉管，以及燃气轮机的叶片、轴承等零件、加热元件、石墨表面保护层以及砂轮和磨料等。因其良好的耐磨性，可用于制作各种泵的密封圈。将用有机粘接剂粘接的碳化硅陶瓷加热至 1700 ℃后加压成形，有机粘接剂被烧掉，碳化物颗粒间呈晶态粘接，从而形成高强度、高致密度、高耐磨性和高抗化学侵蚀的耐火材料。

2）碳化硼陶瓷

碳化硼陶瓷的硬度极高，抗磨粒磨损能力很强；熔点高达 2450 ℃左右，但在高温下会快速氧化，并且与热或熔融黑色金属发生反应，因此其使用温度限定在 980 ℃以下。其主要用途是作磨料，有时用于超硬质工具材料。

3）其他碳化物陶瓷

碳化铈、碳化钼、碳化铌、碳化钽、碳化钨和碳化锆陶瓷的熔点和硬度都很高，通常在 2000 ℃以上的中性或还原气氛作高温材料；碳化铌、碳化钛等甚至可用于 2500 ℃以上的氮气气氛；在各类碳化物陶瓷中，碳化锆的熔点最高，达 2900 ℃。

3. 氮化物陶瓷

氮化硅（Si_3N_4）和氮化硼（BN）是最常见的氮化物陶瓷。

1）氮化硅陶瓷

（1）氮化硅陶瓷的生产方法

氮化硅是键能高、稳定的共价键晶体，不能以单纯的高温烧结法制造，它的生产方法有两种：①反应烧结法，将硅粉与 Si_3N_4 粉混合，用一般陶瓷生产方法成形，放入氮化炉中于 1200 ℃预氮化，然后用机械加工的方法加工成所需要的尺寸形状，最后放入炉中于 1400 ℃进行 20～25 h 的最终氮化，成为尺寸精确的制品；②热压烧结法，在 Si_3N_4 粉中加入少量促进烧结的添加剂（如氧化镁），装入用石墨制造的模具，在 1600～1700 ℃和 $(2～3)×10^7$ MPa 条件下烧结，得到几乎没有气相的致密制品。

（2）氮化硅陶瓷的性能特点

① 强度氮化硅的强度随制造工艺的不同有很大差异。反应烧结氮化硅室温抗弯强度为 200 MPa，但其强度可一直保持到 1200～1350 ℃的高温仍无衰减。热压氮化硅由于组织致密，气孔率可接近于零，因而室温抗弯强度可高达 800～1000 MPa，加入某些添加剂后，抗弯强度可高达 1500 MPa。

② 硬度与耐磨性　氮化硅硬度很高，仅次于金刚石、立方氮化硼、碳化硼等几种物质。氮化硅的摩擦系数仅为 0.1～0.2，相当于加油润滑的金属表面。在无润滑的条件下工作是一种极为优良的耐磨材料。

③ 抗热振性　反应烧结氮化硅热膨胀系数仅为 $2.53×10^{-6}$/℃，其抗热振性高于其他

陶瓷材料,只有石英和微晶玻璃才具有这样好的抗热振性。

④ 化学稳定性　Si_3N_4 结构稳定,不易与其他物质起反应,能耐除熔融的 NaOH 和 HF 外的所有无机酸和某些碱溶液的腐蚀。其抗氧化温度可达 1000 ℃。

⑤ 电绝缘性　氮化硅室温电阻率为 $1.1×10^{14}$ Ω·cm,700 ℃的电阻率为 $1.31×10^8$ Ω·cm,是良好的绝缘体。

⑥ 制品精度　反应烧结氮化硅的制品精度极高,烧结时的尺寸变化仅为 $0.1\%～0.3\%$,但由于受到氮化深度限制,只能制作壁厚在 20～30 mm 以内的零件。表9.4为氮化硅陶瓷的性能。

表 9.4　氮化硅陶瓷的性能

性　能	反　应　烧　结	热　压　烧　结
密度/(g/cm³)	2.4	3.2
抗弯强度/MPa	295	1000
弹性系数/MPa	$1.75×10^5$	$3.2×10^5$
热膨胀系数/$×10^{-6}$	3.1	3.2

（3）氮化硅陶瓷的主要用途

① 热压烧结氮化硅强度与韧性均高于反应烧结氮化硅。但其制品只能是形状简单且精度要求不高的零件。热压氮化硅刀具可切削淬火钢、铸铁、硬质合金、镍基合金等,其成本低于金刚石和立方氮化硼刀具。热压氮化硅也可制作高温轴承等。

② 反应烧结氮化硅的强度低于热压烧结氮化硅的,多用于制造形状复杂、尺寸精度要求高的零件,可用于要求耐磨、耐腐蚀、耐高温、绝缘等场合。其制品包括泵的机械密封环、热电偶套管、输送铝液的电磁泵的管道和阀门等。例如,农用潜水泵密封环在泥沙环境下工作,采用铸造锡青铜时寿命很低。用氧化铝陶瓷则寿命可达 1000 h;改用反应烧结氮化硅后,寿命可达 4800 h 以上。另外,在腐蚀介质中工作时,用反应烧结氮化硅制作的密封环的寿命比其他陶瓷寿命高 6～7 倍。

氮化硅陶瓷硬度高、摩擦系数低,且有自润滑作用,所以是优良的耐磨减摩材料;氮化硅的耐热温度比氧化铝低,而抗氧化温度高于碳化物和硼化物;氮化硅具有良好的高温强度及较低的热膨胀系数、较高的导热系数和较高的抗热振性,因而极有希望成为使用温度达 1200 ℃以上的新型高温高强度材料。另外,氮化硅陶瓷能耐各种无机酸(氢氟酸除外)和碱溶液侵蚀,是优良的耐腐蚀材料。

2）氮化硼陶瓷

氮化硼有两种晶型:六方晶型与立方晶型。六方氮化硼的结构、性能均与石墨相似,因而有"白石墨"之称。其特点是:硬度较低,是唯一易于进行机械加工的陶瓷;导热和抗热性能高,耐热性好,有自润滑性能;高温下耐腐蚀、绝缘性好。所以该种材料主要用于高温耐磨材料和电绝缘材料、耐火润滑剂等。六方氮化硼在高温(1500～2000 ℃)和高压(6～$9×10^3$ MPa)下会转变为立方氮化硼,其密度为 3.45 g/cm³,硬度提高到接近金刚石的硬度,是极好的耐磨材料。而且在 1925 ℃以下不会氧化,所以可用作金刚石的代用品,用于制作耐磨切削刀具、高温模具和磨料等。

4. 硼化物陶瓷

最常见的硼化物陶瓷包括硼化铬、硼化钼、硼化钛、硼化钨和硼化锆等。其特点是高硬度,同时具有较好的耐化学侵蚀能力。其熔点范围为 1800～2500 ℃。比起碳化物陶瓷,硼化物陶瓷具有较高的抗高温氧化性能,使用温度达 1400 ℃。硼化物陶瓷主要用于高温轴承、内燃机喷嘴、各种高温器件、处理熔融非铁金属的器件等。此外,还用作电触点材料。

特种陶瓷的发展日新月异。从前面分析可知,从化学组成上,新型陶瓷由单一的氧化物陶瓷发展到了氮化物等多种陶瓷;就品种而言,新型陶瓷也由传统的烧结体发展到了单晶、薄膜、纤维等,而且形式多种多样。陶瓷材料不仅可以做结构材料,而且可以做性能优异的功能材料,目前功能陶瓷材料已渗透到各个领域,尤其在空间技术、海洋技术、电子、医疗卫生、无损检测、广播电视等已出现了性能优良、制造方便的功能陶瓷。

9.4.2 陶瓷材料的成形技术

1. 干压成形

干压成形又称为模压成形(die pressing molding),是将粉料加少量结合剂(一般为7%～8%)进行造粒,然后将造粒后的粉料置于钢模中,在压力机上加压成一定形状的坯体,适合压制形状简单、尺寸较小(高度为 0.3～60 mm,直径 ϕ5～500 mm)的制品。

干压成形的加压方式、加压速度与保压时间对坯体密度有不同的影响。如图 9.10 所示,单面加压时坯体上下密度差别大,而双向加压坯体时上下密度均匀性增加(但中心部位的密度较低),并且模具施以润滑剂时,会显著提高坯体密度的均匀性。干压成形的特点是,粘接剂含量低,只有百分之几,坯体可不经干燥直接焙烧;坯体收缩率小,密度大,尺寸精确,机械强度高,电性能好;工艺简单,操作方便,周期短,效率高,便于自动化生产,因此是特种陶瓷生产中常用的工艺。

图 9.10 加压方式对坯体密度的影响

但干压成形对大型坯体生产有困难,模具磨损大,加工复杂,成本高;另外,加压方向只能上、下加压,压力分布不均,致密度不均,收缩不均,会产生开裂、分层等现象。这一缺点将为等静压成形工艺所克服。

2. 注浆成形

这种成形方法是将陶瓷颗粒悬浮于液体中,然后注入多孔质模具,由模具的气孔把料浆中的液体吸出,而在模具内留下坯体。

注浆成形的工艺过程包括料浆制备、模具制备和料浆浇注三个阶段。料浆制备是关键工序,其要求是具有良好的流动性,足够小的黏度,良好的悬浮性,足够的稳定性等。最常用的模具为石膏模,近年来也有用多孔塑料模。料浆浇注入模并吸干其中液体后,拆开模具取出注件,去除多余料,在室温下自然干燥或在可调温装置中干燥。

该成形方法可制造形状复杂、大型薄壁的制品。另外,金属铸造生产的型芯使用、离心铸造、真空铸造、压力铸造等工艺方法也被应用于注浆成形,并形成了离心注浆、真空注浆、压力注浆等方法。离心注浆适用于制造大型环状制品,而且坯体壁厚均匀;真空注浆可有效去除料浆中的气体;压力注浆可提高坯体的致密度,减少坯体中的残留水分,缩短成形时间,减少制品缺陷,是一种较先进的成形工艺。如图9.11所示为离心浇注的示意图。

3. 热压铸成形

热压铸成形法也是注浆成形,其不同之处在于,是利用坯料中混入石蜡,利用石蜡的热流特性,使用金属模具在压力下进行成形、冷凝后而获得坯体的方法。该法在特种陶瓷成形中普遍采用。

热压铸成形的工作原理(图9.12)是将配好的料浆蜡板置于热压铸机筒内,加热至熔化成料浆,用压缩空气将筒内料浆通过吸铸口压入模腔,并保压一定时间后(视产品的形状和大小而定),去掉压力,料浆在模腔内冷却成形,然后脱模,取出坯体。有的坯体还可进行加工处理,或车削或打孔等。排蜡后的坯体要清理表面的吸附剂,再进行烧结。

图 9.11　离心浇注的示意图

图 9.12　热压铸成形的工作原理

该工艺适合形状复杂、精度要求高的中小型产品的生产。具有设备简单,操作方便,劳动强度不大,生产效率较高,模具磨损小,寿命长等特点,因此在特种陶瓷生产中被经常采用。但该法的工序比较复杂,耗能大(需多次烧成),工期长,对于壁薄的大而长的制品,由于不易充满模腔而不太适宜。

4. 注射成形

将粉料与有机粘接剂混合后、加热混练,制成粒状粉料,用注射成形机在 130~300 ℃温度下注射入金属模具中,冷却后粘接剂固化,取出坯体,经脱脂后就可按常规工艺烧结。这种工艺成形简单,成本低,压坯密度均匀,适用于复杂零件的自动化大规模生产。

5. 挤压成形

将真空炼制的泥料放入挤制机(图 9.13),能挤出各种形状的坯体。也可直接将挤制嘴安装在真空炼泥机上,成为真空炼泥挤压机,挤出的制品性能更好。挤压机有立式和卧式两类,依产品大小等加以选样。挤出的坯体待晾干后,可以切割成所需长度的制品。

图 9.13　立式挤制机的结构示意图

挤压成形常用于挤制 $\phi 1 \sim 30$ mm 的管、棒等细管,壁厚可小至 0.2 mm 左右。随着粉料质量和泥料可塑性的提高,也可用来挤制长 100~200 mm,厚 0.2~3 mm 的片状坯膜,半干后再冲制成不同形状的片状制品,或用来挤制 100~200 孔每平方厘米的蜂窝状或筛格式穿孔瓷制品。

6. 等静压成形

等静压成形又叫作静水压成形,是利用液体介质不可压缩和均匀传递压力的一种成形方法。即处于高压容器中的试样所受到的压力如同处于同一深度的静水中所受到的压力情况,所以叫作静水压或等静压。根据这一原理而得到的成形工艺叫作静水压成形,或叫作等静压成形。

等静压成形有冷等静压和热等静压两种类型。冷等静压又分为湿式等静压(图 9.14)和干式等静压(图 9.15)。

图 9.14　湿式等静压原理图

图 9.15　干式等静压原理图

1）湿式等静压

它是将预压好的坯料包封在弹性的橡胶模或塑料模具内,然后置于高压容器中施以高压液体(如水、甘油或刹车油等,压力通常在 100 MPa 以上)来成形坯体。因处在高压液体中,各个方向上受压而成形坯体,所以叫作湿式等静压。主要适用于成形多品种、形状较复杂、产量小和大型的制品。

2）干式等静压

干式等静压成形的模具是半固定式的,坯料的添加和坯件的取出都是在干燥状态下操作,故称为干式等静压。干式等静压更适合于生产形状简单的长形、薄壁、管状制品,如稍作改进,就可用于连续自动化生产。

思考题与习题

9.1　陶瓷的组织由哪几个相组成? 它们对陶瓷的性能各有什么影响?

9.2　陶瓷的成形和制造工艺是什么?

9.3　简述工程结构陶瓷的种类、性能及用途。

9.4　简述陶瓷材料大量广泛应用的原因是什么? 可通过什么途径来进一步提高其性能,扩大其使用范围?

9.5　试比较氮化物陶瓷、碳化物陶瓷、氯化物陶瓷的性能特点。

9.6　陶瓷的典型组织由哪几部分构成? 它们对陶瓷性能各起什么作用?

9.7　举出四种常见的工程陶瓷材料,并说明其性能及在工程中的应用。

9.8　说明陶瓷材料的典型显微结构及其对性能的影响。

第10章

复合材料成形技术与工程应用

随着材料科学技术的不断发展,尤其是近30年以来航空航天、运输、能源和建筑等行业的飞速发展,对材料性能的要求越来越高,已不仅仅局限于强度、韧性、抗疲劳性、耐磨性等,还包括耐热性、耐蚀性、比强度、比刚度、屈强比及其他的物理和化学性能。原来的金属、高分子或陶瓷等单一材料已不能满足这些方面的要求。复合材料的出现能很好地满足这些要求,它最大的特点是其性能比组成材料的性能优越得多,大大改善或克服了组成材料的弱点,从而使得能够按零件的结构和受力情况,并按预定的、合理的配套性能进行最佳设计,甚至可创造单一材料不具备的双重或多重功能,或者在不同时间或条件下发挥不同的功能。最典型的例子是汽车的玻璃纤维挡泥板,若单独使用玻璃材料会太脆,若单独使用聚合物材料则强度低且挠度满足不了要求,但这两种强度和韧性都不高的单一材料经复合后得到了令人满意的高强度、高韧性的新材料,而且很轻。再如,用缠绕法制造的火箭发动机机壳,由于玻璃纤维的方向与主应力的方向一致,所以在这一方向上的强度是单一树脂的20多倍,从而最大限度地发挥了材料的潜能。另外,自动控温开关是由温度膨胀系数不同的黄铜片和铁片复合而成的,如果单用黄铜片或铁片,不可能达到自动控温的目的。导电的铜片两边加上两片隔热、隔电塑料,可实现一定方向导电,另外的方向绝缘及隔热的双重功能。由此可见,在生产、生活中复合材料有着极其广泛的应用,因此现代复合材料得以蓬勃发展,形成了独立的学科。

10.1 复合材料的分类

根据国际标准化组织(International Organization for Standardization,ISO)为复合材料(composite materials)所下的定义,复合材料是由两种或两种以上物理和化学性质不同的物质组合而成的一种多相固体材料。复合材料的组分材料虽然保持其相对独立性,但复合材料的性能却不是组分材料性能的简单加和,而是有着重要的改进。它既能保留原组分材料的主要特色,又通过复合效应获得原组分所不具备的性能;可以通过材料设计使各组分的性能互相补充并彼此关联,从而获得新的优越性能,故与一般材料的简单混合有本质的区别。

复合材料由基体和增强材料组成。基体是构成复合材料连续相的单一材料,如玻璃钢中的树脂,其作用是将增强材料黏合成一个整体;增强材料是复合材料中不构成连续相的材料,如玻璃钢中的玻璃纤维,它是复合材料的主要承力组分,特别是拉伸强度、弯曲强度和冲击强度等力学性能主要由增强材料承担,起到均衡应力和传递应力的作用,使增强材料的性能得到充分发挥。

复合材料的分类方法较多,如根据增强原理分类,有弥散增强型复合材料、粒子增强型复合材料和纤维增强型复合材料;根据复合过程的性质分类,有化学复合的复合材料、物理复合的复合材料和自然复合的复合材料;根据复合材料的功能分类,有电功能复合材料、热功能复合材料、光功能复合材料等。

常见的分类方法有以下几种。

1) 按基体材料类型分类

(1) 聚合物基复合材料　以有机聚合物(主要为热固性树脂、热塑性树脂及橡胶)为基体制成的复合材料;

(2) 金属基复合材料　以金属为基体制成的复合材料,如铝基复合材料、钛基复合材料等;

(3) 无机非金属基复合材料等　陶瓷材料(也包括玻璃和水泥)为基体制成的复合材料。

2) 按增强材料类型分类

(1) 玻璃纤维复合材料(玻璃纤维增强的树脂基复合材料俗称玻璃钢);

(2) 碳纤维复合材料;

(3) 有机纤维(芳香族聚酰胺纤维、芳香族聚酯纤维、高强度聚烯烃纤维等)复合材料;

(4) 金属纤维(如钨丝、不锈钢丝等)复合材料;

(5) 陶瓷纤维(如氧化铝纤维、碳化硅纤维、硼纤维等)复合材料等。

3) 按增强材料形态分类

(1) 连续纤维复合材料　作为分散相的纤维,每根纤维的两个端点都位于复合材料的边界处;

(2) 短纤维复合材料　短纤维无规则地分散在基体材料中制成的复合材料;

(3) 粒状填料复合材料　微小颗粒状增强材料分散在基体中制成的复合材料;

(4) 编织复合材料　以平面二维或立体三维纤维编织物为增强材料与基体复合而成的复合材料。

4) 按材料作用分类

(1) 结构复合材料　用于制造受力构件的复合材料;

(2) 功能复合材料　具有各种特殊性能(如阻尼、导电、导磁、换能、摩擦、屏蔽等)的复合材料。

10.2　复合材料的增强机制和复合原则

10.2.1　复合材料的增强机制

复合材料由基体与增强材料复合而成,这种复合不是两种材料简单的组合,而是两种材料发生相互的物理、化学、力学等作用的复杂组合过程。

对于不同形态的增强材料,其承载方式不同。

1. 颗粒增强复合材料

承受载荷的主要载体是基体,此时增强材料的作用主要是阻碍基体中位错的运动或阻碍分子链的运动。复合材料的增强效果与增强材料的直径、分布、数量有关。一般认为,颗粒相的直径为 $0.01 \sim 0.1\ \mu m$ 时,增强效果最大。直径太小时,容易被位错绕过,对位错的阻碍作用小,增强效果差。当颗粒直径大于 $0.1\ \mu m$ 时,容易造成基体的应力集中,产生裂纹,使复合材料强度下降。这种性质与金属中第二相强化原理相同。

2. 纤维增强复合材料

承受载荷的载体主要是增强纤维。这是因为,第一,增强材料是具有强结合键的材料或硬质材料,如陶瓷、玻璃等,增强相的内部一般含有微裂纹,易断裂,表现在性能上就是脆性大,但若将其制成细纤维,使纤细断面尺寸缩小,从而降低裂纹长度和出现裂纹的概率,最终使脆性降低,复合材料的强度明显提高;第二,纤维在基体中的表面得到较好的保护,且纤维彼此分离,不易损伤,在承受载荷时不易产生裂纹,承载能力较大;第三,在承受大的载荷时,部分纤维首先承载,若过载可能发生纤维断裂,但韧性好的基体能有效阻止裂纹的扩展(图 10.1 为钨纤维铜基复合材料中裂纹扩展的受阻情况);第四,纤维过载断裂时,在一般情况下断口不在同一个平面上(图 10.2),复合材料的断裂必须使许多纤维从基体中抽出,即断裂需克服粘接力这个阻力,因而复合材料的断裂强度很高;第五,在三向应力状态下,即使是脆性组成,复合材料也能表现出明显的塑性,即受力时不表现为脆性断裂。

由于以上几点原因,纤维增强复合材料强化效果明显,复合材料的强度很高。

图 10.1　钨纤维铜基复合材料中的
裂纹在铜中扩展受阻

图 10.2　碳纤维环氧树脂复合材料断裂时
纤维端口的扫描电镜照片

10.2.2　复合材料的复合原则

1. 颗粒复合材料的复合机制和原则

对于颗粒复合材料,基体承受载荷时,颗粒的作用是阻碍分子链或位错的运动。增强的效果同样与颗粒的体积含量、分布、尺寸等密切相关。颗粒复合材料的复合原则可概括如下。

(1)颗粒相应高度均匀地弥散分布在基体中,从而阻碍导致塑性变形的分子链或位错的运动。

(2)颗粒大小应适当:颗粒过大本身易断裂,同时会引起应力集中,从而导致材料的强度降低;颗粒过小,位错容易绕过,起不到强化的作用。通常,颗粒直径为几微米到几十微米。

(3)颗粒的体积含量应在 20% 以上,否则达不到最佳强化效果。

（4）颗粒与基体之间应有一定的结合强度。

2. 纤维增强复合材料的复合机制和原则

由上述纤维复合材料的增强机制，可以得出以下复合原则。

（1）纤维增强相是材料的主要承载体，所以纤维相应有高的强度和模量，并且要高于基体材料。

（2）基体相起粘接剂的作用，所以应该对纤维相有润湿性，从而把纤维有效结合起来，并保证把力通过两者界面传递给纤维相；基体相还应有一定的塑性和韧性，从而防止裂纹的扩展，保护纤维相表面，以阻止纤维损伤或断裂。

（3）纤维相与基体之间结合强度应适当高一些。结合力过小，受载时容易沿纤维和基体间产生裂纹；结合力过大，会使复合材料失去韧性而发生危险的脆性断裂。

（4）基体与增强相的热膨胀系数不能相差过大，以免在热胀冷缩过程中自动削弱相互间的结合强度。

（5）纤维相必须有合理的含量、尺寸和分布。一般地讲，基体中纤维相体积分数越高，其增强效果越明显，但过高的含量会使强度下降；纤维越细，则缺陷越少，其增强效果越明显；连续纤维的增强效果大大高于短纤维，短纤维含量必须超过一定的临界值才有明显的强化效果。

（6）纤维和基体间不能发生有害的化学反应，以免引起纤维相性能降低而失去强化作用。

10.3　金属基复合材料与应用

现代工业技术的发展，尤其是航空航天和宇航业的飞速发展，对材料性能的要求越来越高。在结构材料方面，不但要保证零件结构的高强度和高稳定性，又要使结构尺寸小、质量轻，这就要求材料的比强度和比刚度（模量）要更低。20世纪50年代发展起来的纤维增强聚合物基复合材料具有较高的比强度和刚度，但却具有使用温度低、耐磨性差、导热与导电性能差、易老化、尺寸不稳定等缺点，很难满足需要。为了弥补这些不足，20世纪60年代逐步发展起来了一种复合材料，即金属基复合材料。金属基复合材料是以金属及其合金为基体，以一种或几种金属或非金属为增强体而制得的复合材料。与传统金属材料相比，它具有较高的比强度与比刚度，而与聚合物基复合材料相比，它具有优良的导电性与耐热性，与陶瓷材料相比，它又具有高韧性和高冲击性能。这些优良的性能使得金属基复合材料在尖端技术领域得到了广泛应用。随着不断发现新的增强相和新的复合材料制备工艺，新的金属基复合材料不断出现，使得其应用由纯粹的航空航天、军工等领域，转向了汽车工业等民用领域。

金属基复合材料按基体来分类，可分为铝基复合材料、镍基复合材料、钛基复合材料；按增强体来分类，可分为颗粒增强复合材料、层状复合材料、纤维增强复合材料等。目前备受研究者和工程界关注的金属基复合材料有长纤维增强型、短纤维或晶须增强型、颗粒增强型以及共晶定向凝固型复合材料，所选用的基体主要有铝、镁、钛及其合金、镍基高温合金以及金属间化合物。本节将着重介绍以下几种金属基复合材料。

10.3.1　金属陶瓷与应用

金属陶瓷是发展最早的一类金属基复合材料,是以金属氧化物(如 Al_2O_3、ZrO_2 等)或金属碳化物为主要成分,加入适量金属粉末,通过粉末冶金方法制成的,具有某些金属性质的颗粒增强型的复合材料。它是一种把金属的热稳定性和韧性与陶瓷的硬度、耐火度、耐蚀性综合起来而形成的具有高强度、高韧性、高耐蚀和高的高温强度的新型材料。金属陶瓷中的金属通常为钛、镍、钴、铬等及其合金,陶瓷相通常为氧化物(Al_2O_3、ZrO_2、BeO、MgO等)、碳化物(TiC、WC、TaC、SiC 等)、硼化物(TiB、ZrB_2、CrB_2)和氮化物(TiN、Si_3N_4、BN等),其中以氧化物和碳化物应用最为成熟。

1. 氧化物基金属陶瓷

这是目前应用最多的金属陶瓷。在这类金属陶瓷中,通常以铬为粘接剂,其含量不超过 10%。由于铬能和 Al_2O_3 形成固溶体,故可将 Al_2O_3 粉粒牢固地粘接起来。这类材料一般热稳定性和抗氧化能力较好、韧性高,特别适合于作高速切削工具材料,有的还可作高温下工作的耐磨件,如喷嘴、热拉丝模以及耐蚀环规、机械密封环等。

氧化铝基金属陶瓷的特点是热硬性高(达 1200 ℃)、高温强度高、抗氧化性良好,与被加工金属材料的黏着倾向小,可提高加工精度和降低表面粗糙度。但它们的脆性仍较大,且热稳定性较低,主要用作工具材料,如刀具、模具、喷嘴、密封环等。

2. 碳化物基金属陶瓷

碳化物基金属陶瓷是应用最广泛的金属陶瓷。通常以 Co 或 Ni 作金属粘接剂。根据金属含量不同可作耐热结构材料或工具材料。碳化物基金属陶瓷作工具材料时,通常称为硬质合金。表 10.1 列出了常见硬质合金的牌号、成分、性能和用途。

表 10.1　常见硬质合金的牌号、成分、性能和用途

牌　号		WC-Co 硬质合金			WC-Ti-Co 硬质合金			WC-TiC-TaC-Co 硬质合金	
		YG3	YG6	YG8	YT30	YT15	YT14	YW1	YW2
化学组成/%	WC	97	94	92	66	79	78	84	82
	TiC				30	15	14	6	6
	TaC							4	4
	Co	3	6	8	4	6	8	6	8
机械性能(大于)	硬度/HRA	91	89.5	89	92.5	91	90.5	92	91
	抗弯强度/MPa	1080	1370	1470	880	1130	1180	1230	1470
密度/(g/cm³)		14.9～15.3	14.6～15.0	14.4～14.8	9.4～9.8	11.0～11.7	11.2～11.7	12.6～13.0	12.4～12.9
用　途		加工断续切削的脆性材料,如铸铁及有色金属和非金属材料			用于车、铣、铇的粗、精加工			用于难加工的材料,如耐热钢和合金等的粗、精加工	

硬质合金一般以钴为粘接剂,其含量在 $3\%～8\%$。若含钴量较高,则韧性和结构强度较好,但硬度和耐磨性稍有下降。常用的硬质合金有 WC-Co、WC-TiC-Co 和 WC-TiC-TaC-Co

硬质合金。其性能特点是硬度高,达 86~93HRA(相当于 69~81 HRC),热硬性好(工作温度达 900~1000 ℃),用硬质合金制作的刀具的切削速度比高速钢高 4~7 倍,刀具寿命可提高几倍到几十倍。

另外,碳化物基金属陶瓷作为耐热材料使用,是一种较好的高温结构材料。高温结构材料中最常用的是碳化钛基金属陶瓷,其粘接金属主要是 Ni、Co,含量高达 60%,以满足高温构件的韧性和热稳定性要求。其特点是高温性能好,如在 900 ℃时仍可保持较高的抗拉强度。碳化钛基金属陶瓷主要用作涡轮喷气发动机燃烧室、叶片、涡轮盘以及航空、航天装置中的某些耐热件。

10.3.2　纤维增强金属基复合材料与应用

纤维增强金属基复合材料是指以各种金属材料作基体,以各种纤维作分散质的复合材料。常用的长纤维增强材料有硼纤维、碳(石墨)纤维、氧化铝纤维、碳化硅纤维(单丝、单束)等,配合的基体金属有铝及铝合金、钛及钛合金、镁及镁合金、铜合金、铅合金、高温合金及金属间化合物等;常用的短纤维增强材料有氧化铝纤维、氮化硅纤维,配合的基体金属有铝、钛、镁等。

金属基复合材料的耐热、导电、导热性能均较优异,其比模量可与高分子基复合材料相媲美,但比强度则与高分子基复合材料有差距,且加工复杂。

下面重点介绍几种常用的纤维增强金属基复合材料。

1. 纤维增强铝基复合材料

铝基复合材料有高的比刚度和比强度,在航天航空工业中可替代中等温度下使用的铁合金零件。研究最多的铝基复合材料是 B/Al 复合材料,还有 G(石墨)/A1 和 SiC/Al 复合材料等。它们的性能见表 10.2。

表 10.2　铝基复合材料的性能

材　　　料	纤维体积含量/%	抗拉强度/MPa	拉伸模量/GPa	密度/(g/cm³)
B/Al	50	1200~1500	200~220	2.6
SiC(CVD)/Al	50	1300~1500	210~230	2.85~3.0
G/Al	35	500~800	100~150	2.4
SiC(纺丝)/Al	35~40	700~900	95~110	2.6
SiC(晶须)/Al	18~20	500~620	96.5~138	2.8

1) 硼纤维增强铝合金

(1) 硼纤维-铝复合材料的性能特点

在金属基复合材料中,硼纤维-铝基复合材料应用最多、最广。硼纤维-铝复合材料能够把硼纤维和铝的最优性能充分结合并发挥出来。有的硼纤维-铝复合材料的弹性模量很高,特别是横向弹性模量高于硼纤维-环氧树脂复合材料,也高于代号为 LC9 的超硬铝和钛合金 Ti-6A14V。其抗压强度和抗剪强度也高于硼纤维-环氧树脂复合材料。它的高温性能和使用温度也比 LC9 高。除此之外,它还有好的抗疲劳性能。

　　增强金属基的硼纤维表面一般要涂覆 SiC 涂层,其原因是在制造或使用的过程中,温度约 500 ℃时硼纤维和基体中的铝能够化合形成 AlB_2 和 B_2O_3,这就使基体与硼纤维之间具有不相容性,而涂覆 SiC 后可使硼不易形成其他化合物。

　　(2) 硼纤维-铝复合材料的基体

　　硼纤维增强的铝基体,可以是纯铝、变形铝合金或是铸造铝合金,在工艺不同时基体性质不一样。例如,用热压扩散结合成形时,基体选用变形铝合金;用熔体金属浸润或铸造时,基体选用流动性好的铸造铝合金。

　　(3) 硼纤维-铝复合材料的显微组织与性能

　　硼纤维-铝复合材料的显微组织如图 10.3 所示。这种复合材料是用厚度为 0.07～0.13 mm 的多层铝箔和直径为 0.1 mm 的硼纤维,经 524 ℃加热,在 70 MPa 的压应力作用下保持 1.5h 制成。

　　由 50%(体积)涂 SiC 的硼纤维增强变形铝合金 6A02(LD2)的物理性能和力学性能见表 10.3。当硼纤维含量、直径不同时,对复合材料抗拉强度有较大的影响,如图 10.4 所示。由图 10.4 可知,试验温度升高,硼纤维-铝复合材料的抗拉强度下降。

表 10.3　50%(体积)涂 SiC 的硼纤维增强变形铝合金 6A02(LD2)的物理性能和力学性能

性　　能	数　　值	性　　能	数　　值
密度/(g/cm³)	2.7	纤维方向的抗拉强度/$\times 10^2$ MPa	9.65～13.1
纤维方向的弹性模量/$\times 10^4$ MPa	20.7	横纤维方向的抗拉强度/$\times 10^2$ MPa	0.83～1.03
横纤维方向的弹性模量/$\times 10^4$ MPa	8.27	层间抗剪强度/$\times 10^2$ MPa	<0.90
切变模量/$\times 10^4$ MPa	4.83		

图 10.3　硼纤维-铝复合材料的显微组织

1—18%(体积)145 μm 硼—6061;2—50%(体积)100 μm 硼—6061;
3—25%(体积)145 μm 硼—6061;4—25%(体积)100 μm 硼—6061。

图 10.4　硼纤维-铝复合材料在不同温度下的抗拉强度

　　(4) 硼纤维-铝复合材料的应用

　　这类材料是研究最成功、应用最广泛的复合材料。由于这种复合材料的密度小,刚度比钛合金还高,比强度、比刚度更高,同时还有良好的耐蚀性与耐热性(一般使用温度可达 300 ℃),因此主要用于航天飞机蒙皮、大型壁板、长梁、加强肋、航空发动机叶片、导弹构件等。

2) 石墨纤维增强铝基复合材料

石墨纤维增强铝基复合材料(G/Al)由石墨(碳)纤维与纯铝、变形铝合金、铸造铝合金组成。这种复合材料具有比强度高、比模量高、高温强度好、导电性高、摩擦系数低和耐磨性能好等优点。在500 ℃以下轴向抗拉强度可高达690 MPa,在500 ℃时的比强度比钛合金高1.5倍。

石墨纤维铝基复合材料主要用于制造航空航天器天线、支架、油箱,飞机蒙皮、螺旋桨、涡轮发动机的压气机叶片、蓄电池极板等,也可用于制造汽车发动机零件(如活塞、气缸头)和滑动轴承等。

2. 纤维增强钛基复合材料

钛的主要特点是比强度高,纤维增强钛基合金的强度在815 ℃高温时比镍基超耐热合金还高2倍,是较理想的涡轮发动机材料。一般采用SiC纤维增强α-β钛合金。工艺操作是将钛合金制成箔,再将箔与纤维分层交替堆放制成预制件,经外部加热、加压固化成SiC/Ti复合材料。另外,也可采用等离子体喷涂法将钛合金粉熔融过热并喷涂在缠绕有碳化硅纤维的转鼓上,然后进行热压制得。现用的钛合金一般为Ti-6Al-4V。硼纤维-钛合金复合材料的密度很小,约3.6 g/cm^3,而抗拉强度却高达1.21×10^3 MPa,弹性模量为2.34×10^5 MPa,由于其工艺不是很成熟,目前应用较少。

3. α-Al$_2$O$_3$纤维增强镍基复合材料

单晶的α-Al$_2$O$_3$纤维(蓝宝石)具有高熔点及高强度、高弹性模量,较低的密度,良好的高温强度和抗氧化性能,因此作为高温金属的增强纤维受到重视。

α-Al$_2$O$_3$作为增强纤维的镍基复合材料,其制法有液态渗透法和粉末冶金法。由于纤维不受液态金属浸润,需对纤维进行金属涂层处理。如用溅射法使其表面涂上一层比基体更难熔的金属。或将镍电镀到纤维上,然后热压成形,该法制出的小块材料在室温下有明显的增强效果,但高温时不理想。

4. 自增强金属基复合材料

用控制熔体凝固的方法,使熔体合金在一个有规则的温度梯度场中进行冷却凝固,在金属基体内自身生长晶须,从而制造出自增强金属基复合材料,此即原位型复合材料。

自增强金属基复合材料的优点:①增强纤维分布均匀;②基体与纤维界面以相当强的连接键或半连接键结合,可克服晶须与基体浸润性不好的缺点;③由两相材料形成的条件接近热力学平衡条件,它所具有的高温热稳定性对材料在高温下应用极为重要;④易于加工,能直接铸成所需的构件形状。

这种自增强高温合金,在高温下仍有很好的强度和抗蠕变性能,是航天工业和制造燃气涡轮的优异材料。

10.3.3　颗粒和晶须增强金属基复合材料与应用

颗粒和晶须增强金属基复合材料多以铝、镁和钛合金为基体,以碳化硅、碳化硼、氧化铝颗粒或晶须为增强相,是目前应用最广泛的一类金属复合材料。

颗粒增强通常是为了提高刚性和耐磨性,减少热膨胀系数。一般使用价格较低的碳化物、氧化物和氮化物颗粒作为增强体,基体采用铝、镁、钛的合金。例如,A356-T6铝材在添加体积率 20％的 SiC 颗粒(尺寸为 10 μm)时,弹性模量从 80 GPa 提高到 100 GPa(提高25％),热膨胀系数从 21.41 减少到 16.4。与纤维强化比较,颗粒强化工艺的优点是铸造或挤压等二次加工容易。

晶须是一种自由长大的金属或陶瓷型针状单晶纤维,直径在 30 μm 以下,长度约为几毫米。它的强度极高,因此用它作为增强材料的复合材料性能特别优良。常用的增强晶须有氧化铝晶须($Al_2O_3(w)$)、碳化硅晶须($SiC(w)$)、氮化硅晶须 $SiN(w)$ 等,配合的基体金属有铝、钛、镁等。

下面以两种材料为例说明颗粒和晶须增强金属基复合材料的性能、特点及应用。

1. SiC 增强铝合金

这类材料具有极高的比强度和比模量,主要在军工行业应用广泛,如制造轻质装甲、导弹飞冀、飞机部件。另外,在汽车工业如发动机活塞、制动件、喷油嘴件等也有使用。表 10.4给出了几种材料的特点及应用。

表 10.4 颗粒和晶须增强铝基复合材料的特点及应用

材 料	应 用	特 点
体积分数为 25％的颗粒增强铝基复合材料	航空结构导槽、角材	代替 7075Al,密度更低,模量更高
体积分数为 17％的 SiC 颗粒增强铝基复合材料	飞机、导弹用板材	拉伸模量大于 100×10^3 MPa
体积分数为 40％的 SiC 晶须或颗粒增强铝基复合材料	三叉戟、导弹制导元件	代替铍,成本低,无毒
体积分数为 15％的 Ti 颗粒增强铝基复合材料	汽车制动件、连杆、活塞	模量高

2. 氧化铝晶须增强镍基复合材料

氧化铝晶须密度小(<4 g/cm^3),熔点高,耐高温,900 ℃以下随温度上升强度下降不大。它多用于增强镍和镍基高温材料,研制较早的 Al_2O_3-Ni 复合材料的性能见表 10.5。由表 10.5 可以看出温度从室温增加至 1000 ℃时,复合材料的强度可保持 40％。镍基体与晶须之间有化学不相容性,并且晶须与基体的热膨胀系数相差很大,使这类复合材料的使用受到一定的限制。

表 10.5 Al_2O_3 连续晶须[①] 增强镍基复合材料的抗拉强度与比强度

试验温度/℃	晶须体积比/％	抗拉强度/MPa	比强度/10^4
25	22	1200	1.63
25	51	1050	1.68
25	39	1350	2.0
1000	21	495	0.67
1000	21	495	0.67
100	29	795	1.08

注:① 连续晶须指晶须长度贯穿试样的长度。

10.4 非金属基复合材料与应用

按基体材料的种类,复合材料可大致分为非金属基和金属基复合材料两大类。非金属基复合材料又分为聚合物基复合材料、纤维增强聚合物基复合材料、陶瓷基复合材料、碳基复合材料、混凝土基复合材料等,其中以纤维增强聚合物基复合材料和陶瓷基复合材料最为常用。

10.4.1 聚合物基复合材料与应用

1. 聚合物基复合材料的发展

聚合物基复合材料是结构复合材料中发展最早、应用最广的一类。第二次世界大战期间出现了以玻璃纤维增强工程塑料的复合材料,即玻璃钢,从而使得机器零件不用金属材料成为现实。接着又相继出现了玻璃纤维增强尼龙和其他玻璃钢品种。但是玻璃纤维存在模量低的缺点,大大限制了其应用范围。20世纪60年代先后出现了硼纤维和碳纤维增强塑料,从而使复合材料开始大量应用于航空航天等领域。70年代初期,聚芳酰胺纤维增强聚合物基复合材料问世,进一步加快了该类复合材料的发展。80年代初期,在传统的热固性树脂复合材料基础上,产生了先进的热塑性复合材料。从此聚合物基复合材料的工艺及理论不断完善,各种材料在航空航天、汽车、建筑等领域得到全面应用。

2. 聚合物基复合材料的种类和性能

聚合物基复合材料有两种分类方式:一种以基体性质不同分为热固性树脂复合材料、热塑性树脂复合材料和橡胶类复合材料;另一种是按增强相类型分类,具体如图10.5所示。

图 10.5 聚合物基复合材料分类

聚合物基复合材料是以有机聚合物为基体,连续纤维为增强材料组合而成的。纤维高强度、高模量的特性使它成为理想的承载体。基体材料由于其粘接性能好,把纤维牢固地粘接起来。同时基体又能使载荷均匀分布,传递到纤维上,并允许纤维承受压缩和剪切载荷。纤维和基体之间良好地复合显示了各自的优点。聚合物基复合材料除了具有上述复合材料的基本性能,还体现出了如下一些优良特性。

（1）高温性能好

聚合物基复合材料的耐热性能是相当好的,所以适宜作烧蚀材料。所谓材料的烧蚀是指材料在高温时,表面发生分解,引起汽化,与此同时吸收热量,达到冷却的目的。随着材料的逐渐消耗,表面出现很高的吸热率。例如,玻璃纤维增强酚醛树脂,就是一种烧蚀材料,烧蚀温度可达 1650 ℃。其原因是酚醛树脂受高的入射热时,会立刻碳化,形成耐热性很高的碳原子骨架,而且纤维仍然被牢固地保持在其中。此外,玻璃纤维本身有部分汽化,而表面残留下的几乎是纯的二氧化硅,它的粘接性相当好,从而阻止了进一步的烧蚀,并且它的导热系数只有金属的 0.1%～0.3%,瞬时耐热性好。

（2）可设计性强、成形工艺简单

通过改变纤维、基体的种类及相对含量、纤维集合形式及排列方式、铺层结构等可以满足对复合材料结构与性能的各种设计要求。由于其制品多为整体成形,一般不需焊、铆、切割等二次加工,工艺过程比较简单。由于一次成形,不仅减少了加工时间,而且零部件、紧固件和接头的数目也随之减少,使结构更加轻量化。

3. 常用聚合物基复合材料的性能及应用

由于组成聚合物基复合材料的纤维和基体的种类很多,决定了它种类和性能的多样性,如玻璃纤维增强热固性塑料（俗称玻璃钢）、短切玻璃纤维增强热塑性塑料、碳纤维增强塑料、芳香族聚酰胺纤维增强塑料、碳化硅纤维增强塑料、矿物纤维增强塑料、石墨纤维增强塑料、木质纤维增强塑料等。下面重点介绍几种常用的聚合物基复合材料的性能及应用。

1）玻璃钢

玻璃钢可分为热固性和热塑性两类。

（1）热固性玻璃钢（代号 GFRP）

热固性玻璃钢是指玻璃纤维（包括长纤维、布、带、毡等）作为增强材料,热固性塑料（包括环氧树脂、酚醛树脂、不饱和聚酯树脂等）作为基体的纤维增强塑料。根据基体种类不同,可将 GFRP 分成三类,即玻璃纤维增强环氧树脂、玻璃纤维增强酚醛树脂、玻璃纤维增强聚酯树脂。

GFRP 的突出特点是比重小、比强度高。比重为 1.6～2.0,比最轻的金属铝还要轻,而比强度比高级合金钢还高,"玻璃钢"这个名称便由此而来。表 10.6 介绍了几种常用热固性玻璃钢的性能指标、特点和用途。

表 10.6　常用热固性玻璃钢的性能指标、特点和应用

性 能 特 点	环氧树脂玻璃钢	聚酯树脂玻璃钢	酚醛树脂玻璃钢	有机硅树脂玻璃钢
密度/(g/cm³)	1.73	1.75	1.80	—
抗拉强度/MPa	341	290	100	210
抗压强度/MPa	311	93	—	61

性能特点	环氧树脂玻璃钢	聚酯树脂玻璃钢	酚醛树脂玻璃钢	有机硅树脂玻璃钢
抗弯强度/MPa	520	237	110	140
特点	耐热性较高,150～200 ℃下可长期工作,耐瞬时超高温。价格低,工艺性较差,收缩率大,吸水性大,固化后较脆	强度高,收缩率小,工艺性好,成本高,某些固化剂有毒性	工艺性好,适用各种成形方法,作大型构件,可机械化生产。耐热性差,强度较低,收缩率大,成形时有异味,有毒	耐热性较高,200～250 ℃可长期使用。吸水性低,耐电弧性好,防潮,绝缘,强度低
用途	主承力构件,耐蚀件,如飞机、宇航器等	一般要求的构件,如汽车、船舶、化工件	飞机内部装饰件、电工材料	印刷电路板、隔热板等

GFRP 还具有良好的耐腐蚀性,在酸、碱、有机溶剂、海水等介质中均很稳定;GFRP 也是一种良好的电绝缘材料,主要表现在它的电阻率和击穿电压强度两项指标都达到了电绝缘材料的标准;GFRP 还具有保温、隔热、隔音、减震等性能;另外 GFRP 不受电磁作用的影响,它不反射无线电波,微波透射性好,可用来制造扫雷艇和雷达罩。

GFRP 也有不足之处,其最大的缺点是刚性差,它的弯曲弹性模量仅为 0.2×10^3 GPa(约是结构钢的 1/10～1/5);其次是 GFRP 的耐热温度低(低于 250 ℃)、导热性差、易老化等。

为改善该类玻璃钢的性能,通常将树脂进行改性。例如,把酚醛树脂和环氧树脂混熔后得到的玻璃钢,既有环氧树脂的良好粘接性,又降低了酚醛树脂的脆性,同时还保持了酚醛树脂的耐热性,由此得到的玻璃钢也具有较高的强度。

(2) 热塑性玻璃钢(代号 FR-TP)

热塑性玻璃钢是指玻璃纤维(包括长纤维或短切纤维)作为增强材料,热塑性塑料(包括聚酰胺、聚丙烯、低压聚乙烯、ABS 树脂、聚甲醛、聚碳酸酯、聚苯醚等工程塑料)为基体的纤维增强塑料。

热塑性玻璃钢除了具有纤维增强塑料的共同特点,它与热固性玻璃钢相比较,其突出的特点是具有更轻的比重,一般在 1.1～1.6,为钢材的 1/5～1/6;比强度高,蠕变性大大改善。例如,合金结构钢 50CrVA 的比强度为 162.5 MPa,而玻璃纤维增强尼龙 610 为 179.9 MPa。表 10.7 列出了常用热塑性玻璃钢的性能和用途。

表 10.7 常用热塑性玻璃钢的性能及用途

材　料	密度/(g/cm³)	抗拉强度/MPa	弯曲模量/10^2 MPa	特性及用途
尼龙 66 玻璃钢	1.37	182	91	刚度、强度、减摩性好,用作轴承、轴承架、齿轮等精密件、电工件、汽车仪表、前后灯等
ABS 玻璃钢	1.28	101	77	化工装置、管道、容器等
聚苯乙烯玻璃钢	1.28	95	91	汽车内装、收音机机壳、空调叶片等
聚碳酸酯玻璃钢	1.43	130	84	耐磨、绝缘仪表等

热固性玻璃钢的用途很广泛,主要用于制造要求自重轻的受力构件和要求无磁性、绝缘、耐腐蚀的零件。例如,在航天工业中制造雷达罩、飞机螺旋桨、直升机机身、发动机叶轮、

火箭导弹发动机壳体和燃料箱等；在船舶工业中用于制造轻型船、艇及船艇的各种配件，因玻璃钢的比强度大，可用于制造深水潜艇外壳，因玻璃钢无磁性，用其制造的扫雷艇可避免水雷的袭击；在车辆工业中制造汽车、机车、拖拉机的车身、发动机机罩、仪表盘等；在电机电器工业中制造重型发电机护环、大型变压器线圈筒以及各种绝缘零件、各种电器外壳等；在石油化工工业中代替不锈钢制作耐酸、耐碱、耐油的容器、管道等；玻璃纤维增强尼龙可代替有色金属制造轴承、齿轮等精密零件；玻璃纤维增强聚丙烯塑料制作的小口径化工管道，每年也有数万米投入使用；用此材料制造的阀门有隔膜阀、球阀、截止阀；有数万只经开发研制的离心泵、液下泵也已成功投入生产。

2）碳纤维增强塑料

碳纤维增强塑料是 20 世纪 60 年代迅速发展起来的，是一种强度、刚度、耐热性均好的复合材料。由于碳是六方结构的晶体，底面上的原子以结合力极强的共价键结合，所以碳纤维比玻璃纤维有更高的强度，拉伸强度可达 $6.9×10^5 ～2.8×10^6$ MPa，其弹性模量比玻璃纤维高几倍以上，可达 $2.8×10^4 ～4×10^5$ MPa。高温低温性能好：在 2000 ℃ 以上的高温下，其强度和弹性模量基本不变，-180 ℃ 以下时脆性也不增大。碳纤维还具有很高的化学稳定性、导电性和低的摩擦系数。所以碳纤维是十分理想的增强剂。但是碳纤维脆性大，与树脂的结合力比不上玻璃纤维，通常用表面氧化处理来改善其与基体的结合力。

碳纤维环氧树脂、酚醛树脂和聚四氟乙烯是常见的碳纤维增强塑料。由于碳纤维的优越性，使得碳纤维增强塑料具有低密度、高比强度和比模量，还具有优良的抗疲劳性能、减摩耐磨性、抗冲击强度、耐蚀性和耐热性。这些性能普遍优于树脂玻璃钢，并在各个领域，特别是航空航天工业中得到广泛应用，例如在航空航天工业中用于制造飞机机身、机翼、螺旋桨、发动机风扇叶片、卫星壳体等；在汽车工业中用于制造汽车外壳、发动机壳体等；在机械制造工业中用于制造轴承、齿轮等；在化学工业中用于制造管道、容器等；还可以制造纺织机梭子、X 射线设备、雷达、复印机、计算机零件、网球拍、赛车等体育用品。

3）硼纤维增强塑料

硼纤维增强塑料是指硼纤维增强环氧树脂。硼纤维的比强度与玻璃纤维相近，但比弹性模量却比玻璃纤维高 5 倍，而且耐热性更高，无氧化条件下可达 1000 ℃。因此硼纤维环氧树脂、聚酰亚胺树脂等复合材料的抗压强度和剪切强度都很高（优于铝合金、铁合金），并且蠕变小，硬度和弹性模量高，尤其是其疲劳强度很高，达 340～390 MPa。另外，硼纤维增强塑料还具有耐辐射及导热极好的优点。目前多用于航空航天器、宇航器的翼面、仪表盘、转子、压气机叶片、螺旋桨叶的传动轴等。由于该类材料制备工艺复杂、成本高，在民用工业方面的应用不及玻璃钢和碳纤维增强塑料广泛。

4）芳香族聚酰胺纤维增强塑料

芳香族聚酰胺纤维增强塑料的基体材料主要是环氧树脂，其次是热塑性塑料的聚乙烯、聚碳酸酯、聚酯树脂等。

芳香族聚酰胺纤维增强环氧树脂的抗拉强度大于 GFRP，而与碳纤维增强环氧树脂相似。它最突出的特点是有压延性，与金属相似；它的耐冲击性超过了碳纤维增强塑料；自由振动的衰减性为钢筋的 8 倍，为 GFRP 的 4～5 倍；耐疲劳性比 GFRP 或金属铝还好。主要用于飞机机身、机翼、发动机整流罩、火箭发动机外壳、防腐蚀容器、轻型船艇、运动器械等。

5）石棉纤维增强塑料

石棉纤维增强塑料的基体材料主要有酚醛、尼龙、聚丙烯树脂等。

石棉纤维与聚丙烯(PP)复合以后，使聚丙烯的性能大为改观。它的性能的突出特点首先是断裂伸长率由原来纯聚丙烯的 200% 变成 10%，从而使抗拉弹性模量大大提高，是纯聚丙烯的 3 倍；其次是耐热性提高了，纯聚丙烯的热变形温度为(0.46 MPa)110 ℃，而增强后为 140 ℃，提高了 30 ℃；再次是线膨胀系数由 11.3×10^{-5} cm/(cm/℃)缩小到 4.3×10^{-5} cm/(cm/℃)，因而成形加工时尺寸稳定性更好了。其性能见表 10.8。

表 10.8 石棉纤维增强聚丙烯的性能

性 能	单 位	石棉增强 PP	纯 PP
密度	g/cm^3	1.24	0.90
成形线性收缩率	%	0.8~1.2	1.0~2.0
吸水率	%	0.02	<0.01
抗拉强度	MPa	35	35
伸长率	%	10	200
抗拉弹性模量	MPa	4.5×10^3	1.3×10^3
洛氏韧度	HR	105	100
悬梁冲击韧度(缺口)	MPa·m	20	30
维卡软化点(1 kg)	℃	157	153
热变形温度(4.6 kgf/cm^2)	℃	140	110
线膨胀系数(−20~70℃)	$\times 10^{-5}$ cm/(cm/℃)	4.2	11.3
体积电阻	Ω·m	1×10^4	1×10^4
绝缘性	kV/mm	40	40
介电常数	F/m	2.6	2.3
介电损耗	kV/mm	3×10^{-3}	2×10^{-4}
耐电弧性	s	140	130

石棉纤维增强塑料主要用于汽车制动件、阀门、导管、密封件、化工耐腐蚀件、隔热件、电绝缘件、导弹火箭耐热件等。

6）碳化硅纤维增强塑料

碳化硅纤维增强塑料主要是指碳化硅纤维增强环氧树脂。碳化硅纤维与环氧树脂复合时不需要表面处理，粘接力就很强，材料层间剪切强度可达 1.2 MPa。碳化硅纤维增强塑料具有高的比强度和比模量，具有高的抗弯强度和抗冲击强度，主要用于宇航器上的结构件，还可用于制作飞机机翼、门、降落传动装置箱等。

7）其他增强塑料

其他增强塑料还有混杂纤维增强塑料及颗粒、薄片增强塑料等。

(1) 混杂纤维增强塑料

由两种或两种以上纤维增强同一种基体的增强塑料，如碳纤维和玻璃纤维、碳纤维和芳纶纤维混杂，具有比单一纤维增强塑料更优异的综合性能。

(2) 颗粒、薄片增强塑料

颗粒增强塑料是各种颗粒与塑料的复合材料，其增强效果不如纤维显著，但能改善塑料制品的某些性能，成本低。薄片增强塑料主要是用纸张、云母片或玻璃薄片与塑料的复合材料,其增强效果介于纤维增强与颗粒增强之间。

10.4.2　陶瓷基复合材料与应用

陶瓷基复合材料(ceramic matrix composite,CMC)是在陶瓷基体中引入第二相材料,使之增强、增韧的多相材料,又称为多相复合陶瓷(multiphase composite ceramic)或复相陶瓷。

1. 常用的陶瓷基复合材料

1) 连续纤维补强增韧陶瓷基复合材料

(1) 陶瓷基复合材料的补强增韧机制

按照最优化设计的陶瓷基复合材料的应力-应变曲线如图 10.6 所示。图中 OA 段为低应力水平阶段,材料将发生弹性变形,A 点对应材料的弹性极限 σ_e。从 A 点开始偏离直线段,这与基体开裂有关。AB 段为第二阶段,这一阶段随应力的增大,内部裂纹逐渐增多,B 点对应于材料的抗拉强度 σ_b。与单相陶瓷相比(图中虚线所示),陶瓷基复合材料的抗拉强度低,但在极限强度条件下的应变值要比单相陶瓷大,这就是陶瓷基复合材料中的增韧效果。BC 段对应着纤维与基体的分离、纤维的断裂和纤维被拔出的过程。

图 10.6　典型 CMC 材料的
应力-应变曲线

连续长纤维补强增韧的陶瓷基复合材料,在轴向应力的作用下产生基体的开裂、基体裂纹的增加、纤维的断裂、纤维与基体的分离以及纤维从基体中拔出的复杂过程。

对于纤维与陶瓷基体构成的复合材料,必须要考虑两者之间的相容性,其中化学相容性要求纤维与基体之间不发生化学反应,物理相容性是指纤维与基体热膨胀系数和弹性模量上要匹配。对于连续纤维补强陶瓷复合材料,一般要求 $\alpha_f > \alpha_m$、$E_f > E_m$(α 和 E 分别表示热膨胀系数和弹性模量,下标 f、m 分别表示纤维和基体)。

(2) 常用的纤维补强增韧陶瓷基复合材料

① 碳纤维补强增韧石英玻璃[$C_{(f)}/SiO_2$]

碳纤维补强增韧石英玻璃复合材料在强度和韧性方面与石英玻璃相比有了很大的提高,特别是抗弯强度提高了至少十倍以上,冲击吸收功增加了两个数量级。其主要原因是碳纤维与石英玻璃之间有好的相容性,即二者之间没有任何化学反应,同时碳纤维与基体的热膨胀系数基本相当。碳纤维补强增韧石英玻璃复合材料的性能见表 10.9。

表 10.9　碳纤维补强增韧石英玻璃复合材料的性能

材　料	碳纤维/石英玻璃	石英玻璃
体积密度/(g/cm³)	2.0	2.16
纤维含量(体积分数)/%	30	—
抗弯强度(室温)/MPa	600	51.5
冲击韧度/(kJ/m²)	40.9	1.02

② 碳化硅纤维补强增韧碳化硅复合材料[SiC$_{(f)}$/SiC]

碳化硅是具有很强共价键的非氧化物材料，其特点是具有良好的高温强度和优良的耐磨性、抗氧化性、耐蚀性，但是有很大的脆性，只有在 2000 ℃的高温下加入硼、碳等添加剂才能烧结。采用碳化硅纤维可以改善韧性，减小脆性，但在 2000 ℃的高温下碳化硅纤维的性能会变得很差。工程上一般采用化学浸入法，可以使复合材料的制作温度降至 800 ℃左右，用这种方法制作的碳化硅纤维补强增韧碳化硅复合材料的应力-应变曲线如图 10.7 所示。

1—SiC基体；2—SiC纤维补强。

图 10.7 SiC 纤维补强增韧 SiC 材料的应力-应变曲线

2）晶须补强增韧陶瓷基复合材料

（1）晶须补强增韧机制

在晶须补强增韧陶瓷基复合材料中，作为第二相的晶须必须有高的弹性模量，且均匀分布于基体中，并与基体结合的界面良好，基体的伸长率应大于晶须的伸长率，从而保证外载荷主要由晶须承担。增韧效果主要靠裂纹的偏转和晶须的拔出。裂纹偏转是指基体中的裂纹尖端遇到晶须后发生扭曲偏转，由直线扭曲成三维曲线，裂纹变长，从而提高韧性，如图 10.8 和图 10.9 所示。

图 10.8 晶须引起的裂纹偏转示意图

图 10.9 晶须拔出示意图

（2）典型晶须补强增韧陶瓷基复合材料

① 碳化硅晶须补强增韧氮化硅复合材料[SiC$_{(w)}$/Si$_3$N$_4$]

碳化硅晶须补强增韧氮化硅复合材料在 1750 ℃条件下热压烧结。这种复合材料的主要力学性能见表 10.10，表 10.10 中 Si6、Si10 分别表示以 Si 粉为起始料，添加 6％、10％的烧结添加物；SN6 表示以 Si$_3$N$_4$ 为起始料，添加 6％的烧结添加物。

表 10.10 SiC$_{(w)}$/Si$_3$N$_4$ 复合材料的力学性能

材 料	抗弯强度/MPa	断裂韧度/MPa·m$^{1/2}$
Si10(HPRBSN)[①]	660±33	5.6±0.3
Si10+10％[③]SiC$_{(w)}$	620±50	7.8±0.3
Si6(HPRBSN)	580±21	3.4±0.2
Si6+10％[③]SiC$_{(w)}$	640±57	5.1±0.2
Si6+20％[③]SiC$_{(w)}$	360±74	4.0±0.4
SN6(HPSN)[②]	800±27	7.0±0.2
SN6+10％[③]SiC$_{(w)}$	850±42	7.7±0.3

注：①HPRBSN，热压反应烧结氮化硅；②HPSN，热压氮化硅；③皆为体积分数。

② 碳化硅晶须补强增韧莫来石陶瓷复合材料[SiC$_{(W)}$/Mullite]

莫来石陶瓷具有很小的热膨胀系数、低的热导率和良好的抗高温蠕变性。作为高温结构材料来看,它有极大的发展潜力。但它的室温抗弯强度和韧性均较差。

碳化硅晶须与莫来石基体的热膨胀系数相近,但弹性模量较高,这符合增强材料与基体间的相容性,用它们制成 SiC$_{(W)}$/Mullite 复合材料的抗弯强度和断裂韧度与晶须含量的关系如图 10.10 所示。可以看出,该复合材料的强度随晶须含量的增多而提高,在体积分数为 20% 时强度最大,可达 435 MPa,比莫来石强度 246 MPa 高 80%,随后强度逐渐下降。下降的原因主要是晶须分布不均,造成了气孔和其他缺陷,材料致密度下降,从而使强度降低。

图 10.10 SiC$_{(W)}$/Mullite 复合材料的抗弯强度与 SiC$_{(W)}$ 含量的关系

SiC$_{(W)}$/Mullite 复合材料的断裂韧度 K_{IC} 随晶须含量的变化与强度变化相似。在体积分数为 30% 时 K_{IC} 最大,约 4.6 MPa·m$^{1/2}$,比莫来石增大了 50%,因此碳化硅和莫来石陶瓷界面的结合强度较高。由于晶须的加入,大大提高了莫来石的强度和韧性。

③ Al$_2$O$_3$/SiC$_{(W)}$/TiC 纳米复合材料

这种复合材料使用的 Al$_2$O$_3$ 颗粒直径约 0.4 μm;TiC 颗粒直径为 0.2 μm;SiC$_{(W)}$ 颗粒直径为 0.5 μm,长度为 20 μm。采用热压烧结工艺,工艺条件:温度为 1850 ℃,压力为 250 MPa,保温 12 h。SiC$_{(W)}$ 的质量分数为 20%,TiC 的质量分数为 2%~10%。

TiC 含量为 4% 时强度最高约达 1200 MPa,断裂韧度可达 7.5 MPa·m$^{1/2}$。

(3) 异相颗粒弥散强化增韧的复相复合陶瓷

异相颗粒弥散强化增韧的复相复合陶瓷是指在脆性陶瓷基体中加入一种或多种弥散相而组成的陶瓷。弥散相可以是粒状或板条状。

这类陶瓷的强度主要受下列因素影响:弥散相和基体截面的结合状态和化学相容性;弥散相和基体间的物理性能的匹配,如热膨胀系数和弹性模量等;弥散相的形状、大小、体积含量、分布状态等。

2. 增韧陶瓷基复合材料的性能

(1) 碳纤维/玻璃(玻璃陶瓷)

碳纤维增强硼硅玻璃、微晶玻璃和石英玻璃后,各项力学性能指标均有改善,其中表征韧性的断裂功明显提高,见表 10.11。碳纤维与玻璃复合还具有高温下不发生化学反应的优点,同时由于碳纤维的轴向热膨胀系数为负值,所以可以通过控制碳纤维的取向和体积分数来调节复合材料的热膨胀系数。

表 10.11　单向碳纤维增韧玻璃（玻璃陶瓷）的性能

体　　系	纤维体积含量/%	抗弯强度/MPa	弹性模量/GPa	断裂功/(kJ/m²)
C/7740[①]	50	700	193	5.0
7740	0	100	60	0.004
C/LAS[②]	36	680	168	3.0
LAS	0	150	77	0.003
C/SiO₂	30	600	—	7.9
SiO₂	0	51.5	—	0.009

注：①7740 为硼硅玻璃陶瓷，主要成分为 B_2O_3 和 SiO_2，次要成分为 Na_2O 和 Al_2O_3；②LAS 为 $Li_2O\text{-}Al_2O_3\text{-}SiO_2$，即钾铝硅酸盐玻璃。

（2）碳化硅晶须/氧化铝

以热压烧结法制得的碳化硅晶须/氧化铝（$SiC_{(w)}/Al_2O_3$）复合材料中，$SiC_{(w)}$ 体积分数为 20%～30% 时，复合材料的断裂韧性 K_{IC} 为 8～8.5 $MPa \cdot m^{1/2}$，抗弯强度达 650 MPa，在 1000 ℃ 以上韧性和强度开始下降。

$SiC_{(w)}/Al_2O_3$ 复合材料具有较高的蠕变应力指数。多晶 Al_2O_3 的蠕变应力指数约为 1.6，而 $SiC_{(w)}/Al_2O_3$ 的约为 5.2。

（3）碳化硅基复合材料

BN/SiC、C/SiC、SiC/SiC 等碳化硅基复合材料具有较高的断裂应变和抗弯强度，同时具有较好的断裂韧性和高温抗氧化性。采用纤维多向编织的预制坯件，通过 CVD 或 CVI 制成的 C/SiC、SiC/SiC 复合材料，具有较好的抗压性能和较高的层间剪切强度，高温工作时热辐射率高，可有效降低构件的表面温度，其机械性能随温度变化不大，表 10.12 列出了不同增强材料顶制坯件与 SiC 基体复合时的断裂韧性及断裂韧性随温度的变化情况。

表 10.12　SiC 基复合材料热力学性能

复　合　材　料		不　同　温　度		
		23 ℃	1000 ℃	1400 ℃
二维 C/SiC	断裂韧性/MPa · m^(1/2)	32	32	32
	弹性模量/GPa	90	100	100
二维 SiC/SiC	断裂韧性/MPa · m^(1/2)	30	30	30
	弹性模量/GPa	230	200	170

3. 陶瓷基复合材料的应用

陶瓷基复合材料具有的高强度、高模量、低密度和耐高温性能使其商业化应用已经在多个领域开展，但是由于陶瓷基复合材料制作成本较大，目前的应用主要分为两大类：一类在航天领域，一类在非航天领域。

（1）航天领域

航空飞行器一般都有高的推动力、快的飞行速度等，这些性能转化为对材料的要求就是强度、密度、硬度及复合材料在高温中的耐损伤能力。耐高温结构复合材料的制备是先进的航天领域的关键技术，连续纤维增强的陶瓷基复合材料已经被广泛应用于该领域，在 C/C

复合材料表面涂覆 SiC 层作为耐烧蚀材料已用在美国的航天飞机上,C/SiC 复合材料已作为太空飞机的主要可选材料。

（2）非航天领域

陶瓷基复合材料在耐高温和耐腐蚀的发动机部件、切割工具、耐磨损部件、喷嘴或喷火导管、与能源相关的如热交换管等方面得到广泛应用。

增韧的氧化锆以及其他晶须和连续纤维增韧的陶瓷基复合材料由于其高硬度、低摩擦和超耐磨性而用作耐磨损部件。

在切割工具方面,已经有 TiC 颗粒增强 Si_3N_4、Al_2O_3、$SiC_{(W)}/Al_2O_3$ 等材料,美国金属切割工具市场的 50% 是由碳化钨/钴制成的切割工具。陶瓷基复合材料制作切割工具的主要优点是化学稳定、超高硬度,在高速运转产生的高温中能保持良好的性能等。

在热交换、储存和回收领域,陶瓷基复合材料与金属相比,它可以在更高的温度和更复杂的环境中使用,如以连续纤维增强的热蒸汽过滤部件等。此外,在汽车发动机中使用陶瓷基复合材料,它所具有的耐热性、高强度、低磨耗等都可以有效降低燃油消耗并进一步提高汽车行驶速度等。以陶瓷基复合材料为主要原料的陶瓷发动机已经被开发和应用。

10.4.3   碳/碳复合材料与应用

碳/碳复合材料是由碳纤维或各种碳织物增强碳,或石墨化的树脂碳（或沥青）以及化学气相沉积(chemical vapor deposition,CVD)碳所形成的复合材料,是具有特殊性能的新型工程材料,也被称为碳纤维增强碳复合材料。其组成元素为单一的碳,因而这种复合材料具有许多碳和石墨的特点,如密度小、导热性高、膨胀系数低以及对热冲击不敏感。同时该类复合材料还具有优越的机械性能；强度和冲击韧性比石墨高 5～10 倍,并且比强度非常高；随温度升高,这种复合材料的强度也升高,断裂韧性高,化学稳定性高,耐磨性极好。该种材料是最好的高温复合材料,耐温最高可达 2800 ℃。

碳/碳复合材料的性能随所用碳基体骨架用碳纤维性质、骨架的类型和结构、碳基质所用原料及制备工艺、碳的质量和结构、碳/碳复合材料制成工艺中各种物理和化学变化、界面变化等因素的影响而有很大差别,主要取决于碳纤维的类型、含量和取向等。表 10.13 为单向增强和正交碳纤维增强碳基复合材料的性能。

表 10.13   单向增强和正交碳纤维增强碳基复合材料的性能

材 料	纤维含量（体积分数）	密度/ (g/cm^3)	抗拉强度/ MPa	抗弯强度/ MPa	弯曲模量/ GPa	热膨胀系数 0～1000 ℃/×10^{-6} K^{-1}
单向增强复合材料	65%	1.7	827	690	186	1.0
正交碳纤维增强碳基复合材料	55%	1.6	276	—	76	1.0

由此可见,碳/碳复合材料的高强度、高模量主要来自碳纤维。碳纤维在材料中的取向直接影响其性能,一般是单向增强复合材料沿纤维方向强度最高,但横向性能较差,正交碳纤维增强碳基复合材料可以减少纵、横面向的强度差异。

目前,碳/碳复合材料主要应用于航空航天、军事和生物医学等领域,例如导弹弹头、固体火箭发动机喷管、飞机刹车盘、赛车和摩托车刹车系统、航空发动机燃烧室、导向器、密封片及挡声板等,人体骨骼替代材料,以及代替不锈钢或钛合金作人工关节。随着这种材料成本不断降低,其应用领域也逐渐向民用工业领域转变,如用于制造超塑性成形工艺中的热锻压模具,粉末冶金中的热压模具,在涡轮压气机中可用以制造涡轮叶片和涡轮盘的热密封件。

10.5 复合材料的成形技术

复合材料成形技术的特点主要取决于复合材料的基体。一般情况下其基体材料的成形技术方法也常常适用于以该类材料为基体的复合材料,特别是以颗粒、晶须和短纤维为增强体的复合材料。例如,金属材料的各种成形技术多适用于颗粒、晶须及短纤维增强的金属基复合材料,包括压铸、精铸、离心铸、挤压、轧制、模锻等。而以连续纤维为增强体的复合材料的加工则往往是完全不同的,或至少是需要采取特殊工艺措施的。

本节对复合材料加工方法的介绍是以基体材料来分类的。

10.5.1 金属基复合材料成形技术

金属基复合材料(MMC)是以金属及其合金为基体,与一种或几种金属或非金属增强相人工结合成的复合树料。金属基体可以是铝、镁、铜及黑色金属。增强材料大多为无机非金属树料,如陶瓷、碳、石墨及硼等,也可以用金属丝。金属基复合材料制备工艺主要有以下四大类:固态法、液态法、喷涂沉积法、原位复合法。

1. 固态法

金属基复合材料的固态制备工艺主要有粉末冶金和热压扩散结合两种方法。

(1)粉末冶金法

粉末冶金法是制备金属基复合材料,尤其是非连续增强体金属基复合材料的方法之一,广泛应用于各种颗粒、片晶、晶须及短纤维增强的铝、铜、钛、高温合金等金属基复合材料。其工艺首先是将金属粉末或合金粉末和增强体均匀混合,制得复合坯料,经用不同固化技术制成锭块,再通过挤压、轧制、锻造等二次加工制成形材。图 10.11 是用粉末冶金法制备短纤维、颗粒或晶须增强金属基复合材料的工艺流程图。

(2)热压扩散结合法

热压扩散结合法是连续纤维增强金属基复合材料最具代表性的一种常用的固相复合工艺。即按照制件形状、纤维体积密度及增强方向要求,将金属基复合材料预制条带及基体金属箔或粉末布,经裁剪、铺设、叠层、组装,然后在低于复合材料基体金属熔点的温度下加压并保持一定时间;基体金属产生蠕变与扩散,使纤维与基体间形成良好的界面结合,得到复合材料制件。工艺流程如图 10.12 所示。

与其他复合工艺相比,该方法易于精确控制,制件质量好,但由于型模加压的单向性,使该方法限于制作较为简单的板材、某些型材及叶片等制件。

2. 液态法

液态法包括压铸、半固态复合铸造、液态渗透以及搅拌法等,这些方法的共同特点是金

图 10.11　粉末冶金法制备短纤维、颗粒或晶须增强金属基复合材料工艺流程图

图 10.12　硼纤维增强铝的热压扩散结合法工艺流程示意图

属基体在制备复合材料时均处于液态或半固态。

　　压铸成形是指在压力作用下，将液态或半液态金属基复合材料以一定速度充填压铸模型腔，在压力下凝固成形而制备金属基复合材料的方法。典型压铸法的工艺流程如图 10.13 所示。

图 10.13 金属基复合材料压铸法工艺示意图
(a) 注入复合材料；(b) 加压；(c) 固化；(d) 顶出

半固态复合铸造是将颗粒加入处于半固态的金属基体，通过搅拌使颗粒在金属基体中均匀分布，然后浇注成形，如图 10.14 所示。

图 10.14 半固态复合铸造工艺示意图

3. 喷涂沉积法

喷涂沉积法的主要原理是以等离子弧或电弧加热金属粉末或金属线、丝，甚至增强材料的粉末，然后通过高速气体喷涂到沉积基板上。图 10.15 为电弧或等离子喷涂形成纤维增强金属基复合材料的示意图。首先将增强纤维缠绕在已经包覆一层基体金属并可以转动的滚筒上，基体金属粉末、线或丝通过电弧喷涂枪或等离子喷涂枪加热形成液滴。基体金属熔滴直接喷涂在沉积滚筒上与纤维相结合并快速凝固。

4. 原位复合法

增强材料与金属基体间的相容性问题往往影响到金属基复合材料的性能和性能稳定

图 10.15　电弧或等离子喷涂形成纤维增强金属基复合材料示意图

性。如果增强材料(纤维、颗粒或晶须)能从金属中直接(即原位)生成,则上述相容性问题可以得到较好的解决。这就是原位复合材料的来由。因为原位生成的增强相与金属基体界面接合良好,生成相的热力学稳定性好,也不存在增强相与基体的润湿和界面反应等问题。目前开发的原位复合或原位增强方法主要有共晶合金定向凝固法、直接金属氧化法和反应生成法。

10.5.2　树脂基复合材料成形技术

1. 热固性树脂(thermosetting resin)基复合材料的成形技术

(1) 手糊成形

是以手工作业为主的成形方法。先在经清理并涂有脱模剂的模具上均匀刷上一层树脂,再将纤维增强织物按要求裁剪成一定形状和尺寸,直接铺设到模具上,并使其平整。多次重复以上步骤逐层铺贴,制成坯件,然后固化成形。

手糊成形主要用于不需加压、室温固化的不饱和聚酯树脂和环氧树脂为基体的复合材料成形。特点是不需专用设备,工艺简单,操作方便,但劳动条件差,产品精度较低,承载能力低。一般用于使用要求不高的大型制件,如船体、储罐、大口径管道、汽车部件等。

手糊成形还用于热压罐、压力袋、压机等模压成形方法的坯件制造。

(2) 层压成形

层压成形是制取复合材料的一种高压成形工艺,此工艺多用纸、棉布、玻璃布作为增强原料,以热固性酚醛树脂、芳烃甲醛树脂、氨基树脂、环氧树脂及有机硅树脂为粘接剂,其工艺过程如图 10.16 所示。

图 10.16　层压成形的工艺过程

上述过程中,增强填料的浸渍和烘干在浸胶机中进行。

增强填料浸渍后连续进入干燥室以除去树脂液中含有的溶液及其他挥发性物质,并控制树脂的流动度。

浸胶材料层压成形是在多层压机上完成的。在进行热压前需按层压制品的大小,选用适当尺寸的浸胶材料,并根据制品要求的厚度(或重量)计算所需浸胶材料的张数,逐层叠放后,再于最上和最下两面放置2~4张表面层用的浸胶材料。面层浸胶材料含树脂量较高、流动性较大,因而可以使层压制品表面光洁美观。

(3) 压机、压力袋、热压罐模压成形

这几种成形方法均可与手糊成形或层压成形配套使用,常作为复合材料层叠坯料的后续成形加工。

用压机施加压力和温度来实现模具内制件的固化成形方法即压机模压成形。该成形方法具有生产效率高、产品外观好、精度高、适合大批量生产的特点,但要求模具精度高,制件尺寸受压机规格的限制。

压力袋模压成形是用弹性压力袋对放置于模具上的制件在固化过程中施加压力成形的方法。压力袋由弹性好、强度高的橡胶制成,充入压缩空气并通过反向机构将压力传递到制件上,固化后卸模取出制件。图10.17为压力袋模压成形示意图。

这种成形方法的特点是工艺及设备均较简单,成形压力不高,可用于外形简单、室温固化的制件。

热压罐模压成形是利用热压罐内部的程控温度和静态气体压力,使复合材料层叠坯料在一定温度和压力下完成固化及成形过程的工艺方法。热压罐是树脂基复合材料固化成形的专用设备之一。该工艺方法所用模具简单,制件压制紧密,厚度公差范围小;但能源利用率低,辅助设备多,成本较高。图10.18为热压罐结构及成形原理示意图。

1—压力袋;2—模具;3—制件;4—反向架。

图 10.17 压力袋模压成形示意图

1—冷却管;2—加热棒;3—进气嘴;4—内衬;
5—真空嘴;6—模具;7—工作车;8—罐体。

图 10.18 热压罐结构及成形原理示意图

(4) 喷射成形

将经过特殊处理而雾化的树脂与短切纤维混合并通过喷射机的喷枪喷射到模具上,至一定厚度时,用压辊排泡压实,再继续喷射,直至完成坯件制件(图10.19),然后固化成形。主要用于不需加压、室温固化的不饱和聚酯树脂。

喷射成形方法生产效率高,劳动强度低,节省原材料,制品形状和尺寸受限制小,产品整体性好;但场地污染大,制件承载能力低。适于制造船体、浴盆、汽车车身等大型部件。

(5) 压注成形

这是通过压力将树脂注入密闭的模腔,浸润其中的纤维织物坯件,然后固化成形的方法。其工艺过程是先将织物坯件置入模腔内,再将另一半模具闭合,用液压泵将树脂注入模腔内使其浸透增强织物,然后固化(图 10.20)。

该成形方法工艺环节少,制件尺寸精度高,外观质量好,一般不需要再加工,但工艺难度大,生产周期长。

1—树脂罐与泵;2—纤维;3—喷枪;4—模具。

图 10.19　喷射成形示意图

1—加热套;2—模具;3—制件;4—树脂釜;5—泵。

图 10.20　压注成形示意图

(6) 离心浇注成形

这种方法是利用筒状模具旋转产生的离心力将短纤维连同树脂同时均匀喷洒到模具内壁形成坯件,然后再成形。

该成形方法具有制件壁厚均匀、外表光洁的特点,适于筒、管、罐类制件的成形。

以上介绍的均为热固性树脂基复合材料的成形方法。实际上,针对不同的增强体及制件的形状特点,成形方法远不止这些。例如,大批量生产管材、棒材、异形材可用拉挤成形方法,管状纤维复合材料的管状制件可采用搓制成形方法。

2. 热塑性树脂(thermoplastic resin)基复合材料成形技术

热塑性树脂的特性决定了热塑性树脂基复合材料的成形不同于热固性树脂基复合材料。

热塑性树脂基复合材料在成形时,基体树脂不发生化学变化,而是靠其物理状态的变化来完成的。其过程主要由熔融、融合和硬化三个阶段组成。已成形的坯件或制品,再加热熔融后还可以二次成形。颗粒及短纤维增强的热塑性材料,最适用于注射成形,也可用模压成形;长纤维、连续纤维、织物增强的热塑性复合材料要先制成预浸料,再按与热固性复合材料类似的方法(如模压)压制成形。形状简单的制品,一般先压制出层压板,再用专门的方法二次成形。

由于热塑性树脂及热固性复合材料的很多成形方法均适用于热塑性复合材料的成形,故在这里不再重复介绍。

10.5.3　陶瓷基复合材料成形技术

陶瓷基复合材料的成形方法分为两类:一类是针对短纤维、晶须、晶片和颗粒等增强体,基本采用传统的陶瓷成形工艺,即热压烧结和化学气相渗透法;另一类是针对连续纤维增强体,包括料浆浸渍热压成形和化学气相渗透工艺。下面简单介绍后两种方法。

(1) 料浆浸渍热压成形

将纤维置于制备好的陶瓷粉体浆料里,纤维粘附一层浆料,然后将含有浆料的纤维布压制成一定结构的坯体,经干燥、排胶、热压烧结为制品。该方法广泛用于陶瓷基复合材料的成形,其优点是不损伤增强体,不需成形模具,能制造大型零件,工艺较简单;缺点是增强体在基体中的分布不太均匀。

(2) 化学气相渗透工艺

先将纤维做成所需形状的预成型体,预成形体的骨架上需具有开口气孔,然后将预成形体置于一定温度下,从低温侧进入反应气体,到高温侧后发生热分解或化学反应沉积出所需陶瓷的基质,直至预成形体中各空穴被完全填满,获得高致密度的复合材料。该方法又称CAI工艺,可获得高强度、高韧性的复合材料制件。

碳/碳复合材料是由碳纤维及其制品(碳毡或碳布)增强的碳基复合材料。碳/碳复合材料具有碳和石墨材料的优点,如密度低和优异的热性能,高的导热性,低热膨胀系数以及对热冲击不敏感等特性。碳/碳材料还具有优异的力学性能,如高温下的高强度和模量,尤其是随温度的升高强度不但不降低,反而升高的特性,以及高断裂韧性、低蠕变特性,使得碳/碳复合材料成为目前唯一可用于达 2800 ℃的高温复合材料。在航空航天、核能、军事以及一些民用工业领域获得广泛应用。

根据碳/碳复合材料使用的工况条件、环境条件和所要制备的具体构件,可以设计和制备不同结构的碳/碳复合材料。另外,还可用不同编织方式的碳纤维作增强材料,做成预成型体,如图 10.21(a)、(b)、(c)所示分别为三维、四维、五维编织碳/碳复合材料预成形体。

图 10.21 碳/碳复合材料预成形体
(a) 三维结构;(b) 四维结构;(c) 五维结构

基体碳通过化学气相沉积或浸渍高分子聚合物碳化来获得。制备工艺主要有化学气相沉积(CVD)工艺和液态浸渍-碳化工艺。在制备工艺中,温度、压力和时间是主要的工艺参量。

碳/碳复合材料CVD工艺的原理是通过气相的分解或反应生成固态物质,并在某固定基体上成核并生长。获取CVD碳的气体主要有甲烷、丙烷、丙烯、乙炔、天然气或汽油等碳氢化合物。此外,还可通过纤维预成形体的加热,甲烷经过加热可以裂化生成固体碳和氢,碳沉积在预成形体上形成基体碳,气体则排出。

　　碳/碳复合材料液态浸渍-碳化工艺可获得基体碳中的树脂碳和沥青碳。一般在最初的浸渍-碳化循环时采用酚醛树脂浸渍，在后阶段则采用呋喃树脂/沥青混合浸渍剂。为了改善沥青与碳纤维的结合，在碳纤维预成型体浸渍前可先进行 CVD 工艺，以便在纤维上获得一层很薄的沉积碳。

思考题与习题

　　10.1　名词解释：
复合材料、比刚度、比强度、纤维复合材料、玻璃钢

　　10.2　复合材料的种类有哪些？粒子增强、纤维增强的机制是什么？

　　10.3　常用增强纤维有哪些？它们各自的性能特点是什么？

　　10.4　叙述树脂基、金属基、陶瓷基三种基体的纤维增强复合材料的性能特点及用途。

　　10.5　比较高分子材料、陶瓷材料、复合材料的性能特点。

　　10.6　什么叫作玻璃钢？玻璃钢性能上有什么特点？

　　10.7　简述玻璃钢、碳纤维增强塑料等常用纤维增强塑料的性能特点。

　　10.8　试比较热塑性塑料和热固性塑料的结构、性能和成形技术特点。

　　10.9　试比较环氧玻璃钢、酚醛玻璃钢和聚酯玻璃钢在性能上的异同点。

　　10.10　研究和发展金属基复合材料和陶瓷基复合树料有何必要性？

　　10.11　分别列举一种颗粒增强和纤维增强复合材料，说明两种增强原理的区别。

　　10.12　常用增强材料有哪些？在聚合物基和金属基复合材料中，常用的基体材料有哪些？

　　10.13　简述常用纤维增强金属基复合材料的性能特点。

第11章

新型工程材料与工程应用

新型工程材料是指以新制备工艺制成的或正在发展中的材料,这些材料比传统材料具有更优异的特殊性能。新型材料主要包括形状记忆合金智能材料、非晶态合金、超塑性合金、纳米材料、贮氢合金、超导材料、磁性材料、功能梯度材料、生物材料、能源材料、减振合金等。本章只介绍其中的几种。

11.1 形状记忆合金智能材料与应用

智能材料是继天然材料、合成高分子材料、人工设计材料之后的第四代材料,是现代高技术新材料发展的重要方向之一。通常智能材料主要包括传感器、形状记忆合金、压电材料、磁致伸缩材料、导电高分子材料、电流变液和磁流变液等。国内外在智能材料的研发方面取得了很多技术性突破,如英国宇航公司的导线传感器,用于测试飞机蒙皮上的应变与温度情况;英国开发出一种快速反应形状记忆合金,寿命期具有百万次循环,且输出功率高,以它作制动器时,反应时间仅为 10 min;我国研制的形状记忆合金已成功应用于天宫一号"太空课堂"的卫星天线、医学等。本节重点介绍智能材料中的形状记忆合金。

11.1.1 形状记忆效应

某些具有热弹性马氏体相变的合金,处于马氏体状态下进行一定限度的变形或变形诱发马氏体后,在随后的加热过程中,当超过马氏体相消失的温度时,材料就能完全恢复变形前的形状和体积,这种现象称为形状记忆效应(SME)。具有形状记忆效应的合金称为形状记忆合金(shape memory alloy)。

形状记忆效应最早发现于 20 世纪 30 年代,但当时并没有引起人们的重视。1963 年,美国海军军械实验室在研究 Ni-Ti 合金时发现其具有良好的形状记忆效应,引起了人们的重视并进行集中研究。1975 年以来,形状记忆合金作为一种新型功能材料,其应用研究已十分活跃。

11.1.2　形状记忆效应的机理

冷却时高温母相转变为马氏体的开始温度 M_s 与加热时马氏体转变为母相的起始温度 A_s 之间的温度差称为热滞后。普通马氏体相变的热滞后大,在 M_s 以下马氏体瞬间形核、瞬间长大,随温度下降,马氏体数量增加是靠新核心形成和长大实现的。而形状记忆合金中的马氏体相变热滞后非常小,在 M_s 以下升降温时马氏体数量减少或增加是通过马氏体片缩小或长大来完成的,母相与马氏体相界面可逆向光滑移动。这种热滞后小、冷却时界面容易移动的马氏体相变称为热弹性马氏体相变。

如图 11.1 所示,当形状记忆合金从高温母相状态(图(a))冷却到低于 M_s 点的温度后,将发生马氏体相变(图(b)),这种马氏体与钢中的淬火马氏体不一样,通常比母相还软,为热弹性马氏体。在马氏体范围变形成为变形马氏体(图(c)),在此过程中,马氏体发生择优取向,处于与应力方向有利的马氏体片长大,而处于不利取向的马氏体被有利取向的吞并,最后成为单一有利取向的有序马氏体。将变形马氏体加热到 A_s 以上,晶体恢复到原来单一取向的高温母相,随之其宏观形状也恢复到原始状态。经过此过程处理的母相再冷却到 M_s 点以下,如又可记忆在图(c)阶段的变形马氏体形状,这种合金称为双向形状记忆合金。

图 11.1　形状记忆合金和超弹性变化的机理示意图
(a) 母相;(b) 马氏体相;(c) 变形马氏体相

形状记忆合金应具备三个条件:①马氏体相变是热弹性类型的;②马氏体相变通过孪生(切变)完成,而不是通过滑移产生;③母相和马氏体相均属有序结构。

如果直接对母相施加应力,也可由母相(图(a))直接形成变形马氏体(图(c)),这一过程称为应力诱发马氏体相变。应力去除后,变形马氏体又变回该温度下的稳定母相,恢复母相原来形状,应变消失,这种现象称为超弹性或伪弹性。超弹性发生于滑移变形临界应力较高时。此时,在 A_s 温度以上,外应力只要高于诱发马氏体相变的临界应力,就可以产生应力诱发马氏体,去除外力,马氏体立即转变为母相,变形消失。超弹性合金的弹性变形量可达百分之几到 20%,且应力与应变是非线性的。

11.1.3　形状记忆合金的应用

已发现的形状记忆合金种类很多,可以分为 Ti-Ni 系合金、铜系合金、铁系合金三大类。

目前已实用化的形状记忆合金只有 Ti-Ni 系合金和铜系合金。根据现有资料,将各种形状记忆合金汇总于表 11.1。

表 11.1　具有形状记忆效应的合金

合　　金	组成/%	相变性质	M_s/℃	热滞后/℃	体积变化/%	有序/无序	记忆功能
Ag-Cd	44~49Cd(at)	热弹性	−190~−50	~15	~0.16	有	S
Au-Cd	46.5~50Cd(at)	热弹性	−30~100	~15	~0.41	有	S
Cu-Zn	38.5~41.5Zn(at)	热弹性	−180~−10	~10	~0.5	有	S
Cu-Zn-X	X=Si,Sn,Al,Ga(wt)	热弹性	−180~100	~10	—	有	S,T
Cu-Al-Ni	14~14.5Al-3~4.5Ni(wt)	热弹性	−140~100	~35	~0.30	有	S,T
Cu-Sn	~15Sn(at)	热弹性	−120~−30	—	—	有	S
Cu-Au-Sn	23~28Au-45~47Zn(at)	—	−190~−50	~6	~0.15	有	S
Fe-Ni-Co-Ti	33Ni-10Co-4Ti(wt)	热弹性	~−140	~20	0.4~2.0	部分有	S
Fe-Pd	30Pd(at)	热弹性	~−100	—	—	无	S
Fe-Pt	25Pt(at)	热弹性	~−130	~3	0.5~0.8	有	S
In-Tl	18~23Tl(at)	热弹性	60~100	~4	~0.2	无	S,T
Mn-Cu	5~35Cu(at)	热弹性	−250~185	~25	—	无	S
Ni-Al	36~38Ai(at)	热弹性	−180~100	~10	~0.42	有	S
Ti-Ni	49~51Ni(at)	热弹性	−50~100	~30	~0.34	有	S,T,A

注:at 是(atom)原子数百分含量,wt 是(weight)质量百分比;S 为单向记忆效应;T 为双向记忆效应;A 为全方位记忆效应。

1. 工程应用

形状记忆合金在工程上的应用很多,最早的应用是作各种结构件,如紧固件、连接件、密封垫等。另外,也可以用于一些控制元件,如一些与温度有关的传感及自动控制。

用作连接件,是形状记忆合金用量最大的一项用途。预先将形状记忆合金管接头内径做成比待接管外径小 4%,在 M_s 以下马氏体非常软,可将接头扩张插入管子,在高于 A_s 的使用温度下,接头内径将复原。如美国 Raychem 公司用 Ti-Ni 记忆合金作 F-14 战斗机管接头,使用了 10 万多个,至今未发生漏油或脱落等事故。用形状记忆合金作紧固件、连接件的优点是:

(1) 夹紧力大,接触密封可靠,避免了由于焊接而产生的冶金缺陷;

(2) 适于不易焊接的接头,如严禁明火的管道连接、焊接工艺难以进行的海底输油管道修补等;

(3) 金属与塑料等不同材料可以通过这种连接件连成一体;

(4) 安装时不需要熟练的技术。

利用形状记忆合金弹簧可以制作热敏驱动元件用于自动控制,如空调器阀门、发动机散热风扇离合器等。利用形状记忆合金的双向记忆功能可制造机器人部件,还可制造热机,实现热能-机械能的转换。在航天上,可用形状记忆合金制作航天用天线,将合金在母相状态下焊成抛物面形,在马氏体状态下压成团,送上太空后,在阳光加热下又恢复抛物面形。

2. 医学应用

利用 Ti-Ni 合金与生物体良好的相容性,可制造医学上的凝血过滤器、脊椎矫正棒、骨折固定板等。利用合金的超弹性可代替不锈钢作齿形矫正用丝等。

11.2　非晶态合金与应用

非晶态(amorphous state)是指原子呈长程无序排列的状态。具有非晶态结构的合金称为非晶态合金,又称为金属玻璃。通常认为,非晶态仅存在于玻璃、聚合物等非金属领域,而传统的金属材料都是以晶态形式出现的。因此,近年来非晶态合金的出现引起人们的极大兴趣,成为金属材料的一个新领域。

早在 20 世纪 50 年代,人们就从电镀膜上了解到非晶态合金的存在;60 年代发现用激光法可从液态获得非晶态的 Au-Si 合金,70 年代后开始采用熔体旋辊急冷法制备非晶薄带。目前非晶态合金应用正逐步扩大,其中非晶态软磁材料发展较快,已能成批生产。

11.2.1　非晶态合金的制备

通过熔体急冷而制成的非晶态合金目前有很多种,典型的有 Fe80B20、Fe40Ni40P14B6、Fe5Co70Si5B10、Pd80Si20、Cu60B40、Ca70Mg30、La76Au24 和 U70Cr30 等。

液态金属不发生结晶的最小冷却速度称作临界冷却速度。从理论上讲,只要冷却速度足够大(大于临界冷速),所有合金都可获得非晶态。但目前能获得的最大冷却速度为 106 ℃/s,因此临界冷却速度大于 106 ℃/s 的合金尚无法制得非晶态。熔体在大于临界冷却速度冷却时原子扩散能力显著下降,最后被冻结成非晶态的固体。固化温度 T_g 称为玻璃化温度。

合金是否容易形成非晶态,一是与其成分有关,过渡族金属或贵金属与类金属元素组成的合金易于形成非晶;二是与熔点和玻璃化温度之差 $\Delta T = T_m - T_g$(T_m 为熔点)有关,ΔT 越小,形成非晶的倾向越大。

1. 气态急冷法

气态急冷法即气相沉积法,主要包括溅射法和蒸发法。这两种方法制得的非晶材料只是小片的薄膜,不能进行工业生产,但由于其可制成非晶态材料的范围较宽,因而可用于研究。

2. 液态急冷法

目前最常用的液态急冷法是旋辊急冷法,分为单辊法和双辊法。图 11.2 是单辊法制备非晶带示意图。将材料放入石英坩埚,在氩气保护下用高频感应加热使其熔化,再用气压将熔融金属从管底部的扁平口喷出,落在高速旋转的铜辊轮上,经过急冷立即形成很薄的非晶带。

图 11.2　单辊法制备非晶带示意图

11.2.2　非晶态合金的特性

1. 力学性能

非晶态合金力学性能的特点是具有高的强度和硬度。例如,非晶态铝合金的抗拉强度(1140 MPa)是超硬铝抗拉强度(520 MPa)的两倍。非晶态合金 Fe80B20 抗拉强度达

3630 MPa,而晶态超高强度钢的抗拉强度仅为 1820~2000 MPa。表 11.2 列举了几种非晶态合金的力学性能。非晶态合金强度高的原因是其结构中不存在位错,没有晶体那样的滑移面,因而不易发生滑移。非晶态合金断后伸长率低但并不脆,而且具有很高的韧性,非晶薄带可以反复弯曲 180°而不断裂,并可以冷轧,有些合金的冷轧压缩率可达 50%。

表 11.2　一些非晶态合金的力学性能

合　金		硬度/HV	抗拉强度/MPa	断后伸长率/%	弹性模量/MPa
非晶态合金	Pd83Fe7Si10	4018	1860	0.1	66640
	Cu57Zr43	5292	1960	0.1	74480
	Co75Si15B10	8918	3000	0.2	53900
	Fe80P13C7	7448	3040	0.03	121520
	Ni75Si8B17	8408	2650	0.14	78400
晶态	18Ni-9Co-5Mo	—	1810~2130	10~12	—

2. 耐蚀性

非晶态合金具有很强的耐腐蚀能力。例如,不锈钢在含有氯离子的溶液中,一般要发生点腐蚀、晶间腐蚀甚至应力腐蚀和氢脆,而非晶态的 Fe-Cr 合金可以弥补不锈钢的这些不足。Cr 可显著改善非晶态合金的耐蚀性。非晶态合金耐蚀性好的主要原因是能迅速形成致密、均匀、稳定的高纯度 Cr_2O_3 钝化膜。此外,非晶态合金组织结构均匀,不存在晶界、位错、成分偏析等腐蚀形核部位,因而其钝化膜非常均匀,不易产生点蚀。

3. 电性能

与晶态合金相比,非晶态合金的电阻率显著增高(2~3 倍)。非晶态合金的电阻温度系数比晶态合金的小。多数非晶态合金具有负电阻温度系数,即随温度升高电阻率连续下降。

4. 软磁性

非晶态合金磁性材料具有高导磁率、高磁感、低铁损和低矫顽力等特性,而且无磁各向异性。这是由于非晶态合金中没有晶界、位错及堆垛层错等钉扎磁畴壁的缺陷。

5. 其他性能

非晶态合金还具有好的催化特性,高的吸氢能力,超导电性,低居里温度等特性。

11.2.3　非晶态合金的应用

利用非晶态合金的高强度、高韧性以及工艺上可以制成条带或薄片,目前已用它来制作轮胎、传送带、水泥制品及高压管道的增强纤维,还可用来制作各种切削刀具。

用非晶态合金纤维代替硼纤维和碳纤维制造复合材料,可进一步提高复合材料的适应性。这是由于非晶态合金强度高,且具有塑性变形能力,可阻止裂纹的产生和扩展。非晶态合金纤维已用于飞机构架和发动机元件的研制中。

非晶态铁合金是极好的软磁材料,容易磁化和退磁,比普通的晶体磁性材料导磁率高、损耗小、电阻率大。这类合金主要作为变压器及电动机的铁芯材料、磁头材料。由于磁损耗很低,用非晶态磁性材料代替硅钢片制作变压器,可节约大量电能。

非晶态合金耐腐蚀,特别是在氯化物和硫酸盐中的抗腐蚀性大大超过不锈钢,获得了

材料成形技术与工程应用

"超不锈钢"的名称,可以用于海洋和医学等领域,如制造海上军用飞机电缆、鱼雷、化学滤器、反应容器等。

11.3　超塑性合金与应用

11.3.1　超塑性现象

所谓超塑性是指合金在一定条件下(包括温度、加热条件、变形速度、合金组织等)所表现的具有极大伸长率和很小变形抗力的现象。合金发生超塑性时的断后伸长率通常大于100%,有的甚至可以超过1000%。由于超塑性是高温蠕变的一种,发生超塑性需要一定的温度,称为超塑性温度 T_s。

根据金属学特征可将超塑性分为细晶超塑性和相变超塑性两大类。

细晶超塑性也称为等温超塑性,是研究最早和最多的一类超塑性,目前提到的超塑性合金主要是指具有这一类超塑性的合金。

产生细晶超塑性的必要条件是:①温度要高,$T_s = (0.4 \sim 0.7) T_{熔}$;②变形速率 ε 要小,$\varepsilon \leqslant 10^{-3}/s$;③材料组织为非常细的等轴晶粒,晶粒直径小于 5 μm。

细晶超塑性合金要求有稳定的超细晶粒组织。细晶组织在热力学上是不稳定的,为了保持细晶组织的稳定,必须在高温下有两相共存或弥散分布粒子存在。两相共存时,晶粒长大需原子长距离扩散,因而长大速度小,而弥散粒子则对晶界有钉扎作用。因而细晶超塑性合金多选择共晶或共析成分合金或有第二相析出的合金,而且要求两相尺寸(对共晶或共析合金)和强度十分接近。

图 11.3　流变应力 σ 和变形速度 $\dot{\varepsilon}$ 关系示意图

合金在超塑性温度下流变应力 σ 和变形速度 $\dot{\varepsilon}$ 的关系为

$$\sigma = K \dot{\varepsilon}^m$$

式中,K 为常数,m 为变形速率敏感指数,$m = \lg\sigma / \lg\dot{\varepsilon}$。σ 与 $\dot{\varepsilon}$ 的关系如图 11.3 所示。对于一般金属,$m \leqslant 0.2$,而对于超塑性合金,$m \geqslant 0.3$,m 越接近于 1,伸长率越大。由图 11.3 可以看出,只是在一定的变形速度范围内合金才表现出超塑性。

关于细晶超塑性的微观机制,虽然已从各个角度进行了大量研究,但目前尚无定论。比较流行的观点认为,超塑性变形主要是通过晶界移动和晶粒的转动造成的。其主要证据是在超塑性流动中晶粒仍然保持等轴状,而晶粒的取向却发生明显变化。晶界的移动和晶粒的转动可通过如图 11.4 所示的阿西比(Ashby)机制来完成。经过由图(a)到图(c)的过程,可以完成 ε=0.55 的真应变。在这个过程中,不仅要发生晶界的相对滑动,而且要发生由物质转移所造成的晶粒协调变形,图 11.4(d)和(e)即晶粒 1 和晶粒 2 在由图(a)过渡到图(b)时晶内和晶界的扩散过程。无论是晶界移动还是晶粒的协调变形,都是由体扩散和晶界扩散来完成的。由于扩散距离是晶粒尺寸数量级的,所以晶粒越细越有利于上述机制的完成。

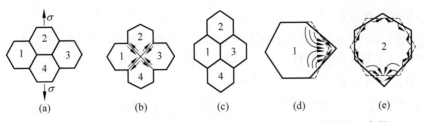

图 11.4　超塑性变形时的晶粒变化及其协调变形时的物质转移示意图

11.3.2　超塑性合金

一些常见超塑性合金的力学性能见表 11.3。

表 11.3　一些常见超塑性合金的力学性能

	合金成分	断后伸长率/%	m	超塑性温度/℃		合金成分	断后伸长率/%	m	超塑性温度/℃
锌基超塑性合金	Zn(商品)	409	0.2	20～70	铁基超塑性合金	Fe-0.8C	100	0.35	650～760
	Zn-0.2Al	460	0.8	28		Fe-1.3C	500	0.4	650～900
	Zn-0.4Al	650	0.5	20		Fe-1.6C	500	0.45	650～900
	Zn-0.9Al(共晶)	300	0.68	200～360		Fe-1.9C	500	0.5	650～900
	Zn-22Al	2900	0.7	20～300		Fe-0.12C-1.97Si	150	0.26	800～950
	Zn-40Al	1300	0.65	250～300		Fe-0.13C-0.11Mn-0.11V	310	0.45	700～900
	Zn-50Al	1000	0.3	250～300		Fe-0.34C-0.47Mn-0.2Al	372	0.48	900～950
	Zn-22Al-4Cu	1000	0.5	20～250		Fe-0.42C-1.87Mn-0.24Si	460	0.65	1000
	Zn-22Al-0.2Mn	1000	0.5	20～250		Fe-0.91C-0.45Mn-0.12Si	142	0.42	716～917
	Zn-0.1Ni-0.04Mg	>980	0.51	100～250		Fe-0.07C-0.91Mn-0.5P-0.1N	169	0.31	800～950
铝基超塑性合金	Al(商品)	6000	0.2	377～577		Fe-0.14C-0.7Mn-0.15Si-0.14V	242	0.43	850～950
	Al-7.6Ca	850	0.78	300～600					
	Al-17Ca	600	0.35	400～524		Fe-0.14C-1.16Mn-0.5P-0.11V	272	0.57	850～950
	Al-33Cu(共晶)	1150	0.9	380～525					
	Al-10～13Cu(共晶)	180	0.4	450～508		Fe-0.16C-1.54Mn-1.98P-0.13V	376	0.55	850～950
	Al-25～33Cu-7～11Mg	2000	0.5	400～500					
	Al-5.6Zn-1.56Mg	>600	0.72	420～480		Fe-0.18C-1.54Mn-0.9P-0.11V	320	0.55	850～950
	Al-6Zn-3Mg	400	0.35	340～360					
	Al-10.72Zn-0.93Mg-0.42Zr	1550	0.9	550		Fe-26Cr-6.5Ni	>1000	0.62	700～1020
	Al-4.6Mg-0.75Mn-0.2Fe-0.15Si	150	0.4	275	镍基超塑性合金	Ni(商品)	225	0.38	800～820
						Ni-Cr 合金	190	0.41	1000
	Al-5.8Mg-0.37Zr-0.16Mn-0.07Cr	>800	0.6	520		Ni-34.9Cr-26.2Fe-0.58Ti	>1000	0.5	795～855
						Ni-38Cr-14Fe-1.75Ti-1Al	1000	0.5	810～980
						Ni-39Cr-10Fe-1.75Ti-1Al	1000	0.5	810～980
	Al-4.5Cu-1.5Mg-0.5Mn-0.2Fe-0.1Si	200	0.4	400		Ni-15Co-9.5Cr-5.5Al-5Ti-3Mo(IN100)	1000	0.5	810～1070
	Al-5.6Zn-2.5Mg-1.5Cu-0.2Cr-0.2Fe-0.1Si	200	0.4	400		Ni-16Cr-8.3Co-3.4Ti-3.4Al-2.6W-1.78Ta-1.75Mo	500	0.4	800～1000

1. 锌基超塑性合金

锌基超塑性合金是最早的超塑性合金,具有巨大的无颈缩延伸率。但其蠕变强度低,冲压加工性能差,不宜作结构材料。用于一般不需切削的简单零件。

2. 铝基超塑性合金

铝基超塑性合金虽具有超塑性,但其综合力学性能较差,室温脆性大,限制了在工业上的应用。含有微量细化晶粒元素(如 Zr 等)的超塑性铝合金则具有较好的综合力学性能,可加工成复杂形状的部件。

3. 镍基超塑性合金

镍基超塑性合金由于高温强度高,难以锻造加工。利用超塑性进行精密锻造,压力小,节约材料和加工费,制品均匀性好。

4. 超塑性钢

将超塑性用于钢方面,至今尚未达到商品化程度。最近研究的 IN-744Y 超塑性不锈钢,具有铁素体和奥氏体两相细晶组织,如果把含碳量控制在 0.03%,可产生几倍的断后伸长率。碳素钢的超塑性基础研究正在进行,其中含碳 1.25% 的碳钢在 650~700 ℃ 的加工温度下,取得 400% 的断后伸长率。

5. 钛基超塑性合金

钛合金变形抗力大,回弹严重,加工困难,用常规方法锻造、冲压加工时,需要大吨位的设备,难以获得高精度的零件。利用超塑性进行等温模锻或挤压,变形抗力大为降低,可制出形状复杂的精密零件。

11.3.3 超塑性合金的应用

超塑性合金的研究与开发为金属结构材料的加工技术和功能材料的发展,开拓了新的前景,受到各国普遍重视,下面介绍典型的应用实例。

1. 高变形能力的应用

(1)在温度和变形速度合适时,利用超塑性合金的极大伸长率,可完成通常压力加工方法难以完成或用多道工序才能完成的加工任务。如 Zn-22Al 合金可加工成"金属气球",即可像气球一样易于变形到任何程度。这对于一些形状复杂的深冲加工,内缘翻边等工艺的完成有十分重要的意义。超塑性加工的缺点是加工速度慢、效率低。但优点是作为一种固态铸造方式,加工零件尺寸精度高,可制备复杂零件。

(2)对于超塑性合金可采用无模拉拔技术。它是利用感应加热线圈来加热棒材的局部,使合金达到超塑性温度,并通过拉拔和线圈移动速度的调整来获得各种减面率。

2. 固相粘接能力的应用

细晶超塑性合金的晶粒尺寸远小于普通粗糙金属表面的微小凸起的尺寸(约 10 μm),所以当它与另一金属压合时,超塑性合金的晶粒可以顺利地填充微小凸起的空间,使两种材料间的粘接能力大大提高。利用这一点可轧合多层材料、包覆材料和制造各种复合材料,获得多种优良性能的材料。这些性能包括结构强度和刚度、减振能力、共振点移动、韧脆转变温度、耐蚀及耐热性等。

3. 减振能力的应用

合金在超塑性温度下具有使振动迅速衰减的性质,因此可将超塑性合金直接制成零件以满足不同温度下的减振需要。

4. 其他

(1) 利用动态超塑性可将铸铁等难加工的材料进行弯曲变形达 120°左右。

(2) 对于铸铁等焊接后易开裂的材料,在焊后于超塑性温度保温,可消除内应力,防止开裂。

超塑性还可以用于高温苛刻条件下使用的机械、结构件的设计、生产及材料的研制,也可应用于金属陶瓷和陶瓷材料中。总之,超塑性的开发与利用,有着十分广阔的前景。

11.4 纳米材料与应用

纳米材料(nano materials)是指尺寸为 1~100 nm 的纳米粒子、由纳米粒子凝聚成的纤维、薄膜、块体及与其他纳米粒子或常规材料(薄膜、块体)组成的复合材料。

自然界中早就存在纳米微粒及纳米固体,如陨石碎片、动物牙齿都是由纳米微粒构成的。从 20 世纪 60 年代起人们开始自觉地把纳米微粒作为研究对象进行探索,但直到 1990 年才正式把纳米材料科学作为材料科学一个新的分支。由于纳米材料结构和性能上的特性以及实际中广泛的应用前景,有人将纳米材料、纳米生物学、纳米电子学、纳米机械学等一起,统称为纳米科技。

11.4.1 纳米材料的特性

当颗粒尺寸进入纳米量级时,其本身和由它构成的固体主要具有三个方面的效应,并由此派生出传统固体材料不具备的许多特殊性质。

1. 三个效应

(1) 小尺寸效应

当超微粒子的尺寸小到纳米量级时,其声、光、电、磁、热力学等特性均会呈现新的尺寸效应。如磁有序转为磁无序,超导相转为正常相,声子谱发生改变等。

(2) 表面与界面效应

随纳米微粒尺寸减小,比表面积增大,三维纳米材料中界面占的体积分数增加。如当粒径为 5 nm 时,比表面积为 180 m^2/g,界面体积分数为 50%;而粒径为 2 nm 时,则比表面积增加到 450 m^2/g,界面体积分数增加到 80%。此时已不能把界面简单地看作一种缺陷,界面已成为纳米固体的基本组分之一,并对纳米材料的性能起着举足轻重的作用。

(3) 量子尺寸效应

随粒子尺寸减小,能级间距增大,从而导致磁、光、声、热、电及超导电性与宏观特性显著不同。

2. 物理特性

(1) 低的熔点、烧结开始温度及晶化温度

如大块铅的熔点为 327 ℃,而 20 nm 铅微粒熔点低于 15 ℃。纳米 Al_2O_3 的烧结温度

为 1200～1400 ℃,而常规 Al_2O_3 烧结温度为 1700～1800 ℃。

（2）具有顺磁性或高矫顽力

如 10～25 nm 铁磁金属微粒的矫顽力比相同的宏观材料大 1000 倍,而当颗粒尺寸小于 10 nm 时矫顽力变为零,表现为超顺磁性。

（3）光学特性

一是宽频吸收。纳米微粒对光的反射率低（如铂的纳米微粒仅为 1%）,吸收率高,因此金属纳米微粒几乎呈黑色。二是蓝移现象,即发光带或吸收带由长波长移向短波长的现象。随颗粒尺寸减小,其发光颜色依红色→绿色→蓝色变化。

（4）电特性

随粒子尺寸降到纳米量级,金属由良导体变为非导体,而陶瓷材料的电阻则大大下降。

3. 化学特性

由于纳米材料比表面积大,处于表面的原子数多,键态严重失配,表面出现非化学平衡、非整数配位的化学价,化学活性高,很容易与其他原子结合。如纳米金属的粒子在空气中会燃烧,无机材料的纳米粒子暴露在大气中会吸附气体并与其反应。

4. 结构特性

纳米微粒的结构受到尺寸的制约和制备方法的影响。如常规 α-Ti 为典型的密排六方结构,纳米 α-Ti 则为面心立方结构。蒸发法制备的 α-Ti 纳米微粒为面心立方结构,用离子溅射法制备同样尺寸的纳米微粒却呈体心立方结构。

5. 力学性能特性

高强度、高硬度、良好的塑性和韧性是纳米材料引人注目的特性之一。如纳米 Fe 多晶体（粒径 8 nm）的断裂强度比常规 Fe 高 12 倍,纳米 SiC 的断裂韧性比常规材料高 100 倍,纳米技术为陶瓷材料的增韧带来了希望。

11.4.2　纳米材料的分类

（1）按纳米颗粒结构状态,可分为纳米晶体材料（又称为纳米微晶材料）和纳米非晶态材料。

（2）按结合键类型,可分为纳米金属材料、纳米离子晶材料、纳米半导体材料及纳米陶瓷材料。

（3）按组成相数量,可分为纳米相材料（由单相微粒构成的固体）和纳米复相材料（每个纳米微粒本身由两相构成）。

11.4.3　纳米材料的制备

1. 纳米微粒的制备方法

（1）气体冷凝法

在低压的氩、氦等惰性气体中加热金属,使其蒸发后形成纳米微粒。

（2）活性氢-熔融金属反应

含有氢气的等离子体与金属间产生电弧,使金属熔融,电离的 N_2、Ar、H_2 溶入熔融金属,再释放出来,在气体中形成金属纳米粒子。

（3）通电加热蒸发法

使接触的碳棒和金属通电，在高温下金属与碳反应并蒸发形成碳化物纳米粒子。

（4）化学蒸发凝聚法

通过有机高分子热解获得纳米陶瓷粉末。

（5）喷雾法

将溶液通过各种物理手段进行雾化获得超微粒子；此外还有溅射法、流动液面真空蒸镀法、混合等离子法、激光诱导化学气相沉积法、爆炸丝法、沉淀法、水热法、溶剂挥发分解法、溶胶-凝胶法等。

2. 纳米固体（块体、膜）的制备方法

（1）纳米金属与合金的制备方法有：①惰性气体蒸发、原位加压法，将制成的纳米微粒原位收集压制成块；②高能球磨法，即机械合金化；③非晶晶化法，使非晶部分或全部晶化，生成纳米级晶粒；④直接淬火法，通过控制淬火速度获得纳米晶材料；⑤变形诱导纳米晶，对非晶条带进行变形再结晶形成纳米晶。

（2）纳米陶瓷的制备方法有无压烧结法和加压烧结法。

（3）纳米薄膜的制备方法有：①溶胶-凝胶法；②电沉积法，对非水电解液通电，在电极上沉积成膜；③高速超微粒沉积法，用蒸发或溅射等方法获得纳米粒子，一定压力下惰性气体作载流子，通过喷嘴，在基板上沉积成膜；④直接沉积法，即把纳米粒子直接沉积在低温基板上。

11.4.4　纳米新材料

1. C_{60}、纳米管、纳米丝

C_{60} 发现于 1985 年，是由 60 个碳原子构成的 32 面体，直径为 0.7 nm，呈中空的足球状，如图 11.5 所示。C_{60} 及其衍生物具有奇异的特性（如超导、催化等），有望在半导体、光学及医学等众多领域获得重要和广泛的应用。纳米管发现于 1991 年，又称为巴基管，是由六边环形的碳原子组成的管状大分子，管的直径为零点几纳米到几十纳米，长度为几十纳米到 1 μm，可以多层同轴套在一起。碳管的 σ_b 比钢高 100 倍。碳管中填充金属可制成纳米丝。

图 11.5　C_{60} 原子团簇的结构

2. 人工纳米阵列体系

人工纳米阵列体系是指将金属熔入 Al_2O_3 纳米管状阵列空洞模板，或将导电高分子单体聚合于聚合物纳米管状空洞模板的空洞内，形成具有阵列体系的纳米管和纳米丝。可用于微电子元件、纳米级电极及大规模集成电路的线接头等。

3. 纳米颗粒膜

纳米颗粒膜是由纳米小颗粒镶嵌在薄膜基体中构成的复合体，可采用共蒸发、共溅射的工艺制得。目前研究较为集中的是金属-绝缘体型、金属-金属型、半导体-绝缘体型膜，根据纳米颗粒的比例不同，可得到不同电磁性能的膜，具有良好的应用前景。

11.4.5　纳米复合材料

纳米复合材料包括：①0-0 复合，即由不同成分、不同相或不同种类的纳米粒子复合而

成的固体;②0-2 复合,即把纳米粒子分散到二维的薄膜材料中;③0-3 复合,即把纳米粒子分散到常规的三维固体中。

（1）纳米复合涂层材料

具有高强、高韧、高硬度,在材料表面防护和改性上有广阔的应用前景,如碳钢涂覆 $MoSi_2/SiC$ 纳米复合涂层,硬度比碳钢高几十倍,且有良好的抗氧化性、耐高温性能。

（2）金属基纳米复合材料

纳米粒子可以是金属和陶瓷,如纳米 Al-Ce 过渡族合金复合材料、Cu-纳米 MgO 复合材料等,其强度、硬度和塑韧性大大提高,而不损害其他性能。

（3）陶瓷基纳米复合材料

与传统的陶瓷基复合材料相比,有可能突破陶瓷增韧问题。

（4）高分子基纳米复合材料

可制成多种功能材料,如纳米晶 $FeXCu100-X$ 与环氧树脂混合可制成硬度类似金刚石的刀片。将 TiO_2、Cr_2O_3、Fe_2O_3、ZnO 等具有半导体性质的粉体掺入树脂中有良好的静电屏蔽性能。

11.4.6　功能纳米复合材料

（1）磁制冷材料

如 20 世纪 90 年代初研制出的钆镓铁石榴石（GGIG）纳米复合材料的磁致冷温度由原来的 15 K 提高到 40 K。

（2）超软磁材料和硬磁材料

如 Fe-M-B（M 为 Zr、Hf、Nb）体心纳米复合材料磁导率高达 2000,饱和磁化强度达 1.5 T,纳米 Fe-Nd-B 合金则具有高的矫顽力和剩余磁化强度,这是由于 $Fe_{14}Nd_2B$ 相磁各向异性强及纳米粒子的单磁畴特性。

（3）巨磁阻材料

巨磁阻是指在一定的磁场下电阻急剧减少的现象,巨磁阻材料是在非磁的基体中弥散着铁磁性的纳米粒子,如在 Ag、Cu、Au 等材料中弥散着纳米尺寸的 Fe、Co、Ni 磁性粒子。这种材料可能作为微弱磁场探测器、超导量子相干器、霍尔系数探测器等。

（4）光学材料

如 Al_2O_3 和 Fe_2O_3 纳米粉掺到一起使原不发光的材料 Al_2O_3 和 Fe_2O_3 出现一个较宽的光致发光带。

（5）高介电材料

如 Ag 与 SiO_2 纳米复合材料的介电常数比常规 SiO_2 提高 1 个数量级。

（6）仿生材料

由于天然生物某些器官实际上是一种天然的纳米复合材料,因而纳米复合材料已逐渐成为仿生材料研究的热点。

11.4.7　纳米材料的应用

（1）陶瓷增韧

近年来,陶瓷增韧研究集中于通过纳米添加来改善常规陶瓷的综合性能。如我国用纳

米 Al_2O_3 添加到常规 85 瓷、95 瓷中,其强度和韧性均提高 50％以上。

（2）磁性液体

将化学吸附一层长链高分子的纳米铁氧体(如 Fe_3O_4)高度弥散于基液(如水、煤油、烃等)中而形成的稳定胶体体系。在磁场作用下,磁性颗粒带动着被表面活性剂(即长链高分子)包裹着的液体一起运动,好像整个液体具有磁性,称为磁性液体。可用于旋转轴的动态密封,制作阻尼件、润滑剂、磁性液体发电机、比重分离、造影剂等。

（3）制作超微粒传感器

如气体、温度、速度、光传感器等。

（4）在生物和医学上的应用

由于纳米微粒的尺寸比生物体内的细胞、红细胞小得多,因此可用于细胞分离、细胞染色及利用纳米微粒制成特殊药物或新型抗体进行局部定向治疗等。

（5）用作催化剂

主要利用表面积大和表面活性大的特点,提高反应速度,降低反应温度。如以粒径小于 0.3 μm 的 Ni 和 Cu-Zn 合金的超细微粉为主要成分制成的催化剂,可使有机物氢化的效率是传统 Ni 催化剂的 10 倍。玻璃、瓷砖上的 TiO_2 膜,在光照下可使其表面的污物(油污、细菌等)碳氢化合物氧化,产生自洁作用。

（6）光学应用

将对 250nm 以下紫外光有很强吸收能力的 Al_2O_3 纳米微粒掺和到稀土荧光粉中可吸收日光灯中的紫外线,保护人体,提高灯管寿命。利用纳米 TiO_2、ZnO、SiO_2、Al_2O_3 等吸收紫外线的能力可制成防晒油和化妆品。将吸收红外、微波、电磁波的纳米微粒涂覆在飞行器表面,可避开红外探测器和雷达,达到隐身目的。纳米氧化铝、氧化镁、氧化硅和氧化钛有可能在隐身材料上发挥作用。

（7）其他方面的应用

①纳米抛光液,可用于金相、高级光学玻璃、各种宝石的抛光。②家用电器等的纳米静电屏蔽材料,可改变家电用碳黑屏蔽的黑颜色。③导电浆液和导电胶,用于微电子工业。④纳米微粒,可作火箭固体燃料助燃剂。⑤调整纳米微粒的体积可得到各种颜色的印刷油墨。⑥将纳米 Al_2O_3 加入橡胶中可提高橡胶的耐磨性和介电特性,加入普通玻璃中,明显降低其脆性,加入 Al 中,使晶粒大大细化,强度和韧性都有所提高。

11.5　新能源新材料

新材料技术则是按照人的意志,通过物理研究、材料设计、材料加工、试验评价等一系列研究过程,创造出能满足各种需要的新型材料的技术。

新能源新材料是在环保理念推出之后引发的对不可再生资源节约利用的一种新的科技理念,新能源新材料是指新近发展的或正在研发的、性能超群的一些材料,具有比传统材料更为优异的性能。

11.5.1　能源材料

能源材料主要有太阳能电池材料、储氢材料、固体氧化物电池材料等。

太阳能电池材料是新能源材料,IBM 公司研制的多层复合太阳能电池,转换率高达 40%。

氢是无污染、高效的理想能源,氢的利用关键是氢的储存与运输,美国能源部在全部氢能研究经费中,大约有 50% 用于储氢技术。氢对一般材料会产生腐蚀,造成氢脆及其渗漏,在运输中也易爆炸。储氢材料的储氢方式是能与氢结合形成氢化物,当需要时加热放氢,放完后又可以继续充氢的材料。目前的储氢材料多为金属化合物,如 $LaNi_5H$、$Ti_{1.2}Mn_{1.6}H_3$ 等。

固体氧化物燃料电池的研究十分活跃,关键是电池材料,如固体电解质薄膜和电池阴极材料,还有质子交换膜型燃料电池用的有机质子交换膜等。

11.5.2　超导材料

有些材料当温度下降至某一临界温度时,其电阻完全消失,这种现象称为超导电性,具有这种现象的材料称为超导材料。超导体的另外一个特征是:当电阻消失时,磁感应线将不能通过超导体,这种现象称为抗磁性。

一般金属(如铜)的电阻率随温度的下降而逐渐减小,当温度接近于 0K 时,其电阻达到某一值。而 1919 年荷兰科学家昂内斯用液氦冷却水银,当温度下降到 4.2K(即 -269 ℃)时,发现水银的电阻完全消失,

超导电性和抗磁性是超导体的两个重要特性。使超导体电阻为零的温度称为临界温度(T_c)。超导材料研究的难题是突破“温度障碍”,即寻找高温超导材料。

以 $NbTi$、Nb_3Sn 为代表的实用超导材料已实现了商品化,在核磁共振人体成像(NMRI)、超导磁体及大型加速器磁体等多个领域获得了应用。SQUID 作为超导体弱电应用的典范已在微弱电磁信号测量方面起到了重要作用,其灵敏度是其他任何非超导的装置无法达到的。但是由于常规低温超导体的临界温度太低,必须在昂贵复杂的液氦(4.2 K)系统中使用,因而严重地限制了低温超导应用的发展。

高温氧化物超导体的出现,突破了温度壁垒,把超导应用温度从液氦(4.2 K)提高到液氮(77 K)温区。同液氦相比,液氮是一种非常经济的冷媒,并且具有较高的热容量,给工程应用带来了极大的方便。另外,高温超导体具有相当高的磁性能,能够用来产生 20 T 以上的强磁场。

超导材料最诱人的应用是发电、输电和储能。利用超导材料制作超导发电机的线圈磁体制成的超导发电机,可以将发电机的磁场强度提高到 $5×10^4 \sim 6×10^4$ Gs,而且几乎没有能量损失。与常规发电机相比,超导发电机的单机容量提高 5～10 倍,发电效率提高 50%。超导输电线和超导变压器可以把电力几乎无损耗地输送给用户,据统计目前的铜或铝导线输电,约有 15% 的电能损耗在输电线上,在中国每年的电力损失达 1000 多亿千瓦时,若改为超导输电,节省的电能相当于新建数十个大型发电厂。超导磁悬浮列车的工作原理是利用超导材料的抗磁性,将超导材料置于永久磁体(或磁场)的上方,由于超导的抗磁性,磁体的磁力线不能穿过超导体,磁体(或磁场)和超导体之间会产生排斥力,使超导体悬浮在上方。利用这种磁悬浮效应可以制作高速超导磁悬浮列车,如已运行的日本新干线列车、上海浦东国际机场的高速列车等。用于超导计算机,高速计算机要求在集成电路芯片上的元件和连接线密集排列,但密集排列的电路在工作时会产生大量的热量,若利用电阻接近于零的超导材料制作连接线或超微发热的超导器件,则不存在散热问题,可使计算机的速度大大提高。

11.5.3　磁性材料

磁性材料通常包括软磁材料、硬磁材料、矩磁材料和压磁材料四类。

1. 软磁材料

软磁材料是指那些易于磁化并可反复磁化的材料,但当磁场去除后,磁性即随之消失。这类材料的特性标志是:磁导率($\mu = B/H$)高,即在磁场中很容易被磁化,并很快达到高的磁化强度;但当磁场消失时剩磁(B_r)很小,易退磁(起始磁化率大)。饱和磁感应强度(B_s)大,矫顽(H_c)小,磁滞回线的面积窄而长,损耗小(H_{dB} 面积小)。在电子技术中广泛应用于高频技术,如各种高频电磁元件的磁芯、磁棒、磁头、存储器磁芯;在强电技术中可用于制作变压器、电机、开关继电器等。目前常用的软磁体有磁纯铁、铁硅合金、铁镍合金、非晶金属。

Fe-(3%~4%)Si 的铁硅合金是最常用的软磁材料,常用作低频变压器、电动机及发电机的铁芯;铁镍合金的性能比铁硅合金好,典型代表材料为坡莫合金(permalloy),其成分为 79%Ni-21%Fe,坡莫合金具有高的磁导率(为铁硅合金的 10~20 倍)、低的损耗;并且在弱磁场中具有高的磁导率和低的矫顽力,广泛用于电信工业、电子计算机和控制系统方面,是重要的电子材料;非晶金属(金属玻璃)与一般金属的不同点是其结构为非晶体。它们由 Fe、Co、Ni 及半金属元素 B、Si 组成,其生产工艺要点是采用极快的速度使金属液冷却,使固态金属获得原子无规则排列的非晶体结构。非晶金属具有非常优良的磁性能,已用于低能耗的变压器、磁性传感器、记录磁头等。另外,有的非晶金属具有优良的耐蚀性,有的具有强度高、韧性好的特点。

2. 永磁材料(硬磁材料)

永磁材料经磁化后,去除外磁场仍保留磁性,其性能特点是具有高的剩磁、高的矫顽力($>10^2$ A/m)、磁滞回线的面积大、损耗大。利用磁滞回线磁化后可长久保持很强磁性的特性可制造永久磁铁,把它作为磁源,如常见的指南针、仪表、微电机、电动机、录音机、电话及医疗等。永磁材料包括铁氧体和金属永磁材料两类。

铁氧体的用量大、应用广泛、价格低,但磁性能一般,常用于一般要求的永磁体。

金属永磁材料中,最早使用的是高碳钢,但磁性能较差。高性能永磁材料的品种有铝镍钴(Al-Ni-Co)和铁铬钴(Fe-Cr-Co);稀土永磁,如较早的稀土钴(Re-Co)合金(主要品种有利用粉末冶金技术制成的 $SmCo_5$ 和 Sm_2Co_{17}),以及现在广泛采用的铌铁硼(Nb-Fe-B)稀土永磁,铌铁硼磁体不仅性能优,而且不含稀缺元素钴,所以很快成为目前高性能永磁材料的代表,已用于高性能扬声器、电子水表、核磁共振仪、微电机、汽车启动电机等方面。

3. 矩磁材料

矩磁材料是具有矩形磁滞回线,剩余磁感强度 B_r 和工作时最大磁感应强度 B_m 的比值,即 B_r/B_m 接近于 1 以及矫顽磁力较小的磁性材料。其特点是:当有较小的外磁场作用时,就能使之磁化,并达到饱和;去掉外磁场后,磁性仍然与饱和时一样。

常温使用的矩磁材料有(Mn-Mg)Fe_2O_4 系、(Mn-Cu)Fe_2O_4 系、(Mn-Ni)Fe_2O_4 系等。−65~125 ℃范围内使用的矩磁材料有 Li-Mn、Li-Ni、Mn-Ni、Li-Cu 等。这类材料包括铁氧体磁芯材料和磁膜材料,如(Mg,Mn)Fe_2O_4 系、(Li,Mn,Fe)$_3O_4$ 系、(Cu,Mn)Fe_2O_4 系、

$(Mg,Ni)Fe_2O_4$ 系、$(Co-Fe)Fe_2O_4$ 系和 $(Ni,Zn,Cu)Fe_2O_4$ 系等铁氧体。其中 (Mg,Mn) Fe_2O_4 系常温磁芯和 $(Li,Mn,Fe)_3O_4$ 系宽温磁芯,加少量 Cu 和稀土元素可以改善其热处理的矩磁性。还有矩磁合金如 Fe-Ni 系、Fe-Ni-Co-Mn 系、Fe-Ni-Mo 系等。其中以占 80% 的 Fe-Ni-Mo 系的综合性能最佳。

矩磁材料的剩磁感应强度 B_r 很高,接近于饱和磁感应强度 B_s,在易磁化方向具有接近矩形的磁滞回线,矩磁比 B_r/B_s 通常在 85% 以上。主要用于电子计算机随机存取的记忆装置,还可用于制造磁放大器、磁调制器、中小功率脉冲变压器和磁心存储器等。用这类材料作为磁性涂层可制成磁鼓、磁盘、磁卡和各种磁带等。材料的矩磁性主要来源于两个方面:晶粒取向和磁畴取向。对于磁晶各向异性不等于零的合金,通过高压下的冷轧和适当的热处理,使晶粒的易磁化轴整齐地排列在同一方向上,在这个方向磁化时即可获得高的矩磁比、高磁导率和低矫顽力。对于居里温度较高(约 500 ℃)、磁晶各向异性常数和磁致伸缩系数接近零的合金,经磁场热处理可获得磁畴取向结构,沿磁场处理方向具有高的矩磁比和高的磁导率。因矩磁材料的 $(BH)_{max}$ 比较高,可以得到高的读"1"信号和低的读"0"磁噪声;矫顽力低,可降低存取"1"信号和"0"磁噪声的功率,因而降低温度。其次信噪比和抗干扰比高,对环境和温度稳定性好等。

4. 压磁材料

当铁磁材料因磁化而引起伸缩产生应力时,其内部必然存在磁弹性能量,从而产生应力,导致磁导率发生变化,这种现象称为压磁效应。具有压磁效应的材料称为压磁材料。可以采用压磁材料制成的传感器来感知其磁性(磁导率)变化,从而检测其内部应力及外部载荷的变化。压磁效应的逆效应即磁滞伸缩效应。磁致伸缩材料具有电磁能与机械能或声能的相互转换功能,是重要的磁功能材料之一。

压磁材料有如下特点:

(1)饱和磁致伸缩系数高,可获得最大变形量;

(2)产生饱和磁致伸缩的外加磁场低;

(3)在恒定应力作用下,单位磁场变化可获得高的磁致伸缩变化,或是在恒定磁场下单位应力变化可获得高的磁通密度变化;

(4)材料的磁状态和上述磁参量对温度等环境的稳定性好。

常见的压磁材料有:金属压磁材料,其饱和磁化强度高,力学性能优良,可在大功率下使用,但电阻率低,不能用于高频,例如,Fe-Co-V 系、Fe-Ni 系、Fe-Al 系和 Ni-Co 系合金;而铁氧体压磁材料与金属压磁材料正相反,其电阻率高,可用于高频,但饱和磁化强度低,力学强度也不高,不能用于大功率状态;一些含稀土元素的金属化合物如 $TbFe_2$ 系、$SmFe_2$ 系,其饱和磁致伸缩系数和磁弹耦合系数都高,但缺点是要求外加磁场高,往往难以满足。

压磁材料主要用于电磁能和机械能相互转换的超声发声器、接收器、超声探伤器、超声钻头、超声焊接器、滤波器、稳频器、谐波发声器、振荡器、微波检波器以及声呐、回声探测仪等。

11.5.4　未来新材料

波能:即海洋波浪能,是一种取之不尽、用之不竭的无污染可再生能源。据推测,地球上海洋波浪蕴藏的电能高达 9×10^4 TW。近年来在各国的新能源开发计划中,波能的利用已占有一席之地。尽管波能发电成本较高,需要进一步完善,但目前的进展已表明这种新能源潜在的商业价值。日本的一座海洋波能发电厂已运行 8 年,电厂的发电成本虽高于其他发电方式,但对于边远岛屿来说,可节省电力传输等投资费用。目前,美国、英国、印度等国家已建成几十座波能发电站,均运行良好。

可燃冰:是一种甲烷与水结合在一起的固体化合物,它的外形与冰相似,故称"可燃冰"。可燃冰在低温高压下呈稳定状态,冰融化所释放的可燃气体相当于原来固体化合物体积的 100 倍。据测算,可燃冰的蕴藏量比地球上的煤、石油和天然气的总和还多。

煤层气:煤在形成过程中由于温度及压力增加,在产生变质作用的同时也释放出可燃性气体。从泥炭到褐煤,每吨煤产生 68 m³ 气;从泥炭到肥煤,每吨煤产生 130 m³ 气;从泥炭到无烟煤每吨煤产生 400 m³ 气。科学家估计,地球上煤层气可达 2000 Tm³。

微生物发酵:世界上有不少国家盛产甘蔗、甜菜、木薯等,利用微生物发酵,可制成酒精,酒精具有燃烧完全、效率高、无污染等特点,用其稀释汽油可得到"乙醇汽油"。而且制作酒精的原料丰富,成本低廉。据报道,巴西已改装以"乙醇汽油"或酒精为燃料的汽车达几十万辆,减轻了大气污染。此外,利用微生物可制取氢气,以开辟能源的新途径。

第四代核能源:当今,世界科学家已研制出利用正反物质的核聚变来制造无任何污染的新型核能源。正反物质的原子在相遇的瞬间,会灰飞烟灭,此时会产生高当量的冲击波以及光辐射能。这种强大的光辐射能可转化为热能,如果能够控制正反物质的核反应强度来作为人类的新型能源,那将是人类能源史上的一场伟大的能源革命。

思考题与习题

11.1　什么是形状记忆效应?形状记忆合金应具备哪些条件?

11.2　非晶态合金的特性有哪些?

11.3　何为超塑性?它分为哪两类?常见的超塑性合金有哪些?

第12章

零件的失效与材料及成形技术的选用

12.1 零件的失效

12.1.1 失效概念

所谓失效(failure)是指机械零件在使用过程中,由于尺寸、形状或材料的组织与性能等的变化而失去预定功能的现象。由于机械零件的失效,会使机床失去加工精度、输气管道发生泄漏、飞机出现故障等,严重地威胁人身安全和生产安全,造成巨大的经济损失。因此,分析机械零件的失效原因、研究失效机理、提出失效的预防措施具有十分重要的意义。

12.1.2 失效形式

机械零件常见的失效形式有变形失效(deformation failure)、断裂失效(fracture failure)、表面损伤失效(surface damage failure)及材料老化失效(materials ageing failure)等。

1. 变形失效

(1) 弹性变形失效

一些细长的轴、杆件或薄壁筒机械零件,在外力作用下将发生弹性变形,如果弹性变形过量,会使机械零件失去有效工作能力。例如,镗床的镗杆,如果工作中产生过量弹性变形,不仅会使镗床产生振动,造成机械零件加工精度下降,而且会使轴与轴承的配合不良,甚至会引起弯曲塑性变形或断裂。引起弹性变形失效的原因主要是机械零件的刚度不足。因此要预防弹性变形失效,应选用弹性模量大的材料。

(2) 塑性变形失效

机械零件承受的静载荷超过材料的屈服强度时,将产生塑性变形。塑性变形会造成机械零件间相对位置变化,致使整个机械运转不良而失效。例如,压力容器上的紧固螺栓,如果拧得过紧,或因过载引起螺栓塑性伸长,便会降低预紧力,致使配合面松动,导致螺栓失效。

2. 断裂失效

断裂失效是机械零件失效的主要形式,断裂原因可分为以下几种。

1）韧性断裂失效

材料在断裂之前所发生的宏观塑性变形或所吸收的能量较大的断裂称为韧性断裂（toughness fracture）。工程上使用的金属材料的韧性断口多呈韧窝状，如图 12.1 所示。韧窝是由于空洞的形成、长大并连接而导致韧断产生的。

2）脆性断裂失效

材料在断裂之前没有塑性变形或塑性变形很小（$<2\%\sim 5\%$）的断裂称为脆性断裂（brittle fracture）。疲劳断裂、应力腐蚀断裂、腐蚀疲劳断裂和蠕变断裂等均属于脆性断裂。

图 12.1　韧窝断口

（1）疲劳断裂失效

机械零件在交变应力作用下，在比屈服应力低很多的应力下发生的突然脆断，称为疲劳断裂（fatigue fracture）。由于疲劳断裂是在低应力、无先兆情况下发生的，因而具有很大的危险性和破坏性。据统计，80%以上的断裂失效属于疲劳断裂。疲劳断裂最明显的特征是断口上的疲劳裂纹扩展区比较平滑，并通常存在疲劳休止线或疲劳纹。疲劳断裂的断裂源多发生在机械零件表面的缺陷或应力集中部位。提高机械零件表面加工质量，减少应力集中，对材料表面进行表面强化处理，都可以有效提高疲劳断裂抗力。

（2）低应力脆性断裂失效

石油化工容器、锅炉等一些大型锻件或焊接件，在工作应力远远低于材料的屈服应力作用下，由于材料自身固有的裂纹扩展导致的无明显塑性变形的突然断裂，称为低应力脆性断裂。对于含裂纹的构件，要用抵抗裂纹失稳扩展能力的力学性能指标——断裂韧性（K_{IC}）来衡量，以确保安全。

低应力脆性断裂按其断口的形貌可分为解理断裂和沿晶断裂。金属在正应力作用下，因原子间的结合键被破坏而造成的穿晶断裂称为解理断裂。解理断裂的主要特征是其断口上存在河流花样（图 12.2），是由于不同高度解理面之间产生的台阶逐渐汇聚而形成的。沿晶断裂的断口呈冰糖状（图 12.3）。

图 12.2　解理断口

图 12.3　沿晶断口

3. 表面损伤失效

由于磨损、疲劳、腐蚀等原因，使机械零件表面失去正常工作所必须的形状、尺寸和表面粗糙度造成的失效，称为表面损伤失效。

（1）磨损失效

磨损（wear）失效是工程上量大面广的一种失效形式。任何两个相互接触的机械零件发生相对运动时，其表面就会发生磨损，造成机械零件尺寸变化、精度降低而不能继续工作，这种现象称为磨损失效。例如,轴与轴承、齿轮与齿轮、活塞环与气缸套等摩擦副在服役时表面产生的损伤。

工程上主要是通过提高材料表面的硬度来提高机械零件的耐磨性。另外,增加材料组织中硬质相的数量,并让其均匀、细小地分布;选择合理的摩擦副硬度配比;提高机械零件表面加工质量;改善润滑条件等都能有效地提高机械零件的抗磨损能力。提高材料耐磨性的主要途径是进行表面强化,表12.1列出了表面强化工艺方法的分类及特点。

表 12.1　表面强化工艺方法的分类和特点

分　类	强 化 方 法	硬化层组织结构	硬化层厚度/mm		可获得的表面硬度及变化	表层残余应力大小/MPa	适用工件材料
			最小	最大			
表面形变强化及表面抛光、磨光	喷丸	亚晶粒细化,高密度位错	0.4	1.0	增加20%~40%	压应力4~8	钢、铸铁、有色金属
	滚轮磨光		1.0	20.0	增加20%~50%	压应力6~8	
	流体抛光		0.1	0.3	增加20%~40%	压应力2~4	
	金刚砂磨光		0.01	0.20	增加30%~60%	压应力8~10	
化学热处理	渗碳	马氏体及碳化物	0.5	2.0	60~67 HRC	压应力4~10	低碳钢
	渗氮	渗氮物	0.05	0.60	650~1200 HV	压应力4~10	钢、铸铁
	渗硼	硼化物	0.07	0.15	1300~1800 HV	—	钢、铸铁
	渗钒	碳化钒	0.005	0.02	2800~3500 HV	—	钢、铸铁
	渗硫	低硬度硫化物(减摩)	0.05	1.00	—	—	钢、铸铁
表面冶金强化	表面冶金涂层	固溶体+化合物	0.5	20	200~650 HB	拉应力1~5	钢、铸铁有色金属
	表面激光处理	细化组织			1000~1200 HV	—	钢
	表面激光熔敷	非晶态			Fe-P-Si 1290~1530HV	—	钢
表面薄膜强化	镀铬	纯金属	0.01	1.0	500~1200HV	拉应力2~6	钢、铸铁、有色金属
	化学气相沉积	TiC,TiN	0.001	0.01	1200~3500HV	—	
	离子镀	Al膜,Cr膜	0.001	0.01	200~2000 HV	—	
	化学镀	Ni-P,Ni-B	0.005	0.1	400~1200 HV	—	
	电刷镀	高密度位错	0.005	0.3~0.5	200~700 HV	—	

（2）腐蚀失效

由于化学或电化学腐蚀造成机械零件尺寸和性能的改变而导致的失效称为腐蚀(corrosion)失效。合理地选用耐腐蚀材料,在材料表面涂覆防护层,采用电化学保护及采用缓蚀剂等可有效提高材料的抗腐蚀能力。

（3）表面疲劳失效

表面疲劳失效是指两个相互接触的机械零件相对运动时,在交变接触应力作用下,机械零件表面层材料发生疲劳而脱落所造成的失效。

4. 材料老化失效

高分子材料在储存和使用过程中发生变脆、变硬或变软、变黏等现象,从而失去原有性能指标的现象,称为高分子材料的老化。老化是高分子材料不可避免的。

一个机械零件失效,总是以一种形式起主导作用。但是各种失效因素相互交叉作用,可以组合成更复杂的失效形式,例如应力腐蚀、腐蚀疲劳、腐蚀磨损、蠕变疲劳交互作用等。

12.1.3 失效分析

由于机械零件失效造成的危害是巨大的,因而失效分析越来越受到重视。通过失效分析,找出失效原因和采取预防措施,可改进产品结构,提高产品质量,发现管理上的漏洞,提高管理水平,从而提高经济效益和社会效益。失效分析的成果也常是新产品开发的前提,并能推动材料科学理论的发展。失效分析是一个涉及面很广的交叉学科。掌握了正确的失效分析方法,才能找到真正合乎实际的失效原因,提出补救和预防措施。

失效分析的一般程序如下。

(1) 收集失效机械零件的残骸,进行宏观外形与尺寸的观察和测量,拍照留据,确定重点分析的部位。

(2) 调查机械零件的服役条件和失效过程。

(3) 查阅失效机械零件的有关资料,包括机械零件的设计、加工、安装、使用维护等方面的资料。

(4) 试验研究。

① 材料成分分析及宏观与微观组织分析。检查材料成分是否符合标准,组织是否正常(包括晶粒度,缺陷,非金属夹杂物,相的形态、大小、数量、分布,裂纹及腐蚀情况等)。

② 宏观和微观的断口分析。确定裂纹源及断裂形式(脆性断裂还是韧性断裂,穿晶断裂还是沿晶断裂,疲劳断裂还是非疲劳断裂等)。

③ 力学性能分析。测定与失效形式有关的各项力学性能指标。

④ 机械零件受力及环境条件分析。分析机械零件在装配和使用中所承受的正常应力与非正常应力,是否超温运行,是否与腐蚀性介质接触等。

⑤ 模拟试验。对一些重大失效事故,在可能和必要的情况下,应做模拟试验,以验证经上述分析后得出的结论。

(5) 综合各方面的分析资料,最终确定失效原因,提出改进措施,写分析报告。

12.1.4 失效原因与工程案例

造成机械零件失效的原因很多,主要有设计、选材、成形、装配使用等因素。

1. 设计不当引起的失效与工程案例

1) 设计不当引起的失效

(1) 概述

金属构件及装备的设计要有足够的强度、刚度、稳定性,结构设计要合理。由于设计上考虑不周密或认识水平的限制,构件及装备在使用过程中失效时有发生,如设计中的过载荷、应力集中、结构选择不当、安全系数过小及配合不适合等都会导致金属构件及装备失效;再如对复杂构件未做可靠的应力计算,或对构件在服役中所承受的非正常工作载荷的类型及大小未做考虑,甚至对工作载荷确定和应力分析准确的构件来说,如果只考虑抗拉强度和屈服强度数据的静载荷能力,而忽视了脆性断裂、低循环疲劳、应力腐蚀及腐蚀疲劳等机理可能引起的失效,都会在设计上造成严重的错误。其中结构或形状不合理,构件存在缺口、小圆弧转角、不同形状过渡区等高应力区,未能恰当设计引起的失效比较常见。或对环境的恶劣程度估计不足,忽略和低估了温度、介质等因素的影响等,造成机械零件过早失效。

(2) 常见的设计不合理因素

① 几何形状

忽略了构件形状突变处的尖角和表面粗糙度对使用性能的影响,是造成构件失效的重要原因。在由设计引起的失效中,尖角、半径太小的圆角等处应力集中引起的疲劳断裂占有很高的比例。

② 结构设计不合理

金属构件都是在完成某种功能的装备系统中工作的,每一步构件都是结构中的一部分,其工作受到结构中其他构件的影响,因此结构尺寸及工作参数对每一个构件的失效都有影响。例如,对于一些承受复杂应力的重要构件,其结构较复杂时,加工和装配精度设计若考虑不周,在以后的运行过程中易引起非正常摩擦磨损,导致构件损伤或断裂失效。

③ 选材不合理

金属构件及装备的材料要遵循使用性能、加工工艺性能及经济性原则,遵循使用性能原则是首先要考虑的。在特定环境中使用的构件,对可预见的失效形式要为其选择足够的抵抗失效能力。如对韧性材料可能产生的屈服变形或断裂,应该选择足够的抗拉强度和屈服强度;但对可能产生的脆性断裂、疲劳及应力腐蚀开裂的环境条件,高强度的材料往往适得其反。在符合使用性能的原则下选取的结构材料,对构件的成形要有好的加工工艺性能。在保证构件使用性能、加工工艺性能要求的前提下,经济性也是必须考虑的。选材不合理引起的金属构件及装备的失效也引起很大的重视,但仍有发生。

2) 设计不当引起失效的工程案例

工程案例 12.1 蜗杆断裂失效分析

(1) 概况

蜗杆为某重型车辆传动部件的零件。其作用为电动机输出动力到减速器,减速器会将动力传动到蜗杆上,蜗杆再带动蜗轮实现部件的转动。该车辆在跑车试验过程中,当电动机再次通电后,部件无法转动,停车检查故障原因,发现蜗杆发生断裂;重新更换新的蜗杆,部件在转动一段时间后,又出现上述故障,检查第二根蜗杆在同样位置发生同样断裂,蜗杆宏观形貌如图 12.4(a)所示。

(2) 检查结果与分析

① 宏观检查结果表明,零件断裂位置在两圆柱直角过渡处,断裂位置如图 12.4(b)所示,靠近断裂位置的较大直径圆柱外表面有明显的磨损痕迹;两对应断口形貌如图 12.4(c)和(d)所示,清洗后的断口形貌如图 12.4(e)所示。断裂起源于圆周外表面,沿圆周方向存在多处小台阶,为线源,断面上有较明显的疲劳弧线,最后断裂区位于临界直径 1/3 处,纹理较粗。根据断口特征分析,断口具有线疲劳断裂特征。

② 零件尺寸检测结果表明,断裂位置相邻圆柱的直径尺寸符合相关图样技术要求。

③ 化学成分分析结果符合相关标准规定。

断裂位置

(a)

(b)

(c)　(d)　(e)

100 μm　20 μm

(f)　(g)

图 12.4　蜗杆宏观形貌(a)，断裂位置(b)，两对应断口形貌(c)(d)，
清洗后的断口形貌(e)，带状组织偏析(f)，金相组织(g)

④ 金相检查结果表明，非金属夹杂物满足相关标准要求；基体组织存在带状偏析，参照 GB/T 13299—991，带状组织评为 3 级，如图 12.4(f)所示；基体金相组织为粗大回火索氏体＋粗大贝氏体，如图 12.4(g)所示；经过饱和苦味酸溶液浸蚀，按照 GB/T 6394—2017，基体实际晶粒度评为 7.0 级。

(3) 讨论

按照工艺要求，蜗杆应经过调质处理，获得回火索氏体组织。调质处理后零件应获得一定的强度、韧性，具有良好的综合力学性能以满足使用性能要求。而实际中蜗杆的基体金相组织为粗大回火索氏体＋粗大贝氏体，强度和韧性会明显降低。蜗杆基体组织中存在偏析现象，这将明显影响零件的力学性能。采用一般的正火工艺无法消除偏析组织，只有进行 1000 ℃以上高温退火，然后采用正常的正火处理，才有可能消除或改善这种组织偏析，从而提高钢的塑性。蜗杆断裂位置是零件受力相对较大的部位，且蜗杆断裂位置在直角过渡处，应力集中明显。综上所述，该零件的综合力学性能将明显下降，在车辆运行过程中，当受到外力时易从蜗杆直角过渡处(即应力集中部位)发生断裂。

(4) 结论

蜗杆直角过渡的外形结构是零件断裂的主要原因，另外蜗杆基体组织偏粗且存在偏析现象加速了零件的断裂进程。

（5）建议

蜗杆直角过渡处建议改为 R 角（即应力集中部位）圆弧过渡。

工程案例 12.2　左端盖断裂失效分析

（1）概况

左端盖为某重型车辆新试制产品零件，主要用于传递转矩。左端盖与叶片轴相互配合，零件配合如图 12.5（a）所示。叶片轴与左端盖形状完全一样，均有四个爪。两零件之间为非金属材料的缓冲体，左端盖为主动力，材质为 38CrSi，运动方向为圆周顺时针或逆时针方向，叶片轴为被动力。左端盖宏观形貌如图 12.5（b）所示。在进行考核试验时，左端盖发生断裂失效，缓冲体严重变形。

（2）检查结果与分析

① 宏观检查结果表明，左端盖断裂发生在四个爪部位，且四个爪均发生断裂，断裂处位于四个爪 R 角过渡位置，断裂位置如图 12.5（c）箭头所指。四个爪的断口形貌基本一致，断口颜色有金属光泽，表面不平坦，断口上没有明显的宏观塑性变形，具有脆性断裂特征。

图 12.5　零件配合示意图（a），左端盖宏观形貌（b），断裂位置（c）

② 化学成分分析结果表明，断裂左端盖化学成分符合相关规定。

③ 金相检查结果表明，断裂左端盖非金属夹杂物及金属组织均属正常，满足相关标准要求。

（3）讨论

从左端盖的外形结构分析，左端盖在传递转矩过程中，主要靠四个爪来传递，四个爪集中受力程度大，爪单位面积上的承载载荷能力相对较大，使用安全系数较低。在台架试验过程中，当受到外力时易从左端面 R 角发生断裂。

（4）结论

左端盖的外形结构使用安全系数较低，当受到外力时易从爪部位 R 角发生断裂。

（5）建议

改进左端盖的外形结构，增加四个爪单位面积上的承载载荷能力，可进一步增加其使用安全系数。因此建议将左端盖的四个爪去除，在同样直径的地方，沿圆周方向改为外花键齿；将与之配合的四片轴的四个爪同样去除，在同样直径的地方，沿圆周方向改为内花键齿。改进后削弱了之前左端盖四个爪的集中受力程度，避免了四个爪 R 角过渡部位的应力集中，花键齿分散了受力的大小，增加了零件的强度极限。经过验证，按改进后的设计制造的零件再无失效现象发生。

工程案例 12.3 离合器和牙嵌离合器断裂失效分析

（1）概况

某单位生产的离合器和牙嵌离合器在 KM70 煤炭自卸漏斗车上配套使用。离合器与牙嵌离合器配套外观形貌如图 12.6(a)所示。离合器与牙嵌离合材料均为灰铸铁，在使用约半年时发生断裂，断裂率近 10%。

（2）检查结果与分析

① 宏观检查发现，离合器的断裂位置如图 12.6(b)所示，在两个凸爪的根部，靠近内圈的断口两侧已严重锈蚀并有轻微磨损；牙嵌离合器的断裂位置如图 12.6(c)所示，在其轴向中部，断口为新鲜断口；两零件断口均为煤灰色且有结晶闪点，晶粒较粗，晶面有金属光泽，从断裂特征和断口形态分析，两零均为脆性断裂。

② 化学成分分析结果表明，两零件化学成分均符合相关标准规定。

③ 离合器和牙嵌离合器室温拉伸试验和硬度试验，结果见表 12.2，可以看出，离合器和牙嵌离合器的抗拉强度和断后伸长率较低。

表 12.2 离合器和牙嵌离合器室温拉伸试验和硬度试验结果

检 测 项 目	下屈服强度 R_{eL}/MPa	抗拉强度 R_m/MPa	断后伸长率 A/%	断面收缩率 Z/%	布氏硬度/ HBW
离合器	—	120	3.0	—	107
	—	123	4.0	—	107
牙嵌离合器	—	113	2.5	—	107
	—	93	2.5	—	
技术条件要求	≥400	≥250	≥15		130～180

④ 金相检查结果表明，两零件石墨组织形态均为片状石墨（A 型）+少量块片状石墨（C型）+少量新星状石墨（F 型），如图 12.6(d)所示；基体组织为铁素体+少量珠光体。

(a)　　　　　　(b)

(c)　　　　　　(d)

图 12.6 离合器与牙嵌离合器配套外观形貌(a)，离合器的断裂位置(b)，
牙嵌离合器的断裂位置(c)，石墨组织形态(d)

（3）讨论

由于两零件均为灰铸铁，且石墨形态大部分为粗大片状，片状石墨的存在割裂了金属基体组织，减少了承载的有效面积，综合力学性能较低，且在粗大片状石墨的边缘出现大量铁素体，对铸件的力学性能影响较大，降低了铸件的强度和硬度，易于脆裂，同时也降低了铸件的各种使用性能。石墨形态中还存在少量星状石墨，该星状石墨是由于铁液在较大过冷度下形成的，属于不良的石墨现象，该种石墨形态降低了石墨的使用性能。

另外，灰铸铁相对于球墨铸铁来说，灰铸铁组织里的石墨以片状存在，球墨铸铁组织里的石墨以球状存在，组织上的差别导致它们的性能也有巨大差异。灰铸铁强度、塑性低（片状石墨割裂基体，引起应力集中），脆性大；而球墨铸铁中的球形石墨对基体的割裂作用能降到最低，应力集中作用最小，故其强度很高，可以和中碳钢媲美，可以充分发挥基体的性能，且有一定的塑性和良好的韧性。

（4）结论

离合器和牙嵌离合器断裂是由于材质选用不当造成的，两零件均为灰铸铁并非球墨铸铁，且石墨形态大部分为粗大片状，导致其力学性能严重降低，这是两零件发生断裂的主要原因。

2. 选材错误引起的失效与工程案例

选材所依据的性能指标，不能反映材料对实际失效形式的抗力，不能满足工作条件的要求，错误选择了材料。另外，材料的冶金质量太差，如存在夹杂物、偏析等缺陷，而这些缺陷通常是机械零件失效的发源地。

工程案例 12.4　汽化炉氧管线内壁失效分析

某化工厂进口装置汽化炉的氧管线因多次泄漏影响生产而被换下，将氧管剖开后，发现其内壁存在大量裂纹，如图 12.7（a）所示。氧管内通有 314 ℃/10^4 MPa 的饱和蒸汽和 150 ℃/10 MPa 纯氧的混合气体。这些裂纹的存在会严重威胁人身安全和装置安全。

氧管材质为进口 TP321 钢（1Cr19Ni11Ti），外径为 114.3 mm，壁厚为 8.56 mm。其成分符合 ASTM 标准，组织正常，无明显塑性变形。显微观察发现，裂纹起源于内壁，并穿晶向外壁扩展，裂纹分支很多，尖端尖锐且存在腐蚀产物，其在径向上的形态为枯树枝状（图 12.7（b）），这些都是应力腐蚀裂纹的典型特征。在应力腐蚀严重部位，裂纹的径向长度已超过 6 mm，即壁厚的 70%。氧管所受应力来自内压，经计算，管内壁周向拉应力达 63 MPa。腐蚀来自饱和蒸汽中的氯离子。尽管蒸汽用水中氯离子浓度不超过 1 ppm（10^{-6}），但 314 ℃的饱和蒸汽遇到 150 ℃纯氧后会部分凝结于管壁，并在管壁缺陷处（如腐蚀坑）使氯离子浓缩。

（a）　　　　　　　　　　　（b）

图 12.7　氧管内壁裂纹（50×）

（a）着色后内壁裂纹；（b）径向裂纹

结论：氧管内壁损伤是应力腐蚀开裂，开裂原因可能是选材不当。

工程案例 12.5 锅炉给水泵轴的失效分析

某大型化肥厂从国外引进的两台离心式锅炉给水泵在试车过程中只运行了 1400 多小时便先后发生断轴事故，严重影响了工厂的正常试车和投产。泵轴的材质相当于我国的 42CrMo 钢，外径为 90 mm，断裂部位为平衡鼓附近的轴节处，该处最小直径为 74 mm。在试车期间，给水泵曾频繁开停车。图 12.8 为泵轴的断口照片。

图 12.8 锅炉给水泵轴的断口照片

成分分析表明，泵轴材料的含碳量高于标准的上限（0.45%），达到 0.48%。泵轴的心部组织为魏氏组织，表面为粗大晶粒的回火索氏体组织。显然，泵轴材料为不合格材料。泵轴表面机械加工粗糙，断口部位有四条明显的深车刀痕，泵轴正是沿着这些刀痕之一整齐地发生脆性断裂。断口上存在明显的疲劳休止线，最终韧性断裂区为较小的椭圆形区域，并且偏心。断口边缘存在许多撕裂台阶，为多源断裂。

结论：泵轴的断裂为低载荷高应力集中的旋转弯曲疲劳断裂。深的车刀痕是高应力集中源，也是引起泵轴断裂的主要原因。泵轴材料是成分和热处理组织不合格材料。根据这一分析结论，国外厂商对化肥厂进行了赔付。

3. 装配使用不当引起的失效与工程案例

在将机械零件装配成机器或装置的过程中，由于装配不当、对中不好、过紧或过松都会使机械零件产生附加应力或振动，使机械零件不能正常工作，造成机械零件的失效。使用维护不良，不按工艺规程操作，也可使机械零件在不正常的条件下运转，造成机械零件过早失效。

工程案例 12.6 合成气压缩机提板阀杆失效分析

某大型合成氨厂合成气压缩机提板阀杆多次在开车后 3～5 天内断裂，严重影响正常生产，造成巨大经济损失。该压缩机是按进口机仿制的。阀杆材质为 Cr11MoV，成分符合国标，组织基本正常（回火索氏体），工作介质为蒸汽。

检测发现，阀杆断口存在疲劳纹，裂纹源位于阀杆一侧边缘，最终瞬断区占断面绝大部分面积，为高载荷小应力集中的弯曲疲劳断裂。断裂发生于阀杆的上螺纹处（用以将阀杆固定在阀板上），在断口附近的螺纹根部与同侧下螺纹的根部发现了大量裂纹，这些裂纹平直、短而粗，尖端较钝，分支少而小，并成群出现，裂纹内充满腐蚀产物，为典型腐蚀疲劳裂纹。根据裂纹出现位置和紧固螺母与垫片之间磨痕轻重程度发现，阀杆与阀板孔偏心，使阀杆受到弯矩作用。

结论：阀杆断裂为高载荷小应力集中弯曲腐蚀疲劳断裂，加工与装配不合理引起的弯曲应力是阀杆断裂的主要原因。建议适当扩大阀板孔，消除导致阀杆弯曲的因素。经改进后再未发生阀杆断裂事故。

4. 制造成形缺陷引起的失效与工程案例

金属构件所用原材料是经熔炼、脱氧、浇铸以及压制或锻造而制成的，原材料又经一系列冷热加工而加工成金属构件。机械零件热处理时，冷却速度不够、表面脱碳、淬火变形和开裂等，都是产生失效的重要原因。在这些成形过程中都可能造成某种缺陷，如铸锭或铸件中可能产生偏析或不希望有的组织、夹杂、孔隙、裂纹以及其他不连续性缺陷。铸件中的一些缺陷,对铸件的性能也许并不构成严重影响,但有可能在后续锻造中成为锻件缺陷,最终成为金属构件缺陷。机械零件在加工成形过程中,由于采用的工艺不当而产生的各种质量缺陷,例如较深的切削刀痕、磨削裂纹等,都可能成为引发机械零件失效的危险源。

1) 热处理缺陷引起的失效与工程案例

热处理工艺是使工件获得预期的显微组织和性能的重要手段。热处理工艺涉及各种处理工序:正火与退火、淬火与回火、感应淬火与火焰淬火,以及渗碳、渗氮、渗硼、碳氮共渗等化学热处理工序,如果热处理工艺控制不当会引起构件失效。常见的热处理缺陷有淬火裂纹、氧化和脱碳、渗碳和碳氮共渗缺陷、渗氮缺陷等。

(1) 淬火裂纹

构件在热处理加热和冷却过程中不可避免产生内应力。内应力主要来自热应力和组织应力。热应力是由于金属构件在冷却过程中表面与中心冷却速度不同,其体积收缩也不同,也就是由于温度差而产生体积收缩量不同所引起的内应力。组织应力是构件在组织变化时比体积发生变化,如奥氏体转变为马氏体比体积增大,也就是构件断面上各处转变的先后不同,其体积变化各处不同,由此引起的内应力。

图 12.9　淬火裂纹示意图
(a) 纵向裂纹;(b) 横向裂纹;
(c) 网状裂纹;(d) 剥离裂纹

金属构件在淬火时产生的内应力最大,因此淬裂现象时有发生。常见的淬火裂纹通常分为纵向裂纹、横向裂纹、网状裂纹和剥离裂纹四种,如图 12.9 所示。导致淬火裂纹的原因是多种多样的,主要有以下几个方面。

① 原始组织不良　淬火前构件原始组织要求细小而均匀,若原始组织不均匀,如带状偏析严重,晶粒粗大,在淬火时容易造成开裂。

② 淬火温度不当　淬火温度不当引起构件淬裂,一般是由于仪表的指示温度低于炉子的实际温度,使实际淬火温度偏高,造成过热淬火;或者构件材料实际含碳量高于钢材牌号所规定的含碳量,若按原牌号正常工艺淬火时,等于提高了钢的淬火温度,易造成构件过热和晶粒长大,使淬火时应力增大引起淬裂。

③ 淬火冷却不当　淬火时由于冷却不当,也会使金属构件发生淬裂事故,如采用过快的冷却速度的介质冷却或构件结构较复杂,截面尺寸变化又较大,在冷却时壁薄部位容易造成应力集中而导致淬裂。

④ 不及时回火　淬火后的构件存在很大的内应力,如果不能及时回火,将可能因淬火残余应力过大而导致裂纹的产生。

⑤ 构件几何形状和尺寸　淬火裂纹的形成与构件几何形状和尺寸有密切关系。构件表面的缺口、尖角、沟槽、空穴和断面急剧变化的部位都会使淬火后造成很大的应力集中,是发生淬裂的危险部位。淬火危险的几何形状和裂纹形态示意图如图 12.10 所示。

(2) 氧化和脱碳

在大多数情况下,钢表面的氧化与脱碳是同时出现的。氧化使构件强度降低,其他力学性能下降,构件表面氧化皮往往是造成淬火软点和淬火开裂的根源,而脱碳层的存在会降低构件的淬火硬度、耐磨性和抗疲劳性能,易使构件发生早期失效。

细长圆柱体纵向开裂　　尖边处开裂　　凸角处弧形开裂　　粗圆柱体横向开裂

内孔壁开裂　　凸角处裂纹　　内孔壁开裂　　凹角处裂纹

凹角处开裂　　内孔壁开裂　　截面急变处开裂

图 12.10　淬火危险的几何形状和裂纹形态示意图

（3）渗碳和碳氮共渗缺陷

① 表层碳化物过多、呈大块状或网状分布　渗碳过程中炉内可控气氛碳势过高，采用滴注法渗碳时滴量过大或碳势控制系统失控，造成表层碳浓度过高，渗碳后冷却速度过慢，采用一次淬火时温度太低等都可造成渗碳件表层出现大块状和粗大网状碳化物，使构件表层脆性增加，易在使用过程中发生崩裂损坏，疲劳寿命降低。

② 马氏体粗大与残留奥氏体过多　渗碳温度过高，引起奥氏体晶粒长大，渗碳直接淬火或渗碳后缓慢冷却和重新加热时温度过高，引起淬火后马氏体粗化，使力学性能下降。随着马氏体针状的粗化，残留奥氏体量增加，在马氏体中残留适当的奥氏体可以改善其耐磨性、弯曲和接触疲劳性能，但如果奥氏体数量过多，会降低表面硬度。

③ 内氧化　在渗碳或碳氮共渗中有少量的氧气体，在高温下吸附在构件表面的氧沿奥氏体晶粒边界扩散，并和与氧有较大亲和力的元素发生氧化后，形成金属氧化物，造成氧化物附近基体中的合金元素含量降低，淬透性变差，淬火组织中出现非马氏体组织。由于内氧化，表层出现非马氏体组织，构件表面硬度明显下降。

④ 黑色组织　构件在碳氮共渗后，在表层内出现黑色点状，呈不连续分布，主要是由大小不等的孔洞组成的，与气体析出有关；或相连成网状直通表面，形成黑色网状组织，主要是由于氧化引起的；或者出现托氏体黑色网带，其特征是在渗层内沿奥氏体晶界出现的托氏体网带。这三类组织统称为黑色组织。黑色组织的存在，显著地降低了构件表面硬度、弯曲和接触疲劳强度，严重影响了构件的使用寿命。

（4）渗氮缺陷

① 渗氮前原始组织中铁素体过多、回火索氏体组织粗大　金属部件在渗氮前必须进行调质处理，改善组织，获得合适的组织与性能，为渗氮做好组织准备。调质后的理想组织应是均匀细小的回火索氏体。但如果调质淬火加热温度过低或保温时间不够，调质后有较多的残留块状铁素体，或调质淬火加热温度过高，奥氏体晶粒粗大，回火后的索氏体组织粗大，不仅会降低心部的力学性能，渗氮的氮化物优先沿晶扩展易形成网状，还会使渗氮层的脆性增加。

② 针状组织　渗氮前的调制处理不当，组织中有大块铁素体存在，或表面严重脱碳，都可使渗氮时形成针状组织，针状氮化物沿原铁素体晶界呈一定角度平行生长。渗氮层表面

出现针状组织,使渗氮层变得很脆,极易剥落。

③ 网状和脉状氮化物　在渗氮过程中,因渗氮温度过高,氮气含水量过多,调质淬火温度过高造成的晶粒粗大,构件尖角处等都可能形成网状和脉状氮化物。渗氮层出现网状和脉状氮化物,使渗氮层脆性增加,耐磨性和疲劳强度下降,极易剥落。

工程案例 12.7　螺旋弹簧断裂失效分析

(1) 概况

某重型车辆用螺旋弹簧,材质为 60Si2CrVAT,在使用过程中发生断裂,断裂部位位于弹簧靠近车轮一端第 5 圈处。

弹簧的主要生产工艺为淬火、回火、喷丸处理。

(2) 检查结果与分析

① 宏观检查结果表明,螺旋弹簧发生断裂的断面与轴向约呈 45°断裂,形貌如图 12.11(a)所示;断口形貌如图 12.11(b)所示,整个断口比较平坦,断口粗糙,呈大颗粒状,有结晶闪点,无明显塑性变形,疲劳源、扩展区清晰可见;疲劳源位于弹簧内圈,外表面无明显损伤、磨损痕迹,疲劳源区所涉面积较小;瞬时断裂区占整个断口大部分面积,表面为粗糙的放射纹路,为疲劳脆性断口。

② 断裂螺旋弹簧的化学成分及基体硬度均符合相关标准及相关工艺技术要求的规定。

③ 显微组织检测结果表明,疲劳源附近及零件表面凸凹不平并存在小缺陷,弹簧表面缺陷如图 12.11(c)所示;断面无氧化脱碳现象;零件表面存在分布不均的脱碳现象,脱碳层最深处为 0.40 mm,其中全脱碳层深为 0.20 mm;零件表面脱碳层内铁素体有变形痕迹,局部发生脱落现象,如图 12.11(d)所示;基体组织为回火托氏体+沿晶分布的铁素体+少量块状铁素体及颗粒状碳化物;实际晶粒度为 4.0 级。

图 12.11　断裂形貌(a),断口形貌(b),弹簧表面缺陷(c),铁素体变形及脱落现象(d)

（3）讨论

弹簧钢应具有高的弹性极限、疲劳极限以及一定的冲击韧性和塑性，因此弹簧表面都要有良好的表面质量和较高的抗疲劳性能。

从受力分析，螺旋弹簧不仅受压应力、拉应力及冲击应力，还承受切应力和扭转应力，在弹簧的内表面，切应力最大。其应力集中的敏感性十分重要，一旦材料表面有微小的缺陷或裂纹存在，应力马上会集中在缺陷的周围，导致材料的晶格产生扭曲破坏。随着应力的不断循环，缺陷形成疲劳核心，并不断扩展，与此同时，集中的应力也逐渐增大。一旦集中的应力大于材料的极限应力，就会造成弹簧早期的疲劳断裂。

弹簧经喷丸处理的目的是，在高速强力喷射的钢丸冲击下，不仅可提高表面质量，可以部分消除脱碳及其他表面缺陷对疲劳极限有害的影响，而且会使弹簧表面因受冷加工变形而得到强化，表面存有残余压应力，可以抵消弹簧工作时表层的抗应力，提高疲劳极限。但该弹簧在喷丸过程中，采用了切丝丸进行喷丸，由于切丝丸有比较尖锐的棱角，又由于零件表面存在严重的脱碳现象，切丝丸在与弹簧表面碰撞中，铁素体容易被碰撞变形，并局部脱落形成表面缺陷。在交变载荷作用下，表面缺陷处最易产生屈服变形，该处产生疲劳裂纹以及裂纹的发展速度，比基体内部的相似缺陷容易得多，是首先形成疲劳源的位置。

从组织分析，断裂弹簧的金相组织中有粗大的原奥氏体晶粒，晶粒度可达4.0级，但基体组织较细，为回火托氏体＋少量块状铁素体及颗粒状碳化物。分析认为，弹簧基体组织在热处理过程中产生了稳定过热。稳定过热是指经一般的正火（包括高温正火）、退火或淬火工艺后，过热组织不能完全消除，虽然经过重新热处理，基体组织较细，但实际上仍继承了原始粗大奥氏体晶粒，断口保留了晶粒粗大的特征。这样就降低了零件的强度和塑性，增加了脆性。

从表面脱碳情况分析，断裂件弹簧表面存在严重的脱碳现象，层深已超过技术条件要求，明显降低了弹簧的疲劳极限。

（4）结论

该螺旋弹簧的断裂属于早期疲劳断裂失效。引起疲劳断裂的主要原因是弹簧表面质量差，存在表面裂纹，同时弹簧金相组织不正常加速了疲劳断裂的进程。

（5）预防措施

改善螺旋弹簧在生产制造过程中的喷丸工艺，将喷丸由切丝丸改为球形钢丸，这样既可以强化表面，提高压应力，同时也可以保证表面质量；严格执行热处理工艺，避免零件表面产生严重脱碳和基体金相组织不正常的现象。

执行预防测试后，该螺旋弹簧没有发生相似的失效。

工程案例12.8　前端中间齿轮失效分析

（1）概况

某公司生产的前端中间齿轮，热处理工艺为渗碳淬火＋回火。该零件在发动机考核试验时，发动机前端出现异响，拆下检查发现中间齿轮打齿损坏。

（2）检查结果与分析

① 外观检查发现，前端中间齿轮宏观形貌如图12.12（a）所示，共66个齿，其中29个齿断裂，多数在齿根处发生断裂。断齿宏观形貌如图12.12（b）所示，无塑性变形，为一次性瞬间断裂。

② 前端中间齿轮的化学成分、渗碳有效硬化层深、表面硬度及心部硬度均符合相关图样技术要求的规定。

③ 在齿轮断齿处检查金相组织，齿根部表面有网状氧化现象，如图 12.12(c)所示，氧化层深为 0.01 mm，无脱碳现象；在齿根部存在细小裂纹，如图 12.12(d)所示。在齿轮完整齿处检查金相组织，发现齿根部表面同样有网状氧化现象，在齿根部存在细小应力裂纹。

图 12.12　前端中间齿轮宏观形貌(a)，断齿宏观形貌(b)，
齿根部有氧化现象(c)，齿根部有细小裂纹(d)

（3）讨论

从零件各个断齿的断口断裂形态分析，断裂均为一次性瞬间断裂。从微观分析，轮齿齿根表面均有网状氧化缺陷。由于发动机在台架试验过程中受力，而零件齿根部为应力集中部位，受力过程中容易在该部位形成断裂源。当齿根处所受应力超过材料强度极限时，优先在应力集中处萌生断裂源。同时渗碳层表面的网状氧化物缺陷尾部尖端进一步加大应力集中程度，使裂纹源加速扩展，最终导致齿断裂。

（4）结论

前端中间齿轮齿根表面存在网状氧化物缺陷，齿根又为应力集中部位，在使用过程中易萌生裂纹源，导致轮齿断裂。

工程案例 12.9　压板裂纹原因分析

（1）概况

某公司生产的压板，材料牌号为 38CrSi，主要工艺流程为下料→锻造→机械加工→热处理→抛丸。

零件整体呈圆环状，高度为 40 mm，如图 12.13(a)所示。在锻造后的机械加工过程中，将高度为 88 mm 的压板毛坯横向切割成高度为 40 mm 的两个压板，再进行热处理。经过抛丸清理后发现，有 14%的压板在横截面靠近圆环中间机械加工余痕部位出现不同程度的

裂纹。

（2）检查结果与分析

① 外观检查发现，压板整体呈圆环状，压板横截面中间部位有明显的呈圆环状加工余痕，余痕略显凸起，在余痕附近可见沿环形分布的裂纹，靠近余痕位置裂纹较宽，向两边延伸扩展。裂纹宏观形貌如图 12.13(b)所示。

② 检查压板的化学成分和基体硬度，结果表明均符合相关标准及技术要求的规定。

③ 金相检查。裂纹走向基本沿组织变形方向分布，裂纹组织宏观形貌如图 12.13(c)所示；裂纹头部形貌如图 12.13(d)所示，裂纹开口较宽且直；裂纹尾部形貌如图 12.13(e)所示，尾部较细；裂纹两侧无脱碳现象，零件表面有脱碳现象。

图 12.13　压板宏观形貌(a)，裂纹宏观形貌(b)，裂纹组织宏观形貌(c)，
裂纹头部形貌(d)，裂纹尾部形貌(e)

（3）讨论

从压板裂纹的宏观和微观形貌分析认为，零件裂纹形态符合淬火裂纹的形态特征。压板毛坯在进行一分为二的切割过程中，采用内外环分别给刀的方法，使基体横截面上留有明显的凸起余痕，形成应力集中。另外，临界在锻造镦粗冲孔时，压板内圆组织沿冲孔方向发生延展变形，而余痕又位于组织变形部位，从而造成应力叠加，导致在淬火时形成较大的应力，使零件产生裂纹。

（4）结论

由于压板横截面留有加工余痕，且余痕位于组织变形部位，形成应力集中并叠加，导致

淬火时产生裂纹。

（5）建议

压板毛坯在进行一分为二的机械加工过程中，建议改变切割方式，由内外环分别给刀改为内环或外环一次给刀的方法，避免形成明显的加工余痕，引发淬火裂纹。

工程案例 12.10　阀体表层剥落原因分析

（1）概况

某公司生产的阀体，材料牌号为 HT200，主要工艺流程为下料→热处理→机械加工→渗氮→衍磨内孔→氧化等。同炉渗氮处理的阀体均有不同程度表层剥落现象。

（2）检查结果与分析

① 宏观检查　表层剥落均在零件最大外圆表面，基本起源于零件最大外圆棱角处，宏观剥落形貌如图 12.14(a)所示。将零件沿纵向剖开，内孔内壁光洁，无剥落、掉皮现象。

② 检查阀体的化学成分、表面硬度及心部硬度，结果表明均符合相关标准及图样技术要求的规定。

③ 金相检查　零件最大外圆表面即调质后未经机械加工的表面，渗氮层总深度为 0.50 mm。表层为亮白色薄层相及针状相，并向扩散层延伸，扩散层为粗大含氮铁素体晶粒、较细含氮铁素体晶粒、渗氮索氏体。表面有约 0.20 mm 的断续剥落层，剥落层裂纹起始于铁素体晶界，沿晶扩展。最大外圆表面剥落层如图 12.14(b)～(d)所示。

(a)　　　　　　　　(b)

(c)

(d)

图 12.14　宏观剥落形貌(a)，最大于外圆表面剥落层(一)(b)，
最大外圆表面剥落层(二)(c)，最大外圆表面剥落层(三)(d)

检查其他调质处理后经机械加工的零件表面，发现这些表面未见剥落层，渗氮层表面为亮白色相，扩散层的基体组织为渗氮索氏体，同时随着脉状分布的氮化物，逐层变细。

（3）讨论

零件表面存在全脱碳的铁素体层，渗氮后由于氮在铁素体中有较大的扩散速度，致使零

件表面脱碳层铁素体中有较高浓度的氮,从而得到较厚的针状相。钢表面全脱碳的铁素体层渗氮后,硬度比正常渗氮层低,但其脆性很大,因此白色相很容易剥落。

(4) 结论

调质处理后零件表面产生全脱碳铁素体层,渗氮后,表层得到较厚且脆性很大的针状相,这是阀体表面发生剥落的原因。

(5) 建议

控制渗氮前零件表面质量,不允许存留全脱碳的铁素体层。

2) 铸造缺陷引起的失效与工程案例

铸件缺陷有很多种,但从失效分析角度看,可归纳为两类:一类为破坏材料连续性的缺陷,如材料中的孔洞、裂纹等;另一类是因材料成分或生产工艺不当,造成不正常的缺陷组织。

(1) 孔洞

孔洞一般只存在于材料内部的具有三维空间形貌的缺陷。孔洞破坏了材料的连续性,引起断裂的孔洞一定会在失效件的断口上显示。

材料中的孔洞可能有以下两种情况。

① 缩孔 液态金属凝固时,要发生很大的体积收缩,若凝固过程中不断有液体金属补充,则不会在材料内部形成缩孔。铸件缩孔一般会在最后凝固的部位形成。

② 气孔 液体金属中气体溶解度比固态金属大得多,液态金属中溶入气体量多,在凝固时,便有气体形成气泡排出,此时若气体来不及从尚未凝固的液态金属中排出,便会以气孔的形式留在固态金属内部。

气孔是液态金属中的气泡在凝固时形成的,铸件中气孔大都呈球形或椭球形,表面光滑。判断是气孔还是缩孔可从孔洞外形和内壁表面光滑与否来确定。

缩孔和气孔都是材料致密度降低,对材料冶金质量构成影响,有时虽不能成为失效的直接原因,但却可能促进失效的发展。

(2) 裂纹

裂纹无论存在于构件的表面或内部,都会破坏金属的连续性,在传递应力时会在裂纹顶端造成应力集中。构件中的裂纹分为热裂纹和冷裂纹,都属于体积收缩裂纹。

① 热裂纹 液态金属凝固时要有较大的体积收缩。凝固后的金属在冷却过程中也会有冷却的先后。后冷却部分受已冷却部分的牵制,使进一步收缩受到约束而产生内应力。这种情况在铸件和焊接中都会出现。当这一内应力过大时,就会出现裂纹。如果裂纹是在高温时形成的,则称为热裂纹。由于材料在高温时晶界强度低于晶内强度,故这种裂纹具有沿晶断裂的特征。在铸件中这种裂纹常出现在最后凝固部分,因之沿裂纹还可能伴有晶间显微缩孔和有害的低熔点杂质偏聚。当热裂纹与表面贯通时,裂纹表面有氧化色,这是判断热裂纹的主要依据。

热裂纹呈不规则形貌,有的呈不连续的曲线形态,其实部位较宽,呈开口状,尾部较细,裂纹断面有氧化色,热裂纹常发生在铸件的内圆角、壁厚变化部位等薄弱环节。

② 冷裂纹 当铸件凝固至较低温度的弹性状态,热裂纹和组织应力超过铸件强度极限时,导致铸件开裂所形成的裂纹称为冷裂纹。冷裂纹一般较规则,呈连续的细线条状,易发生在应力集中的内尖角、缩孔、夹杂部位以及结构复杂的大型铸件上。应力的大小与合金成

分、组织、零件结构及冷却速度有关。

（3）缺陷组织

铸件中对使用性能有害的显微组织包括脆性的晶界网状组织、形态不良的石墨以及表面缺陷组织、脱碳及热处理工艺不正确产生的不良组织等。

① 晶界网状组织　铸件中有时会出现晶界网状碳化物组织，这是在较慢的冷却速度下通过奥氏体温度范围内形成的。这种组织会降低铸件的塑性和韧性，而且碳化物的高脆性为裂纹扩展提供了一个低阻力通道。

② 石墨　在灰铸铁、球墨铸铁和可锻铸铁铸件中，石墨的尺寸、形状和分布情况对铸件性能起到决定性作用。

工程案例 12.11　履带板断裂失效分析

（1）概况　某公司生产的履带板，在使用过程中，多片履带板发生断裂失效，履带板主要工艺流程为铸造→水韧处理→机械加工→装配。

（2）检查结果与分析

① 宏观检查　断裂履带板外观形貌以及断裂位置如图 12.15（a）所示。断裂发生在里侧连接臂及主动销耳位置处（图 12.15（a）中箭头所指），连接臂、主动销耳及边销耳与主体已经断裂分开。主体上的两处断口形貌：图 12.15（a）中箭头所指 1 处断口在连接臂与中间销耳连接处，断口粗糙，呈柱状晶分布，且柱状晶接触线较明显，中心部位有肉眼可见的缩孔，箭头 1 处断口形貌如图 12.15（b）所示。图 12.15（a）中箭头所指 2 处断口在主动销耳与板体基体连接处，断口表面部分已磨损发亮，箭头 2 处断口形貌如图 12.15（c）所示。

② 履带板的化学成分与基体硬度均符合相关技术要求的规定。

③ 金相检查　主动销耳位置的组织正常。连接臂部位的组织为奥氏体＋沿晶碳化物＋块状碳化物＋针棒状碳化物，基体组织如图 12.15（d）和（e）所示，基体存在缩松现象。断面沿晶界扩展，断面附近的零件表面有沿晶界分布的裂纹，局部有张开的裂纹。

连接臂组织宏观形貌如图 12.15（f）所示。连接臂部位组织晶粒较粗，柱状晶明显，有缩孔现象，基本无细晶区和等轴晶区。主动销耳组织宏观形貌如图 12.15（g）所示。主动销耳部位组织较连接臂部位组织明显细小。

（3）讨论

从组织状态及铸件结构分析，连接臂部位靠近铸件的浇注冒口部位，是高温的钢液浇铸入口，沙箱温度升温较大，同时由于冒口金属的影响始终保持高温状态，导致连接臂部位冷却速度缓慢，因此有较多的碳化物在晶界及晶内析出。随后的水韧处理碳化物未完全消除，在零件基体中仍残留大量的刚析出时基本形态的碳化物。连接臂部位组织为呈柱状晶的奥氏体＋沿晶碳化物＋块状碳化物＋针棒状碳化物。碳化物的存在严重破坏金属晶界的结合力，增加基体的脆性，在受力过程中极易产生沿晶脆性开裂。

从受力状态分析，车辆平稳行驶过程中，履带板仅受前后牵引力作用（即垂直于销耳孔且平行于履带板体方向的作用力），连接臂部位基本不受牵引力作用。当车辆行驶在综合路况不佳的情况下，履带板局部受到路面垂直于履带平面向上传递的作用力。当这个作用力在连接臂处时易导致连接臂的断裂失效。

（4）结论

连接臂部位组织不佳是导致履带板在受到较大外力时该处发生断裂失效的主要原因。

图 12.15 断裂履带板外观形貌及断裂位置(a),箭头 1 处断口形貌(b),
箭头 2 处断口形貌(c),基体组织(一)(d),基体组织(二)(e),
连接臂组织宏观形貌(f),主动销耳组织宏观形貌(g)

工程案例 12.12 支座铸件裂纹原因分析

(1) 概况

某公司生产的支座铸件,宏观形貌如图 12.16(a)所示,主要工艺流程为:铸造→切冒口→调质处理→喷砂。在喷砂后发现三个炉子的零件都有开裂现象,其中一个炉子的零件几乎全部有裂纹。

(2) 检查结果与分析

① 宏观检查发现,支座的冒口部位有明显的切割痕迹,裂纹位于零件的冒口部位,有两条基本平行的裂纹,裂纹形态如图 12.16(b)所示。裂纹位于零件的一个平面内,侧面没有扩展,从外观看裂纹有焊合的痕迹。将裂纹打开发现,断面呈蓝黑色和黄褐色斑斓分布,有红色的锈蚀痕迹。沿裂纹分离后的断口如图 12.16(c)所示。

② 化学成分符合相关技术要求的规定。

③ 金相检查发现,裂纹深度约为 23 mm,基本沿晶扩展,两侧有氧化皮和网状氧化现象,如图 12.16(d)所示;裂纹尾部圆钝,内有氧化皮,如图 12.16(e)所示;裂纹两侧有脱碳现象,如图 12.16(f)所示;基本组织有严重的偏析现象。

(a)　(b)　(c)　(d)　(e)　(f)

图 12.16　宏观形貌(a),裂纹形态(b),沿裂纹分离后的断口(c),裂纹两侧网状氧化现象(d),
裂纹尾部形貌(e),裂纹两侧脱碳现象(f)

(3) 讨论

从宏观分析可以看出,零件裂纹在切冒口前就已存在,在切冒口加热时裂纹表面被氧化成蓝黑色,仍有结合的部分区域未被氧化,在后续热处理过程中分离并被氧化成黄褐色。从显微分析中可以看出,裂纹尾部圆钝,说明裂纹非淬火裂纹;并且裂纹两侧有网状氧化现象,具有典型的高温氧化特征,说明裂纹在高温期长时间存在,被环境氧化性气氛氧化;同时裂纹两侧有脱碳现象,甚至裂纹尾部也存在脱碳,由于脱碳一般是在奥氏体相变点以上的温度才能够形成,这有力地证明了裂纹是形成于淬火加热之前。从裂纹形态及裂纹两侧的氧化脱碳现象判断,裂纹具有铸造热裂纹的特征。综上所述,零件裂纹形成于淬火加热之前,并且是在切冒口之前就存在的铸造热裂纹。

(4) 结论

支座铸件裂纹属于铸造过程中形成的铸造热裂纹。

3）锻造缺陷引起失效与工程案例

锻造工艺不仅可保证达到构件所要求的形状和尺寸，而且对构件的强度、塑性、韧性等都有影响。如果锻造工艺不当，会产生各种锻造缺陷。常见的锻造缺陷有锻造裂纹、锻造折叠、过热和过烧等。

（1）裂纹

裂纹是锻造生产中常见的主要缺陷之一。金属在锻造过程中产生裂纹的原因，可能是原材料内部的冶金缺陷，如严重的疏松、偏析和夹杂物，残余缩孔和严重的网状、带状碳化物等，均会降低金属材料的高温塑性；也可能是由于锻造工艺或操作不当，如锻造温度太高或中锻温度低、锻造变形量大于金属材料固有的变形能力或锻后冷却不良等，都可导致锻件的开裂。

（2）折叠

折叠是锻件中常见的一种缺陷，由于折叠引起构件的失效也是屡见不鲜。折叠常出现在锻件表面类似于裂纹，是由于坯料飞边和突出部位，在锻造过程中压入或锻模设计不良，锻造过程中金属流动不合理所致。锻坯和锻锤上的氧化皮或润滑剂等未消除干净，被锻造压入热金属也能形成折叠。锻造折叠一般具有下列特征：折叠与其周围金属流线方向一致，如图 12.17（a）所示；折叠尾端一般呈小圆角，如图 12.17（b）所示；有时在折叠之前先有褶皱，尾部一般呈树权形或鸡爪形，如图 12.17（c）所示；折叠两侧有明显的氧化脱碳现象。

图 12.17　锻造折叠特征

（a）折叠与金属流线方向一致；（b）折叠尾端呈小圆角；（c）折叠尾端呈树权形

（3）过热和过烧

金属构件在锻造等热加工过程中，由于控温和操作等因素超过了正常的加热温度，使组织出现过热和过烧，严重降低材质的力学性能。过热和过烧的区别在于过热温度超过正常加热温度而引起粗大晶粒，可通过热处理如退火或二次锻造消除过热组织，但过烧组织却无法补救。

① 过热　锻件的过热组织主要是终锻温度过高或变形量不够造成的。终锻温度过高，而剩余变形量又小，这时引起晶粒变大，形成粗大晶粒的过热特征，使锻件的韧性下降。

② 过烧　锻造加热温度过高或在氧化性气氛的高炉中长时间保温，不仅使奥氏体晶粒变大，而且炉内氧以分子状态渗透至晶界，使铁、硫等氧化成低熔点的氧化物共晶体，造成晶界早期熔化，降低晶间结合力，使金属塑性变形能力降低，这种现象称为过烧。尤其是铝金属锻造温度范围较窄，炉温控制不好或炉温不均匀，很容易造成组织的过烧。

工程案例12.13　诱导齿/诱导齿下部裂纹原因分析

（1）概况

某公司生产的诱导齿/诱导齿下部的宏观形貌如图 12.18（a）所示，其材料牌号为

42CrMo。主要工艺流程为：下料→锻造（模锻）→热处理→喷丸。在清理氧化皮喷丸后发现零件表面有裂纹，裂纹率为 10%～20%。大部分裂纹位于零件分模面处，也有裂纹位于零件分膜面附近，裂纹位置及形态如图 12.18(b)所示。

（2）检查结果与分析

① 宏观检查结果表明，裂纹均位于零件分模面处或分模面附近。在分模面处截取一段裂纹，将裂纹分离，断口形貌如图 12.18(c)所示，断口平齐，颜色为红褐色，断面上有氧化皮。

② 诱导齿/诱导齿下部的化学成分及基体硬度均符合相关标准及相关技术要求的规定。

③ 金相检查结果表明，在分模面宏观裂纹较宽处垂直于裂纹取金相，裂纹形态如图 12.18(d)所示，裂纹开口处与表面呈一定角度，开口宽而直，尾部细且沿晶分布；裂纹两侧及尾端附近的基体上有大量高温氧化产物，如图 12.18(e)所示，氧化物呈棒状及点网状分布；裂纹两侧脱碳严重，尤其是裂纹尾部两侧均为铁素体且铁素体晶粒已变大，如图 12.18(f)所示。

图 12.18　宏观形貌(a)，裂纹位置及形态(b)，断口形貌(c)，裂纹形态(d)，
裂纹两侧高温氧化物(e)，裂纹尾端两侧脱碳严重(f)

（3）讨论

根据诱导齿/诱导齿下部裂纹打开的断口颜色为红褐色且断口上有氧化皮,初步推断断口曾在高温区长时间停留；裂纹两侧存在严重脱碳现象,说明裂纹产生于热处理之前,裂纹及尾端两侧铁素体晶粒变大,且存在大量高温氧化产物,进一步分析认为裂纹属于锻造裂纹。

（4）结论

诱导齿/诱导齿下部裂纹属于锻造裂纹。

工程案例 12.14 轴裂纹原因分析

（1）概况

某公司生产的轴,材料牌号为 45 钢,主要工艺流程为下料→锻造→热处理→粗加工。在粗加工过程中发现零件表面有裂纹。

（2）检查结果与分析

① 宏观检查结果表明,裂纹分布在轴坯外表面,沿轴向分布,有一定的曲折。裂纹长度约为 51 mm,宏观裂纹形貌如图 12.19(a)所示。

② 经检测,轴的化学成分符合相关标准的规定。

③ 金相检查结果表明,裂纹与毛坯外表面呈一定角度,裂纹尾部呈钩状、圆钝,裂纹内充满氧化产物,如图 12.19(b)所示。浸浊后观察,裂纹两侧脱碳现象如图 12.19(c)所示,裂纹两侧有全脱碳,且脱碳层深度不同,裂纹内侧较外侧严重,内侧脱碳最深处为 0.78 mm。基本组织为回火索氏体。

(a)   (b)   (c)

图 12.19 宏观裂纹形貌(a),裂纹内充满氧化产物(b),裂纹两侧脱碳现象(c)

（3）讨论

根据失效轴裂纹微观特征分析,裂纹与毛坯外表面呈一定角度,尾部圆钝,裂纹两侧有明显的氧化脱碳现象,说明裂纹产生在热处理之前,具有锻造折叠的特征。

（4）结论

轴坯外表面裂纹属于锻造折叠。

工程案例 12.15 曲轴断裂原因分析

（1）概况

某公司生产的发动机曲轴,材料牌号为 42CrMo。经锻造→正火→调质处理→铣端面等工序后,该曲轴在校直过程中发生断裂,断裂位置位于曲轴小头 4 柄,宏观形貌如图 12.20(a)所示,局部放大宏观形貌如图 12.20(b)所示,箭头所指为裂纹处。

（2）检查结果与分析

① 断口宏观形貌如图 12.20(c)和(d)所示,断面基本垂直于轴向,较平直、粗糙,无明显

塑性变形,断面的 3/4 面积都是粗大的沿晶断裂,呈灰暗色,无金属光泽,形状似碎石状,为石块断口,瞬时断裂区面积占断口的 1/4。

② 断裂曲轴化学成分符合某牌号合金钢相关标准的要求。

③ 在石状断口(编号为 1♯)和纤维状断口(编号为 2♯)处分别取样进行力学性能分析及硬度试验,分析发现:1♯力学性能不符合 GB/T 3077—2015 中 42CrMo 的合金钢的要求,2♯力学性能符合 GB/T 3077—2015 中 42CrMo 合金钢的要求。

④ 金相检查。零件表面金相组织如图 12.20(e)所示,表面存在多条折叠,折叠与表面呈一定角度向内延伸,两侧有氧化脱碳现象;基体金相组织如图 12.20(f)所示,为回火索氏体+贝氏体回火组织;实际晶粒度按照 GB/T 6394—2017 评为 8.5 级。

图 12.20　宏观形貌(a),局部放大宏观形貌(b),断口宏观形貌(c)和(d),
表面金相组织(e),基体金相组织(f)

(3) 讨论

对于材料牌号为 42CrMo 的曲轴,由于 Cr 和 Mo 的存在,使过冷奥氏体等温转变图右移,尤其当存在成分偏析时,常常得到贝氏体组织(局部)。经正火和调质处理后,该局部组织仍明显保留位向关系,奥氏体晶粒尺寸也变化不大,易出现晶粒遗传现象。

因为锻造加热温度与停锻温度较高和变形程度较小,容易形成粗大的奥氏体晶粒,冷却到室温后,在原来的一颗颗粗大奥氏体晶粒内,由于相变形成许多颗小晶粒,这些小颗粒的空间取向与原来奥氏体晶粒的空间取向保持一定的关系。也就是说,形式上是一颗大晶粒被分割成许多颗小晶粒,而实质上还是原来的一颗大晶粒。正火加热时,这些小晶粒还原成原来的奥氏体晶粒,且空间取向基本没有多大的变化。正火冷却时,一颗奥氏体晶粒又再次被分割成许多颗小晶粒。这样,正火前(即锻后)原来粗大的奥氏体晶粒经正火后形式上虽细化了(分割成许多小晶粒),但实际上许多小晶粒的位向与原来的奥氏体晶粒一致,由于在位向和大小上都继承了原始粗大奥氏体晶粒,所以在性能和断口上仍保留了原来粗大奥氏体晶粒的特征。这种粗大晶粒的遗传,使材料的力学性能,特别是韧性及冲击性能明显降低。且这种晶粒的遗传现象,采用一般热处理工艺不宜细化。

综上分析,由于锻件过热,且石状断口处变形量小,晶粒没有得到充分的细化,而使晶粒长大,经正火以及调质处理后晶粒被分割成许多小晶粒,但由于原始粗大的奥氏体晶粒遗传,使材料的力学性能,特别是韧性及冲击性能明显降低,而导致曲轴受力脆性断裂。

(4)结论

锻造过热是导致曲轴受力断裂的主要原因。

4)焊接缺陷引起的失效与工程案例

金属构件及装备均存在大量焊缝,焊缝质量的优劣直接关系到装备的正常运行。失效分析的实践证明,多数焊接构件的失效发生或起源于焊缝或热影响区。

焊接构件在施焊及后处理过程中会产生各种缺陷。在载荷、温度、介质等力学和环境因素作用下,这些缺陷均会成为裂纹源,并进一步引起实际构件的破坏。常见的焊接缺陷有焊接裂纹、未焊透、未熔合、咬边、夹渣、气孔、缩孔等。

(1)焊接裂纹

在焊接生产中,由于采用的钢种和结构的类型不同,可能会产生各种裂纹。裂纹有时分布在焊缝上,有时分布在焊接热影响区,有时出现在焊缝的表面上,也有时出现在焊缝内部;有时宏观就可以看到,有时必须用显微镜才能发现;有纵向裂纹、横向裂纹,也有时出现在断弧的地方形成弧坑裂纹。焊接裂纹形态如图12.21所示。总而言之,在焊接生产中所遇到的裂纹是多种多样的。

(a)   (b)   (c)

图 12.21 焊接裂纹形态示意图

(a)纵向裂纹;(b)横向裂纹;(c)弧坑裂纹

裂纹的存在破坏了金属的连续性和完整性,降低了焊接接头的使用强度。此外,在裂纹尖端引起应力集中,促进构件在低应力下发生脆性破坏,给工程及装备造成极大危害。裂纹大体可分为以下三类。

① 热裂纹 热裂纹是在高温(固相线温度附近)下产生的,而且都是沿奥氏体晶界开裂的。如杂质较多的碳钢、低中合金钢、奥氏体钢、镍基合金、铝中均会发生。

② 再热裂纹 再热裂纹是焊件在焊接后重新加热,如焊后 $500 \sim 700$ ℃去应力处理或在高温下工作,而在焊缝或热影响区产生的沿晶裂纹,一般又称为去应力裂纹。如低合金结构钢、奥氏体不锈钢、镍基高温合金中均会发生。

③ 冷裂纹 冷裂纹是在相当低的温度,大约在钢的马氏体转变温度附近,由于约束应力、淬硬组织和氢的作用,在焊接接头产生的沿晶或穿晶裂纹。如焊接超高强度钢或某些钛合金时,冷裂纹也会出现在焊缝上。

（2）未焊透、未熔合

在焊接构件的失效分析过程中，常发现焊缝处出现未焊透和焊缝未熔合的现象，其部位往往在焊缝底部、两面焊中间或焊缝与母材之间等，给使用埋下隐患，严重降低构件的使用寿命。

① 未焊透　焊接时由于坡口度较小，间隙小或钝边过大，双面焊时背面清根不彻底或焊接工艺以及操作不当等，接头的根部未完全熔透而留下孔隙，如图 12.22 所示。未焊透将减少构件的结合面积，显著降低接头的力学性能，同时，由于未焊透引起应力集中，将明显降低构件的疲劳性能。在载荷作用下，未焊透的根部将形成裂纹，并最终导致构件的整体破坏。

图 12.22　未焊透示意图

② 未熔合　由于焊接工艺和操作不当，坡口上或前一层焊缝表面有油污、氧化物和焊渣等脏物，阻碍了金属间的熔合，而在焊缝金属和母材之间或者焊缝金属和焊道金属之间未完成熔化而出现的细小缝隙，如图 12.23 所示。未熔合会减小构件的承载面积，增大应力，这对承受疲劳、经受冲击、应力腐蚀及低温下工作的构件及装备非常不利。

图 12.23　未熔合示意图

③ 咬边　咬边是指焊接过程中由于熔敷金属未完全覆盖在母材的已熔化部分，在焊趾处产生的低于母材表面的沟或是由于焊接电弧把焊件边缘熔化后，没有得到焊条熔化金属的补充所留下的缺口，如图 12.24 所示。

图 12.24　咬边示意图

咬边或焊趾沟槽是沿着焊缝焊趾伸展的连续的或断续的缺口，势必增大局部应力。咬边底部应力、局部应力升高的幅度取决于沟槽底部的形状。如果沟槽底部比较尖锐，咬边部位的应力会较大。

（3）夹渣与气孔、缩孔

① 夹渣　焊缝中残留的由造渣剂生成的熔渣称为夹渣。这些夹渣形状不规则，尺寸较

大。焊缝中夹渣部位如图 12.25 所示。有的夹渣属于熔融金属的流动,形成不规则的条带状和聚集状,这些夹渣留在焊缝中危害较大。

图 12.25　焊缝中夹渣部位示意图

② 气孔　在焊接过程中,由于焊接工艺和操作不当,使溶解在熔池中的气体不能及时逸出,随着焊缝的冷却,固溶在焊缝金属中的气体随金属温度的下降而析出形成气孔。形成气孔的气体主要有氢、氮、一氧化碳气体和水蒸气等,其分布形态有单个气孔和连续气孔。这些气孔不仅减少了焊缝的有效承载面积,而且会造成应力集中,其中尤其是在动载荷和交变应力下工作的焊接结构,这会显著降低焊缝的疲劳强度。

③ 缩孔　在焊接过程中,由于焊缝熔化金属在凝固过程中的收缩形成的空穴称为缩孔。缩孔的存在破坏了焊缝金属的连续性。在载荷作用下,构件及装备中焊缝缩孔有可能作为失效源而发生失效。

工程案例 12.16　铜管失效分析

(1) 概况

材料为 T2M 的铜管采用直管分别弯曲成螺旋状和直角弯状,然后进行套管焊接,连接成整体。在焊接后打压试验时,发现焊接附近有渗水现象,在补焊后,渗水部位向未焊基体推移,在外力作用下零件在焊接部位发生断裂。铜管宏观形貌如图 12.26(a)和(b)所示。

(2) 检查结果与分析

① 宏观及断口观察,零件裂纹断裂部位宏观形貌如图 12.26(c)所示,焊接处有较多的孔洞。断口呈沿晶断裂形貌特征,断口形貌如图 12.26(d)所示。

② 失效铜管的化学成分符合相关标准的规定。

③ 金相检查。如图 12.26(e)所示,断面附近有较多的沿晶裂纹;观察零件其他部位,也发现存在较多沿晶裂纹,如图 12.26(f)所示;零件焊缝焊肉上有较多的孔洞;铜管基体组织为固溶体,在零件表面有焊接痕迹的铜管基体均有沿晶开裂现象,如图 12.26(g)所示。

远离焊接部位切取金相试样观察,铜管基体组织为固溶体,未发现沿晶开裂现象,如图 12.26(h)所示。

(3) 讨论

从显微组织分析中可以看出,在焊接部位的铜管基体存在大量沿晶开裂现象。沿晶开裂缺陷破坏金属的连续性,严重降低零件的强度,导致在受力时发生沿晶开裂。焊接部位的铜管基体存在大量的沿晶缺陷,而远离焊接部位的铜管基体未发现沿晶开裂缺陷,这说明沿晶缺陷是在焊接过程中形成的。

分析认为,若铜管在焊接过程中的温度过高,在热应力等影响因素下,会造成铜管产生沿晶开裂缺陷;当这些缺陷互相连通,贯通铜管内、外表面,则造成零件在打压时沿缺陷部位发生渗水。

图 12.26　铜管宏观形貌(a)和(b),零件裂纹断裂部位宏观形貌(c),断口形貌(d),
　　　　　断面附近的沿晶裂纹(e),其他部位的沿晶裂纹(f),焊缝处基体组织(g),
　　　　　远离焊缝处基体组织(h)

（4）结论

铜管在焊接过程中形成的沿晶裂纹是造成打压渗水的主要原因。

工程案例 12.17　左拉臂总成失效分析

（1）概况

某跑车试验过程中,左拉臂总成发生断裂失效,左拉臂总成宏观形貌如图 12.27(a)所示,在拉臂和小拉臂焊接位置断开。左拉壁总成采用焊丝将拉臂和小拉臂整体焊接而成,其中剖面的焊接为先在小拉臂上开焊道,长度为 8 mm,高度为 3 mm,左拉臂总成示意图如图 12.27(b)所示。拉臂和小拉臂的材质均为 40 钢,工艺流程均为下料→热处理→机械加工→左拉臂总成。

图 12.27 左拉臂总成宏观形貌(a),左拉臂总成示意图(b)

（2）检查结果与分析

① 外观检查发现,左拉臂总成在两处位置发生开裂,均位于焊接部位,如图 12.28(a)和(b)所示。将两处断口拉开,位置 1 处两断口形貌如图 12.28(c)所示,拉臂上焊接金属粘接较少,小拉臂的焊道内有部分金属,焊缝金属未充满整个焊道;位置 2 处两断口形貌如图 12.28(d)所示,断口纹缕粗糙,形似木纹状,靠近焊接内侧存在大小不等的较多气孔,气孔内壁光滑。

图 12.28 焊接部位开裂(一)(a),焊接部位开裂(二)(b),
位置 1 处两断口形貌(c),位置 2 处两断口形貌(d)

② 拉臂和小拉臂的化学成分均符合相关规标准的规定。

③ 位置 1 处的宏观和微观组织形貌。位置 1 处组织宏观形貌如图 12.29(a)所示,拉臂

的焊道内充满部分焊条金属,拉臂和小拉臂属于未焊透,小拉臂只有少部分金属被焊接,焊缝金属内有小气孔存在,断裂部位的断面参差不齐,留有部分小气孔断开痕迹。位置 1 处微观断面形貌如图 12.29(b)所示,断面沿小气孔分布,局部有金属脱落现象,结果表明,断面从右侧向左侧开裂,即从焊接外侧向内侧断开。

　　④ 位置 2 处的宏观和微观组织形貌。位置 2 处组织宏观形貌如图 12.29(c)所示,焊缝金属内存在较多大小不等的气孔,断面明显沿气孔断开,留有部分气孔断开痕迹。位置 2 处微观断面形貌如图 12.29(d)所示,断面一部分沿气孔分布,另一部分金属有明显的从右侧向左侧变形拉长现象。结果表明,断口从有气孔一侧向另一侧断开,焊缝金属内有较多气孔。

图 12.29　位置 1 处组织宏观形貌(a),位置 1 处微观断面形貌(b),
位置 2 处组织宏观形貌(c),位置 2 处微观断裂形貌(d)

　　(3) 讨论

　　综合以上分析,左拉臂总成焊接位置 1 处开裂,是由外侧向内侧断开,位置 2 处开裂是由内侧向外侧断开,说明在焊接部位小拉臂受到沿小拉臂圆孔轴向向上的应力作用;由于位置 1 处焊道内未充满焊条金属,属于未焊透,两零件金属材料未熔透,焊接金属粘连很少,因而使焊缝截面削弱,降低了焊接接头的强度,且焊缝金属内存在较多气孔,也明显降低了焊接接头的力学性能;未焊透和气孔将引起应力集中,当所受应力超过焊接接头的强度极限时,首先从位置 1 处发生沿小气孔的开裂,最后在位置 2 处同样发生沿气孔的开裂。

　　(4) 结论

　　未焊透和气孔(焊接缺陷)是左拉臂总成开裂失效的主要原因。

　　(5) 改进措施

　　将焊道改在拉臂上,焊道形状改为边长为 8 mm 的正三角形,这样焊枪可以自如地伸到焊道内,焊条金属能够充满整个焊道。

5)机械加工制造成形缺陷与失效

机械加工是金属构件制造过程的重要组成部分,其作用为赋予构件外形、去掉多余的材料及得到所要求的形状、尺寸和表面状态。如果机械加工不当会导致构件表面缺陷,如内外尖角、粗糙的切削刀痕、磨削烧伤、磨削裂纹、机械碰伤和表面织构的改变等,这些都是造成局部应力集中、降低疲劳强度的因素,也是决定金属构件使用寿命的又一重要原因。其中,磨削烧伤和磨削裂纹是引起金属构件失效最常见的机械加工缺陷。

磨削通常是金属构件加工的最后一道工序。磨削过程中,由于局部摩擦生热,容易引起烧伤和磨削裂纹等缺陷,并在磨削表面生成残余拉应力。这些都对构件力学性能有影响,甚至成为导致构件失效的原因。导致磨削失效的原因,归纳起来有这样几种:磨削量太大、砂轮太钝,砂轮的磨料粗细与构件材料组织不匹配、冷却不力等。

(1)磨削烧伤

根据磨削热对构件表面局部加热的程度,烧伤的程度可在很大范围内变化,从轻微的回火状态直到形成新生的未回火的马氏体。不同程度的烧伤对疲劳寿命的影响见表12.3。

表 12.3　不同程度的烧伤对疲劳寿命的影响

齿轮和辊子磨削情况	齿轮弯曲疲劳寿命/(10^6/周)	齿轮接触疲劳寿命/(10^6/周)		辊子接触载荷下寿命/(10^6/周)
		初期剥落出现小坑	出现发展性麻点	
无烧伤	13.9	6.9	11.7	12
轻微烧伤	11.6	5.1	9.1	7
严重烧伤	10.79	4.3	8.3	2.6
无烧伤轻度酸洗	12.17	5.6	8.5	8.4

(2)磨削裂纹

如果磨削表面局部升温达800 ℃以上,并且冷却不够充分时,表层材料被重新奥氏体化并淬火成马氏体,因而在表面层产生很高的组织应力;又由于磨削过程中升温极快,造成很高的热应力,组织应力与热应力的叠加很容易造成磨削开裂。

磨削裂纹特征:呈分散平行的条状,且与磨削方向垂直,也有的呈网状或辐射状;裂纹深度较浅,一般为 0.1~0.5 mm;裂纹两侧无氧化脱碳;裂纹以穿晶为主。

工程案例 12.18　立轴壳体断裂失效分析

(1)概况

某重型车辆用立轴壳体,材料牌号为38CrSi。在使用过程中,立轴壳体撕裂、脱落并断为两截,宏观断裂形貌如图 12.30(a)所示。

立轴壳体工艺流程为锻造→粗加工→热处理调质→精加工→镀镍。

(2)检查结果与分析

① 宏观检查结果表明,立轴壳体断裂位置位于 R 角处,断口形貌如图 12.30(b)所示。断口无明显宏观塑性变形,具有多源线性疲劳断裂特征,疲劳源位于 R 角处,且存在多个疲劳小台阶。一次疲劳源位于图箭头所指位置,疲劳弧线清晰可见。在疲劳扩展过程中,在 R 角圆周不断产生新的疲劳源,并向箭头所指位置对面方向扩展,最终发生疲劳断裂。

(a)　　　　　　　　(b)

图 12.30　宏观断裂形貌(a),断口形貌(b)

② 零件尺寸检查结果,过渡圆弧半径小于 1 mm,低于图样技术要求。

③ 断裂立轴壳体的化学成分及基体硬度均符合相关标准及相关同样技术要求的规定。零件基体组织正常,断面无氧化脱碳现象。

（3）讨论

立轴壳体在使用受力过程中,R 角圆弧过渡处为应力集中部位,而该零件实际角尺寸小于 1 mm,使应力集中敏感性增强。当所受应力达到一定数值时,在 R 角处首先形成裂纹源,并疲劳扩展。在疲劳扩展过程中,在 R 角圆周不断产生新的疲劳源并同时疲劳扩展,最终导致零件断裂。

（4）结论

由于 R 角尺寸的减少,增加了立轴壳体应力集中的敏感性,尤其在使用过程中,当所受应力超过其所能承受应力时,首先在 R 角处形成疲劳源,并疲劳扩展,最终导致立轴壳体疲劳断裂。

（5）建议

增大 R 角尺寸,减少 R 角应力集中的敏感性。

案例 12.19　齿轮裂纹原因分析

（1）概况

某齿轮材料牌号为 20Cr2Ni4A,宏观形貌如图 12.31(a)所示。其主要工艺流程为锻造→渗碳→热处理→粗磨外圆和端面→精磨外圆和端面→装配。准备装配时发现齿轮右端面上有细小裂纹,如图 12.31(a)中箭头所示。

（2）检查结果与分析

① 外观检查发现,裂纹均在齿轮右端面上,径向分布,排列较有规则,呈细小、断续串接特征。齿轮右端面裂纹形态如图 12.31(b)所示。裂纹垂直于磨削方向,长度为 1～7 mm,部分裂纹已呈网状分布。

② 齿轮的化学成分、渗碳有效硬化层深、表面硬度均符合相关图样技术要求的规定。

③ 金相检查结果表明,裂纹浅而细小,尾部尖细且沿晶扩展,扩展方向垂直于齿轮端面,深度为 0.45～0.60 mm,有些裂纹与基体中的非金属夹杂物连通。裂纹形态如图 12.31(c)所示。齿轮右端面最表层组织有明显的转变,深度在 0.40 mm 左右,而在 0～0.024 mm 内组织为二次淬火马氏体,随后为被热影响的过渡区。右端面渗层组织如图 12.31(d)所示。裂纹两侧无氧化脱碳现象,心部组织为低碳回火马氏体。

（3）讨论

该零件所发现的细小裂纹均在齿轮的右端面上,该平面为周向端面磨削。磨削后所产

图 12.31　宏观形貌(a),齿轮右端面裂纹形态(b),裂纹形态(c),右端面渗层组织(d)

生的裂纹呈径向和网状分布,垂直于磨削方向,基本为等深裂纹,呈细小、断续串接特征。

　　从裂纹宏观形貌及微观形态分析,由于零件端面在磨削过程中过大的进给量导致瞬间大量的磨削热量及热应力产生,瞬间的高温使零件表面一定深度内发生二次淬火和金相组织转变,同时产生组织应力,在两种应力的综合作用下,零件垂直于磨削方向产生磨削裂纹。

　　(4) 结论

　　齿轮右端面裂纹为磨削裂纹。

12.2　机械零件材料及成形技术的选用

　　机械零件设计的主要内容包括机械零件结构设计、材料选用、工艺设计及其经济指标等诸多方面。这些要素既相互关联,又相互影响,甚至相互依赖,而且这些要素还并不都协调统一,有时甚至是矛盾的。结构设计和经济指标在很大程度上取决于零件的材料选用及工艺设计。因此,对机械零件用材及工艺路线进行合理选择是十分重要的。

12.2.1　机械零件材料及成形技术选用的基本原则

　　机械设计不仅包括零件结构的设计,同时也包括所用材料和工艺的设计。正确选材是机械设计的一项重要任务,它必须使选用的材料保证零件在使用过程中具有良好的工作能力,保证零件便于加工制造,同时保证零件的总成本尽可能低。优异的使用性能、良好的成形技术性能和便宜的价格是机械零件选材的最基本原则。

1. 使用性能原则

使用性能是保证零件完成规定功能的必要条件。在大多数情况下,它是选材首先要考虑的问题。使用性能主要是指零件在使用状态下材料应该具有的机械性能、物理性能和化学性能。材料的使用性能应满足使用要求。对大量机器零件和工程构件,则主要是机械性能。对一些特殊条件下工作的零件,则必须根据要求考虑材料的物理、化学性能。

使用性能的要求是在分析零件工作条件和失效形式的基础上提出来的。零件的工作条件包括三个方面。

(1) 受力状况

主要是载荷的类型(例如动载、静载、循环载荷或单调载荷等)和大小;载荷的形式,例如拉伸、压缩、弯曲或扭转等;以及载荷的特点,例如均布载荷或集中载荷等。

(2) 环境状况

主要是温度特性,例如低温、常温、高温或变温等;以及介质情况,例如有无腐蚀或摩擦作用等。

(3) 特殊要求

主要是对导电性、磁性、热膨胀、密度、外观等的要求。零件的失效形式则如前述,主要包括过量变形、断裂和表面损伤三个方面。

通过对零件工作条件和失效形式的全面分析,确定零件对使用性能的要求,然后利用使用性能与实验室性能的相应关系,让使用性能具体转化为实验室机械性能指标,例如强度、韧性或耐磨性等。这是选材最关键的步骤,也是最困难的一步。然后,根据零件的几何形状、尺寸及工作中所承受的载荷,计算出零件中的应力分布。再由工作应力、使用寿命或安全性与实验室性能指标的关系,确定对实验室性能指标要求的具体数值。

表 12.4 中举出了几种常见机械零件的工作条件、失效形式及要求的主要机械性能指标。

表 12.4　几种常见机械零件的工作条件和失效形式及要求的主要机械性能指标

零　件	工　作　条　件			常见的失效形式	要求的主要机械性能
	应力种类	载荷性质	受力状态		
紧固螺栓	拉、剪应力	静载		过量变形,断裂	强度,塑性
转动轴	弯、扭应力	循环、冲击	轴颈摩擦,振动	疲劳断裂,过量变形,轴颈磨损	综合机械性能
转动齿轮	压、弯应力	循环、冲击	摩擦、振动	齿折断,磨损,疲劳断裂,接触疲劳(麻点)	表面高强度及疲劳极限,心部强度、韧性
弹簧	扭、弯应力	交变、冲击	振动	弹性失稳,疲劳破坏	弹性极限,屈服比,疲劳极限
冷作模具	复杂应力	交变、冲击	强烈摩擦	磨损,脆断	硬度,足够的强度,韧性

在确定了具体机械性能指标和数值后,即可利用手册选材。但是,零件所要求的机械性能数据,不能简单地与手册、书本中所给出的完全等同相待,还必须注意以下情况。

第一,材料的性能不但与化学成分有关,也与加工、处理后的状态有关,金属材料尤其明显。所以要分析手册中的性能指标是在什么加工处理条件下得到的。

第二,材料的性能与加工处理时试样的尺寸有关,随截面尺寸的增大,机械性能一般是降低的。因此必须考虑零件尺寸与手册中试样尺寸的差别,并进行适当的修正。

第三,材料化学成分、加工处理的工艺参数本身都有一定波动范围。一般手册中的性能,大多是波动范围的下限值。就是说,在尺寸和处理条件相同时,手册数据是偏安全的。

在利用常规机械性能指标选材时,有两个问题必须说明。第一个问题是,材料的性能指标各有自己的物理意义。有的比较具体,并可直接应用于设计计算,例如屈服强度 σ_s、疲劳强度 σ_l、断裂韧性 K_{IC} 等;有些则不能直接应用于设计计算,只能间接用来估计零件的性能,例如,伸长率 δ、断面收缩率 φ 和冲击韧性 α_K 等。传统的看法认为,这些指标是属于保证安全的性能指标。对于具体零件,δ、φ、α_K 要多大才能保证安全,至今还没有可靠的估算方法,而完全依赖于经验。第二个问题是,由于硬度的测定方法比较简便,不破坏零件,并且在确定的条件下与某些机械性能指标有大致固定的关系,所以常用来作为设计中控制材料性能的指标。但它也有很大的局限性,例如,硬度对材料的组织不够敏感,经不同处理的材料常可得到相同的硬度值,而其他机械性能却相差很大,因而不能确保零件的使用安全。所以,设计中在给出硬度值的同时,还必须对处理工艺(主要是热处理工艺)做出明确的规定。

对于在复杂条件下工作的零件,必须采用特殊实验室性能指标作选材依据。例如,采用高温强度、低周疲劳及热疲劳性能、疲劳裂纹扩展速率和断裂韧性、介质作用下的机械性能等。

2. 工艺性能原则

材料的工艺性能表示材料加工的难易程度。在选材中,与使用性能相比,工艺性能常处于次要地位。但在某些特殊情况下,工艺性能也可成为选材考虑的主要依据。另外,一种材料即使使用性能很好,但若加工极困难,或者加工费用太高,也是不可取的。所以材料的工艺性能应满足生产工艺的要求,这是选材必须考虑的问题。

材料所要求的工艺性能与零件生产的成形技术路线有密切关系,具体的工艺性能就是从工艺路线中提出来的。下面讨论各类材料的一般工艺路线和有关的工艺性能。

1) 高分子材料的工艺性能

高分子材料的成形技术路线如图 12.32 所示。

图 12.32 高分子材料的成形技术路线

从图 12.32 可以看出,工艺路线比较简单,其中变化较多的是成形技术。主要成形技术的比较见表 12.5。

表 12.5 高分子材料主要成形技术的比较

工 艺	适用材料	形 状	表面粗糙度	尺寸精度	模具费用	生产效率
热压加工	范围较广	复杂形状	很低	好	高	中等
喷射加工	热塑性塑料	复杂形状	很低	非常好	很高	高
热挤加工	热塑性塑料	棒状	低	一般	低	高
真空加工	热塑性塑料	棒状	一般	一般	低	低

高分子材料的切削加工性能较好。不过要注意,它的导热性差,在切削过程中不易散热,易使工件温度急剧升高,使其变焦(热固性塑料)或变软(热塑性塑料)。

2)陶瓷材料的工艺性能

陶瓷材料的成形技术路线如图 12.33 所示。

图 12.33　陶瓷材料的成形技术路线

从图 12.33 可以看出,工艺路线也比较简单,主要工艺是加工,其中包括粉浆加工、压制加工、挤压加工、可塑加工等。它们的比较见表 12.6。陶瓷材料加工后,除了可以用碳化硅或金刚石砂磨加工,几乎不能进行任何其他加工。

表 12.6　陶瓷材料各种成形技术比较

工　艺	优　点	缺　点
粉浆加工	可制作形状复杂件、薄塑件,成本低	收缩大,尺寸精度低,生产效率低
压制加工	可制作形状复杂件,有高密度和高强度,精度较高	设备较复杂,成本高
挤压加工	成本低,生产效率高	不能制作薄壁件,零件形状需对称
可塑加工	尺寸精度高,可制作形状复杂件	成本高

3)金属材料的工艺性能

(1)金属材料的成形技术路线

金属材料的成形技术路线如图 12.34 所示。可以看出,它远较高分子材料和陶瓷材料复杂,而且变化多,不仅影响零件的加工,还大大影响其最终性能。

金属材料(主要是钢铁材料)的工艺路线大体可分成三类。

① 性能要求不高的一般零件,工艺流程为毛坯→正火或退火→切削加工→零件。

即图 12.34 中的工艺路线 1 或工艺路线 4。毛坯由铸造或锻轧加工获得。如果用型材直接加工成零件,则因材料出厂前已经退火或正火处理,可不必再进行热处理。一般情况下毛坯的正火或退火,不单是为了消除铸造、锻造的组织缺陷和改善加工性能,还赋予零件以必要的机械性能,因而也是最终热处理。由于零件性能要求不高,多采用比较普通的材料,如铸铁或碳钢制造。它们的工艺性能都比较好。

② 性能要求较高的零件,工艺流程为毛坯→预先热处理(正火、退火)→粗加工→最终热处理(淬火、回火、固溶时效或渗碳处理等)→精加工→零件。

即图 12.34 中的工艺路线 2 或工艺路线 4。预先热处理是为了改善机加工性能,并为最终热处理做好组织准备。大部分性能要求较高的零件,如各种合金钢、高强铝合金制造的轴、齿轮等,均采用这种工艺路线。

图 12.34　金属材料的成形技术路线

③ 要求较高的精密零件,工艺流程为毛坯→预先热处理(正火、退火)→粗加工→最终热处理(淬火、低温回火、固溶、时效或渗碳)→半精加工→稳定化处理或渗氮→精加工→稳定化处理→零件。

这类零件除了要求有较高的使用性能,还要有很高的尺寸精度和表面光洁度。因此大多采用图 12.34 中的工艺路线 3 或工艺路线 4,在半精加工后进行一次或多次精加工及尺寸的稳定化处理。要求高耐磨性的零件还需进行氮化处理。由于加工路线复杂,性能和尺寸的精度要求很高,零件所用材料的工艺性能应充分保证。这类零件有精密丝杠、镗床主轴等。

(2) 金属材料的主要工艺性能

金属材料的成形技术路线复杂,要求的工艺性能较多,如铸造性能、锻造性能、焊接性能、切削加工性能、热处理工艺性能等。金属材料的工艺性能应满足其工艺过程要求。

3. 经济性原则

材料的经济性是选材的根本原则。采用便宜的材料,把总成本降至最低,取得最大的经济效益,使产品在市场上具有更强的竞争力,始终是设计工作的重要任务。

1) 材料的价格

零件材料的价格无疑应该尽量低。材料的价格在产品的总成本中占较大的比重,据有关资料统计,在许多工业部门中可占产品价格的 $30\% \sim 70\%$,因此设计人员要十分关心材料的市场价格。

2) 零件的总成本

零件选用的材料必须保证其生产和使用的总成本最低。零件的总成本与其使用寿命、重量、加工费用、研究费用、维修费用和材料价格有关。

如果准确地知道零件总成本与上述各因素之间的关系,则可以对选材的影响作精确的分析,并选出使总成本最低的材料。但是,要找出这种关系,只有在大规模工业生产中进行详尽试验分析的条件下才有可能。对于一般情况,详尽的试验分析有困难,要利用一切可能得到的资料,逐项进行分析,以确保零件总成本降低,使选材和设计工作做得更合理些。

3)国家的资源

随着工业的发展,资源和能源的问题日渐突出,选用材料时必须对此有所考虑,特别是对于大批量生产的零件,所用材料应该来源丰富并顾及我国资源状况。另外,还要注意生产所用材料的能源消耗,尽量选用耗能低的材料。

上述材料与成形技术选择的三个原则是互相渗透、有机相连的。实际上对于不同零件,材料与工艺的选用是否合理是使用性、工艺性和经济性综合平衡的结果。由于各种因素相互制约,有时并不协调一致,往往出现矛盾,此时应在保证使用性能的前提下,兼顾其他因素。材料及成形技术的选用在遵循使用性、工艺性及经济性原则的同时,材料与成形技术之间还有个相适应性的问题。材料的性能不是一成不变的,它除与材料的化学成分有关,还与其热处理工艺、成形技术、使用环境等有关。当材料选定以后,由于采用不同的工艺方法,最后材料的性能可能不再是手册中查得的指标了,因而材料及工艺的选用有时是不分先后,而是要同时考虑的。

材料及成形技术的选用,还与零件的结构特点有关,材料与成形技术要根据零件设计来确定,但完成同一功能的零件,可以设计出不同的结构来,零件结构设计必须符合零件结构工艺性的要求,某些结构难以加工时,还应考虑结构的优化问题。

可见材料及工艺的选用是一个复杂的问题,应该在综合分析比较几种方案的基础上,予以统筹考虑。在实际工程中,对于与成熟产品同类的产品,或通用、简单零件,由于前人积累了丰富的经验,大多采用经验类比法来处理材料工艺选用问题。但在设计、制造新产品或重要零件时,要严格进行设计计算、试验分析、小量试制、台架试验等步骤,根据试验结果,修改设计,并优化选择材料和成形技术。

12.2.2 典型零件的材料及成形技术选择

1. 轴杆类零件

1)轴类零件工作条件及对性能的一般要求

轴是机械工业中重要的基础零件之一。一切作回转运动的零件都装在轴上,大多数轴的工作条件为:传递扭矩,同时还承受一定的交变、弯曲应力;轴颈承受较大的摩擦;大多承受一定的过载或冲击载荷。

根据工作特点,轴失效的主要形式有疲劳断裂、脆性断裂、磨损及变形失效。

根据工作条件和失效形式,可以对轴用材料提出如下性能要求:

(1)应具有优良的综合力学性能,即要求有高的强度和韧性,以防变形和断裂;

(2)具有高的疲劳强度,防止疲劳断裂;

(3)良好的耐磨性。

在特殊条件下工作的轴,还应有特殊的性能要求。如在高温下工作的轴,要求有高的蠕变变形抗力;在腐蚀性介质环境中工作的轴,要求轴用材料具有耐腐蚀性。

基于以上要求,轴类零件选材时主要考虑强度,同时兼顾材料的冲击韧性和表面耐磨性。强度既可保证承载能力、防止变形失效,又可保证抗疲劳性能。良好的塑性和韧性是为了防止过载和冲击断裂。

2）选材

显然，作为轴的材料，若选用高分子材料，弹性模量小，刚度不足，极易变形，所以不合适；若选用陶瓷材料，则太脆，韧性差，亦不合适。因此，作为重要的轴，几乎都选用金属材料。

轴类零件一般采用球墨铸铁、中碳钢或中碳合金钢制造。常用材料有 QT900-2、45、40Cr、40MnB、30crMnSi、35CrMo 和 40CrNiMo 等。具体钢种的选用应根据载荷的类型和淬透性的大小来决定。承受弯曲载荷和扭转载荷的轴类，应力分布是由表面向中心递减，因此可不必用淬透性很高的钢种。承受拉、压载荷的轴类，因应力沿轴的截面均匀分布，所以应选用淬透性高的钢。

选择材料时，必须同时考虑热处理工艺。轴类零件通常需经调质处理，获得回火索氏体组织在具有高强度的同时，还有较高的韧性。为了提高轴颈处的耐磨性，调质后还需进行高频表面淬火或渗氮处理，以提高表面硬度。

3）成形技术选择

与锻造加工的钢轴相比，球墨铸铁有良好的减振性、切削加工性及低的缺口敏感性；此外，它的力学性能较高，疲劳强度与中碳钢相近，耐磨性优于表面淬火钢，经过热处理后，还可使其强度、硬度或韧性有所提高。

铸造加工的轴最大的不足之处在于韧性低，在承受过载或大的冲击载荷时，易产生脆断。

因此，对于主要考虑刚度的轴以及主要承受静载荷的轴，如曲轴、凸轮轴等，可采用铸造加工的球墨铸铁来制造。目前部分负载较重但冲击不大的锻造加工轴已被铸造加工轴所代替，既满足了使用性能的要求，又降低了零件的生产成本，取得了良好的经济效益。

以球墨铸铁铸造加工的轴的热处理主要采用正火处理。为提高轴的力学性能也可采用调质或正火后进行表面淬火、贝氏体等温淬火等工艺。球墨铸铁轴和锻钢轴一样均可经氮碳共渗处理，使疲劳极限和耐磨性大幅提高。与锻钢轴相比所不同的是，所得氮碳共渗层较浅，硬度较高。

对于以强度要求为主的轴特别是在运转中伴随有一定的冲击载荷的轴，大多采用锻造加工。锻造加工的轴常用材料为中碳钢或中碳合金调质钢。这类材料的锻造性能较好，锻造后配合适当的热处理，可获得良好的综合性能、高的疲劳强度以及耐磨性，从而有效地提高轴的抵抗变形、断裂及磨损的能力。

4）轴类零件举例

下面以 C620 车床主轴（图 12.35）为例，分析材料与工艺的选用问题。该主轴受交变弯曲和扭转的复合应力，要求有足够的强度，但载荷和转速均不高，冲击载荷也不大，所以有一般水平的综合力学性能即可满足要求，但大端的轴颈、锥孔及卡盘、顶尖之间有摩擦，这些部分要求有较高的硬度和耐磨性。

由材料知识可知，中碳钢或中碳合金钢，经过调质处理有良好的综合力学性能。在众多调质钢中，能满足强度设计的许用应力要求的材料很多，由于本轴对冲击性能要求不高，为降低成本起见，采用碳素钢就可以了，在碳素调质钢中，45 钢来源方便，是最常见的钢种，故可选用 45 钢。

由于本例中的轴径变化较大，可采用锻造加工，通过减径拔长，锻成阶梯状毛坯。

图 12.35　C620 车床主轴简图

由于锻造后截面变化较大,锻造时间不同,因而组织转变不均,应力分布不均,为此需采用正火或退火,以便消除锻后的组织缺陷及残余应力;同时锻造后尚有较多的切削加工任务,为利于切削,又需调整材质的硬度,一般来说材质的最佳切削硬度为 $140\sim248$ HB,硬度过高刀具易磨损,切削困难,硬度太低,不易断屑,又会发生黏刀现象,影响切削加工质量及生产效率。当用退火时,有可能使硬度偏低,且因零件在炉中停留时间长,影响炉子的利用率,故采用正火作为预备热处理。经正火处理后,需检验硬度及组织是否合格。如发现有硬料或软料现象,应重新正火进行返修,否则不利于进行大进给、大走刀量的粗切削加工。

正火处理后的组织是片层状的索氏体,硬而脆的片层状渗碳体分割铁素体基体,易产生脆性。对于车床用轴,不但有强度要求,在车床换挡时还会承受一定的冲击载荷,应具有一定的韧性。为此,粗加工后尚须进行调质热处理。调质处理可获得回火索氏体,而回火索氏体与索氏体(正火得到的)相比,在强度相当的情况下,具有高的韧性。这是由于回火索氏体中的渗碳体呈细小的颗粒状弥散分布在铁素体中,对基体的分割现象没有片状索氏体那么严重,容易发挥铁素体的韧性作用。

调质处理分为两个工序,即淬火+高温回火。淬火后能否获得充分的马氏体是最终获得回火索氏体的基本保证。为此淬火后,必须通过硬度检验,考核淬火是否合格。45 钢的淬火最高硬度为 $48\sim52$ HRC。如果淬火后硬度低于此值,表明淬火工艺有缺陷,应予返修重新淬火。淬火硬度合格者再经高温回火即可获得回火索氏体组织,硬度为 $220\sim250$ HB,具有良好的强韧性。

通过调质处理虽然满足整体轴的强韧性要求,但是大端的轴颈、锥孔又要求耐磨,故需有较高的硬度,还应采取局部表面硬化措施。由表面热处理、化学热处理及表面改性处理技术可知,表面感应淬火、表面火焰淬火、渗碳化学热处理、渗氮化学热处理及表面镀硬铬、渗硼等都可实现表面硬化。渗硼由于很硬很脆,适用于上模具类,又因加热温度高易变形,故轴类零件通常不用。渗碳适于低碳钢表面硬化,本轴已选用了 45 钢,基体含碳量已经很高,表层若再经渗碳,易使轴的韧性下降。由于工件很大,镀铬槽难以适应。最后可考虑在表面淬火与渗氮工艺之间选择。一般说来渗氮硬度比表面淬火高得多,但渗氮工时很长,没有特殊需要应尽量不选。而且渗氮需用与工件大小相应的、尺寸很大的炉子,对于非渗氮部分又需镀铜或锡保护,渗氮后又需电解去除镀层,工艺复杂,故不选用。在表面淬火中,火焰淬火设备简单,但淬火质量不如感应加热淬火,而且感应加热淬火便于实现机械化、自动化。故最终选用高频感应表面淬火。

表面淬火后尚需消除淬火应力,需进行低温回火,能满足要求后再进行精磨加工。

综上所述,其工艺路线如下:原材料→锻造→正火→粗加工→淬火→高温回火→精加工→大端局部高频感应淬火→低温回火→精磨加工。

在上述工艺流程中也可省去正火,锻后直接进行调质,再进行粗加工、精加工、表面淬火回火。

如果有类似的轴,轴径台阶相差不太悬殊的话,可采用直径相当的锻造或热轧后以正火态供货的圆钢。此时,经原材料验收,组织及硬度合格后,便可直接进行粗加工,省去锻造及正火工序。

如果是冲击较大,承受载荷较大的轴,如矿山机械、重型车辆的轴,应选用强度高、淬透性大、冲击韧性高的材料,例如,35CrMo、40CrNiMo 等。

2. 齿轮类零件

齿轮是机械工业中应用广泛的重要零件之一,主要用于传递动力、调节速度或方向。

1) 齿轮的工作条件、主要失效形式及对性能的要求

(1) 齿轮的工作条件:①啮合齿表面承受较大的既有滚动又有滑动的强烈摩擦和接触疲劳压应力;②传递动力时,轮齿类似于悬臂梁,轮齿根部承受较大的弯曲疲劳应力;③换挡、启动、制动或啮合不均匀时,承受冲击载荷。

(2) 齿轮的主要失效形式:①断齿,除因过载(主要是冲击载荷过大)产生断齿,大多数情况下的断齿是由于传递动力时,在齿根部产生的弯曲疲劳应力造成的;②齿面磨损,由于齿面接触区的摩擦,使齿厚变小、齿隙加大;③接触疲劳,在交变接触应力作用下,齿面产生微裂纹,渐剥落,形成麻点。

(3) 对齿轮材料的性能要求:①高的弯曲疲劳强度;②高的耐磨性和接触疲劳强度;③轮齿心部要有足够的强度和韧性。

2) 典型齿轮的选材及热处理

(1) 机床齿轮

机床齿轮的选材是依其工作条件(圆周速度、载荷性质与大小、精度要求等)而定的。表 12.7 列出了机床齿轮的选材及热处理。

表 12.7 机床齿轮的选材及热处理

序号	齿轮工作条件	钢 种	热处理工艺	硬度要求
1	在低载荷下工作,要求耐磨性好的齿轮	15	900～950 ℃渗碳,直接淬火,或780～800 ℃水冷,180～200 ℃回火	58～63 HRC
2	低速(<0.1 m/s)、低载荷下工作的不重要的变速箱齿轮和挂轮架齿轮	45	840～860 ℃正火	156～217 HB
3	低速(<0.1 m/s)、低载荷下工作的齿轮(如车床溜板上的齿轮)	45	820～840 ℃水冷,500～550 ℃回火	200～250 HB
4	中速、中载荷或大载荷下工作齿轮(如车床变速箱中的次要齿轮)	45	高频加热,水冷,300～340 ℃回火	45～50 HRC

序号	齿轮工作条件	钢　种	热处理工艺	硬度要求
5	速度较大或中等载荷下工作的齿轮,齿部硬度要求较高(如钻床变速箱中的次要齿轮)	45	高频加热,水冷,240～230 ℃回火	50～55 HRC
6	高速、中等载荷,要求齿面硬度高的齿轮(如磨床砂轮箱齿轮)	45	高频加热,水冷,180～200 ℃回火	54～60 HRC
7	速度不大,中等载荷,断面较大的齿轮(如铣床工作面变速箱齿轮、立车齿轮)	40Cr 42SiMn 45 MnB	840～860 ℃油冷,600～650 ℃回火	200～230 HB
8	中等速度(2～4m/s)、中等载荷下工作的高速机床走刀箱、变速箱齿轮	40Cr 42SiMn	调质后高频加热,乳化液冷却,260～300 ℃回火	50～55 HRC
9	高速、高载荷、齿部要求高硬度的齿轮	40Cr 42 SiMn	调质后高频加热,乳化液冷却,180～200 ℃回火,	54～60 HRC
10	高速、中载荷、受冲击、模数＜5的齿轮(如机床变速箱齿轮、龙门铣床的电动机齿轮)	20Cr 20Mn2B	900～950 ℃渗碳,直接淬火,或800～820 ℃油淬,180～200 ℃回火	58～63 HRC
11	高速、重载荷、受冲击、模数＞6的齿轮(如立车上的重要齿轮)	20SiMnVB 20CrMnTi	900～950 ℃渗碳,降温至 820～850 ℃淬火,180～200 ℃回火	58～63 HRC
12	高速、重载荷、形状复杂,要求热处理变形小的齿轮	38CrMoAl 38CrAl	正火或调质后 510～550 ℃渗氮	850 HV 以上
13	在不高载荷下工作的大型齿轮	65 Mn	820～840 ℃空冷	＜241 HB
14	传动精度高,要求具有一定耐磨性的大齿轮	35CrMo	850～870 ℃空冷,600～650 ℃回火(热处理后精切齿形)	255～302 HB

机床传动齿轮工作时受力不大,工作较平稳,没有强烈冲击,对强度和韧性的要求都不太高,一般用中碳钢(如 45 钢)经正火或调质后,再经高频感应加热表面淬火强化,提高耐磨性,表面硬度可达 52～58 HRC。对于性能要求较高的齿轮,可选用中碳合金钢(如 40Cr等)。其工艺路线为备料→锻造→正火→粗机械加工→调质→精机械加工→高频淬火＋低温回火→装配。

正火工序作为预备热处理,可改善组织,消除锻造应力,调整硬度便于机械加工,并为后续的调质工序做好组织准备。正火后硬度一般为 180～207 HB,其切削加工性能好。经调质处理后可获得较高的综合力学性能,提高齿轮心部的强度和韧性,以承受较大的弯曲应力和冲击载荷。调质后的硬度为 33～48 HRC。高频淬火＋低温回火可提高齿轮表面的硬度和耐磨性,提高齿轮表面接触疲劳强度。高频加热表面淬火加热速度快,淬火后脱碳倾向和淬火变形小,同时齿面硬度比普通淬火高约 2 HRC,表面形成压应力层,从而提高齿轮的疲劳强度。齿轮使用状态下的显微组织为表面是回火马氏体＋残余奥氏体,心部是回火索氏体。

(2)汽车、拖拉机齿轮

汽车、拖拉机齿轮的选材及热处理详见表 12.8。

表 12.8 汽车、拖拉机齿轮常用钢种及热处理

序号	齿轮类型	常用钢种	热处理	
			主要工序	技术条件
1	汽车变速箱和分动箱齿轮	20CrMnTi，20CrMo	渗碳	层深：$m_n^{①}$<3 时,0.6~1.0 mm；3<m_n<5 时,0.9~1.3 mm；m_n>5 时,1.1~1.5 mm 齿面硬度：58~64 HRC 心部硬度：m_n≤5 时,32~45 HRC；m_n>5 时,29~45 HRC
		40Cr	(浅层)碳氮共渗	层深：>0.2 mm 表面硬度：51~61 HRC
2	汽车驱动桥主动及从动圆柱齿轮	20CrMnTi，20CrMo	渗碳	渗层深度按图纸要求,硬度要求同序号 1 中渗碳工序 层深：$m_s^{②}$≤5 时,0.9~1.3 mm；5<m_s<8 时,1.0~1.4 mm； m_s>8 时,1.2~1.6 mm
	汽车驱动桥主动及从动圆锥齿轮	20CrMnTi，20CrMnMo	渗碳	齿面硬度：58~64 HRC 心部硬度：m_s≤8 时,32~45 HRC；m_s>8 时,29~45 HRC
3	汽车驱动桥差速器行星及半轴齿轮	20CrMnTi，20CrMo，20CrMnMo	渗碳	同序号 1 渗碳的技术条件
4	汽车发动机凸轮轴齿轮	灰口铸铁，HT180，HT200		170~229 HB
5	汽车曲轴正时齿轮	35,40,45，40Cr	正火	149~179 HB
			调质	207~241 HB
6	汽车发动机齿轮	15Cr，20Cr，20CrMo，15CrMnMo，20CrMnTi	渗碳	层深：0.7~1.1 mm 表面硬度：58~63 HRC 心部硬度：33~43 HRC
7	汽车里程表齿轮	20	(浅层)碳氮共渗	层深：0.2~0.35mm
8	拖拉机传动齿轮,动力传动装置中的圆柱齿轮、圆锥齿轮及轴齿轮	20Cr，20CrMo，20CrMnMo，20CrMnTi，30CrMnTi	渗碳	层深：≮模数的 0.18 倍,但≯2.1mm 各种齿轮渗层深度的上下限≯0.5mm,硬度要求序号 1、2
		40Cr	(浅层)碳氮共渗	同序号 1 中碳氮共渗的技术条件
9	拖拉机曲轴正时齿轮,凸轮轴齿轮,喷油泵驱动齿轮	45	正火	156~217 HB
			调质	217~255 HB
		灰口铸铁，HT180		170~229 HB
10	汽车拖拉机油泵齿轮	40,45	调质	28~35 HRC

注：①m_n 为法向模数；②m_s 为面模数。

与机床齿轮比较,汽车、拖拉机齿轮工作时受力较大,受冲击频繁,因而对性能的要求较高。这类齿轮通常使用合金渗碳钢(例如,20CrMnTi、20MnVB)制造。其工艺路线为备料→锻造→正火→机械加工→渗碳→淬火+低温回火→喷丸→磨削→装配。正火处理的作用与机床齿轮相同。经渗碳、淬火+低温回火后,齿面硬度可达 58～62 HRC,心部硬度为35～45 HRC。齿轮的耐冲击能力、弯曲疲劳强度和接触疲劳强度均相应提高。喷丸处理能使齿面硬度提高约 2～3 HRC,并提高齿面的压应力,进一步提高接触疲劳强度。齿轮在使用状态下的显微组织为:表面是回火马氏体+残余奥氏体+碳化物颗粒,心部淬透时是低碳回火马氏体(+铁素体),未淬透时,是索氏体+铁素体。

由于齿轮的尺寸和类型不同,所采用的加工方法也是不一样的,如图 12.36 所示。

图 12.36　不同类型的齿轮

(a) 圆钢毛坯齿轮;(b) 锻造毛坯齿轮;(c) 铸造毛坯齿轮;(d) 焊接毛坯齿轮

3. 机架、箱体类零件

各种机械的机身、底座、支架、横梁、工作台以及齿轮箱、轴承座、阀体、内燃机的缸体等,都可视为机架、箱体类零件(图 12.37)。

机架、箱体类零件的特点是形状不规则,结构比较复杂并带有内腔,重量从几千克至数十吨,工作条件也相差很大。其中一般的基础零件,如机身、底座等,主要起支撑和连接机床各部件的作用,属于非运动的零件,以承受压应力和弯曲力为主。为保证工作的稳定性,应有较好的刚度和减振性。工作台和导轨等零件,则要求有较好的耐磨性。这类零件一般受力不大,但要求有良好的刚度和密封性,在多数情况选用灰铸铁进行铸造加工。少数重型机械,如轧钢机、大型锻压机械的机身,可选用中碳铸钢件或合金铸钢件,个别特大型的还可采用铸钢-焊接联合结构。

图 12.37 机架、箱体类零件

一些受力较大,要求高强度、高韧性,甚至在高温下工作的零件,如汽轮机机壳,应选用铸钢。

一些受力不大,而且主要是承受静力,不受冲击,这类箱体可选用灰铸铁。如果零件在服役时与其发生相对运动,其间有摩擦、磨损发生,则应选用珠光体基体的灰铸铁。

受力不大,要求自重轻,或要求导热好,这时可选用铸造铝合金。受力很小,要求自重轻等考虑选用工程塑料。受力较大,但形状简单,这时可选用型钢焊接而成。

如选用铸钢,为了消除粗晶组织、偏析及铸造应力,对铸钢应进行完全退火或扩散退火;对铸铁件一般要进行应力退火;对铝合金应根据成分不同,进行退火或固溶热处理并时效等处理。

思考题与习题

12.1 简述选材的基本原则、方法和步骤。

12.2 选择毛坯成形技术的原则是什么?

12.3 某机床齿轮选用 45 钢制作,其成形技术路线如下:

原材料→锻造→预备热处理→粗加工→调质→精加工→高频感应淬火→低温回火→精磨。

　　试问: ① 预备热处理应选择何种具体工艺?

　　　　　② 说明各热处理工艺在成形技术流程中的作用。

　　　　　③ 为什么不能采用渗碳淬火+低温回火工艺?

12.4 下列零件选用何种材料,采用什么加工方法制造毛坯比较合理:

　　① 形状复杂要求减震的大型机座;

　　② 大批量生产的重载中小型齿轮;

　　③ 薄壁杯状的低碳钢零件;

　　④ 形状复杂的铝合金构件。

参 考 文 献

[1]　师昌绪.高技术现状与发展趋势[M].北京：科学出版社,1993.

[2]　李恒德,师昌绪.中国材料发展现状及迈入新世纪对策[M].济南：山东科学技术出版社,2003.

[3]　师昌绪.材料大辞典[M].北京：化学工业出版社,1994.

[4]　柳百成,沈厚发.21世纪的材料成形加工技术与科学[M].北京：机械工业出版社,2004.

[5]　朱张校.工程材料[M].北京：清华大学出版社,2001.

[6]　崔忠圻.金属学与热处理原理[M].哈尔滨：哈尔滨工业大学出版社,1998.

[7]　汪传生,刘春廷.工程材料及应用[M].西安：西安电子科技大学出版社,2008.

[8]　吴承建.金属材料学[M].北京：冶金工业出版社,2000.

[9]　张代东.机械工程材料应用基础[M].北京：机械工业出版社,2001.

[10]　梁耀能.机械工程材料[M].广州：华南理工大学出版社,2002.

[11]　郝建民.机械工程材料[M].西安：西北工业大学出版社,2003.

[12]　何庆复.机械工程材料及选用[M].北京：中国铁道出版社,2001.

[13]　孙鼎伦,陈全明.机械工程材料学[M].上海：同济大学出版社,2002.

[14]　武建军.机械工程材料[M].北京：国防工业出版社,2004.

[15]　于永泗,齐民.机械工程材料[M].大连：大连理工大学出版社,2003.

[16]　高为国.机械工程材料基础[M].长沙：中南大学出版社,2004.

[17]　齐宝森,李莉,吕静.机械工程材料[M].哈尔滨：哈尔滨工业大学出版社,2003.

[18]　刘春廷,汪传生,马继.工程材料及成型工艺[M].西安：西安电子科技大学出版社,2009.

[19]　朱荆璞,张德惠.机械工程材料学[M].北京：机械工业出版社,1988.

[20]　北京农业机械化学院.机械工程材料学[M].北京：农业出版社,1986.

[21]　张继世.机械工程材料基础[M].北京：高等教育出版社,2000.

[22]　耿香月.工程材料学[M].天津：天津大学出版社,2002.

[23]　吕广庶,张远明.工程材料及成形技术基础[M].北京：高等教育出版社,2001.

[24]　黄丽.高分子材料[M].北京：化学工业出版社,2005.

[25]　鞠鲁粤.工程材料与成形技术基础[M].北京：高等教育出版社,2004.

[26]　张代东.机械工程材料应用基础[M].北京：机械工业出版社,2001.

[27]　赵程,杨建民.机械工程材料[M].北京：机械工业出版社,2003.

[28]　梁耀能.工程材料及加工工程[M].北京：机械工业出版社,2001.

[29]　齐乐华.工程材料及成形工艺基础[M].西安：西北工业大学出版社,2002.

[30]　丁厚福,王立人.工程材料[M].武汉：武汉理工大学出版社,2002.

[31]　孙康宁,程素娟,孙宏飞,等.现代工程材料成形与制造工艺基础[M].北京：机械工业出版社,2002.

[32]　陶冶.材料成形技术基础[M].北京：机械工业出版社,2003.

[33]　王爱珍.工程材料及成形技术[M].北京：机械工业出版社,2003.

[34]　刘春廷,陈克正,谢广文.材料工艺学[M].北京：化学工业出版社,2013.

[35]　马伯龙.实用热处理技术及应用[M].北京：机械工业出版社,2015.

[36]　徐祖耀.马氏体相变与马氏体[M].北京：科技出版社,1980.

[37]　李泉华.热处理实用技术[M].北京：机械工业出版社,2006.

[38]　北京机电研究所.先进热处理制造技术[M].北京：机械工业出版社,2002.

[39]　李金桂,周师岳,胡业锋.现代表面工程技术与应用[M].北京：化学工业出版社,2014.

[40] 林再学.现代铸造方法[M].北京:航空工业出版社,1991.
[41] 吕振林,周永欣,徐春杰,等.铸造工艺及应用[M].北京:国防工业出版社,2011.
[42] 邓宏远,阴世河.消失模铸造及实型铸造技术手册[M].北京:机械工业出版社,2012.
[43] 类成玲,陈宗民,姜学波.特种铸造与先进铸造技术[M].北京:化学工业出版社,2008.
[44] 李魁盛,马顺龙,王怀林.典型铸件工艺设计实例[M].北京:机械工业出版社,2008.
[45] 陈琦,彭兆第.实用铸造手册[M].北京:中国电力出版社,2009.
[46] 吕炎.锻造工艺学[M].北京:机械工业出版社,1995.
[47] 张彦敏,贺俊光,张学宾.锻造工作手册[M].北京:化学工业出版社,2009.
[48] 谢水生,李强,周六如.锻压工艺及应用[M].北京:国防工业出版社,2011.
[49] 卢险峰.冲压工艺模具学[M].北京:机械工业出版社,2006.
[50] 肖景容.板料冲压[M].武汉:华中工学院出版社,1986.
[51] 翁其金.冲压工艺与模具设计[M].北京:化学工业出版社,2004.
[52] 孙大涌,屈贤明,张松滨,等.先进制造技术[M].北京:机械工业出版社,2000.
[53] 王仲仁.特种塑性成形[M].北京:机械工业出版社,1995.
[54] 中国机械工程学会焊接学会.焊接手册,第1卷:焊接方法及设备[M].北京:机械工业出版社,1992.
[55] 邹茉莲.焊接理论及工艺基础[M].北京:北京航空航天大学出版社,1994.
[56] 田锡唐.焊接结构[M].北京:机械工业出版社,1982.
[57] 陈祝年.焊接工程师手册[M].北京:机械工业出版社,2002.
[58] 李亚江,王娟.特种焊接技术及应用[M].北京:化学工业出版社,2011.
[59] SINDO K. Solidification and liquation cracking issues in welding[J]. JOM Journal of the Minerals, Metals and Materials Society,2003,55(6):37-42.
[60] SHCHITSYN Y D,SHCHITSYN V Y,HEROLD H,et al. Plasma welding of aluminium alloys[J]. Welding International, 2003,17(10):825-832.
[61] ZHOU Y,DONG S J,ELY K J. Weld ability of thin sheet metals by small-scale resistance spot welding using high-frequency inverter and capacitor-discharge power supplies [J]. Journal of Electronic Materials,2001,30(8):1012-1020.
[62] 庞丽君.金属切削原理与刀具[M].北京:国防工业出版社,2009.
[63] 陈日曜.金属切削原理[M].2版.北京:机械工业出版社,2002.
[64] 师汉民.金属切削理论及其应用新探[M].武汉:华中科技大学出版社,2005.
[65] 陆剑中.金属切削原理与刀具[M].北京:机械工业出版社,2006.
[66] 于俊一.机械制造技术基础[M].北京:机械工业出版社,2004.
[67] 卢秉恒.机械制造技术基础[M].北京:机械工业出版社,2007.
[68] 陆剑中.金属切削原理与刀具[M].北京:机械工业出版社,2006.
[69] 王贵成,张银喜.精密与特种加工[M].武汉:武汉理工大学出版社,2001.
[70] 张建华.精密与特种加工技术[M].北京:机械工业出版社,2003.
[71] 高俊刚,李源勋.高分子材料[M].北京:化学工业出版社,2002.
[72] 钱秋平.新世纪合成橡胶工业技术的方向[J].合成橡胶工业,2001,24(1):1-4.
[73] 范继宽.顺丁橡胶生产技术的发展[J].现代化工,2000,20(8):15-18.
[74] 刘亚青.工程塑料成型加工技术[M].北京:化学工业出版社,2006.
[75] 全国珍.工程塑料[M].北京:化学工业出版社,2001.
[76] 王耀先.复合材料结构设计[M].北京:化学工业出版社,2001.
[77] 黄家康,岳红军,董永祺.复合材料成型技术[M].北京:化学工业出版社,1999.
[78] 王荣国,武万莉,谷万里.复合材料概论[M].哈尔滨:哈尔滨工业大学出版社,2001.
[79] 张长瑞,郝元恺.陶瓷基复合材料——原理、工艺、性能与设计[M].长沙:国防科技大学出版社,2001.

［80］ 永芝，杨清彪，杜建时，等.电纺丝技术——一种高效低耗的纳米纤维制备技术［J］.化工新型材料，
2005,33（6）：12-14.

［81］ DOSHI J,RENEKER D H. Electrospinning process and applications of electrospun fibers［J］.
Journal of Electrostatics,1995，35（2）：51-160.

［82］ 王仁智，吴培远.疲劳失效分析［M］.北京：机械工业出版社,1987.

［83］ 王大伦，赵德寅，郑伯芳.轴及紧固件的失效分析［M］.北京：机械工业出版社,1988.

［84］ 刘英杰.磨损失效分析［M］.北京：机械工业出版社,1988.

［85］ 朱敦伦，周汉民，强颖怀.机械零件失效分析［M］.徐州：中国矿业大学出版社,1993.

［86］ 杨建军，刘瑞峰，张伟东，等.失效分析与案例［M］.北京：机械工业出版社,2018.

［87］ 刘瑞堂.机械零件失效分析与案例［M］.哈尔滨：哈尔滨工业大学出版社,2015.

［88］ 吕炎.锻件缺陷分析与对策［M］.北京：机械工业出版社,2016.

［89］ 杨川，高国庆，崔国栋，等.金属材料零部件失效分析案例［M］.北京：国防工业出版社,2012.

［90］ 克兰，查尔斯.工程材料的选择与应用［M］.北京：科学出版社,1990.

［91］ 詹姆斯·谢弗.工程材料科学与设计［M］.余永宁，张文江，译.北京：机械工业出版社,2003.